VOL. 2

A BOOK SERIES OF
MARINE AFFAIRS STUDIES

韬海论丛

第二辑

主　编／王曙光　执行主编／高　艳

中国海洋大学出版社
·青岛·

图书在版编目(CIP)数据

韬海论丛. 第二辑 / 王曙光主编. —青岛：中国
海洋大学出版社，2021.12

ISBN 978-7-5670-3076-3

Ⅰ.①韬… Ⅱ.①王… Ⅲ.①海洋学—文集 Ⅳ.
①P7-53

中国版本图书馆 CIP 数据核字(2021)第 277218 号

韬海论丛 / TAOHAI LUNCONG

出版发行	中国海洋大学出版社	**网 址**	http://pub.ouc.edu.cn
社 址	青岛市香港东路 23 号	**订购电话**	0532-82032573(传真)
出 版 人	杨立敏	**邮政编码**	266071
责任编辑	矫恒鹏 于德荣	**电 话**	0532-85902349
特约编辑	陈嘉楠	**责任校对**	赵孟欣
印 制	青岛国彩印刷股份有限公司	**成品尺寸**	170 mm×240 mm
版 次	2021 年 12 月第 1 版	**印 次**	2021 年 12 月第 1 次印刷
印 张	33.50	**字 数**	532 千
印 数	1～1000	**定 价**	98.00 元

发现印装质量问题,请致电 0532-58700166,由印刷厂负责调换。

序
Preface

　　海洋孕育了生命、联通了世界、促进了发展,是高质量发展的战略要地。海洋的和平和安宁关乎世界各国的安危和利益,需要共同维护、倍加珍惜。作为全球治理的重要领域,全球海洋治理问题成为国际社会共同面临的重要课题。

　　习近平总书记指出,当前,以海洋为载体和纽带的市场、技术、信息、文化等合作日益紧密。中国全面参与联合国框架内海洋治理机制和相关规则制定与实施,落实海洋可持续发展目标。中国高度重视海洋生态文明建设,持续加强海洋环境污染防治,保护海洋生物多样性,实现海洋资源有序开发利用,为子孙后代留下一片碧海蓝天。

　　新一轮科技革命和产业变革突飞猛进,科学研究范式正在发生深刻变革,学科交叉融合不断发展,科学技术和经济社会发展加速渗透融合。我国科技实力正在从量的积累迈向质的飞跃、从点的突破迈向系统能力的提升,科技创新取得新的历史性成就,战略高技术领域取得新跨越。随着科技创新深度不断增加,深海、极地探测为人类认识自然不断拓展新的视野,在深海、极地探测等领域积极抢占科技制高点,自主创新事业将大有可为。

　　为落实新发展理念,我们要面向世界科技前沿、面向经济主战场、面向国家重大需求,以国家战略需求为导向,着力解决影响制约国家发展全局和长远利益的重大问题;要把握大势、抢占先机,直面问题、迎难而上,肩负起时代赋予的重任,为全球海洋治理贡献中国智慧、中国方案。

中国海洋发展研究中心是国家海洋局和教育部共建的海洋发展研究机构（智库）。在国家海洋局和教育部的共同领导下，中国海洋发展研究中心以服务国家海洋事业发展的需要为宗旨，以打造成"高端、综合、开放、实体"的国家海洋智库为目标，围绕海洋战略、海洋权益、海洋资源环境、海洋文化、海洋生态文明等方面的重大问题开展研究；以我国海洋方面带有全局性、前瞻性、关键性问题的解决为主攻方向，以为中央和重要部门提供咨询服务为主要任务，以为国家培养海洋科研人才特别是优秀青年学者的成长提供研究平台为特殊使命，已取得了一批重要的研究成果，为我国海洋事业发展提供有力的智力支撑。

为了更加及时地反映中心专家学者的学术观点和更大程度地发挥研究成果的作用，中国海洋发展研究中心微信公众平台从 2020 年 4 月起推出"韬海论丛"半月刊栏目，以期通过专题形式聚焦中心研究人员的学术观点，共同探讨热点问题，让关心海洋的读者快速了解海洋发展研究领域的热点问题和最新研究成果。在此基础上，中国海洋发展研究中心秘书处密切关注国家在海洋领域的主要工作部署和各项政策实施，对相关领域的最新专家视点和学术成果进行归类整理、择选摘编，形成《韬海论丛》文集，以期反映学界对某一具体海洋问题的多方观点，进一步提升专家学者的学术影响力。

2021 年推出《韬海论丛》第二辑，包括"海洋命运共同体""全球海洋治理""海洋生态文明""深海问题""极地问题""BBNJ（国家管辖范围以外区域海洋生物多样性）"6 个专题，希望能为从事海洋研究的同人提供最新资讯，同时也便于每一位关心海洋、热爱海洋的读者朋友了解有关情况。

编撰工作难免有疏漏和不当之处，敬请广大读者提出宝贵意见和建议。

中国海洋发展研究中心主任　王曙光

2021 年 9 月

目　录
Contents

⚓ 海洋生态文明

BBNJ

海洋命运共同体

建设海洋命运共同体：
知识、制度和行动

■ 杨剑

论点撷萃

"海洋命运共同体"是人类命运共同体治理理念在海洋问题上的具体体现。"海洋命运共同体"理念的提出，有利于打破旧有的海洋地缘政治束缚，有利于应对人类所面临的共同挑战，也有利于促进国际海洋秩序朝着更为公平、合理的方向发展。

"海洋命运共同体"是一项国际性的社会工程。推动"海洋命运共同体"的构建，要着力进行知识体系的建设、制度体系的建设、公共产品提供系统的建设、国际上志同道合队伍的建设。

"海洋命运共同体"是一项社会工程，就需要设计和建构，需要面对不同制度和方案的竞争。"海洋命运共同体"建设应把海洋、陆地、极地、外空综合起来加以考虑，要把气候变化、生物技术、数字技术运用整合在一起。要建一个工程，一定要有目标设计和施工过程，要动用社会资源和人力。为此，中国的学界和相关部门要考虑，谁是"海洋命运共同体"的共同建造者？建设"海洋命运共同体"的资源在哪里？"海洋命运共同体"公共产品的服务由哪些部门提供？围绕"海洋命运共同体"建设这一目标，第一阶段工程应怎么做？围绕这个社会工程，中国应如何确定目标、优化系统、任务分解、集体行动，随后又应如何不断地评估和修正，把有限的资源最有效地运用到"海洋命运共同体"的建设之中？

作者：杨剑，上海国际问题研究院副院长，上海国际组织与全球治理研究院院长、研究员，中国海洋发展研究中心学术委员

海洋命运共同体

关于"海洋命运共同体"的讨论具有非常重要的意义。"海洋命运共同体"理念的提出,有利于打破旧有的海洋地缘政治束缚,有利于应对人类所面临的共同挑战,也有利于促进国际海洋秩序朝着更为公平、合理的方向发展。"海洋命运共同体"是人类命运共同体治理理念在海洋问题上的具体体现。"海洋命运共同体"建设是一项国际性的社会工程。推动"海洋命运共同体"建设,要着力进行知识体系的建设、制度体系的建设、公共产品提供系统的建设、国际上志同道合队伍的建设。

第一,推动"海洋命运共同体"建设,需要具备提出全球海洋治理方案的完整的知识体系。知识就是力量,知识所反映的发展规律可以形成说服其他行为体参与集体行动的软实力。科学性和系统性是知识体系的重要特征,它是治理方案和治理制度的根基。有了根基,才会有主干,才会有枝叶,根深才会叶茂。例如,海洋自然保护区的治理体系就是基于海洋生物多样性和自然生态规律而建立的知识体系,有了这一知识体系随后才会有基于此的海洋治理方案和机制。再如,海洋治理的一个重要方式就是海洋空间规划。只有对海面、水体、海底以及海底之下的资源和生态系统有了科学系统的掌握,才可能对相关海域的海洋资源进行可持续的利用和保护。如果没有这些知识储备,人们将无法对海洋进行空间规划。海洋是全球系统的重要组成部分,构建海洋命运共同体就是全球治理的重要组成部分。中国学界应当与世界其他国家的科学家一起,积累知识,汇集智慧,为全球海洋治理作出知识贡献。

围绕海洋命运共同体的建设,中国学界无论是涉海洋的自然科学还是关于海洋的社会科学都要努力完成知识储备,建立基于事实发现和逻辑推理的多学科多领域相互联系的知识体系,这是我们中国学者的责任。发展"海洋命运共同体"理念下的知识体系,需要从自然科学知识的积累走向对中国哲学思维的概括,这是一个认识从粗浅、模糊到系统化、理论化的过程。

第二,要在"海洋命运共同体"理念下,下大力气推动制度建设,构建区域性制度、领域性制度、海事和渔业等方面的制度,形成完善的制度体系。

根据党的十九届四中全会关于制度建设和提高现代治理能力的精神,应当思考在全球海洋治理方面,如何通过"海洋命运共同体"建设获得制度性收益、如何通过制度建设统筹国内外两方面的海洋治理资源等问题。"海洋命运共同体"所展现的全球治理意义还在于它的制度建设体现的是现代海洋治理能力的提升。共建"海洋命运共同体"是基于规则的治理与基于目标的治理的最佳结合方式。全球关于气候变化的治理就是一个目标治理和规则治理有机结合的机制,它要在21世纪末把气候变化控制在一定的限度之内。

第三,要加强海洋治理公共产品提供系统的建设,推动公共产品的整合、开放、共享,提升中国在全球海洋治理中的影响力。在"海洋命运共同体"建设中,中国要想赢得全球伙伴的尊重,就必须提供相应的公共产品,为建立全球公正、合理、可持续的海洋秩序作出贡献、作出表率。

海洋治理一方面要解决主权、安全以及资源归属与分配的问题,另一方面要解决地球生态承载能力所面临的"增长极限"问题。中国作为一个正在实现伟大复兴的发展中大国,已经展现出其核心技术的创新潜力、庞大统一的市场容量、超大系统性的技术基础设施的综合实力。中国学者和相关管理部门应当梳理未来5至10年中国在全球海洋治理方面的各个部门所能提供的公共产品,通过大国外交的支撑、技术装备能力的支撑和庞大的经济潜力的支撑来实现一个海洋治理大国的抱负。

第四,要拓展国际参与渠道,寻找合作伙伴,吸引国际上志同道合的力量加入"海洋命运共同体"建设中来。"海洋命运共同体"是"人类命运共同体"理念在海洋领域的具体体现,中国要吸引不同领域的志同道合者在各个议题上一起发声。

中国需要在国际社会中团结理念和利益的志同道合者,支持以"海洋命运共同体"为伦理基础的治理方案。争取坚强有力的国际支持是"海洋命运共同体"建设的紧迫任务。从理念上,中国应当同重要政府间国际组织以及科学家组织、环境保护组织等非国家行为体保持协调,形成以"人类命运共同体"为伦理基础的"认知共同体",共同推进海洋的国际治理。从立场上讲,中国一直是广大第三世界国家海洋权益的维护者。中国政府在开展国际海洋治理合作中,重视"一带一路"建设的双边和多边合作在区域性海洋治理中的重要作用;重视在金砖国家合作机制下,努力使全球海洋治理的中国方案得到更加广泛而有力的支持。

在未来相当长的一段时间内,中国与主要发达国家在海洋领域的合作会受到国际地缘政治的干扰。当美国以霸权政治和盟国体系为工具对中国的海洋事业以及中国在海洋治理中日益上升的作用实施遏制政策时,中国更应当加强与全球各种行为体的合作,运用外交体系、法律体系、环境治理机制、技术和市场的全球联系来抵消霸权政治的阻碍作用。中国应当根据"海洋命运共同体"建设的需要,整合国际上与此目标相一致的政治资源、经济资源和科技资源,有效地规划和推进国际合作。

总之,"海洋命运共同体"除了是一个很重要的理念外,它还是一项社会工程;需要设计和建构,需要面对不同制度和方案的竞争。"海洋命运共同体"建设是21世纪一项全球性社会工程,我们应把海洋、陆地、极地、外空综合起来加以考虑,还要把气候变化、生物技术、数字技术运用整合在一起。要建一个工程,一定要有目标设计和施工过程,要动用社会资源和人力。应此,中国的学界和相关部门要考虑,谁是"海洋命运共同体"的共同建造者?"海洋命运共同体"建设的资源在哪里?"海洋命运共同体"公共产品的服务由哪些部门提供?围绕"海洋命运共同体"这一目标,第一阶段工程怎么做?围绕这个社会工程,中国如何确定目标、优化系统、任务分解、集体行动,随后要不断地评估和修正,把有限的资源最有效地运用到"海洋命运共同体"的建设之中。

文章来源:原刊于《太平洋学报》2020年第1期。

构建海洋命运共同体的时代背景、理论价值与实践行动

■ 冯梁

论点撷萃

习近平同志构建海洋命运共同体理念,是在世界海洋战略格局发生重要调整、海洋形势趋于严峻复杂、海洋治理蕴含深刻变化的背景下提出的,具有鲜明的时代特征。海洋命运共同体理念,既秉持了人与自然和谐相处的客观要求,继承了和谐海洋的思想传统,又直面海洋治理中的现实问题,具有重大的理论价值与现实指导意义。

我国作为海洋大国和安理会常任理事国之一,既要正视国际形势中的严峻局势,也要发挥海洋大国的责任和义务,与各国人民一起,丰富海洋命运共同体理论内涵,恪守和平理念,坚守道德高地,高举合作大旗,采取针对性举措,为构建海洋命运共同体创造有利条件。

要赢得世界绝大多数国家对构建海洋命运共同体理念的赞成和支持,离不开这一理念的吸引力和感召力。海洋命运共同体不能停留在概念上,而应能为世界各国提供智慧、为各国人民带来福祉。从当前情况看,当务之急是要不断丰富完善海洋命运共同体理念,使之具有国际道义,变成世界目标,成为各国追求。

构建海洋命运共同体是长期而艰巨的历史任务,需要几代人不懈努力才能完成。构建海洋命运共同体,得到了联合国等国际组织的高度肯定,得到了第三世界国家的普遍欢迎,但也不可避免地引起西方的猜忌、怀疑甚至污蔑。我国既要做好国内的事情,通过国内政治团结、经济发展、科技创新

作者:冯梁,南京大学"中国南海研究协同创新中心"副主任、教授,中国海洋发展研究中心研究员

等成就,向世界展示更加和平健康强大的国际形象,当然,也要直面海洋命运共同体推进过程中的困难和问题,通过艰苦卓绝的工作,化解海洋命运共同体构建的外在压力。

2019年4月23日,习主席在会见出席中国人民解放军海军成立70周年多国海军活动的外国海军代表团团长时,正式提出构建海洋命运共同体的倡议。这是中国领导人在提出人类命运共同体理念几年之后,再一次就世界发展问题提出新倡议,具有鲜明的时代特征、重大的理论价值和现实指导意义。

一、海洋命运共同体理念具有鲜明的时代特征

习近平同志提出的构建海洋命运共同体理念,是在世界海洋战略格局发生重要调整、海洋形势趋于严峻复杂、海洋治理发生深刻变化的背景下提出的,具有鲜明的时代特征。

(一)海洋命运共同体理念产生于海洋战略格局发生调整的时代

新冠肺炎疫情的全球流行,正在加速改变世界战略格局的走向和促使全球海洋事务进行深刻调整。如何促进海洋形势朝着和平安定方向发展,推进全球海洋治理,保持海洋的可持续利用,关乎世界各国人民福祉,需要给出明确答案。

当代世界海洋战略格局是伴随世界战略格局变化而不断演变的。如果说"二战"以来的世界战略格局经历了三次重要变化,那么,世界海洋战略格局大致上也经历了三次重要调整;只不过,海洋战略格局的变化,通常滞后于世界战略格局的变化,而且各阶段内容不同、特点各异。

第一阶段是冷战时期。世界战略格局进入以美苏两个超级大国争霸的冷战时期,海洋战略形成美、苏两个超级大国及其所属两大阵营的"两极格局",突出表现在:海洋竞争主要在军事领域,核心是海洋控制权,先是美强苏弱,后是苏联奋起直追,至20世纪70年代双方力量渐成均势;海上军事竞争互有得失,美国稍占上风。"二战"后,美国依托强大的海军力量和北约的集团优势,在海洋军事领域占据绝对优势。受1962年古巴导弹危机期间遭美海军围困之辱的刺激,苏联在海军司令戈尔什科夫"对岸为主"战略的指导下,优先发展海军力量,至 70 年代初,在太平洋上与美海军力量形成均势。1979 年,苏联入侵阿富汗,企图打通进入印度洋的陆上通道,对美国海洋霸主地位构成威胁。1982 年,美国海军提出"海上战略",强调海上方向是美国军事战略的优先方向,推出 600 艘舰艇计划,强调战时要控制世界 16 个咽喉要道。至此,美苏海上争霸达到顶峰。

第二个阶段是冷战结束至奥巴马执政后期。伴随苏联解体和冷战结束,世界战略格局进入"一超多强"时期,美国占据世界主导地位,成为海洋唯一霸主,突出表现在:美国控制世界蓝水海域,任何国家都无力挑战其海洋霸主地位;海洋军事竞争逐渐退居次要地位,海洋非传统安全威胁呈上升趋势;海洋斗争从"蓝水"转向"绿水",美国企图从海上对陆上战略态势施加影响,其护霸行动在海洋领域屡屡得逞;沿海国家维护海洋主权和安全的意识空前高涨,竭力抵制和反抗来自海上的胁迫行为,控制与反控制、胁迫与反胁迫斗争呈上升趋势;新兴国家海上力量发展迅猛,维护海洋权益的能力快速提高,在世界海洋事务中逐渐形成新兴力量。

第三个阶段始于特朗普执政并延续至今,全球战略力量发生重大变化,世界战略格局酝酿重大调整。一是世界主要战略力量之间的差距进一步缩小,大国战略博弈加剧。美国保持世界老大地位,但新兴国家综合国力不断增强。我国 2019 年 GDP 达到 99.0865 万亿元,按照人民银行全年平均汇率7.013 计算,GDP 和人均 GDP 分别是 14.13 万亿美元和 1.01 万美元。印度等一批国家奋起直追,后发国家呈群体性崛起之势。美国深感世界老大地位难保,在《国家安全战略》《国防战略》中,将中、俄视为主要战略竞争对手,美俄、美中战略博弈不断上升。二是国际秩序处于乱局边缘。美国推行"美国第一"原则,相继退出联合国教科文组织、世界卫生组织等国际组织,退出《中导条约》等,放弃旨在解决伊朗核问题的巴黎协议,抛弃多边主义,推行单边主义,导致 WTO 等众多国际组织处于停摆状态。因国家之间缺乏协调,类似伊朗核问题、巴以问题、叙利亚问题、利比亚问题等地区性问题不断恶化,部分地区局势持续动荡,且短期内找不到答案。

海洋战略格局也处于重大演变中。一方面,海洋成为国家可持续发展新的战略空间。沿海国家加大经略海洋力度,提升海洋科技能力,加强海军力量建设。海洋后发国家崛起迅速,对海洋事务的影响力不断增长;但海洋后发国家在管理海洋事务的经验上,在促进海洋治理上,在推动海洋秩序合理调整上,思想认识和驱动力都存在短板和不足。另一方面,除美国外的西方海洋大国治理海洋的意愿严重消退。美国为了保住海洋霸主地位,在海洋事务中采取霸凌政策,恣意推行"航行自由行动",在海洋规则上采取双重标准,利用话语权优势抹黑他国,甚至采取胁迫手段迫使相关国家选边站。而多数西方大国为国内事务所累,无暇顾及公共海洋事业,全球性海洋事务中的棘手问题少人问津,海洋公共安全濒临"失序",世界海洋秩序面临重大挑战。

在这种背景下,我国政府提出构建海洋命运共同体的倡议,旨在倡导多边主义与国际主义,加强国际协调和多边合作,推进联合国主导下的国际海洋秩序重构,为恢复海洋正常秩序作出贡献。

(二)海洋命运共同体理念诞生于世界海洋安全形势严峻复杂的时期

世界海洋安全形势是世界海洋安全领域总体状况和发展变化的总和。冷战期间,超级大国之间的海洋争霸是导致世界海洋形势紧张和局部海域动荡的根本原因。因古巴导弹危机而起的海上威慑和海上封锁,差点酿成美、苏两国之间的严重冲突。冷战结束后,美、苏两国发生大规模海上战争的可能性大大降低,但因地区问题而起的海上危机和冲突不断。利比亚危机(1986年)和海湾战争(1991年)引发中东地区和利比亚国内局势动荡,至今还对海湾地区、北非海域产生巨大的负面影响。

苏联解体后,美国控制了世界蓝水海域,大国海洋争霸暂时平息,然而,新的海洋安全问题不断涌现。一是海洋安全从冷战时期传统的军事领域向冷战后的非军事领域转变,海洋安全形势因海洋政治安全、海洋经济安全、海洋环境生态安全等问题的叠加而变得错综复杂。国家之间的海洋斗争几乎覆盖海洋全领域,"海洋安全"成为一个高度集成的综合名词,并因多种问题的叠加和相互作用变得复杂棘手。二是海洋安全中围绕岛礁主权、专属经济区和大陆架主权等权利的斗争与深海极地大洋问题叠加作用,成为影响海洋安全形势的重大事项。如果说岛礁主权、专属经济区和大陆架主权等权利是国家海洋权益范畴,属于国家海洋主权的安全问题,是各国近期关注重点,那么,深海极地大洋问题涉及海洋可持续发展、国际海洋规则与海洋战略制高点,属于国家海洋发展利益中的安全问题,是世界各国海洋中长期发展需要关注的重点。三是海洋安全形势因大国战略竞争而变得异常严峻。从整体上看,海洋后发国家的不断崛起以及它们在涉及海洋发展利益的海洋国际规则上陆续发出呼声,使得传统西方大国前所未有地受到维系海洋主导地位的巨大压力。从个体上看,以我国为代表的少数海洋后发国家在海洋领域强劲崛起,也使"海洋守成国家"感受到了挑战。为了达到对海洋领域的持久统治,美国开始对主要海洋后发大国挥舞"大棒",新老海洋国家之间的战略博弈开始显现,且综合性、复杂性超过以往。上述问题的叠加与交叉作用,不仅严重影响相关国家的海洋安全,危及地区海域和平稳定,而且给世界海洋安全局势带来了较大风险。

在这种背景下,我国提出构建海洋命运共同体倡议,目的是打破相邻国家海洋权益争端的魔咒,探寻一条海洋资源合作开发、海洋邻国和谐共处的新路;摆脱海洋新兴疆域"弱肉强食"老路,走出一条世界各国共享海洋发展利益的新路;避免海洋新兴国家与海洋传统帝国之间的海洋战略竞争,探寻一条平等相待、海洋共存的道路。

(三)海洋命运共同体理念孕育于全球海洋治理艰难的时期

2015 年 9 月,联合国"可持续发展峰会"在纽约通过《2030 年可持续发展议程》(以下简称《议程》)。这是联合国 2000 年 9 月提出千年发展目标到期之后,提出的指导 2015—2030 年全球发展的工作纲领。《议程》共提出 17 个可持续发展目标,其中,第 14 项是"保护和可持续利用海洋及海洋资源以促进可持续发展"。这意味着,保护海洋、确保海洋资源的可持续利用、促进海洋可持续发展,已成为世界性议题。对世界各国而言,摒弃传统思维,加强彼此合作,推动全球海洋治理,已成为时代紧迫需要。

令人担忧的是,海洋可持续发展以及与之密切相关的全球海洋治理面临的形势并不乐观。一是全球性海洋问题不断涌现。海洋是全球气候变化的"调解器",各国不断排放二氧化碳,引发全球气温变化,海平面上升,海上自然灾害凸现,小岛屿国家面临生存危机;一些国家在公海恣意进行捕捞作业,非法的、未经报告的、未受管制(IUU)的捕捞屡禁不止;各国竞相向大洋索取资源,海洋生物资源日益枯竭,海洋生物多样性遭受破坏,海洋生态环境急剧恶化。此外,海洋微塑料、海洋保护区、"海域感知"下国家管辖海域的信息保护、海洋环保等问题日益凸显,对各国海洋可持续发展带来负面影响。二是国际合作机制受到冲击。在推进全球海洋治理中,海洋大国理应发挥重要作用,但一些大国将本国利益置于首位,不愿甚至拒绝承担国际责任。个别西方大国沉迷于护持海洋霸权,不断运用强大的海洋军事优势,在海洋军事、海洋经济、海洋科技等多个领域,伙同甚至强迫联盟国家参与对新兴国家的施压和制裁,海洋控制与反控制、遏制与反遏制斗争激烈。上述情况,严重冲击了联合国框架下的国际合作机制,严重影响到全球海洋治理进程,全球性海洋问题处置乏力,海洋可持续发展目标面临"落空"危险。三是围绕深海大洋等"人类共同遗产"开发保护的争端解决缺乏新理念、新思路引导。依据《联合国海洋法公约》,沿海国在200海里专属经济区和大陆架范围内享有主权权利,200海里以外的广阔大洋和深海,属于全人类共同财产。由于各国海洋科技实力差距巨大,大洋利用和深海开发几乎成为发达国家的"专利",海洋科技落后国家只能望"洋"兴叹,开发利用深海也只能成为良好愿望。国际社会面临的一个棘手问题是:既要保护发达国家开发深海极地的积极性,进而更好地服务国际社会,又要防止发达国家利用技术和规则优势变相掠夺"人类共同财产",维护海洋落后国家的利益,避免在"人类共同财产"开发保护上再起新的争端。

避免海洋大国之间的恶性竞争、促进世界海洋的可持续发展、确保全人类的共同遗产为全人类所享用等,需要制定更加公正、公平、合理、科学的规则制度。在这种背景下,全球海洋治理,无论是理念、思路还是规则、内容,都需要做出新的反思和新的调整。我国政府及时提出海洋命运共同体理念,旨在规范各国海洋行为,避免海洋大国恶性竞争,约束个别国家对海洋的恶意"圈地",促进海洋可持续发展,维护广大发展中国家海洋利益,为全球海洋治理提供正确导向。

二、海洋命运共同体理念具有重要的理论价值和现实意义

全球性海洋问题不断涌现,全球海洋治理迫在眉睫。我国政府提出的海洋命运共同体理念,既秉持了人与自然和谐相处的客观要求,继承了和谐海洋的思想传统,又直面海洋治理中的现实问题,具有重大的理论价值与现实指导意义。

(一)和谐海洋理念的传承发展

从理论上看,海洋命运共同体倡议不是一蹴而就的,而是有深厚的理论基础的。早在2005年,中国国家主席胡锦涛在联合国成立60周年首脑会议

上发表题为"努力建设持久和平、共同繁荣的和谐世界"的重要讲话,首次提出"和谐世界"理念。2009年4月,胡锦涛会见参加中国人民解放军海军成立60周年庆典活动的多国海军代表团团长时指出:"加强各国海军之间的交流,开展国际海上安全合作,对建设和谐海洋具有重要意义。"他强调中国海军将"本着更加开放、务实、合作的精神,积极参与国际海上安全合作,为实现和谐海洋这一崇高目标而不懈努力",从而正式将和谐海洋作为推动建设和谐世界的一个重要内容。时隔十年后,中国政府再次提出海洋命运共同体倡议,这不仅是对人类命运共同体理念的深化,更是对和谐海洋理念的传承和发展。

从传承角度看,海洋命运共同体与和谐海洋一样,均继承了中华民族"和为贵""己所不欲,勿施于人"的传统理念,继承了我国和平发展理念,表达了我国政府愿与世界各国一起,共同维护世界与地区和平稳定的意愿;继承了中国国防政策的防御性质,即"不论现在还是将来,不论发展到什么程度,中国都永远不称霸,不搞军事扩张和军备竞赛,不会对任何国家构成军事威胁。包括中国人民解放军海军在内的中国军队,永远是维护世界和平、促进共同发展的重要力量"。我国建设强大海军的根本宗旨,是为了捍卫国家在海上方向的主权、安全和发展利益,中国不会侵犯他国,即使中国海军将来强大了,也不会寻求海上扩张政策。

从发展角度看,海洋命运共同体与和谐海洋的思想是一脉相承的。胡锦涛在2009年指出"推动建设和谐海洋,是建设持久和平、共同繁荣的和谐世界的重要组成部分,是世界各国人民的美好愿望和共同追求",体现了我国与其他国家人民一起共同推动海洋可持续发展的决心。十多年来,世界战略形势发生了深刻变化。面对日益突出的本位主义、单边主义和孤立主义,中国政府再次提出人类命运共同体倡议,旨在与世界各国人民一起,共同探索如何应对全球治理中的棘手问题。我国不断倡导共同体意识,先后在亚洲文明对话大会、中非合作论坛北京峰会、上海合作组织峰会、国家领导人访欧期间,分别提出"迈向亚洲命运共同体""中非是休戚与共的命运共同体""平等相待、守望相助、休戚与共、安危共担的命运共同体""中欧是利益高度交融的命运共同体"。我国领导人的这些倡议,不仅得到了众多国家的赞成,而且得到了联合国等国际机构的支持,并相继载入联合国安理会决议和人权理事会决议。面对日益复杂的海洋形势,习近平指出:"我们人类居住的这个蓝色星球,不是被海洋分割成了各个孤岛,而是被海洋连结成了命运共同体,各国人民安危与共。""大家应该相互尊重、平等相待、增进互信,加强海上对话交流,深化海军务实合作,走互利共赢的海上安全之路,携手应对各类海上共同威胁和挑战,合力维护海洋和平安宁。"这样,就把建立国家间海洋和谐关系,上升到人类命运共同体的重要有机部分的高度。这一理念,使人类命运共同体在海洋领域中有了新的延伸、新的拓展和新的发展,是对人类命运共同体理念的丰富和完善。

(二)共商、共建、共享原则的升华

自近代西方殖民统治者对外扩张以来,"弱肉强食、适者生存"成为丛林法则并一直贯穿于国际政治中。进入 21 世纪以来,经济全球化不断发展,国家之间共生共融利益不断增大,共同进步、合作发展、共同繁荣越来越得到各国的响应;而追求至高无上的国家利益、在国际事务中只考虑本国利益的利己主义,也越来越遭到国际社会的唾弃。正是这种国际背景下,我国政府提出"一带一路"倡议,得到众多国家的支持和拥护。截至 2019 年 11 月初,已有 137 个国家和 30 个国际组织与我国签署 197 份共建"一带一路"的合作文件;包括联合国在内的多个国际组织通过了支持"一带一路"建设的多个文件;许多国家精英对"一带一路"持肯定态度,一些国家甚至把它视为本国发展的重大机遇;即便最初持保留甚至抵制态度的个别发达国家也在不断改变态度,通过具体项目合作、第三方合作等方式,参与到"一带一路"建设过程中来。在这方面,日本便是典型例子。从"一带一路"倡议提出时追随美国对我国实施联合抵制,到 2017 年派出局长级代表出席"一带一路"国际合作高峰论坛,再到 2019 年双方达成第三方市场合作的共识,反映了中国政府推进"一带一路"倡议过程中提出的共商、共建、共享的原则,正在得到日本的支持。

共商,是指国家不分大小、强弱,只要有利于双方经济繁荣、人民福祉、国家可持续发展的,均可基于平等立场公平协商。共商对象既可以是主权国家和国际组织,也可以是国有企业或私营业主。共商内容既可以是经济、科技、环境、安全等领域,也可以围绕某一个项目涉及的要素,如资金投入、机构设立、运行方式、收成分配等。共建,是指围绕双方或多方感兴趣的领域展开合作,确定建设方向、建设内容、时间进展、建设成效等。共享,是指双方基于成果共有、专利共享、利益分享等原则,享受"一带一路"合作项目带来的红利。正是基于上述公平公正、合理透明原则,不少国家对寻求更高质量、更高水平的合作表达了新的期盼。

共商、共建、共享是中国政府在推进"一带一路"建设过程中秉承的原则,而海洋命运共同体,强调的是人类生活在同一个蓝色星球,应因海洋而形成休戚与共的共同体。两者角度不一,但方向一致,目标明确,都是着眼未来、携手努力、共享福祉。更重要的是,海洋命运共同体还是对丝路原则的超越,它蕴含的一个新哲理是,面对世界海洋事业发展中存在的全球性难题,需要有超越区域的全球视野、超越主权的世界追求、超越国家的命运情怀。因此,海洋命运共同体理念,已经大大超越了丝路原则,将人类休戚与共、唇齿相依、彼此依赖的客观现状,上升到全球共命运的高度,它是丝路原则的进一步升华。

(三)全球海洋治理的思想贡献

进入 21 世纪以来,全球性海洋公共事件急剧增加,对世界各国的海洋可持续发展产生了巨大冲击。因温室气体排放导致的全球气候变化,导致海平面上升,不仅危及小岛屿国家,而且导致全球性极端气候的出现,给世界各国带来了台风、泥石流、海啸等极端自然灾难。在世界公共海域,虽然联合国制定了《促进公海渔船遵守国际养护和管理措施的协定》《负责任渔业行为守则》等制度,但仍然无法有效约束各沿海国特别是海洋大国的过度捕捞行为,公海海域的非法的、未经报告的、未受管制的捕捞活动大量存在。为保护海洋生物基因资源,促进海洋可持续利用,联合国启动《国家管辖范围外海域生物多样性国际协定》(BBNJ)议程。此外,发达国家借海洋科技优势,不断将手伸向南北极、深海矿产等领域,不断扩展海洋保护区,变相掠夺海洋公域资源,限制发展中国家发展海洋事业。发展中国家尽管有《联合国海洋法公约》关于"人类共同遗产"等条款的法律保护,但因综合实力和科技水平有限,既不能了解海洋高尖深领域发展动向,又在世界海洋公域活动中缺乏行动,更不能在深海、极地活动中有所作为,在海洋开发利用规则的话语上处于明显劣势。围绕"人类共同遗产"开发、利用和保护问题,发达国家与发展中国家显然存在尖锐矛盾,只不过这种矛盾暂时还没有被激化而已。

针对海洋公共领域中不断涌现的全球性问题,海洋大国迫切需要加强战略协调、完善合作机制、调动国家资源予以解决,中小国家也应力所能及地参与到全球海洋治理行动中来。然而,在海洋公共事件不断增多的背景下,国际合作机制因大国战略竞争受到严重冲击。针对新冠肺炎疫情的流行,国际社会本该携手合作、共同应对,但个别大国基于本国私利和政治选情需要,反其道而行之,把它视为压制抹黑他国的机遇,引发国际政治动荡和全球治理倒退。当前,国际社会面临的一个重大理论和实践问题,就是要提出体现人类公平、公正、道义且具有普世价值的创新理论,制定既要考虑主权国家利益,又能兼顾各国人民利益,且能明辨是非、保障权利、定纷止争的国际制度,开辟人类共同发展、共同繁荣的正确途径。在这重要时刻,中国政府及时提出了海洋命运共同体理念,旨在秉持和平、主权、普惠、共治原则,唤醒各国良知,促进彼此合作,通过海洋法治,逐渐建立公平、公正、合理、普惠的海洋新秩序,推动人类海洋事业的发展。

三、推动构建海洋命运共同体需要中国内外兼修、久久为功

海洋是各国人民共同拥有的蓝色家园,是需要世界各国共同呵护的生命体。中国作为海洋大国和安理会常任理事国之一,既要正视国际形势中的严峻局势,也要体现海洋大国的责任担当,与各国人民一起,丰富海洋命运共同体理论内涵,恪守和平理念,坚守道德高地,高举合作大旗,采取针对性举措,为构建海洋命运共同体创造有利条件。

(一)丰富与完善海洋命运共同体的理论内涵

要赢得世界绝大多数国家对构建海洋命运共同体倡议的赞成和支持,离不开这一倡议的吸引力和感召力。海洋命运共同体不能停留在概念上,而应能为世界各国提供智慧、为各国人民带来福祉。从当前情况看,当务之急,是要不断丰富与完善海洋命运共同体理念,使之具有国际道义,变成世界目标,成为各国追求。为此,需要明确提出四个核心理念。

首先,具有共同奋斗的远景目标。海洋命运共同体的终极目标,就是要在海洋领域,实现以共商、共建、共享为原则的共同发展目标,不断调适自己利益与他方利益、本国利益与国际利益的关系,以公平、共同与有区别的责任原则,探寻共同应对海洋公共挑战的方法,促进全球海洋治理,最终实现海洋政治、海洋经济、海洋安全、海洋环境、海洋生态等领域的协调发展,实

现海洋的和平安宁、人类与海洋的和谐共存，国家在和睦相处中获得发展，民众在和谐氛围中提升生活质量。

其次，反映国际准则的基本道义。荀子说"义立而王，信立而霸，权谋立而亡"，意思是说，以义为主、以信为辅的国家可以建立王权；以信为主、以义为辅的国家能建立霸权；既无道义又无信誉，靠耍阴谋手段的国家最终会灭亡。我国提出海洋命运共同体，既不是想在世界上建立什么王权，更不是谋取世界霸主；恰恰相反，在百年未有之大变局背景下，在众多国家单纯地追求本国海洋利益之时，我国是想创造性地提出反映时代潮流、体现国际关系基本准则的崭新理念，为世界各国人民在海洋领域中携手合作、走向共同繁荣提供正确方向。

再次，承担共同但有区别的国际责任。构建海洋命运共同体，需要世界各国齐心协力承担国际责任。人类生活在同一个地球上，面临共同的海洋的公共挑战，在日益严峻的海洋气候变化、台风、海啸和极端气候变化中，任何国家和人民都不可能独善其身，各国都有责任和义务参与到海洋治理的历史进程中。"共同但有区别的责任"，应当成为各国参与海洋治理的基本准则。国家有大小、强弱之分，在海洋领域中的权力和权利会有所不同，海洋治理能力也会呈现出差异，但这并不影响各国参与海洋治理的责任。海洋大国在海洋科技、海洋环保、海洋利用方面能力强，获取的海洋利益也多，更应该在海洋治理方面多作贡献。发展中国家的综合国力稍弱，相关能力也差些，但作为国际社会的一员，也有责任和义务参与到海洋治理的历史进程中来。从海洋发展的历史中可以看出，人类海洋发展与海洋治理的每一点进步，都凝结着世界各国人民的集体智慧，都有世界各国作出独特贡献的烙印。

最后，具有舍小利求大同的博大情怀。习近平指出："我们人类居住的这个蓝色星球，不是被海洋分割成了各个孤岛，而是被海洋连结成了命运共同体，各国人民安危与共。"海洋把世界各国的命运紧紧地联系在一起，各国休戚相关、荣辱与共。要强化蓝色星球各国命运休戚与共意识，面对世界海洋领域越来越严峻的挑战，只有携起手来齐心协力、共同努力，才能应对海洋领域的严峻局面。一个国家在思考海洋问题时，不能光考虑自身利益，而应把本国利益放在国际整体利益中思考，只有具有舍小利的胸襟，才能具备求大同的情怀。

（二）提出推进海洋命运共同体的原则

构建海洋命运共同体是长期艰巨的历史过程，需要几代人不懈努力。为此，需要把握以下原则。

首先，强化基础，量力而行。改革开放以来，我国经济取得长足发展，但国家治理体系还没有完善健全起来，政府的执政能力、社会的保障能力、公共安全突发事件的应对能力等，与人民期盼的现代化治理水平还存在差距。2020年初突如其来的新冠肺炎疫情使国家治理暴露出了诸多问题，对国家和地方公共安全卫生应急体系敲响了警钟。另一方面，我国经济在经历40余年高速增长后，也迎来了可持续发展的"瓶颈"，迫切需要根除制约经济发展的不利因素，做一次大的"内科手术"，为国家经济可持续发展提供政治、经济、法律等方面的制度保证。只有国家治理能力提升了，经济可持续发展得到保证了，国内其他问题处理好了，海洋命运共同体建设才有更加坚实的基础与更加可靠的保障。当然，即便中国"身体强壮"了，也不意味着要"包打天下"。从整体上看，我国人口众多，人均GDP刚刚1万美元，最多是一个"发展较好"的发展中国家。全球海洋问题不计其数且层出不穷，一个国家的能力是非常有限的，解决这些问题需要国际社会共同努力，特别是大国的通力合作。类似全球气候变暖和海平面上升问题、IUU问题、海上垃圾和微塑料问题、海洋保护区问题等遍及四大洋，中国要与其他国家一起，平等协商，区别对待，协同处理，通过不懈的努力推动全球海洋问题的逐步解决。

其次，保持权利与义务的相对平衡。自党的十八大提出建设海洋强国以来，中国加大海洋科技领域的投入，海洋科技水平不断提高，海洋勘探和开发能力不断提升。至2019年底，我国已成为世界上获得国际海底区域最多的国家之一，在国际海底勘探开发和海底资源利用上已跻身世界强国之列，在国际海底管理局正在制定的《多金属结核探矿和勘探规章》《多金属硫化物探矿和勘探规章》《富钴结壳探矿和勘探规章》中，中国的话语权也有一定程度提升，这无疑为我国在全球海洋事务中的地位提供了一定制度保障。另一方面，也应看到，我国在世界海洋事务中仍然处于第三世界行列，在极地利用和开发方面与发达国家相比仍然存在着较大差距；更为重要的是，与发达国家不同的是，在国际社会中，我国代表着发展中国家的利益。国际海底区域属于"全人类的共同遗产"，最大限度地保护这一"共同遗产"免受少数国家的侵蚀,保护发展中国家在国际海洋公域的基本权益,既是我国依据《联合国海洋法公约》等国际法规应当奉行的义务,也是我国履行国际海洋公德的职责所在,更是我国提高海洋命运共同体感召力的重要任务。我国既要作为第一梯队,提升在国际海洋事务中的话语权,为构建海洋命运共同体确定公正合理的海洋规则,又要充分顾及第三世界相对落后国家维护海洋发展利益的合理诉求,履行在海洋事务中的国际公德,实现权利与义务的相对平衡。

再次,突出重点,渐次推进。构建海洋命运共同体不可能一步到位,需要分出地域主次、视情按需、渐次推进。从地域上看,构建海洋命运共同体,首要重点应放在周边海域。稳定周边海域既是我国海洋地缘政治的核心需求,也是我国应对严峻复杂海上安全形势的紧迫要求。从海洋地缘上看,我国由北向南分别是日本海域、东海海域、南海海域、孟加拉湾海域,分别涉及朝鲜半岛及日俄、东盟各国、孟加拉湾区域国家等关系。近年来,我国与东盟经贸关系持续深化,政治互信不断加强,特别是《南海行为准则》磋商进入快车道,为我国构建与东盟国家海洋命运共同体提供了坚实基础。我国与日、韩等国的双边关系也呈现出积极向好的发展趋势,与孟加拉湾周边国家也保持着稳定关系。我国海上战略环境稳定和改善了,美国的印太战略就会不攻自破。第二个重点是亚非拉第三世界沿海国家。它们在政治上是中国赢得国际话语权的强大后盾,经济上是中国“一带一路”倡议的重要实践区,安全上是中国可以争取的朋友。这是构建海洋命运共同体可以依托的基本面。第三个重点是欧盟等较为发达西方国家。我国与上述国家没有根本利益冲突,还建立了较为稳固的经贸联系。欧盟在政治制度、意识形态等方面与中国存在着较大不同,又受到美国因素的较大影响,我国不可能要求欧盟在很短时间内表达对海洋命运共同体的普遍支持,但这并不影响中国与欧盟在海洋领域的广泛合作。随着时间的推移和中欧双边海洋合作的不断加深,海洋命运共同体的理念和做法,也会像“一带一路”倡议一样,逐渐在欧盟国家中发出新芽。

(三)探索构建海洋命运共同体的路径方式

世界上共有193个主权国家,各个国家在社会制度、发展道路、宗教文化等方面存在着较大差别。构建海洋命运共同体不能等量齐观,应注重差异,区别对待,甚至做个性化(或特殊)处理。

发达国家与发展中国家,对构建海洋命运共同体有着不同看法。西方国家对海洋命运共同体理念还没有完全认可,个别发达国家对海洋命运共同体还持反对态度,认为我国想通过某种倡议迷惑西方,甚至认为这是我国想通过"鼓惑"发展中国家盲目跟进,为海洋拓展和"海洋扩张"争取国际话语。发展中国家对共商、共建、共享的丝路原则表示赞许,对海洋命运共同体表示支持(虽然也不乏个别国家有在海洋问题上获得我国资金和技术援助的想法)。我国要根据各国的政治制度、历史文化、宗教习俗等情况作出具体分析,与不同政治实体之间建立不同性质、不同类型、不同程度的海洋命运共同体。

要与美国建立"共担风险责任"的海洋命运共同体。美国视我国为主要战略竞争对手,在海洋领域与中国存在某种战略竞争关系,中、美两国无法以命运共同体定位国家关系;但是,中、美两国在海洋领域存在内容广泛且难以割断的联系。2020年1月28日,美国保守主义研究机构新美国安全中心(CNAS)向国会提交一份独立评估报告《迎接中国挑战:在印太地区恢复美国竞争力》,其中坦言,"美国(在印太地区)执行一项旨在获得无可争辩统治地位的政策已不再可行","企图建立一个明确的反华联盟将会失败(will fail)",建议美国在气候变化、能源、全球公共卫生和防扩散等问题上寻求与中国的合作,而不是一味与中国进行全面对抗,发出了相比《国家安全战略》《国防战略》更加理性的声音。然而,这种声音在美国院府内外越来越成为少数,对华强硬在美国国内几乎成为"政治正确"。在中美关系尚不具备推进海洋命运共同体基础的背景下,中、美两国"止损"现有海洋关系是当下的第一要务。我国应努力与美保持基于底线——不发生海上冲突——的海洋关系,防止因海洋战略博弈特别是海上军事对抗引发误解误判导致海上危机和冲突。当然,摆脱中美海洋关系困境的唯一出路,仍然是中、美两国在海洋国际事务中寻求合作。中、美两国都是大国,对海洋问题负有国际责任。我国要团结一切可能团结的力量,坚持海洋事务中的多边主义和开放主义,尽可能动员世界绝大多数国家说服甚至是"逼迫"美国摒弃狭隘的利己主义和单边主义,保持在海洋重大事务中的国际协调,保障联合国和其他国际组织在处理世界性海洋挑战时的机制灵活性和效率;同时,采取更加积极主动的行为,争取维持与美国在国际海洋事务中较低水平的合作,防止合作渠道受到根本冲击。

我国要与其他西方国家建立"包容互惠"的海洋命运共同体。随着我国不断崛起，西方不少国家对我国产生疑惧之心，对我国提出的海洋命运共同体也持怀疑态度。我国必须以更加坚定的行动彰显和平发展道路，与其他西方国家建立"包容互惠"海洋命运共同体。要早日向外界阐明我国的和平发展道路与海洋命运共同体的关系，多提一些推进双方或多边合作的愿景与构想，通过海洋领域的项目合作，促进彼此利益的共融。当前情况下，我国尤其要做好两个相邻大国——日本和印度的工作。对日本，要借 2020 年两国共同抗击新冠肺炎疫情和 2019 年中国领导人访问日本的有利时机，对新时代中日两国关系进行新的历史定位，赋予中日两国新的发展内涵；要加强海洋领域双边合作与第三方市场的合作，为夯实战略互惠关系增加新的动力；要基于东北亚丰富的资源和广阔的市场，进一步夯实海上丝绸之路的北进方向，推动中、日、韩三国海洋合作。对印度，要拓宽战略沟通渠道，注重印度对印度洋的安全关切，保持印度洋区域安全克制，消除印度对我国海洋崛起的疑虑，力争在金砖国家、上合组织框架下实现中印海洋关系的突破。

我国要与发展中国家建立"合作共赢"的海洋命运共同体。推进构建海洋命运共同体，重点工作应放在第三世界国家上。从历史看，第三世界的亚非拉国家多曾是西方国家的殖民地，饱受殖民统治者的欺凌和压迫，在获得民族自决后，它们与我国保持着传统友好关系。20 世纪 70 年代中国加入联合国，几乎是亚非拉国家把中国抬进去的。改革开放以来，我国经济发展迅速，在综合国力和经济发展上逐渐拉开了与亚非拉国家的距离，但我国始终把亚非拉国家视为最真诚的朋友。每年新年伊始，中国外长首访都是亚非拉国家，国家主席的首访通常也是第三世界国家。进入 21 世纪以来，我国与亚非拉国家的传统友谊不断深化，投入不断增多，对亚非拉国家经济发展的贡献不断增大。因此，我国政府提出的无论是人类命运共同体主张，还是海洋命运共同体倡议，都获得了亚非拉国家人民的广泛赞赏和全力支持。从现实情况看，亚非拉国家在海洋资源调查、海洋生态环境治理、海洋科技等领域相对落后，我国在这方面具有一定能力，亚非拉国家应是我国构建海洋命运共同体的着力方向。当然，部分发展中国家既希望分享我国发展成果，又担心受到西方大国政治打压，对海洋命运共同体还存在着一定程度的顾虑。我国应顾及其政治外交心态和参与的舒适度,不急于求成,耐心等待,通过实实在在的合作成果,增大海洋命运共同体的吸引力。

(四)提出全球海洋治理的中国方案

进入 21 世纪以来,全球性海洋问题不断涌现,矛盾不断凸现。在世界海洋公共领域,各国都争相向公海海域索要资源,海洋渔业存在大量的非法、未报告和无管制的捕捞现象,一些国家还进行大量的政府补贴。如何响应联合国 2030 年可持续发展议程,密切关注非法、未报告和无管制的捕捞和对过度捕捞鱼类的政府补贴,彻底解决过度捕捞问题,促进国际海域可持续发展,成为十分棘手的问题。另外,早在 2015 年,联合国就把"到 2020 年保护全球至少 10% 的海洋和沿海地区"作为 2030 年可持续发展的阶段性目标。如何防止一些国家打着公海保护区名义,在国际公共海域肆意划设有利于本国利益的保护区,也是一个迫切需要解决的问题。在深海矿区制度上,国际海底区域管理局正在制定《多金属结核探矿和勘探规章》等规章,旨在规范国际海底的开发和利用。依据《联合国海洋法公约》,深海区域是"全人类共同财产",各国均有平等利用国际深海资源的权利;但由于各国海洋科技水平和综合国力的严重不平衡,在国际深海开发利用实践上,发达国家占据绝对优势,次发达或不发达国家只能望深海而叹。在深海利用上,各国之间的权利存在严重的不平衡和不合理性。因此,加速国际深海空间的平等、合理、科学、可持续利用,平衡发达国家和发展中国家的权利与义务,是国际海洋事务中的棘手问题。在海洋网络空间,包括海洋空间在内的网络空间,存在着极大的被军事化的可能。大国利用电磁和网络空间的巨大军事优势,不断渗透和侵蚀其他国家网络空间权益,侵犯他国海洋利益。如何规范网络空间利用问题,确保海洋网络空间军事利用的规范有序,同样是海洋网络空间军事行动的棘手问题。在智能化方面,科学技术的不断进步,推动着智能化日新月异,智能化技术运用于海上军事领域,导致海上战争形态发生前所未有革命。美国运用智能化手段斩首伊斯兰革命卫队圣城旅指挥官卡西姆·苏莱曼尼和胡塞武装头目,仅仅展现了智能化战争的冰山一角。在海上战争形态向初具智能化战争形态发展的关键时期,各国均面临应对初具智能化的海上战争的严峻考验。制定相关规则,防范信息化强国利用先进的智能化手段侵犯他国海洋利益,是众多发展中国家维护海洋主权、安全和发展利益面临的新的艰巨任务。此外,全球海洋气候变化、海洋生物多样性保护、海洋微塑料等问题,都处于问题凸现的关键时期。

全球性海域问题是海洋治理的对象,然而,主导海洋治理又以西方发达国家为主,它们的利益观、价值观、伦理观、道德观、法治观直接决定了全球性海洋问题的解决思路和处理办法,也对世界各国的海洋利益诉求产生着重要影响。如何争取一个更为公正、合理、透明、科学的解决办法,是海洋治理中的重大现实问题。我国是一个海洋后发大国,代表着发展中国家的利益,理应发挥能力优势,完善既有海洋制度,剔除海洋法规中的不合理成分,并就新海洋议题倡导制定新规则,发出中国声音。

(五)化解构建海洋命运共同体的外来压力

构建海洋命运共同体,是新时代中国发出的又一张具有世界意义的理论名片,得到了联合国等国际组织的高度肯定,得到了第三世界国家的普遍欢迎,但也不可避免地引起西方的猜忌、怀疑甚至污蔑。我国既要做好国内的事情,通过国内政治团结、经济发展、科技创新等手段,向世界展示更加和平健康强大的国际形象,当然,也要直面海洋命运共同体推进过程中的困难和问题,通过艰苦卓绝的工作,化解海洋命运共同体构建的外在压力。

一要努力消除西方对海洋命运共同体的抵制。从历史上看,西方国家一直主宰和统治着海洋。近代以来,影响海洋发展的制度化建设,基本源于西方国家,从闭海论、海洋自由论,再到后来的公海航行自由、《海上避碰规则》等等,无不体现了西方在海洋事务上的主导作用。直到 20 世纪 70 年代,发展中国家才在海洋事务中发挥作用,并在《联合国海洋法公约》磋商谈判中显现其伟大力量。对我国来说,利用海洋谋求国家发展,是实现中华民族伟大复兴的重要内容。我国提出海洋命运共同体理念,不是要抛弃现有海洋规则来颠覆既有海洋秩序,而是为了塑造一个更加公平、公正、合理、可持续的海洋新秩序。当然,我国在海洋事务上发出的声音、提出的方案也会触及个别西方国家的"势力范围",会使其愤懑、恐惧、抵制甚至反对。我国既要有强大的心理准备,坚守理念底线,维护海洋道义,又要有研判,未雨绸缪,通过国际媒体宣传,做好相应的解释工作,增进多方认同。

二要做好第三世界国家工作,防止它们对海洋命运共同体的误解。我国已成为世界第二大经济体,在深海极地大洋的综合利用上呈后来居上之势,这为我国带动第三世界国家的海洋发展创造了有利条件,但我国在海洋领域的快速发展同样有可能成为个别国家或个别人攻击我国的靶子。从"一带一路"实践来看,无论我国做得多么好、多么出色,都有可能被一些别有用心的国家指责为"债务陷阱""珍珠链战略"等等,也不排除有个别国家误入西方大国话语圈套的可能,甚至迫于政治压力违心发出反对之声。对此,我国既要有理论自信,相信海洋命运共同体是关于国家命运与海洋发展的更高层次的理论诠释,是推进全球海洋治理的理论指导,也要与时俱进,不断赋予海洋命运共同体更加丰富的思想内涵,并通过扎实的海洋国际合作,利用其结出的丰硕成果,特别是更多合乎多数国家需求的海洋公共产品,破除相关国家疑虑,促使其改变观念,与包括我国在内的相关国家携手合作,共同推进海洋伟业的发展。

文章来源:原刊于《学海》2020 年第 5 期。

论海洋命运共同体理论体系

■ 金永明

论点撷萃

我国根据海洋自身的特质,以及海洋的空间和资源在经济社会发展中的地位和作用,提出了合理使用海洋和解决海洋问题的政策与倡议,最终目标是构建海洋命运共同体。这不仅符合人类对海洋秩序的要求,而且符合我国长期以来针对海洋的政策和立场,是对"和谐海洋"理念的细化和发展,更是人类命运共同体理念在海洋领域的运用和深化,也由共同体原理的法理基础予以支撑,所以是一个合理的目标愿景。海洋命运共同体成为现今和未来较长时期内指导我国海洋事务、维护和拓展我国海洋权益、加快建设海洋强国、推进21世纪海上丝绸之路建设的重要指导方针。

实现海洋命运共同体的目标,需要运用和平的方法,通过直接协商对话解决分歧,重要的是应运用国际社会存在并广泛接受的国际法规则予以处理,即践行"依法治海"理念,并积极参与国际海洋新规则的制定工作、发表意见,特别应该遵守已经达成的共识和协议,为最终解决海洋权益争议创造条件和基础,包括在无法达成共识和协议时制定与实施危机管控制度,以延缓和消除紧张态势,为实现和平、合作、友好之海作出中国的持续贡献。

海洋命运共同体的目标愿景是美好的,但构建海洋命运共同体的进程是曲折的,需要我们付出长期而艰巨的努力,核心是确保和拓展共同利益,保护国际空间利益,强化多维多向合作进程,尤其需要合理地处理影响海洋秩序的重大海洋权益争议问题,使其不影响或少影响构建海洋命运共同体

作者:金永明,中国海洋大学国际事务与公共管理学院教授,中国海洋大学海洋发展研究院高级研究员,中国海洋发展研究中心海洋战略研究室主任

海洋命运共同体

的总体进程,以便使海洋命运共同体理念所蕴含的本质属性被他国接受并发展成为海洋领域的重要原则,实现认识统一、环境稳定和利益共享的海洋命运共同体核心价值。这应该是我们长期持续努力的方向和追求的目标。

海洋命运共同体成为现今和未来较长时期内指导我国海洋事务、维护和拓展我国海洋权益、加快建设海洋强国、推进21世纪海上丝绸之路建设的重要指导方针和目标愿景。为此,我们有必要论述海洋命运共同体的理论体系,包括海洋命运共同体的基本内容、法理基础及发展途径和保障措施等内涵,以观察和评估我国针对海洋事务的业绩和处置海洋问题的能力,以及领悟海洋发展趋势的作用和贡献,即考察我国海洋治理体系和海洋治理能力的现代化水平。

鉴于海洋命运共同体倡议提出的时间较短,相应的系统性研究成果并不多见。同时,其对于维护与拓展我国的海洋权益和进一步完善国际海洋秩序规则具有重大的指导作用,所以,对海洋命运共同体的基本内涵与保障制度予以系统思考和论述,对于界定和构建海洋命运共同体理论体系,包括使其蕴含的价值和目标深度融入现代海洋法体系并发展成为重要的原则,有重要的价值和意义。

一、海洋命运共同体的提出及渊源

海洋命运共同体倡议或理念的提出,源于2019年4月23日国家主席、中央军委主席习近平在青岛集体会见应邀出席中国人民解放军海军成立70周年多国海军活动的外方代表团团长时的讲话。国家主席习近平主要从海洋的属性、本质及其地位和作用,实现21世纪海上丝绸之路目标,中国参与全球海洋治理的立场、态度和海军在维护海洋安全秩序上的作用,以及国家间处理海洋权益争议问题的原则等方面,指出了合力构建海洋命运共同体的要义。不可否认,国家主席习近平从海洋的空间及资源的本质和特征作出的概括性总结,揭示了人类经济和社会发展对海洋的空间和资源的依赖性和重要性;同时,随着海洋科技及装备的发展和各国依赖海洋空间和资源程度的加剧,各国在开发和利用海洋及其资源时,因存在不同的利益主张和权利依据,所以在有限的海域范围内无法消除各国之间存在的海洋权益争议问题,而对于这些海洋权益争议问题,应使用和平方法尤其是政治或外交方法予以直接沟通和协调,以取得妥协和平衡,消除因海洋权益争议带来的危害,以共同合理分享海洋的空间和资源利益。

当政治或外交方法无法解决海洋权益的争议问题时,则可采取构筑管控危机制度(如海空联络机制、海上事故防止协定)的方法,以提升政治互信和合作利益,禁止以使用武力或威胁使用武力的方法解决海洋权益争议问题。当然,在解决海洋权益争议问题的条件并未完全成熟或具备时,则可采取"搁置争议、共同开发"的模式。这种做法及其价值取向体现了尊重各方的权利主张和要求,照顾了各方的关切,以实现共同使用、共同发展和共同获益的目标,体现共商、共建、共享的全球治理观的基本原则和要求。

换言之,我国提出的海洋命运共同体理念或愿景符合时代发展趋势,符合海洋治理体系原则,符合维系海洋秩序规则要求,并且是我国长期以来针对海洋问题的政策的延展和深化,既具继承性,又具创新性;即海洋命运共同体理念的提出并不是应景性的或随意性的产物,而是我国根据世情和国情结合海洋情势,在考虑国际国内两个大局和两种资源后,对和谐世界、和谐海洋理念的细化和发展,也是人类命运共同体理念在海洋领域的运用和深化,更是国际社会共同体原理的具体要求和合理愿望,也就是说,海洋命运共同体具有广泛和深厚的渊源及法理基础。所以,合力构建海洋命运共同体是必须坚持和遵循的重要目标和方向。

我国于2009年4月在中国人民解放军海军成立60周年之际,提出了基于和谐世界理念基础上的和谐海洋倡议,以共同维护海洋的持久和平与安全,而和谐世界理念是中国国家主席胡锦涛于2005年9月15日在联合国成立60周年首脑会议上提出的主张或倡议。所以,在和谐海洋理念与和谐世界理念的关系上,它们体现的是综合性和单项性(具体化)的关系,即和谐海洋理念是和谐世界理念在海洋领域的目标具体化,标志着我国对海洋法认识的新发展、对海洋治理的新要求和新贡献。所以,海洋命运共同体理念是对和谐海洋理念的继承和延伸性或创新性发展。

笔者认为,人类命运共同体理念或思想的提出并得到重视源于2013年10月24—25日在北京举行的中国周边外交工作座谈会。人类命运共同体理念的成形源于在联合国大会上的表述。其核心内容为:我国要继承和弘扬《联合国宪章》的宗旨和原则,构建以合作共赢为核心的新型国际关系,打造人类命运共同体。换言之,构建人类命运共同体的重要基础或路径之一为通过发展国家间新型关系(伙伴关系)来实现合作共赢目标。人类命运共同体的深化,体现在国家主席习近平于 2017 年 1 月 18 日在联合国日内瓦总部的演讲。人类命运共同体的固化及升华,体现在中国共产党第十九次全国代表大会上的报告以及在中国的《宪法》和《中国共产党章程》上的规范。中国国家主席习近平亲自倡导并促进发展的"推动构建人类命运共同体"的指导思想,已成为中国共产党和中国政府指导中国特色社会主义现代化建设的重要对外方针和行动指南,已成为习近平新时代中国特色社会主义外交思想的核心内容和行动纲领,更成为学者们持续关注和研究的前沿性领域与焦点性问题。

二、海洋命运共同体的法理基础

笔者认为,建立在和谐海洋理念、人类命运共同体理念基础上,并获得发展和深化的海洋命运共同体理念的法理基础是"共同体"原理,即为构建海洋命运共同体,需要把"共同体"原理深度融入管控海洋事务的现代海洋法体系尤其是《联合国海洋法公约》体系之中。这是由现代海洋法体系自身需要共同体原理,现代海洋法体系可以保障海洋命运共同体的构建和实施,以及共同体原理能为实现海洋命运共同体目标提供理论等因素决定的。

一般认为,现代海洋法体系有两种类型,即广义的和狭义的现代海洋法体系。而在狭义的现代海洋法体系中,核心内容为 1958 年的"日内瓦海洋法公约"体系和 1982 年的《联合国海洋法公约》体系。而对这两个体系之间相互关系的规定,可见《联合国海洋法公约》的第 311 条第 1 款。从其内容可以看出,《联合国海洋法公约》体系内容不仅是对传统海洋法包括"日内瓦海洋法公约"的编纂和发展,而且具有在适用上的独特优势。同时,从《联合国海洋法公约》的框架结构和主要内容看,其具有综合性、全面性和穷尽性、优先性的特征。所以,现今的海洋事务和海洋秩序受《联合国海洋法公约》体系的规范与管理,《联合国海洋法公约》无疑是一部具有综合性、权威性的立法性条约或框架性条约。从海洋法发展的历史看,其就是沿海国家主张的管辖权和其他国家主张的海洋自由,沿海国的自身利益(特殊利益、具体利益)和国际社会的一般利益或普遍利益(如公海自由)相互对立和调整的历史。换言之,在由海洋空间(具有多种不同法律地位和管理制度的海域)和海洋功能(如海洋科学研究、海洋环境的保护和保全、海洋技术的发展和转让等)

内容为主构成的《联合国海洋法公约》体系中,存在两大原理即传统自由原理和主权原理的平衡和协调。其中,传统自由原理以海洋为媒介,主要目的是发展发达国家尤其是世界海洋强国的国际贸易和商业活动,发挥海洋在交通运输上的功能和作用;而主权原理基本以保护沿海国的具体利益尤其是沿海国在近岸的渔业资源利益和非生物资源如矿物资源利益为目的,并希望扩大沿海国的管辖空间和范围,以获得在经济和安全上的利益。这也就是说,狭义的现代海洋法体系核心《联合国海洋法公约》体系是以上述传统自由原理和主权原理为支柱形成并发展的产物。

但是,由上述两大原理形成的《联合国海洋法公约》体系,无法持续确保海洋生物资源的养护和海洋环境保护问题,无法维护国际社会的共同利益(如生物资源利益、海洋环境利益)。因为以"陆地支配海洋原则""距离原则"确定的国家管辖海域范围(国家海洋空间)和以"公平原则"或"衡平原则"划定管辖海域范围的规定,没有考虑生态系统的一体性及其环境要素,如果人为地界定海域管辖范围或确定海域划界线区隔海洋生态系统,则对于保护海洋生物资源及生态系统是非常困难的,也是不可能的。同时,由于沿海国管辖范围的扩大包括 200 海里专属经济区的设立,使得一些国家尤其是多数发展中国家根本无力和无法管理宽阔的海域包括监测和处罚在专属经济区内的非法渔业活动、污染海洋环境行为,从而影响对诸如生物资源的养护和海洋环境保护那样的共同利益的保护,所以,在国际社会出现了以共同体原理综合管理海洋的观点,以维护国际利益空间(domaine public international)。

国际利益空间,也被称为"国际公域"。国际公域,是指依据国际法,不专属于任何国家的空间区域,也不接受任何国家的排他性控制,而可被国际社会共同利用的空间;也有观点认为,所谓的国际利益空间,是指与国际共同体的利益有关的空间,或者与多数国家的国民利益直接有关的空间,通常指海洋空间(海域)、河流、大气和宇宙空间。而这里的海洋空间主要是指国家管辖范围以外的区域(如公海、国际海底区域),即国际利益空间是指以与利用空间有关的共同利益为基础的概念,国际空间是国际社会实现共同利益的场所。所以,为实现国际空间尤其是保护海洋空间利益目标,需要由有职权的国际组织和国家采用如生态系统管理和事先预防原则等那样的新模式、新方法共同对国际利益空间予以综合管理,才能实现海洋可持续利用和发展目标。

从国际法的主体看,国家和国际组织管理国际社会的行为和活动是其基本职责,所以由国际组织和国家共同管理诸如海洋资源和空间那样的国际利益空间是这些组织和国家的应有之义,这是共同体原理的合理要求和归宿,以实现共同空间利益保护目标。应指出的是,国家不仅是国际法的主要主体,也是国际法制度的主要决策者和实施者,所以国家在国际层面具有双重性,即其既是条约(国际法)的制定者,也是条约(国际法)的实施者,表现出所谓的"双重功能性"。

实际上,对于由国际组织管理国际利益空间的制度在《联合国海洋法公约》体系中已经存在,即以人类共同继承财产原则为基础的国际海底区域(简称"区域")制度,并设立了专门管理和控制"区域"内活动的机构——国际海底管理局。所以,国际海底管理局在《联合国海洋法公约》体系中的立法和执法(管辖)的职权,可以确保国际海底区域内活动的有序开展和有效实施,实现人类共同继承财产原则之要求和目标。换言之,建立在人类共同继承财产原则基础上的国际海底区域制度是运用共同体原理的重要举措。其中,人类共同继承财产原则是共同体原理的组成部分,并成为《联合国海洋法公约》体系中的基本原则及不得修改和减损的重要原则。所以,海洋命运共同体的构建以共同体原理为基础,国家作为国际社会的重要一员,依据双重功能性,也应该发挥维护国际利益空间尤其是海洋空间可持续利用和发展的作用。这就是我国倡导构建海洋命运共同体的本质和法理基础,也是我国对进一步维护和发展海洋秩序的重要贡献。

此外,从第三次联合国海洋法会议(1973—1982年)审议进程看,其制定并通过的《联合国海洋法公约》体系是妥协和折中的产物,不可避免地带有局限性和模糊性,如岛屿制度要件和海域划界原则的模糊性,"区域"勘探和开发制度中承包者在财政负担和技术转让上的严苛性,未涉及生物多样性之类的术语,也不存在诸如海洋和平利用、适当顾及等用语的解释和概念。为消除这些缺陷和完善有关制度,除由国家实践包括国际司法判决和仲裁裁决丰富内容和其他国际组织(如国际海事组织、世界粮农组织)制定规范性制度予以补充和完善外,还在《联合国海洋法公约》体系内采用了通过制定1994年和1995年两个《执行协定》的方式予以丰富和发展的模式。但即使如此,依然无法改变《联合国海洋法公约》体系在本质上重点是规范开发和利用海洋空间和资源行为或活动的属性,无法就如何保护和保全海洋环境作出制度性的具体安排,也无法实现真正的综合性管理海洋的目标。

为此,国际社会提出了在国家管辖范围外区域保护海洋生物多样性的建议和要求,以弥补受制于技术限制和对环境认识不足之缺陷,使《联合国海洋法公约》体系内容更为全面和有效,即制定具有法律拘束力的第三个执行协定已达成共识。其不仅是弥补《联合国海洋法公约》体系的重要举措,也是实现共同体原则目标不可缺少的重要步骤。换言之,国际社会特别是通过国家和国际组织的共同努力,制定和实施第三个执行协定,包括通过设立海洋保护区的方法养护生物基因资源、制定分配国家管辖范围外区域海洋生物多样性的利益等制度和模式,并明确和平衡各方的责、权、利,是实现共同体原理目标的重要补充性制度,也是实现共同体原理目标的重要保障。为此,将海洋命运共同体理念及其蕴含的原则和精神融入并固化于新的海洋法制度包括第三个执行协定内,是我们应该努力的方向和目标。

三、海洋命运共同体的目标愿景与基本范畴

由于海洋命运共同体源于人类命运共同体,所以,有必要考察人类命运共同体的基本体系包括其内容和原则、路径和目标,进而为海洋命运共同体理论体系构建提供方向和遵循。

从人类命运共同体的成形过程看,其基本内容主要体现在以下方面:第一,在政治上坚持对话协商,建设一个持久和平的世界;第二,在安全上坚持共建共享,建设一个普遍安全的世界;第三,在经济上坚持合作共赢,建设一个共同繁荣的世界;第四,在文化上坚持交流互鉴,建设一个开放包容的世界;第五,在生态上坚持绿色低碳,建设一个清洁美丽的世界。这些内容不仅指出了构建人类命运共同体的具体方式和方法,而且规范了其在各领域的具体的方向和目标,它们构成人类命运共同体体系的基本内容。

在构建人类命运共同体的过程中,应遵守的原则及要求主要为:第一,尊重各国主权平等原则,以建立平等相待、互商互谅的伙伴关系;第二,利用和平方法解决争端并综合消除安全威胁的原则,以营造公道正义、共建共享的安全格局;第三,尊重公平和开放的自由贸易并实现共同发展的原则,以谋求开放创新、包容互惠的发展前景;第四,应遵守包容互鉴共进并消除歧视的原则,以促进和而不同、兼收并蓄的文明交流;第五,应遵守环境保护并

集约使用资源的原则,以构筑崇尚自然、绿色发展的生态体系。

从上述原则和要求可以看出,在构建人类命运共同体进程中应遵循的原则包括《联合国宪章》在内的国际法的基本原则和国际关系准则,具有合理合法性。因为人类命运共同体的构建需要以国际法为基础并提供保障,所以它们与"共商、共建、共享"原则所蕴含的内涵完全一致,必须得到全面贯彻和执行,不可偏离任何一方面的原则。换言之,人类命运共同体构建和实施的基础为国际规则,这些国际规则的成立和修改需要各国的参与与协调并反映其意志,而在构建规则的过程中应体现和贯彻"共商、共建、共享"的原则,通过这种方法和路径制定与完善的国际法才能发挥应有的持续作用。

同时,如前所述,海洋命运共同体起源于和谐海洋理念,同理,和谐海洋理念蕴含的原则和价值目标,也是构建海洋命运共同体时应遵循的原则和方向。

从和谐海洋理念提出的背景和要求看,其既是时代发展的需要,也具有深厚的国际法基础。同时,从海洋的本质和特点看,海洋问题复杂和敏感,关联历史和主权,也影响国民情绪和感情,且它们彼此关联,需要综合考虑和应对,即需要对海洋问题进行统筹兼顾和全面考量。这些原则性要求完全体现在和谐海洋理念所倡导的内容中。

和谐海洋理念内容蕴含的国际法要义,主要表现在以下方面:第一,应对和处置海洋问题应发挥国际组织尤其是联合国的主导作用,目的是构建公正合理的海洋管理制度;第二,各国在面临海洋纠纷时,需要通过协商解决,并应遵守国家主权平等原则,以维护海洋的正常和安定秩序;第三,由于海洋问题的关联性和复杂性,需要实施综合管理,所以,在处理海洋问题时必须坚持标本兼治的原则;第四,国际问题包括海洋问题的解决需要各种力量的组合,尤其需要通过多方面和多层次的合作方式解决,而合作具有国际法的基础;第五,为合理开发利用海洋资源,为人类服务,应保护海洋,以实现天人合一目标,实现可持续发展。可见,和谐海洋理念内容之目标,为构建海洋命运共同体提供了重要基础和行为规范,必须得到全面有效执行。

为此,海洋命运共同体的基本含义和价值目标,可界定为:在政治上的目标是,不称霸及和平发展,即我国坚定奉行独立自主的和平外交政策,尊重各国人民自主选择发展道路的权利,维护国际公平正义,反对把自己的意志强加于人,反对干涉别国内政,反对以强凌弱,我国无论发展到什么程度,永远不称霸,永远不搞扩张。在安全上的目标是,坚持总体国家安全观和新安全观(互信、互利、平等、协作),坚决维护国家主权、安全和发展利益,即我国决不会以牺牲别国利益为代价发展自己,也决不放弃自己的正当权益,任何人不要幻想让我国吞下损害自身利益的苦果,我国奉行防御性的国防政策,我国发展不对任何国家构成威胁。在经济上的目标是,运用新发展观(创新、协调、绿色、开放和共享)发展和壮大海洋经济,共享海洋空间和资源利益,实现合作共赢目标。在文化上的目标是,通过弘扬中国特色社会主义核心价值观,建构开放包容互鉴的海洋文化,即建构和而不同、兼收并蓄的全球新型海洋文化观。在生态上的目标是,通过保护海洋环境构建可持续发展的海洋生态系统,实现"和谐海洋"理念倡导的人海合一目标,进而实现绿色和可持续发展目标。在这些领域上的政策和目标,即其目标愿景和基本范畴构成海洋命运共同体理论体系的核心指标。

四、海洋命运共同体的实践路径和保障制度

为实现海洋命运共同体的目标愿景和价值,必须找到合适和可行的构建海洋命运共同体的具体实践路径。鉴于各国发展程度不同、利益诉求不同、发展战略不同、所处环境和要求不同、文化习惯及制度规范相异等,所以,海洋命运共同体的构建如人类命运共同体的建构一样,需要分阶段、分步骤、有重点地推进实施。这不仅是由海洋命运共同体自身发展成为现代海洋法体系的理念或原则(习惯)需要时间(国家实践)和意念(法律确信)所致,也是由海洋命运共同体的本质属性或法律属性决定的。

从海洋命运共同体的法律属性看,推动构建海洋命运共同体的主体是人类。这里的"人类"是指全人类,既包括今世的人类,也包括后世的人类,体现海洋是公共产品、国际利益空间及人类共同继承财产、遵循代际公平原则的本质性要求。而代表人类行动的主体为国家、国际组织及其他重要非政府组织,其中国家是推动构建海洋命运共同体的主要及绝对的主体,起主导及核心的作用。这是由国家是国际法的主体地位或核心地位决定的。

在客体上,海洋命运共同体规范的是海洋的整体(在海底、海水和海空内的行为或活动),既包括人类开发利用海洋空间和资源的一切活动或行为,也包括对赋存在海洋中的一切生物资源和非生物资源的保护和养护,体现有效合理使用海洋空间和资源的整体性要求。这是由海洋的本质属性

（如公益性、关联性、专业性、功能性、流动性、承载力、净化力等要素）所决定的，也体现了对海洋的规范性和整体性要求，以实现可持续利用和发展目标。

为此，笔者认为，海洋命运共同体可依不同标准分为三大类型。第一，按海洋区域或空间范围分类，可以分为地中海、南海、东海命运共同体和极地（南极、北极）命运共同体；第二，按海洋功能分类，可以分为海洋生物资源共同体、海洋环境保护共同体、海洋科学研究共同体，以及海洋技术装备共同体；第三，按海洋专业领域分类，可以分为海洋政治、海洋经济、海洋文化、海洋生态、海洋安全共同体。在运作和管理方式上，应坚持共商、共建、共享的原则以及其他符合国际法的基本原则，采取多维多向合作的方式予以推进，以实现共同管理、共同利用、共同获益、共同进步的目标，体现共同体原理所追求的目标和价值取向。

为实现上述目标愿景，海洋命运共同体的构建应通过双边和区域协议优先在南海、东海问题上予以实施，以实现和平、合作、友好之海的目标，即努力构建南海、东海命运共同体。换言之，在南海和东海问题上的作为和贡献，是我国构建海洋命运共同体的具体路径和实践平台。这是由南海和东海问题在我国经济社会建设和发展过程中的地位和作用所决定的，也是我国建设海洋强国的重要指标性问题；不仅符合亚太区域发展要求和趋势，而且是我国倡议的海洋命运共同体理念能否被国际社会广泛接受并获得深入发展的重要试金石。所以，确定南海问题和东海问题的政策取向及解决模式，使其不严重地影响我国国家整体战略目标及发展进程，不仅考验中国政府和人民的智慧，也关联海洋强国战略目标进程，涉及国家海洋治理体系和海洋治理能力现代化水平，更关系国家治理体系及治理能力现代化水平的巩固和提升。

对于南海区域内的南海问题，主要包括两个方面。第一，南沙岛礁领土主权争议问题以及由此延伸的海域划界争议和资源开发争议问题，这是中国与部分东盟国家之间存在的争议问题。第二，中国与以美国为首的国家针对南海诸岛海洋地物的性质和地位及在其周边海域的航行自由对立问题。由于这些海洋权益争议问题缘由不同、对象不同、理据不同、利益不同，所以应采用不同的路径和方法予以处理。

在南海问题争议中涉及的法律问题，主要为：中国南海断续线的性质及线内水域的法律地位,岛屿与岩礁的性质和地位及其在划界中的作用,历史性权利与《联合国海洋法公约》之间的关系问题,历史性权利的来源及具体内涵,大陆国家远洋岛屿(群岛)适用群岛水域直线基线的可能性,低潮高地是否为领土以及可否占有的问题,国家依据《联合国海洋法公约》第298条做出的排除性声明事项的范围及解释问题等方面。

这些法律问题既具有一般性,又具有特殊性,并涉及有关国家重大利益和关切,所以须予以谨慎处理,包括应与相关国家通过协商谈判予以解决,即优先使用政治方法或外交方法予以解决,而运用法律方法包括仲裁在相关方无法缔结协议或未明确同意仲裁并对争议事项存在异议的情况下,且在《联合国海洋法公约》体系本身存在一些制度性缺陷和不足时,就更难以妥善解决,这已由南海仲裁案实践予以证明。

为此,在双边层面,利用"双轨思路"(即有关争议由直接当事国通过友好协商谈判寻求和平解决,而南海的和平与稳定则由我国与东盟国家共同维护),依据历史和国际法包括《联合国海洋法公约》是可行而有效的途径,这可从中菲两国之间在南海仲裁案后的具体实践及业绩予以证明。对于中、美两国之间在南海诸岛周边海域存在的航行自由对立问题,由于无法在《联合国海洋法公约》体系框架内解决,所以需要通过双边对话协商并遵守已经达成的相关共识和参考其他协议内容予以处理。

在南海区域层面,重要的是遵守《南海各方行为宣言》(2002年11月4日)、落实《南海各方行为宣言》指导方针(2011年7月20日)、实施《中国与东盟国家应对海上紧急事态外交高官热线平台指导方针》和《中国与东盟国家关于在南海使用"海上意外相遇规则"的联合声明》两个共识文件,以及《中国和东盟国家外交部长关于全面有效落实"南海各方行为宣言"的联合声明》(2016年7月25日),核心是制定和实施"南海行为准则"(包括"南海行为准则"的地位和性质、适用范围、预防冲突和争端解决原则的确立等方面),以消除《南海各方行为宣言》存在的缺陷,实现对南海区域空间和资源活动的功能性和规范性统一目标,并为最终解决南海争议问题提供指导性原则或框架性准则。

对于东海区域内的东海问题,主要包括两个方面的争议。第一,针对钓鱼岛及其附属岛屿的领土主权争议问题,包括是否存在"主权争议"和"搁置争议"共识;第二,由岛屿领土主权争议引发的资源开发争议、海域划界争议和海空安全争议等。对于这些争议,中、日两国存在一些共识和协议,例如,《中日渔业协定》(1997年11月11日签署,2000年6月1日生效)《中日关于东海问题的原则共识》(2008年6月18日)《中日处理和改善两国关系的四点原则共识》(2014年11月7日),以及《中国国防部和日本防卫省之间的海空联络机制谅解备忘录》(2018年5月9日签署,2018年6月8日生效)和《中日政府之间的海上搜救合作协定》(2018年10月26日签署,2019年2月14日生效)。所以,如何切实实施这些共识和协议,合理兼顾对方关切,扩大合作利益交汇点,是稳定东海问题争议的重要方面,以切实构建契合新时代要求的中日关系,进而实现东海成为和平、合作、友好之海的目标。这是中、日两国应该努力的方向和追求的目标。

应该指出的是,为保障南海和东海区域稳定,重要的是在倾听各方主张和立场的基础上,通过平等协商,分析存在的问题,并依据历史和国际法予以解决,以实现"依法治海"的目标。换言之,依据规则主张权利,依据规则使用和维持权利,依据规则和平解决权利争议,是保障实现诸如南海、东海命运共同体的重要基础。当然,此处的规则主要是指双方、多方接受的国际法规则(包括国际习惯和成文法尤其是条约),即被多数国家所接受的国际法包括海洋法规则。如果对这些规则存在不同的理解和认识,则需要对其差异性或分歧性进行举证,其理据被其他方接受后才可适用。

综上,进一步研究和分析《联合国海洋法公约》体系内容的共同性和差异性,并在达成共识的基础上,依其处置海洋权益争议问题,是构建南海、东海命运共同体的重要保障。同时,针对《联合国海洋法公约》体系内存在的问题和不足,不断地进行补充和完善,包括通过制定"执行协定"的方式,也是保障以共同体原理为基础的海洋命运共同体理念在《联合国海洋法公约》体系内不断融入和发展的重要路径和有效措施。

为此,我国针对海洋权益争议问题的基本立场和态度,可归纳为以下方面:第一,通过平等协商努力达成协议;第二,如果无法达成协议,则制定管控危机的制度,包括兼顾对方的立场和关切,实施"主权属我、搁置争议、共同开发"的制度;第三,通过加强合作尤其是海洋低敏感领域(如海洋环保、海洋科学研究、海上航行和交通安全、搜寻与救助、打击跨国犯罪等)的合作,增进互信,包括达成政治性或原则性共识,为最终解决海洋权益争议创造基础和条件,即以阶段性共识规范和指导各方的行为和活动,并努力促成早期收获,扩大和共享合作利益,实现海洋功能性和规范性的统一,实现合理有效利用海洋空间和资源的目标。

这种立场和态度完全符合构建海洋命运共同体的价值取向和目标愿景,所以,合理处置在南海区域和东海区域引发的南海问题和东海问题,是我国推动构建海洋命运共同体的重要实践步骤和平台,直接关系构建海洋命运共同体的使命和成败。换言之,以国际法包括《联合国海洋法公约》体系所蕴含的原则和制度,处理诸如南海、东海那样的海洋权益争议问题,是保障实现南海、东海命运共同体的制度性基础,必须遵循相关规则和共识并确保成功。

五、海洋命运共同体的目标愿景展望

如上所述,我国根据海洋自身的特质,以及海洋的空间和资源在经济社会发展中的地位和作用,提出了合理使用海洋和解决海洋问题的政策与倡议,最终目标是构建海洋命运共同体。所以,构建海洋命运共同体既是目标愿景,又是努力的进程和方向,具有多重特征。这不仅符合人类对海洋秩序的要求,而且符合我国长期以来针对海洋的政策和立场,是对"和谐海洋"理念的细化和发展,更是人类命运共同体理念在海洋领域的运用和深化,也由共同体原理的法理基础予以支撑,所以是一个合理的目标愿景。但正如构建人类命运共同体一样,推动构建海洋命运共同体并实现其目标,也需要克服多种困难和挑战,需要运用多种模式和方法包括双边、区域和国际层面的有效合作,特别需要处理好我国面临的诸如南海问题、东海问题等重大问题,这对于构建和实现海洋命运共同体的总体目标具有重大意义。

要解决这些海洋重大问题,并实现海洋命运共同体的目标,需要运用和平的方法,通过直接协商对话解决分歧,重要的是应运用国际社会存在并广泛接受的国际法规则(如《联合国宪章》和《联合国海洋法公约》)予以处理,即践行"依法治海"理念,并积极参与国际海洋新规则的制定工作、发表意见,特别应该遵守已经达成的共识和协议,为最终解决海洋权益争议创造条件和基础,包括在无法达成共识和协议时制定和实施危机管控制度,以延缓和消除紧张态势,为实现和平、合作、友好之海作出中国的持续贡献。

为逐步推进海洋命运共同体建设进程,设立和运用诸如"一带一路"倡议那样的平台是十分必要的。所以,我国既可以运用已有平台(如海上丝路

基金、中国—东盟投资合作基金),也可以通过创设新的海洋领域专业平台(如海洋安全论坛、海洋生态论坛、海洋文化论坛、海洋经济论坛),共同推动海洋命运共同体的构建,完善海洋命运共同体理论体系,以逐步实现海洋命运共同体的目标愿景,为人类可持续利用海洋作出新的更大的贡献。

总之,海洋命运共同体的目标愿景是美好的,但构建海洋命运共同体的进程是曲折的,需要我们付出长期而艰巨的努力,核心是确保和拓展共同利益、保护国际空间利益、强化多维多向合作进程,尤其需要合理地处理影响海洋秩序的重大海洋权益争议问题,使其不影响或少影响构建海洋命运共同体的总体进程,以便使海洋命运共同体理念所蕴含的本质属性被他国接受并发展成为海洋领域的重要原则,实现认识统一、环境稳定和利益共享的海洋命运共同体核心价值。这应该是我们长期持续努力的方向和追求的目标。

文章来源: 原刊于《中国海洋大学学报(社会科学版)》2021 年第 1 期,系中国海洋发展研究会与中国海洋发展研究中心重点项目"海洋基本法涉及到的极地问题研究"(CAMA201810)阶段性成果。

对推进海洋命运共同体试验区建设的战略思考

■ 戴桂林,林春宇

论点撷萃

面对复杂多变的国际形势,原有国际海洋治理体系和治理秩序难以满足各国实际需要。理念先行于实际,理论指导实践。"海洋命运共同体"作为"人类命运共同体"的重要一环,是从海洋层面构建和平发展、合作共赢的命运共同体,致力于与各个国家进行广泛的海洋合作与海洋资源共治共享,维护海上安全稳定、推进全球海洋治理的中国智慧和方案。

从理论到实践的跨越需要经历漫长的历程,海洋命运共同体的实践区别于传统的海洋治理,倡导各国之间应当"对话而不对抗、结伴而不结盟",是对已有国际海洋利益格局的优化。海洋命运共同体的实践不会一蹴而就,而是要经历多个阶段和多种尝试,每一种尝试都是对实践体系的丰富与完善。现有国际海洋治理体系的建立来源于区域海洋治理的成功实践,同样,海洋命运共同体的实践也离不开区域海洋治理的实践尝试。

在全球性新冠肺炎疫情大流行造成的不稳定和不确定时期,海洋作为一个开放型的系统,使各国更加深刻认识到海洋命运共同体的寓意,切实体会到海洋承载着人类健康与发展。当下比以往任何时候都更需要对全球海洋治理予以关注,以确保海洋能够继续提供对人类福祉至关重要的生态系统服务。海洋命运共同体作为解决全球海洋治理问题的中国方案,能集中各方力量共同应对海洋乃至人类所面临的现有和未来挑战,以实际行动赢

作者:戴桂林,中国海洋大学经济学院教授,中国海洋发展研究中心研究员

　　　林春宇,中国海洋大学经济学院博士

得更多国家信任。本文提出的海洋命运共同体试验区建设思考,将试验区作为可行的实践载体之一,将最大限度地适应地区、国家和地方实际情况,为全球海洋治理提供更多的治理工具和实施方案。试验区将建立更多合作关系,为人类海洋共同利益努力统一协调各方的研究和行动,为解决海洋环境、海洋治理等问题发挥重要作用。

面对复杂多变的国际形势,原有国际海洋治理体系和治理秩序难以满足各国实际需要。理念先行于实际,理论指导实践。2019年4月23日,国家主席习近平在青岛集体会见出席中国人民解放军海军成立70周年多国海军活动的外方代表团团长时所作的重要讲话中,提出了"海洋命运共同体"的重要理念。2019年10月,党的十九届四中全会进一步强调"要健全党对外事工作领导体制机制,完善全方位外交布局,推进合作共赢的开放体系建设,积极参与全球治理体系改革和建设",为构建海洋命运共同体提供了涉海国际交流、对外开放、海洋治理等方面的战略指导原则。2020年10月29日,党的十九届五中全会指出"要高举和平、发展、合作、共赢旗帜,积极营造良好外部环境,推动构建新型国际关系和人类命运共同体"。"海洋命运共同体"作为"人类命运共同体"的重要一环,是从海洋层面构建和平发展、合作共赢的命运共同体,致力于与各个国家进行广泛的海洋合作与海洋资源共治共享,维护海上安全稳定、推进全球海洋治理的中国智慧和方案。

海洋命运共同体理念提出后,国内学界对海洋命运共同体的理论支撑、意义、理念创新与制度创建、内涵价值路径、治理体系和国际法律等进行了理论层面的积极探讨;而关于其实践构想方面研究较少,仅有东南亚海域海洋命运共同体的构建基础与进路、海南自由贸易港与海洋命运共同体等方面的讨论,关于具体举措的研究有待丰富。国外学者发现以民族国家为中心的传统海洋治理模式无法解决新的海洋安全挑战。因此在过去的几年,许多海洋活动旺盛的国家已经开始改变其海洋政策,从传统的以部门制度为基础的结构转向国家和区域层面合作的综合模式。相关学者研究发现,虽然区域海洋治理由于来自不同成员国的伙伴之间存在差异,导致不同国家进程之间的一致性具有挑战性,但相关的行政、法律框架和技术问题差异是可以解决的。从理论到实践的跨越需要经历漫长的历程,海洋命运共同体的实践区别于传统的海洋治理,倡导各国"对话而不对抗、结伴而不结盟",是对已有国际海洋利益格局的优化。海洋命运共同体的实践不会一蹴而就,而是要经历多个阶段和多种尝试,每一种尝试都是对实践体系的丰富与完善。现有国际海洋治理体系的建立来源于区域海洋治理的成功实践,同样,海洋命运共同体的建立也离不开区域海洋治理的实践尝试。

因此,本文立足于海洋命运共同体知行合一理念,对现有理论概念体系和战略实践体系并举合一,提出建立海洋命运共同体试验区(以下简称试验区)的实践构想。该试验区通过发挥示范先行作用,以区域海洋生态共同养护完善全球海洋治理体系,以区域海洋经贸自由化和便利化推动城市间的海洋合作,以区域海洋文化共融实现蓝色伙伴关系的建立。通过以建设青岛海洋命运共同体试验区为案例,旨在更大范围内推广构建海洋命运共同体的实践经验,以期构建共同繁荣、共同发展的海洋发展格局。

一、新形势下海洋命运共同体试验区建设的动因及行动定位

(一)新形势下海洋命运共同体试验区建设的动因

传统海洋发展思维难以适应当今发展需要,海洋命运共同体理念将为海洋共同繁荣注入新的活力。古罗马哲学家西塞罗"谁控制了海洋,谁就控制了世界"的思想深深植根于西方战略文化。传统的国际海洋秩序是以欧美国家为主导,从利己的角度出发制定了一系列国际海洋法律、政策,发展中国家处于弱势失语的不利地位,全球海洋治理体系失衡已久。

各国逐渐认识到《联合国海洋法公约》等国际法在解决复杂棘手问题中的局限性,现行的联合国海洋治理体系需要稳中求变、变中求新。如何有效解决各国面临的海洋政治安全、经济合作和生态环境问题显得尤为迫切,亟须一种新理念、新路径指引人类发展。海洋命运共同体理念为全球海洋治理提供新的价值指引。特别是当今世界正处于百年未有之大变局,不稳定性不确定性明显增强,海洋命运共同体是一种通过共同分享海洋发展机遇、共同应对海洋威胁挑战和共同和平利用海洋的全新理念,将理念融入于实践建设海洋命运共同体试验区是一种积极的尝试和示范。

国际海洋议题陷入囚徒博弈困境,构建海洋命运共同体的实践有利于形成新的突破口。从现有国际海洋实践中的海洋控制型议题、海洋开发型议题和海洋治理型议题来看,海洋控制型议题如海洋军事、海洋争端、海洋

冲突与海洋战争等一直是矛盾的集中地,相关议题难以推进。低效的全球海洋治理导致全球海洋公共产品供给不足,海盗、恐怖主义、跨国犯罪等活动无法得到有效遏制。由于海洋控制型议题的进展不利,海洋开发型议题和海洋治理型议题实施也事倍功半,尤其在海洋环境治理方面表现更加突出。海洋正成为"人类最大的垃圾回收站",每年漂流、倾倒入海的塑料垃圾达 800 万吨,90％的垃圾没有得到有效回收利用,而全球海洋塑料垃圾治理的体系化建设不尽完善,治理的手段、资源、意愿等无法完全满足治理目标的需求。事实促进认知。各国逐渐认识到现有海洋实践的不足,对海洋合作性和包容性观念产生新的变化,这为海洋命运共同体理念孕育提供了土壤。由于海洋控制型议题收效甚微,各国纷纷将目光投向海洋开发型和海洋治理型议题。在追求和谐、包容海洋秩序的背景下,构建海洋命运共同体为各国海洋治理提供了鲜明的行动导向。

城市间跨国合作有利于自下而上地形成国家间合作纽带。面对波谲云诡的国际形势,如何推动构建海洋命运共同体是个宏大的课题。在海洋命运共同体实践中,早在 2013 年中国就已提出"一带一路"合作倡议,主动成为实践先锋,开创了全球海洋治理新局面,但也遭到了传统欧美强国的抵触。国家间的战略合作涉及层面广,受战略规划、地缘政治等方面影响较大,很多时候会出现零和博弈甚至负和博弈的局面,因此需要另辟蹊径。相对来说,国家之间的城市合作较为容易开展。因此,在推动构建海洋命运共同体实践中,通过建设试验区开展城市间的跨国合作具有较强的可行性。可选择历史矛盾较少、冲突程度较低、海洋开放程度较高的城市作为试验区,弱化合作中的政治因素,通过城市间的跨国合作自下而上地形成各国海洋合作的基石。试验区可以经济合作促进生态治理和文化交流,同时发挥试验区先行和示范作用,实现海洋命运共同体共建共享理念,为构建海洋命运共同体积累实践经验,不断丰富海洋命运共同体实践体系。

(二)新形势下海洋命运共同体试验区建设的行动定位

试验区的总体目标定位是通过建立"世界级海洋友好城市",辐射全球合作伙伴,实现区域性海洋命运共同体。"世界级海洋友好城市"有两层含义,一是试验区应该是世界级影响力的海洋中心城市,在区域海洋治理体系中有较强的领导作用;二是试验区建立的友好城市应该遍布全球,形成以城市为单位的一个全球海洋合作巨大网络。试验区将以"海洋友好城市"为基点、以"港口互联互通"为轴,点轴连接形成蓝色伙伴关系网,以城市合作拉动国家合作,自下而上地提升全球海洋治理水平。

试验区的基本行动定位是在海洋领域中实现经济共赢、文化共融、生态共治、政治互信和安全共建。经济共赢是寻求自身海洋利益的同时兼顾他方的海洋利益,实现海洋产业优势互补发展。文化共融倡导求同存异的交流方式,旨在消除海洋文化隔阂和增强对海洋命运共同体理念的认同感和归属感。生态共治是将海洋生态观与海洋利益观结合,以可持续发展理念共同治理海洋环境污染。政治互信是与共建城市建立"友好城市"关系,在遇到海洋争端时提供平等协商的和平交流平台。安全共建是指与共建城市在公共海域中共同维护海洋安全,共建主体致力于解决海洋非传统安全的问题。

二、海洋命运共同体试验区建设的内涵与体系建设

(一)海洋命运共同体试验区建设的内涵

海洋命运共同体作为人类命运共同体的重要组成部分,是人类命运共同体在海洋领域的细化和深化。海洋命运共同体包含海洋政治、安全、经济、文化和生态五个方面。这五个方面的内容作为一个整体相互促进和制约,不能孤立地解决任何一个方面的问题,要同时兼顾,海洋命运共同体试验区是实践海洋命运共同体功能的重要载体。

海洋命运共同体理念倡导将个体的海洋利益置于共同体的海洋利益之中,以共同体的发展引领个体的共赢发展。海洋命运共同体不仅有关人类命运,还与所有海洋生物命运密切相关。海洋命运共同体将人类与海洋视为一个整体,调整人与人、人与海洋之间的关系。它能够激发全球海洋治理主体在关注自身海洋利益的同时,关注人类与海洋整体的可持续发展,实现人海和谐共存。

试验区共建不是简单的次区域合作,也不同于以往的友好城市关系或地方政府多边合作。试验区合作主体多元化,合作动力多样化,合作机制灵活化,合作主题更加聚焦。从合作主体来看,试验区共建是在跨国地方政府搭建合作平台的基础上,企业、非政府组织等多主体共同参与海洋治理的过

程。从合作动力来看,多主体受地缘政治影响较小,在资源配置和区域海洋治理方面动力更足。从合作机制来看,通过设置常设机构、建立企业联盟和组织联盟等形式,更有利于海洋治理日常事务的开展。从合作主题来看,试验区合作主题是以经济合作带动海洋环境保护、海洋治理等领域合作,始终以区域海洋治理主题为中心。试验区是海洋命运共同体实践的具体实施载体之一,既要承担人类海洋的共同发展任务,也要关注所有海洋生物命运,是人类与海洋关系重构的具体实践。

(二)海洋命运共同体试验区的体系建设

1. 建设原则

试验区的建设是根据其总体目标和基本功能,既要满足"五位一体"总体布局,也要充分考虑各个主体的海洋权益和海洋资源环境现状,在建设过程中要遵循以下实践原则。

共商共建共享原则:试验区以双边或多边合作的建设模式为主,塑造城市间的责任和风险共同体。在试验区的建设过程中明确权责,共商起草治理章程,围绕促进海上的互联互通和各个领域合作开展。试验区的共建合作成果要实现共享,随着试验区的辐射范围不断扩大,新加入试验区的合作伙伴可以享有部分成果的权益,以便从区域合作推广到更多地区。

高质量高态化原则:海洋是高质量发展战略要地,试验区作为海洋命运共同体实践载体必然要遵循高质量发展原则。试验区作为多主体共建模式,在吸纳共建主体过程中把握好规模和质量的关系,共建内容要注重创新推动性、发展均衡性和环境可持续性等高态化准则。

示范性先行性原则:试验区应积极践行海洋命运共同体理念,充分尊重参与伙伴对各自参与事项的发言权,各个合作伙伴无论大小、强弱、贫富,都是试验区的平等参与者,形成先行示范效应吸引更多合作者参与。

2. 建设内容

海洋具有天然的连通性和开放性,各国在海洋实践活动中圈占海洋空间单一发展的可能性不复存在,共同合作开发、互利共赢成为必然。海洋命运共同体是全球海洋治理的中国方案,中国将会承担试验区建设的责任和义务,主动推进海洋命运共同体实践。试验区的建设在国内仍坚持海洋强国战略,走人海和谐、合作共赢的发展道路,在国际上加强与沿海各国城市的经济共赢、文化共融、生态共治、政治互信和安全共建。

经济共赢：试验区开展海洋经济合作不限定城市的数量和国别，向各个国家开放。倡导多边海洋合作机制，促进海上互联互通，在增进共同繁荣和海洋福祉的基础上，推动海洋经济发展。在海洋的一些行业要消除贸易壁垒，促进商品、人员、资本的自由流动，实现多方经济共赢。

文化共融：广阔的海洋孕育了独特的海洋文明，各国海洋文化中都蕴含包容、创新、团结精神，这是试验区共建主体海洋文化共融的纽带。试验区共建主体的文化背景不同，在建设过程中要求同存异，试验区传播海洋命运共同体的理念和文化是共建主体共同的追求。

生态共治：直面试验区海洋环境重大问题，共同治理和维护公共海洋生态环境，加强海洋生态环境保护和生态资源养护。海洋环境问题具有复杂性和长期性，试验区可以先实现区域海洋生态共治，可有效应对海洋生态环境问题的跨界性，再由片到面、由易到难拓展到更多区域，最终实现全球海洋生态治理。

政治互信：试验区是以城市为单位开展共建，弱化国家之间制度文化、意识形态的冲突影响，以参与主体的共同利益为实施依据。城市间共建在实践中积累合作经验，自下而上地加强对话与沟通，以经济合作促进文化交流，在实践中为政治互信提供现实依据。

安全共建：海洋命运共同体倡导共同维护海洋安全，试验区共建主体要共同树立共同、综合、合作、可持续的新安全观，积极维护海洋和平和良好秩序。倡导共建主体相互尊重，摒弃冷战思维、零和博弈，主动换位思考，加强城市间海洋安全文化交流，共同维护国际航道安全，提供更多海上公共安全产品。

三、海洋命运共同体试验区的功能与作用

(一)建立海洋命运共同体示范先行的前沿平台

实现海洋命运共同体是一个长期的过程，试验区作为实践的最前沿发挥着示范先行的作用。海洋命运共同体不支持对剩余价值的剥夺，倡导通过海洋合作构建共享共赢的合作环境。在一定意义上，海洋发展最能体现出蓝色可持续发展的本质内涵，共同体意味着人类或国家在相互交往的过

程中,在特定条件或特定领域中产生的对彼此身份和角色的认同。海洋的开放、多元和包容的特征强化了沿海城市间开展海洋领域合作的联系。在实践层面上,实现基于共同利益、共同目标和共同责任与不同国家、不同民族开展海洋合作的举措,有利于全球可持续发展。

各国政治制度、经济水平和历史文化有较大的差异,国家层面的合作较为慎重,而试验区通过城市间开展合作,能在一定程度上降低这种差异带来的合作难度。共同体的理念和实践反映了各国寻求合作发展的需要,试验区将这种诉求细化到城市层面,解决合作者之间联系性、认同感和归属感的问题。联系的紧密性可能是基于血缘、教育背景和利益等物质基础,认同感和归属感可能是源于伦理、道德、价值观和世界观等精神基础的一致。试验区的共建主体通过海洋领域合作实现经济共赢和文化共融,以海洋实践的方式加强共建主体之间的联系,初步建立相互之间的认同感和归属感,不断增强联系的紧密性、相互之间的认同感和对试验区的归属感。试验区开放、包容的特征,能提升海洋合作质量,克服发展合作的滞后性,将带动更多城市和地区参与构建海洋命运共同体,在前沿发展和示范先行上具有不可替代的作用。

(二)推进跨区域海洋治理体系和泛区域蓝色伙伴关系建设

现有国际海洋秩序难以兼顾效率与公平,当发展中国家要求推进全球海洋治理民主化时,某些发达国家的心态便出现了失衡,试图推脱大国应尽的义务。海洋命运共同体意味着一种全新高度和范围的国际海洋秩序。《联合国海洋法公约》是国际海洋法律规则的集合,是不同利益集团妥协的产物,无法兼顾不同利益集团和所有国家的利益,存在一些不足。既有的国际海洋规则无法全面有效管理全球海洋事务,特别是在跨国性海洋事务管理机制方面存在一些问题,不能反映海洋权利结构的变化。改善和重构国际海洋秩序是一项漫长而复杂的过程,自上而下的改革涉及的国家众多,在此路径上海洋命运共同体的实践如履薄冰。

相对而言,试验区通过推进城市间的经济共赢、文化共融、生态共治、政治互信和安全共建,能为实践中形成国际海洋法律制度提供现实依据。试验区共建主体将以区域合作为主要合作模式,在区域海洋治理过程中凸显地区特色。试验区不是一般的政府通过多种手段推动地缘政治经济合作,而是以海洋合作为主要合作内容,凸显共建主体蓝色关系。城市间合作能进一步完善区域海上行动协调机制,从而与更多主体建立蓝色伙伴关系,深度变革全球海洋治理体系,将区域海洋治理方案向符合人类共同利益、为国际社会公认的规则体系转变。

(三)发挥海洋经济贸易自由化与便利化试验田作用

海洋经济合作是实践海洋命运共同体的关键环节。试验区得天独厚的政策优势,有利于实现海洋经济贸易的自由化和便利化。政治制度、资源禀赋的差异产生国家对外经济政策的不同,从而造成经济往来的障碍。立足于各国的战略和发展政策,海洋命运共同体试验区可以在一定程度上减少海洋经济贸易的障碍,特别是在消除贸易壁垒,促进商品、人员、资本的自由流动方面尤为关键。试验区能充分发挥集聚效应和规模效应,有利于建立统一管理协调机制,建立共建主体间的合作平台。

试验区的海洋经济贸易合作一方面重在融合,城区合作关键是找准融合点,寻找更低的要素成本,形成大规模的外贸和消费市场,推动试验区投资便利化制度红利外溢,不断延伸试验区功能,驱动区域资源的重新配置;另一方面要考虑自身优势产业在跨国价值链、产业链中的地位,通过城市间优势产业强强联合,从而确定与试验区成员的具体合作产业,以确保优势产业对接,提升竞争优势;最终以试验区经济贸易合作自由化和便利化促进国家间经济贸易合作,提升试验区共建主体的经济水平,在全球海洋治理中发挥更大作用。

四、案例:青岛海洋命运共同体试验区建设路径

海洋命运共同体试验区的选择不仅要考虑地缘位置的辐射范围,还要兼顾国际海洋经济合作基础和区域经济社会条件。首先,试验区要作好顶层设计。海洋命运共同体涉及国家层面的外交、外贸和海洋管理部门等多个机构,应建立由国家机构、地方政府组成的管理协调机构,制定相应的管理机制与合作模式。其次,试验区共建主体可以选择从现有的"友好港"和"友好城市"入手,扩大海洋合作领域,深化已有海洋合作。最后,在合作的实践中要不断创新试验区共建主体对接的新模式、新方法。

2019年4月,国家主席习近平在青岛首次提出"海洋命运共同体"这一

重要理念,为青岛成为试验区提供重要契机。从国际区位来讲,青岛作为国内第一批开放的沿海城市之一,不仅是连接东亚地区的枢纽,还是俄、日、韩在远东地区众多港口往来中国最便捷的登陆地。2019年青岛港货物吞吐量、集装箱吞吐量分别居全球第六位、第七位,与全球180多个国家、地区的700多个港口有贸易往来,友好港已经增至25个,辐射范围不断延伸,成为冰上丝绸之路的重要港口。

目前青岛市已与42个国家79个城市建立了友好关系,海洋经济合作基础较好。就国内位置来看,青岛位于环渤海与长三角两大经济区的中间,与内陆各大城市的经济联系也比较密切。同时,青岛市还是"中国—上海合作组织地方经贸合作示范区"和"中国(山东)自由贸易试验区",这些就决定了青岛市可以作为一个枢纽城市,可以连接国内各个经济中心。2020年8月18日,经农业农村部渔业渔政管理局批复,山东省青岛市成为全国第一个国家深远海绿色养殖试验区,这为国际渔业区域合作提供了青岛经验和青岛方案。2020年8月26日,青岛市西海岸新区举办了第二届世界海洋城市·青岛论坛,共同发布了《海洋城市活力共建宣言》。综上,选择青岛作为试验区有其历史必然性,青岛有基础、有能力承担试验区的各项功能和职责。

建设青岛海洋命运共同体试验区,将以"世界级海洋友好城市"为总体目标,在海洋领域以经济共赢、生态共治、文化共融、政治互信和安全共建为功能目标,发挥试验区的功能和作用,为海洋命运共同体提供实践经验。青岛海洋命运共同体试验区(以下简称"试验区")建设有三个路径:一是以海洋渔业合作为核心,在深化与日、韩两国城市合作的基础上,积极与其他国家沿海城市建立稳固合作关系,为试验区共建共享打下经济基础;二是扩大海洋合作领域,以"海洋园区"和港口为抓手,进一步弱化政治因素,打破物理间隔加强互联互通;三是大力吸纳共建主体参与试验区建设,通过共商共建形成利益共同体,不断扩大影响范围。

(一)共同渔业资源开发与合作,多领域设立海洋产业示范基地

近些年中、日、韩三国在海洋领域合作较多,地方政府跨国合作已有成功案例。1996年韩国地方政府发起成立东北亚地区地方政府联合会(NEAR)和2004年日本发起创设东亚经济交流推进机构(OEAD)为次区域合作奠定了良好基础。2019年12月第八次中日韩领导人会议通过的"中日

韩＋X"早期收获项目清单等成果文件,在《中日韩合作未来十年展望》中再次强调,要促进包括交通、物流在内的地区互联互通和基础设施合作,为区域内外共同发展打下坚实基础。

经济利益是吸引共建主体积极参与的重要驱动力,海洋渔业合作是城市间跨国合作阻力最小的突破口,是试验区建设起步期的有力抓手;可以以"大海洋生态系统"为基础对渔业资源进行综合管理,全面了解渔业资源的状况,再基于渔业合作协定的模式和共同渔区、保护性合作区域、特别措施区域以及渔业资源配额方式,深化青岛日韩国际渔业合作领域。不同于以往的区域渔业经济合作,试验区渔业合作应针对区域近海渔业资源衰竭、深海渔业资源过度捕捞、远海渔业资源非法、未报告及不受管制的捕捞活动(以下简称 IUU)等问题,聚焦区域渔业资源合作治理,注重生态养护和资源增殖,开展渔业合作示范区建设。

一是应以"大海洋生态系统"为基础提升近海渔业治理水平。可立足于中、日、韩三国总可捕量制度实际,成立区域合作管理委员会,统筹协商所辖区域鱼种和渔获量配额,严格实施限制网目尺寸和最低可捕标准。针对洄游鱼种和跨界鱼种的增殖和养护问题,协商其他治理措施,不断提升区域渔业合作治理水平。

二是要实施区域深海渔业资源调查和养护行动。随着各国捕捞技术的不断进步,对深海渔业的开发强度将会迅速提高。基于共同的长远利益,试验区要率先开展区域深海渔业资源调查与养护,厘清深海渔业资源,合理规划区域捕捞量,采取科学养护措施,促进区域深海渔业可持续发展。

三是可以立足已有管制 IUU 的渔业协定,磋商区域远海渔业管理举措。IUU 捕鱼是短期难以根治的问题,试验区可以先从民间机构、双边合作起步,树立共同管制 IUU 的协作观念,逐步构建共建主体所在港口国、船旗国、交易市场的联合机制,自下而上地向多边合作过渡,共同规制 IUU 捕鱼行为。

同时,青岛市作为试验区东道主,可利用主场优势与其他城市开展渔业经济国际合作,包括以市场开放推动与发达国家城市海洋渔业技术合作,以技术输出建立与发展中国家城市海洋渔业资源合作,将海洋渔业与互联网经济、地区特色经济相结合,与民生、民意融为一体,以适宜特色的区域管理诸如区块链等技术,不断推进海洋渔业合作示范基地建设。

（二）园区共商共建港口安全互通，宽层面构建海洋贸易循环体系

"海洋园区"和港口合作是试验区海洋领域合作的深化，是形成国际海洋贸易循环体系的关键点。海洋领域对技术、人才要求程度较高，试验区可通过建设国际"海洋园区"和"港口互通"实现各国人才、知识、资金的集聚，进而形成集聚效应和规模效应，打破国家技术壁垒，联合攻克重点领域、关键技术，促进共建主体相关海洋产业的发展。试验区要发挥海洋科技引领作用，"海洋园区"是强化支持"海洋国际合作重大工程"重要载体。试验区共建主体来自多个国家，以"海洋园区"建设为契机发起和参与"国际海洋重大科学攻关计划"，能弱化国际政治因素干扰，有利于开展国际联合科技攻关。具体而言，一是要支持青岛海洋科学与技术试点国家实验室与俄罗斯科学院希尔绍夫海洋研究所共建北极联合中心，搭建国际海洋基因组学联盟，开展全球海洋生物基因测序服务，支持涉海企业参与国际标准制定；二是可开展国际科技合作基地申报认定，提高国际知名度和认可度。

港口作为城市往来的门户，对区域经济贸易开展和海洋安全维护至关重要。在区域经贸合作方面，一是要充分发挥试验区港口联盟的连接作用，进一步规范和降低口岸有关收费，深入落实明码标价和收费清单公示制度，拓展国际贸易"单一窗口"服务功能，推进口岸物流单证无纸化运转；二是要不断完善试验区交流合作机制，研究发布东北亚、"一带一路"等集装箱景气指数和干散货运价指数，构筑港航产业发展联盟，组织国际企业参加港航高端国际会议，推动港航领域高端智库建设。在海洋安全治理方面，一是可针对港口航运中船舶温室气体减排、船舶运输导致的溢油和危险化学品泄漏及其区域跨界扩散问题，基于互利共赢的建设思路，全面提升港口联盟整体装备智能化水平，逐步推进新兴技术在港口中的应用，在智能化的同时降低港口污染物排放，实现区域港口群智能化、绿色化发展；二是试验区应充分考虑共建主体不同发展阶段的差异性，寻求共建主体合作的最大利益公约数，在共商、共建基础上成为港口合作机制建设中共同的规则创造者和公共产品提供者。为此，可推动区域港口合作统一规则的创设，形成区域内港口合作国间统一的港口设施保安标准和信息共享机制，加强不同城市监管部门的交流与技术合作，逐步解决区域航运的海盗、走私、违禁品运输等传统安全问题。

"海洋园区"作为共建主体开展科技攻关和贸易的重要平台,能实现不同主体更高效率的分工,各类要素集聚有利于构建城市间海洋贸易循环体系,推动区域经济全面繁荣。港口作为城市经贸的重要通道和安全门户,共建主体通过港区联动、港城联动,不断提升海洋运输安全水平。

(三)城城联动共商共享,全方位建设海洋治理蓝色伙伴关系

试验区要秉承共商共享的建设观念。一是要基于地域共生纽带加强城市间文化交流。海洋的广阔与流动性造就了海洋文化的开放性,以自由、开放和创新精神为内核的海洋文化为国家发展提供了重要的资源要素和智力支持。试验区尊重各国家、民族和宗教文化多样性,逐步减少不同文化、观念和习俗方面的隔阂,寻求文化互相包容的平衡点,丰富不同区域的民间交流途径,推进多种文化的和睦共处,实现文化共融。二是可搭建国际合作交流平台,充分利用海洋智库体系和协调机制。由于海洋事务大多会涉及多国利益诉求,区域性的海洋智库网络能为不同国家提供解决问题平台。海洋智库对内会通过直接或间接的方式参与地区或国家决策,对外能发挥"第二轨道"外交的重要力量。涉海智库在讲清楚海洋命运共同体理念方面,具有比其他行为体更为独特的优势。试验区能通过建立和完善海洋智库咨询制度,搭建海洋高端项目对接、人才交流、资源共享平台,拓宽海洋智库与各级政府的非正式沟通渠道,不断扩大全球影响力。三是要不断提升发展中国家的城市海洋治理能力。在国际海洋治理的主体和势力分布不断调整的背景下,试验区将重视多平台联动作用,充分发挥地方管理者、区域组织和全球组织的协同作用,各方密切配合、逐层衔接,以高度的凝聚力和充分的行动力应对共同挑战。

在此基础上,试验区可将合作范围扩大到更多区域,形成可复制、可推广的建设经验,自下而上地推动不同主体海洋领域合作。在国内合作方面,青岛市作为山东省海洋龙头城市,可带动山东省、周边省份海洋资源向青岛集聚,以青岛为支点撬动更多海洋城市合作。在国际合作层面,能通过区域合作实践完善海洋城市间各项国际行动协调机制,为建立更加公正合理的国际海洋经济新秩序、推动构建海洋命运共同体贡献更多的智慧和力量。

五、结语

在全球性新冠肺炎疫情(COVID-19)大流行造成的不稳定和不确定时

期,海洋作为一个开放型的系统,使各国更加深刻认识到海洋命运共同体的寓意,切实体会到海洋承载着人类健康与发展。当下比以往任何时候都更需要对全球海洋治理予以关注,以确保海洋能够继续提供对人类福祉至关重要的生态系统服务。海洋命运共同体作为解决全球海洋治理问题的中国方案,能集中各方力量共同应对海洋乃至人类所面临的现有和未来挑战,以实际行动赢得更多国家信任。

本文提出的海洋命运共同体试验区建设思考,将试验区作为可行的实践载体之一,将最大限度地适应地区、国家和地方实际情况,为全球海洋治理提供更多的治理工具和实施方案。试验区将建立更多合作关系为人类海洋共同利益努力,统一协调各方的研究和行动,为解决海洋环境、海洋治理等问题发挥重要作用。

文章来源:原刊于《太平洋学报》2021 年第 1 期。

去霸权化：海洋命运共同体叙事下新型海权的时代趋势

■ 朱芹，高兰

论点撷萃

　　海洋命运共同体理念是中国倡导的一种海洋叙事，符合海洋叙事的历史思路与创新思考。这一理念基于海洋实践与海洋实力，叙述着一种去霸权化的新型海权与新型海洋秩序。它是人类命运共同体理念在海洋领域的发展，关乎着人类福祉，同时超越人类命运本身，关乎地球上所有海洋生物的命运；是对中国海洋权益取向与实力趋向的一种海洋自叙事；也是基于《联合国海洋法公约》规则，对世界海洋秩序与海权的一种海洋公叙事。

　　海洋命运共同体既是对中国海洋权益取向与实力趋向的一种自叙事，也是对世界海洋规则、秩序与海权的一种塑造。中国需要以世界更能理解与接受的叙事方式将海洋命运共同体理念及其叙述的新型海权展现出来并传承下去，切实地彰显中国海权的亲和力、合作力与柔实力，以事关海洋秩序与合法性的元叙事，引领海洋秩序的未来走向。

　　在海洋命运共同体叙事下，海洋承载着人类大命运与国家小命运的联通，各国因海洋而同呼吸、共命运。在海洋事务上，国家不仅要和平协商和处理国家间有关航道开放、资源利用、海域权属甚至军事布局等问题，不能动辄诉诸武力或以武力相威胁，而且要以发展的眼光认识人类与海洋关系的重要性，重视海洋本身生态环境的良性循环，从而寻求合作安全、互惠共赢以及海洋的可持续发展。当人类将目光投向太空，思考和探索人类与可

作者：朱芹，复旦大学国际问题研究院助理研究员
　　　高兰，复旦大学国际问题研究院教授、海洋战略研究中心主任，中国海洋发展研究中心研究员

海洋命运共同体

能存在的外星人之间的关系时,不宜忽视近在眼前的、攸关命运的人类与海洋物种之间的关系。

2019 年 4 月 23 日,中国国家主席习近平首次提出海洋命运共同体理念。海洋命运共同体是继人类命运共同体之后,习近平新时代中国特色社会主义思想的有机延展,既在理念体系上囊括人类命运共同体的所有倡议与原则,又因海洋而独具特色,自成体系。海洋命运共同体将塑造一种什么样的海权,其与传统海权有着哪些区别与联系?本文将着重从海洋叙事的视角探讨海洋命运共同体对海权的塑造及其面临的挑战。

一、海洋命运共同体:中国的一种海洋叙事

海洋命运共同体理念是中国倡导的一种海洋叙事,符合海洋叙事的历史思路与创新思考。这一理念基于海洋实践与海洋实力,叙述着一种去霸权化的新型海权与新型海洋秩序。它是人类命运共同体理念在海洋领域的发展,关乎着人类福祉,同时超越人类命运本身,关乎地球上所有海洋生物的命运;是对中国海洋权益取向与实力趋向的一种海洋自叙事,也是基于《联合国海洋法公约》(以下简称《公约》)规则,对世界海洋秩序与海权的一种海洋公叙事。从海洋叙事的视角看,海洋命运共同体理念既呼吁促进海上互联互通、务实合作、文化交融、经济发展与增进福祉,建立去霸权化的、各国共商共建共享共治的、联合国主导的共同体式海洋新秩序,又使海权内涵呈现出由传统向新型代际递进的趋势,是海权从垄断走向共享、从传统走向新型的分水岭,指导着中国海权在传统海权的逻辑基础之上,建构具有世界意义与普适性的新型海权。

海洋叙事是海洋国家为了获得更为丰厚的收益而构建的一套塑造海洋秩序、捍卫海洋利益与权力的话语体系,是对海洋实践、海洋实力、海洋权力与海洋秩序的记载、建构与体现,简单地说,包括海洋意识、海洋法与海洋学说。海洋叙事作为概念化工具,存在夸大、缩小与还原等几种形态,既可起到前瞻性、创新性的引导与推动作用,也可起到滞后性、压制性的贬低和阻碍作用,内容随着人类认识、改造与利用自然的能力以及人类思维能力的变化而变迁。海洋叙事、海洋实践与海洋实力是国家维护海洋权利与权力的重要支撑与手段。海洋实践是利用、控制、占有、开发、研究、治理与发展海

洋的综合性人类涉海活动。海洋实力是海洋实践的能力和状态,是海洋权力的来源与保障,一般通过海上力量与海洋叙事等介质展现出来(图1)。

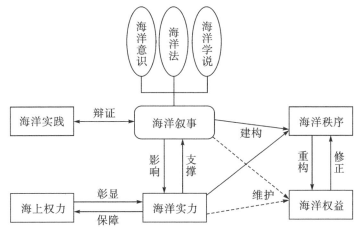

图1　海洋叙事与海权、海洋秩序关系图

资料来源:笔者自制。

中外学界对海权及其内涵已有诸多共识,但也存在一些争议。西方学者多将之界定为海上力量与权力(sea power),中方学者多认为还应包括海洋权利。中方最具代表性的海权定义是:海权是国家"海洋权利"与"海上力量"的统一,是国家主权概念的自然延伸。本文认为,海权是海洋实力与海洋权力的复合统一体。海洋实力包括海上力量与海洋权利,是一种物质存在,而海洋实力的彰显与使用及其对他国的影响力与统治力,形成海洋权力,海洋权力是一种形而上的存在。

海洋叙事与海洋实践是互为因果、相互作用的辩证关系。海洋叙事来源于海洋实践,又与海洋实力成正相关关系。一国如何进行海洋叙事,不仅取决于海洋实力,而且依赖于海洋实践、海洋意识、国家战略与海洋政策。海洋叙事能力在国际上会转化为海洋话语权。二者如何转化,不仅取决于海洋实力及其衍生出的海洋权力的大小,而且在于海洋叙事的技巧与内容能否获得信服与追随。相应地,广为接受且被合法化的海洋叙事,更利于国家海洋权力的提升与海洋权益的维护。

海洋命运共同体对海权去霸权化的叙事和推动,有着历史根基和现实基础。下文将从海洋叙事主体(中国与西方)与海洋叙事内容(海权)着手,对比分析中、西海洋叙事中海权的差异及其发展演变,探讨海洋命运共同体这一里程碑式海洋叙事对海权的去霸权化塑造及其所面临的挑战。

二、海洋命运共同体叙事下新型海权的内涵

对于海权,有研究将之分为四种模式,包括英美世界性海洋霸权模式、日俄挑战性海洋强权模式、印度崛起性大国海权模式与东南亚发展性海权模式,而中国的海权是有别于上述海权的新型海权。上述四种海权模式虽各具特色,但都笃信并践行马汉(Alfred Thayer Mahan)海权理论。

(一)传统海权及其特征

"海权"一词由古希腊历史学家修昔底德首创,古希腊哲人曾用"制海权"揭示当时地中海地区国家间的海上争霸行为。然而,西方国家对海洋霸权争夺的叙事,并未形成系统性的理论。直至近代,西方对海洋的叙事与角力发展至马汉的海权论,得以系统化与理论化。西方海权论以马汉海权思想为代表,有着世界影响力,相关机构与研究成果也甚为雄厚。

马汉基于1660年至1812年西欧的历史经验,著述了海权三部曲,揭示了海权在国家间贸易、战争与霸权更替中的作用,以独特的叙事逻辑主要阐释了三大命题。第一,海权史是一部战争史。海权史"是对国家间对抗、竞争及以战争告终的暴力的叙事","各国纷纷进行殖民的那些年代,海洋基本上处于丛林状态,当时的海洋国家之间通过和平解决争端的情况,是极为罕见的"。第二,海洋是一条有着控制性因素的贸易"商路"与军事交通线,积累着财富,决定着战争成败。迦太基的汉尼拔(Hannibal Barca)之所以在第二次布匿战争中败于希腊,关键在于希腊舰队对海上交通线的控制。第三,海军战略的目标在于掌控制海权。"海军源于和平海运","没有商业运输业支撑的海军是无根之本","海军战略之目标,旨在平时与战时建立、支撑并扩大一国之制海权","指导海军进行大战略组合的那些基本原则,历代皆可通用"。马汉叙事下的海权实为制海权,认为海上力量"是一国的海军、商船队、基地和海外殖民地的总和,是一国征服和使用海洋的整体力量",其核心内涵集中于海军、战争、海上贸易、海上航线、海外殖民地及其相互间的关系。随着海洋秩序的演变,虽然传统海权的内涵有所延展,涉及海洋国土的维护、海洋资源的开发与利用、海上非传统安全的管控以及海上人道主义援

助等,但其利用与控制海洋并进而影响甚至左右他国的核心逻辑,并没有走出马汉叙事下海权的框架范畴。美国通过结盟方式在全球海上重要地缘要地设置军事基地,部署海军舰队管控相关辖区及海上通道,即是基于传统海权的考量。为了进一步强化"印太"联通和军事存在,美国又以维护航行自由权利为名宣布重建第一舰队,将其部署在印度洋与太平洋交接处(驻地有可能在新加坡),武力威慑中国维护南海权益的意图明显。

(二)中国海权的演变与新型海权的内涵

晚清以来,马汉叙事中阐述的海权与理论随着西方海上势力传入中国。传统海权不仅以"船坚炮利"击垮了中国古代的朝贡体系,而且以西方海洋叙事颠覆性地冲击了中国自古以来的海洋叙事。它一方面刺激了中国海洋认识的复苏、近代海权意识的形成以及基于马汉海权思想的海权建设;另一方面推动西方海洋思想与海权体系为核心的海洋叙事掌握了建构世界海洋规则与海洋秩序的话语权,中国古代海洋秩序和海洋思想在西方主导的叙事体系内多被淹没与"代表"。这使中国海洋权益的历史合理性与现代合法性受到严峻挑战。

所幸,在中国传统和合主义思想影响下,中国海权对传统海权既有吸纳又有扬弃,并未照搬照抄。特别自新中国成立以来,独立自主和平外交战略与不称霸战略使海权在中国土地上呈现出自己的特色。中国海洋命运共同体叙事下的海权侧重海上力量的防御能力、海洋国土的权益维护、海洋和平与公平的共享共用、海上安全与合作以及海洋与人类的命运与共。相对于西方追求无限全能海权,中国海权是国家主权概念的自然延伸,中国的海洋强国战略侧重经济取向与区域性有限海权,具有威慑性、自控性、互利性与融合性,海洋命运共同体理念进一步深化与优化了中国海权的内涵。

海洋命运共同体含有超越单个国家利益的宏观的全球视野与开阔的人文情怀,具有促进海洋合作、维护海洋可持续发展、共筑共享海洋及地球命运的使命与目标。海洋互联互通、利益共享、共商共治与可持续发展因此成为新型海权的重要内涵与目标。新型海权以共商共建共享共治为精要,是全球治理理论与中国元素结合于海洋而催生的一种不同于传统海权的综合性海洋实力和海洋权力,使海权由以权力与利益为核心的零和式海洋控制与垄断,转型为权力、利益与道德、责任兼有的海洋治理、发展与共享,由追求专享制海权转型为共享治海权,由传统海权的排他性、零和性转向新型海权的竞合性与共赢性。

新型海权既基于国家与国家的关系,也基于人类与海洋的关系,包括人类与海洋生物和非生物之间的关系,其内涵不仅随着国家间关系的变化而变化,而且随着人类与海洋生物和非生物之间关系的变迁而演变。在新型海权内涵中,海洋的角色与重要性,已超越传统海权所叙述和追求的贸易航路与战略通道,超越国家层面的认知与思维,上升至人类命运、海洋生物和非生物的可持续发展。在强调治理而非垄断、强调发展权而非制海权的新型海权下,可以预测的是,人类的海洋秩序终将摆脱海洋霸主的完全支撑与左右,走向由海洋强国、沿海国与联合国共同治理和共享的、去霸权化的海洋秩序。在这一秩序下,不仅实践着海洋自叙事的各自合理关切,而且执行着《公约》等海洋公叙事的规则,维护着海洋的合作、共赢、共享与共治。

三、霸权与去霸权:新旧海权之间质的分野

霸权与去霸权化是传统海权与海洋命运共同体叙事下新型海权之间质的分水岭。尽管中国海权,特别是近代时期曾一度受到马汉海权思想的影响和塑造,注重海权对民族伟大复兴的重要作用,对国家利益维护的地缘作用,以及对国家财富积累与贸易联通的纽带作用,但在中国和合思想、天下为公和命运与共等理念对冲下,中国海权走出了一条不同于传统海权的新型海权之路,二者在理论基础、权力性质、实施方式、最终目标上有着根本区别。

(一)理念与理论基础不同

马汉的海权论与麦金德(Halford John Mackinder)的陆权论、斯皮克曼(Nicholas J. Spykman)的边缘地带论同为地缘政治理论的三大支柱,这成为传统海权的根基与出发点。传统海权注重海洋的地缘政治战略角色与国家海上实力,强调通过实力特别是有效的海军控制海洋通道与海上贸易,确保战时击败敌手、平时超越对手,认为海权是霸权周期更替的决定力量,世界霸权凭借全球战争而崛起,霸主地位的获得与维持是基于海权对世界海洋的控制。基于此理论,传统海权是竞争的、对抗的、零和的、无限扩张的,具有排他性、威胁性与遏制性,是服务于一国或一个民族而排斥他国与其他民

族利益的独享海权。

新型海权以人类命运共同体和海洋命运共同体为指导思想,以"优态共存"的和合主义与全球治理理论为理论基础,以日内瓦海洋法四公约和《公约》为法律依据,在重视海洋地缘战略价值与发展海上实力的基础上,以"命运不可分"的整体世界观、伙伴观、发展观思考世界与人类前途,强调海洋的全球治理与利益共享,确保海上航道与海洋资源的和平、公正与共同使用,以超越海洋霸权更替的"修昔底德陷阱"及其思维。在此理念下,新型海权是竞合的、平衡的、共赢的、有限的,具有合作性、共利性、共商性与开放性,是服务于一国国家利益同时兼顾他国与全球海洋共同利益的共享海权。

(二)权力性质与实施方式不同

权力本为中性词,是一国对他国的影响力和统治力。因使用方式的不同,权力分为仁慈权力与霸权。霸权是一国以实力操控和控制别国的行为。传统海权的假想对象是应对战争并获胜,战略目标是遏制与击退军事安全威胁,将其他海洋强国视为竞争者而非合作者,往往通过含有垄断性或者强制性条款的和平立法,抑或直接的暴力方式排斥其他竞争者,几乎无一例外地都走向了霸权之路。虽然马汉认为影响一国海权强弱的六因素含有海上军事力量与非军事力量,但同时认为人口、资本、技术、组织、文化等因素只有被转化为海军实力后,才能在海权上具有意义,海权的硬权力因素始终占据核心地位。

事实上,"二战"后的海洋秩序一直冲蚀着传统海权。海洋强国对殖民地的拓展随着殖民体系的解体而瓦解,多以结盟等和平方式获取海外军事基地作为替代;海上贸易与海上航线的垄断权随着《公约》的规范而销蚀,各国享有公平共享海上航线与海上贸易的权利;海军的角色也发生拓展,不仅重视国家安全防卫、海上贸易自由和海上航线使用,而且关切海盗和恐怖主义打击以及海上人道主义援助等,在非传统安全领域中的角色与地位凸显。一国海军力量即使相对较弱,也可通过联合国与《公约》等第三方机构维护本国的合法海洋权益。不可否认,强大的海军力量更利于国家海上利益的维护,弱势海军有被海洋霸权国无理侵蚀海洋权益的可能,然而海军力量较量已不是捍卫海洋权益的唯一途径。

在此大背景下,新型海权是一种仁慈权力,在注重海洋实力与海洋叙事的基础上,不提倡诉诸武力,不诉求控制与垄断海洋,主张以和平共商共建的全球治理方式,实现海洋利益的全球共享,在自利中兼顾他利,在合作中消融冲突;侧重海上贸易的交流与合作、海洋资源的开发与利用、海洋科技的探索与提升、海洋争端的互利与共赢、海洋文化的交融与互鉴、海洋生态的保护与可持续发展,淡化海权中舰队、军事、武力、竞争与征服等硬权力因素,强化海权中贸易、科技、文化、法律、合作与共享等软权力发展。软硬权力因素既相互依存、相辅相成,又相互平衡、相生相克,共同推动海权与时俱进和转型,共同推动人类对海洋的探索研究、绿色开发与可持续利用。海洋命运共同体理念让中国在面对美国的步步紧逼时,避免重蹈历代海洋强国之间武力相见的硬对抗,而是选择以柔克刚、以理服人、以礼待人的方式,在软对冲中,既建构海洋自叙事的话语来维护自身利益,又重塑海洋公叙事的架构以兼顾他国权利。

(三)走向与最终目的不同

传统海权意在争夺全球海洋霸权,独享海洋利益,实现一国在全球的绝对优势,因而将抢占殖民地或拓展海外军事基地、控制海洋重要航道与海峡以及垄断海上贸易和财富视为海洋霸权的三大支柱。美国从大陆征伐时代走向海洋征伐时代的重要标志即是通过海军拓展海外贸易,争夺海外殖民地与军事基地,掌控重要国际航道的控制权。建立殖民地,实行殖民统治是传统海权的目的与手段。殖民地的地缘价值及边缘国家财富向中心国家的输送,是支撑海洋强国攫取制海权与海上优势的重要依托。因此,获取制海权成为海上力量的政治显示,海外基地与重要航道等地缘因素在大国控制海洋中的重要性与分量凸显,海洋强国与海洋霸权争夺制海权、海上优势与展开海上军备竞赛成为必然。

传统海权的最终目的是实现一国霸权的国际独裁化与全球资源的独占利己化,结局必将重复着"兴起—挑战—衰败—替代"的周期循环。因为没有任何一个国家愿意永久地处于被左右与不平等的地位、愿意忍受国际霸权秩序对本国利益与人民的剥夺与损害,必然会寻求各种时机与资源予以挑战和修正。恰恰因为所有海洋霸权国都毫不例外地垄断海洋权益,狂热追求绝对制海权的唯一性与排他性,都难以逃脱被挑战与替代的命运。美国若不改变海上霸权的运作方式,重蹈"霸权周期"覆辙的宿命也将难免。

不同于传统海权称霸与争霸的思维和目的,新型海权彰显海洋和谐,旨在维护联合国主导的、去霸权化的共同体式海洋秩序,在全球海洋利益共享中实现国家的相对优势与世界的持久和平。新型海权在尊重各方合理关切的基础上,以平等协商方式寻求与维护共同利益,而非某国优先利益,既契合国际法,又实践着相互尊重、公平正义、合作共赢的新型国际关系。以命运与共和新型国际关系为根基的新型海权不追求霸权,也必将超越霸权的循环与周期论。

新型海权不仅有人类命运共同体和海洋命运共同体的理念支撑,而且有着中国运用新型海权共享利益的案例。最为典型的例子是中国与东盟处理南海问题的合作与协调。中国以"双轨思路"与"搁置争议,共同开发"原则,坚持有关争议由直接当事国通过协商谈判妥善解决,南海地区和平稳定由中国和东盟国家携手共同维护,颇见成效地达成了《南海各方行为宣言》(DOC),并就《南海各方行为准则》(COC)拟定单一磋商文本草案。此外,中国在南海为地区提供救援、科研与气象等国际公益服务,已是新型海权的一种表现形态。

四、新型海权面临的挑战

中国以独特的海洋叙事角度倡导与实践去霸权化的海洋秩序和新型海权,但是,由于传统海权的惯性以及美国海洋霸权的主导,海洋命运共同体叙事下的新型海权若要获得全球普适性共识和实践,仍面临着诸多挑战。

(一)美国主导的传统海权及其思想依然掌控着海洋秩序及话语权

当下传统海权思维仍是支撑海洋秩序和处理海洋事务的主流意识。美国将海洋霸权视为世界霸主的基石,因恐惧"霸权周期论"的循环逻辑,更加追求绝对的海权优势与唯一的海洋控制权,以遏制与打压任何挑战者,即使是潜在挑战者,而没有意识到霸权衰退的根源就在于垄断。随着中国跃居世界第二大经济体以及海洋强国战略与南海岛礁建设等系列措施的出台,特别是"丝绸之路经济带"的西向路线避开和稀释了奥巴马政府时期"跨太平洋伙伴关系协定"(TPP)对中国的经济围堵,"21世纪海上丝绸之路"强化与拓展了中国与海上"生命线"马六甲海峡管理国(新加坡、马来西亚、印尼)的合作,中美战略对冲相遇于海上。中国一旦收复南海与东海等相关岛礁的主权,海洋实力与海洋地位将会遽升,有可能成为与美并驾齐驱,甚至抗衡美国的重要海上力量,这是美国要坚决预止的。美国认为,在未来 15 年,中国很有可能取代跨国恐怖主义成为美国军事规划的首要关注对象,美国海军力量需要在各个方面更新换代,以应对大国竞争与冲突带来的挑战。即便中国一再强调和平崛起,宣示建立和平之海、友谊之海与合作之海,中国领导人习近平多次表明,"太平洋足够宽广,能够容得下中美两国",中国追求的是主权与领土完整而非海洋扩张,但美国仍将中国视为最大的战略竞争对手和"修正主义"国家,仍以传统海权思维认为中国正在挑战美国的权力、影响和利益以及国际秩序,将抑制和拖延中国的崛起势头视为维护海洋霸权和世界霸权地位的战略轴心,进而对中国合理的海洋权益主张与崛起预阻,以"亚太再平衡"战略、"印太战略"对冲中国的"一带一路"倡议。中国若要化解美国的海上围堵政策,不仅面临着中美海上力量之间的竞争,而且面临着中美各自海洋自叙事之间的角力,直至双方在海洋公叙事上达成一致。西方政府和学者对中国海权与海洋叙事的认知和理解,仍以传统海权思维预测中国将以实力获取霸权,与中国本意存在较大出入。米尔斯海默(John J. Mearsheimer)认为,"在 21 世纪早期,美国可能面临的最危险的前景,是中国成为东北亚潜在的霸权国",这一前景"主要有赖于中国经济能否持续快速发展,如果是这样,中国不仅能成为尖端科技的最主要的发明者,而且也是世界上最富强的大国。它几乎肯定会用经济实力建立起强大的军事机器,而且出于合理的战略原因,它一定会寻求地区霸权,就像 19 世纪美国在西半球所做的那样"。罗伯特·卡根(Robert Kagan)认为,假若美国及其海洋霸权衰落,中国海上力量强大,"中国利用其日益强大的海军力量可能不是为了开放,而是封锁国际水域"。这一假设论断的蛊惑性具有一定的市场,阻碍着新型海权的实践以及获得广泛认同的速度。

(二)如何处理海洋权益争端中的专属与共享关系,挑战新型海权的塑造与实践

自《公约》诞生起,世界海洋权益争端不减反增。专属经济区与大陆架权利的出台及其笼统无序的划界原则,成为争端的主要起源。各国自叙事之间及其与《公约》公叙事的冲突,体现的是叙事主体间的海洋权益冲突。维护中国海洋自叙事与《公约》海洋公叙事的根基是海洋实力。中国并不讳

言重视防御性海军等海上力量的建设,步入"双航母时代"即是以和平海上力量对《公约》公叙事的有力保障。海洋命运共同体叙事下的海洋不应是非此即彼的零和式利益分割与掠夺地,也不应是某个或某些国家专享海上贸易与海上通道及军事力量布局的据点,而应是海洋资源可持续利用、海洋秩序可持久性和平与海洋权益可合理性享有的命运与共的场域。海洋命运共同体拓展了海洋研究的主体与维度,形成一个海洋实践、海洋认知与海洋感知互相联系的立体化系统,意味着海洋场域内的一切存在都处于共存、共治与共享的关系互动中。然而,海洋命运共同体建构的"共享共治"与专属经济区制度建构的"专属专管",存在所有权归属与管理权拥有上的矛盾。以海洋命运共同体视域考察中国周边海洋权益争端,需要妥善处理一种核心关系,即专属与共享的关系。这种关系包含三大矛盾体:一是中国周边历史性海域和岛礁的专属权益与周边国家专属经济区的专属权益之间的矛盾;二是重叠区在政治和法律层面的权益分割,与在安全和经济层面权益共享之间的矛盾;三是重叠区权益如何共享,在什么范围内共享的问题。因而,如何使海洋命运共同体所建构的海洋叙事与《公约》建构的海洋叙事对接与一致起来,是需要解决的问题。以新型海权和平地而非武力地妥善处理中国周边海洋权益争端,考验着新型海权的威信。

五、结语

总之,海洋命运共同体倡导的海洋"命运与共",意在否定海洋霸权及其秩序,推动海权与海洋秩序走向去霸权化。这一海洋论说几乎可以与争议了几百年的海洋自由论和闭海论并驾齐驱,冲击着持续了几百年的海洋霸权秩序。如何建构去霸权化的新型海权及秩序,并使之成为国际共识,依然任重道远,需要我们从实践与认识等多方面着手。

第一,加速中国海洋强国建设进程,提升中国海洋科技与海洋力量等综合海洋实力。海洋命运共同体理念及其叙述的新型海权,将随着海洋秩序的变迁以及中国国家实力与海上力量的发展与强大,凝聚更多共识与实践者。海洋命运共同体下的新型海洋叙事,不仅服务于中国,而且服务于国际社会,是对全球海权走向的引领。

第二,推动中国文化的普适化,使去霸权化海洋叙事成为共识。海洋叙事基于文化沉淀和文化自觉。叙述和建构去霸权化的海权与海洋秩序,既需要基于马列主义、毛泽东思想与中国特色社会主义理论体系,如和平共处、永不称霸、命运与共等,还需汲取中国古典政治哲学的精髓,如天下为公、德治仁政、和合中庸,以弥合西方非此即彼的二元思维。

海洋命运共同体既是对中国海洋权益取向与实力趋向的一种自叙事,也是对世界海洋规则、秩序与海权的一种塑造。海洋命运共同体带有中国"天人合一"的哲学精髓,是对人类命运共同体的承继与发展,既关注人类与国家基于海洋的福祉,非唯一国私利是图,又超越了人类与国家本身,关乎地球上所有海洋生物乃至整个地球的命运;使海洋主体由单一转化为多元,由以国家为主体转化为以国家、人、海洋生物与非生命群体为主体,使世界各国在海洋联通下成为安危与共、休戚相关和密不可分的命运共同体,使海洋学说由"海陆冲突论"走向"泛海洋论",海洋秩序进入泛海洋时代。中国需要以世界更能理解与接受的叙事方式将海洋命运共同体理念及其叙述的新型海权展现出来,传承下去,切实地彰显中国海权的亲和力、合作力与柔实力,以事关海洋秩序与合法性的元叙事,引领海洋秩序的未来走向。国际话语权的树立,不可否认需要国家综合实力与软实力的支撑,也需要巧实力与动态言语的深耕,以达到春风化雨般润物细无声的效果,促使中、西海权在两种文化碰撞中由"排异"转向"互构"。

在海洋命运共同体叙事下,海洋承载着人类大命运与国家小命运的联通,各国因海洋而同呼吸、共命运。在海洋事务上,国家不仅要和平协商处理国家间有关航道开放、资源利用、海域权属甚至军事布局等问题,不能动辄诉诸武力或以武力相威胁,而且要以发展的眼光认识人类与海洋关系的重要性,重视海洋本身生态环境的良性循环,从而寻求合作安全、互惠共赢以及海洋的可持续发展。当人类将目光投向太空,思考和探索人类与可能存在的外星人之间的关系时,不宜忽视近在眼前的、攸关命运的人类与海洋物种之间的关系。

文章来源:原刊于《东北亚论坛》2021 年第 2 期。

海洋命运共同体思想的内涵和实践路径

■ 孙超,马明飞

论点撷萃

中国首次提出的海洋命运共同体思想,与《联合国海洋法公约》的理念相呼应,反映了国际海洋法的发展趋势和价值目标,是国际海洋法发展的必然选择。

海洋命运共同体思想是一种共同分享海洋发展机遇、共同应对海洋威胁挑战和共同和平使用海洋的全新理念。理解海洋命运共同体的思想渊源,厘清海洋命运共同体在国际海洋法中的概念和内容,是推动海洋命运共同体思想融入全球海洋治理的理论基础。构建海洋命运共同体,体现了中国在全球海洋治理中的国家责任,可以从区域路径和全球路径两方面着手。

面对全球性海洋问题和海洋战略利益分配与海洋战略安全矛盾错综复杂的局面,任何国家都不可能独立完成开发和保护海洋的任务。只有以高度的国家责任感来看待全球性海洋问题,共同有序开发海洋资源,共同保护海洋环境,才能找到和平利用海洋的道路。这里提到的国家责任,不仅指法律上的责任,也可以指道义上的责任或政治上的责任。全球海洋资源的分配从国家对海洋的需求入手,着眼于国家从海洋的取得;而全球性海洋问题的治理从国家对海洋的影响入手,立足于国家保护和合理利用海洋的责任。各个国家因占有的海洋资源、享有的海洋权利不同,承担共同但有区别的责任。海洋命运共同体思想为全球海洋合作和全球海洋资源共享共治提供了

作者:孙超,大连海事大学法学院国际法学专业博士
　　　马明飞,大连海事大学法学院教授

中国方案,推动海洋命运共同体思想从区域实践到全球实践体现了中国在全球海洋治理中的国家责任。

在全球海洋治理的过程中,许多国际海洋制度的发展已经取得了很大成就,留给中国的创新空间似乎不大。但是,中国对于全球海洋治理的制度影响,除了实体规则上的贡献,战略思想方面的贡献也值得期待。2019年4月23日,习近平鲜明提出了构建"海洋命运共同体"的理念。"我们人类居住的这个蓝色星球,不是被海洋分割成了各个孤岛,而是被海洋连结成了命运共同体,各国人民安危与共。"《联合国海洋法公约》(以下简称《公约》)在"前言"中规定,"各国意识到各海洋区域的种种问题都是彼此密切相关的,有必要作为一个整体来加以考虑,需要照顾到全人类的利益和需要"。中国首次提出的海洋命运共同体思想,与《公约》的理念相呼应,反映了国际海洋法的发展趋势和价值目标,是国际海洋法发展的必然选择。

海洋命运共同体思想反映了国际海洋法的发展趋势。随着各国海洋科技的进步以及对海洋资源依赖程度的加深,在开发和使用海洋时,因不同的利益主张和权利依据在有限的海域范围内产生争议。为了消除海洋争议,中国顺势而为提出了海洋命运共同体思想,有助于争议各国形成共同海洋价值,和平解决海洋争端,为实现和平发展合作的目标努力。海洋命运共同体思想反映了国际海洋法的价值目标。《公约》的目标在于"促进海洋的和平用途,公平有效的利用海洋资源,保护和保全海洋环境;巩固各国之间和平、安全、合作和友好的关系,促进全世界人民经济和社会方面的进展"。海洋命运共同体思想包含"维护海洋和平安宁和良好秩序以及树立共同、综合、合作和可持续的新安全观"的内容,为实现《公约》的目标注入活力;海洋命运共同体思想还强调"重视海洋生态文明建设,实现海洋资源的有序开发利用",与《公约》保护海洋环境的目标相一致。

海洋命运共同体思想是一种共同分享海洋发展机遇、共同应对海洋威胁挑战和共同和平使用海洋的全新理念。理解海洋命运共同体的思想渊源,厘清海洋命运共同体在国际海洋法中的概念和内容,是推动海洋命运共同体思想融入全球海洋治理的理论基础。构建海洋命运共同体,体现了中国在全球海洋治理中的国家责任,可以从区域路径和全球路径两方面着手。

一、海洋命运共同体的思想渊源

海洋命运共同体思想是共同维护海洋和平、共同构建海洋秩序和共同促进海洋繁荣的中国方案，它是对已有思想理论的继承和升华，有着深厚的思想渊源。

（一）和而不同思想

海洋命运共同体思想与中国传统文化具有共通性，是将中国传统文化创造性地继承并运用到处理国际海洋关系中的中国智慧。中国传统文化中和而不同的思想，是海洋命运共同体的思想根源。和而不同体现了开放包容的态度。和是多样性的统一，要达到和，就要承认不同，包容和尊重差异，实现共存共荣。中国传统海洋文化的发展史也是一部与外来海洋文化交流互鉴的历史。中华传统海洋文化在发展的过程中形成了和谐共生的中华海洋文化圈，与西方传统海洋文化崇尚海洋霸权的价值追求不同。海洋命运共同体思想尊重海洋文化的多样性和差异性，推动不同海洋文化和谐共生。海洋命运共同体思想包括和平开发利用海洋的理念，为国家之间的海洋合作提供了基本原则。和而不同的思想倡导树立正确的义利观，在相互尊重中形成整体性、共生性的发展状态。海洋命运共同体思想倡导共同体成员在交往的过程中，将个体融入共同体之中。在印度洋的常态化护航行动中，中国海军不仅为本国船舶护航，也履行了国家责任，为外籍和联合国的船舶护航。海洋命运共同体思想为全球海洋治理注入了新的活力，可以弥补当前全球海洋治理中公共产品供给不足的问题，为全球海洋治理提供了新的价值指引。

（二）共同体思想

"如果我们撇开社会公约中一切非本质的东西，我们就会发现社会公约可以简化为如下的词句：我们每个人都以自身及其全部的力量共同置于公约的最高指导之下，并且我们在共同体中接纳每一个成员作为全体之不可分割的一部分。"最早提出共同体概念的是卢梭，他认为共同体是在社会公约指导下建立的整体。厄尔特斯·盖尔纳和本尼迪克特·安德森围绕民族主义，指出共同体与地缘政治有着不可分割的联系。斐迪南·滕尼斯认为共同体是自然而然出现的，是所有共同体成员的共同理解，是高于国际社会的有机联合体。这种共同理解是相互的、联结在一起的情感。在共同体中，人们因共同理解保持根本性的团结。共同体是指人类或国家在相互交往的过程中，在特定条件或特定领域中产生的对彼此身份和角色的认同。共同体成员之间的社会联系非常紧密，这种联系的紧密性可能是基于血缘、教育背景和利益等物质基础；共同体成员之间具有的认同感和归属感，可能是源于伦理、道德、价值观和世界观等精神基础的一致。精神基础较物质基础来说相对稳定，决定了共同体的稳定性，从而支配着共同体成员的外在行为。共同体的概念发展到当代，我们可以将共同体理解为共同体成员在相互交往的过程中，基于价值观和世界观的一致产生认同感和归属感，从而形成的高级有机联合体。

共同体思想延续到当代，催生了不同类型的共同体，如东盟共同体、东非共同体和欧盟共同体等。尽管这些共同体的发展程度、共同的追求目标、共同的利益基础不同，但是共同体的思想和实践反映了各国寻求合作发展的需要。海洋命运共同体蕴含合作共赢的内容，为海洋资源共享共治提供了中国智慧。

二、海洋命运共同体在国际海洋法中的概念和内容

海洋命运共同体思想是在时间推移和空间拓展的过程中，内涵不断丰富、外延不断发展形成的思想。国际海洋法作为国际海洋法律规则体系，为海洋命运共同体思想提供了法律保障。阐释海洋命运共同体在国际海洋法中的概念和内容，是推动海洋命运共同体思想落实到国际海洋法律制度的理论基础。

（一）海洋命运共同体的概念

人类命运共同体在国际法上是指，以主权平等原则为基础，以共同体为载体，通过国际合作的形式实现和维护全人类的共同愿景和利益。人类命运共同体是共同体思想与中国传统文化和中国新时代国际关系价值目标的有机结合。人类命运共同体是超越国界、地域和民族界限的全球化概念，包括陆上命运共同体、海洋命运共同体和空中命运共同体。海洋命运共同体是人类命运共同体的重要组成部分，与人类命运共同体一脉相承。结合共同体和人类命运共同体的概念，海洋命运共同体在国际海洋法中具体是指，

共同体成员在尊重彼此政治交往、经济发展和文化传统的前提下,基于海洋共识和共同的海洋利益产生认同感和归属感,通过在海洋领域的共同合作形成的联合体。

海洋命运共同体是人类命运共同体的丰富和发展,它将海洋命运与人类命运紧密连在一起。海洋命运共同体一方面是人类命运共同体的新发展,一方面又超越了人类命运共同体。人类命运共同体关注人类的整体和个体,将人类作为共同体的本质和价值。海洋命运共同体不仅与人类命运有关,还与所有海洋生物命运密切相关。这也是为什么中国提出的是海洋命运共同体,而不是人类海洋命运共同体。海洋命运共同体将人类与海洋视为一个整体,调整人与人、人与海洋之间的关系。它能够激发全球海洋治理主体在关注自身海洋利益的同时,关注人类与海洋整体的可持续发展,实现人海和谐共存。

海洋命运共同体在国际海洋法中可以找到一些对应概念,如《公约》中规定的"人类共同继承财产"。海洋命运共同体借助这些概念融入国际海洋法律规则体系之中,国际海洋法律规则体系也因为这些概念的融入而更加丰富。值得注意的是,已经融入国际海洋法中的概念需要进一步完善,尚未存在或融入的概念和制度则需要建立。

(二)海洋命运共同体的内容

人类命运共同体是政治、安全、经济、文化和生态五位构成的有机统一体。海洋命运共同体是人类命运共同体在海洋领域的细化和深化,同样包含五个方面的内容。海洋命运共同体包含海洋政治、安全、经济、文化和生态命运共同体,五个方面的内容作为一个整体相互促进和制约,因而我们不能孤立地解决其中任何一个方面的问题,而要同时兼顾。

政治上,海洋命运共同体要建立战略互信的蓝色伙伴关系。全球性的海洋威胁和挑战仅仅依靠单个国家难以解决,需要国际社会共同参与,通过平等协商、互商互谅来解决。海洋命运共同体倡导和平发展,不能动辄诉诸武力解决国家之间的海洋争端。构建海洋政治命运共同体,有助于建立海洋合作机制,增进了国家之间的政治互信。海洋政治命运共同体虽不能完全避免国家之间的海洋争端,但为国家之间通过平等协商的和平方式解决海洋争端提供了平台。

安全上,海洋命运共同体要营造的是共享海洋安全的局面。海洋安全是国际社会的共同价值目标,各国均对其海洋安全拥有利益需求。目前海洋非传统安全带来的威胁有增加的趋势,维护海洋安全的重点在于解决非传统安全的问题。海洋命运共同体倡导共同、综合和合作的新安全观,实行防御性的国防政策,非传统安全的威胁并不能阻碍合作的步伐。海军作为国家海上力量,对于维护海洋和平安宁和良好秩序负有重要责任。构建海洋安全命运共同体,加强了各国海军的交流与合作,各国海军力量共同应对海上非传统安全的威胁,努力提供更多的海上公共安全产品。

经济上,海洋命运共同体要建立互利共赢的合作关系。海洋蕴藏着丰富的资源,海洋国家可以将海洋资源优势转化为海洋经济优势,带动海洋经济发展,海洋国家对于海洋资源的依赖程度在逐渐加深。海洋命运共同体倡导海上互联互通和务实合作,推动海洋成为国家间经济交往的纽带。构建海洋经济命运共同体,引导国家在寻求自身海洋利益的同时兼顾他国的海洋利益,促进海洋经济的共同发展。在构建海洋经济命运共同体的过程中,各国要真正达成海洋利益的共识,在共同发展中寻求各方海洋经济利益的最大公约数。

文化上,海洋命运共同体要实现不同海洋文化的和谐共生。海洋命运共同体继承了中华传统文化中和而不同的思想,推动不同海洋文化相互交融,避免因文化差异产生的海洋冲突。文化差异不应成为海洋冲突的根源,而应成为海洋文化进步的动力。构建海洋文化命运共同体有助于消除海洋文化隔阂,增进共同体成员对海洋命运共同体思想的认同感和归属感。

生态上,海洋命运共同体要实现海洋与人类的可持续发展。海洋命运共同体倡导的可持续发展,是海洋环境保护法律的立法依据。海洋资源不是取之不尽的,各国要将海洋生态观与海洋利益观结合起来,坚持绿色发展。海洋生态环境污染的跨界性需要构建海洋生态命运共同体,推动共同体成员共同应对海洋生态环境污染的威胁。

三、中国实践海洋命运共同体思想的区域路径

海洋命运共同体可以协调区域国家之间的海洋价值和海洋利益,提高区域发展的整体性、互惠性和共享性。中国经营周边,并不是为了谋求区域海洋霸权,而是与周边国家建立海洋命运共同体。中国在区域践行海洋

命运共同体思想,实施多边海洋行动是方法,构建区域海洋命运共同体是目的。

（一）实施多边海洋行动

国家的单边海洋行动往往缺乏说服力,无法实现区域海的持久和平,唯有加强国家合作才能实现区域共赢。中国主张在尊重历史事实和国际海洋法的基础上,通过开展双边行动来解决海洋争端。双边海洋行动的对话主体只有两国,能够更容易针对具体的海洋问题,达成一致的双边行动计划,能够更有效地解决海洋问题。但是,考虑到海洋生态环境问题的跨界性,海洋生态环境污染可能超出两国的管辖范围,若第三国不认可双边条约的效力,区域海洋生态环境问题难以得到彻底解决。为了解决相同的海洋生态环境问题,区域海国家需要签订多个内容相似的双边条约,造成资源浪费现象。中国虽与区域海国家签订了一系列双边条约,仍需根据海洋新形势升级区域合作关系。海洋命运共同体提倡区域海国家之间进行合作,通过共同行动应对区域海洋问题。多边海洋行动符合海洋命运共同体的要求,能够有效地应对海洋生态环境问题的跨界性,有助于区域海国家达成共识,保障区域海洋环境的安全稳定。

（二）构建区域海洋命运共同体

区域海洋命运共同体是在区域践行海洋命运共同体思想的结果,是区域海国家实施多边海洋行动的产物,是区域合作关系的升级。在中国和周边国家的共同努力下,已经构建了中国-东盟命运共同体等多个区域层面的共同体,为区域海洋命运共同体的实践提供了经验。

南海地区具备构建区域海洋命运共同体的条件。首先,南海周边国家有着天然的地缘联系,地理位置接近为南海周边国家开展多边海洋行动提供了优势;其次,南海周边国家处于同一海洋文化圈中,有着相似的海洋文化,有利于南海周边国家达成海洋共识,形成共同的海洋价值观和发展观;再次,南海周边国家面对共同的海洋环境问题,由于海水的流动性和海洋生态环境问题的跨界性,南海周边国家需要通过共同的海洋行动来应对海洋生态环境威胁。共同的海洋行动,除了理性安排的组织协作行动,还包括基于认同和共识的共同行动。南海区域命运共同体就是南海周边国家在尊重彼此政治交往、经济发展和文化传统的前提下,基于海洋共识和共同的海洋利益产生认同感和归属感,通过在海洋领域的共同合作形成的联合体。南海区域命运共同体为南海地区创造了平等协商的政治和安全环境、互利共赢的经济环境、交流互鉴的文化环境和可持续发展的生态环境。

构建南海区域命运共同体除了具备地缘和文化的条件优势,还需要尊重共同体成员在政治体制和经济发展水平方面的差异,并且考虑多变的南海局势,在《公约》的框架内建立具有南海特色的区域合作机制。推动南海地区的区域合作,可以由易到难,从低敏感高共识的海洋生态环境保护领域入手,扩大南海周边国家海洋利益的交汇点。

四、中国实践海洋命运共同体思想的全球路径

国家的海洋实力越强,越能更好地引领全球海洋的开发和利用,提供更多的海上公共产品。海洋命运共同体思想倡导将个体的海洋利益置于共同体的海洋利益之中,以共同体的发展引领个体的共赢发展。国家之间基于共同的海洋利益形成海洋命运共同体,既有助于国家海洋实力的提升,也可以缓解国家之间因个体海洋利益引发的海洋争议。海洋命运共同体思想是超越民族和国家的海洋观,中国可以通过构建海上丝路命运共同体、提升国际海洋制度性话语权和形成国际海洋法律新制度三个路径将思想辐射全球。

(一)构建海上丝路命运共同体

为了实现海洋空间和资源利益的共享,中国构建海洋命运共同体对内路径为坚持陆海统筹发展海洋经济,对外路径为运用海上丝绸之路构筑新型国际关系。海上丝绸之路加强了国家之间的政治互信、经济融合和文化包容,帮助海洋命运共同体实现从"共处"到"共同体"的建设。海上丝绸之路标志着中国认识海洋的新阶段,但仍局限于人类开发和利用海洋。海洋命运共同体打破了海上丝绸之路的限制,从发展和治理的角度,从地球一切生物的角度,深入而全面地认识了海洋,是中国认识海洋的又一里程碑。建设海上丝绸之路,可以为海洋命运共同体提供物质基础,实现合作共赢和共同发展;构建海洋命运共同体,可以将国家之间的利益纽带上升到情感纽带,增加彼此的认同感和归属感,为海上丝绸之路创造良好的人文环境。

海上丝路命运共同体是一种创新的合作模式,是海上丝绸之路沿线国

家和民族在共同利益、共同责任和共同价值基础上所结成的命运共同体。海上丝绸之路倡导开放、多元和包容的特征，提升了国家之间的合作质量，克服了发展合作的滞后性。在海上丝绸之路理念的指导下，海上丝路命运共同体体现出鲜明的特征。首先，海上丝路命运共同体具有开放性。海上丝路命运共同体不限定成员的数量和国别，向各个国家开放，且不以缔结特定协定和成立国际组织为要件。中国积极强化、创造了多边海洋合作机制，带动越来越多的国家参与海上丝绸之路建设，海上丝路命运共同体正在从区域合作走向全球合作。其次，海上丝路命运共同体具有平等性。海上丝路命运共同体的成员要在平等协商的基础上，互相尊重海洋领土主权；海上丝路命运共同体要保障成员能够充分参与相关海洋事务，互相尊重海洋话语权。最后，海上丝路命运共同体具有互惠性，海上丝路命运共同体成员之间是均衡的互惠关系。部分发达国家试图将发展中国家作为原料产地，利用发展中国家赚取最大利润，双方获益不均衡。中国不支持对剩余价值的剥夺，倡导通过海上丝绸之路构建共享共赢的合作环境。

（二）提升国际海洋制度性话语权

话语权是国家海洋实力的体现，一方面体现在国家对海洋利益的诉求，一方面体现在国家影响海洋制度和规则的制定。国家可以通过制度性话语权传播海洋理念，推动体现自身海洋理念的制度的形成。中国是国际海洋法律制度的重要推动者，不管是参与国际海洋事务，还是处理国际海洋争端，都要在国际海洋法的框架内进行。要想让海洋命运共同体思想成为国际共识，中国可以通过提升制度性话语权，将海洋命运共同体思想融入国际海洋法律制度之中，使之规则化和制度化。

中国虽然已经积极参与国际海洋法律制度制定的进程，但是仍面临制度性话语权缺失的被动情况。中国没有得到与国家海洋实力相称的话语权，导致国家海洋利益无法得到应有的尊重。中国制度性话语权表达不足的原因是多方面的，首先是过去对于国际海洋法律事务存在观念和认识上的不足；其次是对于国际海洋法律规范和法律事务的处理模式了解不足，未能充分表达出自身观念。当今国际海洋法律制度处于变革之中，海洋的新旧问题、传统安全和非传统安全问题交织，为中国的制度性话语权表达提供了机会，通过中国话语的妥当表达，使国际社会了解中国在认识国际海洋关系和处理国际海洋事务中的基本观念与原则。话语表达的基础是理论建构。为此，中国可以形成具有鲜明特色的全球海洋治理理论，既包括全球海洋治理的一般理论，也包括国际海洋治理结构和进程的理论。这些理论可以体现在中国参与国际海洋事务的讨论和会议上，也可以体现在中国参与国际海洋事务的对话和谈判的话语中。中国提出的海洋命运共同体思想是增进全人类福祉的全球性海洋话语，不仅能增进国际社会对中国的认同，还能增进国际社会彼此之间的认同，推动共同体成员对共同的海洋利益和国家责任达成共识。海洋命运共同体思想既可以成为中国制度性话语表达的理论基础，也可以借助制度性话语表达融入国际海洋法律制度之中。

（三）形成国际海洋法律新制度

海洋命运共同体意味着一种全新高度和范围的国际海洋秩序，这种新秩序的建立离不开国际海洋法律制度。在相当长一段时间内，国际海洋秩序是主要资本主义国家海权争夺的产物，但随着新兴海洋大国的出现，国际海洋要求建立更加开发和包容、和谐与合作的国际海洋新秩序。现有的国际海洋规则体系不能反映海洋权力结构的变化，缺乏针对跨国性海洋事务的制度设计，无法有效管理全球海洋事务。《公约》是国际海洋法律规则的集合，是不同利益集团妥协的产物，无法兼顾不同利益集团和所有国家的利益，存在一些不足。首先，《公约》存在海洋制度的缺失。例如，《公约》没有制定单独的人工岛屿制度，而是将人工岛屿的规定融入《公约》的各个部分。《公约》虽然将人工岛屿从岛屿的概念中排除，否定了其作为岛屿应该享有权利和承担义务的资格，但并没有解决人工岛屿的法律地位问题。《公约》没有规定人工岛屿法律地位的界定标准，没有明确人工岛屿的海洋权利，引发了各国在岛礁建设中的海洋争议。其次，《公约》存在模糊的海洋制度规定。例如，《公约》有关海洋划界的规定过于笼统，难以指导海域相邻国家之间的海域界限划分。《公约》折中了"自然延伸原则"和"中间线原则"，规定"应在国际法院规约第38条所指国际法的基础上以协议划定，以便得到公平解决"。《公约》只规定了和平及公平解决原则，没有规定具体的划界遵循标准，引发了海域相邻国家之间关于外大陆架相邻部分划界方法的争议。

建立国际海洋新秩序无须推倒重构现有的国际海洋秩序，而是在《公约》的基础上形成国际海洋法律新制度。中国在全球范围内实践海洋命运

74

共同体思想:首先,要积极参与国际海洋法律新制度的制定,以更加开放的姿态参与国际海洋法律新规则的倡议,通过提升制度性话语权充分表达国家的海洋观念;其次,要将符合人类共同利益的、为国际社会公认的和符合中国利益的国际海洋法律规则向国内海洋法律制度转换。国内海洋法律制度借助国际海洋法律制度深化,国际海洋法律制度依托国内海洋法律制度推动全球海洋法律治理。

五、结论

面对全球性海洋问题和海洋战略利益分配与海洋战略安全矛盾错综复杂的局面,任何国家都不可能独立完成开发和保护海洋的任务。只有以高度的国家责任感来看待全球性海洋问题,共同有序开发海洋资源,共同保护海洋环境,才能找到和平利用海洋的道路。这里提到的国家责任,不仅指法律上的责任,也可以指道义上的责任或政治上的责任。全球海洋资源的分配从国家对海洋的需求入手,着眼于国家从海洋的取得;而全球性海洋问题的治理从国家对海洋的影响入手,立足于国家保护和合理利用海洋的责任。各个国家因占有的海洋资源、享有的海洋权利不同,承担共同但有区别的责任。海洋命运共同体思想为全球海洋合作和全球海洋资源共享共治提供了中国方案,推动海洋命运共同体思想从区域实践到全球实践,体现了中国在全球海洋治理中的国家责任。

文章来源:原刊于《河北法学》2020年第1期。

全球海洋治理

全球海洋治理的未来及中国的选择

■ 吴士存

论点撷萃

　　全球海洋治理是现有国际秩序和海洋秩序的重要内容,现正处于剧烈的变化之中。作为全球化产物的全球海洋治理未来将如何发展? 全球主义继续主导全球海洋治理,还是区域主义替代全球海洋治理进程? 中国倡导多边主义和全球治理,面对"逆全球化"思潮的挑战将如何处理全球海洋治理问题? 本文从区域主义与全球主义两个层面,探讨全球海洋治理的未来,提出中国参与全球海洋治理的路径。

　　随着美国单边主义、保护主义、民粹主义及新冠疫情的影响逐步在全世界范围内蔓延、发酵,全球海洋治理的全球主义路径将迎来前所未有的压力和挑战,但海洋挑战的全球性和跨区域性决定了区域主义无法完全取代全球主义在国际海洋秩序发展中的中心地位。以何种方式推进全球治理,是未来国际海洋秩序演变的紧迫课题。几乎所有的研究都表明,区域性海洋治理的重要性与日俱增,与全球主义路径形成全球海洋治理中两条相互竞争又渐渐融合的路径。

　　中国是全球海洋治理的后来者,但随着综合国力和全球影响力的提升,在全球海洋治理体系中日益扮演不可替代的角色。对于中国而言,参与全球海洋治理体系建设,对内是建设"海洋强国"的需求,对外是共建"21 世纪海上丝绸之路"、实践"海洋命运共同体"理念的重要抓手。但不可否认的

作者: 吴士存,中国南海研究院院长、中国—东南亚南海研究中心理事会主席,中国海洋发展研究中心研究员

是,中国参与全球海洋治理仍然存在能力建设、周边环境、国际竞争等方面的局限性。因而,在国际政治经济格局深度调整、全球治理体系建设危机浮现及全球海洋治理格局迎来新的重大挑战的背景下,中国对于全球海洋治理的身份定位、路径选择、策略和线路图设计等方面,要从国家战略高度和利益最大化的视角出发进行通盘的考虑和决策。

因此,把区域主义与全球主义路径有机融合起来,以"混合主义"的方式推进全球治理,或许是未来国际海洋秩序演变的合理选择。对于中国而言,采取"混合主义"路径,既能捍卫全球海洋治理多边体系,又能推进区域性海洋治理合作;将两条路径有机衔接、融合起来,同时加强国内的战略规划和法律、制度建设,是推进共建"21世纪海上丝绸之路",践行"海洋命运共同体"理念,在国际海洋秩序重构中融入中国意志的可行路径。

当今世界正处于"百年未有之大变局"。国际主要行为体之间的力量对比的深刻变化,正在推动国际秩序的重大调整,国际格局将进入新一轮的大洗牌。全球海洋治理是现有国际秩序和海洋秩序的重要内容,现正处于剧烈的变化之中。全球海洋治理将朝何种方向发展、当前又面临哪些困境和挑战,而中国作为最大发展中国家又该如何在新一轮的全球海洋治理中扮演更为重要的角色,成为当下国内外学者和政策分析的前沿课题,也是本文将讨论的问题。

一、问题的提出

20世纪40年代末50年代初以来,随着第二次世界大战后全球化进程的不断推进,全球海洋治理的全球化逐渐成为国际秩序变革的重要内容,国际海洋秩序从基于控制和权力扩张的现实主义向强调合作和共同可持续发展的自由主义的方向发展。

所谓全球海洋治理(global ocean governance),指的是国家或非国家行为体通过协议、规则、机构等,对主权国家管辖或主张管辖之外的公海、国际海底区域的海洋环境、生物和非生物开发进行管理。2017年以来,逆全球化、民粹/民族主义、保守主义浪潮席卷全球,西方大国的单边主义重新燃起,国际海洋秩序中的权力竞争要素开始占据主要位置,加之新冠疫情引发了全球的公共卫生治理危机,诸般因素的持续叠加,令国际社会对全球化能否持续争论不休,对海洋领域在内的全球治理体系的价值能否持续也产生了怀疑。英国自由主义杂志《经济学人》(the Economist)和《金融时报》(Financial Times)在 2019 年上半年就发出了"全球化已经死亡,我们需要创建新的世界秩序"的呐喊。新冠疫情引发的全球危机,让更多的人接受了"全球化已经终结"的论调。

那么,作为全球化产物的全球海洋治理未来将如何发展? 全球主义继续主导全球海洋治理,还是区域主义替代全球海洋治理进程? 中国倡导多边主义和全球治理,面对"逆全球化"思潮的挑战将如何处理全球海洋治理问题?

本文将从区域主义与全球主义两个层面,探讨全球海洋治理的未来。逆全球化思潮随着美国单边主义、保护主义、民粹主义及新冠疫情的影响逐步在全世界范围内蔓延、发酵,全球海洋治理的全球主义路径将迎来前所未有的压力和挑战,但海洋挑战的全球性和跨区域性决定了区域主义无法完全取代全球主义在国际海洋秩序发展中的中心地位,以何种方式推进全球治理,是未来国际海洋秩序演变的紧迫课题。

2019 年 4 月,习近平在集体会见出席中国人民解放军海军成立 70 周年多国海军活动外方代表团团长时的讲话中指出:"海洋对于人类社会生存和发展具有重要意义。海洋孕育了生命、联通了世界、促进了发展。我们人类居住的这个蓝色星球,不是被海洋分割成了各个孤岛,而是被海洋连结成了命运共同体,各国人民安危与共。""我们要像对待生命一样关爱海洋。中国全面参与联合国框架内海洋治理机制和相关规则制定与实施,落实海洋可持续发展目标。中国高度重视海洋生态文明建设,持续加强海洋环境污染防治,保护海洋生物多样性,实现海洋资源有序开发利用,为子孙后代留下一片碧海蓝天。"习近平首次提出了"海洋命运共同体"的理念,为完善全球海洋治理贡献了中国智慧和中国方案。对于中国而言,坚持在以联合国为中心的框架下参与和引领全球海洋治理体系建设,把区域主义和全球主义两种路径进行有机融合,以"混合主义"路径推进共建"21 世纪海上丝绸之路"成为践行"海洋命运共同体"理念的重要思路。

二、全球海洋治理的两条路径

全球海洋治理在 20 世纪 80 年代到 21 世纪第一个十年处于发展巅峰

期,这主要缘于两方面因素的作用:此起彼伏的全球化浪潮的推动和全球性、跨国和跨区域性海洋挑战层出不穷。已有的研究与实践还表明,同全球治理的其他领域一样,全球海洋治理体系的维持有赖于国际规则与制度和国际体系中主要大国积极参与,私营部门、国际组织和跨国非政府组织对全球性或区域性海洋问题的治理作用日益凸显,但这些非国家行为体发挥作用的基础仍依赖于国际体系主要大国的支持。

进入 21 世纪以来,全球海洋所面临的威胁日趋严峻,海洋垃圾、气候变化引起的海水酸度升高及海平面上升等新的区域或全球性海洋挑战有增无减,海洋治理机制缺陷和供应不足问题凸显且呈加剧态势。海洋威胁的增加,也促使更多主权国家和非国家行为体参与到全球海洋治理进程中来。根据国际学术界的研究总结,作为全球化的产物,全球海洋治理在实践过程中逐渐形成了两条截然不同的路径——区域主义和全球主义。

海洋治理的"区域主义路径"(regional approach),指的地理上邻近、联系紧密及拥有共同历史文化认同的国家之间,通过共同的制度框架,对本地区面临的海洋问题开展治理合作,即全球海洋治理在区域、次区域层面的实践。与全球主义路径不同的是区域性治理主体是本地区沿海国家,治理方式包括双边或多边协定/协议、政治共识及合作计划等。

"全球主义路径"(global approach),是一个相对区域主义路径提出的概念,是海洋治理全球化的概括或代名词。全球性海洋治理,大致包括联合国框架和非联合国框架两个方面。

几乎所有的研究都表明,区域性海洋治理的重要性与日俱增,与全球主义路径形成全球海洋治理中两条相互竞争又渐渐融合的路径。

(一)海洋治理的全球主义路径方兴未艾

从 1982 年《联合国海洋法公约》(以下简称《公约》)正式通过到 2017 年召开首次联合国海洋大会,海洋治理的全球主义路径已经形成了以联合国为中心,涵盖规范与规则、制度与机构、海洋可持续发展计划及实施项目实施的完整框架。

以《公约》为核心的全球海洋治理规范和规则架构,包含了鼓励和引导世界各国和平利用海洋、促进海洋可持续发展、开展国际海洋合作的规范性内容,也对各国在不同海域"什么可以做""什么不可以做""通过什么方式解决争端"等内容制定了行为准则。世界各国依据这套规范和规则,一是相互约束、监督彼此海上行动,限制各国对邻近海域的无限主张和对公海资源的无限度开发;二是开展双边或多边海洋合作,对海盗、气候变化、洄游鱼类过度捕捞、海洋污染等实施跨国合作;三是根据现有业已达成的海洋规则处理海域划界、渔业和油气资源开发等引发的海上矛盾和分歧。

同时,联合国海洋大会及国际海事组织(IMO)、国际海洋法法庭、大陆架界限委员会、国际海底管理局(ISA)、联合国海洋事务和海洋法司(DOALOS)、教科文组织政府间海洋学委员会及联合国环境计划署等,组成了全球性海洋治理倡议和计划决策、实践、监督的制度及机构。通过这些机构,世界各国得以协商确定全球海洋治理的行动计划、目标和实施路径。大陆架界限委员会、国际海洋法法庭等机构也为国家间依据业已制定的海洋规则解决大陆架、专属经济区等主张海域的争端,为避免国家间陷入"无序"的冲突和竞争提供了保障。

除此之外,联合国框架还通过制订海洋治理行动计划与纲领及设立实施项目,推进全球性海洋治理实践。譬如,海洋垃圾治理全球倡议、《保护海洋环境免受陆上活动污染全球行动纲领》、索马里海盗治理等,以及"联合国2030年可持续发展议程"第14个目标提出,保护和可持续利用海洋和海洋资源,以促进可持续发展的计划。

(二)全球海洋治理的区域主义路径蓬勃发展

区域性海洋治理的兴起是"二战"结束后地区一体化浪潮带来的重要成果之一。20世纪七八十年代和1992年联合国环境与发展大会提出加大区域合作以来,区域性海洋治理合作经历了多个发展阶段,在世界各地形成了丰富的实践经验和成果。围绕特定地理空间内面临的某一类特定海洋挑战,如油污处理、金枪鱼保护、反海盗等,地区及相关利益攸关方国家通过双边或多边的协商形成三级合作架构:一是规范性共识、合作协议及一套明确区域内外各参与方责任、权利、义务的规则和制度体系,对各方"能做什么""不能做什么""怎么做"作了规定;二是建立政府间委员会、定期会议等负责协调、监督、科学调查研究的工作机构,设计并监督具体合作项目,如根据1996年《渥太华宣言》成立北极理事会(The Arctic Council)、2004年根据《中西部太平洋高度洄游鱼类种群养护和管理公约》成立的区域性金枪鱼渔业国际管理组织——中西部太平洋渔业委员会（Western and Central Fisheries Commission，WCPFC）等；三是以长期或短期合作项目为突破口，推进解决本地区面临的海洋挑战。

经过近半个世纪的发展，南海、东海、地中海、波罗的海及北极等全球各地形成了数以百计的区域性海洋治理微体系。其中，欧洲地区的海洋治理合作最为成熟。尤其是在海洋环境治理领域，目前地中海、北海（东北大西洋）和波罗的海都形成了各自的区域海洋环境保护合作机制网络。如《保护地中海免受污染公约》(Convention for the Protection of the Mediterranean Sea against Pollution)、《巴塞罗那公约》(The Barcelona Convention)、《合作处理北海油污协定》(Agreement for Cooperation in Dealing with Pollution of the North Sea by Oil)、《保护东北大西洋海洋环境公约》(Convention for the Protection of the Marine Environment of the Northeast Atlantic)、《波罗的区域海洋环境保护公约》(Convention on the Protection of the Marine Environment of the Baltic Sea Area)、《保护里海海洋环境框架公约》(Framework Convention for the Protection of the Marine Environment of the Caspian Sea)等。

欧洲国家根据缔结的公约，建立了相应的委员会对沿岸国间的海洋环境保护合作进行协调。比如，1995 年欧盟国家根据《巴塞罗那公约》第 4 条，建立了"地中海可持续发展委员会"（The Mediterranean Commission on Sustainable Development，MCSD），成员代表包括政府、商界、非政府组织、科学界、政府间组织和知名专家等，主要负责制定并协调实施地区海洋发展战略、举办大型对话论坛等。

除了欧洲之外，东亚地区在 2004 年通过《亚洲地区反海盗及武装劫船合作协定》(Regional Cooperation Agreement on Combating Piracy and Armed Robbery Against Ship in Asia)，建立了地区海盗治理合作机制。

（三）全球海洋治理区域主义与全球主义路径的竞争与融合

区域主义与全球主义间关系自冷战结束以来一直都是国际关系研究中颇具争议性的话题，但理论研究和实践经验已经表明，两者的关系兼具对立与合作两种含义。东亚和欧盟的一体化加速了全球化的进程，但同时地区保护主义的案例也时有发生。譬如，在经贸领域，区域内产业分工的不断细化和产业结构的不断完善将减少对区域外市场的依赖。欧盟对于来自中国的市场竞争也正在采取保护主义政策。

全球海洋治理的区域主义和全球主义两条路径之间，同样是既竞争又相互融合的关系。一方面，欧洲和东亚在环境保护、反海盗等领域的区域性治理合作本身就受到《公约》等全球性海洋治理规范、规则与制度的启发和推动，同时又是以联合国为核心海洋治理框架处理海洋环境保护、海盗威胁等议题的有机组成部分；另一方面，东亚和欧洲的区域性海洋治理实践虽然同样受到来自以联合国为中心的海洋治理框架的影响，但居于主导地位的区域内国家为了寻求独立性，对来自美国等其他域外国家普遍持排斥立场，域外国家的诉求和主张在区域主义框架下无法在治理结构形成过程中得到如实的反映，更多的是取决于域内国家的兼顾。

总之，全球海洋治理的区域主义路径和全球主义路径长期以来虽然存在一定的竞争性互动，但彼此相互补充、相互融合占据了多数历史实践过程。需要注意的是，区域主义和全球主义分别是区域一体化和全球化进程的产物，两者的发展过程受到了来自地区和国际政治经济秩序变革的结构性因素影响。因而，全球海洋治理的路径发展同样也是取决于地区、国际秩序的演变。

三、全球海洋治理进程的动力及当前遇到的挑战

全球海洋治理的源起及其发展成为冷战后国际海洋秩序的重要组成部分，是一系列内外动力叠加作用的结果，既是全球海洋发展规律的内在需求，同时也离不开国际政治经济格局演进的推动。因而，随着国际政治经济环境跌宕起伏的变化，全球化和区域一体化进程越来越受到单边主义、保护主义的干扰，全球海洋治理体系发展正面临"二战"结束以来前所未有的挑战和危机。

（一）全球海洋治理前进的三大动力

全球海洋治理是在"二战"后世界掀起新一波全球化浪潮，全球性海洋挑战与威胁持续加剧的背景下，孕育于自由主义国际秩序架构，其起源与发展主要受三方面动力的叠加作用。

1. 全球海洋治理是全球化的产物

按照英国学者戴维·赫尔德等人的划分，人类历史上经历了四个阶段

的全球化过程。其中,1945年第二次世界大战结束以来属于当代全球化时期,生产要素、人员、货物、资本、文化等领域的流动和相互联系不断达到新的高峰,随之而来的全球性公共问题不断产生,全球治理也由此应运而生。全球海洋治理正是在20世纪90年代新一波全球化浪潮不断推向新的高潮的背景下成为世界各国讨论的议题。海洋贸易的蓬勃发展,使得跨国或跨区域海盗治理和航道安全维护具备了全球公共性特点。全球化同样使得海洋水产品、海洋油气等海洋资源的全球流动性达到前所未有的水平,不同地区或国家间围绕公海及部分争议海域海洋资源的你争我夺也因此日益剧烈,海洋渔业资源衰竭和生态环境破坏及其治理跨越国界线成为全球公共议题。凡此种种,全球治理议题的出现都源于全球化的不断推进。全球化过程一方面带来了各种各样的全球性问题并赋予主权国家面临的问题以全球公共性,另一方面也为政府间海洋治理合作创造了动力。

2. 全球性海洋挑战和威胁层出不穷

20世纪90年代以来,随着全球化进程加速、世界经济迅猛增长,世界各国对海洋资源的需求与日俱增,同时各国在工业化、现代化的过程中也对生态环境带来了巨大的压力。受人类活动的影响,海洋面临来自多个方面的威胁,包括不可持续和破坏性的渔业捕捞、来自陆地和船舶的污染、海洋生物栖息地被破坏、外来物种的入侵、海洋贸易运输船舶及各国舰船产生的噪音、海洋生物与船舶撞击(如鲸类与船只相撞)、油气开采和海上溢油,以及海水酸化和水温升高、洋流转移、海水中氧气浓度降低等。占地球表面70%面积的海洋不仅对调节全球气温至关重要,而且蕴藏着地球已知物种的75%和超过世界石油及天然气资源总量的40%,是人类经济社会发展的资源宝库和未来空间。

但日益严峻的海洋威胁与挑战使得海洋对世界各国可持续发展的推动力大大减小,乃至于人类发展将面临"失去"海洋加持的危险。譬如,占人类动物蛋白摄取总量17%的海洋鱼类和海产品总量因过度捕捞而大幅降低。根据世界粮农组织2020年的评估,全球处于生物可持续水平的鱼类种群占比已由1974年的90%下降至2017年的65.8%,而捕捞量在生物不可持续水平的种群占比却从1974年的10%提高至2017年的34.2%,越来越多的海洋鱼类种群面临过度捕捞的威胁。

正是共同面临日益严峻的海洋威胁与挑战及其所带来的经济社会代

价,世界各国出于维持自身发展中海洋动力源源不断的考虑,开始寻求通过构建全球海洋治理体系,建立政府间海洋治理合作规则与制度,致力于解决区域或全球性海洋问题。

3. 自由主义国际海洋秩序的推动

在经历了第二次世界大战的教训之后,尤其自冷战结束以来,通过区域或全球海洋合作来实现海洋利益的最大化开始深入人心,成为世界各国决策者的优先选项。也正是在这一摒弃以控制主义、权力至上和相对收益为基准的现实主义,并代之以奉行合作和互利的自由主义的过程中,全球海洋治理体系得以一步步成长壮大。世界各国在摆脱马汉海权至上主义的桎梏之后,开始通过《公约》及各种国际海洋治理规则与制度性安排来实现各自利益诉求。

(二)当前全球海洋治理面临的三重困境

诚如国内外不少学者所指出的,现有全球海洋治理体系存在多个方面的问题和挑战,诸多规则模糊不清。如《公约》相关内容过于笼统,有关"历史性权利""岩礁法律地位"等内容的规定容易导致较大争议;全球海洋治理机制碎片化现象突出;全球海洋治理新领域层出不穷;等等。

规则和制度有效性下降、新的公共产品供应不足等属于表层的技术性问题,本质上是在全球化及全球海洋治理不断前进发展的过程中所产生。然而,进入21世纪第二个十年以来,随着西方发达国家民粹主义、民族主义和保护主义的滋生、蔓延和发酵,"逆全球化"思潮及其在部分国家的实践给全球海洋治理带来了前所未有的不确定性。具体而言,当前以自由主义为基础的全球海洋治理体系面临着三重困境。

1. 自由主义的全球化进程遭遇"逆流"危机

"二战"结束之后,跨国企业在除美洲之外的百废待兴的欧亚大陆疯狂生长。尤其是20世纪90年代随着苏联解体和两极体系的崩塌,全球性的资本、人员、生产要素和货物流动迅猛增长,全球经济、社会和政治一体化也随之创造一个又一个高峰。但根据瑞士联邦苏黎世理工学院经济研究所2020年最新研究,自2007年以来全球化进程明显放缓甚至进入停滞状态。如果根据部分经济学家及智库以全球贸易额占世界经济总量(GDP)比例来衡量全球化进程,2009年以来国际体系已经进入"逆全球化"阶段。2020年上半年以来席卷全球的新冠疫情,加剧了西方国家对全球化的排斥。受"逆全球化"思潮泛滥的影响,全球海洋治理进程不仅失去了自由主义全球化动力的加持,更是同其他领域的全球治理一道,因新冠疫情引发全球公共卫生治理危机而遭到国际社会的质疑。

以全球海上航道安全治理为例,"逆全球化"浪潮将降低各国对海盗、航道安全等领域治理合作的需求和意愿。据联合国贸易和发展会议(UNCTAD)《2019 年海运报告》,受贸易摩擦和保护主义等因素影响,2018年国际海运贸易总量增长率由 2017 年 4.1％下降为 2.7％,全球集装箱港口吞吐量增长率从 2017 年的 6.7％跌至 4.7％。未来,一旦"逆全球化"浪潮随着新冠疫情继续肆虐蔓延,全球海运贸易增长将进一步放缓,其中 2020 年海运贸易量将下滑 5.6％,达 35 年以来最大降幅。全球海运贸易促使世界各国就打击海盗、航道维护等领域开展治理合作,但一旦海运贸易量增长放缓或停滞、降低,部分国家对于维护航道安全的共同利益诉求与政治意愿将随之减弱。

2. 主要参与国单边主义和保护主义的挑战

美国是"二战"后雅尔塔体系的主要设计者,并在冷战结束后一直独霸国际体系领导权。美国在"二战"之后一方面通过双边主义和多边主义分别在东亚和欧洲维持主导地位,另一方面又借助以联合国、国际货币基金组织、世界银行、世界贸易组织为中心的国际制度体系,维持对国际秩序的绝对领导权。全球海洋治理作为"二战"后国际秩序的重要组成部分,一直由美国主导,其发展过程也由美国所操控。美国作为国际体系的主导者,对全球海洋治理的规则设定、制度创设、议题设置和政治进程具有决定性影响。英国、日本、法国、澳大利亚等也是在美国的支持和组织之下协调、合作,从而维持对全球海洋治理的绝对话语权。

但如美国总统特朗普在 2016 年 4 月竞选时所宣称的"他(一旦执政)将不再使美国和美国人民屈从于全球主义虚假的旋律"。自 2017 年特朗普上台以来,美国在抛弃了"全球主义"之后,民粹/民族主义兴起,以"美国优先"为目标的"新美国主义"泛滥。特朗普政府在政治、经济、军事、外交、文化等各个领域推行保守主义和单边主义,陆续退出《巴黎协定》等全球治理框架,抛弃全球主义价值理念。特朗普政府的政策转变,使得美国在欧洲和亚洲的盟友纷纷效仿,欧盟国家和日本的民族/民粹主义也甚嚣尘上,不少国家纷纷采取追随美国、打压中国的保守主义政策。就像美国国际关系学者约翰·伊肯伯里（G. John Ikenberry）所预言的，美国自冷战结束以来一直单独控制着"二战"后国际体系的主导权，其放弃多边主义和全球主义，取而代之以单边主义和保护主义，无异于从根本上摧毁现行自由主义国际秩序。

欧盟一直致力于在全球海洋治理中扮演规则和规范建设引领者，但同样遭到民粹/民族主义和"反全球主义"思潮的冲击。2019 年 5 月，欧洲议会选举（European Elections）投票结果显示，受全球反建制浪潮影响，高举民族主义、反建制的右派民粹政党席位大幅增加。德国、法国等欧盟主要大国国内的"建制派"力量遭到削弱。根据英国广播公司（BBC）2019 年 4 月统计，民族主义政党在德国、法国、西班牙、荷兰等 14 个欧盟成员国国内发展壮大，极端民族主义思潮在欧盟地区不断蔓延。新冠疫情加剧了欧盟内部的保护主义思潮。据欧盟对外关系委员会 2020 年 6 月的调查研究表明，以德、法为主的绝大多数欧盟成员国民众受访者认为有必要减少制造业对区域外国家或地区的依赖。右翼民粹/民族主义政党以反欧盟、反建制作为基本政治诉求，反对一体化和全球主义，在气候变化、难民危机等全球治理议题上持怀疑、排斥的态度，将国家的"相对收益"奉为优先原则，认为提供全球治理公共产品将带来经济负担。

美、英等传统海洋强国单边主义、民粹主义对国际秩序的"负面效应"，正在向海洋治理领域蔓延。美国自 2017 年以后陆续退出联合国教科文组织等多个与全球海洋治理相关的机构/机制。美国放弃全球主义路径对北极治理的影响最为明显。北极治理是全球气候和海洋治理的不可或缺的组成部分，因而是一个跨区域或全球性海洋治理议题，但美国务卿蓬佩奥 2019 年 5 月公开称，拒绝中国等观察国参与北极治理进程。受单边主义思潮的影响，在当年的北极理事会八国部长级会议期间，美国拒绝接受一项关于减少黑碳排放的条款，令会议讨论陷入僵局，最终导致出现 20 多年来第一次未发表联合声明的结局。欧盟试图塑造全球海洋治理规范、规则的能力也将随着英国的"脱欧"和民族/民粹主义的掣肘而大大削弱。譬如，2019 年 12 月由于波兰拒绝加入，欧盟未能就 2050 年实现"气候中立"（climate neutrality by 2050）达成一致，这表明多边主义在欧盟遭遇到前所未有的危机。英国作为传统海洋强国"脱欧"后，于 2019 年 3 月把"阿塔兰塔"（Atalanta）打击索马里海盗行动计划的指挥权移交西班牙，此举进一步削弱欧盟参与全球海盗治理的综合能力。此外,受民族/民粹主义思潮及美国压力的叠加作用,德、法、英等传统海洋强国还不断加大介入南海问题力度,对中国—欧盟海洋治理合作进行干扰。

传统海洋强国放弃全球主义、采取以相对收益为决策目标的单边主义立场,令全球海洋治理体系失去了赖以建立和维持的基础。全球海洋治理的本质属性是全球性公共安全产品,这就意味着需要有"产品供应者",同时也不可避免地存在"搭便车"现象。传统海洋强国在全球治理规范、规则和制度体系的构建和实践中,一直扮演公共产品的设计和供应者角色。因而,全球性海洋治理一旦失去美、欧等主要海洋强国的支持,将陷入因"公共产品供应不足"而瓦解的风险。对于全球治理体系的"守护者"而言,重新寻找驱动力,把全球海洋治理架构重新巩固,将是一种艰难的考验。

3. 现实主义的权力政治正在重返国际海洋秩序的中心

现代海权理论的奠基人之一的艾尔弗雷德·塞耶·马汉曾在《海权对历史的影响(1660—1783)》一书中直言不讳地称:"利用和控制海洋现在是并且一直是世界历史中的一个重要因素。"美国著名历史学家保罗·肯尼迪在梳理了近代以来英国海上主导权的兴衰史之后得出与马汉相似的结论:"一旦认识到海洋作为一种中介的适宜性,人们就开始将注意力转移到建立一种能使取得和保持对海洋控制的武器上。随着一批可操纵并具有强大装备的、能够将敌人从眼前赶走的船只的出现,人们就取得了实现这一目标的手段。"通过单方面制定规则或采用武力手段实现对全球或区域海洋的控制权或主导权,在历史上很长一段时间里是一种常态。

自由主义从来没有否定权力问题对于全球海洋治理体系构建的重要影响。随着美国及其诸盟友和伙伴国复活"大国竞争",隐藏在全球海洋治理深处、一直挥之不去的国际体系"无政府"特征逐步凸显,全球海洋治理体系乃至国际海洋秩序的发展再次回到以权力争夺为主导的时代。

美国自 2017 年 12 月《国家安全战略》报告中把中国定义为"威权主义""修正主义"的头号"战略竞争对手",开始在"亚太再平衡战略"的基础上,向西太平洋和印度洋地区集结优势海空兵力,增加针对中国的海空军事行动,并计划打造由其主导的、混合了双边合作和多边机制的网状新型安全架构。英国、德国、澳大利亚、日本及越南等南海区域内外国家,纷纷试图通过支持并积极配合美国,以在新一轮海权竞争中获得收益。譬如,美国对中国参与北极治理的阻挠、欧盟内部对中国提升在印度洋海洋治理中的作用以及美及其盟友和伙伴国扩大对南海问题的介入以竞争在西太平洋地区制海权等事实，都反映了大国权力竞争开始回潮。

除此之外，英国试图通过"全球英国"战略扩大在全球范围内的影响力，日本试图获得政治和军事大国地位，也都把追求海洋强权作为重要战略目标导向。法国、德国及澳大利亚扩大在南海及西太平洋地区的军事存在，亦表明它们有意追随美国在新一轮的海洋秩序构建中争夺话语权和影响力。

这是自冷战结束以来美国掀起的又一轮大规模全球海权竞争。奉行权力至上主义、强调相对收益、秉持零和博弈思维的现实主义，从本质上对以合作、互利、共赢的自由主义为基础的全球海洋治理体系发出了挑战。与自由主义假设国家间以规则和制度性安排合作应对全球性海洋挑战可实现各国利益最大化不同，现实主义把"相对收益"摆在首位，将追求权力优势置于优先地位加以考量。一旦美国及其诸盟友和伙伴国重新从现实主义的视角看待国际海洋秩序演变，那么全球海洋治理体系将重新落入现实主义所构设的窠臼之中并止步不前乃至倒退。

四、继续全球主义还是转向区域主义

新冠疫情、西方世界的民族/民粹主义及美国的单边主义三重因素的叠加作用，使得国际社会对全球化进程或者说全球主义产生了深深的疑虑。如美国《外交事务》杂志 2020 年 7 月刊文所说，新冠疫情成为对全球化的一次压力测试，这场危机迫使人们不得不重新评估已经存续数十年的全球经济联系。越来越多的国内外学者认为，新冠疫情引发的世界公共卫生治理危机，证明全球主义已经失败，并开始用区域主义来构想未来世界的秩序。

区域主义与全球主义本是两条并行不悖、相互补充但又彼此竞争的全球海洋治理路径，但面对席卷全球、来势汹汹的"逆全球化"思潮和民族/民粹主义浪潮，全球海洋治理的全球主义路径正在经受前所未有的考验。那么，全球海洋治理未来是沿着区域主义路径，还是继续全球主义的方式？

(一)海洋治理区域主义路径的优势与局限性

相对全球主义，全球海洋治理的区域主义路径具有全球主义所不具备的优势：①参与治理的主权国家规模小，将有效避免"搭便车"现象，更易达成合作协议;②鉴于区域海洋挑战与参与各国利益诉求息息相关,参与者对合作实施海洋治理的需求和政治意愿较高,区域性规则与制度一旦建立便具有较强的组织性和凝聚力;③区域海洋治理的规则与制度安排可根据特定海域空间的特定议题进行专门设计,如地中海的洄游鱼类保护等,因而具有全球主义所无法比拟的针对性和可操作性。

然而,全球海洋治理的国际实践和已有的案例表明,区域主义的局限性也非常突出。①决策困境。越来越多的研究表明,区域性海洋治理安排往往因缺少对参与国间共同利益诉求挖掘和立场主张分歧进行协调、斡旋的第三方机构,因而在决策过程中容易出现因无法取得共识而难以决策的现象。譬如,托·亨利克森(Tore Henriksen)、盖尔·荷内兰德(Geir Hønneland)、阿·西德尼斯(Are Sydnes)在研究了西北大西洋渔业组织、东北大西洋渔业委员会、俄罗斯—挪威渔业委员会、东南亚大西洋渔业组织、西—中太平洋渔业委员会等五个区域性海洋渔业治理案例之后,认为决策程序阻碍了区域性渔业管理机制发挥作用。②制度的有效性难以保证。区域渔业管理组织/协议部分是具有法律约束力的,但有些仅仅提供咨询,最终决策依赖于大量的投票和共识,参与方不愿意或无法就渔业可持续发展措施达成一致。同跨国海洋渔业治理案例相似,其他领域的区域性海洋治理同样面临"制度有效性"的挑战。用于确立行为规则和协调合作制度的区域性协定/协议不仅法律约束力较弱,且参与国的违约成本比全球主义路径要低得多。参与国一旦违反全球性公约或协定,将受到别国的惩罚和国际社会的监督,而对区域多边或双边协定的违约在外交和舆论压力上要小得多。也正是这一原因,区域性海洋治理规则和制度的有效性将大打折扣。③区域主义的地理属性决定了其对跨区域和全球性问题的治理无能为力。一方面,区域主义对于本地区面临的海盗、资源过度捕捞、环境污染、航道安全等问题具有全球主义无法匹敌的治理能力,但对于气候变化、跨区域海上安全威胁等全球性海洋问题却束手无策;另一方面,倘若区域内国家缺乏自主治理的能力,那么区域性的海洋威胁将因此演变为全球性公共问题(如索马里海盗),而区域主义对于跨区域海洋挑战的应对也缺乏相应的安排。④区域主义同样面临大国影响力竞争的干扰,而且更容易受到本地区内国家间争端或利益主张分歧的制约。特别是海洋划界争端、资源开发冲突等问题,是区域内国家之间开展海洋治理合作必须首先加以解决的问题。比较典型的是,南海地区长期面临渔业资源衰退、海洋生态环境退化、航道安全等诸多挑战,而且周边国家的利益诉求也日益受到这些海洋挑战的威胁。受部分领土主权和海域管辖权主张冲突的影响,区域内国家虽然达成了包括《南海各方行为宣言》在内的多边和双边共识、协定,但区域海洋治理始终处于"说多做少"几近停滞的状态。

(二)海洋治理全球主义路径的必然性

不可否认,海洋治理的全球主义路径现阶段面临内外两方面挑战:自身需要优化游戏规则、提高制度效力,对外还将经受"逆全球化"思潮和大国单边主义的考验。然而,从实践经验看,海洋治理的全球主义路径,是冷战结束后国际海洋秩序变革过程中优胜劣汰的选择结果。

海洋治理的全球主义路径,承认国际政治现实主义所提出的"权力竞争"和国际体系"无政府状态"问题,接受美国的霸权是决定治理的动力和范围首要力量这一事实,从规范性视角出发,为解决权力和利益分配与全球性海洋公共问题间的矛盾设计了详细的方案。有关全球海洋治理的理论,承认权力等级制度塑造全球海洋治理结构、根本目的和优先权的事实,但同时强调规则和制度的重要性。基于共同目标或共同问题,国家间建立规则体系和制度框架以协商、协调政策立场,同时又依托规则和制度平台展开权力竞争。

相对于区域主义致力于解决现实或技术性的海洋威胁和挑战,全球主义在冷战结束以来的国际秩序变革过程中,从更为宏大的视角为解决基于权力和利益争夺为基础的"零和博弈"困境提供了全新的思路,给自由主义的国际海洋秩序注入了新的动力,让理想主义或自由主义阵营中"共同体"观念在海洋领域落地生根,由理论设想变成可能性方案。

事实上,全球化自15世纪末诞生以来,经受不止一次的"逆流"挑战。两次世界大战之间的"逆全球化"潮流挑战,远比今日所面临的强得多。冷战时期,两极体系下的全球化格局亦被权力政治分裂为两个世界。但历史的进程具有超乎寻常的自我恢复和升级能力,在经历一轮又一轮的"逆全球化"挑战之后,全球化一次又一次地焕发出新的且更为顽强的生命力。全球海洋治理正是在最近一波的全球化浪潮中应运而生的,同时也将随着新一轮的全球化而不断演进。

目前,海洋治理的全球主义路径面临诸多考验和困难,全球性海洋威胁和挑战并未减少,全球海洋治理合作的必要性随着人类开发利用的不断提升而越加严峻。除传统污染、渔业耗竭、沿海栖息地丧失等海洋挑战外,新的全球性海洋威胁层出不穷。例如,据估计,目前世界海洋的平均酸碱度比工业革命以前降低了 0.1 个单位,海洋的酸度已经"飙升"了 30%,而未来海洋酸化的速度还将会随着二氧化碳排放量持续增加而继续加快。海洋酸化将对一些海洋生物的食物链、群落动力学、生物多样性和生态系统的结构与功能产生破坏,进而带来大量物种灭绝、生物多样性"退化"等不可想象的后果。同样严峻的还有海洋垃圾治理。根据联合国统计数据,每年至少有 800万吨的塑料制品被遗弃到海洋中,100 万只海鸟和 10 万只海洋哺乳动物因塑料污染而丧生,经济损失达 80 亿美元。

因此,有增无减且与人类可持续发展息息相关的海洋挑战,决定了全球性海洋治理合作的必要性。与此同时,海洋治理的全球主义拥有足以抵消单边主义和保护主义挑战的机遇。

1. 信奉并捍卫多边主义和全球主义的新兴经济体的群体性崛起

特别是中国作为全球第二大经济体,一直是海洋治理多边主义和全球主义路径的倡导者和贡献者。中国在 2013 年提出的共建"一带一路"倡议中,把地区和全球海洋治理合列为优先议题。中国对气候变化、发展蓝色经济等全球海洋治理的支持,为抵消美国单边主义所带来的冲击提供了保证。

2. 全球性海洋治理合作已经深入人心

譬如,欧盟内部虽出现了排斥全球主义的民粹/民族主义思潮,但对于环境保护、公共卫生危机应对等全球性公共议题仍然持较为积极的态度。据统计,德国绿党在 2019 年 5 月选举中上升了 9.9% 达到 20.7%,超越基民党的主要盟友社民党,成为德国第二大政党。同样,超过一半的欧盟民众受访者表示,在新冠疫情过后欧盟对于共同的全球威胁与挑战应该加强应对合作。因而,全球主义在应对全球性威胁或挑战中所发挥的重要作用,是赢得了国际社会的认可的。

3. 海洋治理的全球主义路径具有强大的自我更新和升级以适应国际实践的能力

以联合国为中心的全球海洋治理体系,除了对全球性海洋问题做出反应外,还提出了针对地区海洋威胁的项目,如全球大海洋生态系统等。同时,联合国还不断完善全球海洋治理的协商和制度以提高治理决策效率,如在 2017 年启动全球海洋大会等。

海洋治理的全球主义路径依然是国际海洋秩序变革的方向,而解决体系目前面临问题的根本出路不是更弦易张而是改良。正如美国《时代》杂志对"后疫情时代"国际秩序的预测,海洋治理的全球主义路径并不会终结,而是将以另一种形式再次呈现。

(三)混合主义的全球主义或将是历史的选择

关于区域主义和全球主义的关系自 20 世纪 90 年代末以来就争论不休。然而,新区域主义认为,在摆脱冷战两极体系束缚、摒弃了"旧区域主义"的保护主义和安全利益挂钩的弊端之后,区域主义转而依附于多极世界秩序,变得更为开放,在某种程度上成为对全球化过程的一种反应。换言之,强调开放、多边主义的区域主义与全球主义的关系从冲突对立转变为相互促进。因而,面对美欧单边主义、保护主义以及美国极力塑造中美"两极"对抗的挑战,如何定义区域主义与全球主义的关系,取决于国际体系内各国的共同作用。将区域主义作为有机组成和重要补充而与全球主义充分融合,这是目前国际学术界较为普遍的一种观点。结合了区域主义的"混合主义"路径将产生叠加效应,从而为全球主义路径解决当前面临的困境打开新的思路。

1. 区域主义的"去中心化"(polycentric)将使得全球主义路径摆脱传统海洋强国强权干扰、推行更加公平开放的海洋治理体系更具可能性

最近一波区域主义的发展源于美国霸权在物质层面的衰落、冷战的结束、亚太的崛起及第三世界国家的发展,国际体系权力愈加分散。所谓"去中心化",即在权力区域分散化的同时,各地区的独立性和地区主导行为体的地位得到加强,国际体系对美国霸权中心的依赖度随之开始下降。海洋治理的区域主义路径,同样使得地中海、南海、东海等地区在应对本区域共同挑战时具有绝对的话语权和决策地位,而美国等区域外国家的影响将得到有效控制。区域主义路径的"去中心化",为全球性海洋治理体系跳出"美国中心"困境创造了空间。

2. 区域主义的加持将为把现有参与者留在全球海洋治理体系内及吸收更多国家参与体系建设创造空间

一方面,沿岸国家以全球海洋治理规则与制度,结合本地区的实际情况

开展区域性海洋治理合作;另一方面,不同的区域之间在全球性海洋规则和制度的框架下,针对相同或利益关联问题开展跨区域的海洋治理合作。区域内治理和跨区域合作具有"灵活组合"的特点,依赖于全球海洋治理框架,但又吸收了区域主义"小集团可避免搭便车""提高制度设计针对性""去中心化"等多个方面的特点。

3. 区域主义将提高全球海洋治理规则和制度的有效性

区域主义路径可以随时针对某个议题建立微型海洋治理体系,对全球主义路径中依赖的规则和制度的模糊、不健全之处可以进行完善、创新和补充。区域主义路径的实践,将为全球海洋治理规则和制度的变革注入源源不断的经验性动力,这为全球主义克服规则和制度缺乏有效性提供了方案。

五、中国的选择

中国是全球海洋治理的后来者,但随着综合国力和全球影响力的提升,在全球海洋治理体系中日益扮演不可替代的角色。对于中国而言,参与全球海洋治理体系建设,对内是建设"海洋强国"的需求,对外是共建"21世纪海上丝绸之路"、实践"海洋命运共同体"理念的重要抓手。但不可否认的是,中国参与全球海洋治理仍然存在能力建设、周边环境、国际竞争等方面的局限性。因而,在国际政治经济格局深度调整、全球治理体系建设危机浮现及全球海洋治理格局迎来新的重大挑战的背景下,中国对于全球海洋治理的身份定位、路径选择、策略和线路图设计等方面,要从国家战略高度和利益最大化的视角出发进行通盘的考虑和决策。

(一)中国参与全球海洋治理的局限性与挑战

全球海洋治理体系发展过程,也是一个主权国家间利益博弈和战略竞争的过程,因而中国参与体系建设既有内部的局限性,同时也面临着外部挑战。

1. 在国内层面,立法、制度、战略规划等顶层设计的滞后,制约了中国在全球海洋治理中以相对优势的经济和技术实力发挥更大的作用

在法制建设上,中国尚未出台专门用于统筹、规范海洋事务的海洋法,已经颁布实施的《领海与毗连区法》《专属经济区和大陆架法》等关于"外国

军舰无害通过批准制度""历史性权利"的相关规定存在与国家当前和长远利益需要不相符、表述不够清晰等方面的局限性,因此涉海法律制度难以满足中国参与全球海洋治理的迫切需求。在战略规划上,中国自 2013 年以来先后提出共建"海洋伙伴关系"和"海洋命运共同体"理念,并提出了"21 世纪海上丝绸之路"作为推进全球海洋治理的实施抓手,这与自由主义的全球海洋治理观不谋而合,但对于如何把理念转化为实践过程仍缺乏具体的路径设计和方案规划。

2. 在地区层面,复杂的周边海洋争端制约了中国参与全球海洋治理的能力

从黄海、东海到南海,中国与东北和东南方向的多个周边邻国存在领土主权和专属经济区、大陆架划界及海洋管辖权主张的争议,争端国间围绕资源开发、岛礁占领、海域控制等方面的冲突时有发生。周边海洋争端削弱了沿海国家开展治理合作的政治互信基础,大大增加了中国与邻国开展渔业养护、海洋生态环境修复等领域的区域海洋治理合作的难度,同时也提出了海洋安全治理新课题。

3. 在全球层面,议程设置与规则制定能力不足、美国及其诸海洋强国盟友和伙伴国的联合打压两方面因素限制了中国参与全球海洋治理体系建设的能力

一方面,当前全球海洋治理中的话语体系、议程设置由美欧等西方国家所塑造,中国作为"后来参与者"对理念和观点的创新性贡献不足。与此同时,中国参与了世界上主要涉海国际组织和对话机制,但对于全球海洋治理规则和制度的解释与改革的影响因美、欧等传统海洋强国的阻挠得不到彰显。另一方面,传统海权竞争回潮已是不争事实,而传统海洋强国对于海洋强权的疯狂竞争渐露峥嵘,这给中国倡导并维持自由主义海洋秩序带来了巨大的挑战。美国及其诸盟友与伙伴国把权力获得和相对收益置于自身海洋战略的优先地位,对中国加快参与全球海洋治理、在国际海洋秩序的重构中发挥影响进行严防死守和打压。其中,美国自 2010 年以来提出的"亚太再平衡战略"和"印太战略"重点内容之一,就是从海洋方面进行战略重新布局,以此达到对中国提出的"一带一路"等国际合作倡议的遏制。

除此之外,中国对全球海洋治理的利益诉求随着自身综合实力的快速增长也在不断发生变化,如何从动态发展的角度把握好对全球海洋治理的

主张,也是对中国智慧的考验。譬如,中国在第三次联合国海洋法会议期间从"发展中国家"身份界定出发,支持77国集团提出的"由国际海底管理局对国际海底区域进行统一管理和开发"的主张,该主张已经不符合中国目前对海底矿产资源勘探的利益诉求。因此,在未来对全球海洋治理融入中国意志的过程中,中国需要从更为长远的角度对自身利益诉求进行评估,防止重蹈覆辙。

(二)中国的任务与目标

全球海洋治理体系正处于转型变革的关键阶段,美、欧等西方国家单边主义和保护主义对自由主义的海洋秩序的冲击,将对未来全球海洋治理格局起着决定性的影响,中国的维护、支持和推动对现行自由主义全球海洋治理体系赢得改良和升级机会至关重要。与此对应的是,捍卫多边主义、自由主义的全球海洋治理体系,也是中国在新一轮国际海洋秩序变革中争取主动权和更多话语权、打破美欧等西方海洋霸权不可错失的良机。当务之急,中国应该明确自身的历史担当和未来的责任使命。

对于中国而言,现阶段的任务和目标至少包括以下几方面。

1. 维护岛礁领土主权和海洋权益

保持战略定力,发挥战略主动,抓住"南海行为准则"磋商等契机,以更加积极的外交作为和更加务实的海上功能性合作,引导本地区国家共同构建稳定的区域海洋秩序。

2. 建立以规则和制度为支撑的区域性海洋治理体系

以《南海各方行为宣言》、磋商中"准则"等多边框架及双边共识为基础,推进地区内国家间在生态环境修复、渔业资源养护、海上溢油处置、航道安全维护、海洋垃圾处理等领域开展务实合作,逐步形成包含规则和制度、行动计划、实施项目等在内的区域海洋治理体系。

3. 维护现有多边主义的全球海洋治理体系,并在体系的转型变革中主动发挥"领跑者"角色

维护联合国在全球海洋治理中的中心地位,并对《公约》等国际规则和制度中有关内容进行修订,通过优化和完善为现行海洋治理体系注入新的生命力。譬如,有必要对《公约》"岛屿制度""历史性权利"以及开展海洋治理合作的执行与监督等内容进行更为清晰和合理的界定。

4. 把"海洋命运共同体"的理念转化为世界各国开展全球海洋治理合作的实践目标

通过联合国大会、联合国海洋大会等多边机制,把"海洋命运共同体"理念的内涵与外延、实施路径等向国际社会进行阐释,让这一理念成为全球公认的海洋秩序普遍价值追求。

(三)中国参与全球海洋治理的必要举措

海洋治理作为全球海洋秩序的主要内容,也将随着全球海洋治理的变革而不断发展,中国有必要从内、外两个方面做好在新一轮海洋秩序调整中扮演主导者角色的准备。对内,法律制度、人才队伍建设是目前可以优先推进的议题;对外,中国可在包括《公约》在内的国际海洋规则与制度的改革中注入中国的意志和方案。

1. 练好"内功",提升引领全球海洋治理能力

从英、法、日等传统海洋强国实践经验上看,要在全球海洋治理中发挥引领性作用,需要具备几方面要素:海洋战略设计、国内海洋立法、海洋科学技术发展、海洋人才储备等。进入 21 世纪以来,随着经济和科技实力的提升,中国在深海探索、海洋新能源开发、海洋生物基础研究等方面,都走在全球海洋科技发展的前列,同时也培养了一大批具备国际接轨水平的科研和管理人才。但如上所述,中国在海洋战略规划和海洋法制建设方面与传统海洋强国还存在一定差距。因而,中国要练好引领全球海洋治理的"内功",当务之急是在软实力方面下功夫。中国宜加快制定海洋战略,推进"海洋基本法"立法,在战略的高度和法律的视角,从经济、政治、安全、军事、文化等领域为中国参与全球海洋治理确立准则和框架。此外,中国还应对《领海与毗连区法》《专属经济区和大陆架法》中不适应时代要求的有关条款适时进行修订和完善,探讨制定《专属经济区海洋科学研究管理实施细则》,为中国涉海维权和深度参与全球海洋治理根除潜在的国内法律冲突和隐患。

2. 坚持不懈地推进关键性和战略性的海洋治理议题,逐步提升以议题引领和规则创设为主要表现形式的核心治理能力

国际实践表明,具备充足的治理能力,是一个国家深度融入全球海洋治理体系、实现治理目标的前提。在全球海洋治理体系变革的过程中,中国不但要参与规则制定,也要逐步实现"事前谋划",以更加积极的姿态参与涉海

规则制定、组织构建、行动范式设计等地区和全球海洋治理进程,将我国单方面诉求转化成为国际社会共同诉求,注重通过海洋治理话语体系的发展创新来引导国际秩序按照中国设定的路径演进。

中国应尝试引领涉海国际规则和制度的创设和修订。为此,可从推动国际社会关注和聚焦《公约》固有缺陷着手,适时启动《公约》审议机制,提议《公约》当事国就《公约》"岛屿制度"解释与适用模糊不清、"专属经济区内军事活动"规定空白、"争端强制解决程序"启动门槛过低、"附件七仲裁"充斥单方意志性等问题进行审议。

目前,联合国关于"海洋和海洋法"年度审议会议的主要成果是联合国秘书长报告和"临时海洋和海洋法非正式协商"程序的建议,其主要内容侧重各国海洋政策,偶尔涉及《公约》的发展问题,基本无涉《公约》的修订与完善。中国可根据《公约》第312、313条规定,在时机成熟时要求联合国召开修订《公约》有关条款的审议会议,并以此为契机在"完善国际海洋法治"的旗号下"激活"《公约》审议机制,利用安理会常任理事国的身份优势在多边场合维持该议题热度,并努力推动有关条款的修订事项向于我有利的方向发展。

3. 以区域海洋治理为切入点,坚持开放共赢的海洋多边主义,深化与周边海洋国家的利益融合,加强与国际主要海洋力量和发展中海洋国家的利益协调

一方面,基于较为一致的地缘、历史和文化认同,区域国家在海洋治理问题上易于达成共识,区域性海洋治理合作机制更具凝聚力,成功的区域海洋治理机制在全球海洋治理层面也会产生"1+1>2"的积极效果。另一方面,若要保持全球海洋公共产品的充足和稳定供给,大国合作至关重要;若要推动全球性海洋问题得到有效解决,发展中国家不可或缺。从这个意义上讲,我国参与全球海洋治理的过程,自始至终亦是涉海立场平衡与利益置换的过程。

4. 丰富治理手段,充分借助和有效发挥各类涉海国际组织和非政府机构在推动全球海洋治理体系变革中的柔性作用

在当今国际海洋秩序下,政府间涉海国际组织既是制定刚性规则的重要承载者,又是推动国际软法发展的主要引领者,一个国家在涉海国际组织的存在感和参与度是其在全球海洋治理领域国际影响力和话语权的直观体

现。而在全球海洋治理体系的变革中,非政府机构的地位和作用亦得到了明确的承认。《公约》第 169 条专门规定了"同非政府组织的协商和合作"事项。在实践中,非政府组织在有关全球治理体系的国际规则制定上的作用也日渐突出,如《世界环境公约》由法国顶尖法律智库"法学家俱乐部"发起,联合国目前已经通过决议为该公约草案制定基本框架。

六、结语

国际学术界和政策界对于区域主义与全球主义间错综复杂关系的讨论在 20 世纪末就已开始。2017 年以来对两种路径的新一轮讨论,源于"逆全球化"思潮随美国单边主义、保护主义、民粹主义及新冠疫情的影响逐步在世界范围内蔓延、发酵。全球治理是全球化的产物,对全球化的争议同样也引起了人们对海洋治理全球主义路径的质疑。但海洋挑战的全球性和跨区域性,决定了区域主义无法完全取代全球主义在国际海洋秩序发展中的中心地位。20 世纪 90 年代末全球化顺利推进的同时,欧盟区域一体化的成功实践和东盟区域一体化的蓬勃发展,使得区域主义与全球主义间关系的争论无果而终,但国际实践似乎表明两种路径各有所长。

因此,把区域主义与全球主义路径有机融合起来,以"混合主义"的方式推进全球治理,或许是未来国际海洋秩序演变的合理选择。对于中国而言,采取"混合主义"路径,既能捍卫全球海洋治理多边体系,又能推进区域性海洋治理合作,将这两条路径有机衔接、融合起来,同时加强国内的战略规划和法律、制度建设,是推进共建"21 世纪海上丝绸之路",践行"海洋命运共同体"理念,在国际海洋秩序重构中融入中国意志的可行路径。

文章来源:原刊于《亚太安全与海洋研究》2020 年第 5 期。

大变局下的全球海洋治理与中国

■ 傅梦孜,陈旸

论点撷萃

参与全球海洋治理与建设海洋强国是中国海洋战略的一体两面,是与"国内大循环为主体,国际国内双循环相互促进"的新发展格局相契合的海洋布局。中国参与全球海洋治理要充分利用他山之石、他国之鉴,根植于自身文明的特质,坚定自身体系优势,坚持革故鼎新的改革,从建设具有中国特色的海洋强国启航,积极参与、引领和塑造近两百年来新一轮的全球海洋秩序变革。

大变局下,全球海洋治理二元对立的矛盾凸显,更需要中国智慧调和;全球海洋治理内在动力的演变渐趋复杂,更需要中国能量筑底;全球海洋治理体制机制的走向顿显迷茫,更需要中国方案支持。中国倡导"海洋命运共同体"是基于历史的发展选择,是回应时代的国际担当,具有和平正义、合作共赢、人海和谐三大特质。

从本质上讲,全球海洋治理的背后是人与人、人与国、国与国之间秩序的建构和力量的博弈,海洋秩序说到底即是海洋空间上的国际关系。中国参与全球海洋治理,即是参与一个特殊空间领域内国际关系的竞合与国际秩序的构建,需要明确自身的责任和目标,划出底线和原则,广集手段和方法。

在新的历史条件下,中国参与全球海洋治理需要推出基于中国理念、具备国际认同的治海理论,需要设计立足中国实际、着眼未来格局的行动方

作者:傅梦孜,中国现代国际关系研究院副院长、研究员
　　　陈旸,中国现代国际关系研究院欧洲所所长助理、副研究员

略,需要形成蕴含中国特色、契合海洋规律的具体部署,在不同的政策领域坚持问题导向、系统谋划、统筹协调、次第推进,让中国参与全球海洋治理看得见、走得稳、行得远。

在中国向"第二个百年目标"奋力进军的新发展阶段,中国参与全球海洋治理的时空背景、地缘秩序及能力视野都将迎来深刻变化。中国努力倡导的人类命运共同体建设已然踏上构建海洋命运共同体的新征程。参与全球海洋治理与建设海洋强国是中国海洋战略的一体两面,是与"国内大循环为主体,国际国内双循环相互促进"的新发展格局相契合的海洋布局。中国参与全球海洋治理要充分利用他山之石、他国之鉴,根植于自身文明的特质,坚定自身体系优势,坚持革故鼎新的改革,从建设具有中国特色的海洋强国启航,积极参与、引领和塑造近两百年来新一轮的全球海洋秩序变革。

一、全球海洋治理的时变与势变

当今世界正处于百年未有之大变局,海洋秩序亦处在风雨如晦、百年激荡之中,这是力量格局之变,也是秩序理念之变,全球蔓延的新冠肺炎疫情加速了这一变革的进程。对中国参与全球海洋治理而言,这场大变局既是前所未有的全新现实,也是时不我待的历史机遇。

全球海洋治理面临的挑战既有理论上的困扰,也有实践探索中的问题;既有短期偶然性的因素,又有长期结构性的矛盾,其复杂程度是史无前例的。作为全球海洋治理概念的母体,全球治理理念和实践正遭遇冷战结束以来的新变局,大国竞合重新进入国际政治议程,国际组织和多边机构频遭挑衅掣肘,治理能力大打折扣,权威声望大不如前,新冠肺炎疫情使海上公共卫生秩序受到严峻挑战。《联合国海洋法公约》及相关的一些规则在一些国家和组织中被绕开、被无视,其能否有效捍卫海洋安全、维护海洋秩序并促进海洋发展引起质疑。

全球海洋治理面临的外部干扰因素潜滋暗长,国际竞争态势凸显。中美战略博弈愈演愈烈,美国明确将中国定位为头号战略对手,对华实施全方位遏制,这一打压势必延伸到海洋。海洋是美国的战略高地,是其不会轻易放弃主控的空间,亦是其打击扼杀对手的前线。美军在中国南海的巡航,对黄渤海的抵近侦察,在台湾海峡的穿梭游弋,仅仅是一场宏大的海洋竞合史的序曲,中美博弈注定将在波澜壮阔的大洋中持续上演。与此同时,曾经和中国紧紧团结在一起的发展中国家队伍也出现了分化,在不同议题上与中国立场不尽相同。在中美史无前例的竞合背景下,在国家战略、海洋利益日益多元化的态势中,经济合作、海洋开发将更加充满不确定性,特朗普时期退群废约、美国至上、单边主义行径使经济利益的考量让位于战略风险的算计,国际海洋法治磋商、勘探科研与保护应用的合作下降,大国信任度下降、对抗性上升,全球海洋治理或趋于区域化、短线化,甚至意识形态化,实现科学合理的全球海洋治理之路更为曲折漫长。

突如其来的新冠肺炎疫情给全球海洋治理蒙上阴影,造成新的难题,也给中国在"两个百年"交替之际参与全球海洋治理制造了新的障碍。疫情重创全球海洋经济,海洋渔业、冷链加工、航运业深受其害,海上公共卫生体系短板突出、状况堪忧。集运业大规模停航,海上供应链中断,货物堆积港口,全球航运业赢利萎缩。病毒还侵入了极地,格陵兰岛、北极漂流冰站、南极极地相继发生新冠肺炎感染事件。大量使用过的手套、口罩、消毒液流入水中,对地球水体造成污染,对海洋生态系统构成新的威胁。由于疫情下人员流动受限,许多海洋科考与国际海洋会议被迫取消或延宕,如南极条约协商会议、世界海洋峰会、联合国海洋大会等,全球海洋治理机制运行被按下暂停键。

更为严重的是,疫情暴露了海上公共危机治理短板。新冠肺炎疫情暴发后,"各人自扫门前雪""本国优先"的单边主义大行其道。新冠病毒突袭海上船舶,主要航线大型邮轮相继沦陷,"钻石公主号"感染人数超700人,美国、法国航母和日本海上保安厅公务船接连发生人员感染。靠岸难、停泊难,一些大型船舶成为"海上游魂",国际社会认定的"不推回"原则形同虚设,全球超过160万名海员滞留海上,已成为一场全球海上人道主义危机。种种问题严重考验人类的道德底线和安全红线,凸显国际社会缺少应对海上危机的有效机制和处理突发事件的能力赤字。从目前情况看,新冠肺炎疫情在全球范围短期内难有好转,全球海洋治理将深受羁绊。对中国而言,这意味着加速参与全球海洋经济的脚步受阻,全力开展海洋科考合作的渠道受限,全面参加全球海洋治理的平台和机制受制,同时也给中国口岸卫生管理、海上安全治理带来新的风险和挑战,探索疫情防控常态化条件下安全合理地参与全球海洋治理之路是当前中国面临的一项新课题。

然而,站在"第二个百年"的新起点上,中国参与全球海洋治理的机遇和愿景前所未见。"大象无法躲在蚂蚁的背后。"随着中国国力的日渐增长,海洋科考、研发、维护安全以及治理话语权不断提升,中国在全球海洋治理中的角色将日显重要。在日趋复杂的考验面前,中国参与全球海洋治理的机会同步上升。当前,全球海洋治理正处于酝酿渐变的形成期,也是多方角力的博弈期,有陷于迷茫、趋于停滞、误入歧途的风险,迫切需要新理念、新动能与新路径,而唯有中国兼具河清海晏的文明基因、海内无双的发展动力、海陆兼备的地缘结构,是支撑全球海洋治理存续与发展不可替代的关键角色。

　　大变局下,全球海洋治理二元对立的矛盾凸显,更需要中国智慧调和。当前,海洋治理理念基本建构在西方理论基础上,以"无人之海"的概念支撑所谓"自由之海"的追求,重开发利用而轻人海和谐,重竞争而轻合作,导致在处理人海关系及海域空间内人与人、国与国的关系上,主要行为体依然在丛林法则中徘徊,强者恒强、弱者愈弱,全球海洋治理中挟私利而藐公义、有局部而无整体的现象比比皆是,"搭便车""逞霸权"的行为层出不穷,海洋治理理念创新乏善可陈,治理体系日益走近死胡同。而中国能为全球海洋治理提供具有鲜活生命力和国际感召力的理论指引。中国是世界航海文明的发源地之一,自汉以降,海上运输交流已成为中华文明对外交往史中不可或缺的一部分。《汉书·地理志》记载了汉代的海上航线、海上疆域及海外贸易的情况,宋代的航海活动和海上贸易(而不是依靠陆路),成为中国同外界联系的主要媒介。在斯塔夫里阿诺斯眼中,宋代的中国"正朝成为一个海上强国的方向发展"。鉴真东渡是华夏儿女面对挑战不屈不挠的生动写照,郑和下西洋更成为中华民族征服大洋、传播文明的不朽诗篇。在治海实践中,中国人积累了丰富的海洋知识,也因为近代列强坚船利炮的侵略史而对恃强凌弱的侵略行径深恶痛绝。中国参与全球海洋治理的初心是纠正当前全球海洋治理机制中不平衡、不公正、不可持续的现象,以强烈的命运共同体意识,为人类打造公正、富足、团结、绿色、可持续之海。中国参与全球海洋治理的理念是在国家海洋力量积累发展的过程中逐渐形成,是对西方海洋强国治理理念的扬弃,亦是对中国传统海洋思想的继承和发展,为全球海洋治理注入新活力。

　　大变局下,全球海洋治理内在动力的演变渐趋复杂,更需要中国能量筑底。人类对海洋的征服吹响了全球化的号角,全球化则使海洋成为聚宝盆和生命线,是全球海洋治理的根本动力所在。百年未有之大变局下,全球化面临新的挑战,可能出现分化,湍流、逆流、潜流不断涌现,交织叠加,迎头相撞,全球化的势头可能在局部地区、局部领域受挫,全球海洋治理存在退潮风险。中国是全球化的坚定支持者,也是全球海洋治理前进发展的强力引擎。全球海洋治理离不开中国的合作,中国可以为全球海洋治理提供强劲有力、生生不息的新动能。中国是身居联合国五大常任理事国之一的世界大国,是占世界经济比重15%、占全球贸易量1/3的经济大国,也是拥有300万平方千米海疆的海洋大国。中国海洋生产总值连续20年保持在国内生产总值的9%左右,2019年全国海洋生产总值超过8.9万亿元,同比增长6.2%。中国海洋事业的发展与全球海洋治理的完善进步息息相关、荣辱与共,没有中国经济的蓬勃发展和对外开放,世界航运业将陷于空转甚至萎缩,开发新航道、发展利用新资源在成本上都得不偿失。没有中国万里海疆的安宁与繁荣,就谈不上全球海域的和平与发展;没有中国的参与合作,全球海洋治理终将沦为一纸空谈。

大变局下,全球海洋治理体制机制的走向顿显迷茫,更需要中国方案支持。当前全球海洋治理体制机制总体上较为平等地体现了发达国家与发展中国家的共同诉求,但其运作主体、运行方式仍以发达国家为主导,活动多以美、欧为主场。随着新兴国家的群体性崛起以及在世界贫富分化加剧、南北矛盾升温的挤压下,全球海洋治理体制机制的合理性、公正性屡遭质疑,在日新月异的形势面前日渐失语、失效、失色。回顾过往,建立日不落帝国的英国四面环海,一超独霸的美国傍依两洋,在某种程度上,其海洋强国的底色都具有岛国的属性,皆推崇海权至上、以海锁陆。而绝大多数的国家都不是单纯的岛国,事实上,英、美的治海方案并不具有普适性。中国是海陆兼备的大国,中国倡导的合作共赢的海洋观不止步于海岸、局限于洋面,而是着眼于陆地与海洋的联通循环、协调互促,致力于陆海统筹,海陆联动、融通。以陆观海、以海养陆,中国参与发起诸多地区合作机制,尝试联通区域、协同海陆,为世界不同地缘属性的国家提供多样化的对话平台,成为沟通海洋国家和内陆国家的重要桥梁,汇聚各方力量与资源,促进海陆国家的团结协作。

二、中国特色海洋治理之路

梁启超曾写道，"海也者，能发世人进取之雄心者也"。向海图强，中国参与国际海洋治理的过程亦是中华民族奋发图强、拼搏进取，由生涩到从容、化被动为主动的复兴进程。近代以来，中国在与国际海洋体系打交道的过程中，经历了从惊觉到自立自主，再到积极参与的演变。近150年前，面对"自南洋而入中国"的欧洲列强，李鸿章惊呼"历代备边，多在西北"，而今"东南海疆万余里"，"一国生事，数国构煽，实乃数千年未有之大变局"。中国近代海权意识的觉醒与沦为半殖民地的历史几乎同步而至，中国融入国际海洋秩序的进程是从屈辱的被治理的地位开始的。近100年前，当法国政府为挽回因《巴黎和约》而受损的在华声誉，补偿中国政府在"金佛朗案"上的让步，将代表着自由出入、平等开发北极重要岛屿权利的《斯匹次卑尔根群岛条约》(亦称《斯瓦尔巴条约》)意外地摆在北洋政府面前时，北洋政府外交部直陈"既因法国照约邀请加入，在我似应从同，且加入之后，中国侨民如有前赴该岛经营各种事业者，即得条约保障而享有均等权利"。1925年9月，中国正式成为该条约的缔约国，这是中国近代史上首次正式参与国际海洋合作；尽管彼时国内战乱纷飞，这份虚无缥缈的权利随之被束之高阁，但在国际条约的关照下，国人初次窥得现代国际海洋治理的门径，亦敏锐地抓住了这一机缘。这是中国最早参与北极事务的重要国际法基础，至今仍对于中国北极权益的丰富、拓展具有重要的现实意义；也可以说，这是中国在国际法意义上参与全球海洋治理之起点。新中国成立后，中国以独立自主的姿态，逐渐地进入国际海洋社会，参与国际海洋事务。中国全程参加了第三次联合国海洋大会，批准了《联合国海洋法公约》，加入了数十个涉海国际组织，承办了一些重要的海洋类国际会议，中国海洋事业与世界全面接轨。可以说，新中国在国际海洋治理的风云际会中积累了一定的治理经验，开发了一批探索利用海洋的科学技术，参与并形成了一系列治海、管海、护海、用海的体制机制，初步具备了全面参与全球海洋治理的能力。

新时代的中国将以更系统的理论、更坚实的国力、更自信的姿态参与全球海洋治理的进程。2019年4月23日，习近平主席在青岛会见应邀出席中国人民解放军海军成立70周年多国海军活动的外方代表团团长时表示："人类居住的这个蓝色星球，不是被海洋分割成各个孤岛，而是被海洋连结成命运共同体,各国人民安危与共。"这是中国首次向世界正式提出"海洋命运共同体"的重要理念,是中国对海洋发展和人类未来命运的前瞻性思考和战略性倡议。这一倡议着眼于促进公平正义的国际海洋新秩序,推动海洋可持续发展,在全球海洋治理领域具有划时代的重要理论价值,是中国全方位参与全球海洋治理,实现"蓝色中国梦"的理论引领。

"海洋命运共同体"理念是习近平海洋理念的重要组成部分,旨在塑造人类与海洋和谐统一的海洋观,将个体的海洋私利置于全球海洋共同利益之中,以合作、和谐的共同体发展引领个体共赢发展。在开启"第二个百年"的新征程下,中国坚持共同、综合、合作、可持续的海洋新安全观,维护海洋和平安宁和良好秩序的责任观,推动蓝色经济发展,共同增进海洋福祉的利益观,防治海洋环境污染,保护海洋生物多样性的海洋生态文明观等。中国倡导的海洋命运共同体是知行合一、知行互益的共同体,理论化解读和制度化建设并行不悖,知行并举。

中国倡导建设海洋命运共同体是基于历史的发展选择,是回应时代的国际担当,具有三大特质。一是和平正义。中华文明的伦理观讲求"和而不同",对恃强凌弱的霸权主义行径深恶痛绝,中国经济"优进优出,两头在海",对和平稳定的海洋环境有依赖性,历史的传承和现实的需要决定了在海洋命运共同体中,中国提倡相互尊重,尊重所有海洋治理的主体,乐于探索权、责、能的一体平衡。中国加强海军建设并不是为了扩张利益、恃强凌弱,而是要构建一支防御型的军队、一支和平的力量,从而更好地反对海洋霸权、保护国家领土完整和战略通道利益,打击海上犯罪团伙、反制破坏海上和平安全秩序的行为。

二是合作共赢。中国的海洋发展观不是排他的,从中国自身发展经验看,如果把海洋看成划疆而治的"护城河",以邻为壑,那么中国将重新走上闭关锁国的老路,只有将海洋看成连接百国、接通世界的"通衢",才能引领中国走上富强、民主、文明、和谐、美丽的正途。面对日益激烈的中美竞争,习近平主席还提出了"太平洋之大,容得下中美两个大国"的著名论断;面对人类不断开拓海洋新领域,习主席提出要把"深海""极地"等领域"打造成各方合作的新疆域,而不是相互博弈的竞技场"。中国提倡的海洋命运共同体将是一张互利合作的大网,共同捕获海洋给予人类的财富之鱼。

三是人海和谐。海洋不只是地球赐予人类的财富,也是拥有地球"身份证"和世界"话语权"的居民,是人类社会的一部分,与人类生死存亡息息相关。海洋要有"人情味",不应成为"无人区"。中国主张构建海洋命运共同体,即是要克服海洋治理过度物化的倾向——只求开发利用,不讲科学保护,海洋治理要真正把人摆进去,既要由海观人,充分认识到"海水是流动的,海洋是一体的",海洋治理需要超越国家、民族的界限,克服海陆藩篱、就海论海的片面性,还要以人观海,认识到海洋蓬勃的生命力,"海洋的和平安宁、健康可持续发展对人类生存具有重要意义",海洋治理要从人类与海洋全方位依存、相互供养的整体视角来促进海洋循环利用,维护海洋生态系统的平衡,推动海洋开发实现可持续发展。

三、中国参与全球海洋治理的着力点

从本质上讲,全球海洋治理的背后是人与人、人与国、国与国之间秩序的建构和力量的博弈,海洋秩序说到底即是海洋空间上的国际关系。中国参与全球海洋治理,即是参与一个特殊空间领域内国际关系的竞合与国际秩序的构建,需要明确自身的责任和目标,划出底线和原则,广集手段和方法。

迈入新发展阶段的中国仍处于社会主义初级阶段,中国参与全球海洋治理需要量力而行、尽力而为、寻求合力,要坚持四项原则。其一,中国参与全球海洋治理并不是要打破一切、颠覆现有的海洋治理体系,也不是要另起炉灶,在现有体系之外打造一个与之相并行的"平行体系",而是在现有机制基础上加以补充和完善,做到完善与建构相结合。其二,中国参与全球海洋治理,是一个由内而外的过程,首先要着眼于自身能力建设,但以能力为基础,并不是唯能力论,"以我为主"不等于"以我为先",国家无论大小,根据自身能力,皆有贡献,皆有收获,讲求能力与贡献相统一。其三,中国参与全球海洋治理,既要满足经济发展的需要,包括现有经济运转机制的安全及创造新的就业,还要与环境相得益彰,至少是环境友好型的发展模式,不以挤压海洋生态空间来拓展人类的生存空间,做到保护与开发齐步走。其四,中国参与全球海洋治理,既要反映海洋的生物物理学特征,也要反映海洋的政治社会学属性。在面向未来,提高海洋经济效益的同时,也要保存人类古老的海洋文化,尊重海洋的人文价值,探索出一条更加尊重自然规律,更加具有人文关怀的海洋开发和治理之道。

构建"双循环"的新发展格局绝不是要逆转中国对外开放的基本国策,

也不会削弱海洋在中国经济布局中的重要地位,影响中国参与全球海洋治理的步伐。恰恰相反,在新发展阶段,中国参与全球海洋治理将获得"双循环"格局的有力支撑和强大动能,因此需要更主动适应新发展格局的需求。目前而言可着重从四个方面发力。

一是用好内劲。中国是一个崛起的大国,也是大踏步迈向海洋强国的海洋大国。经过数十年发展,中国已成为国际涉海经济产业中最具活力的一环,是海洋科技研发中极为敏锐的头羊,也是海洋生态保护中不可或缺的尖兵,在全球海洋治理机制和平台上具有了举足轻重的地位。而中国海洋事业蒸蒸日上证明了中国的治海方略是科学合理的,集中力量办大事的治海机制是行之有效的。鉴此,在参与全球海洋治理中,中国既要用好海洋大国的资源、市场、技术等硬手段,为世界提供更多海洋治理的公共产品,更要用好体制机制的优势,深化改革,完善机制,挖掘潜力,充分发挥上下一盘棋、全国一条心的软实力,牵引全球海洋治理朝善治的方向发展。

二是广结善缘。百年未有之大变局下,世界南北分化日益严重。在海洋治理领域,随着传统捕捞业衰势渐显、海洋经济的新边疆不断拓展、新产业不断壮大,大小国治海能力的差距也逐渐拉大,与此同时,霸权国横行海内、恃强凌弱的行径愈加肆无忌惮。鉴此,中国在参与全球海洋治理的过程中,要扶弱抑霸,"尽力帮助落在最后面的人",在全球海洋治理中坚持公平正义,密切跟踪关注中小国家的海洋经济生态处境,继续支持其正当诉求,协助其开发利用海洋资源,推动技术转移、资源共享、国际融资,维护海洋权益,不断强化互动、增强互信,打造国际舆论道德高地;要高举多边主义旗帜,凝聚全球海洋法治共识,界定廓清中国海洋战略的发展目标,与发达国家中的有识之士加强合作,就远洋海洋保护区建设、海底资源开发、两极地区活动等议题共商共建,在引领制定全球海洋规则经略公海大洋上善作善成、积善成德,树立中国负责任的海洋治理大国的正面形象。

三是科技引领。一个国家的科技力量将决定其在海洋中开疆拓土、开发利用的能力,也将决定其在全球海洋治理中的话语权。伴随着新一轮科技革命扑面而来,以大数据、人工智能、新材料为代表的新技术大规模应用将使海洋的保护和利用产生迭代飞跃。中国在推进海洋尖端科技、挖掘海洋数据矿藏的征程上容不得一丝懈怠。工欲善其事,必先利其器。"十四五"规划明确指出,要将海洋装备作为战略性新兴产业来发展。为此,中国可积极融入全球海洋科技创新分工体系,不断优化完善以企业为主体、市场为导向、产学研相结合的创新体制,优先解决"卡脖子"的治海关键技术,强化科技探海,引导科技入海,在海洋科技创新、海洋科考、装备制造等领域取得突破性进展,努力为中国参与全球海洋治理提供更多的"制高点"和"先手棋"。

四是安全支撑。海上安全既是全球海洋治理的重要组成部分,也是极容易引发争端的敏感议题,但又是中国在由富变强的新发展阶段不容回避的重大问题。在百年变局中,能够迟滞或中断中华民族伟大复兴的安全风险极有可能来自海上。鉴此,新形势下中国应正视安全问题,更为积极地参与全球海洋安全议程,既要不畏人言,坚定中国海军走向"深蓝"的立场,不断壮大中国海上力量,建设有效维护海上共同安全的正义之师,也要高度重视涉海国际规则的制定和解释,在国际组织和多边场合中适时提出我国立场和关切,积极参与应对非传统安全问题,准确识别区分安全议题的国际性和国际化,从战略上界定海上安全议题在不同区域和领域的性质和敏感度,同时保持警惕性,防范低敏感问题向高敏感问题转化的风险,努力提升自己解决难题的综合能力。

四、中国参与全球海洋治理的政策设计

中国是一个迅速崛起的大国,作为一个积极参与全球治理的具有建设性重要作用的大国,也正在积极参与全球海洋治理的进程。中国参与全球海洋治理势必同海洋强国建设相互协调、齐头并进。坚持多边主义是中国倡导的一项重要原则。习近平主席在2021年达沃斯世界经济论坛致辞时指出,"解决时代课题,必须维护和践行多边主义,积极推动构建人类命运共同体",并进一步指出"21世纪的多边主义要守正出新、面向未来,既要坚持多边主义的核心价值和基本原则,也要立足世界格局变化,着眼应对全球性挑战需要。在广泛协商、凝聚共识基础上改革和完善全球治理体系"。2021年,中国政府在"十四五规划"中设专节,系统阐述深度参与全球海洋治理的政策,"推动构建海洋命运共同体"被正式列入国民经济计划。在新的历史条件下,中国参与全球海洋治理需要推出基于中国理念、具备国际认同的治海理论,需要设计立足中国实际、着眼未来格局的行动方略,需要形成蕴含中国特色、契合海洋规律的具体部署,在不同的政策领域坚持问题导向、系统谋划、统筹协调、次第推进,让中国参与全球海洋治理看得见、走得稳、行得远。

在海洋国际秩序方面,目前存在着多种多样的治理结构,有政府间组织,有超国家机构,也有代表民间社会利益的非政府组织;尽管针对涉海问题多样,海洋国际秩序的多元化具有一定的合理性,但由此产生的负面影响则使众多海洋组织的治理边界不明、效能大打折扣。中国作为全球海洋治理的新兴大国,要争取合理合法的海洋权益,构建公平正义的海洋国际秩序,可在支持《公约》的基础上,积极主动倡导"海洋命运共同体"理念,以"蓝色伙伴关系"为构筑海洋命运共同体的基本细胞,与尽可能多的国家打造全方位、多层次、最广泛的"蓝色伙伴关系",务实推进区域海洋治理,不断积累海洋外交经验,凝聚全球海洋共识。同时,在条件发展许可的情况下,乘势而为,力争主动作为。比如,可倡导成立"世界海洋治理大会"或引进设立国际海洋常设机构,联结区域海洋组织和不同领域的海洋机构,协商制定可持续的全球海洋治理战略,强化议定的涉海活动基本规则的落实与监督。一方面,打造海洋治理各领域的模范样板工程或收集汇总最佳案例,赋予希望带动变革;另一方面,遵循适应性原则,将把现有的最佳科学应用与治理倡议正在努力解决的问题有效地结合起来,为公众参与海洋治理倡议提供上通下达的平台,从而力争打通涉海国际组织的标准与国家间规则转化的"最后一公里"。

在海洋环境保护方面,当前海洋生态健康警钟频频敲响,海平面上升、珊瑚礁白化、塑料垃圾污染、海洋物种灭绝等一系列海洋危机已成为人类社会挥之不去的梦魇,拯救海洋环境已成为国际社会的普遍共识和迫切需求。中国是拥有绵长海岸线和广袤"蓝色国土"的海洋大国,海洋生态文明建设是中国践行新发展理念的重要领域,已被纳入海洋开发总布局。积极参与全球海洋环境保护是中国在新发展阶段必须作为且大有可为的领域。具体而言,可以考虑支持通过关于"公海生物多样性"的"执行协议",以弥补公海上现有的监管赤字;鼓励区域渔业管理组织以可持续的方式管理其鱼类种群,对于希望在区域渔业管理组织的公海作业的所有渔船,探讨设立具有法律强制性的登记册;推动适当扩大海洋保护区,将 20%~30% 的海洋生态系统面积包括在具有生态代表性和有效管理的保护区系统中;建立跨国协调多边海洋空间规划制度,以便实现跨区域的大规模环境友好用途;推广系统的环境战略评估。在应对气候变化方面,中国已承诺实现碳排放的中远期国家目标。气候变化与海洋环境治理密切相关,需要加强大国协调予以共同应对。国际社会对此期望度甚高。欧盟提出要领导全球应对气候变化。欧委会主席冯德莱恩甚至提出欧盟要成为应对气候变化的"全球领导者",即"为一个共同目标领导建立一个强大的全球联盟"。拜登政府亦重视气候变化问题。有美国学者认为,应对气候变化具有建设性的战略是全球性的而非只是国家和区域的,最有效的协调是成立一个气候俱乐部,即承诺采取强有力的并能惩罚游离其外者的国家联盟。显然,将气候变化包括在内的国际海洋治理有广泛共识,亦具国际合作空间。

在海洋经济发展方面,世界海洋理事会执行主席保罗·霍尔休斯曾指出"海洋经济等于全球经济"。针对海洋经济开放性、国际性、全球化的特征,共建"合作之海"应成为中国发展利用海洋经济的总目标。在百年未有之大变局中,中国倡导的"海上丝绸之路"建设不能因地缘政治博弈的压力而收缩退却,不能因别有用心的抹黑而畏葸不前,应认识到,"海上丝绸之路"所秉持的"共商共建共享"建设理念恰与全球治理的观念相契合,与海洋开发的规律相融通,其理应成为全球海洋经济治理模范生,是中国为全球海洋经济发展提供的优质公共产品。中国政府在2021年"十四五规划"中明确提出要"积极拓展海洋经济发展空间"。与此同时,在"双循环"新发展格局中,我们应重新审视"大进大出、两头在外"的经济格局,进一步研究海洋经济的定位与发展路径,以打造更高水平开放的海洋高地为指针,促进区域协调发展,优化海洋经济空间布局,完善海洋产业结构,提高中国海洋经济产业链的韧性;努力培育高端产业集群,积极发展海洋生物制药、海洋装备制造、海水淡化与综合利用、海洋新能源、海洋新材料等新兴战略产业,同时推动涉海领域消费升级,加大开放力度,开发拓展滨海旅游、海洋融资,不断做大可循环的"蓝色经济"。此外,我们还应认真考虑如何在保护海洋资源与保障弱势群体生计和粮食安全之间进行权衡,加强和扩大民营治理,并为促进保护和可持续利用海洋进行国际融资。总之,要在持续做强中国海洋经济的基础上进一步拉紧与世界海洋的联系,在全面融入世界海洋经济的过程中壮大自己保护自己。

在海洋科技发展方面,我们应充分认识到海洋科技领域的发展是全球海洋治理的高地,注定是各国必争之地。未来海洋科学的发展目标是以可持续的方式,为地球上的人类提供营养价值高的食物、清洁能源、水资源、医疗服务和体面的生活条件,是人类社会可持续发展的重要指标及核心构成。

中国应围绕全球重大海洋问题,部署综合性国际研究计划,在一些海洋科学的理念和理论上争取有所作为,为参与全球海洋治理奠定话语权基础。为此,可制定产业路线图,对遴选的重点工程拟定明确的推进时间表,以此提高海洋科技创新规划的实施成效。数据的共享、储存和分析正在改变海洋科学的整体图景,将是海洋科学未来发展的里程碑。云存储的运用、数据格式标准、质量控制体系等将成为海洋信息化的前沿阵地,是未来海洋科技发展的大方向。我们应加强海洋大数据的搜集和应用,强化人工智能技术在海洋科技领域的发展,争当数字海洋的"弄潮儿"。海洋科技的制高点最终取决于人才的制高点。加强海洋科技能力建设,离不开海洋科学的普及和从事海洋科技人员队伍的建设。中国拥有世界上最多的海洋科研人员,共有 3.8 万名海洋科学家和技术人员,但每百万人仅有 27 人,与一些海洋强国相比仍有明显差距。因此,应加强海洋人才培养,注重挖掘综合型、跨学科海洋科技人才,促进跨学科对话,训练具有海上生态系统的整体视角的下一代科学家,并设置针对海洋治理和管理的学科专业,进一步发展海洋公民科学。同时,还可为海洋研究提供更多硬件装备,尤其是加强科考船的运营、无人装备的应用,助其"重装上阵",并促进海洋科技与商业应用的良性结合,以商养科,以科带产。

在维护海洋安全方面,当前传统安全与非传统安全风险叠加,政府与非政府的安全机构交错,区域与多边的治理机制并行,致近年来海上安全风险日益凸显。随着中国开启"第二个百年"的新征程,中国所面临的海上安全环境将更加错综复杂,海洋事业将遭遇更多全球性、结构性、突发性的安全挑战,积极参与海上安全治理、构建合理有效的共同安全机制刻不容缓。坚持多边主义、反对追求片面安全、反对由个别国家主导应成为中国的一个重要原则。正如联合国秘书长古特雷斯所言:"我们需要一个网络化的联结全球和区域的多边主义机制,也需要一个包容性的多边主义。"中国参与全球海洋安全治理,需要以总体国家安全观为指导,既要统筹传统安全与非传统安全,既要避免传统安全争议制约非传统安全的合作,又要超越非传统安全的局限努力解决传统安全问题。中国参与海上安全机制建设,可从非法捕鱼、海洋公共卫生危机管理等软议题入手,但应着眼长远,逐步推进整体的、综合性的海上安全多边机制建设。要维护和塑造并举,勇于探索,主动引领,可在"21 世纪海上丝绸之路"框架下牵头搭建涉外执法机制,参与甚至主导西太平洋、印度洋的海上执法合作,在国际社会形成公信力和感召力,构建海上执法的话语权。要用好上海合作组织,完善其国际海域治理机制,以其作为中国参与海上维安的重要抓手,并借助其框架和机制强化对印度的影响,促进中印在印度洋问题上的安全对话和执法交流,引领构建多元化、多渠道参与西太平洋、印度洋两洋安全建设的新格局。要统筹维和与维权,积极配合涉海国际组织工作,与各国签署双边、多边海上安全磋商机制,推进海上保障基地建设;通过海洋命运共同体建设,培育共同安全意识,实现国家主权、安全和发展利益相统一。

在应对传染病海上蔓延方面,把海上公共卫生体系建设纳入全球海洋治理之中已成为难以回避的现实。新冠肺炎疫情在全球蔓延一度成为全球最为突出的重大公共卫生危机。海上公共卫生管理缺位、海员安全堪忧的状况普遍存在。新冠肺炎疫情不会在短期内突然结束,未来其他传染病流行仍将以不同形式存在,因此,新冠肺炎疫情可以成为撬动全球海洋治理体系改革的抓手,国际社会应积极探索海上公共卫生体系建设。疫情暴发以来,中国彰显了作为一个崛起大国的责任担当,向 150 多个国家和国际组织提供及时的援助和支持,包括医疗物资援助、派遣医疗专家组、加快有关国家公共卫生基础设施建设、支持国际多边平台和机构应对疫情等。2020 年 5月,习近平主席在出席第 73 届世界卫生大会视频会议开幕式时宣布,中国新冠疫苗研发完成并投入使用后,将作为全球公共产品,为实现疫苗在发展中国家的可及性和可担当性作出中国贡献。这是中国构建人类命运共同体和积极推动海洋命运共同体构建与海上健康丝绸之路建设的具体担当。

海上公共卫生体系建设是一项工程,首先需要运用大数据优势,强化国际数据、通信支持,将公共卫生等海上突发风险评估,沿海国相应资源统计与供给能力评估,海上船只通信、支援等信息供给整合为大数据体系;其次应根据海上公共卫生体系建设需要规则引领的要求,使既有规则得到切实执行;再次应积极探索建立新型的国际海上安全合作组织,协调国际海事、卫生以及劳工系统在发生海上卫生危机时及时进行有效协调,如可建立区域性公共卫生或其他突发事件的合作平台,使之成为紧急情况下"海上游魂"的避风港,避免诸如"不推回"等原则成为一纸空文。

文章来源:原刊于《现代国际关系》2021 年第 4 期。

全球公共产品视角下的全球海洋治理困境：表现、成因与应对

■ 崔野，王琪

论点撷萃

　　虽然全球海洋治理相比于全球治理的其他领域来说仍是一个相对新生的命题，但其在实践过程中同样存在着一些困境，这些困境在全球海洋公共产品方面体现得尤为明显。因此，基于全球海洋公共产品的视角来探究全球海洋治理困境的表现、成因与应对等问题，便成为全球海洋治理研究的重要课题。

　　全球公共产品视角下的全球海洋治理困境说到底是供给问题，正是由于全球海洋公共产品的供给严重不足，才衍生和放大了后续的多种弊病，由此凸显出增加供给对于应对全球海洋治理困境的关键作用。同时，这些困境的危害具有国际性，超越了主权国家的边界，这决定了根本的应对之策在于国际社会的广泛合作，共同承担起供给、监督和管理全球海洋公共产品的责任。结合全球海洋治理困境的表现及其形成原因，国际社会应着重在以下四个层面积极作为：第一，提升主权国家的供给意愿和能力；第二，强化非国家行为体的供给作用；第三，采取符合时代需求的供给策略；第四，加强全球海洋公共产品使用过程的监督。

　　党的十九大提出"中国将秉持共商共建共享的全球治理观，继续发挥负责任大国作用，积极参与全球治理体系改革和建设"，向世界宣告了中国对

作者：崔野，中国海洋大学法学院博士
　　　王琪，中国海洋大学国际事务与公共管理学院院长，教授，中国海洋大学海洋发展研究院研究员，中国海洋发展研究中心研究员

待全球治理的坚定决心和庄严承诺。全球治理的发展离不开中国的积极参与，日益走近世界舞台中央的中国有能力也有责任为应对全球海洋治理困境贡献出中国力量。这不仅是中国对国际社会的责任所在，也是"加快建设海洋强国"的必然要求。在应对全球海洋治理困境的国际行动中，中国应着力成为全球海洋公共产品的主要供给者、全球海洋治理合作的关键协调者和全球海洋治理体系的积极完善者。

伴随着全球化浪潮的扩展和深入，全球治理迅速成为一门"显学"。它不仅在理论层面产生了大量的学术研究成果，更在实践中有效解决了若干事关人类生存和发展的重大问题，对维护正常的国际秩序作出了重要贡献。然而，在国际关系日益复杂和全球性问题日益严峻的现实背景下，全球治理也面临着诸多困境。这些困境的存在不仅制约着全球治理预期目标的达成，也带来了一系列的负面影响。

作为全球治理的一个实践领域，全球海洋治理是指主权国家、国际政府间组织、国际非政府组织、跨国企业、个人等主体，通过具有约束力的国际规制和广泛的协商合作来共同解决全球海洋问题，进而实现全球范围内的人海和谐以及海洋的可持续开发利用。虽然全球海洋治理相对于全球治理的其他领域来说仍是一个相对新生的命题，但其在实践过程中同样存在着一些困境，这些困境在全球海洋公共产品方面体现得尤为明显。因此，基于全球海洋公共产品的视角来探究全球海洋治理困境的表现、成因与应对等问题，便成为全球海洋治理研究中的重要课题。本文尝试对这些问题进行初步的分析。

一、何为全球海洋公共产品

（一）研究视角的选定：全球公共产品视角

迄今为止，国内学者在不同的视角下对全球海洋治理困境展开了初步的研究。袁沙、郭芳翠以治理主体为分析对象，指出全球海洋治理主体间的合作并不顺利，而是存在阻力和矛盾，这主要体现在治理主体间集体治理的失灵、治理主体二重身份叠加的矛盾、治理紧迫性分布不均匀三个方面，从而直接阻碍了全球海洋治理主体间的合作；庞中英教授从治理体系的角度出发,认为构成全球海洋治理的各个部分之间的协同不够,甚至是相互竞争和冲突的,导致在联合国领导下的全球海洋治理体系的进一步碎片化;郑苗壮则基于治理效果的视角,认为全球海洋治理正处在酝酿阶段,虽已取得一些成绩但整体效果并不明显,治理效率较低,执行力普遍不强,一些海洋问题并未得到根本控制甚至呈现持续恶化的趋势,等等。这些研究从不同侧面揭示了全球海洋治理所面临的具体问题,极具启发意义。但另一方面,上述研究多是聚焦于全球海洋治理的某一微观构成要素,相互之间较为零散,尚未出现宏观视角下的深入分析,这也是目前关于全球海洋治理困境研究的一大缺憾。

为聚焦研究主线,本文以全球公共产品为视角来分析全球海洋治理的困境。之所以选取这一视角,主要是由其自身属性和其在全球海洋治理中的地位所决定的。一方面,在国际政治的语境下,全球公共产品的范围极为广泛,既包括有形的国际组织、条约或器物,也包括抽象的制度、秩序和价值理念,治理体系等研究视角亦可涵盖在全球公共产品的范畴内;另一方面,全球公共产品的意义非比寻常,全球海洋治理的主要手段在很大程度上便是全球公共产品的提供、管理与使用。正如有学者所指出的,"全球海洋治理是各行为体基于自愿原则,为应对共同的挑战和实现共同的利益而提供公共产品的行为"。简言之,正是由于全球公共产品在全球海洋治理中的关键作用,才凸显了这一研究视角的理论价值。

(二)全球海洋公共产品的内涵与分类

全球海洋公共产品是全球公共产品的子集,是全球公共产品中涉及海洋的那一部分,而全球公共产品则是公共产品这一概念在国际层面的延伸。

公共产品原是一个经济学概念,是指一国政府为全体社会成员提供的、满足全体社会成员公共需求的产品与劳务。一般认为,严格意义上的公共产品具有消费的非竞争性和受益的非排他性两大属性。在此基础上,全球公共产品可以界定为"全球所有国家、所有人群、所有世代均可受益的物品"。这一经典定义包含三个特征:一是全球公共产品的受益空间非常广泛,突破了国家、地区、集团等界限;二是受益者包括所有人,任何国家的国民从中得益时都是非竞争、非排他的;三是全球公共产品不仅使当代人受益,而且必须考虑到未来数代人从中受益。

比照全球公共产品的经典定义,全球海洋公共产品可以简单地理解为由主权国家和非国家行为体共同提供和使用的、用以解决各类海洋问题和塑造良好海洋秩序的、各种有形的和无形的公共性产品的统称。除了具有非竞争性与非排他性这两种普遍属性外,这一定义还揭示了全球海洋公共产品的三个特点:一是主体的广泛性,即国际关系领域中的各类主体均可以成为全球海洋公共产品的提供者和享用者;二是指向的明确性,即全球海洋公共产品针对的是各类海洋问题以及人类的涉海实践活动;三是类型的多样性,即全球海洋公共产品既包括实在的物质形态,也囊括了抽象的非物质产品。

全球海洋公共产品之所以会被供给和使用,根本原因在于它是解决全球海洋问题的一种有效工具。所有制约人类与海洋可持续发展的海洋问题都可以视为全球海洋治理的客体,根据所处层次的不同可将其大致分为两类:一类是体系内部问题,即全球海洋治理体系自身所存在的各种缺陷,如国家地位的不平等、国际规制的不完善等;另一类是体系外部问题,即发生在海洋及其衍生系统上的各种具体问题,包括海洋环境恶化、海域划界争端、全球气候变化等。不难看出,无论是在哪一层次上,人类的不当行为都是引发这些问题的重要因素,有时甚至是决定性因素。全球海洋问题的严峻性与人为性要求全球海洋公共产品必须在解决具体问题、规范人类行为等方面有所贡献。

在全球海洋治理客体的边界范围内,可以根据不同的分类标准对全球海洋公共产品进行划分。一种是根据其对人类行为的约束力强弱,将其划分为制度性公共产品与精神性公共产品。前者是指用以约束和规范国家和非国家行为体行动的一套正式和非正式的规则体系,如国际机构、国际条约、协商机制等;后者是指被国际社会广泛认可并具有积极意义的观点或理念,如核不扩散原则、可持续发展观、人类命运共同体理念等。相较而言,前者的约束力更强一些。另一种则是着眼于全球海洋治理的主要目标,将全球海洋公共产品分为公正合理的海洋治理体系、清洁美丽的海洋生态环境、和平稳定的海洋安全局势等三大类。需要说明的是,这两种分类标准并不是绝对的、对立的,而是相互交叉、有所重叠的。下文便是结合这两种分类标准展开分析和论述的。

二、全球海洋治理困境的表现

同一般意义上的产品相类似,全球海洋公共产品也经历着由供给、分配、消费等环节所构成的产品生命周期。对照这三个阶段,全球公共产品视角下的全球海洋治理困境突出表现为全球海洋公共产品的供给不足、结构失衡和使用不善。

(一)全球海洋公共产品的总量供给不足

全球海洋公共产品在总量上的供给不足是全球海洋治理面临的最大困境,即与全球治理的其他领域相比,全球海洋治理所能运用的公共产品相对较少,远远不能满足应对全球海洋问题的需要。这一点在制度性公共产品上体现得更为明显。

在制度性公共产品方面,现有的涉海规制、组织、会议、机制等制度性产品的总量严重不足且层次有待提升。例如,受制于多种因素,目前尚未建立起全球性、综合性的政府间海洋组织,虽然已有学者认识到这一问题并建议由中国牵头成立世界海洋组织,但在短期内这一主张难以进入操作层面;而与之相对,在经济和环境领域内,世界银行、世界贸易组织、联合国环境规划署等国际组织不仅早已成立,其运行机制也非常成熟。再如,全球海洋治理缺乏机制化的政府间高层会议,未能形成有效的国家间交流平台。虽然2017年召开了首届联合国海洋可持续发展大会,但其规格较低,仅有十多位国家元首或政府首脑出席,代表性成果也仅为一份《行动呼吁》,作用较为有限;而反观经济和安全等领域,金砖国家峰会、上合组织峰会、北约峰会等会议不仅定期召开,议题丰富且基本上都是由相关国家元首或政府首脑亲自参加,级别的高规格使其更易达成实质性的成果。此外,《联合国海洋法公约》作为当今全球海洋领域内最为重要的法律文件,其条款不仅存在诸多争议和不完善之处,且正逐渐沦为某些强国干涉他国内政、维护自身霸权的工具,亟待改革或再供给。

当前全球海洋秩序虽然维持了总体稳定的局面,但局部冲突不断,传统安全和非传统安全威胁复杂交织,海洋环境问题日益严重,而应对这些问题的全球海洋公共产品却相对匮乏,解决全球问题的方案的有效国际供给一直不足。这一点尤以索马里海域的海盗问题为代表。虽然包括中国在内的多个国家在联合国的授权下进了十余年的武装护航,但受制于陆地治理的乏力和国际法的规定,索马里海域依旧危机四伏,恢复该海域的航行安全仍然任重道远。这突出体现出国际社会在维护全球海洋安全方面所面临的困境。另外,在海洋环境保护领域,国际社会也举步维艰。在南极海域建立海洋保护区的计划一再推迟、特朗普废除奥巴马政府时期的海洋环境保护政策、国家管辖范围外海域海洋生物多样性养护(BBNJ)与可持续利用谈判进展缓慢等一系列事件,不仅表明维持正常的全球海洋治理秩序的不易,更反衬出目前全球海洋公共产品的供不应求。

(二)全球海洋公共产品的分布结构失衡

与总量供给不足相伴的另一种困境类型是全球海洋公共产品在分布结构上的不平衡,主要体现在领域分布、空间分布和种类分布等三个层面。

首先,从全球海洋公共产品的领域分布来看,呈现出"低政治领域的产品较多,高政治领域的产品相对较少"的特征。"高政治领域"与"低政治领域"是国际关系理论中对不同政策议题的政治属性所进行的一种简要分类。一般认为,高政治领域所关注的是与国家权力和政治高度相关的外交、军事、安全等议题;低政治领域则关注与政治权力的关联度相对较小、易于为各国普遍接受的议题,如经济、文化、科技等议题。参考这一划分标准,我们可以发现,现有的全球海洋公共产品更多地集中于低政治领域,特别是集中于海洋环境保护、海洋生物多样性养护、海洋航运与贸易、海洋资源开发与渔业捕捞等有限的几个领域。例如,仅在海洋渔业这一领域,目前国际上就至少存在北太平洋渔业委员会、东北大西洋渔业委员会等十多个区域性政府间或非政府间渔业组织,以及《联合国鱼类种群协定》等数十项国际条约或行动框架。而与之相对,在海洋安全、海域划界、全球气候调控、极地开发与治理等政治属性较强的高政治领域内,不仅现有的全球海洋公共产品在数量上屈指可数,而且普遍面临着约束力不强、使用不到位等风险。

其次,从全球海洋公共产品的空间分布来看,呈现出"近岸海域的产品较多,国家管辖范围外海域的产品相对较少"的特征。全球海洋公共产品的供给和使用在根本上是为了解决全球海洋问题,从这个意义上看,全球海洋公共产品的空间分布必然会在总体上与海洋问题的高发区域保持基本一致。目前,虽然公海区域的环境保护问题和极地的治理问题等已日益引起国际社会的关注,但多数的海洋问题依旧是发生在国家管辖范围内海域的,由此导致各国的政策注意力和治理资源更加倾向于近岸海域,全球海洋公共产品的空间分布也相应地向此倾斜,进而形成了"近岸海域的产品较多,国家管辖范围外海域的产品相对较少"的特征。例如,海洋安全问题与海洋环境问题是当前最为紧迫的全球海洋问题,但无论是国家间的岛礁主权争端、海上恐怖活动蔓延,还是海洋水质恶化、海洋生态退化,几乎都是集中在近岸海域的,针对这些问题的全球海洋公共产品也相应地侧重于近岸海域;即使是我国向国际社会提供的最为重要的全球海洋公共产品——"21世纪海上丝绸之路"倡议——也主要是关注中国与沿线国在沿岸和近岸海域的项目合作。

最后,从全球海洋公共产品的种类分布来看,呈现出"制度性产品较多,精神性产品相对较少"的特征。在理论上,制度性公共产品和精神性公共产品都有助于解决特定的全球海洋问题,因而应当得到大致同等程度的使用。但在现实中,由于两者自身属性的差异,使得其在供给和分布上呈现出不均衡的状态。具体来看,一是制度性公共产品的供给数量相对较多。虽然制度性公共产品也同样面临着供给不足的困境,但相较于精神性公共产品,其在现有数量上占据着相对优势。究其原因,主要是因为这一类公共产品的供给大多依靠双边或多边的国际合作,多方主体的共同参与降低了各方所需付出的成本,增强了各方的合作意愿;二是精神性公共产品的供给数量相对较少,受制于各国意识形态和发展理念的不同,一国提供的精神性公共产品的接受程度和适用范围通常是有限的,甚至会受到他国的抵制,即使得到了国际社会的普遍接受,其效用的显现也会经历一个较长的时间跨度,加之这一类公共产品一般不具有法律上的约束力和经济上的利益激励,从而抑制了各国的供给积极性,制约了精神性公共产品的供给数量。

(三)全球海洋公共产品的使用不尽合理

全球海洋公共产品使用的不尽合理是全球海洋治理的另一困境。在全球海洋公共产品总量已然不足的不利条件下,使用过程的不合理更加放大了治理困境的严峻程度。总体而言,这种困境突出体现为全球海洋公共产品的"私物化"现象。

公共性是全球公共产品的本质属性之一。无论是出于什么原因,任何国家都不得排斥或限制其他国家和治理主体对全球公共产品的使用。一旦公共产品被少数人或利益团体俘获,以其谋求私利而排斥公共使用,则会被私物化,使公众难以从中获取收益。然而,理论上的主张与现实中的实践并不总是相一致的。美国学者查尔斯·金德尔伯格早已在理论上论证了全球公共产品被霸权国家"私物化"的必然性,即霸权国家把本应服务于国际社会的全球公共产品变为为本国谋取私利的工具。具体到海洋领域,也同样存在着部分全球海洋公共产品被某些国家"私物化"的现象,这其中最为典型的事例当属美国凭借其海上霸权,出于自身利益的需要而肆意曲解"航行自由原则",以其为借口来指责中国妨碍南海地区的"航行自由",并多次派出军舰和军机闯入中国南海岛礁及附近水域进行所谓的"航行自由"宣示,侵犯中国主权。美国的这一做法不仅激化了南海的紧张局势,也使得航行自由原则的公信力大为下降,航行自由原则日渐沦落为美国维护其霸权地位的工具。

此外,其他类型的全球海洋公共产品也面临着被"私物化"的风险。例如,在菲律宾单方面挑起的所谓"南海仲裁案"中,海牙国际仲裁庭判决菲律宾"胜诉",宣称中国在南海没有"历史性所有权"等。但稍加分析便可发现,作为应菲律宾单方面请求建立起的一个临时机构,仲裁庭悍然违反《联合国海洋法公约》的规定,一味全盘接受菲律宾的非法无理主张,随意扩权和滥权,完全偏离了第三方程序应有的公正立场与审慎品格。这一做法不仅无助于通过和平方式解决争端,反而滥用了国际法,对国际法治产生极其负面的影响。总之,在当前的国际政治环境下,大多数的全球海洋公共产品都有可能变为某些国家维护其霸权、追求其私利的"私物性"工具,而这将会在很大程度上剥夺全球海洋公共产品的公共属性,加重全球海洋治理的困境。

事实上,上文所论述的全球海洋公共产品的总量供给不足、分布结构失衡以及使用过程中的"私物化"现象,只是全球海洋治理困境的几种主要表现形式而并非全部,消除全球海洋治理困境仍然任重道远。当然,问题的提出并不是要否定全球海洋公共产品本身的价值,更不是要否定国际社会为应对这一问题所付出的努力;之所以提出这些问题,是为了准确分析问题的成因并找到有针对性的完善路径,以有效应对这些困境。

三、全球海洋治理困境的形成原因

主体、客体、规制和目标是全球海洋治理的基本构成要素,任何一项全球海洋治理实践活动都是这四种要素相互耦合的结果,其治理成效的高低也在很大程度上取决于这四种要素的协调程度。全球海洋公共产品之所以在供给、分配和使用等环节上面临着多重困境,也可以从主体、客体、规制和目标这四个层面加以分析。

（一）供给主体类型单一及其供给能力不足

全球海洋治理实际上是由谁来提供全球海洋公共产品的问题。包括主权国家、政府间国际组织、全球公民社会等在内的全球海洋治理主体是全球海洋公共产品的直接供给者,决定了全球海洋公共产品的丰裕程度。但在现实中,这些主体却未能充分发挥各自的作用,实际参与到供给活动中的主体有限,且供给能力也难以满足日渐增长的对全球海洋公共产品的需求。

一方面,全球海洋公共产品的供给主体类型相对单一,过度倚赖主权国家的作用。不可否认,公共产品的特性和政府的属性决定了主权国家（政府）理应成为最重要的供给主体,但在主权国家之外,国际政府间组织、非政府组织、科研机构、跨国公司、沿海社区等其他治理主体也应当在不同的领域中担负起各自的供给责任,贡献各自的力量。当前全球海洋治理困境的产生,很大程度上是由于供给主体的类型单一,除主权国家之外的治理主体未能充分参与到全球海洋公共产品的供给过程中。例如,某些国际政府间组织作为一种全球海洋公共产品被供给或创设出来后,其公共性逐渐减弱,深受国家意志特别是大国意志的左右,限制了其供给全球海洋公共产品的能力;而国际非政府组织、跨国公司等主体则缺少足够的能力基础、权威资源和激励因素,在供给全球海洋公共产品方面往往"力不从心"。

另一方面,即便从主权国家的角度来分析,其供给意愿和能力也存在着明显的不足,难以提供足够的全球海洋公共产品。全球公共产品不同于一般的国家内部公共产品,具有投入成本高昂、受益周期漫长、管理方式复杂等特征,需要耗费巨大的资金、技术、人力、组织等资源,这对于大多数国家来说是一种难以承受的重担。全球虽然有超过3/4的国家是沿海国,但这其中的绝大多数都是发展中国家或经济落后国家,真正具有供给全球海洋公共产品能力的国家并不多,由此便决定了大国,特别是发展程度较好的国家自然就要更多地承担提供和管理全球公共产品的责任。然而,在具有供给能力的少数海洋大国或海洋强国中,却不同程度地存在着供给意愿和供给能力持续减退的现象,从而加剧了全球海洋公共产品的供不应求。在这些国家之中,尤以美国最为典型。最近一年,特朗普政府实行了多项"倒退性"的外交政策,松绑海洋油气开采、削减海洋环保开支、高调退出与海洋关系紧密的国际条约或涉海国际组织等一系列"自我否定"式的前后矛盾之举,不仅会直接降低全球海洋公共产品的供给水平,更有可能诱发其他国家的效仿与追随,产生严重的负面示范效应。总之,如果缺少了美国等海洋强国的积极参与和贡献,供给全球海洋公共产品将变得异常艰难,甚至事倍功半。

(二)现有的治理体系不尽民主,监督作用弱化

国际规制是全球海洋治理的核心内容,也是连接全球海洋治理主体与客体的纽带。将各种正式的和非正式的制度、条约、原则、规范等国际规制加以集合,便构成了全球海洋治理体系。公正合理的治理体系是维护全球海洋秩序的根本保障,而在紊乱、落后或带有缺陷的治理体系下则难以达成全球海洋治理的目标。从这一角度来分析,全球海洋治理困境的产生便是由于现有的全球海洋治理体系的不完善,这种不完善突出体现为决策机制的不民主与监督作用的弱化。

供给和使用全球海洋公共产品在本质上是一种国际合作与协商的过程,因而全球海洋公共产品的决策机制应当是建立在平等基础上的民主决策。但在实际中,这种决策机制并未达到民主的要求,而是少数海洋强国的集团决策,甚至是个别霸权国家的专断决策。这些国家追求本国利益最大化的行为倾向,势必使得大部分全球公共产品配置于这些国家。进一步而言,传统的海洋强国主导了全球海洋公共产品的整个生命周期,新兴海洋国家和广大的发展中国家未能获得应有的参与权、发言权和决策权,难以有效制止这些国家的不当行为。在这一不尽民主的全球海洋治理体系之下,新兴海洋国家和发展中国家被排斥在决策体制之外,既无法通过积极参与决策来平等地享受全球海洋公共产品所带来的收益,也严重束缚了它们供给全球海洋公共产品的动力和努力。

此外,当前的全球海洋治理体系也无法对全球海洋公共产品的供给和使用进行有效的监管。之所以出现这一问题,从根本上看,一方面是由于现有的国际规制的约束力普遍不足,即便是诸如《联合国海洋法公约》这样的国际基本海洋法律制度,也难以对各种破坏全球海洋公共产品"市场"秩序的行为施以强有力的监管;另一方面则是由于并不存在全球范围内的"世界政府",缺少一个统一的、居于主权国家之上的权威性机构来对全球海洋治理的各个主体加以约束。这两方面因素的交织叠加,使得当前的全球海洋治理体系未能有效地监督和规范全球海洋公共产品的供给与使用,从而引发"搭便车现象"和"公地悲剧",加重了全球海洋治理困境的严峻程度。

(三)主权国家间在治理目标上的差异性

以时间为尺度,可将全球海洋治理的目标分为长远目标与现实目标。在长远目标层面,全球海洋治理追求的是人与海洋的和谐共处与可持续发展,这一点相对易于为各国所认可和接受;但在现实目标层面,由于每个国家面临着不同的发展阶段和国情,决定了它们参与全球海洋治理的动机及所要达到的直接目标也不尽相同。而目标的差异性必然会导致行动的不协调,即各个国家往往是根据自身的利益和需求来供给、配置和使用全球海洋公共产品,无法在整体上实现共识最大化与效益最优化。

主权国家间治理目标的差异性突出体现在发展中国家与发达国家上。发展中国家以发展经济和改善国民生活水平为首要任务,即便其有能力供给全球海洋公共产品,优先的供给方向也主要集中在消除贫困、应对自然威胁等"生存"层面,如发起或参与经济合作计划、建设海洋基础设施、共同捕捞渔业资源、共享灾害预警等;而发达国家则更加侧重于维护海洋安全、研发海洋科技、保护海洋环境、应对气候变化等"发展"和"改善"层面,如远洋护航、极地科考、削减船只的碳排放等,两者的治理目标存在着层次性的差异。而且,即便是在发展中国家或发达国家的内部,其治理目标也很难达成完全一致。例如,亚丁湾沿岸的国家急需安全稳定的海洋局势,而南太平洋上的小岛屿国家则更加关注海平面上升这一事关其生死存亡的严峻威胁。总而言之,国家间治理目标的差异性会引发各国在供给和使用全球海洋公共产品上的各自为政,难以形成协调高效的国际合作,造成资源浪费与供给不足。

（四）全球海洋公共产品供需差距的不断拉大

全球海洋治理的客体是指威胁海洋可持续发展的各种自然的和人为的消极因素，即全球海洋问题。这些海洋问题在静态上具有影响范围广、治理难度大等特征，在动态上又处于不断变化之中。从全球海洋治理的客体角度来看，之所以需要供给和使用全球海洋公共产品，就是为了解决全球海洋问题。由此，治理全球海洋问题与供给全球海洋公共产品之间构成了目标与手段的关系，任何一方的变动都会对另一方产生重大影响。相比于供给端的周期性与滞后性，需求端却无时无刻不在发生变化，很多已有的海洋问题日趋严重，一些新的治理难题不断涌现，新老问题的复杂交织使得治理难度大幅增大，对相关全球海洋公共产品的需求也日渐强烈。一面是供给的总量不足与使用低效，一面是需求的持续增长，供需之间的差距迅速拉大，直接导致并放大了全球海洋治理困境。

以良好的海洋生态环境这一典型的全球海洋公共产品为例，在过去的三四十年中，陆源污染物排放入海、海上石油泄漏、船舶废弃物污染等传统海洋环境问题不仅没有得到根治，反而有愈演愈烈的趋势。与此同时，海洋垃圾（海洋微塑料）的迅速增长、赤潮等海洋灾害的蔓延等新的海洋环境问题也日益频发。在这些新与旧的全球海洋环境问题面前，全球海洋公共产品的供给与使用情况远远不能满足治理的要求，全球海洋治理困境显而易见。

四、全球海洋治理困境的应对路径

全球公共产品视角下的全球海洋治理困境说到底是供给问题，正是由于全球海洋公共产品的供给严重不足，才衍生和放大了后续的多种弊病，由此凸显出增加供给对于应对全球海洋治理困境的关键作用。同时，这些困境的危害具有国际性，超越了主权国家的边界，这决定了根本的应对之策在于国际社会的广泛合作，共同承担起供给、监督和管理全球海洋公共产品的责任。结合全球海洋治理困境的表现及其形成原因，国际社会应着重在以下四个层面积极作为。

（一）提升主权国家的供给意愿和能力

应对全球海洋治理困境，最为直接的措施当属持续增加全球海洋公共产品的供给量。毫无疑问,在相当长的一个时期内,主权国家将继续在这方面发挥着决定性的作用。无论是大国还是小国、沿海国还是内陆国,都应当加入到供给全球海洋公共产品的国际行动中,提升自身的供给意愿和能力,为消除全球海洋治理困境贡献出各自的力量。具体而言,对于综合实力较强的传统海洋强国和新兴海洋大国来说,应当主动承担起绝大部分的供给责任,在资金、技术、器物等硬实力资源层面以及人才、组织、制度等软实力资源层面加大供给力度,以其自身的积极行动来引导和带动其他国家的参与;对于数量广大的沿海发展中国家和岛国来说,应当妥善处理国内发展与国际公益的关系,积极参与和配合海洋大国或国际组织发起的行动计划,在力所能及的领域和程度内尽其所能;而对于内陆国来说,即便其在地理空间上不直接与海洋发生联系,也仍旧可以在应对气候变化、国际海洋法治建设、海洋环境保护等领域内作出重要贡献。

(二)强化非国家行为体的供给作用

全球海洋公共产品的提供是一个一揽子计划,每一个治理主体都应参与其中。在主权国家之外,国际政府间组织、国际非政府组织、科研机构、学术团体、跨国企业、社区乃至公众等主体亦是全球海洋公共产品的重要供给者,在很大程度上弥补着主权国家供给的不足。因此,应根据这些主体的属性和比较优势,引导它们发挥各具特色的供给能力,构建起涵盖各主体的多元供给体系,并与主权国家的供给行为相互补充、相互配合。在这些非国家行为体之中,国际非政府组织以其成员的广泛性、目标的非逐利性以及较强的独立性等优势,在供给全球海洋公共产品方面发挥着更为明显的作用。例如,在BBNJ养护与可持续利用协定谈判中,共有6个国际非政府组织提交了协定草案建议,并在技术问题上发挥了重要的专家作用;而由大自然保护协会创造性提出的"海洋保护与债务互换交易",不仅有助于减轻经济落后国家的债务负担,更将直接推动相关国家建设海洋自然保护区,呵护脆弱的海洋生态环境。另一个值得关注的方面是,由主权国家和非国家行为体共同组成的治理网络正在成为一种全新的全球海洋公共产品供给来源,应当得到更大规模的推广与应用。简而言之,国际社会应当全面看待每一类主体的多重属性,强化各类主体的供给作用,寻找和扩大各类主体在供给全球海洋公共产品方面的最大公约数。

（三）采取符合时代需求的供给策略

全球海洋治理困境的消除是一个漫长而复杂的过程,不会一步到位,理性的做法应当是在不同的时期内根据主客观条件的变化而采取有针对性的行动策略,突出阶段特征,适度有所侧重。在当前的时代背景和国际环境下,可采取以点带面、由易渐难、海陆结合三种供给策略,以提升全球海洋公共产品的供给效率,并将全球海洋公共产品的分布失衡控制在合理的范围内。

以点带面:从区域性海洋公共产品切入,以区域带动全球。一般而言,供给全球范围内的海洋公共产品通常会涉及更多的主体和参与者,协调与监督的难度也更大,很容易产生集体行动的困境。针对这一问题,不妨首先从区域性海洋公共产品切入,即同一地理单元内的国家优先供给本地区的海洋公共产品,在凝聚共识、建立信任和积累经验的基础上逐渐向全球海洋公共产品扩展。这正如奥尔森所指出的,"集体行动的困境在大集团中不可避免,但如果是在小集团里联合行动来提供公共产品,那么由于在行为体之间可以进行有效监督,从而更容易实现公共产品的供给"。事实上,区域海洋公共产品与全球海洋公共产品之间并没有清晰、严格的界限,如果实现了区域海洋公共产品的充分供给,全球海洋治理困境也就将迎刃而解了。

由易渐难:以易于达成供给合作的领域为突破口,逐步向纵深方向延展。试图在所有的领域内同步供给足够的全球海洋公共产品是不现实的。在未来的一个时期内,首要的任务应当是以易于达成供给合作的领域为突破口,重点加强海洋环境保护、海洋经济合作、海洋科技研发、海洋资源开发与渔业捕捞等低政治领域内的公共产品供给。这些领域与政治因素的牵连相对较少,且直接关系到各国的切身利益,具有广泛的合作空间;而随着主客观条件的变化和供给能力的增强,供给的重点可逐步向海洋安全、海洋争端调解、打击海上犯罪、全球气候调控等纵深方向和高政治领域延展。

海陆结合:统筹谋划海洋与陆地及其他治理领域内公共产品的供给。海洋独特的自然特性,使得几乎所有其他治理领域的客体都可以在海洋上找到相对应的坐标。换句话说,我们可以将海洋看作一个巨大的"底座",在这个底座上,可以放置诸如环境、安全、气候、经济、政治等多个"物品",而这每一个物品又同时自成一个系统。因此,为了以更小的成本和更高的效率实现消除全球海洋治理困境的目标,应当将全球海洋公共产品与相关的陆上公共产品及其他领域内公共产品的供给结合起来,不可单纯将视线局限在海洋上而就海论海。例如,优良的海洋生态环境这一公共产品的供给,固然需要直接的海上清污行动,但更为重要的则是消除来自陆地的污染物,而这离不开包括内陆国在内的陆地上的环境治理行动。海陆结合的供给策略不仅能够达到更为高效而持久的供给效果,更为明显的一个优势则是,这一策略将内陆国也涵盖在内,为内陆国参与全球海洋治理、供给全球海洋公共产品提供了契合点。

(四)加强全球海洋公共产品使用过程的监督

全球公共产品的供给大多数是以国际协议或制度巩固下来,但在国际协议或制度形成以后,如何促使各国贯彻、实施这些国际协议或制度,并使之外化为全球公共产品供给主体的负责任的国际行为,就需要进行全球公共产品供给的后续管理监督。在国际体系缺少权威性机构的无政府状态之下,不断完善的公约、协定、声明等为全球海洋治理构建了具有约束力和权威性的法制保障,界定了各行为体的义务和责任;也就是说,全球海洋公共产品的供给与使用需要利用国际规制来进行监督。在目前已有的涉海国际规制中,绝大多数是从微观的治理客体的角度来制定的,尚未在宏观上、整体上构建起有关全球海洋公共产品的规则制度体系,无法为全球海洋公共产品的正常运转提供坚实的制度保障。为解决这一问题,国际社会应加快制定系统且权威的国际规制体系,明确界定各方在全球海洋公共产品的资金来源、任务分配、获益方式、使用监管等方面的权利和义务,并设计与之配套的激励和惩戒措施。此外,"软法"亦是国际规制的重要组成部分,它是对以"国家同意"为基础的国际法的突破和创新。从实践效果来看,软法机制不仅能吸引更多的参与方,也能最大限度地得到他们的遵守。因而,在制定公约、条约、制度等正式的硬法机制面临着"国家同意"门槛的情况下,国家或国际组织利用软法文件建立合作关系是国际法上的流行现象,可以将行动纲领、合作框架、操作规范等非正式规制作为与硬法相配合的补充内容。

另一种行之有效的监督方式是充分发挥国际舆论的作用。随着国家软实力在国际竞争中扮演着越来越重要的角色,主权国家在国际交往的过程中除了追求其自身的物质收益外,也愈发关注国际声望、美誉度和话语权等非物质性的目标,由此便强化了国际舆论的宣传与塑造作用。国际舆论以其来源的广泛性、内容的多元性及立场的相对客观性等特征,也可以在监督主权国家的公共产品供给与使用方面大有可为。为此,应赋予国际舆论以相对宽松、不受控制的外在环境,保障其自由表达的权利,丰富传播渠道,并增强国家对国际舆论的回应性。当然,宣传并不总是等同于事实,国际舆论同样存在着过度夸大或肆意诋毁等有违于客观原则的现象,这需要全球海洋治理的各个主体仔细辨别、去伪存真。

五、中国在应对全球海洋治理困境中的角色

党的十九大提出"中国将秉持共商共建共享的全球治理观,继续发挥负责任大国作用,积极参与全球治理体系改革和建设",向世界宣告了中国对待全球治理的坚定决心和庄严承诺。全球治理的发展离不开中国的积极参与,日益走近世界舞台中央的中国有能力也有责任为应对全球海洋治理困境贡献出中国力量。这不仅是中国对国际社会的责任所在,也是"加快建设海洋强国"的必然要求。在应对全球海洋治理困境的国际行动中,中国应着力成为全球海洋公共产品的主要供给者、全球海洋治理合作的关键协调者和全球海洋治理体系的积极完善者。

(一)全球海洋公共产品的主要供给者

全球海洋公共产品的主要供给者是中国最基本的角色定位,也是中国力量的直接体现。如上文所言,全球海洋公共产品的供给主要依赖于少数具有较强海洋实力的大国。伴随着国家实力与国际影响力的迅速提升,中国应主动承担起与自身地位和能力相匹配的供给责任,增大全球海洋公共产品的供给力度。特别是在美国等传统海洋强国的供给意愿和能力持续减退的不利条件下,中国更应勇于担当,加大供给各类全球海洋公共产品,努力缩减供需之间的差距。具体而言,中国应在以下两个方面重点作为。

一是积极传播先进的治理理念,推动构建人类海洋命运共同体。先进的治理理念是一种无形的海洋公共产品,也是促进全球海洋治理健康发展的重要保障。近年来,我国相继提出全球治理观、总体安全观、正确义利观、新型国际关系等多种治理理念,受到国际社会的广泛认可。尤其是人类命运共同体的理念,更是极大地聚合起全人类的共同利益,指明了人类社会的

发展方向。这些治理理念对于全球海洋治理具有重大的指导意义，阐明了应对全球海洋治理困境的原则、目标、途径与方向等基本问题。下一步，中国应积极传播这些先进的治理理念，并以其来引领全球海洋治理的发展，构建起人类海洋命运共同体。

二是着力建设好"21世纪海上丝绸之路"这一最重要的全球海洋公共产品。"21世纪海上丝绸之路"倡议的内容涵盖海洋领域的政治互信、经贸合作、科技创新、环境保护、安全维护、人文交流等多个层面，是当前和今后一个时期内中国向国际社会贡献的最为重要的全球海洋公共产品。接下来，中国应继续增大"21世纪海上丝绸之路"的建设力度，在扩展国家间海洋经济合作水平的同时，更加关注海洋环境、海洋科技、海洋防灾减灾、海上搜救、海上执法等领域的务实合作，以充分彰显这一倡议在供给全球海洋公共产品方面的时代价值，惠及世界各国人民。

（二）全球海洋治理合作的关键协调者

无论是参与全球海洋治理，还是供给全球海洋公共产品，它们在本质上都是一种国际合作，其中不可避免地会伴有国家间的分歧、博弈甚至冲突。只有依靠有效的国际协调，才能化解这些分歧和冲突，保障合作的顺利推进。世界上最大的发展中国家与重要的新兴国家这一双重身份，使得中国成为沟通发达国家与发展中国家的纽带，赋予中国以关键协调者的重任。

大国协调是全球海洋治理合作中的重中之重。全球海洋公共产品能否充分供给、全球海洋问题能否有效解决，大国起着主导性的作用。在当前的国际政治格局下，中国应着重深化与美国、俄罗斯、欧盟等大国和地区以及国际组织的协调，通过高层访问、定期会晤、对话机制、国际会议等途径增进彼此的相互了解与政策沟通，并在此基础上共同开展互为促进的治理行动，合作供给全球海洋公共产品。同时，大国之间的有效协调还具有良好的示范效应。中国应以此为突破口，带动提升与其他海洋大国的协调广度和深度。

鉴于发展中国家的发展阶段和治理目标，中国应以海洋经济合作为主要的突破点，充分利用各种双边和多边的机制框架，在政策设计、目标设定、行动落实、成本分配等方面加强与发展中国家的协调。特别是要吸引更多的发展中国家加入"21世纪海上丝绸之路"的建设中，与它们共同探求合作的具体内容，保障合作项目的顺利实施。此外，另一个可以重点协调的方面是,中国与广大的发展中国家应当共同反对全球海洋治理秩序中的不公正、不合理之处,积极维护自身的正当权益,推动建设公平正义的新型国际关系。

(三)全球海洋治理体系的积极完善者

合理完善的全球海洋治理体系是惠及全人类的全球海洋公共产品,也是消除全球海洋治理困境的重要推动因素。面对现有治理体系中的诸多不足,中国应发挥积极的建设性作用,在"改革存量"与"注入增量"两方面协同推进。

所谓改革存量,是指中国应综合运用政治、经济、法律、外交等多种手段,修正现有治理体系中存在的缺陷,推动全球海洋治理体系的完善。在未来的一个时期内,中国应重点在以下三个方面担当完善者的重任:一是健全全球海洋法律制度,特别是要完善《联合国海洋法公约》中的模糊和争议条款,如"航行自由""岩礁条款"等内容;二是坚持岛礁主权和海域划界争端应由直接当事方通过谈判协商解决,反对某些域外大国插手争端解决、破坏治理规则的行为;三是大力引导和鼓励非政府组织、学术团体、科研机构、智库等非国家行为体参与改革全球海洋治理体系中的"软法",形成治理合力。

所谓注入增量,是指在维持现有治理体系总体稳定的前提下,中国应主动供给出若干新的、符合时代发展趋势的国际制度、规则、标准和机构,以增量的注入来消解存量中的消极因素。在这一方面,中国已取得了很大的成绩,如发起成立中国—小岛屿国家海洋部长圆桌会议、全球蓝色经济论坛等双边或多边治理框架,倡导并与多个国家建立"蓝色伙伴关系",稳步推进"21世纪海上丝绸之路"建设等。在巩固已有成绩的基础上,中国应在力所能及的领域内加大供给增量的力度,如适时牵头成立区域性政府间海洋组织、传播人类命运共同体等先进的治理理念、推动BBNJ谈判和"南海行为准则"案文磋商、推介我国制定的海洋科技标准等。

六、结论与展望

全球海洋治理困境是客观存在的,对这一问题的研究可以从不同的视角来展开。在全球公共产品的视角下,全球海洋治理困境突出表现为全球海洋公共产品的总量供给不足、分布结构失衡以及使用过程的不尽合理。

这些困境的产生,在根本上是由于全球海洋治理的主体、客体、目标和规制这四种要素之间未能形成高效、协调的运转机制。应对全球海洋治理困境是一个宏大且多解的命题,既需要包括中国在内的海洋大国的主动引领,更离不开世界各国的共同参与。只有国际社会携起手来通力合作,才能向着消除全球海洋治理困境这一宏伟目标稳步前进。

展望未来,我们需对消除全球海洋治理困境抱有坚定的信心。虽然这一过程具有复杂性和长期性,不会一蹴而就,也不会一劳永逸,甚至有可能会出现暂时性的波折或倒退,但前景依旧是光明的,改善乃至完全消除全球海洋治理困境的希望正在逐渐增大。近年来,国际社会日益意识到解决全球海洋问题的重要性,合作供给全球海洋公共产品的观念正在不断生根发芽,只要全球海洋治理的各个主体能够破除狭隘的个体利益,以人类命运共同体理念指引治理行动,全球海洋治理困境的消除将不再遥远,全球海洋治理也必将更为健康的发展。

文章来源: 原刊于《太平洋学报》2019 年第 1 期。

全球海洋治理进程中的联合国：作用、困境与出路

■ 贺鉴,王雪

论点撷萃

海洋治理是全球治理的重要组成部分,联合国在其中影响巨大。相较于其他国际组织,联合国凭借其较高的权威性和话语权以及较为丰富的全球治理经验,在全球海洋治理领域有明显的优势。根据"3Cs"分析框架,联合国在建构与传播海洋治理倡议、多途径营造全球海洋治理契约环境、提高相关治理主体履约能力等方面均发挥了显著作用。

21世纪以来,全球海洋治理领域主体的差异性和客体的复杂性日益凸显,加之联合国框架下全球海洋治理体系自身的局限,联合国在进一步凝聚全球海洋治理共识、营造全球海洋治理契约环境、提高治理主体履约能力等方面面临着新的困境与挑战。同时,全球海洋治理形势客观上持续恶化,这也增加了联合国治理全球海洋问题的阻力。

在全球治理秩序出现新一轮变革与调整的背景下,联合国框架下的全球海洋治理将面临新的机遇和挑战。如果联合国不能很好应对大变局中全球治理的新要求,其在全球治理中的话语权和地位将受重创。在全球海洋治理已然进入深水期的情况下,联合国在进一步增强全球海洋治理行动力的同时,也要为缓解海洋治理主体之间利益竞争提供一定的解决方案。为此,联合国应采取务实对策,加速凝聚全球海洋治理共识,克服营造海洋治

作者:贺鉴,云南大学国际关系研究院特聘教授、中国海洋大学海洋发展研究院双聘高级研究员,中国海洋发展研究中心研究员
　　　王雪,中国海洋大学海洋发展研究院研究助理

全球海洋治理

理契约环境的不利因素,积极应对提高海洋治理主体履约能力面临的挑战,强化其在全球海洋治理中的核心作用。

当今世界处于百年未有之大变局,人类面临的共同挑战日益增多,完善全球治理的呼声越来越高。中共十九届四中全会通过的《中共中央关于坚持和完善中国特色社会主义制度、推进国家治理体系和治理能力现代化若干重大问题的决定》以及《中国共产党第十九届中央委员会第四次全体会议公报》,都在不同程度上强调了"推动全球治理体制更加公正更加合理"。海洋治理是全球治理的重要组成部分,联合国在其中影响巨大。当然,联合国在促进全球海洋治理过程中仍面临着诸多困境和挑战,尚无法彻底解决全球海洋治理中的一些难题。全面梳理全球海洋治理进程中联合国的作用与困境,有助于在面临着更多不确定性的世界形势下,深入理解联合国对全球治理的作用和局限,推动联合国更好地发挥其在全球治理中的领导作用。

一、联合国在全球海洋治理进程中所起的作用

相较于其他国际组织,联合国凭借其较高的权威性和话语权以及较为丰富的全球治理经验,在全球海洋治理领域有明显的优势。根据"3Cs"分析框架,联合国在建构与传播海洋治理倡议、多途径营造全球海洋治理契约环境、提高相关治理主体履约能力等方面均发挥了显著作用。

(一)建构与传播全球海洋治理倡议

在参与和领导全球海洋治理70多年的历程中,联合国建构与传播了诸多全球海洋治理相关倡议,近年来较为重要者包括:

第一,制定2030年可持续发展议程及目标。在2015年9月举行的历史性首脑会议上,联合国193个会员国一致通过了面向2030年的17项可持续发展目标,其中第14个目标旨在"保护和可持续利用海洋和海洋资源以促进可持续发展"。联合国通过发起促进蓝色增长的深度倡议,借助"海洋大会"积极推动相关各方做出自愿承诺,促进发展中国家发展蓝色经济和推进实现可持续发展目标。2020年1月,联合国正式发起可持续发展目标"行动十年"计划,广泛讨论全球合作对建设"我们希望的未来"的作用,加速推进

2030 年可持续发展议程目标的实现。

第二，推动建立海洋治理伙伴关系。联合国积极推动构建最广泛的全球治理伙伴关系，于 1998 年设立"伙伴关系"办公室。联合国经济及社会理事会通过发挥年度会议、论坛、各职司和区域委员会的协调作用，加强各方就海洋和气候相关议题的相互学习与对话。2019 年 6 月，联合国启动"可持续海洋商业行动纲要"，召集商界、学术界和政府机构等主要行为体采取切实行动创造一个更具生产力和健康的海洋环境并建立伙伴关系。联合国为支持落实《巴黎协定》而倡导的马拉喀什全球气候行动伙伴关系也将海洋合作列为重要事项（根据《巴黎协定》提交的国家自主贡献中涉及海洋者占比高于 70％），其将促进政府、城市、地区、企业和投资者之间开展合作。

第三，设立联合国海洋特使。为了进一步在全球范围内建构与传播海洋资源可持续利用的倡议，联合国秘书长古特雷斯于 2017 年 9 月任命斐济驻联合国大使汤姆森（Peter Thomson）为联合国海洋特使，由其协调各方一道落实联合国海洋会议的积极成果并负责联合国系统内外的相关宣传工作。联合国海洋特使还将积极促进民间组织、科学界和其他利益攸关方开展合作，以更好地推动海洋可持续发展。

（二）营造全球海洋治理契约环境

为促进海洋合作发展蓝色经济，联合国通过多种途径营造良好的全球海洋治理契约环境，主要包括：

第一，制定全球海洋治理的"国际规则"。联合国海洋大会、《联合国海洋法公约》（以下简称《公约》）缔约国大会、联合国海洋和海洋法不限名额非正式磋商等皆是通过联合国推动和组织，这些会议通过了许多与全球海洋治理直接相关的决议，既包括宪章式、框架性的公约，也包括概念性的专门条约或协定，为推动和指导国际海洋治理协商与谈判提出了全面的政策框架。为了促进海洋环境保护和渔业可持续发展，联合国通过了《1990 年国际油污防备、反应和合作公约》（1995 年 5 月 13 日生效）《养护大西洋金枪鱼国际公约》（1996 年 3 月 21 日生效）等公约和规制。2002 年，联合国环境规划署发布《保护海洋环境免受陆源污染全球行动纲领》，这是全球唯一直接解决陆地、淡水、沿海和海洋生态系统连通性的政府间机制。在国际海底区域海洋矿物的勘探和开发方面，联合国国际海底管理局颁布了以"采矿守则"

为代表的一系列规则、规章和程序,最大限度确保海洋环境不受深海采矿活动的破坏。

第二,指明全球海洋治理谈判的重点领域与方向。2017 年 6 月,联合国提出了与全球海洋治理密切相关的九大行动重点领域,涉及执行《公约》所反映的国际法问题、海洋和沿海生态系统管理、海洋酸化、海洋研究能力建设和海洋技术转让、可持续蓝色经济、可持续渔业等。在《公约》框架下,关于国家就国家管辖范围以外区域海洋生物多样性(BBNJ)养护与可持续利用问题,相关国家已举行了三届政府间会议。在 2019 年 8 月第三届会议期间,相关各方围绕第二届政府间会议形成的草案进行了分主题磋商。受新冠肺炎疫情的影响,原定于 2020 年 3 月 23 日至 4 月 3 日举行的第四届会议业已推迟。BBNJ 谈判涵盖了当前全球海洋资源开发与环境管理领域的重大前沿问题,如海洋遗传资源获取和惠益分享、环境影响评估、以区域为基础的管理工具(包括海洋保护区)等核心议题。《公约》框架下的 BBNJ 谈判是国际海洋法律安排的重要组成部分,也将指引全球海洋治理的调整方向。

(三)提高相关治理主体履约能力

首先,设立一系列海洋治理机构。联合国系统内设立的一系列涉海机构,为提高相关国家履约能力提供了机构保障。这些涉海机构主要包括国际海事组织(IMO)、国际海底管理局(ISA)、联合国海洋事务和海洋法司(DOALOS)和联合国环境规划署(UNEP)等。早在 1991 年,联合国政府间海洋学委员会就启动了"全球海洋观测系统",有力促进了相关国家理解海洋在全球气候中扮演的角色。借助联合国环境规划署的海洋保护区项目,小岛屿国家与发展中国家的海洋治理能力得到了显著提高。

其次,组织实施促进海洋可持续发展的具体计划与路径。为了将海洋科学与社会行为体更直接地联系起来,联合国启动《海洋科学促进可持续发展十年计划(2021—2030)》制订,推动发达国家和发展中国家海洋治理能力发展和资源共享。同时,联合国通过《小岛屿发展中国家加速行动方式(萨摩亚途径)》等促进相关国家海洋治理履约行动。目前,已有 143 个国家加入了联合国框架下的《区域海洋公约和行动计划》,各方实现海洋环境可持续利用的履约能力持续提高。

最后,制定一系列区域海洋治理安排。联合国框架下的区域海洋治理安排主要包括区域海洋方案、区域渔业机构、大型海洋生态系统机制以及海洋保护区等。为促进有关区域海洋治理安排的经验分享与交流,联合国定期举行会议,已推动东北大西洋、西部非洲、中部和南部非洲等区域就海洋治理安排缔结正式协定。

二、面临的困境与挑战

21世纪以来,全球海洋治理领域主体的差异性和客体的复杂性日益凸显,加之联合国框架下全球海洋治理体系自身的局限,联合国在进一步凝聚全球海洋治理共识、营造全球海洋治理契约环境、提高治理主体履约能力等方面面临着新的困境与挑战。同时,全球海洋治理形势客观上持续恶化,这也增加了联合国治理全球海洋问题的阻力。

(一)凝聚全球海洋治理共识仍任重道远

联合国在凝聚全球海洋治理共识的进程中一直发挥着重要作用,虽已解决不少分歧,但世界各国(地区),尤其是全球治理主要力量对海洋治理具体问题的认知仍存在不小差异。

1. 国家(地区)对全球海洋治理的认知存在差异

全球范围内存在20个海洋区域,不同区域治理安排和区域集群的关注点难免存在差异。由于国家(地区)所处地理位置存在差异,内陆国、沿海国和陆海复合型国家对自身海洋治理需求的评估各不相同,对全球海洋治理具体问题的态度也有所不同。一般而言,受海洋问题影响较大的沿海国对海洋环境保护、发展海洋经济、促进海洋资源开发与维护的态度更为积极,陆海复合型国家次之,内陆国再次之。因此,全球海洋治理进程中的"搭便车"现象并不罕见。

海洋治理在很大程度上属于国际公共产品,不同国家和地区对其关注程度和关注的具体方面也有所差异。联合国框架下的全球海洋治理涉及海洋环境、海洋经济、海洋资源开发与维护、海洋安全等方面,不同国家和地区对全球海洋治理具体议题的关注焦点有异,这在不同程度上增加了联合国凝聚全球海洋治理共识的难度。另外,当前某些地区逆全球化思潮涌动对世界各国推进合作造成了一定负面影响,不利于联合国框架下全球海洋治理目标的实现。

2. 全球治理主要力量对海洋治理的认知存在分歧

全球新兴治理行为体和霸权治理行为体,对包括全球海洋治理在内的全球治理议题态度各异。目前,以中国、印度、南非等为代表的全球新兴治理行为体对全球治理(包括全球海洋治理)议题的态度更为积极,而作为霸权治理主体的美国对待多边主义和多边体制表现出相对消极的态度。这种情况若再持续,将会对联合国框架下的全球海洋治理带来不利影响。

不少国际多边治理机制还没有把海洋问题列入其主要议题。比如,二十国集团(G20)尚未对海洋问题给予足够重视。上海合作组织成员国的地域已经扩大到北冰洋、太平洋和印度洋三大洋,但海洋可持续利用、海洋生态保护等议题至今亦未成为该组织主要关注的涉海议题。此外,相关非政府组织在海洋资源开发与环境保护等问题上也存在分歧,这给联合国凝聚全球海洋治理共识带来一定消极影响。

(二)营造海洋治理契约环境亦存在不利因素

在全球海洋治理理念有所差异的情况下,以联合国为中心的全球海洋治理机制存在一定程度的滞后性,不利于联合国充分发挥其作用以营造良好海洋治理契约环境。

1. 联合国框架下全球海洋治理体系的碎片化

联合国设立了诸多涉海治理机构,难免存在机构职能重叠的现象,其参与全球海洋治理不同领域管治的机构往往具有相似的授权。机构碎片化现象导致规范与规则上的不一致,阻碍了部门之间的协作,其管辖范围的地理分散性也造成许多负面影响,如更大的人力成本与回报负担。虽然国际海洋治理具体领域已经形成了大量的协议与规制,但它们常常因为受到来自履行各自职能的国际组织的干预而面临执行不到位的问题,目前相当一部分国际海洋环境协议正遭受"无政府主义低效率"的诟病。当前,代表不同行业的国际组织具有不同的宗旨和利益观,参与全球海洋治理的不同组织与机构之间的协作很不充分,存在许多有待协调的问题和冲突,阻碍了联合国机构的有效运作以及各项规制的顺利执行。

2.《联合国海洋法公约》的局限性影响全球海洋治理成效

《公约》虽构建了一个较为完善的海洋法律框架,但也具有明显的局限性,这在联合国框架下全球海洋环境治理领域的表现尤为突出。第一,《公约》没有明确界定各国保护海洋环境的义务,导致部分国家对履行保护海洋环境义务的推诿扯皮。第二,《公约》在很多具体执行层面上的规定不够细致,如对海洋生物多样性以及生物遗传资源等重要问题没有提供具体的保护与保全方案,相关的国际协定也不够完善,缺乏充分激励国家行为体采取集体行动保护海洋物种的具体措施。第三,《公约》对全球和地区层面的合作责任分配不均衡,使大片区域海洋治理处于失序和不稳定状态。

(三)提高治理主体履约能力仍面临挑战

就全球海洋治理而言,联合国在提高治理主体履约能力过程中面临着基于国家利益的主体国家行动难以协调之挑战,且自身亦难以彻底解决财政危机。

国际公共产品供给的跨国性决定了相关利益行为体的多元化,而目前国际社会仍以民族国家为基本单位。联合国会员国构成复杂,彼此在地域、历史、文化以及政治背景方面有着很大差异,而且各国处于不同的社会和经济发展阶段,国家力量对比差距明显,自然在一些问题上存在不同利益和不同立场。联合国曾经被东西方冷战的意识形态阵营所分裂,如今仍然被西方和非西方国家之间的政治文化差异左右,也被不同种族、民族、宗教影响下的政治文化等所影响。在全球海洋治理中,与之相关的国家并不一定会获得收益,即使能有获利,受益程度也有差异,从而导致各方在海洋治理一些具体问题上存在立场分歧。比如,在 BBNJ 谈判过程中,澳大利亚、新西兰等国以及欧盟等国际组织认为应让独立的科学机构参与 BBNJ 全球环评,而以美国、日本为代表的一些国家则坚持各国政府之于 BBNJ 环评的核心地位,反对第三方机构的介入。

国际公共产品的资金来源主要依赖相关国家政府援助,其资金到账的周期较长。虽然有自愿捐助的情况,但只是少数国家且金额又不是很大。这导致国际公共产品资金来源的不稳定,资金短缺的情况亦很常见。联合国经费总额的一半或者三分之二都来自会员国的捐款,会费是联合国最重要、最稳定的经费来源。因此,会员国拖欠缴纳会费可能直接导致联合国的财政危机。比如,由于 51 个会员国拖欠缴纳联合国 2019 财年的预算会费,联合国在 2019 年遭遇了近十年来最严重的财政危机。联合国现金流的紧张不仅可能导致成员国的信任危机,也会对其促进相关各方履行国际海洋治理条约和规制带来不利影响,对发展中国家海洋治理能力建设的资金援助更将无法落实。

此外,全球海洋治理形势持续恶化也给联合国促进全球海洋治理带来了极大挑战。第一,气候变化对全球海洋环境治理的威胁日益加深,地表与海水温度、海平面高度以及温室气体浓度都在创纪录地上升。温室气体排放的不断增加使海洋系统发生了重大变化,如不采取保护措施,在气温上升1.5摄氏度的情况下,预计全世界将有3100万至6900万人在2100年面临洪灾危害,而在气温上升2摄氏度的情况下,这一数字将达到3200万~7900万。同时,人为因素带有巨大的不可控性,增加了全球海洋环境治理的复杂性,也极大降低了联合国框架下全球海洋环境治理的效果。第二,全球海洋渔业资源呈不断衰退之势。在过去的一个世纪里,海洋生物的丰富程度下降了70%,海洋生物量下降了70%。而且,以BBNJ谈判为代表的政府间磋商深受"极端环保主义"影响,或将阻碍联合国框架下全球海洋治理共识的达成。第三,全球海洋安全形势并不乐观,传统安全和非传统安全威胁相互交织。比如,在北极地区,环保领域合作进展尚还顺利,但美国和俄罗斯的"军事竞赛"未曾稍歇。近年来,西非和南海的海盗和武装抢劫船舶事件数量仍在爬升,给来往商船带来安全威胁,2018年有141名海员被劫持、83人被绑架,2019年前6个月有38人被劫持、37人被绑架。

三、加强联合国在海洋治理中作用的思考

联合国应采取务实对策,加速凝聚全球海洋治理共识,克服营造海洋治理契约环境的不利因素,积极应对提高海洋治理主体履约能力面临的挑战,强化其在全球海洋治理中的核心作用。

(一)把握国家(地区)认知差异,提高海洋治理议题关注度

联合国应全面把握不同国家和地区有关全球海洋治理的基本认知,采取合理方式解决"搭便车"问题。以全球海洋环境治理为例,联合国若要进一步凝聚该领域共识,便需要全面把握相关各方对海洋环境治理问题的认知,厘清不同国家和地区对该问题关注度和侧重点的差别;在此基础上,进一步了解相关国家和地区对海洋环境问题的需求和偏好,分析原因和进行前景预测,从而对不同国家和地区给出有针对性的倡议和差异化目标设置

（必要时也可将不同"声音"纳入联合国海洋治理的议程），同时可在更多场合推动各方进行沟通与交流，扩大各方的相似利益认知。联合国还可借助全球契约组织（UNGC）领导人峰会等活动，发挥众多企业和组织的力量，加速推进海洋治理的"全球行动"和"本土参与"。

联合国应提高全球治理主要行为体对全球海洋治理议题的关注度。一方面，充分利用各种平台和渠道进一步建构全球海洋治理共识和观念。作为世界上具有最广泛影响力的国际组织，联合国拥有丰富的平台和磋商机制，具备将全球海洋治理议题提上全球治理主要议程的资源和条件。比如，可在每年6月8日"世界海洋日"以及BBNJ谈判等相关议题的政府间会议上进行积极宣传和动员，就海洋资源与环境等问题进行对话与互动，提高各方对全球海洋治理议题的关注度。另一方面，积极推动全球著名论坛或国际组织成员对全球海洋治理问题予以重视，充分发挥G20等组织在促进全球协作方面的作用。同时，积极动员国际非政府组织和民间社会组织的力量，对某些国家的海洋政策可能会产生决定性影响；这些国家若能参与相关议题的谈判，还可提供全球海洋治理亟须的"全球和区域视角"。

（二）弥合治理体系碎片化，修订完善《公约》

应当努力弥合联合国框架下全球海洋治理的碎片化。第一，就联合国系统内的合作与协调而言，联合国应进一步发挥"联合国海洋网络"的作用，从而使相关各方能够更广泛地建立各种联系，发掘有效的沟通渠道，交换信息与资源，逐步形成共同立场。需要强调的是，清晰透明的决策过程尤为重要。第二，可将联合国的多边主义与其他大国的双边主义进行有机统一，实现联合国框架下多边海洋治理力量与国家之间双边治理力量的融合。此种模式的成功案例是，大国之间的气候变化联合声明，使包括"共同但有区别的责任"在内的主要谈判分歧在巴黎谈判前得以解决。第三，加快完善相关海洋治理制度，设立更加健全的监督检查机构，丰富发展海洋治理运作机制。同时，联合国系统应进一步加强与海洋治理相关的全球、区域、次区域和部门机构之间的合作与协调。区域海洋治理或将成为支持实现全球海洋治理目标所需的国家和全球系统之间的"缺失环节"。在建立全面的区域海洋治理体系时，还应考虑其他区域和次区域多边协定，特别是区域各国制定的"本土性"协定。

应当因时制宜对《公约》进行细化与修订,增强其具体解决海洋治理问题的适用性。第一,《公约》应进一步明确各国促进海洋可持续发展的责任与义务,完善与细化关于海洋生物多样性保护、海洋资源可持续利用与开发等具体内容。联合国可推动完善相关国际协定,给全球海洋环境治理与海洋资源开发提供更具体的法律指导。第二,《公约》应当增加和丰富关于海洋科学技术使用的监管措施和指导意见,减少科学技术的不当使用给海洋治理带来的不确定性。国际海底管理局应更充分地发挥其促进能力建设的平台作用,促进发展中国家进行海洋科学研究并推动海洋技术转让。第三,《公约》应增添更加科学合理的海洋环境治理评价细则,使其更好地指导各国海洋环境治理行动的开展。

(三)培育包容性合作机制,缓解联合国财政危机

联合国可通过培育包容性的全球海洋治理合作机制,内外联动缓解联合国财政危机,积极促进相关国家履行国际海洋治理条约的义务。

随着全球海洋问题的日益复杂化,联合国要以更加开放的态度去接纳新的组织和力量,如促进联合国系统与G20机制相互补充。同时,联合国还要注重与中等强国力量、非政府组织等的合作,创建包容性的全球海洋治理长效机制。联合国—地区组织—相关国家三方机制的构建有利于发挥它们各自的优势,更好地实现海洋治理的目标。联合国还可利用其高度灵活性和自主性的多中心制度,推进全球海洋治理多中心、多层级、网络化的制度安排。此外,应对海洋塑料污染问题需要国家和非国家行为体、企业和民间组织的参与,从中寻求应对海洋问题的综合解决方案。

当前,联合国应主要从两个方面来解决财政危机,一方面对包括美国在内的相关国家发出警告催缴会费;另一方面进行内部"节流",延后一些会议活动,并缩减一些工作人员非必要出差。通过国际社会的舆论压力督促相关国家缴纳会费已获明显效果,美国向联合国补缴了5.63亿美元预算摊款,其他多国也陆续补缴联合国会费。需要注意的是,相关国家拖欠联合国会费导致的财政危机,本质上是源于强权政治的影响。一方面,联合国可采取更加有效的措施约束拖欠会费的国家,同时进行特定的改革,特别是常规性预算的改革,加强现金流的管理,提升预算执行的管理水平。另一方面,联合国要通过增强其在全球治理领域的领导力和权威,尽量摆脱强权政治和

大国主义对联合国的影响和控制。

此外,联合国应积极应对全球海洋治理形势持续恶化的挑战。一方面,联合国应充分发挥科学技术在全球海洋治理中的作用,利用日新月异的科技成果实现多维度治理。为实现"海洋科学促进可持续发展十年计划"所列目标,需要注重协调行政规划小组、利益攸关方论坛、区域讲习班和全球规划会议这四个相互关联的机制,持续推进能力建设和资源调动。另一方面,加大对海洋污染与资源过度开发的惩治和监督力度。联合国系统应提高对海洋资源开发与管理的监察能力,加强有效的监督和评估能力,逐渐形成配套的遵约奖惩制度。联合国可考虑在破坏海洋环境犯罪的刑罚中引入财产刑,制定一些制度化手段促使软法发挥"硬效力",努力实现"软硬相辅"和"软硬兼施"。同时,联合国应不断壮大动荡地区的远洋维和力量,持续改善全球海洋安全环境。

四、结语

在过去 70 年左右的全球海洋治理历程中,联合国以其独特的优势为全球海洋治理作出了重要贡献。在全球治理秩序出现新一轮变革与调整的背景下,联合国框架下的全球海洋治理将面临新的机遇和挑战。如果联合国不能很好应对大变局中全球治理的新要求,其在全球治理中的话语权和地位将受重创。在全球海洋治理已然进入深水期的情况下,联合国在进一步增强全球海洋治理行动力的同时,也要为缓解海洋治理主体之间利益竞争提供一定的解决方案。全球海洋治理是全球治理的重要一环,中国应从多方面积极支持和帮助联合国克服其在全球海洋治理中面临的困境与挑战,推动构建更加公正合理的全球海洋治理体系和海洋命运共同体。

文章来源:原刊于《国际问题研究》2020 年第 3 期。

探索深度参与全球海洋治理的行动方案

■ 姜秀敏

论点撷萃

作为世界上最大的发展中国家和国际社会举足轻重的政治力量,中国自身发展的动力和国际社会的需求决定了中国参与全球海洋治理成为必然。中国有意愿、有责任、有能力在全球海洋治理中发挥更加积极的作用,为全球海洋事业的发展贡献中国智慧和中国力量。

从认识、接受全球海洋治理的概念、规则,到有限参与全球海洋治理,再到全面参与全球海洋治理重要议题和领域,直至近几年提出主动深度参与、积极引领,我们经历了一个发展变化的历史进程。在参与全球海洋治理的过程中,我国准确把握了几个重大关系,科学统筹了内政与外交、安全与发展、全球与区域、能力与意愿、权利与义务等方面的关系,体现了马克思主义的辩证思维,初步探索出了一条具有中国特色的参与全球海洋治理的道路。

中国参与全球海洋治理的重大学术使命,即站在时代高度、国家需求、人类共同发展的学术前沿,因应国家海洋强国战略对人文社会科学的使命要求,基于全球视野高屋建瓴地确定出中国参与全球海洋治理的行动逻辑、理念引领、角色定位、行动方案及其实施路径,回答海洋命运共同体思想指导下中国参与全球海洋治理等目前学术界尚未系统解决的关键问题。

要推进中国深度参与全球海洋治理行动方案的规划设计并保障落实,需要注意以下几个方面的问题:一是,中国参与全球海洋治理的行动方案作为国家的战略规划,需要完善的国内制度予以支撑;二是,中国参与全球海

作者:姜秀敏,中国海洋大学国际事务与公共管理学院教授,中国海洋发展研究中心研究员

洋治理行动方案的实施需要建立一定的运行机制；三是，应推动全球海洋治理规制的变革，促进各主体按照规则参与全球海洋治理；四是，加快参与全球海洋治理的平台整合与新平台建构，打通中国参与全球海洋治理的渠道和途径。

在《联合国海洋法公约》遇到新挑战后，国家管辖范围以外区域海洋生物多样性养护和可持续利用的国际协定谈判（BBNJ）即将成为全球海洋领域的新一轮利益调整，全球海洋治理秩序正处于深度调整期。中国应加快制定深度参与全球海洋治理的行动方案，获得国际规则制定、议程设置及话语权，为深度参与全球海洋治理、促进全球海洋治理新秩序的形成提供行动指导。

一、时代背景与历史进程

海洋作为人类生存与发展的拓展空间，是全球治理的重要议题。以海洋为主题的国际合作和国际争端不断升温，海洋事务在我国内政外交中的权重也日益增加，国际社会推动全球海洋治理的进程进一步深化。作为世界上最大的发展中国家和国际社会举足轻重的政治力量，中国自身发展的动力和国际社会的需求决定了中国参与全球海洋治理成为必然。中国有意愿、有责任、有能力在全球海洋治理中发挥更加积极的作用，为全球海洋事业的发展贡献中国智慧和中国力量。

从认识、接受全球海洋治理的概念、规则，到有限参与全球海洋治理当中，再到全面参与全球海洋治理重要议题和领域，直至近几年提出主动深度参与、积极引领，我们经历了一个发展变化的历史进程。以党的十九大为时间节点，可以将中国参与全球海洋治理的历程大致分为两个阶段：党的十九大之前中国参与全球海洋治理更多表现为相对被动、有限的参与；党的十九大明确提出"坚持陆海统筹，加快建设海洋强国"，并向世界宣告中国将坚定不移地推动全球治理体系的改革和建设，开启了海洋强国建设的新篇章，中国参与全球海洋治理的进程步入新的阶段。

总之，我国在参与全球海洋治理的过程中，准确把握了几个重大关系，科学统筹了内政与外交、安全与发展、全球与区域、能力与意愿、权利与义务，体现了马克思主义的辩证思维，初步探索出了一条具有中国特色的参与全球海洋治理的道路。

二、学术使命与关键议题

在世界面临百年未有之大变局和中华民族伟大复兴的历史背景下,当前及未来一定时期内,中国应如何定位、如何参与全球海洋治理? 在哪些领域参与全球海洋治理? 需要具备哪些制度保障和能力支撑? 对这些问题的回答和解决,都迫切需要一个统领全局的整体性行动规划方案,作为中国参与全球海洋治理的行动纲领。中国参与全球海洋治理的重大学术使命,即站在时代高度、国家需求、人类共同发展的学术前沿,因应国家海洋强国战略对人文社会科学的使命要求,基于全球视野高屋建瓴地确定出中国参与全球海洋治理的行动逻辑、理念引领、角色定位、行动方案及其实施路径,回答海洋命运共同体思想指导下中国参与全球海洋治理等目前学术界尚未系统解决的关键问题。

第一,为中国参与全球海洋治理精准定位。在百年未有之大变局的背景下,中国在全球海洋治理中应该采取何种行动逻辑、扮演何种角色,是我国理论界和实务界需要切实面对的第一课题。第二,为中国参与全球海洋治理确立行动准则。中国参与全球海洋治理,应该遵循何种行为规范,海洋权益维护要达到何种程度,需要一个整体性的尺度、原则和衡量标准。第三,为中国参与全球海洋治理指明行动路径。中国参与全球海洋治理,具体应该如何行动、参与哪些治理领域、采取何种手段、通过何种途径,亟须加快制定中国深度参与全球海洋治理的具体行动方案作为决策蓝本。

三、推进方案规划与实施

未来,我们要推进中国深度参与全球海洋治理行动方案的规划设计并保障落实,为加强海洋强国建设、维护国家核心海洋权益、提高中国参与全球海洋治理能力以及推动构建全球海洋治理新秩序提供战略准备。具体而言,规划与落实行动方案需注意以下几个方面。

首先,中国参与全球海洋治理的行动方案作为国家的战略规划,需要完善的国内制度予以支撑。第一,突出党政体制下的上级"政治势能",凸显中共中央、国务院领导下的顶层制度规划,进一步明确中国参与全球海洋治理及落实参与行动方案的制度建设纲领。第二,梳理中国参与全球海洋治理的海洋管理部门、环境管理部门、渔业管理部门等涉外海洋管理体制,建立参与全球海洋治理的对接机制。第三,加快契合中国利益的国际法在国内层面的制度转化,因应中国参与全球海洋治理的现实需要,对国内涉海法律制度做出相应的调整和完善。通过一系列的国内制度支撑,为中国深度参与全球海洋治理行动方案的顺利实施提供保障。

其次,中国参与全球海洋治理行动方案的实施需要建立一定的运行机制。第一,建立参与全球海洋治理的激励机制,国家应在财政、人事、政策等方面给予鼓励和支持,充分调动涉海政府机构、部门、非政府组织和公民参与全球海洋治理的积极性。第二,完善全球海洋治理的信息共享机制,在国内层面整合海洋监测、海洋气象、海洋环境、海洋科研等数据和平台,逐步扩大与其他国家的海洋信息共享,提高全球海洋治理的现代化水平。第三,对中国参与全球海洋治理的程度、效果、可能存在的风险等进行研判,为制定相关政策决议提供咨询,为我国从参与全球海洋治理到引领全球海洋治理的角色转变提供理论支撑。

再次,应推动全球海洋治理规制的变革,促进各主体按照规则参与全球海洋治理。第一,总结全球海洋治理规则发展与变革趋势及背后原因。第二,将"共商、共建、共享"的全球治理观、"海洋命运共同体"的全球价值观、"相互尊重、公平正义、合作共赢"的新型国际关系观、"正确的义利观"等中国理念注入全球海洋治理规则理念和制度体系中,超越传统西方国际关系理论,为全球海洋治理贡献中国智慧。第三,积极利用联合国、国际海底管理局、北极理事会等全球海洋治理平台,在 BBNJ、国际海底矿产资源开发规章制定、公海保护区的法律制度构建以及极地治理领域提供中国方案,进一步增强中国在相关国际条约规则制定的议题设置、缔约谈判等方面的能力。

最后,加快参与全球海洋治理的平台整合与新平台建构,打通中国参与全球海洋治理的渠道和途径。第一,加强中国对已有全球海洋治理平台的利用,提高中国在国际海洋议事协调和海洋争端解决方面的参与度。第二,加强中国对国际多边对话合作机制平台的利用。借助金砖国家峰会、二十国集团、达沃斯论坛、博鳌论坛等国际多边对话合作平台,寻求国际社会的广泛共识,扩大中国参与全球海洋治理的影响力。第三,积极搭建全球海洋治理的学术交流平台。支持并鼓励国际海洋渔业发展论坛、国际海洋生态论坛、国际海洋经济合作论坛、海洋信息国际论坛、国际海洋创新发展论坛等海洋领域学术论坛的发展,打造全球海洋治理学术论坛的国际名片,增进各国高校、科研机构、智库间的广泛合作。第四,牵头成立全球性、综合性的政府间海洋组织。随着中国参与全球海洋治理程度的加深,中国应有条件地、适时地发起成立类似"世界海洋组织"等国际政府间海洋组织的倡议,以此撬动全球海洋治理秩序的变革,发挥中国参与全球海洋治理的引领性作用。

文章来源:原刊于《中国社会科学报》2021 年 4 月 15 日。

新兴国家参与全球海洋安全治理的贡献和不足

■ 葛红亮

论点撷萃

在全球海洋安全治理中,新兴国家是一个特殊的群体。这些国家一方面通过制度设计的传统在当今全球海洋安全治理中获得一部分制度性权力,另一方面竭力在发展海上安全治理力量与开展治理实践层面做出努力及加强合作。但新兴国家在参与全球海洋安全治理方面依旧受制于传统国家。地区海洋安全的形势现况一再表明,传统海洋国家与新兴国家之间的竞争依旧处于主导地位,传统国家对新兴国家参与海上安全治理的战略牵引也是显著的。这无疑是新兴国家参与海洋安全治理进程中面临的最突出难题。

新兴国家参与海洋安全治理既需要在自身治理力量方面着手,还需要处理好由于海洋权益争端带来的不利影响。而同时,我们也可以看到,新兴国家的海上安全治理力量建设与海洋安全治理实践进程始终面临传统海洋国家的战略牵制。不仅如此,由于传统海洋国家的干扰及新兴国家对海上安全威胁感知程度的不一致,新兴国家尽管在制度层面获得了一定的成就,但还尚不能完全达到地区、全球层面海上安全问题治理的需要,而它们需要在海上安全治理能力建设与协作方面多做努力。

其作为一个新兴国家,中国已经明确就海洋安全问题的治理表达过看法。归结来看,中国针对海洋安全治理的主要原则:一是,海洋安全治理的

作者:葛红亮,广西民族大学东盟学院副院长、副研究员,中国—东盟海上安全研究中心主任,中国海洋发展研究中心研究员

目标在于实现和平海洋,其基础是公平海洋秩序的构建;二是,通过合作的方式来共同应对海上安全问题;三是,强调海洋安全治理的和谐内涵,海上安全治理主体之间要实现和谐及理顺人类与海洋的关系。基于此,中国与其他新兴国家在海洋安全治理过程中在制度、力量与关系建设方面还有不少需要克服的难题。

全球海洋治理问题是全球治理的重要组成部分,治理的主体偏向多元化,包括国家行为体与非国家行为体、传统海上霸权国家与新兴国家。海洋安全治理是全球海洋治理最突出的部分。随着安全概念外延的不断拓展,海洋安全治理涉及的具体内容逐渐增多,既包括传统海上传统安全,也包括海上非传统安全挑战。在全球化发展过程中,全球海洋安全问题与危机不断凸显,在原有海洋传统安全问题未获解决的情况下,海洋的非传统安全威胁日益增多,海盗、海上武装抢劫、海上恐怖主义袭击及海洋生态危机等频现。与全球海洋安全治理需要各国集体行动与加强合作相悖的是全球范围内治理主体的不均衡发展,而这则源于全球化进程中全球政治与经济形势呈现出两个看似矛盾却又并行不悖的现象:一方面,全球化催生日益相互依赖的世界,世界形成"你中有我、我中有你"的局面;另一方面,全球化却也催生出传统国家与新兴国家的分野,它们的合作与分歧如今构成了全球治理的关键,深刻影响着全球的可持续发展。全球海洋安全治理也不可能例外。关于全球海洋安全的治理,传统国家与新兴国家的观念并不一致,因而它们在治理制度设计与路径选择方面有着明显的差异。由于面临的海洋安全环境及自身所处的地位有所差异,新兴国家与传统国家相比有其独特的观念、制度与路径依赖。在海洋意识不断觉醒的牵引下,新兴国家对海洋治理领域的权力意识也不断增强,在日益深入参与全球海洋治理的过程中发展出一条独特的制度性权力构建路径。本文试图讨论的问题是:在参与全球海洋安全治理的过程中,新兴国家的理念是什么? 它们发挥了什么作用,作出了哪些贡献?

针对新兴国家在全球海洋安全治理中的参与和角色,近年来国内外学者们也给予了关注。多数学者倾向于从国别的角度来分析新兴国家在全球海洋安全治理中的参与及它们维护海上安全的努力。同时,也有学者从国际组织层面,针对东盟、上海合作组织,探索这些由新兴国家构成的地区组织在海洋安全治理方面的参与。与此同时,学者们也在研究路径上展现出了差异。有些学者倾向于利用机制和规范的路径来分析印度尼西亚对南海安全治理的参与,有些学者则从现实主义的角度来分析马来西亚、印度尼西亚等新兴国家在海上安全治理中的"大国平衡"战略。由此来看,目前还少有研究者将视角聚焦于新兴国家这个群体及观察它们在参与全球海洋安全治理中的共同表现。本文中尝试从整体层面探讨新兴国家对全球海洋安全治理的参与及它们在这一过程中展现出的共有特征。

一、新兴国家参与海洋安全治理的环境与观念

海洋日益成为国家之间对话与发展的纽带,国家的生存、发展与交往日益离不开海洋。与"海洋世纪"同步,新兴国家在参与全球化发展的过程中日益成为全球经济发展与全球治理的重要力量。新兴国家在参与全球海洋安全治理中承担着日益重要的角色,而这一角色的根源在于这些国家面临的全球海洋政治环境及在这一环境影响下形成的海洋安全治理观念。

新兴国家参与海洋安全治理是史无前例的,而其参与海洋安全治理面临的全球海洋政治环境也是前所未有的。以往,全球海洋国际政治最大的特点是传统海上列强间围绕海洋要道控制、海上力量角逐与海洋霸权竞争及海外殖民地争夺。与以往不同,当今全球海洋国际政治,随着全球化的发展及广大新兴国家的兴起,有了新的时代内涵。这恰恰构成了新兴发展中国家参与全球国际政治博弈与海洋安全治理的大环境。

"海洋世纪"最首要的特征便是海洋重要性的凸显。海洋重要性的凸显集中表显在两个层面:一是海洋成为国家生存与发展的需要,二是海洋是国家间往来与联系的纽带。受此影响,海洋正在成为国际战略竞争的新高地。特别是21世纪以来,随着新兴经济体崛起步伐加快,海洋成为包括中国在内的世界主要大国关注的焦点。与此同时,随着陆地资源开发趋紧及人类对海洋认识的不断增多,对海洋的系统性研究与合作开发已经迫在眉睫且具有显著可能性,这就意味着对海洋资源的开发与利用已经成为国家经济发展与社会进步的重要推动力量。无疑,这将加剧世界各国,特别是沿海国家,在海洋资源及其他的经济利益方面的博弈与争夺。

中国等新兴国家越来越将海洋视为发展新高地的背后折射出来的是新兴国家海洋意识的普遍觉醒,而这也是当今海洋国际政治呈现出的第二个

重要特点。与传统的发达国家不同,新兴国家的海洋意识觉醒较晚,对海洋的大规模利用或战略性运用普遍不足。然而,随着新兴国家融入全球化程度的不断深入,这些国家与世界关系的紧密程度不断增强,在这一过程中,海洋扮演的角色最为重要。而这促使新兴发展中国家重新认识海洋与重新审视海洋在其对外交往过程中的价值。在这一背景下,中国、印度、印度尼西亚等新兴国家海洋意识普遍觉醒。随着新兴国家大规模的海洋意识觉醒,现有国际海洋政治的秩序安排正面临着深刻挑战。在这一方面,由于新兴国家的数量与规模最为显著,亚太海域众多沿海国家海洋意识觉醒最为突出,而这正在深刻作用于地区现有的海上力量格局与秩序。作为主要新兴国家之一的印度,对此有着深刻认识。在一份题为"不结盟2.0:印度21世纪外交与战略"的报告中,印度的战略家们认为,美国在亚太海域的大规模军力部署、日本在海上力量发展方面的日渐活跃和强势、中国海上力量的后来居上及亚太地区其他沿海国家如印度尼西亚、越南、马来西亚、澳大利亚等国海上力量建设的发展,亚太海域既成为大国博弈的舞台,又成为众多中小国家在亚太事务中谋求地位与维护既得利益的角力场。不仅如此,海洋意识的普遍觉醒也构成了广泛存在的海洋领土争端与权益纠纷产生的重要因素。

在前述因素的影响下,新兴国家在实现海洋安全与参与海洋安全治理方面面临着的任务既紧迫又繁重多样。一方面,海洋安全日益成为影响新兴国家经济安全、边海疆安全与战略安全的重要构成因素。这就意味着重视海洋安全应该构成新兴国家维护国家安全的题中之义。而从内容上来看,海上安全包括海上传统安全与海上非传统安全两个部分。这使新兴国家参与海洋安全治理时要承担的任务是多样的。它既包括保护海洋运输通道的安全、捍卫正当合理的海洋权益与展开海洋安全外交,还包括实现海洋生态安全与应对海盗、海上恐怖主义等。同时,现今的全球海洋政治形势与海洋的"公域"性质,也揭示了新兴国家实现海洋安全与开展海洋安全治理必须经由一条有别于以往海上争霸与海上强权博弈的道路,在"海上舞台"上保持良性竞争的同时,却不可避免在海洋安全治理方面展开合作。也就是说,如今新兴国家参与海洋安全治理进程中倾向于持有综合的、共同的、合作的安全观。这一海洋安全治理观念在指导新兴国家进行海洋安全治理制度设计的同时,也影响着这些国家参与海洋安全治理的路径选择。

二、新兴国家参与海洋安全治理的制度偏好

在海洋安全治理层面，新兴国家由于海洋意识兴起不久，总体上来说还相对薄弱，落后于传统的发达国家；而在内容上，新兴国家对海洋安全治理的关注比较晚，投入也相对比较少。因而，新兴国家与传统发达国家不同，它们在关注海上安全力量建设的同时，对海洋安全治理的制度建设与规范塑造给予了很大关注。

新兴国家参与海洋安全治理对制度与规范的偏好是有其历史传统的。主要新兴国家独立于"二战"以后，这些国家开始作为一个独立的主权国家，在 20 世纪 40 年代和 50 年代海洋权利意识开始在全球范围内觉醒的背景下，即通过制度与规范的路径来捍卫国家海洋权利与维护海洋安全。其中，印度尼西亚就是一个典型的例子。

印度尼西亚是当今新兴国家之一，也是全球最大的群岛国家。然而，它的群岛国家身份得到其他国家及国际社会的认同却经历了漫长的过程，而这一过程实际上和印尼借由制度层面捍卫自身海洋权利与维护印尼海洋安全的努力是同步的。1957 年 12 月，印度尼西亚处于朱安达·卡塔维查亚（Djuanda Kartawidjaja）内阁时期。以《朱安达宣言》（*Djuanda Declaration*）的公布为标志，印尼有了最早的涉及海洋的正式制度性文件，而这份宣言的核心即是向国际社会宣示印尼的群岛国家地位。印尼在此时公布这一宣言，主要有两个目的。其一，以印尼群岛国家身份的确立来维护印尼的海洋安全；其二，迎合全球海洋权利意识觉醒，在国际海洋秩序确立过程中清楚地表达自己的声音。1958 年，国际社会在日内瓦通过了包括《领海与毗连区公约》《公海公约》《捕鱼与养护公海生物资源公约》与《大陆架公约》在内的奠定当时国际海洋制度基础的四个公约。尽管印尼清楚地阐述了自己的制度与观点，但由于这一时期国际海洋秩序依旧主要维护的是传统海洋大国的要求与利益，印尼依旧不得不为其群岛国家身份的确立及得到国际社会承认继续努力。1960 年第二届联合国海洋法会议召开前夕，印尼通过并对外公布了《领水法第 4 号法令》（*Act No.4 of 1960*，*Indonesian Territorial Waters*，1960 年 2 月 18 日），明确了印尼 12 海里的领海宽度与印尼群岛间水域与资源完全的、排他的主权。尽管印尼此举遭到了美、英等传统海洋国家的反对，认为此举违反了所谓的"自由航行"，但在第二届联合国海洋法会

议上,印尼依旧坚持自身的观点和反对西方国家主张。不仅如此,印尼还以直线基线的方式确定了印尼的群岛基线及 12 海里的领海宽度,及在此后进一步要求外国船只通过印尼领海时须事先通报。印尼的制度努力最终在1982 年第三届联合国海洋法会议后实现了预期目标。《联合国海洋法公约》(UNCLOS,以下简称《公约》)对群岛国、群岛基线及群岛水域的法律地位持肯定态度。

海洋作为纽带将战后独立的新兴国家与传统国家联系在一起,而这也是它们第一次在国际舞台上展开博弈。对于新兴国家而言,此时海洋安全治理的根本任务是维护国家海洋权利及以此来实现海洋安全。而通过战后数次联合国海洋会议,新兴国家克服了海上安全力量的差距问题,积极参与到全球海洋问题治理中。通过制度性参与,新兴国家与传统国家在海洋方面的利益诉求总体上得到了平衡,而新兴国家在推动制度构建方面甚至起到了决定性的作用。作为当代国际海洋制度纲领性文件的《联合国海洋法公约》的形成便是在新兴国家借由制度来参与和积极推动的结果。受此影响,新兴国家对持续参与全球海洋问题治理逐步形成了非常明显的制度偏好。

三、新兴国家参与海洋安全治理的制度设计

新兴国家能够借由制度参与来维护自身的海洋权利,在根本上得益于全球海洋问题治理领域主权平等原则的确立。在这一原则下,新兴国家与传统海洋国家在全球海洋制度设计中拥有同等的地位。新兴国家不但同样获得了领海、毗连区和大陆架,而且获得了持续参与全球海洋问题治理的平等权力。不仅如此,随着冷战后全球化与地区化的深入发展,多边主义与地区主义呈现出欣欣向荣之势。在这一背景下,新兴国家在海洋安全问题治理层面进行制度设计有了更为有利的条件。

在《联合国海洋法公约》形成过程中,集团外交就是新兴独立的发展中国家倚重的重要方式。而在冷战之后,在新兴国家参与海洋安全治理过程中,地区内一系列多边机制则构成了这些国家进行制度设计的平台。

作为新兴国家参与的重要地区组织,东盟在海上安全治理方面付出了不少努力。东南亚地区印尼等在内的新兴国家认为,"海上安全问题与关切"在性质上属跨境问题,因而在地区内寻求多边协商应对或在东盟框架下

实现地区性方式来解决是比较理想的应对方式。因而,在东盟的框架下,在地区内寻求多边协同应对地区的海上安全问题成为地区内海洋安全问题处理的重要规范,而海上安全问题也构成了东盟构建"安全共同体"的重要一项内容,与东盟主导下的规范的重塑与分享密切相关。2003年,东盟以《巴厘第二协商一致宣言》为标志步入了构建"共同体"的新阶段,而这一宣言的第二个领域便是海上安全。在宣言中,东盟国家认为基于海上安全的不可分割性和东盟国家在海上安全议题上加强合作的重要性,强调东盟国家就海洋安全议题展开合作应成为建设"东盟共同体"的重要推动力量。此后,在东盟主导下的会议文件中,关于地区海上安全、维护地区海上和平与确保航行自由的规范一再出现。例如,针对成员国之间或成员国与非成员国之间出现的海上争端及有可能带来的海上威胁,东盟的态度十分明确,即将这些议题作为"冲突预防"的重要内容,而建立冲突预防机制则成为东盟处理海上安全议题的重要规范与政策选择。

除了规范的塑造以外,东盟还十分强调海上安全问题规范的传播与分享。在成员国之间,东盟借由东盟峰会、东盟外长会议、东盟国防部长会议等地区多边机制实现这些规范的传播与内化。而在东盟与其他国家之间,如中国、美国、印度等,东盟除了在双边渠道传播规范与制度,还通过东盟地区论坛(ARF)、东亚峰会、"东盟+3"会议与"东盟+8"防长会议等多边场合,宣导东盟在处理海上安全议题层面的制度与规范。东盟是多边框架的"驾驶员",其"中心性"地位的确立与维持有助于东盟在地区海上安全问题协商应对的相关规范得到其他大国尊重。因此,类似于东盟这样的新兴国家集团,在参与海上安全治理过程中进行制度设计是基于对规范的塑造及其传播、分享与学习达成的。

与传统海洋国家不同,新兴国家面对的海上安全问题要多一些,它们必须对海洋争端、纠纷及各种海上非传统安全威胁给予充分关注。因而,对于新兴国家来说,它们在海上安全治理方面的制度设计在内容上既包括传统的海上争端、海上力量,又包括大量的非传统安全威胁。在海上争端层面,东盟倡导的预防性机制在南海议题上得到了应用,而《南海各方行为宣言》则是东盟国家和中国就海上争端解决和避免对地区局势产生紧张态势进行制度设计的结果。而在海上力量方面,近年来,随着中国等新兴国家海上安全力量的兴起,这些国家在海上传统安全领域的制度设计方面也开始有所建树。正是在中国的积极推动下,2014年中国等新兴国家与美国等传统海洋国家一同达成了"海上意外相遇规则"。而在中国和东盟国家的努力下,这一规则正在南海与东南亚海域得到落实。而在非传统安全领域,海盗、海上跨国犯罪、海上环境污染、海上救助等则成为新兴国家进行制度设计的主要对象。《关于应对自然灾害的互相救助宣言》《组织和控制滥用和非法贩运毒品的东盟地区政策和战略》《关于反海盗合作及其他海上安全协议的声明》与《东盟反恐公约》等规范与制度的确立表明,东盟国家在应对和参与海上非传统安全问题治理方面取得了显著的制度性成就。

在多边主义和地区主义的激励下,新兴国家在海上安全治理层进行了积极的制度设计。这些制度与规范的确立、重塑与分享构成了新兴国家参与海洋安全治理制度化路径的主要步骤。新兴国家在海洋安全治理层面的制度设计,在一定条件下构成了这些国家在参与海洋安全治理过程中获得制度性权力的根源。这实际上也是新兴国家开展海洋安全治理实践的出发点。

四、新兴国家参与海洋安全治理的实践及其不足

如今,新兴国家给予海洋安全问题越来越多的关注,并由制度设计途径逐渐成为当前海洋安全治理的重要力量。不仅如此,新兴国家还将海洋安全治理的制度参与和海上治理力量提升、海上安全合作密切结合起来。由此,新兴国家海洋安全治理在应对海上安全问题方面有着不俗的表现。

新兴国家海上安全治理的实践基于制度,但实际上却始于海上安全治理力量的重构与加强。新兴国家海上安全治理力量的发展与加强包括两个方面。一个方面,新兴国家在过往加强了对涉海部门的重构与统筹。同样以印度尼西亚为例,印尼涉海部门的整合与统筹是新兴国家海上综合治理部门统筹协调的缩影。印尼在2005年就成立了海上安全协调委员会(Maritime Security Coordinating Board),重组海军、警察、交通与海关等涉海安全部门,加强海上执法和维护海上安全。在2014年佐科政府提出"海洋轴心"战略之后,海洋意识的再度增强促使佐科政府持续重构涉海部门。作为结果,海事统筹部设立。该部是佐科内阁的新设部门,统筹海事及渔业部、旅游部、交通部、能源及矿业部四个部门;主管兴建码头、建造船只、发展国内外海运、开发岛屿成为旅游区、加强海域边界的防御、开发海上油矿等

与海洋有关的事务,并协助渔业发展,而与外交部、国防部也存在职能交叉。由此来看,由于涉海安全的综合性,改变涉海部门的多头管理是新兴国家加强涉海部门重构的方向,而相比印尼海上安全协调委员会,海事统筹部则承担着海洋经济发展与海上安全建设等多重职能,成为印尼实现海洋强国和加强海洋安全治理的最重要驱动力量。

同时,海上安全力量的建设与增强是新兴国家参与海上安全治理所不可缺少的条件与基础,而加强海空力量建设则构成了新兴国家推进海上安全力量增强的着力点。以东南亚地区的新兴国家为例,海空军力量建设与发展得到了印尼、越南、马来西亚、新加坡等国家的重视。然而,由于大多数新兴国家在技术层面落后于西方发达国家,这些国家在海空力量发展方面受到了传统国家显著的战略牵引。根据美国国防部的说法,美国近年来不断加大对地区国家的军事援助,2015 年美国投入了多达 1.19 亿美元帮助发展东南亚国家的海上能力,2016 年则增加到 1.4 亿美元。而在其中,印度尼西亚、马来西亚、越南和菲律宾最具代表。

对于新兴国家而言,海洋安全治理实践与海洋外交的开展是同步的。海洋外交在内容上主体包括四个方面的内容,其一是缔结海洋条约与协定;其二是参与地区与国际海洋事务;其三是推进海洋军事外交;其四是和平解决海洋权益争端。实际上,这四个层面也构成了新兴国家直接参与海洋安全治理的主要方式。

针对海洋安全问题缔结海洋协定是新兴国家参与海洋安全治理最为惯用的方式。印尼、马来西亚及新加坡周边海域是当前东南亚海盗的重灾区,也是全球海盗袭击与抢劫事件最频发的海域。近些年,东南亚海域的海盗或武装抢劫形势虽然有所好转,但从全球范围来看,东南亚海域依旧是当今为数不多的海盗多发区域。以 2015 年第一季度为例,全世界发生了 54 起海盗事件,而东南亚海域发生的海盗事件占比为 55％,超过总数的一半。对此,印尼、马来西亚与新加坡等新兴国家有着相同的威胁感知。因而,印尼等四国早在 2008 年就在曼谷签署了《海上和空中巡逻合作协议》,四个国家在海上安全治理方面的积极协调虽然并未彻底根除海盗等威胁,但却不可避免地产生了积极作用。

参与地区与国际海洋事务,特别是海洋安全事务,也有助于新兴国家参与海上安全治理。作为其中的典型,2004 年印度洋海啸与 2008 年以来的亚丁湾巡航则一再体现了新兴国家在海洋安全治理层面的作用。2004 年 12 月 26 日印度洋海啸发生后,中国在第一时间就向受灾地区伸出了援助之手。这在当时被称为中国最大规模对外救援工作,而此次也是中国积极参与印度洋海上安全治理的体现。针对索马里海盗的海洋安全治理迄今可以被视为中国参加海洋安全治理最重要的缩影。2008 年以来,在索马里政府的请求下,联合国安理会相继通过了 1816、1838、1846、1851、1950 号多个专项决议,授权有能力的国家、区域组织和国际组织积极参与打击索马里沿岸的海盗和海上武装抢劫行为。随后,包括中国、印度等新兴国家在内,多个国家向亚丁湾海域派遣了护航舰队,而中国在其中扮演着举足轻重的角色,构成了这一海域安全问题治理与形势好转的一支中坚力量。

双边、多边海上军事安全交流、演习与合作是新兴国家常见的对外军事外交活动,而这一过程对海洋安全治理来说也是极其重要的。印尼作为新兴海洋国家,其"海洋轴心"战略的根源在于作为"两大洲和两大洋之间的国家"的定位。因而,将印尼在地理作为两大洲和两大洋中心、枢纽的战略位置转化为地缘上的"海洋轴心"成为印尼海洋强国战略的核心内容。为实现这一目标,加强双边和多边海上军事安全合作事所难免。一方面,印尼相当重视加强海洋强国的地区与国际环境建设,在积极发展与中、美、日等国家海上合作关系中实现大国的"动态性平衡"。另一方面,印尼十分注重东盟和环印度洋组织(IORA)等多边机制的作用。佐科政府不仅积极参与东盟主导下的地区多边海上军事交流,还积极借助 2015—2017 年印尼担任环印度洋组织(IORA)主席国的机遇来推动印尼与印度洋国家之间全方位的海洋合作。

海洋争端长久未决对地区安全的潜在威胁也是新兴国家参与海洋安全治理的重要内容。然而,由于亚太地区海洋争端及其在大国角逐中有着非常凸显的地位,如南海议题,包括中国、印尼在内的新兴国家在就这些议题深入开展海洋安全治理的过程中不得不面临传统大国的挑战。而传统海洋大国与新兴国家在这一层面海洋安全治理的主要分歧集中在传统海洋国家惯于用"航行自由"与"公海治理"来介入地区国家海洋争端与地区海洋安全治理,进而对新兴国家在区域内开展海洋安全治理形成干扰。

综上来看,新兴国家参与海洋安全治理既需要在自身治理力量方面着手,还需要处理好由于海洋权益争端带来的不利影响。而同时,我们也可以看到,新兴国家的海上安全治理力量建设与海洋安全治理实践进程始终面临传统海洋国家的战略牵制。不仅如此,由于传统海洋国家的干扰及新兴国家对海上安全威胁感知程度的不一致,新兴国家尽管在制度层面获得了一定的成就,但尚不能完全达到地区、全球层面海上安全问题治理的需要,而它们需要在海上安全治理能力建设与协作方面多做努力。

五、结论

在全球海洋安全治理中,新兴国家是一个特殊的群体。这些国家一方面通过制度设计的传统在当今全球海洋安全治理中获得一部分制度性权力,另一方面也竭力在发展海上安全治理力量与开展治理实践层面作出努力及加强合作。虽然如此,新兴国家在参与全球海洋安全治理方面依旧受制于传统国家。虽然有西方学者在审视亚太海洋竞争时强调,中国、美国及其他亚洲国家在竞争的同时,不可避免地开展海洋合作。但地区海洋安全的形势现况却一再表明,传统海洋国家与新兴国家之间的竞争依旧处于主导地位,而传统海洋国家对新兴国家参与海上安全治理的战略牵引也是显著的。这无疑是新兴国家参与海洋安全治理进程中面临的最突出难题。

中国作为一个新兴国家,其已经明确就海洋安全问题的治理提出主张。2014 年 6 月 20 日,中国国务院总理李克强在希腊出席"中希海洋合作论坛"时发表了题为"努力建设和平合作和谐之海"的讲话。在演讲中,他强调了三点:其一是共同建设和平之海,构建和平安宁的海洋秩序;其二是共同建设合作之海,持续扩大国家海洋合作;其三是共同建设和谐之海,既强调国家之间的和谐与兼容并包,更强调人类与海洋环境之间的和谐相处。归结来看,中国针对海洋安全治理的主要原则:一是,海洋安全治理的目标在于实现和平海洋,其基础是公平海洋秩序的构建;二是,通过合作的方式来共同应对海上安全问题;三是,强调海洋安全治理的和谐内涵,海上安全治理主体之间要实现和谐及理顺人类与海洋之间的关系。基于此,中国与其他新兴国家在海洋安全治理过程中在制度、力量与关系建设方面还有不少需要克服的难题。

文章来源:原刊于《战略决策研究》2020 年第 1 期。

海洋生态文明

《中华人民共和国海洋环境保护法》
发展历程回顾及展望

■ 张海文

◐ 论点撷萃

　　我国海洋环境保护经历了以防止海洋污染为主逐渐向污染防治和海洋生态环境保护并重,从单向的从陆看海、以陆定海的传统观念到陆海统筹、保护优先的统筹发展观,"整体保护、发展与保护并重、统一监管"的监管理念正在形成。现行《海洋环境保护法》必须进行第二次"大修",因为"小修补"无法解决所面临的诸多问题与挑战。

　　当前,海洋生态文明建设理念已经逐渐深入人心。现行《海洋环境保护法》在很大程度上仍保留着以防治海洋污染为主的制度设计。必须彻底进行转变,将相关法律制度设计转向坚持海洋生态环境保护优先,以养护和修复海洋生态系统、保证海洋环境质量为核心,以维护海洋生态系统健康和提高海洋环境质量为根本目标,强化海洋生态环境监管体制机制建设。

　　将人类命运共同体、海洋命运共同体、国家治理体系和治理能力现代化、生态文明建设、海洋传统产业转型升级、促进蓝色经济发展、促进海洋可持续发展等新倡议、新理念、新思路、新发展模式,融合到海洋生态环境保护中去,通过法律不断完善海洋生态补偿机制和生态环境损害赔偿机制、建立健全海洋生态环境诉讼体制机制、确立海洋生态环境质量标准。

　　现行《海洋环境保护法》再次修订时,应及时将 2018 年国务院机构改革成果转化为法律保障,应充分利用生态环境保护及其他相关领域立法修法

作者: 张海文,自然资源部海洋发展战略研究所所长、研究员,中国海洋发展研究中心海洋权益研究室主任

海洋生态文明

成果,引入成熟制度,做好法律之间的衔接。共同行动,采取各种措施,降低人类活动对海洋的不利影响,有效遏制海洋污染势头,减缓海洋生态系统衰退,维持和促进海洋可持续发展,这是当今国际社会的共识,也是我国海洋生态环境保护立法的重要使命。最后,建议将"海洋环境保护法"改为"海洋生态环境保护法"。

海洋生态环境保护问题一直是国际社会高度关注的议题之一。联合国秘书长在2019年关于海洋和海洋法的报告中指出:"来自渔业、航运、采矿、旅游业和其他行业的压力对海洋和沿海生态系统造成了不可持续的高负荷。""虽然国际社会持续在处理海洋的困境,但需要采取更紧急的行动,制止和扭转海洋健康状况下降的趋势,并更加注重充分和有效执行《联合国海洋法公约》。"

改革开放以来,我国工业化、城镇化速度不断加快,沿海地区经济社会快速发展,对海洋空间利用和海洋自然资源的需求不断增大。生产、生活、生态用海等需求日趋多样化,对传统海洋生态环境和资源的供给方式提出了新的挑战,给海洋环境和海洋生态系统带来极大压力。自1982年颁布《中华人民共和国海洋环境保护法》(以下简称《海洋环境保护法》)以来,我国已出台涉及海洋自然资源及生态环境保护相关法律法规100余部,其中有许多原则和制度也适用于海洋生态环境管理与保护,为海洋生态环境保护工作提供了重要法律依据。尤其是党的十九大以来,通过实施最严格的生态环境保护制度,特别是实行陆源污染物管控、入海排污口清理,实施海洋生态红线制度,严肃查处违法围填海、非法倾倒垃圾和改变自然岸线等严重改变海洋环境行为等措施,我国海洋生态环境状况整体稳中向好。例如,2018年监测数据表明,海水环境质量总体有所改善,夏季一类海水水质标准海域面积占管辖海域面积的96.3%;劣四类水质海域面积为33270平方千米,较上年同期减少450平方千米。不过,辽东湾、渤海湾等局部海域污染情况依然突出,典型海洋生态系统健康状况改善不明显。2018年生态环境部对21个典型海洋生态系统(包括河口、海湾、滩涂湿地、珊瑚礁、红树林和海草床)的监测数据表明,仅有5个处于健康状态,15个处于亚健康状态,1个处于不健康状态,分别占总数的23.8%、71.4%和4.8%;其中,河口和海湾生态系统均处于亚健康和不健康状态,占总数的76.2%。

2018 年 5 月 18 日,习近平总书记在全国生态环境保护大会上指出:"用最严格制度、最严密法治保护生态环境,加快制度创新,强化制度执行,让制度成为刚性的约束和不可触碰的高压线。"这是新时代推进生态文明建设的一项重要原则。党的十八届三中全会明确提出,建设生态文明,必须建立系统完整的生态文明制度体系,实行最严格的源头保护制度、损害赔偿制度、责任追究制度,完善环境治理和生态修复制度,用制度保护生态环境。为了适应新的形势和发展需要,在全面推进依法治国、推进国家治理体系和治理能力现代化的大背景下,特别是为了贯彻习近平生态文明思想和新发展理念,有必要在回顾总结《海洋环境保护法》历次修改情况的基础上,分析再次修订该法的必要性,并研究提出应重点关注的若干问题,为推动海洋生态文明建设、促进可持续发展提供更充分的法律依据和更有效的制度保障。

一、《海洋环境保护法》的发展进程

国际海洋环境保护发展大体经历三个阶段:第一阶段,20 世纪 50 年代初,人们开始关注海洋环境污染问题;第二阶段,20 世纪 80 年代,一些发达国家的关注点从环境污染防治拓展到海洋生态破坏问题;第三阶段,从 20 世纪 90 年代以来,可持续发展理念被引入海洋环境保护领域,陆海统筹的管理理念、海洋生态系统修复、基于生态系统的海洋综合管理以及全球环境变化等问题成为国际社会新的关注焦点。

自 1982 年颁布至今,我国《海洋环境保护法》已经施行了 38 年。伴随着我国经济社会的快速发展,《海洋环境保护法》经历了从无到有,从海洋污染防治到海洋生态环境保护与污染防治并重的发展历程。其发展历程大致可分为三个阶段:第一阶段为起步阶段,从 20 世纪 50 年代至 80 年代初。这一时期我国海洋开发能力还比较薄弱,对于海洋生物资源的利用较为初级,海洋经济生产活动与环境污染之间的矛盾尚不突出。然而,随着改革开放政策的实施,社会经济快速发展,我国海洋环境保护面临的压力持续加大。为了预防海洋进一步污染,我国于 1982 年制定了《海洋环境保护法》,使海洋环境污染防治工作走上了有法可依的道路,我国迈进海洋环境保护的法治时代。第二阶段为快速发展阶段,从 1982 年《海洋环境保护法》的颁布到 2017 年修正案的审议通过。这个时期,我国《海洋环境保护法》经历了一次修订和三次修正。我国海洋环境法治从海洋环境污染防治发展到兼顾海洋生态保护,保护海洋生态环境的意识进一步提升,法律制度逐渐完善,处罚力度逐步加大。与此同时,我国出台了100多个配套法规和部门规章以及地方法规,海洋生态环境保护法律体系基本框架得以形成。第三阶段为进一步深化海洋污染防控与海洋生态保护阶段,从2017年修正案施行至今及日后的第二次修订。自2017年以来,国内外形势都发生了重大变化,海洋生态环境保护领域也出现许多新问题。例如,生态文明理念的提出和山水林田湖草一体化保护思想的深入人心;党的十九大确定的重大战略部署;2018年全国人大常委会执法检查组对《海洋环境保护法》实施情况开展了执法检查;2018年完成了党和国家机构改革;党的十三届四中全会作出了推进国家治理体系和治理能力现代化的决定;污染攻坚战任务的提出;国际海洋生态环境保护出现新焦点等。上述种种新发展、新变化对海洋生态环境保护领域带来诸多重大影响,诸多新理念、新职责、新部署迫切需要通过相关法律制度得以贯彻落实。对于现行《海洋环境保护法》来说,这些新发展和新变化所带来的不仅是压力与挑战,更是深化改革的难得历史机遇。

　　《海洋环境保护法》自1982年颁布以来,历经了一次修订和三次修正。

　　1974年我国颁布《防止沿海水域污染暂行规定》,这是我国关于海洋环境污染防治的第一个规范性法律文件,开启了我国海洋环境保护法治时代的序幕。1978年我国《宪法》规定"国家保护环境和自然资源,防止污染和其他公害",为我国海洋环境法制建设奠定了坚实的基础。1979年《环境保护法(试行)》,对海洋污染防治和生态保护作出了原则性规定。在这些立法和实践探索的基础上,1982年8月23日第五届全国人大常委会第二十四次会议审议通过我国第一部《海洋环境保护法》。该法共8章48条,于1983年3月1日开始实施。1982年立法目的主要有四个方面:一是随着改革开放、经济快速发展,需要加大力度开发利用海洋空间和资源。"开发、利用和保护海洋环境及资源,是社会主义现代化建设的一项重要任务。"二是改革开放之初,只注重开发,人们的环境保护意识淡薄,各类生产和开发活动对海洋造成污染损害的严重后果开始显现,这种势头急需得到遏制。"我国海洋环境已经受到了不同程度的污染损害,在一些入海河口海区、港湾、内海和沿岸局部区域,环境污染相当严重……长江口、杭州湾的污染越来越严重,开始危及我国最大的渔业基地舟山渔场。……污染问题已引起广大渔工、渔民的严重忧虑,有的甚至失去生计,成为一个不安定的因素。"三是"随着海洋事业的发展，进入我国管辖海域从事航行、石油勘探开发等活动的外国船舶、外国企业日益增多"，因此，需制定相关法律来予以管理。四是有必要在已有的海洋污染防治相关规定实施基础上借鉴国外经验，制定我国保护海洋环境的法律。

从上述立法目的可以看出，1982年《海洋环境保护法》主要是针对五大污染源(海岸工程、海洋石油勘探开发、陆源污染物、船舶、倾倒废弃物)对海洋环境的污染损害问题制定相关法律制度及处罚措施。该法的颁布，对于我国海洋环境保护来说具有划时代的里程碑意义，使我国海洋环境保护迈入法治时代，走上了有法可依的道路。不过，因时代局限性和立法经验不足，从该法的主体内容看，该法属于污染防治法，只是搭建起了应对五大污染源损害海洋环境的大致法律框架，还未建立起对海洋环境全面整体的认识。该法所建立的法律制度和处罚措施尚显单薄，例如，第七章法律责任仅有4个条款，其中一个条款还是豁免条款。

(1)第一次修订。1999年6月22日，时任全国人大环境与资源保护委员会副主任委员张皓若在第九届全国人大常委会第十次会议上作"关于《中华人民共和国海洋环境保护法(修订草案)》的说明"。经过4次会议(第十次、第十一次、第十二次、第十三次)审议，1999年12月25日第九届全国人大常委会第十三次会议通过了《海洋环境保护法》修订案。同日，该修订案以中华人民共和国主席令第26号公布，自2000年4月1日起施行。

1999年对《海洋环境保护法》的修订是一次"大修"。从时间和花费人力物力上看，这次修订历经两届全国人大环境与资源保护委员会的准备。第八届全国人大环境与资源保护委员会于1995年启动对《海洋环境保护法》的修改工作，在此基础上，第九届全国人大环境与资源保护委员会经过调研，广泛地征求意见，草拟出海洋环境保护法修订草案，提交第九届全国人大常委会审议。修订草案在第九届全国人大常委会的四次会议上被审议，直到第十三次会议通过。从内容上看，修订后的《海洋环境保护法》条款数量是1982年《海洋环境保护法》的两倍，从1982年8章48条修订为1999年10章98条，新增了《海洋环境监督管理》和《海洋生态保护》两个专章，将原《防止海洋石油勘探开发对海洋环境的污染损害》一章扩展为《防治海洋工程建设项目对海洋环境的污染损害》，并对整部法律几乎所有条款内容都进行了修改。从施行时间看，修订后的《海洋环境保护法》自2000年4月1日起施行。

从总体上看,海洋环境保护领域出现了很多新情况,1982年《海洋环境保护法》已经远远满足不了当时的治理需求,主要体现在以下几个方面。一是1982年的《海洋环境保护法》已不利于遏制海洋环境的持续恶化。1982年至1999年期间,由于城市生活污水和工农业废水大量排海,赤潮、溢油、病毒、违法倾倒以及养殖污染等海洋环境灾害频发,加上其他严重破坏海洋环境的活动,使得我国海洋环境污染损害不断加剧,海洋资源基础条件破坏严重。二是1982年的《海洋环境保护法》已不能对可持续发展战略的需要进行有效回应。1982年的《海洋环境保护法》是控制单个污染源的规范,未能从整体上对海洋环境保护做出规范。随着沿海经济的迅速发展,开发利用海洋资源和保护海洋环境的矛盾日益尖锐。三是1982年的《海洋环境保护法》对于海洋环境监督管理体制的规定存在责权分散的缺陷。四是1982年的《海洋环境保护法》已经与十几年后的法治建设和环境保护管理方面的许多新规定不相适应,特别是法律责任的规定不完善,使该法的可操作性较差,不利于制止严重破坏海洋环境的各类违法行为。五是1982年的《海洋环境保护法》已不适应国际实践。我国陆续加入了许多国际公约和议定书,我国享有的许多权利和承担的义务需要体现到相关法律中去。

综上,《海洋环境保护法》启动修订,并在内容上得到极大充实,将原"防止"具体污染源对海洋环境的污染损害均修改为"防治",实现了从防止海洋污染发展到采取措施积极防治对海洋环境造成污染损害,从片面的海洋环境污染治理发展到兼顾海洋生态保护。此后,我国出台了许多配合法规以及地方法规,标志着我国海洋生态环境保护的法律制度体系框架基本建成。相比1982年的《海洋环境保护法》,1999年修订后的《海洋环境保护法》在观念理念、法律原则、法律制度的设置等方面都更先进、全面。例如,增设《海洋环境监督管理》一章,强化海洋环境监督管理,而不是仅仅针对单个污染源进行管控。增加和完善了许多海洋环境保护法律制度的规定,如重点海洋污染物总量控制制度、海洋污染事故应急制度、船舶油污损害民事赔偿制度和船舶油污保险制度、"三同时"制度、环境影响评价制度等。增设《海洋生态保护》专章,从狭义的海洋环境污染治理扩展到更全面的海洋生态环境保护,我国希望逐步改变海洋环境质量与经济发展不协调的局面,为此增设了海洋保护区等制度。为了适应十多年的海洋开发活动的不断发展,各种类型的海洋工程建设越来越多,我国将 1982 年的《防止海洋石油勘探开发对海洋环境的污染损害》一章修改为《防治海洋工程建设项目对海洋环境的污染损害》,将海底隧道、海底电缆、人工岛、围填海等建设项目的海洋环境保护问题均纳入规定。尤其重要的是,对法律责任部分进行了重大修订,条款数量从 4 个增加到 22 个,处罚范围和内容都进行了扩张,增加了行政强制措施和行政处罚手段,强化了对污染破坏海洋环境行为的民事赔偿责任,并加大了处罚力度。此外,新修订的《海洋环境保护法》还注重与相关国际公约的衔接,以履行我国的国际承诺,维护我国海洋权益。

(2)第一次修正。2013 年 12 月 28 日第十二届全国人大常委会第六次会议通过《海洋环境保护法》修正草案,决定对该法第四十三条、第五十四条和第八十条做出修改。修改内容主要涉及简化环境影响报告书审核程序、将主管部门对勘探开发海洋石油的溢油应急计划编制由审批改为向海区局备案等。

从修改内容可以看出,2013 年修正只是一次"小修小补",主要目的是为了落实 2013 年国务院有关简政放权、取消和下放行政审批项目的决定。

(3)第二次修正。2016 年 11 月 7 日第十二届全国人大常委会第二十四次会议审议通过《海洋环境保护法》修正草案,作出对 2013 年《海洋环境保护法》一共 19 处进行修改的决定。

此次《海洋环境保护法》的修改,经历 2016 年 8 月 31 日至 11 月 7 日期间的 3 次会议(第 22 次、第 23 次和第 24 次)审议,才在第 24 次会议上获得通过。修改重点包括三方面。一是加大对违法行为的处罚力度,如:增加按日计罚和责令停业、关闭等处罚措施;增加对企业有关责任人员的处罚;提高对造成海洋环境污染事故行为的处罚力度,取消 30 万元的罚款上限等。二是与新《环境保护法》增设的制度相衔接,如增加建立健全海洋生态保护补偿和生态保护红线制度、海洋环境信息公开制度,实施环境影响评价限批制度等。三是将行政审批制度改革成果以法律形式固化下来,修改了部分条款里的行政审批程序,主要是简化了海岸工程和海洋工程建设项目海洋环境影响报告书、环保设施的验收等程序。

相比 2013 年《海洋环境保护法》,2016 年修正案是对我国推进生态文明建设和生态补偿制度建设的积极响应,也是对国务院简政放权要求的具体落实,标志着我国海洋生态环境保护法治进程有了重要的新发展。

(4)第三次修正。2017年11月4日第十二届全国人大常委会第三十次会议审议通过《海洋环境保护法》修正草案,决定对该法2个条款作出修改。修改内容主要涉及入海排污口,从审批程序上将入海排污口设置的审批程序简化为备案程序,并相应修改后面的通报程序和处罚条款。

表1 《海洋环境保护法》历次修改概况表

审议通过时间	施行时间	条款总数	修订条款数量/占总数的比例
1982-08-23	1983-03-01	8章48条	—
1999-12-25	2000-04-01	10章98条	新增2章,仅少数条款内容未修改/95%以上
2013-12-28	2013-12-29 2000-04-01	10章98条	3条/3%
2016-11-07	2016-11-08 2000-04-01	10章97条	19条/19.6%
2017-11-04	2017-11-05 2000-04-01	10章97条	2条/2.1%

二、历次修改《海洋环境保护法》的主要原因探析

1999年对《海洋环境保护法》进行了一次"大修",而2013年、2016年和2017年则进行了两次"小修补"和一次中等程度的"修补"。从各次修法的时代背景、主要目的和修改的内容等,可以看出修法背后主要原因。

(一)积极适应国际发展新趋势

1. 积极响应新发展理念

1992年《里约宣言》和联合国《21世纪议程》提出"可持续发展"理念。我国完全赞同并接受了这一创新理念,在1994年发布的《中国21世纪议程》、1996年发布的《中国海洋21世纪议程》和1998年发布的《中国海洋事业的发展》(白皮书)都提出了相关目标和要求。《中国21世纪议程》将我国国民经济和社会发展目标确立为"建立可持续发展的经济体系、社会体系和保持与之相适应的可持续利用的资源和环境基础"。可持续发展理念及目标不仅体现在了1999年《海洋环境保护法》(修订)总则的第一条,即"为了保

护和改善海洋环境,保护海洋资源,防治污染损害,维护生态平衡,保障人体健康,促进经济和社会的可持续发展,制定本法",而且通过新增《海洋环境监督管理》和《海洋生态保护》两个专章以及相关制度予以落实。

2016年《海洋环境保护法》修改中增设了海洋生态补偿制度,这是积极贯彻落实中央关于推进生态文明建设和生态文明体制改革的新部署。"生态保护红线"最早作为我国生态保护方面的一项创新性举措出现在国家政策性文件中是2011年《国务院关于加强环境保护重点工作的意见》,此后越来越多地被写入环境保护相关政策文件中。2014年《环境保护法》修订时首次将其以法律形式确定下来。海洋"生态保护红线"基本制度的设立是我国海洋环境保护转变立法理念的标志性成果。2016年修订的《海洋环境保护法》第三条新增一款作为第一款,规定"国家在重点海洋生态功能区、生态环境敏感区和脆弱区等海域划定生态保护红线,实行严格保护";第二十四条第一款修改为"国家建立健全海洋生态保护补偿制度",将生态保护红线提升为一项重要法律制度。

2. 履行国际条约义务

在1982年至1998年期间,全国人大常委会先后批准加入了多个国际公约及相关议定书。例如,全国人大常委会于1996年批准加入《联合国海洋法公约》,1999年《海洋环境保护法》修订案就对该法适用的管辖海域范围做出了完整的规范。又如,我国1982年加入《国际油污损害民事责任公约》,1985年加入《1972年防止倾倒废物及其他物质污染海洋公约》及其1996年议定书,1986年加入《1969年国际油污损害民事责任公约》的1976年和1992年议定书,1990年加入《国际干预公海油污事故公约》和《控制危险废物越境转移及其处置的巴塞尔公约》,1991年加入《禁止在海床及底土安置核武器和其他大规模毁灭性武器公约》等十多个有关海洋环境保护的国际条约。这些国际条约中所涉及的我国应享有的权利与应履行的条约义务,也在1999年《海洋环境保护法》修订案中得到了相应的体现和衔接。

(二)维持我国经济高速发展与生态环境保护之间平衡的需求

随着我国改革开放政策的实施,各方面各领域都发生了巨大变化,社会经济发展对用海及海洋资源的需要也越来越大。2002年发布的《全国海洋功能区划》、2003年的《全国海洋经济发展规划纲要》及2010年的《全国海洋经济发展"十二五"规划》等都期待海洋空间及资源环境能为实现社会经济发展目标作出更多贡献,对海洋环境和资源的压力与挑战也随之不断增大。

以1998年为例。1998年我国海洋经济保持稳定发展,主要海洋产业总产值达3269.92亿元,比上年增长7.2%。以海洋经济为依托的沿海市、县国民经济也保持稳步增长,其国内生产总值合计达24472.70亿元,占整个沿海地区国内生产总值的53.1%,占全国国内生产总值的30.8%。沿海市、县的工业总产值为41962.87亿元,占整个沿海地区工业总产值的54.7%;其农业总产值4753.80亿元,占整个沿海地区农业总产值的40.5%。海洋水产业总产值达1772.12亿元,比上年增长13.0%。沿海修造船业稳定增长,1998年工业总产值达238.10亿元,比上年增长11.4%。1998年海洋交通运输业,尽管受到了国内外经济形势的一定影响和制约,但仍保持了总体上的平稳发展。沿海主要港口货物吞吐量9.2亿吨,比上年增长1.6%。营运收入529.51亿元,比上年增长1.4%。1998年沿海地区直接排海的工业废水总量为8.28亿吨,比上年增长6.8%,增长幅度比上一年降低了16.2个百分点。虽然各沿海省市在排海污水治理方面做了很大努力,但是近岸水体污染依然严重,海洋环境总体质量仍呈继续恶化趋势,外海水域亦受到威胁。

《海洋环境保护法》1999年修订和2013年、2016年和2017年的修正均努力探索在海洋生态环境保护与科学合理开发利用海洋自然资源之间寻求平衡。这些努力鲜明地体现在:鉴于在谋求经济快速发展的阶段,尚无法做到完全禁止入海排污口、海洋工程和海岸工程建设项目、船舶等活动对海洋环境造成损害,那么,就只能加强对海洋污染的防治、加大力度打击污染海洋环境的违法行为、确立海洋生态保护红线制度和生态补偿机制等,不断完善海洋环境保护法律制度,为保护海洋生态环境提供法律保障。

(三)与其他相关法律和规划协调发展

1978年至1998年改革开放20年期间是我国法制建设大发展时期,出台了许多与海洋环境保护相关联的法律,如1984年《水污染防治法》、1988年《水法》、1989年《环境保护法》、1995年《固体废物污染环境防治法》、1992年《领海及毗连区法》、1998年《专属经济区和大陆架法》以及1997年《全国海洋开发规划》等。这些法律的相关原则和制度在1999年修订的《海洋环境保护法》中均得到落实与衔接。

进入 21 世纪,我国法制建设步伐进一步加快,特别是在生态环境领域,对《环境保护法》《水污染防治法》《大气污染防治法》等进行了全面修订,并出台了《环境影响评价法》(2002 年)《海域使用管理法》(2001 年)《海岛保护法》(2009 年)等法律法规,极大地影响了海洋生态环境保护的格局。在 2016 年《海洋环境保护法》修订中也注意到与这些法律之间的衔接与协调,如对第四十三条"环境影响报告书(表)"的编制和审批、对第四十四条海岸工程建设项目的环境保护设施的"三同时"制度等相关内容均作了必要修改。

(四)体现政府机构改革成果

机构改革的重要成果之一是明确划分部门之间职责分工。1982 年、1998 年和 2013 年国务院机构改革主要成果,即各相关部门在海洋环境保护方面的职责分工,先后在 1982 年《海洋环境保护法》、1999 年修订案和 2016 年修正案得到了充分体现。例如,1998 年 3 月 10 日,九届全国人大一次会议审议通过了《关于国务院机构改革方案的决定》。改革原则之一是按照权责一致的原则,调整政府部门的职责权限,明确划分部门之间职责分工。海洋环境保护职责分散在多个部门,也体现在 1999 年修订后的第五条。1999 年修订案第二章在海洋环境保护监督管理方面,使各有关行政主管部门的职责得以厘清,明确规定了哪些活动需提前提交给哪个行政主管部门"审查批准"、工程建设项目环境影响报告书需向哪个行政主管部门进行"备案";也明确规定了行政主管部门应依法行政,对哪些权力的行使需要"会同"其他部门、哪些问题的处理需要"征求"其他部门的意见以及需要经过哪些程序等事项,均作出了明确规定,避免出现各部门相互推诿和扯皮现象。

2013 年 2 月 28 日党的十八届二中全会审议通过《国务院机构改革和职能转变方案》,海洋环境保护职责继续由相关部门分工承担;2013 年 3 月 10 日,国务院机构改革方案公布,其中包括重组国家海洋局和中国海警局。此次机构改革涉及海洋环境保护职权的划分,体现在 2016 年修正案中。根据 2012 年党的十八大关于建立中国特色社会主义行政体制目标的要求,继续简政放权、提高行政效能,减少和下放生产经营活动审批事项,减少资质资格许可和认定,加强依法行政等重大部署,也都在 2016 年修正案得到落实和体现。例如,修改了一些条款,将原来的审查批准手续改为备案,将审批权限下放到派出机构等。

三、再次修订的必要性及当前需关注的问题

我国海洋环境保护经历了以防止海洋污染为主逐渐向污染防治和海洋生态环境保护并重,从单向的从陆看海、以陆定海的传统观念到陆海统筹、保护优先的统筹发展观,"整体保护、发展与保护并重、统一监管"的监管理念正在形成。现行《海洋环境保护法》必须进行第二次"大修",因为"小修补"无法解决所面临的诸多问题与挑战。

当前,我国社会经济发展进入一个崭新的时代。必须在深入贯彻落实党的十八大建设海洋强国的重大部署,党的十九大提出的"坚持陆海统筹、加快建设海洋强国"的战略任务和有关生态环境保护的战略部署,深刻领会习近平生态文明思想、加快建设海洋强国和加强海洋生态环境保护的一系列重要论述以及习近平总书记在2018年全国生态环境保护大会上重要讲话精神的基础上,重新审视现行的《海洋环境保护法》的框架结构及制度设计,全面考察其对新时代发展需求的回应,以及对2018年国务院机构改革成果的确认。

当前,海洋生态文明建设理念已经逐渐深入人心。现行《海洋环境保护法》在很大程度上仍保留着以防治海洋污染为主的制度设计,必须彻底进行转变,将相关法律制度设计转向坚持海洋生态环境保护优先,以养护和修复海洋生态系统、保证海洋环境质量为核心,以维护海洋生态系统健康和提高海洋环境质量为根本目标,强化海洋生态环境监管体制机制建设。

我国监测数据显示,陆源污染占海洋污染来源的80%以上。应坚持陆海统筹,以海定陆,实行最严格的海洋生态环境保护制度,对入海污染物和污染源实行最严格的管控制度,并加大对违法行为的处罚力度,坚决遏制来自陆源的污染物和入海排污口对海洋生态环境造成的损害。

将人类命运共同体、海洋命运共同体、国家治理体系和治理能力现代化、生态文明建设、海洋传统产业转型升级、促进蓝色经济发展、促进海洋可持续发展等新倡议、新理念、新思路、新发展模式,融合到海洋生态环境保护中去,通过法律不断完善海洋生态补偿机制和生态环境损害赔偿机制、建立健全海洋生态环境诉讼体制机制、确立海洋生态环境质量标准。

应及时将2018年国务院机构改革成果转化为法律保障。2018年3月13日,第十三届全国人民代表大会第一次会议审议通过国务院机构改革方

案,新组建自然资源部和生态环境部,从职责划分上,生态环境部负责生态环境保护监管,自然资源部负责海洋资源和海洋生态保护修复。两部门在实际工作中其实很难截然区分,两者存在一定程度的职责交叉问题。例如,生态环境部负责参与国际海洋环境治理,自然资源部负责管理公海生物多样性资源和国际海底区域矿产资源开发,在这些海洋资源的研究调查、勘探开发过程中,不可避免地会涉及海洋生态环境保护工作。在专业支撑队伍建设方面,海洋生态环境观测和监测的技术力量、站点、装备、船舶浮标等海洋调查监测设备的建造使用和管理方面,也存在重复建设问题。

应充分利用生态环境保护及其他相关领域立法修法成果,引入成熟制度,做好法律之间的衔接。例如,《环境保护法》《固体废物污染环境防治法》《水污染防治法》《大气污染防治法》等都在近年做了大的修改,其成果应当得到充分重视。另外,许多既有的法规和成熟的实践做法应上升为法律制度,应考察 2012 年《海洋生态文明示范区建设管理暂行办法》、2013 年修订的《渔业法》、2014 年《海洋生态损害国家损失索赔办法》、2015 年《防治船舶污染内河水域环境管理规定》、2016 年《深海海底区域资源勘探开发法》及其他配套法律法规等。同时,应借鉴国际海洋生态环保领域的最新发展,保证新修法保持一定的前瞻性。例如,我国现行《海洋环境保护法》尚缺乏对海洋噪声、海洋塑料垃圾等规制。

共同行动,采取各种措施,降低人类活动对海洋的不利影响,有效遏制海洋污染势头,减缓海洋生态系统衰退,维持和促进海洋可持续发展,这是当今国际社会的共识,也是我国海洋生态环境保护立法的重要使命。

最后,建议将《海洋环境保护法》改为《海洋生态环境保护法》。

文章来源:原刊于《环境与可持续发展》2020 年第 4 期。

海洋生态文明

我国海洋生态环境保护：
历史、现状与未来

■ 关道明，梁斌，张志峰

论点撷萃

经过多年的建设与发展，我国海洋生态环境保护管理体系经历了从无到有、从薄弱到壮大的发展历程，但也要清醒地认识到，我国海洋生态环境仍处于污染排放和环境风险的高峰期、生态退化和灾害频发的叠加期，已有的治理成效基础并不稳固。特别是海洋承载着来自陆地和海洋发展的双重压力，海洋生态环境问题的解决具有一定的滞后性，不可能一蹴而就。因此，海洋生态环境保护工作要继往开来，在总结历史经验的基础上，坚持陆海统筹、防治结合、过程控制、综合治理的基本原则，建立从源头预防到末端控制的海洋环境现代化治理体系，逐渐完善现代海洋生态保护管理体系，为海洋经济高质量发展和深入推进生态文明建设提供有力保障。

我国沿海地区在经济高质量发展和海洋生态环境高水平保护中发挥着重要的引领带动作用，成为关键板块；海洋生态环境管理体制机制发生重大改革，为海洋生态环境保护工作注入关键动能。与此同时，海洋生态环境保护的长期性、艰巨性和复杂性仍然显著，新兴全球性海洋生态环境问题日益严重，成为国际社会共同面临的挑战。

当前，我国生态文明建设和生态环境保护进入了一个新的发展阶段，正处于关键期、攻坚期、窗口期，这是习近平总书记立足当前、着眼长远作出的

作者：关道明，国家海洋环境监测中心主任、研究员，中国海洋发展研究中心研究员
梁斌，国家海洋环境监测中心副研究员
张志峰，国家海洋环境监测中心副主任、研究员

重大战略判断。海洋生态环境保护工作应以习近平新时代中国特色社会主义思想为指导,深入贯彻习近平生态文明思想和海洋命运共同体理念,坚持目标导向、问题导向、发展导向、战略导向,以构建多方参与的共治体系为基础,以改善海洋生态环境质量为根本,以推动经济高质量发展和生态环境高水平保护为导向,统筹海洋生态环境保护的国际、国内两个大局,建立健全海洋环境综合治理和生态保护修复机制,加快推动海洋生态环境治理体系和治理能力现代化,加快建成"水清、岸绿、滩净、湾美、物丰"的美丽海洋。

海洋孕育了生命、联通了世界、促进了发展。我国是一个海洋大国,海洋是国家经济社会发展的重要基础和保障,是高质量发展战略要地。新中国成立以来,随着海洋事业的不断壮大发展、海洋生态环境问题的逐步凸显,党和国家对海洋生态环境保护的重视程度也在不断加深。党的十八大提出了建设海洋强国的重大部署。2013 年,习近平总书记在主持中共中央政治局第八次集体学习时指出:"要保护海洋生态环境,着力推动海洋开发方式向循环利用型转变,全力遏制海洋生态环境不断恶化趋势,坚持污染防治和生态修复并举。"

经过多年的建设与发展,我国海洋生态环境保护管理体系经历了从无到有、从薄弱到壮大的发展历程,但也要清醒地认识到,我国海洋生态环境仍处于污染排放和环境风险的高峰期、生态退化和灾害频发的叠加期,已有的治理成效基础并不稳固。特别是海洋承载着来自陆地和海洋的双重压力,海洋生态环境问题的解决具有一定的滞后性,不可能一蹴而就。因此,海洋生态环境保护工作要继往开来,在总结历史经验的基础上,坚持陆海统筹、防治结合、过程控制、综合治理的基本原则,建立从源头预防到末端控制的海洋环境现代化治理体系,逐渐完善现代海洋生态保护管理体系,为海洋经济高质量发展和深入推进生态文明建设提供有力保障。

一、我国海洋生态环境保护管理体系发展历程

新中国成立 70 年来,海洋事业蓬勃发展,逐步形成了统分结合的管理体制,而海洋生态环境保护管理也是建立在这一基础之上的,其发展历程大致可分为以下四个阶段。

（一）起始阶段（20世纪60—70年代）

我国海洋生态环境保护管理体制建设最早可追溯到20世纪60年代。海洋生态环境领域相关专家根据当时我国海洋生态环境管理状况，向国务院提出了成立国家海洋局的建议，后经全国人大会议批准，于1964年7月正式成立国家海洋局，自此我国海洋生态环境保护被纳入了专业化管理。最初的国家海洋局是一个涵盖海洋资源调查管理、海洋数据采集分析处理以及相关领域的公共服务在内的综合性海洋管理机构，海洋管理体制仍以按行业部门划分的分散管理方式为主，基本上是各行业部门管理职能向海洋的延伸；但随着海区分局、海洋环境保护研究所的成立，以及沿海观测站、海洋气象预报站等纳入国家海洋局统一管理，海洋生态环境保护工作的"耳目"——海洋生态环境监测体系初步形成，为海洋生态环境保护管理工作的开展奠定了基础。这一阶段的海洋生态环境管理主体和管理手段单一。

（二）平稳发展阶段（1982—1999年）

1982年8月23日，第五届全国人民代表大会常务委员会第二十四次会议审议通过了《中华人民共和国海洋环境保护法》。这部法律是我国第一部真正意义上专门的海洋环境保护法律，其出台标志着海洋环境保护工作走上了法制化、业务化的轨道。随后，国家相关部委相继在海洋环境保护领域发布了一系列环境标准，如《海水水质标准》《船舶污染物排放标准》《海洋石油开发工业含油污水排放标准》等。这些标准和法律法规一并构成了海洋环境保护的规范管理体系。

1995年9月，中央明确提出地方近海海域以及附近海岛、海岸的相关海洋生态管理工作归地方政府管辖，进一步理顺了中央和地方在海洋生态环境管理中的关系。1998年，国务院在将国家海洋局划归国土资源部管理的同时，也进一步明确国家海洋局的基本职责涵盖了海洋保护、国际合作、海洋科研、海域使用、海洋发展及权益维护在内的六大范畴，推动海洋环境管理体制向海洋生态环境综合管理体制的转变。1999年，国家海洋局成立了中国海上监察总队，依法行使海洋监督监察权，有权对破坏海洋生态环境等违法违规行为进行处罚。政府对海洋生态环境保护的重视程度不断提升，公众的海洋生态环境保护意识逐步增强。

这一阶段海洋生态环境管理仍带有浓厚的计划经济和行业管理色彩，

管理对象以环境污染防治为主,管理手段以监督、罚款为主,分散的管理体制没有明显改变,缺乏有效的协调机制。

(三)深化调整阶段(2000—2018年)

2000年4月,修订后的《中华人民共和国海洋环境保护法》正式实施,海洋生态环境协同治理理念初步形成。2001年颁布《中华人民共和国海域使用管理法》,涵盖海洋功能区划、海域使用权、有偿使用等核心制度,标志着中国海域使用制度的建立。2006年出台了《防治海洋工程建设项目污染损害海洋环境管理条例》,2017、2018年对《防治海岸工程建设项目污染损害海洋环境管理条例》进行了两次修订,2009年出台了《中华人民共和国海岛保护法》,颁布了《防治船舶污染海洋环境管理条例》,海洋生态环境管理进入深化调整阶段。

这一阶段,我国政府高度重视海洋生态环境保护工作,在局部海洋污染治理、生态保护等方面取得了一定成效,但客观上并没有摆脱发达国家走过的"先污染、后治理"路径,近岸海洋生态环境仍处于持续恶化中。与20世纪80年代相比,海洋生态环境问题在类型、规模、结构、性质等方面都发生了深刻变化。环境、生态、灾害和资源四大方面的问题共存,并且相互叠加、相互影响,表现出明显的系统性、区域性、复合性,呈现出异于发达国家的海洋生态环境问题特征,防控与治理难度加大,但也在推动着我国的海洋生态环境保护与治理工作朝综合性、协同性的方向迈进。

(四)战略发展阶段(2018年至今)

2018年2月,中国共产党第十九届中央委员会第三次全体会议通过《深化党和国家机构改革方案》,海洋生态环境保护职责整合到新成立的生态环境部,这是以习近平同志为核心的党中央立足于新时代增强陆海污染防治协同性和生态环境保护整体性的重大战略部署和关键体制改革。随着海洋生态环境保护职能的整合,海洋综合治理成为最主要的政策目标和决策原则。渤海综合整治攻坚战、"蓝色海湾"等整体性、综合性的海洋生态环境治理政策相继被制定和实施。大力推进海洋生态文明建设,不断增强海洋经济高质量可持续发展能力,成了海洋生态环境保护工作的战略目标。

这一阶段,海洋生态环境保护管理完成了从"污染减排型"向"质量改善型"、从"条块分割型"向"陆海统筹型"、从"事后决策型"向"全程监管型"、从

"单一行政型"向"统筹综合型"的四大转变,摒弃了以污染物总量减排为核心的传统理念,更加注重海洋生态环境质量的整体改善;改变了原有的分散型管理方式,更加注重陆海统筹、区域联动综合治理的协同效应;针对海洋环境风险等新问题,推动管理更加注重预测性、目标性、前瞻性等;不再以批准、监督、罚款等行政强制手段为主,更加注重赔偿、补偿、许可、税收等综合性的经济和法律手段。变化带来了机遇,机遇也意味着挑战。

二、当前海洋生态环境保护管理面临的机遇与挑战

我国沿海地区在经济高质量发展和海洋生态环境高水平保护中发挥着重要的引领带动作用,成为关键板块;海洋生态环境管理体制机制进行重大改革,为海洋生态环境保护工作注入关键动能。与此同时,海洋生态环境保护的长期性、艰巨性和复杂性仍然显著,新兴全球性海洋生态环境问题日益引起重视,成为国际社会面临的共同挑战。2019年5月,在全国海洋生态环境保护工作会议上,李干杰同志指出"当前海洋生态环境保护工作正处于融合融入、重建重构的关键时期"。

（一）习近平生态文明思想为新时代海洋生态环境保护工作提供了方向指引

"十三五"以来,中央审议通过了《关于加快推进生态文明建设的意见》《生态文明体制改革总体方案》等系列政策文件,并将生态文明写入《宪法》,生态文明建设不断拓展和深化。全国生态环境保护大会确立了习近平生态文明思想,提出新时代推进生态文明建设的六项原则,作出了系列战略部署,为持续深入推进生态文明建设提供了根本遵循和行动指南,也为海洋生态环境保护指引了方向。

（二）建设美丽中国纳入"两个一百年"决策部署为海洋生态环境保护工作设定了目标

党的十九大对新时代中国特色社会主义建设作出"两个一百年"的决策部署和两个阶段的战略安排,将"建设美丽中国"作为社会主义现代化强国目标的重要组成部分,将"提供更多优质生态产品以满足人民日益增长的优美生态环境需要"纳入民生范畴,与"五位一体"总体布局对应起来,成为全面建设社会主义现代化国家新征程的重大战略任务。

（三）机构改革为海洋生态环境保护提供了体制优势

《深化党和国家机构改革方案》将海洋环境保护职责整合到新组建的生态环境部，打通了陆地和海洋，贯通了污染防治和生态保护，为我们在更高起点、更深层次谋划陆海统筹的生态环境保护工作提供了前所未有的体制优势、机制保障和政策红利；强化了陆海的全盘谋划和有机联系，增强了陆海污染防治协同性和生态环境保护整体性，为统筹开展陆海生态环境保护工作、建设从山顶到海洋的生态环境治理体系提供了重要支撑和基础保障。

（四）生态环境治理取得的重大成就为海洋生态环境保护奠定了坚实基础

通过实施大气、水、土壤污染防治行动计划，全国生态环境质量总体改善，为海洋生态环境质量改善创造了前所未有的历史条件。渤海综合治理攻坚战提出了降低陆源污染物排放、实施严格围填海管控、构建和完善海上污染防治体系等关键目标，在渤海率先探索海洋生态环境综合治理的方法和途径，为"十四五"期间在全国开展海洋生态环境保护与治理提供实践经验。通过严格围填海管控和实施"蓝色海湾"生态环境整治修复等系列工程，有效遏制了海岸线、滨海湿地和重点海湾生态退化趋势，为拓展海洋生态空间、扩大优质生态产品供给、提升海洋高质量发展水平等奠定了坚实基础。

（五）依然严峻的形势对海洋生态环境保护提出更高要求和挑战

从近年来海水水质变化趋势看，我国管辖海域的海水质量呈现持续向好态势，但近岸局部海域污染仍较为严重，海洋生态系统退化问题仍然突出，海洋生态灾害与突发环境事故风险居高不下。从海洋生态环境治理机制看，沿海地区发展与保护的矛盾不断凸显，全国人大专项执法检查发现了海洋生态环境保护的诸多管理问题，陆海统筹的海洋生态环境保护监管体系仍不健全，海洋生态环境法规制度体系不能满足新时期需要。此外，海洋垃圾等全球性海洋生态环境问题对我国海洋生态环境保护提出了严峻挑战。

三、未来海洋生态环境保护管理的发展思考

（一）进一步明确海洋生态环境保护工作的基本定位

习近平生态文明思想和习近平总书记关于建设海洋强国的重要论述，

为做好海洋生态环境保护工作提供了方向指引、根本遵循和实践指南。保护海洋生态环境是关系民族生存发展和国家兴衰安危的重要工作。海洋生态环境的变化直接影响文明的兴衰演替,必须始终尊重海洋、顺应海洋、保护海洋,坚定不移地守护好中华民族的蓝色家园,构建美丽和谐之海。保护海洋生态环境是事关经济高质量发展的重要工作,在陆域资源逐步匮乏的大背景下,兴海之利、依海富国将成为我国经济社会发展的重要方略,加快建设绿色可持续的海洋生态环境,充分发挥海洋生态环境保护对涉海经济发展的倒逼作用,助力实现高质量发展。保护海洋生态环境是事关人类共同命运的重要工作,海洋生态环境保护日渐成为构建人类命运共同体的关键领域和重要议题。我国必须站在对全人类生存环境高度负责的制高点上,深度参与全球环境治理,形成全球海洋生态环境保护和可持续发展的解决方案。

(二)加快健全完善海洋生态环境保护法律法规和制度体系

加快构建新的管理体制下海洋生态环境保护的"四梁八柱",重点构建完善四个体系:一是法律法规体系,重点做好《中华人民共和国海洋环境保护法》的修订工作,协同推进海洋倾废条例、防治陆源污染条例等配套行政法规的修订,以及海洋基本法、海岛保护法、大洋矿产资源勘探开发管理法和南极管理法等法律的制修订;二是标准规范体系,要统一和完善涉海技术规范和评价标准,研究制定分海域的海水水质评价标准,加快制定海洋环境在线监测、海洋生物多样性保护、海洋新型污染物分析评价等领域标准规范,做好陆海监测评价方法和标准的统筹衔接;三是管理制度体系,在健全完善原有海洋工程、海岸工程等相关制度体系的同时,加快建立源头严防、过程严管、后果严究的新制度体系,加快推进"湾(滩)长制"、海上排污许可等制度建设;四是监测业务体系,推动建立统一的全国海洋生态环境监测网络,做好监测网络的陆海统筹衔接,加快建立部门间、央地间监测力量共建、监测数据互联、监测信息共享机制,统一监测方案、统一评价标准、统一信息发布。

(三)强化从严从紧的政策导向

从海洋生态环境监督管理的基础职责出发,统筹生态和环境、陆上和海上、政府和企业的监督管理,着力加强五个方面的海洋生态环境监督管理:

一是强化生态监管,加快建立基于卫星遥感等手段的海洋生态监管体系,重点加强海洋保护区、海洋生态保护红线区、海洋生态修复工程实施区的监管;二是强化陆源监管,尽快出台"入海排污口管理规定"等规范性文件,持续推进非法和设置不合理排污口清理整顿;三是强化海上监管,建立海洋石油勘探开发、围填海等海洋工程和海洋倾废管理事前事中事后全流程监管体系;四是强化党委和政府督察,加大海洋生态环境保护领域的督察力度,将涉海工程建设项目、海洋生态保护修复等内容纳入督察范围;五是强化企业监管,构建以排污许可证、"双随机一公开"为核心的监管体系,率先在海洋石油勘探开发等行业建立实施排污许可制度。

(四)实现新的"四个转变"

在打好近期的重点海域综合治理攻坚战的基础上,着力打造"海洋生态环境监视监测、海洋污染防治和环境治理、海洋生态保护和恢复修复、海洋环境风险防控和生态安全保障、全球海洋环境治理和国际履约、海洋环境监督管理和执法监察"六大工作体系,构建支撑"两个一百年"决策部署的战略目标格局、落实高质量绿色发展的空间管控格局、提升监测监管应急能力的综合能力格局以及完善陆海统筹联动机制的多元共治格局。总体实现新的"四个转变":从"打赢重点海域污染防治攻坚战"向"近岸海域生态环境质量全面改善"转变,从"遏制海洋生态退化趋势,恢复修复受损海洋生态系统"向"拓展海洋生态空间,增强优质海洋生态产品供给能力"转变,从"定点定时监测评估"向"立体动态监测预报"的综合能力转变,从"近岸海域污染防治为主"向"海洋污染防治、生态保护、风险防控、全球治理并重"工作格局转变。

四、结语

当前,我国生态文明建设和生态环境保护进入了一个新的发展阶段,正处于关键期、攻坚期、窗口期,这是习近平总书记立足当前、着眼长远作出的重大战略判断。海洋生态环境保护工作应以习近平新时代中国特色社会主义思想为指导,深入贯彻习近平生态文明思想和海洋命运共同体理念,坚持目标导向、问题导向、发展导向、战略导向,以构建多方参与的共治体系为基础,以改善海洋生态环境质量为根本,以推动经济高质量发展和生态环境高水平保护为导向,统筹海洋生态环境保护的国际、国内两个大局,建立健全海洋环境综合治理和生态保护修复机制,加快推动海洋生态环境治理体系和治理能力现代化,加快建成"水清、岸绿、滩净、湾美、物丰"的美丽海洋。

文章来源:原刊于《环境保护》2019 年第 17 期。

中国海洋生态学的发展和展望

■ 李永琪,唐学玺

论点撷萃

生态学是研究生物界的结构、功能及与其生活环境相互联系、相互作用规律的一门科学,由于它能提供一些解决人类可持续发展所面临的资源、环境和全球气候变化困境的有益良方,因而受到了普遍的重视。海洋生态学是生态学的一个重要组成学科,是海洋资源(尤其是渔业资源)开发与利用、海洋生态环境保护和海洋综合管理的重要科学基础之一,对构建海洋命运共同体有重要作用。

70 年来,中国海洋生态学的研究取得了长足的进步,迈入了世界先进行列。本文限于作者的水平,概述难以全面、系统,但已取得的成就就让我们激奋。面对国际上学科的快速发展我们还有差距,许多海洋生态奥秘有待揭示,建设海洋生态文明也刚起步。为此,需要我们再出发,在理论、预测、应用、人才培养方面创造性地工作,而如何在海洋生态研究与应用领域实现信息化、智能化,更需要我们尽快迈开步伐。

我们建议:通过深入分析中国近海和大洋的大量调查、监测、实验数据和模拟,能更多地提炼出规律性的认识,提出有影响的假说、理论;加大对深海、大洋,尤其是"暗"生态系统的生态过程研究;深入开展人类生产、生活及全球气候变化多重压力对海洋生态系统的影响及良好对策研究;促进海洋生态学研究方法、设备的信息化和智能化;加强海洋生态学与其他海洋科学学科以及经济、社会、人文、管理科学的融合,努力为海洋生态文明建设多作贡献。

作者:李永祺,中国海洋大学海洋生命学院教授,中国海洋发展研究中心学术委员
唐学玺,中国海洋大学海洋生命学院教授

生态学是研究生物界的结构、功能及与其生活环境相互联系、相互作用规律的一门科学，由于它能提供一些解决人类可持续发展所面临的资源、环境和全球气候变化困境的有益良方，因而受到了普遍的重视。20世纪末，联合国教科文组织曾提出，要把生态学知识普及到每个人，做到家喻户晓。海洋生态学是生态学的一个重要组成学科，是海洋资源（尤其是渔业资源）开发与利用、海洋生态环境保护和海洋综合管理的重要科学基础之一，对构建海洋命运共同体有重要作用。回顾中国海洋生态学的发展，让我们迈步为建设海洋强国再出发，期望有所助益，故呈此文。

一、发展简史

海洋生态学的发展，从1777年丹麦学者O·F·米勒开始用显微镜观察微小的海洋浮游生物开始，大致可分为三个时期。第一时期为探索和描述时期。如法国J·V·奥杜安和H·米尔恩—艾德华兹于1832年提出了浅海生物的分布图式；英国E·福布斯首创了挖泥采集底栖动物的方法，并在大量采集和研究基础上，提出了海洋生物垂直分布带；而英国"挑战者"号（1872—1876年）涉及三大洋的海洋调查，发现了大量新的种属，初步分析了海洋生物与海洋环境的关系，经过20年的整理，编写了50本"挑战者号远征报告"；广（狭）温性生物、广（狭）盐性生物、生物群落等重要生态概念和浮游生物（Plankton）、底栖生物（Benthos）、游泳生物（Nekton）等重要生态名词的提出，标志着海洋生态学的创立。

海洋生态学发展的第二个时期，大致从20世纪初开始进入实验室操作、定性和定量相结合的研究阶段。此时期，开始进行浮游生物和底栖生物的分布和数量变化、鱼类数量变动洄游的研究。1935年坦斯利提出"生态系统"的概念以及1942年林德曼"十分之一"规律的建立，促进了从生态系统和能流的整体定量研究海洋生态过程和现象。而康奈尔和佩恩等的开创性研究——利用海洋模型研究干扰和竞争对海洋生态的影响，对海洋生态学在理论和实际应用上均有重要作用。

Dugdale和Goering于1967年提出新生产力（New Productivity）的概念，Azam于1983年提出微食物环（Microbial food loop）的概念，1977年美国"阿尔文"号深潜器首次在太平洋加拉帕戈斯海底发现了繁茂的生物群落，以及遥感技术在海洋初级生产力的应用，将海洋生态学的发展带进了新的时期。这个时期的主要特点是,海洋生态学与人类的经济、社会、人文科学紧密地联系,海洋污染(如海洋垃圾、微塑料、放射性、石油等)和全球气候变化对海洋生态系统的影响、海洋生态灾害、生态修复、基于生态系统海洋综合管理以及大海洋生态系统等成为研究热点。同时,与海洋生态有关的国际合作研究项目也增多,如"海洋生物地球化学和生态系统综合研究计划(Integrated Marine Biogeochemistry and Ecosystem Research,IMBER)""全球海洋生态系统动力学研究计划(Global Ocean Ecosystem Dynamics,GLOBEC)""全球有害赤潮生态学与海洋学(Global Ecology and Oceanography of Harmful Algal Blooms,GEOHAB)"等。

在时间上,中国海洋生态学研究的起步要比西方国家大约晚一百多年。在新中国成立之前,由于旧中国时期政治腐败、经济衰弱,因此仅有很少几次以海洋生物为主的调查,如以张玺教授为团长的"胶州湾海产动物采集团"于1935和1936年进行的春、秋二个季节的4次调查,1935—1936年浙江省水产试验场在浙江进行的渔业、海藻调查,以及1947年上海中央水产试验所在舟山近海进行的几次渔业调查等。

中国海洋生态学研究,是从新中国成立后开始的。由于党和政府对海洋事业的重视,从新中国成立初期,就逐步建立海洋科研机构、在高校培养海洋科研人员、建造调查船,以及研制和采购仪器设备等,并将海洋科技列入国家科技发展规划,国家和地方政府设立专项(题)研究项目给予经费支持。从1950年代起,有计划地摸清中国沿海资源、开展海洋综合调查,逐步开始进行南极海洋、北极和大洋调查。在"开发海洋、建设海洋强国"战略指引下,尤其是2012年以来,国家把生态建设纳入国家"五位一体"总布局,高度重视生态文明建设,使中国海洋生态学研究与其他海洋科技一样,迎来了蓬勃发展的春天。历经70年,中国追赶国际海洋生态研究步伐,在海洋生物生态调查,海洋生物多样性研究,海洋生态系统的结构和功能,海湾和河口生态过程,珊瑚礁、红树林和海草典型生态系统保护,大洋、深海和海山生态调查,海洋生态灾害、人类活动对海洋生态系统的影响,海洋生态承载力、海洋生态修复、全球气候变化和海洋酸化的生态效应,海洋生态系统服务功能和基于海洋生态系统的管理等研究,以及国际海洋重大研究计划的合作等均取得了显著的进步,受到了国内外广泛的关注和高度评价。可以说,中国海洋生态学的研究,用了70年的时间,从海洋生态学发展的第一时期跨入了发展的第三时期。

二、主要进展

(一)查清了中国近海生物多样性和生态特点

为全面掌握中国近海海洋生物资源和生物多样性状况,从 1953 年"烟台、威海渔场及其附近海域的鲐鱼资源"调查起,中央和地方先后组织了全国或局部海域(包括海洋生物生态)的综合调查。如"全国海洋普查"(1958—1960 年)、"南海北部和中部海域调查"(1973—1974,1977—1978,1979—1982,1983 年)、"南海南部海域调查"(1984,1987,1988—1989,1991—1995 年)、"台湾海峡海洋环境综合调查"(1983—1984,1984—1985,1994 年)、"长江口及济州岛附近海域综合调查"(1981—1982 年)、"全国海岸带和海涂资源调查"(1980—1986 年)、"全国海岛资源综合调查"(1988—1995 年)、进入 21 世纪启动的"中国近海海洋综合调查与评价专项"(简称"908 专项",2004—2008 年)等,国家科技部、基金委员会和沿海省区市也先后多次立项了专项调查任务。在此背景下,中国学者全面开展了海洋生物分类、物种多样性和生态类型的研究,发现了大量新物种,对中国近海主要生态类型(浮游植物、浮游动物、底栖生物、游泳生物等)的种群分布、群落特征和多样性状况有了全面的了解,为渔业、海洋生态环境保护提供了宝贵的科学基础。

1. 中国近海的生物多样性

生物多样性是地球上生命及其相互关系的总和,是人类赖以生存的物质基础。中国是世界上最大的沿海国家之一,海洋疆域北起渤海北端的大凌河(41°N),南至南海南端(3°30′N);南北延伸 4167 千米,跨越 37.5 个纬度,跨越温带、亚热带、热带三大气候带,海洋生境复杂,生态群落、生态系统多种多样。

中国近海的生态系统包括河口生态系统、潮间带生态系统、盐沼生态系统、红树林生态系统、珊瑚礁生态系统、海草床生态系统、沿岸生态系统、上升流生态系统、大陆架生态系统、大洋生态系统、热泉生态系统、岛屿生态系统等 12 个类型,以及人工和半人工生态系统,如潮间带池塘生态系统、人工鱼塘生态系统、围隔生态系统(包括网箱养殖)等,是世界沿海生态类型丰富多样的国家,每一类型的海洋生态系统又包括多个层级生态系统。

不同海洋生态系统因生境的差异,生活着众多的生物种类。2008年科学出版社出版的刘瑞玉院士主编《中国海洋生物名录》,记录了包括细菌界、色素界、原生生物界、植物界和动物界共46门、22629个现存生物物种,约占全球已鉴定海洋生物物种1/10,居北半球之冠,为全球第八位。我国台湾于同一年出版了台湾岛包括陆地、海洋生物种类名录。通过几十年的调查,先后出版了中国海藻志、中国无脊椎动物志、鱼类志等近500部分类学(包括种群生态)专著,为深入系统研究海洋生物学、海洋生态学奠定了丰厚的科学基础。

2. 中国海洋生物及其分布特点

中国海洋生物特有的门类多,包括栉水母、动吻动物、曳鳃动物、腕足动物、帚虫动物、毛颚动物、半索动物和尾索动物等12个门类。中国海洋生物的种类比淡水水域多,如已记录的鱼类3802种,其中海洋3104种,淡水仅752种,两种生境共有18种,海洋桡足类523种,淡水仅206种。中国海洋生物的物种种类数,由北往南递增,已记录黄渤海为1140种,东海4167种,南海5613种。中国近海生物物种受黑潮的影响较大。

3. 海洋生物区系划分

曾呈奎院士指出,一个海区的海藻区系区种类明确之后,应进一步分析研究区系的特点,以确定区系的温度性质及地理分布,阐明它与临近区系的亲疏关系及其在世界海藻区系种所占的地位并探讨其起源。他强调指出,海洋植物区系的一个基本性质是它的温度性质。他在Ekman提出的潮间带及浅海动物区系的基础上,将全球海洋植物区系划分为5个区系和9个区系区,较清晰地表示了海洋植物在世界分布的格局。

迄今,中国近海生物区系大致可划为3个区系,即:渤、黄海属于"北太平洋温带区系区"的"东亚亚区",属于暖温带区系(Warm Temperate Biota);东海和南海北部陆架区属于"印度—西太平洋暖水区系"的中国—日本亚区,属于亚热带区系(Sub-tropical Biota);东、南海,台湾—海南以南海域属印尼—马来西亚区,属于热带区系(Tropical Biota)。根据海洋生物对水温变化的适应和耐受能力,中国近海生物也大致可划分为冷水种、温水种和暖水种三个类型。

（二）深入开展了海洋生物生产力和生态过程的研究

1.海洋初级生产力

海洋初级生产力是海洋生态系统能流的基础，是全球碳循环、气候变化、渔业资源评估关键的环节，也是海洋科学、海洋生态学、水产资源学等领域研究的热点之一。

中国学者从 20 世纪开始即对海洋初级生产力的研究方法进行研究。20世纪 70 年代末起开始对近海海湾、河口、上升流和渤、黄、东、南四个海域以及黑潮区进行初级生产力的调查，估算了浮游植物的现存量和初级生产力水平，基本掌握了中国近海的初级生产力及其分布、变动规律。

国际上，新生产力、微食物环概念的提出以及海洋微型生物（尤其是细菌、病毒）在碳循环中重要作用的揭示，大大促进了中国初级生产力的研究。其中，焦念志院士开启了中国海洋新生产力研究，并在理论上有重要贡献。他提出了海洋初级生产力结构的内涵，可归纳为 4 个方面的内容：初级生产力的组分结构，即不同类群生产者对初级生产力贡献的比例；初级生产力的粒级结构，即不同粒径级的初级生产者对初级生产力贡献的比例；初级生产力的产品结构，即初级生产品中 POC、DOC 的分配比例；初级生产力的功能结构，即总初级生产力中新生产力所占的比例。简言之，初级生产力的结构应包括组分结构、粒级结构、产品结构与功能结构。

进入 21 世纪以来，焦念志等在研究海洋中特殊功能类群——好氧不产氧光合异氧菌（Aerobic anoxigenic phototrophic bacteria，AAPB）的生理生态功能时发现，AAPB 对于 DOM 具有选择利用性；受此启发，创造性地提出了"海洋微型生物碳泵"这一海洋储碳新机制，认为海洋中微型生物在利用活性溶解有机碳（Labile DOC，LDOC）的同时亦产生惰性溶解有机碳（Recalcitrant DOC，RDOC），正是海洋中数以亿万计的微型生物生命活动，造就了海洋中 RDOC 库，客观上将大气二氧化碳长期封存至海洋，为海洋生物在碳循环中的作用以及海洋在全球气候变化的作用提供了新的认识。

2.海洋次级生产力

以浮游生物为主的海洋次级生产力，在海洋生态系统中起承上启下的作用。70 年来，中国学者在海洋浮游动物的个体、种群和群落生态学领域进行了较全面、系统的研究，取得了丰硕的成果。

温度一直被认为是影响中华哲水蚤(Calanus sinicus)分布的最重要因素之一。黄海冷水团的存在使得中国哲水蚤的种群数量与其他海区不同。在黄海一年有两个相对的密度高峰,分别在春季和夏季,而在渤海和东海只有春季一个高峰,在南海和厦门港只有冬季和春季才有分布,夏季消失。黄海冷水团的存在保证了中华哲水蚤以拟成体的状态平安度过炎热夏季,待到条件适宜再发展壮大。还有研究认为,黄、东海是整个中国沿海地区中华哲水蚤种群补充的源地。有关中华哲水蚤的度夏机制,作为陆架区典型生态系统,被认为是物理过程、生物过程耦合研究的一个成功案例。东海黑潮和上升流对浮游动物的种类、分布和种群数量变动有显著影响。

随着生态模型与生物地球化学模型在海洋学研究中的发展,功能群在海洋生态学的研究中受到了重视。海洋生物功能群,指的是不同的生物类群在生态系统的作用和地位相同或相近的生物可归纳为一个类群,称之为功能群。这有助于对生态系统结构的理解,不再局限于某个种类的变化,而是整个功能群的变化。孙松等在对胶州湾生态系统的深入研究和对中国科学院胶州湾生态站长期调查、观测资料分析的基础上,将胶州湾的浮游动物划为6个功能群,即桡足类、毛颚类、被囊类、水母类、微型浮游动物和其他浮游动物。研究表明,胶州湾的生物多样性没有显著变化,但是胶州湾生物的种类组成发生了很大的变化,如甲壳类浮游动物的种类减少或消失了,但是小型水母等的种类和数量都增加了,这对生态系统的结构与功能、生态系统的健康会产生很大的影响。

3. 海洋生态动力学研究

中国海洋生态动力学的研究发展几乎与国际同步。中国科学家于1991年即进入国际"全球海洋生态系统动力学研究计划(Global Ocean Ecosystems Dynamics,GLOBEC)"科学指导委员会,参与计划的制定和促进发展等活动。在苏纪兰、唐启升院士的大力推动下,1996年,国家自然科学基金委启动了"渤海生态系统动力学与生物资源持续利用"重大项目;1999年,在国家973计划中,又启动了"东、黄海生态系统动力学与生物资源可持续利用"研究项目。

在此领域,通过多年研究取得了丰富成果。例如,河流截流和人工改造黄河入海口等人类活动严重影响了对虾幼体到达渤海栖息地的可能性;气候的长期变化导致了渤海水环境的显著变化,并对生态系统的生物生产产生影响。年代间的调查研究表明,渤海渔业生物资源的群落结构向低质化发展、食物网营养级下降、食物链缩短,生态系统控制机制的各种传统理论难以单一地套用于渤海;水层—底栖多箱模拟结果表明,在渤海生态系统循环中,浮游植物光合作用吸收的碳量约有13%进入主食物链,呼吸排出的碳量约为44%,20%左右向底栖亚系统食物链转移。还有学者开展了海湾和养殖池塘的生态动力学研究,如胶州湾水层生态动力学模拟、"虾池生态系能流结构分析"等。

(三)揭示了中国沿海生态灾害发生的原因、过程和机制

在污染、栖息地受损、过度捕捞及全球气候变化多重压力下,中国沿海生态系统的健康受损。这突出表现在局部海域污染严重,海洋生态灾害频发,一些典型海洋生态系统(如红树林、珊瑚礁、海草床等)在规模、结构和功能上都出现了严重退化,引起党和国家的高度重视。科技部、国家自然科学基金委、中国科学院、自然资源部等部门均设立多项重点项目或专项,组织国内专家进入深入研究,如"人类活动下中国典型生态系统变化""中国近海有害赤潮发生的生态学、海洋学机制及预测防范""中国近海藻华灾害演变机制与安全""长江口海域赤潮形成原因研究""中国近海水母爆发的关键过程、机理及生态效应""黄海绿潮业务化预测预警关键技术研究与应用""突发性聚集绿潮藻工程化快速处置及高值化利用技术研究与示范""中国东海沿海赤潮发生机理研究""黑潮及变异对中国近海生态系统影响""北戴河邻近海域典型生态灾害与污染控制关键技术与应用"等项目。通过30多年的研究,掌握了中国近海生态环境状况,揭示了海洋生态灾害发生的原因、过程和机制,并促进了海洋环境生态学学科的发展。

1. 生态灾害

中国沿海生态灾害和致灾生物的种类多,其中赤潮生物主要是甲藻、硅藻和原生生物,20世纪70年代以来,赤潮几乎在各个海域都有发生;褐潮的致灾生物为抑食金球藻,自2009年以来在秦皇岛局部海域发生;绿潮主要是石莼属的一些藻类,如浒苔、孔石莼等;近两年发生在黄海局部的金潮,为大型海藻马尾藻;白潮主要出现在黄海、渤海、东海,主要致灾生物为海月水母、霞水母和沙海蜇。

致灾生物形成灾害,既取决于其生理、生殖、生长和发育特性,受到物理

（水文）、化学（氮、磷、硅等营养盐）所驱动，也与过度捕捞、全球变化和增殖放流有关。

研究表明，中国东海赤潮高发，主要是由长江口及邻近海域的富营养化和黑潮输入大量营养盐引发的。迄今，在赤潮致灾种类的分子生物学鉴定、甲藻孢囊、有害赤潮毒素、赤潮监测、赤潮暴发的机制和预测、赤潮消杀等方面均取得了重要成果，尤其是用改性黏土处置赤潮灾害，经多次现场应用得到了很好的效果，也得到了国际学术界的肯定。

围绕黄、东海水母爆发的机理探讨，近年来对中国近海水母暴发的机理提出了一种新的理论模式，即水母生活史中的大部分时间以水螅体的形式生活在海底，水母暴发是水螅体对环境变异的一种应激反应，是为了逃避动荡环境，扩大分布范围，寻求新的生存空间，为种群繁寻求更多机会的一种策略；导致水母种群暴发的关键过程是海底温度的变动和饵料数量的变化，全球气候变化和富营养化是中国近海水母暴发的最主要诱发因素。

自 2007 年以来，黄海南部发生大规模绿潮灾害。经研究表明：黄海绿潮浒苔来源于江苏省条斑紫菜养殖区；浒苔复杂的生活史和多种繁殖方式（有性生殖、无性生殖和营养繁殖等）在绿潮形成过程中发挥重要作用；浒苔生长受温度影响明显，在 14～20℃间的增长率随温度增加而增加，20℃以上随温度增加反而降低；水体中微观繁殖体遇到合适的附着基就会萌发长成幼苗；浒苔具有很强的漂浮能力和快速的种群增长率，是浒苔能够在短时间暴发并形成绿潮的生物学基础；浒苔自身中空管状，是有效进行光合作用和漂浮生长的生物学条件；浒苔是典型的"嗜肥"种类，使其在种间营养盐竞争中处于有利的地位。

2. 促进海洋环境生态学的发展

海洋环境生态学是海洋科学、环境科学和生态学交叉形成的新学科，着重研究在人类活动压力下生态系统的变化规律和对气候变化的响应，寻求受损生态系统的恢复或重建。中国学者在海洋污染、生境破坏、海洋自然保护区建设、生态毒理、生态恢复等领域做了大量的研究工作。鉴于海洋微塑料污染严重，华东师范大学还建立了"海洋塑料（垃圾）研究中心"，开展海洋微塑料的调研工作。在总结大量研究成果的基础上，李永祺和唐学玺编写了《海洋污染生物学》《海洋环境生态学》《海洋生态灾害学》和《海洋恢复生态学》专著。

（四）为极地和大洋生态研究作出了贡献

中国从 1984 年建立南极第一座考察站——长城站起，又先后建立了中山站、昆仑站、泰山站等，进行了 30 多次包括南极大陆和邻近海域综合调查。从 1999 年起，我国科学家先后多次对北极进行了考察，先后开展了"南大洋生物生态学""生物地球化学与通量""北极海域系统功能现状考察及其对全球变化的响应"等调查研究。在海洋生物群落结构组成与多样性现状、关键生物种与资源分布和生态适应性等方面的调研成果，为极地海洋的生物资源变化，模型建立以及应用评估提供了大量数据。

值得提出的是，近十多年来中国在对大洋，深海和海山的调查研究有了长足的进步。如"蛟龙号"先后对中国南海、东太平洋金属结核区、西太平洋海山结壳勘探区、西南印度洋脊多金属硫化物勘探区、西北印度洋脊多金属硫化物调查区、西太平洋雅浦海沟区、西太平洋马里亚纳海沟等七大海区进行了上百次下潜，在中国南海区初步查明了南海冷泉区和海山生物群落特征、西南印度洋中国多金属硫化物勘探区共附生微生物多样性，证实了西太平洋采薇海山与维嘉海山区大型底栖生物分布具有良好的联通性，初步查明雅浦海沟北段西侧生物群落结构以及微生物（细菌，古菌，真菌）的多样性特征等。

中国科学院"热带西太平洋海洋系统物质能量交换及其影响"A 类先导项目，自 2013 年启动以来，在大洋、深海、海山的生物生态调查取得了可喜的成果。在国际上率先开展热液喷口流体温度梯度原位探测，在马努斯热液口探明 20 余个热喷口（最高温度 344℃），使用自主研发的深海热液口流体温度仪和拉曼光谱仪获得了热液口周围的温度梯度和物质组成数据。首次在国内水深 1800～2000 米的热液区开展深海大型生物的原位培养、环境胁迫、深海生物的水族箱培养等实验。在马努斯海盆水深 1700 米的深海热液区，获得了大量的海洋生物样品，发现了一些新的生物种类。实现了深海热液大型生物的实验室培养，成为继日本和德国之后，第三个可以在实验室进行深海热液大型生物培养的国家，打破了传统认为水深超过 1500 米的深海大型生物不可培养的观点。另外，张偲院士的研究组，在开展深海微生物的研究和利用方面也取得了显著的进展。中国海洋大学张晓华教授研究组，首次发现了太平洋马里亚纳海沟 10400 米水深处存在大量能够降解烃类的细菌。

中国学者围绕全球气候变化的生态效应也开展了许多有益的工作,如在三亚、南海和台湾多次记录到珊瑚白化事件、大型底栖生物和浮游植物全球气候变化的响应表现出多样性。另外,对海洋酸化、臭氧层空洞对海洋生物的影响也开展了许多研究。

三、发展建议

70年来,中国海洋生态学的研究取得了长足的进步,迈入了世界先进行列。本文限于作者的水平,概述难以全面、系统,但上述已取得的成就就让我们激奋。面对国际上学科的快速发展我们还有差距,许多海洋生态奥秘有待揭示,建设海洋生态文明也刚起步。为此,需要我们再出发,在理论、预测、应用、人才培养方面创造性地工作,而如何在海洋生态研究与应用领域实现信息化、智能化更需要我们尽快迈开步伐。

我们建议:通过深入分析中国近海和大洋的大量调查、监测、实验数据和模拟,更多地提炼出规律性的认识,提出有影响的假说、理论;加大对深海、大洋,尤其是"暗"生态系统的生态过程研究;深入开展人类生产、生活及全球气候变化多重压力对海洋生态系统的影响及良好对策研究;促进海洋生态学研究方法、设备的信息化和智能化;加强海洋生态学与其他海洋科学学科以及经济、社会、人文、管理科学的融合,努力为海洋生态文明建设多作贡献。

文章来源:原刊于《中国海洋大学学报(自然科学版)》2020年第9期。

韬海论丛

国家海洋生态环境保护"十四五"战略路线图分析

■ 姚瑞华,王金南,王东

论点撷萃

海洋生态环境保护是生态文明建设的重要内容,是美丽中国建设的重要组成部分,是海洋强国建设的重要基础,是推进经济高质量发展的重要依托,是生态环境高水平保护的重要领域,是深度参与全球治理的重要抓手。海洋生态环境保护,特别是近岸海域生态环境质量,一定程度上能综合反映我国污染防治和生态保护的工作成效。因此,海洋生态环境保护也是国家"十四五"生态环境保护规划的重要组成部分。

建议全国"十四五"海洋生态环境保护目标在全国"十四五"生态环境保护目标下,统筹制定"海碧生多、岸美滩净、河清海晏"美丽海洋的6类指标。

"十四五"是巩固和提升污染防治攻坚战成果,为美丽中国建设开好局、起好步、打下坚实基础的关键时期。海洋生态环境保护战略重点就是"以点(河口、海湾)带线(入海河流),以线促面(流域所辖区域),点面结合"推进陆海污染防治格局以及治理体系的建设,污染防治和生态保护两手发力促进海洋生态系统恢复和生物多样性保护,事前预报预警、事后联合处置提升应对环境风险及海洋灾害能力,央地间、部门间以及政策间多方联动助力形成保护海洋生态环境的大格局,深化"蓝色伙伴关系",共同构建海洋命运共同体。

作者:姚瑞华,生态环境部环境规划院正高级工程师

王金南,中国工程院院士,生态环境部环境规划院院长、研究员

王东,生态环境部环境规划院副总工程师

"十四五"是我国海洋生态环境管理体系重构和重建的关键时期,规划是海洋生态环境工作的顶层设计。为确保编制和实施好"十四五"海洋生态环境保护规划,需要加强与流域规划衔接,陆海统筹进行系统谋划和决策分析。

一、引言

　　我国是陆地大国,也是海洋大国,拥有约300万平方千米主张管辖海域、1.4万多千米海岛岸线、1.8万多千米大陆海岸线,拥有海湾、河口、海岛、盐沼、滩涂、海草、红树林、珊瑚礁等众多类型的海洋生态系统。海洋和陆地是一个生命共同体,海洋是陆地生态系统维持平衡和稳定的生态屏障,陆地是海洋开发和保护的重要依托。与陆域相比,海洋生态环境保护工作具有复杂性高、改善难度大、时间滞后性长、不可控因素多等特点,海洋生态环境保护成效距离人民群众对美好生活的向往仍有较大差距,保护形势依然非常严峻。2018年国家海洋生态环境管理体制发生重大变化,原国家海洋局的海洋环境保护职责划入新组建的生态环境部,打通了"陆地和海洋",为系统推进海洋生态环境保护奠定了基础。

二、海洋生态环境保护的现状与问题

　　我国海洋生态环境状态状况整体稳中趋好,近岸部分海域虽然污染严重,但已呈现明显改善态势。根据《2018年中国海洋环境状况公报》,2018年夏季一类水质海域面积占管辖海域面积的96.3%;近岸海域水质总体稳中向好,优良海水比例为74.6%,较2015年优良海水比例上升4.1个百分点,但仍劣于我国21世纪初期海洋环境质量水平。历年中国近岸海域环境质量公报显示,2018年劣四类海水面积为"十二五"以来最低值水平,较2015年下降了27%。渤海综合治理攻坚战的有效实施,使渤海近岸海域优良水质面积同比上升12.5个百分点,劣四类水质面积同比下降3.7个百分点。

（一）陆源入海污染量大面广,联防联控体系不完善

　　海洋在海陆水循环中的作用,使其成为众多污染物的最终归宿。随着

经济社会快速发展和人民生活水平的提高,直接排放和通过河流携带、大气沉降等途径排入近岸海域的污染物总量居高不下,据统计测算,陆源排放对近岸海域的污染贡献占70%以上,陆源污染排放是导致近岸海域水质污染的主要原因。入海污染物联防联控治理机制不完善是根本原因,近岸海域无机氮指标长期超标与陆源总氮浓度缺乏有效控制有着直接的关系。与2012年相比,2018年全国地表水总氮平均浓度上升13.8%,入海河流断面总氮平均浓度高达4.83毫克/升,沿海省份中辽宁、山东和海南入海河流总氮年均浓度同比上升20个百分点以上。

(二)保护与开发矛盾突出,海洋生态服务功能受损退化

近岸及近海是我国陆海生态系统关联最密切、保护与开发矛盾最突出的区域。围海造地、挖沙炸岛、粗放式海水增养殖等造成海洋生态系统服务功能受损。目前,全国大陆自然岸线保有率不足40%,17%以上的岸段遭受侵蚀,约42%海岸带区域的资源环境超载,滩涂空间和浅海生物资源日趋减少,近海大部分经济鱼类已不能形成鱼汛。海洋与海岸工程使港湾地形地貌演变加速,水动力条件发生变化,水域面积减少,滩涂湿地萎缩,生态功能受损。例如,浙江省乐清湾受漩门湾堵口筑坝工程影响,变为半封闭型港湾,湾内流场改变,水动力减弱,纳潮量减少,水体交换能力明显下降。《2017年浙江省海洋环境公报》显示,乐清湾冬春两季全部海域为劣四类海水、秋季大部分海域为劣四类海水,夏季局部海域为劣四类海水,主要超标指标为无机氮和活性磷酸,是我国污染最为严重的海湾之一。

(三)涉海环境风险源散乱多,累积性安全隐患不断增加

按照国家石化产业发展规划,我国将形成20个千万吨级炼油基地、11个百万吨级乙烯基地,都集中在渤海、黄海、东海、南海等海区沿线,布局性、累积性的环境风险短时间内难以消除。近年来,连续爆发了“桑吉”轮碰撞爆燃、天津滨海港危险品仓库火灾爆炸、福建东港碳九泄漏等事故,涉及船舶运输、危险化学品仓储、溢油污染等领域,涉海环境风险源分布广、类型多、威胁大、防控难度高。

(四)近岸海域生态灾害频发,影响区域呈现扩大态势

我国海洋生态灾害正处于高发期,对沿海的海水浴场、增养殖区、滨海旅游区、核电站等重要设施入水口海域等灾害敏感区域造成较大的威胁。

海洋生态灾害呈现出灾害类型增加、持续时间延长、影响区域扩大的态势，从以赤潮为主演变为赤潮、绿潮、水母、外来生物入侵等多种灾害并发的态势。沿岸海洋生态灾害持续时间由5—8月份为主，扩大到4—10月份；影响区域由局部海域（长江口、渤海湾、辽河口等）扩大为以海区为主（渤海沿岸、黄海北部、东海沿岸、华南沿海等）。2017年我国管辖海域共发现赤潮68次，累计面积约3679平方千米，对公众安全用海造成较大威胁。

三、海洋生态环境保护战略目标分析

（一）海洋生态环境保护的基本定位

海洋生态环境保护是生态文明建设的重要内容，是美丽中国建设的重要组成部分，是海洋强国建设的重要基础，是推进经济高质量发展的重要依托，是生态环境高水平保护的重要领域，是深度参与全球治理的重要抓手。海洋生态环境保护，特别是近岸海域生态环境质量，一定程度上能综合反映我国污染防治和生态保护的工作成效。因此，海洋生态环境保护也是国家"十四五"生态环境保护规划的重要组成部分。

（二）海洋生态环境保护的基本原则

1. 陆海统筹，区域联动

坚持陆地和海洋是一个生命共同体，流域海域协同治理，重点强化近海陆域和近岸海域空间管控、资源开发、污染防治和生态保护等顶层设计和系统谋划；同一海域内各级政府、企业和公众等共同参与海洋生态环境保护工作，减少入海污染物，改善海洋生态环境质量。

2. 生态优先，系统保护

坚持以改善海洋生态环境质量、保护海洋生物多样性、维护海洋生态系统健康、促进海洋资源有序开发利用为根本出发点，陆海协同推进重点区域海域、重要生态系统从现有的分散分片保护转向集中成片的面上整体保护，实行海湾、海水、海岛、海滩、海岸的系统协同保护。

3. 分区防控，分类施策

客观把握海湾长周期序列的演变规律及基础特征，识别"十四五"所处的历史阶段及特征，对不同海湾的主要生态环境问题及成因进行研判分析，针对性地确定治理对策和方案；以海湾、地市为抓手，进行分区防控和分类

管理,各项措施和任务落实到具体对象和保护目标。

4. 问题导向,精准治理

在尊重和科学识别陆海交互影响规律及特征基础上,以解决突出的海洋生态环境问题为导向,综合运用法规、标准、制度、政策等措施对海洋开发利用方式、强度、规模等进行调整和优化,着力推动海洋开发方式由粗放型向循环利用型转变,海洋生态环境保护由陆海分割管理向陆海统筹系统治理的转变。

(三)海洋生态环境保护的目标及路线图

党的十九大报告明确指出,到 2035 年,基本实现社会主义现代化,生态环境根本好转,美丽中国目标基本实现;到 2050 年,我国建成富强民主文明和谐美丽的社会主义现代化强国。建议全国"十四五"海洋生态环境保护目标在全国"十四五"生态环境保护目标下,统筹制定"海碧生多、岸美滩净、河清海晏"美丽海洋的 6 类指标。

"海碧":体现海洋环境质量保护,包括近岸海域和重点海湾优良水质比例、劣四类海水面积比例、主要河口富营养化下降程度、海水浴场水质达标率、入海排污口排查整治比例、重要海洋渔业水域海水环境质量等指标。

"生多":体现生物多样性保护成效,包括红树林、柽柳林、芦苇等湿地修复面积,海草(藻)床生境增加面积,滨海湿地恢复修复面积,海洋产卵场和育幼场恢复面积,海洋生态系统健康状态比例等指标。

"岸美":体现海洋生态保护修复成效,包括自然岸线保有率、海岸线整治修复长度等指标。

"滩净":体现洁净沙滩成效,包括海滩垃圾、海洋垃圾防治指标。

"河清":体现流域治理成效,包括入海河流消劣比例、入海河流总氮浓度值下降比例、入海河流断面达标比例等指标。

"海晏":体现海洋灾害及风险应急控制能力,包括五年期突发环境事件总数下降比例、海洋环境监测监管和风险防范处置能力建设等指标。

上述规划指标的目标值还需要进一步研究,并开展前瞻性、可行性、经济性等分析最终确定,海洋生态环境保护战略路线图如图 1 所示。

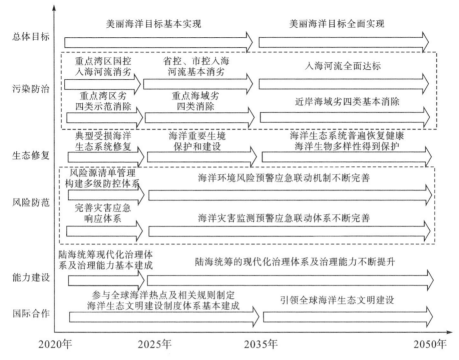

图 1　海洋生态环境保护战略路线图

四、海洋生态环境保护战略重点任务建议

"十四五"是巩固和提升污染防治攻坚战成果,为美丽中国建设开好局、起好步、打下坚实基础的关键时期。海洋生态环境保护战略重点就是"以点(河口、海湾)带线(入海河流),以线促面(流域所辖区域),点面结合"推进陆海污染防治格局以及治理体系的建设,污染防治和生态保护两手发力促进海洋生态系统恢复和生物多样性保护,事前预报预警、事后联合处置提升应对环境风险及海洋灾害能力,央地间、部门间以及政策间多方联动助力形成保护海洋生态环境的大格局,深化"蓝色伙伴关系",共同构建海洋命运共同体。

(一)陆海统筹协同治理海洋污染

构建"流域—河口(海湾)—近海"系统保护的治理格局。衔接和支撑长江经济带、黄河、粤港澳大湾区等国家重大战略实施,推动长江流域—长江口(杭州湾)、黄河流域—黄河入海口、珠江流域—珠江口等流域海域联动治理;以河口海湾为重要控制节点,将海洋的氮、磷控制需求溯源到关联流域及区域等,建立流域入海断面交接机制,强化入海断面总氮、总磷指标浓度控制;总结渤海综合治理攻坚战的经验,在重污染海域和海湾推动国控入海河流消劣行动向省控、市控断面的拓展,优先解决省(区、市)域内独流入海河流污染问题。

完善"近岸海域—入海排污口—排海污染源"全链条的监管体系。总结渤海综合治理攻坚战入海排污口排查整治的经验,在粤港澳大湾区、杭州湾等湾区,按照"排查、溯源、监测、整治"的工作步骤,强化入海排污口的分类管理和整治;根据海洋保护目标确定入海排污口的控制要求,倒逼排海污染源加大污染治理力度,提高排放标准,减少入海污染物;不断完善"近岸海域—入海排污口—排海污染源"管理链条,逐步形成权责清晰、监控到位、管理规范的入海排污口监管体系。

强化直排海污染源、海上污染源两类源的监管。重点推进直排海污染源的达标行动,全面衔接国家海水养殖尾水排放的管控要求,推进海水养殖尾水治理。严格落实排污许可管理制度的相关要求,开展码头、港口、造船厂、修船厂、深海排污口及海上工程等各类污染源排污许可核发技术规范研究,摸清各类污染源的污染排放特征、主要污染因子、排放周期等,基于海洋保护要求,确定直排海污染源、海上污染源的排放限值和排放总量要求,确保依法排污、持证排污。

(二)系统开展海洋生态保护修复

强化陆海协同生态空间的保护。基于陆—海相互作用确定陆海空间影响范围,通过河口海岸水动力过程分析等,研究划定海陆衔接的空间管控单元,形成陆海协调一致、功能清晰的空间管控分区,研究提出陆海协同保护的对象、目标指标及用海行为的负面清单等。鼓励有条件地区通过受损海域海岛修复、港口空间资源整合等方式,将部分建设用海空间转化为海洋生态空间。

加强海岸带保护与利用管理。充分发挥海岸带陆海空间耦合载体的作用,以海岸线为轴,统筹海岸线两侧资源配置、经济布局、环境整治和灾害防治等功能和需求,实施以生态系统为基础的海岸带综合管理,实施岸段分区分类分级的精细化管控,综合考虑海岸带不同岸段类型的生态敏感性、功能特点和市民亲海诉求等因素,不断增加公众亲海空间。

滨海海洋生态系统的保护修复。积极推进沿海生态受损海湾、滨海湿地,以及受损的或具有特殊用途、特殊保护价值的海岛保护与修复。因地制宜开展"南红北柳"湿地修复工程,恢复滨海湿地的重要生态功能,重建绿色海岸、红滩芦花等生态景观,筑牢海岸带绿色生态屏障。

保护海洋生物多样性。加大河口、海湾、海岸带典型海域生态系统、物种、基因和景观多样性保护力度,完善保护网络体系。加强生物多样性资源本底调查和评估,完善生物多样性监测预警体系,强化生物多样性保护优先区域的保护;完善外来物种监测预警及风险管理机制,开展外来入侵物种综合防控。

(三)严格防范海洋环境风险发生

建立海洋环境风险排查评估机制。针对赤潮(绿潮)高发区、石油炼化、油气储运、危化品储运、核电站、海底管线、海岸堤坝等重点区域,积极开展风险调查及评估,划定重点防御区,各个区域实施差异化的防护措施,在重点区域、重点行业集中布控,构建事前防范、事中管控、事后处置的全过程、多层级风险防范体系。借鉴江苏省化工产业安全环保整治提升的做法,大幅压减环境敏感区域、城镇人口密集区、化工园区外和规模以下化工生产企业数量,依法关闭安全和环保不达标、风险隐患突出的化工生产企业,限期取缔和关闭列入国家淘汰目录内的工艺技术落后的化工企业或生产装置等,从根本上全力防范和遏制突发环境事件发生。

完善海洋生态灾害和环境突发事件应急响应机制。建立天地一体化监视监测网络和预报预警应急响应体系,利用卫星等手段实现对溢油、赤潮、绿潮、危险化学品等高危险区的高频监视监测,加强海洋突发污染事件以及生态灾害的应急监测与预警系统建设,有效提升海洋灾害和环境突发事故应急预警预报能力,减少海洋灾害造成的损失。

(四)建设海洋生态环境保护治理体系

完善海洋生态环境保护法规标准制度。衔接海洋环境保护法的相关要求,严厉打击破坏生态系统、污染海洋环境等违法行为。加强海陆环境标准体系衔接、排污许可管理制度体系衔接、河长制和湾长制管理制度体系衔接等研究,实现陆海一体化管理。完善海洋生态补偿及赔偿等制度体系,建立保护海洋生态环境的激励和约束机制。

补齐海洋生态环境保护的能力短板。开展海洋生态环境保护责任体系研究,基于陆海交互影响、区域间交互影响等特征,合理划定海洋生态环境保护的事权范围,建立海洋生态环境保护的责任体系。全方位参与全球海洋治理,保障我国海洋权益,提高海洋领域国际话语权和影响力。

构建合力保护海洋生态环境的大格局。加强海洋生态环境保护的调查、监测、预报、预警、应急等能力建设,建立部门间、央地间海洋信息共享机制以及联动保护机制;发挥政府引导的积极作用,调动企业、公众参与海洋生态环境保护的积极性和主动性,形成党委领导、政府主导、企业主体、社会组织和公众共同参与的大海洋保护格局。

(五)积极参与全球海洋治理

构建近岸、近海、远海和极地大洋全覆盖、多层次的保护格局。基于我国海洋生态环境保护近海强、远海弱的现状,为全面加强对我国主张管辖的300万平方千米海域的管控与保护,亟须构建覆盖全部管辖海域以及管辖范围外有关领域海洋事务的管控格局。近海地区以着力改善海洋生态环境质量为导向,统筹开展河海的系统治理。远海和极地大洋区域以海洋可持续发展为目标,关注海洋酸化,海洋垃圾和污染,非法、未报告和无管制的捕捞活动,以及栖息地和生物多样性丧失等问题。

全方位拓展国际交流合作。强化海洋生命共同体建设,以推进"21世纪海上丝绸之路"建设为契机,积极发展"蓝色伙伴关系",深化海洋生态环境保护领域合作,促进海洋资源有效开发利用。积极参与联合国框架内海洋治理机制和相关规则的制定与实施,促进远海和极地大洋区域资源有序开发利用,全力保障我国海洋生态环境权益。

五、需要突破的重大政策和制度创新

(一)完善海洋生态环境保护法律体系

随着生态文明体制改革持续推进,海洋生态环境保护的一些法律法规已不能满足新时期海洋生态环境保护需要。建议根据海洋生态环境保护的形势和问题,推进《中华人民共和国海洋环境保护法》及其配套法律法规制度的修订和完善,重点在流域和海域联动治理、污染防治和保护修复统筹监管、海洋生态系统生物多样性保护、国际海洋保护等方面进行修订和完善，筑牢依法治海的法律基础。同时，坚持与国际海洋生态环境保护标准接轨，加强海洋生态环境保护治理体系和治理能力现代化建设。

（二）重构海洋生态环境空间规划体系

《中华人民共和国海洋环境保护法》（2017年修订）第八条要求"国家根据海洋功能区划制定全国海洋环境保护规划和重点海域区域性海洋环境保护规划"。现行海洋生态环境保护规划需要根据海洋功能区划制定，法律地位不高，对产业布局、结构调整和开发利用的约束性不强；海洋生态环境保护规划制度体系尚需完善，规划依据、规划层级、编制程序、实施机制等亟待明确。建议立法明确海洋生态环境保护规划的法律地位，充分借鉴海洋功能区划、近岸海域环境功能区划等经验，开展海洋生态环境功能区划研究，并作为编制海洋生态环境保护规划的基础和依据；完善海洋生态环境保护规划体系，明确国家、海区、海湾、地市等层级规划体系间的关系及要求等。

（三）加快研究制定陆海统筹的标准体系

陆海污染防治缺乏协同性，地表水、海水等水质标准以及海域和陆域污染防治技术指标体系不匹配，海陆生态环境管控方向和内容不一致，海陆指标设置与政策管控措施的差异化，造成海洋生态环境保护规划实施困难。河口海湾标准体系缺失，不利于加强入海河流管理和改善近岸海域水质。建议开展河口海湾标准体系研究，推进地表水和海水评价体系衔接，科学评价河口和海湾的生态环境质量。

（四）建立海洋生态环境保护责任体系

《关于构建现代环境治理体系的指导意见》明确提出要健全环境治理领导责任体系，开展环境质量目标考核。海洋生态环境质量受陆源污染影响较大，特别是长江、黄河、珠江等大江大河对近岸海域环境质量贡献较大，如何合理界定流域各省（区、市）的海洋生态环境职责是最大难点。建议开展海洋生态环境保护责任体系研究，合理确定沿海省（区、市）的海洋生态环境保护目标和责任，协同推进海洋生态环境治理。

（五）衔接陆海排污许可管理制度体系

按照《国务院办公厅关于印发控制污染物排放许可制实施方案的通知》

要求,将排污许可制建设成为固定污染源环境管理的核心制度。目前,近岸固体废物、海洋垃圾(微塑料)、海洋倾废、船舶及有关作业活动、油类排放和温排水等管控要求尚未纳入排污许可管理制度范畴。建议借鉴陆上排污许可制度体系建立的经验,研究建立海上排污许可管理制度体系,明确管理范围、管理对象、管理目标等,形成精细化的海洋污染物排放管控制度。

六、结语

"十四五"是我国海洋生态环境管理体系重构和重建的关键时期,规划是海洋生态环境工作的顶层设计。为确保编制和实施好"十四五"海洋生态环境保护规划,需要加强与流域规划衔接,陆海统筹进行系统谋划和决策分析。

文章来源:原刊于《环境保护》2020 年第 3 期。

海洋命运共同体视域下
全球海洋生态环境治理体系建构

■ 张卫彬,朱永倩

论点撷萃

全球海洋生态环境治理是全球治理的必由之路。全球海洋治理是国际社会应对海洋问题的整体方案与积极努力,是构建海洋命运共同体的重要组成部分。各国政府均为"海洋生态环境治理的重要参与者、建设者和维护者",理性分析全球海洋生态环境污染及治理现状,共同构建全球海洋生态环境多边治理体系,不仅是实现海洋生态环境可持续发展的必然要求,更是实现"海洋命运共同体"目标的关键所在。

全球海洋生态环境治理体系的构建既要符合海洋自身特点,确立"海洋命运共同体"的指导理念,并以全球治理作为基础,也要构造其具体的关键要素及评估体系,建立各国"共商共建共享"的平台,进而实现海洋生态资源的可持续利用。

中国是海洋大国,海洋命运共同体理念是中国参与全球海洋生态环境治理体系的基本遵循,也是新时代中国参与全球海洋生态环境治理体系的基本范式。全球海洋生态环境治理体系的建构离不开中国的参与。

基于全球治理的深入推进以及治理体系和治理能力现代化的内生要求,全球海洋生态环境治理体系的构建应以以海洋命运共同体理念为价值指导的全球治理为基础,积极回应海洋生态环境污染形势日益严峻的现实之问。简言之,全球海洋生态环境治理体系之建构能够促进海洋生态环境

作者:张卫彬,安徽财经大学法学院院长、教授
　　　朱永倩,安徽财经大学法学院法学硕士

的可持续发展,保持海洋生态链的均衡发展,促进海上互联互通和平等合作,坚持以对话解决争端、以协商化解分歧,最终真正实现海洋命运共同体的目标。

晚近以来,人类在世界海洋的活动呈指数级增长。然而,由于海洋生态环境治理缺乏全球性的统筹治理体系,海洋生态环境污染日益严重。全球海洋生态环境的治理需要各国的积极参与、共同进行。中国政府历来高度重视并积极参与全球多边海洋治理活动,这也是中国建设海洋强国的应然要义。2016 年 9 月 19 日,李克强总理在联合国总部主持召开"可持续发展目标:共同努力改造我们的世界——中国主张"座谈会,并发布《中国落实2030 年可持续发展议程国别方案》。2017 年 6 月,中国代表团在联合国海洋可持续发展大会上率先提出了"构建蓝色伙伴关系""大力发展蓝色经济""推动海洋生态文明建设"三大倡议,推动构建更加公平、合理和均衡的全球海洋治理体系。2019 年 4 月 23 日,在中国人民解放军海军成立 70 周年之际,习近平主席首次提出构建"海洋命运共同体"。无疑,这是人类命运共同体重要思想在海洋领域的生动体现。可以预见,海洋命运共同体理念势必成为今后中国处理海洋问题、发展海洋经济、进行海洋治理的指导性思想,也为全球海洋治理体系的建构提供了全新的思路。应当说,全球海洋生态环境治理是全球治理的必由之路,全球海洋治理是国际社会应对海洋问题的整体方案与积极努力,是构建海洋命运共同体的重要组成部分。各国政府均为"海洋生态环境治理的重要参与者、建设者和维护者",理性分析全球海洋生态环境污染及治理现状,共同构建全球海洋生态环境多边治理体系,不仅是实现海洋生态环境可持续发展的必然要求,更是实现"海洋命运共同体"目标的关键所在。

一、全球海洋生态环境治理体系构建之必要性

21 世纪是海洋的世纪,世界主要沿海国家的经济发展战略中心逐渐由陆地转向海洋。海洋是地球生物多样性和生态系统服务的重要来源。然而,近几十年来,海洋健康状况的日益下降对人类的生活及经济造成了严重后果,因而加强全球治理、构建海洋生态环境治理体系显得尤为必要。

（一）全球海洋生态环境形势日趋严峻

海洋生态环境的破坏源自人类对海洋生态施加的各种压力，海洋垃圾倾倒是海洋生态环境破坏的首要原因。以中国为例，对比 2016—2018 年《中国海洋生态环境公报》的相关数据，虽然中国近几年加大了沿海岸水域海洋生态环境的治理力度，但由于无法控制陆基污染源的排放总量，海洋生态环境总体状况仍不容乐观（表 1）。

表 1　中国 2016—2018 年近海岸水域状况分析

年份	近海海域水质状况（一类水质占比为例）	直排海污染源排放总量/万吨	渔业水域环境状况（以无机氮点位超标率为例）	海上污染事故统计（0.1 吨以上船舶污染/起）
2016	32.4%	657430	23.3%	10
2017	34.5%	636041	30.2%	14
2018	46.1%	866424	无	2（重大）

资料来源："中国海洋生态环境状况公报"，中华人民共和国生态环境部，http://www.mee.gov.cn/hjzl/shj/jagb/，访问时间：2019 年 12 月 9 日。

值得强调的是，近些年来，塑料垃圾无节制倾倒形势尤为严峻。依据联合国海洋事务和海洋法司 2016 年 1 月发布的"第一次全球海洋综合评估"（以下简称《评估》）中相关学者于 2015 年的统计，2010 年 192 个沿海国家产生了 2.75 亿吨塑料垃圾，其中 480 万吨到 1270 万吨塑料垃圾进入了海洋。由于塑料垃圾的难降解性和吸附性，塑料垃圾和微塑料对于海洋生态环境产生的影响几乎是不可逆的。2017 年 6 月，联合国"2030 年可持续发展计划"将防止或减少塑料、微塑料及其他废弃物的排放写入议程，各国家和地区积极响应，纷纷为抵制海洋垃圾污染特别是塑料污染而采取行动。尤其是在 2019 年 4 月 29 日至 5 月 10 日举行的《巴塞尔公约》缔约方大会第十四次会议期间，各国政府修订了《巴塞尔公约》，将塑料废物纳入一个具有法律约束力的框架，这将使全球塑料废物贸易更加透明并更有效地对其监管，同时确保对人类健康和环境更加安全。与此同时，确立新的塑料废物伙伴关系，以调动商业、政府、学术和民间社会的资源、利益和专门知识，协助执行新措施,提供一套切实可行的支持方案,包括工具、最佳规范、技术和财政援助等。无疑,此举将有利于实现对海洋塑料垃圾的有效控制,进而对海洋生态环境质量恶化的趋势起到一定程度的遏制作用。

与此同时,海洋生物多样性损害亦为海洋生态环境受损的重要表征之一。海洋生物多样性的养护和可持续发展,对于维持全人类生存所依赖的生命网络系统至关重要。目前,全球保护生物多样性的法律依据主要包括《联合国海洋法公约》和《生物多样性公约》,但《联合国海洋法公约》第十二部分仅有"保护和保全稀有或脆弱的生态系统,以及衰竭、受威胁或有灭绝危险的物种和其他形式的海洋生物的生存环境,而有很必要的措施"之表述,并未提及"海洋生物多样性",而《生物多样性公约》则因为其过分的"确权"色彩以及对国家管辖外海域生物多样性保护的立法阙漏而饱受诟病。如有的学者认为,由于20世纪90年代各个国家并未意识到保护国家管辖范围外海洋生物多样性的必要,因而在《生物多样性公约》中并无相关的具体措施和保护制度。相关制度的缺失无疑在一定程度上导致了各国对海洋生物资源的过度开发,进而加剧了海洋生物多样性的丧失。联合国大会于2015年9月通过的《2030年可持续发展议程》第十四项目标列举了人类面临的环境问题,其中包括海洋生物多样性的丧失。

(二)全球治理和治理能力现代化的必然需求

全球治理概念最早由美国学者詹姆斯·罗西瑙(James N. Rosenau)于1992年提出,他认为全球治理是一种没有国家中心的治理状态,是不存在统治的治理概念。现在通常认为,全球治理指的是通过具有约束力的国际规制解决全球性的冲突、生态、人权、移民、毒品、走私、传染病等问题,以维持正常的国际政治经济秩序。自第二次世界大战以来,美国与欧洲一直企图塑造体现西方价值观和利益的国际秩序,但随着经济发展与国际形势的转变,西方主导的全球治理缺少价值共识及基本遵循,同时也证明西方新自由主义和个人主义生态价值观存在严重的伦理悖论。进入21世纪以来,全球化进程出现了新的发展趋势。在世界多极化、经济全球化、文化多样化、信息社会化的新时代,人类进入到一个高度相互依存的社会当中。全球化的扩展与全球海洋问题的频发等现实因素推动了全球治理的嬗变。由此,构建全球海洋生态环境治理体系是全球治理和治理能力现代化的必然要求。

首先，由于海洋的一体性、流动性以及海洋边界的模糊性，使得各国在治理管辖范围内海域的海洋生态环境时，难以预防来自国家管辖范围以外的流动性污染。为保护海洋生态环境，解决海洋生态环境加速退化问题，实现海洋生态环境资源的可持续性发展，区域性的海洋生态环境治理计划应运而生，如中国参与的西北太平洋行动计划、"中国—欧盟蓝色年"及行动、东北亚行动计划、以联合国环境署的区域海计划为基础的《保护东北大西洋海洋环境公约》《南极海洋生物资源养护公约》《保护南太平洋区域自然资源环境公约》等，均为实现双边或多边海上合作、共同保护海洋生态关系建立了长期、稳定的合作关系。

其次，全球海洋生态环境治理的前提是全球化的扩张。各国意识到全球海洋生态环境治理问题，需要国际社会采取共同或相互协调的行动来解决。全球海洋生态环境治理体系之构建的关键在于各主权国家的联合和海洋治理权力的授予，其本质在于各主权国家界限的超越，而全球治理理论能够超越传统意义上的国家界限，符合超国家层面的特点，也是与传统治理理论的最大区别。

最后，全球海洋问题的频发以及相关事件的跨国性，使得全球海洋生态环境治理体系的构建成为现实必要。从 1978 年"卡迪兹（Cadiz）号"油轮事件到 1979 年墨西哥湾井喷事件，再到 2011 年福岛核电站泄漏事件，这些海洋污染事件的规模之大、波及海域之广、造成的海洋生态环境污染程度之深、产生的国际影响之剧烈都令国际社会震撼。尤其是 2018 年 1 月发生在中国长江口以东约 160 海里处的巴拿马籍油船"桑吉"（Sanchi）轮碰撞燃爆事故，数十万吨凝析油发生泄漏，事故海域油膜覆盖面积总计达 1706 平方千米。该事故造成附近水域海水质量在短时间内迅速下降，并将对周边海洋生态环境造成数十年的长期影响。由此可见，全球海洋问题的频发已经深刻影响了相关海域的水体质量与生物安全，在海洋污染物危害出现全球化趋势的国际背景之下，海洋生态环境治理体系的全球性体系构建刻不容缓。

二、海洋生态环境现有治理体系评析

鉴于全球海洋生态环境质量每况愈下，国际社会为了避免"公域悲剧"（The Tragedy of Commons），尝试从制度设计和法理等层面建构全球海洋治理体系,旨在加强海洋生态环境的保护,实现可持续发展。

（一）现有的治理体系

1. 国际治理体系

1982 年通过的《联合国海洋法公约》是海洋治理的大宪章,该公约明确规定各国都有保护与保全海洋环境的义务。在过去的近 40 年里,国际海底管理局为海底开发活动以及制定海洋环境保护规章做了大量的工作。除国际海底管理局之外,为海洋生态环境保护作出贡献的国际组织还包括联合国大会、联合国环境规划署、国际海事组织等;其中,联合国大会对于海洋生态环境的保护主要体现为会议通过的系列海洋生态环境保护文件。在联合国环境规划署的倡导下,通过了一系列重要公约,如《生物多样性公约》《濒危野生动植物国际贸易公约》《物种迁徙公约》《蒙特利尔议定书》等,奠定了海洋生态环境治理的法律基础。在国际海事组织通过的 51 项国际航运管理条约中,有 23 项直接与环境有关。虽然现有以《联合国海洋法公约》为基础的国际治理体系,在一定程度和范围上实现了海洋生态环境可持续性发展的目标,但是仍然呈现碎片化,难以有效满足全球海洋生态环境治理的要求。

2. 单边、双边和区域治理体系

单边治理体系主要指各国的自主治理,治理范围多局限于领海、毗连区以及专属经济区。例如,中国对海洋生态环境的治理主要包括建立健全国内法律(如修订《海洋环境保护法》、完善资源开发配套条例)、扩大生态红线保护范围、建立海洋自然保护区、完善海洋环境监测体系、实施重大治理项目等。双边治理体系主要建立在国家间就海洋生态环境保护进行合作,共同应对区域或全球海洋环境的恶化问题而形成的国家间网格体系。如 2019 年 3 月,中国与法国签署了《中华人民共和国和法兰西共和国关于共同维护多边主义、完善全球治理的联合声明》,双方共达成 37 项共识,其中 3 项内容涉海,具体包括海洋生物多样性的养护、海洋塑料垃圾污染的防治等。

通常,区域治理体系主要是指某一区域内的国家、国际组织以及其他主体共同对区域内事务进行管理的体系。在海洋生态环境保护领域,区域治理体系主要以联合国环境署的区域海计划为蓝本,旨在通过全球海洋区域化治理实现全球海洋生态环境的保护。回顾历史,1974 年开始的区域海计划是联合国环境规划署最重要的成就之一。截至 2016 年,已经有 143 个国家参加由联合国环境署主办的 18 个区域海计划,在一定程度上增强了海洋可再生能源的调控和保护能力。此外,为了加强国家管辖范围以外海域生物多样性的养护和利用,2002 年,联合国大会呼吁"发展各种方法和工具,包括生态系统方法,建立符合国际法并以科学知识为基础的海洋保护区"(第57/141 号决议),部分国家和国际组织开始设立海洋保护区,如地中海派拉格斯海洋保护区、南奥克尼群岛南大陆架海洋保护区、大西洋公海海洋保护区网络、罗斯海地区海洋保护区等。

鉴于以国家、政府间国际组织为主体的单边、双边和区域治理体系仍不足以应对海洋生态的巨变,特别是全球治理问题存在广泛性和复杂性,文森特·奥斯特洛姆夫妇(Vincent Ostrom 和 Elinor Ostrom)提出的多中心治理理论成为全球海洋生态环境治理体系构建的热门理论。该理论是基于经济学理论所设计出的一种治理理论,意味着政府、市场的共同参与运用多种治理手段。多中心治理理论的价值和意义在于以经济学理论为基础,利用经济视角综合分析了在解决问题时应当考虑的社会整体价值导向和合作优势。围绕多中心治理理论,国内学者结合中国实际进行了一系列专题研究。如郑建明、刘天佐认为应采纳"多中心治理理论",以政府治理为主,通过市场、社会治理等多种手段的综合运用对渤海海洋生态环境进行治理,进而建立多元主体治理体系,从而实现对中国渤海的海洋生态资源进行重新配置与海洋生态环境的可持续发展。郑苗壮等学者则运用多中心治理理论对中国海洋生态环境治理现代化进行了研究,认为中国海洋生态环境治理关键在于完善制度设计,协同政府、企业的共同治理。沈满洪指出,中国海洋生态环境治理可能面临治理失灵风险,因而需要推动海洋生态环境保护由"单中心治理"转向"多中心治理"模式,从而推动海洋生态环境治理制度与保护制度的耦合。

(二)不足之处

全球海洋生态环境治理问题需要国际社会一致合作与行动,构建全球海洋生态治理体系,进而实现共同治理。然而,由于制度本身存在的缺漏、国际组织的代表性不足、对民间组织参与度重视不足、个别国家基于私利退约或对缔结全球环境公约态度消极等诸多原因,国际治理体系(国际公约、惯例、决议等)在解决全球海洋生态环境问题上仍存在局限性。同时,海洋区域治理体系也难免会出现治理重叠区域和空白区域,从而背离全球海洋生态环境治理的目标。例如,有学者探究了《保护东北大西洋海洋环境公约》与《南极海洋生物资源养护公约》在国家管辖范围外的作用、监管职能和当前活动,以及在这些海洋区域方案框架下作出的有关决定和采取行动的效果。该研究对两个公约的执行情况以及行动效果作出了详细分析,并指出两公约与其他组织规章在处理某些法律问题的重叠部分与被排除在外的部分,勾勒出区域海洋治理优势的同时,也揭示了其弊端之所在,如《保护东北大西洋海洋环境公约》将渔业管理的问题排除在外。另有学者研究了区域海计划对于海洋可再生能源的调控和保护能力,以及区域海计划与欧盟《海洋战略框架指令》《海洋空间规划指令》之间的关系。虽然该研究结果表明区域海计划能够对海洋生态环境与可再生能源具有一定的保护作用,但其局限性在于缺乏技术性的规范,需要结合一系列国际层面的法律文书来实现对海洋生态与海洋可再生能源的保护。应当说,区域治理体系规避了全球治理所要面临的国际政治博弈与领土、民族纠纷问题,为过去几十年间减缓海洋生态环境的退化、实现区域海洋生态环境的可持续发展作出了巨大贡献,但已无法满足全球海洋生态环境治理的需求,因而并不能视为全球海洋生态环境治理的良策。

相比之下,多中心治理理论源自新自由主义,其主要运用场景不再局限于区域海洋生态环境治理以及相关制度设计。这种体系设计思路的关键在于试图规避主权国家的政府干预,以最少的机构设置成本,促进政府主体的开放,通过全球性的资源配置来实现跨国主体的利益最大化。但是,该设计思路的最大弊端在于,新自由主义所极力主张的全球化,实质在于推行由美国为主导的全球化。由此可见,多中心治理理论存在的主要问题在于,割裂海洋生态环境的全球性、流动性、一体性,其自身的局限性不足以为全球海洋生态环境治理体系构建提供法理依据。显然,这与"共商共建共享的全球治理观"及全球海洋生态环境治理体系的目标——海洋命运共同体目标的实现背道而驰。基于此,确立海洋命运共同体理念,并克服协调性、民主性、宽泛性等不足的问题,可为全球海洋生态环境治理提供理论依据。与多中心理论的不同之处在于,海洋命运共同体理念下的全球治理能够实现国家主体之间的主动联合,实现"一体性"治理。该性质与海洋的"一体性"实现耦合,能够为全球海洋生态治理提供体系构建的有效思路。

(三)海洋命运共同体理念的确立

1. 海洋命运共同体理念确立的历程

从党的十九大报告中指出要"倡导构建人类命运共同体,促进全球治理体系变革"以来,习近平主席在国内外多次提及"人类命运共同体"并不断阐释其内在含义。"人类命运共同体"理念已为全球治理注入新活力,并由国内共识转化为全球治理领域的新共识。2017年,人类命运共同体理念相继被写入联合国社会发展委员会、安全理事会和人权理事会决议。海洋命运共同体作为人类命运共同体理念下的子命题,是指为促进各国海洋共同发展,维护海洋生态环境,实现海洋生态环境的可持续发展而形成的新理念,其要义与人类命运共同体的价值内核一脉相承。2015年6月13日,在《联合国海洋法公约》缔约国第25次会议上,中国代表团团长王民就"如何实现海洋的可持续发展"发表观点时指出,应充分凝聚政治意愿,树立海洋命运共同体意识,携手应对挑战,开展更多务实合作,实现共同发展。这是中国官方首次提出"海洋命运共同体"的概念。2019年4月23日,在中国人民解放军海军成立70周年之际,习近平主席首次提出构建"海洋命运共同体"。自此,"海洋命运共同体"实现了从单纯概念的提出到具体建构的质的飞跃。毫无疑问,在海洋生态环境被严重破坏的国际大背景之下,海洋命运共同体理念的产生与发展,势必为全球海洋生态环境治理体系的构建提供充分的思想基础。

2. 海洋命运共同体理念之优越性

为实现海洋生态的可持续性发展,全球海洋生态环境治理体系构建有必要确立体现合理性、包容性与可持续性的海洋命运共同体理念,共护海洋和平,共筑海洋秩序,共促海洋繁荣。实际上,海洋命运共同体作为全球海洋生态治理体系构建的指导理念,一是符合联合国《2030年可持续发展议程》可持续发展第十四项目标,这是海洋命运共同体作为全球海洋治理体系构建指导理念的合理性所在;二是全球性的海洋生态环境体系构建需要针对世界各国的不同地理环境、文化、制度以及争端解决进行协调,缺乏包容性的全球治理方案无法得到普遍的认可。海洋人类命运共同体理论秉持全人类共同发展原则,不以私利为先,其精神内核的"包容性"能够为全球海洋生态环境治理体系的构建奠定理念基础,而真正实现"海洋命运共同体"。

如果说合理性与包容性是海洋命运共同体理念的"手段",那么可持续性则可以认为是海洋命运共同体理念指导下的全球海洋生态环境治理体系建构之目的。为积极响应《2030年可持续发展议程》的核心要义,2019年3月在内罗毕召开的第四届联合国环境大会以"寻找创新解决方案,应对环境挑战并实现可持续的消费和生产"为主题,表达了当今国际社会对于环境以及海洋环境可持续发展的治理愿望。从某种意义上说,为实现全球海洋生态环境的可持续性发展,以人类命运共同体理念下的海洋命运共同体作为指导全球海洋治理的理念是构建海洋生态环境全球治理体系的重要选择。

三、全球海洋生态环境治理体系的构建

全球海洋生态环境治理体系的构建既要符合海洋自身特点,确立"海洋命运共同体"的指导理念,并以全球治理作为基础,也要构造其具体的关键要素及评估体系,建立各国"共商共建共享"的平台,进而实现海洋生态资源的可持续利用。

(一)应遵循的基本原则

全球海洋生态环境治理是全球治理的理论和实践在海洋领域的具体运用。该治理体系的构建应首先遵循"海洋命运共同体"原则。海洋命运共同体理念是人类命运共同体理念的发展,具有全球海洋生态治理体系治理思想应有的合理性、包容性与可持续性,为实现发展中国家与发达国家平等对话、共同合作治理海洋生态环境提供了可能。众所周知,长期以来,发展中国家在建构国际秩序过程中经常处于"失语"状态,而海洋命运共同体原则体现了人类命运共同体的核心理念,其秉承多边主义,谋求共商共建共享,在尊重发达国家话语权的同时兼顾发展中国家的话语诉求,从而实现全球海洋生态环境治理体系的构架秩序与全球海洋生态环境的共同保护。

其次,全球海洋生态环境治理体系的构建应坚持可持续发展原则。实现海洋生态环境的可持续发展已经成为国际社会的共识,也是海洋命运共

同体构建的应然要求。从联合国于2015年9月发布的《2030年可持续发展议程》第十四项目标,到2017年6月联合国通过决议《我们的海洋,我们的未来:行动呼吁》;从2019年3月联合国以"寻找创新解决方案,以应对环境挑战并实现可持续的消费和生产"为主题的第四届环境大会,再到2019年4月关于完善《巴塞尔公约》的相关国际磋商,均以实现环境与海洋环境的可持续发展为目标和行动宗旨。早在1987年,联合国世界环境与发展委员会在《我们共同的未来》报告中首次将可持续发展定义为"满足当代人的需求,又不对后代人满足其需求的能力构成危害的发展"。该定义以环境保护与生态维护为出发点,目的在于维护代际公平,即当代人的发展不应损害下一代人的发展,而全球海洋生态环境治理体系意在从全球的视角保护和涵养海洋生态环境资源,促进海洋生态环境的可持续性发展,从而在保证代内公平的基础上实现代际公平。因此,将可持续发展原则作为全球海洋生态环境治理体系的原则是保护海洋生态资源的关键之举。

此外,可持续发展原则在推进全人类共同继承财产原则方面也具有重大意义。《联合国海洋法公约》第136条就全人类共同继承的财产作出了具体规定,强调了国家管辖范围以外地区的资源属于全人类共同所有,由所有国家以和平为目的共同管理和利用。但是,关键的问题是如何养护和保持这些资源,实现海洋生态环境的可持续性发展。由此,全球海洋生态环境治理体系本身的特点在于,以分析海洋治理现状为基础,厘清海洋生态环境治理非一国治理可为之的事实,结合现有理论基础进行体系构建,进而实现全球海洋生态的可持续性发展。因此,以可持续性发展原则作为海洋生态环境治理体系构建的原则,不仅有利于全人类共同继承财产的保护,也有利于在保证代内公平的基础上实现代际公平。

(二)全球海洋生态环境治理体系设计的关键要素

全球海洋生态环境治理体系的构建,是在以主权国家为基本单位的行为体之间发生交往和互动的基础上形成的,以海洋生态环境保护为目的国际体系。为了就全球海洋生态环境治理体系的实体要素进行合理设计,理应充分考虑体系内各主体的话语权诉求、利益分配诉求以及观念诉求,进而构造出稳定的实体结构,以实现海洋命运共同体目标(图1)。

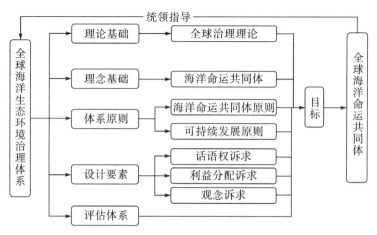

图1　全球海洋生态环境治理体系设计流程图

资料来源:笔者自制。

需要强调的是,全球海洋生态环境治理体系设计的关键在于,现有体系的统筹、协定的规划以及针对海洋生态环境保护缺漏的补足。环境法治是经济、社会、环境与可持续发展四大支柱的重要平台,没有环境法治,全球海洋生态环境治理体系构建就无法真正实现,可持续发展也就无从谈起。在国家层面,截至 2017 年,世界上有 176 个国家制定了环境框架法律,由数百个机构和部门加以实施。在国际层面,海洋生态环境保护公约也在不断增多,如《国际防止海上油污公约》《防止倾倒废物及其他物质污染海洋公约》《联合国海洋法公约》《控制危险废料越境转移及其处置巴塞尔公约》《生物多样性公约》等。同时,国际环境保护组织倡议、各国签订的主要环境协定包括《生物多样性公约》在内的九项重要公约。然而,目前世界范围内海洋生态环境保护相关组织规约的共同点在于由发达国家主导,多倾向于维护发达国家的海洋利益。

基于此,构建全球海洋生态治理体系应重点从以下三方面着手。一是话语权诉求层面,应当积极引导发展中国家参与国际体系的构建,积极参与全球海洋生态环境治理公共产品的供给,形成有力的发展中国家话语平台。同时,作为一个全球性的体系,话语权分配决定了体系的“效率”和覆盖程度。因此,体系构建之首要应保证全球海洋生态环境治理体系的构建中话语权平衡。二是利益分配诉求方面,海洋生态环境治理过程本身也是一种利益表达方式。因此,在全球海洋生态环境保护治理体系的构建过程中,应顾及发展中国家的海权利益、不发达国家因技术劣势可能损失的海洋利益以及内陆国家的海洋生态环境治理诉求。三是在观念诉求上,应当秉承海洋命运共同体理念,其合理性、包容性以及可持续性能够最大限度地囊括多元文明、宗教信仰以及不同的政治体制诉求,能够有效地解决海洋生态资源冲突、抑制海洋生态环境污染的恶性循环、打破国家间海洋生态环境治理的困境,实现由国家间或区域的海洋生态环境治理到全球海洋生态环境治理体系的帕累托最优构建,即实现海洋命运共同体的构建。

（三）全球海洋生态环境治理评估体系的构建

全球海洋生态环境治理体系的建构需具备相应的评估体系,立足于全人类共同的利益,针对全球海洋生态环境治理的各项指标进行评估,体现海洋命运共同体的价值理念。

1. 评估理念

评估的理念指导全球海洋生态环境治理体系的评估目标和评估行为。首先,全球海洋生态环境治理体系应该坚守海洋命运共同体这一价值理念,其目的在于打造"共商共建共享"的全球海洋生态环境,从而实现全人类的共同发展。然而,随着世界主要沿海国家的发展重心逐渐由陆地转向海洋,以海洋生态环境为中心的政治、经济、文化摩擦也越来越多,构建海洋命运共同体有利于促进海洋生态环境秩序的稳定,实现全球海洋生态环境的可持续性发展,因此,该评估体系应首先以海洋命运共同体价值理念为指导。

其次,全球海洋生态环境评估应以维护全球海洋生态环境的稳定、秩序与和平为目标。秩序是社会发展的首要诉求,也是全球海洋生态环境治理体系所追寻的价值导向之一。随着各个国家海上力量的发展,海洋生态环境资源更多被视为一种容易触及的利益。全球海洋生态环境治理评估体系的构建,依据评估结果对于不同的海域采取不同的治理措施与方式,而不同评估方法的采用应在全球海洋生态环境治理体系的大框架之下,尊重相关国家的诉求和意愿,定期评估、协力保护应该成为全球海洋生态环境治理体系相关主体的共同追求。

最后,全球海洋生态环境治理评估体系应该契合合作共赢的理念。全球海洋生态环境治理需要多元共治,而非个体或区域自治。各主体之间的充分合作是全球海洋生态环境治理评估体系构建的基础。目前,很多国家特别是沿海国以及海岛国本身,就有大量的环保组织以及相对全面的国内海洋生态环境评估体系可供借鉴。全球海洋生态环境治理评估体系的构建可充分利用各国已有的评估机构与评估系统,先加强互联互通,促进全球海洋生态环境治理各主体之间的有效合作,并在此基础上构建最经济化的全球海洋生态环境评估体系,进而实现海洋命运共同体的目标。

2. 评估对象及结果公示

全球海洋生态环境治理评估应涉及海洋生物多样性、海洋垃圾、船舶油污、海水温度、海水酸化程度等方面。目前,每项海洋生态环境指标都有相应的机构或规约部门定期进行测评,如海洋生物多样性的评估主要由联合国环境规划署海洋生物多样性相关部门围绕《生物多样性公约》展开,海洋垃圾检测的主要工作也由联合国环境规划署负责,船舶油污污染的相关测评主要来自国际海事组织,而海水温度与海水酸化的评估数据来自联合国政府间专门气候变化委员会,国际地球生物圈计划也会有关于海水酸化情况的检测。基于此,全球海洋生态环境治理体系构建的重点在于将海洋作为一个整体进行生态环境治理,其评估机构应综合已有部门及相关数据进行整体分析,进而评价全球海洋生态环境治理体系运行的效用(图2)。

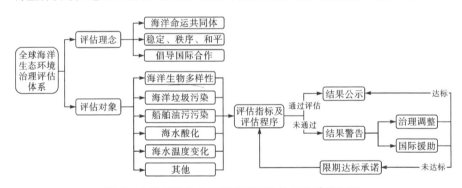

图2 全球海洋生态环境治理评估体系构造流程图

资料来源:笔者自制。

此外,全球海洋生态环境治理评估体系的构建还需注意以下三个要点。一是全球海洋生态环境治理评估体系应以维护海洋生态环境的和平发展、和平监测以及和平的评估环境为目标,坚守和平底线也是海洋命运共同体实现的必要前提。但是,全球性的评估活动毕竟是一项存在风险的活动,因此,和平不等于不采取任何措施,必要时可以被评估国限期达标的承诺来保证全球和平的大环境。二是全球海洋生态环境治理追求海洋生态的可持续性发展,追求代际公平。但是,由于世界各国发展不平衡,海洋生态环境保护诉求也并不一致,故进行全球海洋生态环境评估时应统筹安排,结合具体情况进行分析,保证世界各国、地区都能有合理适度的发展,而不应是机械的"平等",避免与海洋命运共同体所指全人类共同繁荣这一目标相违背。三是全球海洋生态环境评估本身应当合理、绿色、环保,否则国际海洋法所含预防方法与优先评估可能会对环境、代际公平与可持续发展造成相反的影响。基于此,全球海洋生态环境评估体系应坚守海洋命运共同体的价值理念,始终坚持合理、绿色、环保的全球海洋生态环境评估方式,避免沦为部分利益集团的交易工具。

四、全球海洋生态环境治理体系之中国参与

中国是海洋大国,海洋命运共同体理念是中国参与全球海洋生态环境治理体系的基本遵循,也是新时代中国参与全球海洋生态环境治理体系的基本范式。全球海洋生态环境治理体系的建构离不开中国的参与。由此,中国参与海洋命运共同体视域下全球海洋生态环境治理体系的建构,其应有之义包括如下几个方面。

（一）中国应把握全球海洋生态环境治理体系构建进程中的话语主导权

中国积极参与海洋命运共同体视域下全球海洋生态环境治理体系的建构,应把握全球海洋生态环境治理体系话语主导权,意在构建和谐有序的环境治理体系。党的十八大提出"海洋强国战略",十九大提出"坚持陆海统筹,加快建设海洋强国",这意味着中国将积极参与全球海洋治理体系建设,充分发挥陆海统筹对海洋强国建设的战略引领作用。但是,21世纪的海洋生态环境治理与以往相关治理的不同之处在于,打破了以往的固定模式。从保护方式上看,全球海洋生态环境评估体系的建构更具创新性质;从保护理念观之,海洋命运共同体理念更具时代进步性。中国提出海洋命运共同体理念,在借鉴吸收其他思想精髓的基础上,避免海洋生态环境治理领域的零和博弈,旨在建构符合世界各海洋国家的海洋利益、促进海洋生态和谐、具有强大包容性的全球海洋生态环境治理体系。国际制度是话语权的主角。国际制度建设的主导思想是国际话语权的核心,而掌握国际制度的核

心解释权则意味着占有该领域的国际话语权。中国提出的海洋命运共同体理念作为全球海洋生态环境治理体系的基本遵循,其中的进步性、包容性及发展可持续性成为中国在海洋生态环境领域倡导海洋命运共同体理念的立论之本。

综上,中国在参与全球海洋生态环境治理体系建构的过程中,应坚守海洋命运共同体理念的话语引领高地,在全球海洋生态环境治理体系建构的过程中积极深化、丰富海洋命运共同体的内涵,积极应对欧美国家的现有海洋布局,在促进中国海洋强国建设的同时,打造"共商共建共享"的蓝色海洋生态环境保护体系,进而实现中国参与下的全球海洋命运共同体,完成21世纪中国由陆权国家向陆海统筹国家发展的历程,建设完善的全球海洋生态环境治理体系。

(二)中国参与全球海洋生态环境治理体系的应有遵循

《联合国海洋法公约》是海洋生态环境治理的基础法律,该公约与《防止倾倒废物与其他污染物公约》及其议定书、《国际防止船舶污染公约》《生物多样性公约》等公约构成了基本的国际海洋生态环境治理法律体系。秩序的维持以健全有效的规则体系为依托。中国在参与全球海洋生态环境治理体系建设的过程中,应遵循以《联合国海洋法公约》为代表的基础法律构成,依法治理海洋,利用海洋命运共同体理念积极建设海洋生态环境治理体系,通过全球海洋生态环境治理体系的建设,优化海洋生态环境资源配置,促进国内法与国际法的互补衔接,使得全球海洋生态环境治理体系的各方面内容趋于有效、科学、合理、完善。

此外,现有的国际体系往往存在制度安排代表性不被认可、不同行为体之间竞争与矛盾等情况,并导致国际体系运转不畅、非国家行为体的跨国性和流动性削弱国际体系权威性等问题。由于海洋命运共同体理念囊括了代际公平、可持续性发展等深刻内涵,对于保护全人类共同继承的财产也具有深刻的意义。为增加海洋命运共同体理念的包容性与可接受性,中国在参与海洋命运共同体视域下全球海洋生态环境治理体系建设的过程中,应主张在《联合国海洋法公约》等现有国际法律框架中进行制度建设、理论的扩展、纠纷的解决与环境的优化。由于国际体系的构造与整合重塑是一个漫长而曲折的进程,海洋命运共同体理念的优势在于,承认发展中国家与发达国家、沿海国家与内陆国家之间在诸多方面存在差别的同时，强调行为体之间的命运与共、利益互通、责任共担、发展共享的共生关系，坚决反对通过压制他方而片面谋求自身利益最大化的任何行为。坚持走和平发展之路是中国长期坚持的一项基本国策，也是海洋命运共同体理念于发展层面的应然含义。基于此，中国在参与全球海洋生态环境治理的过程中，应在遵循现有国际法治体系的基础上，凝聚打造全球海洋命运共同体这一基本共识，从而将全球海洋生态治理体系打造成中国与世界互联互通的平台，促进中国与世界海洋生态建设的沟通，在保护全球海洋生态环境的同时，促进海洋生态经济的发展，实现中国与世界的共赢、共同繁荣，从而建成全球意义上的海洋命运共同体。

（三）全球海洋生态环境治理体系建构的时代机遇与应对

新中国参与全球海洋生态环境治理大致可以分为四个阶段：1949 年至改革开放以前处于被治理阶段；改革开放到 20 世纪 90 年代中期处于谨慎参与阶段；20 世纪 90 年代中期至 2008 年前后为积极参与并有所作为阶段；2008 年前后至今则处于全方位参与阶段。党的十八大以来，以习近平同志为核心的党中央引领生态文明建设，指出"绿水青山就是金山银山"，进一步深化了人与自然和谐发展的理论。2017 年，国家发展和改革委员会、国家海洋局联合发布《"一带一路"建设海上合作设想》，致力于落实联合国《2030 年可持续发展议程》，并与 21 世纪海上丝绸之路沿线各国开展全面的海上合作。同时，基于加强对生态文明建设的总体设计和组织领导，国家对环境管理机构进行了整合。2018 年，中国设立生态环境部，同年生态环境部与中国气象总局签署总体合作框架协议，就海洋生态环境保护开展全方位的合作。简言之，中国近年来积极参与国际海洋生态环境治理，着力实现了从参与者到发起者的角色转变。

但是，也应注意中国在参与全球海洋生态环境治理体系建构过程中的基本战略分析以及自身整体框架的建构。有学者认为，随着全球化的推进以及亚太崛起，传统地缘政治受到挑战，新的地缘政治更加突出全球相互依存与相互合作，因而新的海洋战略更应注重全球布局。另有学者认为，随着中国国家实力的增强与安全利益的全球化，需要加强中国海上力量的发展，将海上防御策略积极转变为"全球安全"海洋战略，进而为全球和平创造条件。因此,中国应确立全球化的海洋生态环境治理战略,完善相关法律法规,建立参与全球海洋生态环境治理评估体系的对接部门,积极参与全球海洋生态环境治理体系的具体治理环节和过程。中国应有自信地引领推进海洋命运共同体视域下的全球海洋生态环境治理体系的构建,拓展更加广泛的全球合作布局,不断加强与海上丝绸之路沿线国家在海洋与气候变化、海洋环境保护等领域的交流与合作,建立互利共赢的蓝色伙伴关系,铸造可持续发展的海洋生态环境治理体系,即中国作为一个负责任的大国,应把握全球海洋生态环境治理体系的建设新机遇,统筹国内法治和国际法治,确立全球化的海洋生态环境保护战略,以海洋环境保护推进全球海洋命运共同体的建设。

五、结语

海洋生态环境治理是实现海洋生态环境可持续发展的核心与关键。海洋对于人类社会生存和发展具有重要意义,海洋的和平安宁关乎世界各国安危和利益,需要共同维护、倍加珍惜。因此,全球海洋生态环境治理体系的建构对于维护代际公平、保护全人类共同继承的财产具有重要意义。但是,目前无论是单边、双边、区域治理体系还是以相关条约、会议文件等为基础的国际治理体系,都难以有效应对全球海洋生态环境的保护问题。基于全球治理的深入推进以及治理体系和治理能力现代化的内生要求,全球海洋生态环境治理体系的构建应以以海洋命运共同体理念为价值指导的全球治理为基础,积极回应海洋生态环境污染形势日益严峻的现实之问。简言之,全球海洋生态环境治理体系之建构能够促进海洋生态环境的可持续发展、保持海洋生态链的均衡发展,促进海上互联互通和平等合作,坚持以对话解决争端、以协商化解分歧,最终真正实现构建海洋命运共同体的目标。

文章来源:原刊于《太平洋学报》2020 年第 5 期。

习近平新时代绿色发展观视域下中国海洋生态环境保护省思

■ 王丹,旦知草

论点撷萃

作为陆海兼备的国家,中国在海洋上享有广泛的海洋权益。保护海洋生态环境是建设海洋强国的前提基础和重要依托,只有保证海洋资源的持续利用和海洋生态环境的良性循环,才能推进海洋强国与海洋生态文明的建设。目前由于海洋环境保护不力、海洋资源开发不合理、海洋管理不完善导致的海洋生态环境保护与海洋发展之间的不平衡问题仍然突出,海洋生态环境问题越来越成为建设海洋强国的瓶颈和发展短板,限制了海洋文明的有序发展。

对人类与海洋关系进行再认识,分析新时代我国海洋生态环境的隐忧,思考习近平新时代绿色发展观对海洋环境保护的理论指导与价值引领,对促进美丽海洋建设、走向海洋生态文明新时代具有重要意义。

在人类全面开发和利用海洋资源、海洋空间的时代,只有对人类与海洋关系进行再认识,更深入地了解海洋与人类的密切关系,才能关爱保护海洋,进而维系整个地球生态系统的平衡,实现人海和谐,使海洋更好地造福于人类。

在海洋资源的开发利用过程中,在以牺牲资源、破坏生态环境为代价来获取最大价值利益的价值取向引导下,人类对海洋资源进行肆无忌惮的掠夺开发,造成海洋生态失衡,严重破坏了全球生态系统,进而危及人类自身

作者:王丹,大连海事大学马克思主义学院教授
　　　旦知草,大连海事大学深圳研究院博士

生存。根据我国海洋生态环境状况公报,我国海洋生态环境依旧存在巨大隐忧,海洋经济发展与海洋生态环境之间的矛盾依然突出。

面对如此严峻的海洋生态环境整体形势,只有坚持人与自然和谐共生的绿色发展理念,才能实现"人海和谐"的海洋现代化目标。海洋生态环境问题不是孤立存在的,涉及互相影响、互相制约、相互作用的政治、经济、文化与社会等因素。因此,在海洋开发利用和环境保护中必须坚持绿色发展理念,将其融入海洋政治、经济、文化、社会建设各方面和全过程,才能实现美丽海洋战略目标。

人类居住的地球是海洋与陆地相互依存又相互制约的对立统一体。当陆地生活空间相对变小、资源不断减少时,人类发展的空间必然会向海洋拓展。海洋兴则国家兴,海洋强则国家强。作为陆海兼备的国家,中国在海洋上享有广泛的海洋权益。保护海洋生态环境是建设海洋强国的前提基础和重要依托,只有保证海洋资源的持续利用和海洋生态环境的良性循环,才能推进海洋强国与海洋生态文明的建设。目前由于海洋环境保护不力、海洋资源开发不合理、海洋管理不完善导致的海洋生态环境保护与海洋发展之间的不平衡问题仍然突出,海洋生态环境问题越来越成为建设海洋强国的瓶颈和发展短板,限制了海洋文明的有序发展。"习近平新时代生态文明思想从人类文明进步的新高度,清醒把握经济社会发展过程中出现一系列不可持续发展的生态问题,在更高层次上实现人与自然、环境与经济、人与社会的和谐,符合人类经济社会发展趋势和规律,不仅为中国推进绿色发展和可持续发展指明道路,同时,为实现中华民族乃至世界可持续发展提供了更科学的理念和方法论指导。"

因此,对人类与海洋关系进行再认识,分析新时代我国海洋生态环境的隐忧,思考习近平新时代绿色发展观对海洋环境保护的理论指导与价值引领,对促进美丽海洋建设、走向海洋生态文明新时代具有重要意义。

一、人类与海洋关系的再认识

占地球表面70.8%的海洋,是地球上最大的自然世界,对地球生态系统的维持至关重要。在人类全面开发和利用海洋资源、海洋空间的时代,只有对人类与海洋关系进行再认识,更深入地了解海洋与人类的密切关系,才能关爱保护海洋,进而维系整个地球生态系统的平衡,实现人海和谐,使海洋更好地造福于人类。

（一）人类与海洋的相互影响、相互制约

有一种观点认为21世纪是"海洋的世纪",表明人类与海洋的关系更加密切,人类与海洋的相互影响越来越突出。一方面,海洋广泛而深刻地影响和制约着人类的生产生活,对人类的衣食住行各方面具有重要作用。丰富的海洋资源不仅能够不断提供给人类各种食品、药品、矿产和能源等物质生活资料,海洋还是影响人类思维和灵感创造的源泉。海洋作为重要的交流通道,促进了全球范围的经济、文化、科技等多方面的互通,人类借助海洋创造出的海洋文明,成为人类文明的重要组成部分,由此海洋成为推动人类文明发展的重要动力。另一方面,人类也以其生产生活方式不断地影响着海洋,并最终又制约着人类社会发展。由于人类不合理地开发利用海洋,导致海洋环境污染、海洋生态失衡,使海洋成为人类的"危机根源"。因此,深刻认识海洋对人类生存与发展的重要性,改变人类对海洋生态系统的破坏,保证海洋资源的合理开发与利用,是建设海洋强国、建设海洋生态文明的必然选择。海洋经济的发展不能以牺牲海洋生态环境为代价,为了维护和促进海洋的可持续健康发展,人人都有责任关爱海洋,保护好海洋环境,管理好海洋资源。正如习近平总书记所提出的,要像对待生命一样关爱海洋,要做好珍稀动植物的研究和保护,把海洋生物多样性湿地生态区域建设好。

（二）海洋是人类生命系统的重要组成部分

在人类历史漫长发展的一定时期,人类的生存空间和视野仅限于陆地,对海洋充满神秘的感知,往往将人类世界和海洋世界绝对对立起来。这种理解和认识虽然在当时条件背景下是可以理解的,但在今天看来显然片面而狭隘。在人类社会发展过程中,随着人口数量激增、规模扩大以及生产力水平不断提高,人类开始涉足海洋、探索海洋,并逐渐认识到海洋是人类生存和发展的重要条件,它渗透在人类物质生活与精神生活的各个角落,成为人类生命的一部分。特别是伴随全球人口剧增,陆地生存空间紧张,人类的围海造地、人工岛屿、海上城市、海上机场、海上油气平台、海底工厂、海底隧道、海底酒店等一系列对海洋世界的改造活动,让海洋成为人类生存和发展的重要空间。我国提出的"坚持海陆统筹,加快建设海洋强国",也充分表明开发好利用好海洋,才能为人类的生存发展创建第二个重要空间。

(三)海洋通过气候影响人类社会的存在和发展

习近平新时代绿色发展观强调,青山绿水、碧海蓝天是一笔既买不来也借不到的宝贵财富,要像对待生命一样对待这一片海上绿洲和这一汪湛蓝海水。这其中一个重要的原因是,海洋是全球气候的调节器,是气候变化和调节的重要因素,对人类的生产生活影响重大。海洋具有贮藏和传输热量的性能,通过调节能量、水、二氧化碳的方式影响洋流与气流活动规律,形成全球气候带分布规律以及特殊气候变化的原动力。海洋极具吸收海水辐射的能力,通过海水蒸发促进形成大气环流,水蒸气进入大气之后凝结并形成降雨。海洋蒸发推动的大气环流不仅可以促进垂直方向上的气流运动,也能促进全球性水平空间的气流运动。例如,厄尔尼诺改变了太平洋热量释放及进入大气层的路径,导致全球气候模式发生重大变化。此外,海洋对地球的碳循环也产生着重要影响,海洋吸收了排放并进入大气中的大部分二氧化碳,大大降低了大气质量受到陆地排放气体的扰乱。总之,海洋对全球气候变化具有重大影响,进而影响人类的生存和发展。

(四)海洋维系生物及生态系统的多样性

海洋被普遍认为是地球生命的起源地,从最原始的海洋生命体到复杂丰富的陆地生命体都离不开海洋。海洋不仅为生命的产生与延续提供了必要的空间,也为生命活动提供了其所必需的水、气等的重要成分。海水表层、海水内部以及海底等海洋三重空间为生物提供了广阔的生活场所和多样化的栖息地。由于受到温度、光线、氧气、盐度、酶作用物、酸碱度、营养成分、水压、循环流通等因素以及各因素之间的相互作用不同程度的影响,不同海洋生物栖息空间呈现区域分布。河口是许多海洋水生物种的繁育场所,而海洋沿岸的潮汐、海浪和生物捕食影响着生物分布,对生物多样性形成很大影响。

二、新时代中国海洋生态环境的隐忧

在海洋资源的开发利用过程中,在以牺牲资源、破坏生态环境为代价来获取最大价值利益的价值取向引导下,人类对海洋资源进行肆无忌惮的掠夺开发,造成海洋生态失衡,严重破坏了全球生态系统,进而危及人类自身生存。近年来,我国十分重视海洋生态环境保护,颁布了大量海洋生态环境保护的相关法律法规,建立健全海洋环境保护制度体系,使得我国海洋生态环境保护取得了重要成效。然而,根据我国海洋生态环境状况公报,我国海洋生态环境依旧存在巨大隐忧,如入海污染巨大、海域环境质量差、海洋资源过度开发、海水富营养化严重、海洋生态系统不平衡、生物多样性下降等,海洋经济发展与海洋生态环境之间的矛盾依然突出。

(一)海水环境质量不容乐观,富营养化面积仍然很大

我国海洋生态环境问题的主要表现是海洋水体遭到污染,水质下降,近岸海域富营养化仍然占较大面积,赤潮等灾害频频发生,不仅给海洋生态环境带来危害,而且严重影响人类健康和海洋经济发展。

(1)《2018年中国海洋生态环境状况公报》显示,我国管辖海域仍有大面积未达到第一类海水水质的标准,近岸海域仍有水质极差区域。珠江口、浙江沿岸、杭州湾、莱州湾、渤海湾、辽东湾、长江口等近岸分布着大片劣四类水质海域,共有33270平方千米的海域。其中,东海海域劣四类水质海域面积最大(表1),主要为长江入海口区域。在我国近岸海域水质监测471个点位中,劣四类水质比例为15.6%。我国沿海各省区市近岸海域水质监测结果显示,上海、浙江近岸海域水质极差,劣四类水质海域主要分布于此处,水质主要超标要素为无机氮和活性磷酸盐。

表1　2018年中国各类水质海域面积(km²)

海区	二类水质海域面积	三类水质海域面积	四类水质海域面积	劣四类水质海域面积	合计
渤海	10830	4470	2930	3330	21560
黄海	10350	6890	6870	1980	26090
东海	11390	6480	4380	22110	44360
南海	5500	4480	1950	5850	17780
管辖海域	38070	22320	16130	33270	109790

(2)海水富营养化面积仍然很大。2018年我国管辖海域海水富营养化面积共为56680平方千米,其中轻度富营养化海域面积为24590平方千米,中度富营养化海域面积为17910平方千米,重度富营养化海域面积为14180

平方千米。重度富营养化海域主要集中在珠江口、杭州湾、长江口、渤海湾、辽东湾等近岸海域。分析比较 2011—2018 年我国近岸海域富营养化面积,我国管辖海域富营养化面积总体呈下降趋势,但下降比例微小,富营养化海域面积仍然很大,如图 1 所示。

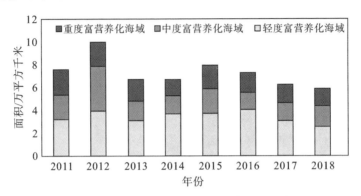

图 1　2011—2018 年中国海域富营养化面积变化

（二）入海河流水质较差,严重污染海域环境

《2018 年中国海洋生态环境状况公报》显示,全国 194 个进行入海河流国控断面监测的河流水质总体为轻度污染。其中,无 I 类水质断面,而劣 V 类水质断面 29 个,占 14.9％,黄、渤海入海河流水质明显差于其他两个海域。我国沿海省区市中,天津入海河流断面水质重度污染。此外,除了上海入海河流断面水质为优,其他沿海省区市入海河流断面水质均受污染。

海洋生态环境的污染源不仅仅来源于海上事故和污染排放物,更多的污染物来自陆地废弃物的排放,人们日常生活生产的废弃物排放都对海洋生态环境产生直接或间接的污染。持续不断的污染物排放在超过海洋自净能力后,必然导致海水污染,海洋水质下降。2018 年对 453 个直排海不同类型污染源污水排放监测结果的统计显示,我国不同类型直排海污染源排放总量达到 866424 万吨。其中,生活污染源排放量最小,为 83641 万吨,占总量的 9.65％;综合排污口污水量最大,为 395140 万吨,占总量的 45.61％;工业污染源排放量依然占很大比例,为 387643 万吨,占总量的 44.74％。

（三）海洋生态健康状况较差,生物多样性水平下降

2018 年对我国典型海洋生态系统检测的河口、海湾、滩涂湿地、珊瑚礁

等 21 个检测区的检测表明,处于健康、亚健康、不健康状态的比例分别为 23.8％、71.4％和 4.8％;其中,河口和海湾海洋生态系统处于亚健康和不健康状态,两个生态系统海水呈富营养化状态,浮游植物密度偏高,鱼卵仔鱼密度总体偏低。而导致这些生态系统健康状况较差的主要原因是资源的不合理开发、人为破坏、生物栖息地丧失、生物群落结构异常、海洋富营养化严重、环境污染。在对 25 个海洋保护区进行的保护对象监测中,基岩海岛、海岸、沙滩及历史遗迹等保护对象基本保持稳定,但是贝壳堤面积持续减少,活珊瑚覆盖度也有所下降。

(四)沿海人口压力巨大

全球海洋生态系统面临危机,居民向海岸地区聚集占有很大因素。人口向沿海聚集已成为全球性的发展趋势。据有关资料显示,目前在距离海岸线约 50 千米范围内居住着世界约 2/3 的人口,分布着 60％以上的大城市。在我国随着沿海经济在国民经济中占比越来越大以及现代工业布局的发展,人口越来越向东南沿海地区集中。我国有近 14 亿人口,其中 4 亿多人口生活在沿海地区。沿海地区大城市群的涌现固然是经济繁荣和现代化的标志,但也给海岸区域带来一系列负值影响。例如,人地关系紧张导致生存空间不足;海洋区域城市规模扩展使生态环境更为脆弱;海洋产业发展造成海洋资源的过度开发或不合理开发;过量抽取地下水导致地面下沉,海水倒灌;不断加剧的"热岛"效应、"雨岛"效应增加了气候异变的隐患;工业和生活废弃物的排放使海洋污染严峻;等等。

三、中国海洋生态环境保护的绿色发展思路

面对严峻的海洋生态环境整体形势,我们如何保护海洋生态环境?只有坚持人与自然和谐共生的绿色发展理念,才能实现"人海和谐"的海洋现代化目标。海洋生态环境问题不是孤立存在的,涉及互相影响、互相制约、相互作用的政治、经济、文化与社会等因素。因此,在海洋开发利用和环境保护中必须坚持绿色发展理念,将其融入海洋政治、经济、文化、社会建设各方面和全过程,才能实现美丽海洋战略目标。

(一)将绿色发展观融入海洋政治建设

将绿色发展理念融入海洋政治建设,形成新型发展理念和发展模式,是

海洋环境保护与健康持续发展的重要保证。海洋建设与发展融入绿色发展理念,坚持以绿色发展观为指导,主要体现为通过不断完善的海洋生态环境保护相关法律法规制度的强制力和约束力,促进政府海洋生态责任意识和海洋绿色执政能力的提高,促进海洋绿色发展。首先,加强海洋政治建设的"绿色化",营造优良的政治生态,推进我国海洋综合管理体制改革,提高海洋管理高层次统筹协调能力,形成从中央到地方既相互协同与配合,又尽职尽责、严格执法的涉海管理机制,充分发挥政府的海洋管理职能。其次,在建立健全海洋生态环境保护相关法律法规中,融入绿色发展理念进行顶层设计。保护生态环境必须依靠制度、依靠法治。"只有实行最严格的制度、最严密的法治,才能为生态文明建设提供可靠保障。"在海洋资源的开发利用、海洋环境保护与污染治理中贯彻绿色发展理念,实现立法与执法的有机统一,才能促进"人海和谐"发展。最后,以绿色发展理念为引领,建立健全具体的海洋环境保护制度。例如,在海洋生态环境保护试点区域建立"湾长制""海长制",然后由点到面,实行我国管辖海域全覆盖;同时,建立"海洋绿色 GDP 政绩考核制度""党政同责制度""领导干部海洋自然资源资产离任审计制度""损害海洋生态环境终身追责制度""海洋生态环境补偿机制"等创新型制度,提高政府对海洋生态环境保护的协调力。

(二)将绿色发展观融入海洋经济建设

习近平新时代中国特色社会主义发展理念之一的"绿色"发展理念是实现资源、环境、生态与经济社会协调发展的战略选择。在我国海洋事业蓬勃发展过程中,由于存在不够合理的沿海产业布局、不尽科学的海洋产业结构及粗放的海洋发展方式,导致海洋开发秩序混乱、海洋资源浪费、海洋生态透支等带来的海域环境污染严重,海洋生态系统破坏日益凸显。协调海洋资源、环境、生态与经济社会之间的动态平衡,保护海洋生态环境,走海洋绿色经济发展之路已刻不容缓。"保护生态环境就应该而且必须成为发展的题中应有之义。"实现海洋生态环境保护与海洋经济发展并行共赢,必须坚持生态优先原则,有计划、有步骤、合理地开发利用海洋资源,推动海洋产业结构调整、优化升级,发展"亲海型"循环经济,实现海洋资源、海洋生态环境与经济社会发展的协调与平衡,形成人类与海洋和谐相处、共同发展的格局。严格遵循习近平"像对待生命一样关爱海洋""碧海银滩就是金山银山"

的海洋生态文明理念,开发海洋的绿色资源,拓展海洋的绿色空间,积累海洋的绿色资产。只有遵循人与海洋生态系统的规律和原则,以海洋生态环境的物质输出量为基础,保证经济活动不超过海区生态环境的耐受能力,推动海洋经济绿色转型和实现绿色发展,坚持海洋产业和经济活动的"绿色化",才能使海洋资源得以合理开发利用,海洋生态环境得到有效保护,保证海洋的健康可持续发展。

(三)将绿色发展观融入海洋文化建设

海洋文化建设是我国建设海洋强国的重要内容和任务,也是海洋生态环境保护的思想保证和强大的精神力量。实现海洋强国需要把绿色文化理念与美丽海洋建设结合起来,推动海洋文明的平衡、包容和持续发展,让绿色文化发挥出蓬勃活力和巨大能量,用绿色发展理念引领海洋文化发展,从而推动传统海洋蓝色基因和新时代绿色海洋理念的有机结合,形成以绿色海洋文化为引领的海洋生态环境保护的价值和行为取向。首先,树立人与海洋和谐发展的绿色海洋文化意识。"树立海洋意识是人海和谐战略的前提。"海洋文化发展必须有绿色发展观的嵌入,才能真正为海洋生态环境保护和美丽海洋建设注入活力,促进形成绿色世界观、价值观,增强海洋生态意识,形成绿色消费文化,促进海洋生态环境保护,实现"人海和谐"。为此,应通过发掘和发挥我国传统海洋蓝色基因,配合"国际海洋周""全国海洋日""全国环保日""防灾减灾日""世界地球日"等活动,开展海洋绿色发展科普教育,将海洋环境保护理念植入人心,增强人们海洋生态环境保护的自律意识。在海洋生产生活实践中避免走先污染后治理的老路,坚持海洋生态优先,走新时代海洋绿色发展的新路。其次,发展海洋绿色文化产业,丰富海洋绿色文化产品。通过组织海洋文化业务培训、出版海洋文化宣传刊物、积极推进海洋绿色文化的国内国际合作交流等活动,让海洋绿色文化产品充实人们的生产生活,推进形成绿色海洋生活方式和消费方式,培育绿色海洋发展的践行者。

(四)将绿色发展观融入海洋社会建设

绿色是社会永续发展的必要条件和人民对美好生活追求的重要体现,绿色化的出发点和最终目的是满足人民群众对绿色产品的需求。实现海洋社会的绿色化,才能真正实现海洋强国建设和美丽海洋建设为民的初衷,满足人民对绿色、安全、放心海产品的需求，以及对碧海蓝天、洁净沙滩等优美海洋环境的美好生活追求。将绿色发展观融入海洋社会建设，才能更好地保护海洋生态环境，实现更多的海洋利益。首先，人类必须主动自觉调整社会发展方式，提高海洋生态意识，用绿色发展观指导社会发展和经济活动，促进海洋生态环境与人类社会经济协调发展，促进海洋与社会的和谐，实现人们对环境优美、资源优良的海洋生态环境的向往。其次，促进海洋环保事业发展与社会就业扩大的有机结合，实施海洋绿色就业。实施海洋绿色就业需要加大政策、制度以及资金的支持力度，创造海洋绿色就业的机会。如加大对海洋生态环保企业的资金、技术等的投入，实现海洋环保行业的转型升级，更好地与各类海洋产业联合发展，促进海洋产业、行业的绿色发展。通过举办海洋绿色就业培训班，培养海洋劳动者从事生态环保工作的基本技能，帮助其走向海洋绿色岗位。最后，加强海洋环保的社会组织建设。以沿海社会群体为主体，在民间组织海洋环保群体，将沿海人口压力转化为海洋生态环境保护的人力资源，搭建政府与民众之间沟通的桥梁，建立政府、企业、社会、个人多元参与生态社会建设的有效机制，形成绿色海洋社会发展模式，提高海洋生态环境保护成效，创建人海和谐发展的社会。

文章来源：原刊于《大连海事大学学报（社会科学版）》2020 年第 2 期。

深海问题

基于海洋命运共同体理念的
深海战略新疆域建设

■ 史先鹏,邬长斌

论点撷萃

深海是保障经济社会可持续发展的潜在战略基地和全人类共有的资源宝库,是开展科技创新和推动科技进步的新场所,是保障国家安全和维护国际海洋秩序的重要领域,是深度参与全球治理和构建海洋命运共同体的新领域。各国应加强沟通、求同存异、扩大共识和深化合作,共同推动国际海底事务的快速健康发展。

海洋命运共同体理念是人类命运共同体理念的重要组成部分,也是人类命运共同体理念和深海战略新疆域的有机融合。深海战略新疆域的内涵主要体现在空间和资源属性、法律制度体系、认识和开发利用能力三个方面。作为战略新疆域,深海是各国关注的焦点,也是开展国际合作和构建海洋命运共同体的新领域。

深海作为新疆域引起我国的高度重视,深海"三部曲"(深海进入、深海探测和深海开发)、海洋军民融合和海洋命运共同体等都是海洋强国建设的重要组成部分,这些战略和发展理念是互为支撑和一脉相承的。随着经济的持续发展,我国已成为国际海底区域的最大投资国之一和国际海底区域所含矿物的最大消费国之一。为使我国在海洋命运共同体建设的过程中发挥更大作用,需充分履行勘探合同承包者的义务,持续开展深海科技创新,加强深海支撑保障能力建设,系统开展深海战略问题研究。

作者:史先鹏,国家深海基地管理中心高级工程师
邬长斌,国家深海基地管理中心副主任

一、引言

21 世纪以来,世界政治、经济、文化、科技和安全等领域都在嬗变中呈现新的特点,国际力量对比正在发生机制性变化,新兴大国群体性崛起,反映世界多极化趋势不可逆转。面对复杂多变的国际形势,党的十八大以来,以习近平同志为核心的党中央审时度势,以全世界人民共同发展为出发点,开创性地提出"人类命运共同体"理念。

党的十八大提出:"倡导人类命运共同体意识,在追求本国利益时兼顾他国合理关切,在谋求本国发展中促进各国共同发展。"此后,习近平主席多次在国际重大活动中提到命运共同体理念,其中于 2015 年在纽约联合国总部发表重要讲话指出:"当今世界,各国相互依存、休戚与共。我们要继承和弘扬联合国宪章的宗旨和原则,构建以合作共赢为核心的新型国际关系,打造人类命运共同体。"党的十九大提出:"世界正处于大发展大变革大调整时期,和平与发展仍然是时代主题。"人类生活在同一个地球村,世界各国将越来越成为"你中有我、我中有你"的命运共同体。

2017 年 1 月 18 日,习近平主席在联合国日内瓦总部发表题为"共同构建人类命运共同体"的主旨演讲,提出:"秉持和平、主权、普惠、共治原则,把深海、极地、外空、互联网等领域打造成各方合作的新疆域。"可以说,以深海为代表的四大新疆域,已经成为推动践行人类命运共同体理念的最新领域。2019 年 4 月 23 日,习近平主席在青岛集体会见应邀出席中国人民解放军海军成立 70 周年多国海军活动的外方代表团团长时,首次提出"海洋命运共同体"重要理念。海洋命运共同体理念是人类命运共同体理念的重要组成部分,也是人类命运共同体理念和深海战略新疆域的有机融合。

二、深海战略新疆域的内涵

地球上海洋总面积约占地球表面积的 71%,而深度超过 1000 米的深海面积约占海洋总面积的 70%,因此深海面积约占地球表面积的 50%。深海主要包括公海和国际海底区域,位于国家管辖海域以外。《联合国海洋法公约》是深海管理的依据,它确立了国际海底区域的人类共同继承财产原则。目前人类的海洋活动由浅海向深海不断拓展,深海所承载的全球新问题和新挑战也日益突出,深海成为世界各国关注的焦点区域。

深海战略新疆域的内涵主要包括 3 个方面。①在空间和资源属性方面：深海面积广阔，含有丰富的渔业、矿产、油气和生物基因等资源，是人类实现可持续发展的新空间；区别于各国领土（领海）内蕴藏的资源属于各国所有，深海资源属于全人类共同所有，且在深海获得资源的前提是各国的经济实力和科技水平。②在法律制度体系方面：《联合国海洋法公约》是约束深海活动的根本性制度，但与其配套的制度体系尚不健全，相关规章正在制定；各国在国际海域具有相同的权利，其话语权和治理能力同样取决于各国的经济实力和科技水平。③在认识和开发利用能力方面：目前人类对深海的认识仍然不足，现有技术装备能力无法满足开发利用深海资源的现实需求，且各国的深海科技水平没有太大差距。

深海作为新疆域引起我国的高度重视。深海"三部曲"（深海进入、深海探测和深海开发）、海洋军民融合和海洋命运共同体等都是海洋强国建设的重要组成部分，这些战略和发展理念是互为支撑和一脉相承的。

三、深海战略新疆域的地位及其与海洋命运共同体的关系

（一）深海是保障经济社会可持续发展的潜在战略基地和全人类共有的资源宝库

深海蕴藏着十分丰富的矿产和生物基因资源，是目前国际社会关注的热点区域，也导致"蓝色圈地运动"愈演愈烈。多金属结核、富钴结壳和多金属硫化物是 3 种主要的深海矿产资源：多金属结核分布于海盆区域，水深为 4000～6000 米，富含铜、钴、镍和锰等，储量超过 700 亿吨；富钴结壳分布于海山区域，水深为 800～3000 米，富含钴、镍、铅和铂等，储量超过 210 亿吨；多金属硫化物分布于洋中脊和弧后盆地区域，水深为 500～3500 米，富含铜、铅、锌、金和银等，储量约 4 亿吨。此外，深海稀土作为新型矿产资源日益被日本等国家关注，其一般分布于大洋盆地区域的沉积软泥中，品位为 400～2230 ppm，水深为 3500～6000 米，储量是陆地稀土储量的 800 倍。

深海还蕴藏着大量的生物及其基因资源，是巨大和天然的基因资源库。深海生物处于独特的物理、化学和生态环境中，在高压、剧变的温度梯度和极微弱的光照等条件下，甚至在高浓度有毒物质的包围中，已形成极为独特的生物结构和代谢机制，并产生特殊的生物活性物质。人类可利用获取的

深海生物基因(如各种极端酶)对普通功能物质基因进行改造,使普通功能物质也具有特殊的功能(如嗜碱、耐压、嗜热、嗜冷和抗毒)。此外,对于生物的起源和进化、生物对环境的适应性以及医药、卫生、环保和轻化工等方面的研究,深海生物基因资源都能发挥重要的推动作用。

《联合国海洋法公约》确立国际海底区域的人类共同继承财产原则,即国际海底区域的矿产资源、油气资源、生物基因资源和渔业资源等属于全人类共同所有,任何国家不可独自占有和使用。国际海底区域是解决陆地资源日趋短缺问题的重要渠道,是全人类共有的资源宝库。依托航次调查和综合研究,我国已成功在国际海底区域获得5块具有专属勘探权和优先开发权的多金属结核、富钴结壳和多金属硫化物矿区,总面积达24万平方千米,成为世界上在国际海底区域拥有矿区数量最多和矿产种类最齐全的国家。我国积极参与和支持国际海底事务的具体行动,是构建海洋命运共同体的直接体现。

(二)深海是开展科技创新和推动科技进步的新场所,竞争与合作并存

深海的特点包括空间广阔、通透性差、压力大、温度低、水文特征复杂和难以感知等,全世界海洋科考人员都在开展海洋调查,但目前仍有95%的海洋等待人类探索,人类认知深海和开发深海仍面临巨大的挑战。深入开展深海科技创新是实现深海认知和利用的根本渠道,也是实现"深海进入、深海探测、深海开发"的必由之路。欧洲、美国和日本等发达国家和地区引领综合大洋钻探、全球海洋观测和大洋洋中脊等国际大科学计划,我国海洋科研人员也广泛参与其中,而各国在国际海底区域开展的工作较少,发展水平相当。

深海技术是海洋技术的制高点和最前沿。鉴于深海的战略地位,各海洋强国纷纷把目光投向深海,深海成为各国开展科技竞争的新"战场",深海科技得到前所未有的快速发展,新一轮的深海科技竞赛正式启动,深水、绿色、安全、无人和多智能体的海洋高技术装备受到海洋科技界的推崇。美国国家海洋委员会制定《海洋变化:2015—2025 海洋科学 10 年计划》,确定海洋基础研究的关键领域;美国国家海洋与大气管理局(NOAA)出台《未来 10年发展规划》,着眼于保护海洋和海岸带生态系统,分析美国海洋开发面临的主要趋势,并提出美国海洋发展的基本方略。在我国科技部和原国家海洋局等科技计划的支持下,随着"蛟龙"号载人潜水器等一批深海高技术装备研制成功并投入应用,我国深海科技创新领域捷报频传,国际竞争力大幅

度提升。着眼于国家深海战略需求和科技创新需求,我国已启动深海领域"十四五"规划的编制。

深海科技创新是高风险和高投入的工作,国际存在竞争。国际竞争可推动科技进步,而国际合作是实现重大科技创新的重要前提。因此,深海是推动国际合作和构建海洋命运共同体的重要领域,世界上没有任何个人、单位甚至国家能够独自完成深海重大技术工程或国际大科学计划,深海载人潜水器的研制和综合大洋钻探等重大科技工程的实施,均充分体现各国科学家共同攻坚克难和探索未知的科技全球化趋势。全世界的深海科技工作者只有紧密联合起来,主动融入全球创新网络,才能更加高效和深入地认识海洋和开发海洋。在中国大洋调查第 56 航次中,为推动西太平洋海山区环境管理计划的国际合作,我国邀请俄罗斯和日本的海洋科学家上船,开展海山生态与环境联合科考,并探讨海上合作研究模式。

(三)深海是保障国家安全和维护国际海洋秩序的重要领域

深海连接万千海岛和各沿海国家,空间广阔且战略纵深巨大,成为各海洋强国强化军事存在和军事控制的重点区域。深海对于我国保障国家安全发挥的作用主要体现在 4 个方面。①海洋领土安全:深海是我国海洋领土的边界,维护深海安全对于维护海洋领土安全至关重要。②深海资源安全:我国亟须提高深海高技术装备水平,切实保障我国对国际海底区域合同矿区资源的安全勘探和开发利用。③海洋通道安全:我国 90% 以上的对外贸易通过海上运输完成,包括石油、煤炭、铁矿石和粮食等,这些都是维系国家经济运转和人民生活的重要物资,然而保持海上通道畅通面临十分复杂的形势,且包括在关键海峡通道水下航行的自由和安全等,对深海技术装备水平和支撑保障条件提出很高的要求。④深海国防安全:我国国防安全的主要威胁来自海洋,尤其是认知不足的深海。海洋是国家安全的第一道防线,我国迫切需要为海洋国防提供充分的深海环境保障,即摸清深海关键区域的地形地貌、海洋气象和海流传播规律等,提高我国在关键海域的制海权和综合能力。2015 年《中华人民共和国国家安全法》规定:"国家坚持和平探索和利用外层空间、国际海底区域和极地,增强安全进出、科学考察、开发利用的能力,加强国际合作,维护我国在外层空间、国际海底区域和极地的活动、资产和其他利益的安全。"

海洋命运共同体理念彰显我国积极维护海洋和平与良好秩序的决心，是号召世界共护海洋和平、共筑海洋秩序和共促海洋繁荣的中国方案，顺应时代潮流，契合各国利益和海军使命。各国海军不仅保卫国家海疆和海上航线以及维护国家和人民海外利益，而且在维护海洋和平、打击海上恐怖主义、保护海洋航道安全和推动海洋文化交流方面发挥越来越重要的作用，是维护海洋和平安宁的重要力量。联合军演是各国海军促进交流和加深友谊的重要形式，也是践行海洋命运共同体理念的直接体现。

（四）深海是深度参与全球治理和构建海洋命运共同体的新领域

全面发展国际海底事业是国际法律制度赋予各国的权利，同时由各国国家利益驱动。作为战略新疆域，深海对于保障国家权益、经济发展和国家安全等方面的战略价值日益凸显，已成为海洋强国谋求战略优势的重要领域，同时成为国际博弈和国际合作的新舞台。目前世界上没有任何国家在深海领域具有绝对优势，只要提前谋划和精心布局，我国有希望尽早实现由海洋大国向海洋强国的跨越，并进入深海新舞台的中央。

在深海治理领域，《联合国海洋法公约》是指导和约束深海有关活动的根本法律，而其在配套规则和制度制定方面仍是空白，引起各海洋强国的密切关注，深海国际规则的塑造进程必将直接影响未来海洋秩序的走向。例如：德国、荷兰和比利时等海洋强国已着手深海多金属结核资源开发工作；国际海底管理局尚未出台深海开发方面的规章，目前正在加快推进深海矿产资源开发规章的制定工作，168 个成员国和观察员国等结合各方关切，围绕资源开发与环境保护 2 个焦点问题展开激烈争论，目前观点主要分为鼓励开发和保护环境 2 个类型；我国主张资源开发和环境保护的平衡，此外在区域环境管理计划（REMP）等规章细节的制定方面也发挥重要的推动作用；联合国国家管辖范围以外区域海洋生物多样性养护和可持续利用国际协定政府间谈判（BBNJ）已召开 3 次会议，各方在海洋遗传资源、技术转让和能力建设方面仍存较大分歧，而在海洋保护区制度和环境影响评价方面的共识进一步扩大。

国际海域相关规章制度的确立须以人类共同继承财产原则为指引，着眼于全人类共同利益，才能得到国际社会的认可。深入参与全球海洋治理是新时代中国整体外交政策的重要组成部分，是推动构建海洋命运共同体的重大理论探索和战略实践。在我国外交部和自然资源部的组织领导下，我国积极参与相关规章和协定的谈判与制定并提出中国理念，通过标准和规则的制定，在海洋国际秩序中推进"蓝色伙伴关系"，积极构建全球海洋命运共同体，彰显负责任大国形象，并进一步提高国际影响力。我国提出在人类共同继承财产原则指引下建立惠益分享机制应遵循的指导原则和惠益分享的方式，组织大陆架和国际海底区域制度科学与法律问题国际研讨会以及西北太平洋富钴结壳区域环境管理计划国际研讨会等国际会议，增强我国在大陆架和国际海底区域制度领域的话语权和影响力。此外，在国际海底管理局第二十五届理事会上，由我国发起成立的"中国—国际海底管理局联合培训与研究中心"正式获得国际海底管理局理事会通过。该中心是国际海底管理局与成员国建立的首个培训和研究机构，主要面向发展中国家、欠发达国家和小岛屿国家的学员，开展国际海底领域科学、技术和政策法规方面的培训和研究工作，是履行《联合国海洋法公约》以及践行"共商、共建、共享"和海洋命运共同体理念的专门机构。

四、发展建议

作为战略新疆域，深海是各国关注的焦点，也是开展国际合作和构建海洋命运共同体的新领域。各国应加强沟通、求同存异、扩大共识和深化合作，共同推动国际海底事务的快速健康发展。

随着经济的持续发展，我国已成为国际海底区域的最大投资国之一和国际海底区域所含矿物的最大消费国之一。为使我国在海洋命运共同体建设的过程中发挥更大作用，本文初步提出 4 项发展建议。

（一）充分履行勘探合同承包者的义务

持续开展国际海底资源与环境勘查和评估，在夯实勘查工作的基础上，加强环境调查、评估和研究工作，提高深海开发的能力，进而加深对深海开发和环境保护工作的认识，充分衔接开发规章的推进进程。通过联合培训和研究中心等形式，加强对发展中国家海洋科研人员的培训和研究支持。在大洋航次和研究工作的具体实施过程中，加强国际沟通，探讨国际合作新模式，推动国际科技合作计划的实施。以持续深入的国家海底资源勘探为立足点，加强国际海底政策法规研究，积极参与新疆域的最新规则制定，高度重视符合人类共同利益、为国际社会所公认和符合我国国家利益的国际海洋法规则的国内法转化。全面参与并影响国际海域事务,提升在国际海底区域规则制定中的话语权,推动建立公平合理的国际规则,为海洋命运共同体建设作出更大贡献。

(二)持续开展深海科技创新

以深海高技术手段为支撑,推进潜水器的谱系化发展,构建全海深资源与环境调查观测技术体系和装备系列,创新作业手段,提高作业效率。将资源勘探需求与深海科学研究目标结合起来,获得重大科学发现,加强深海基础科学的探索性研究。积极融入乃至引领国际深海大科学计划,加强国际合作与交流,提升我国深海资源探测和环境调查评估能力,提高对深海海底过程、极端环境和生命系统等大科学问题的认知水平,建立深海矿产、生物和基因资源勘探开发技术体系,评价深海资源潜力和开发利用前景,推动产、学、研、用的协调发展。打造职业化的科考船运行与管理队伍、深海科考调查队伍以及高技术装备维护支撑保障队伍,提高海上调查的效率和质量。

(三)加强深海支撑保障能力建设

充分发挥并巩固国家深海基地作为国家深海科考公共服务平台的作用,加快国家深海基地南方中心建设进程,早日实现深海支撑保障能力的"南北互动",实现深海的快速、直接和抵近保障。加强中国大洋样品馆和大样资料中心的软、硬件建设,实现大洋科考样品和数据的统筹管理和开放共享。加强中国—国际海底管理局联合培训与研究中心等软平台建设,加强具有国际视野的深海复合型人才的培养工作,充分作出中国贡献和提供中国方案,提高我国在国际海底事务中的影响力和话语权。

(四)系统开展深海战略问题研究

面向深海领域的国家重大需求和国际热点问题,深入组织开展国际海底采矿、国际金属市场、深海开发与环境保护、生物多样性保护以及深海关键技术装备等前沿领域的战略研究,培养一批战略型的深海科学、工程和技术人才,开展复合型人才智库建设,结合国家利益和国内国际共同关切的契合点,提出中国方案和贡献中国智慧。

文章来源:原刊于《海洋开发与管理》2020 年第 4 期。

国际海底区域环境保护制度的发展趋势与中国的应对

■ 薛桂芳

论点撷萃

依据《联合国海洋法公约》的规定,国际海底区域及其资源属于全人类所有,因此国际海底区域资源开发以及深海采矿活动所带来的环境影响问题将涉及所有国家以及各种利益相关方。由于国家以及各种利益集团自身的经济条件和价值取向不同,对采矿活动和环境保护制度的观点和主张存在明显分歧。当前,国际海底区域活动正处于由勘探转入开发的过渡时期,利益各方为正在加速推进《国际海底区域矿产资源开发规章(草案)》的相关规则、原则和程序而"缠斗不休"。这其中的利益争斗及最新发展趋势表明,对国际规则、原则和制度的考量以及程序问题的博弈均以国家利益为衡量标准;在当今尚未对深海采矿活动的环境风险提出全面而充分的科学依据和合理评价的情况下,对《国际海底区域矿产资源开发规章(草案)》中环境保护制度锱铢必较的争论本身已经超越了对环境问题的关注,成为保障国家利益的手段和推行国家政策的工具。

我国是第一批申请勘探合同的先驱投资者,也是目前拥有勘探矿区数量最多、矿种最全的国家。随着装备制造水平和勘探能力的提升,拓展我国在深海新疆域的权益已成为重要的战略方向。我国应努力发挥在国际海底管理局中的作用,深度参与《国际海底区域矿产资源开发规章(草案)》的制定进程,积极完善履约的国内法准备;同时加强对国际环境保护立法的跟踪研究,树立我国负责任大国的形象,实现深海资源开发利用与环境保护目标

作者:薛桂芳,上海交通大学凯原法学院特聘教授,中国海洋发展研究中心研究员

深海问题

的平衡。

我国作为负责任的深海大国,应以维护人类共同利益为使命,深度参与"区域"活动环境保护规则、规章和程序的制定;同时,以打造深海命运共同体为目标,在不断完善我国深海采矿环境保护法规体系的同时,加强对深海环境保护议题的跟踪研究,增强在国际立法进程中议题的设置能力和国际规则制定的深度参与能力,提升我国的话语权和影响力,在实现我国深海新疆域权益的拓展的同时,为公平、有序、合理地可持续开发和利用"区域"资源作出应有的贡献。

一、国际海底区域环境保护规章制度的立法演进

根据《联合国海洋法公约》(以下简称《公约》),国际海底区域(以下简称"区域")是指"国家管辖范围以外的海床、洋底及其底土",是人类共同继承的财产。作为海洋环境的重要组成部分,"区域"占地球表面积的49%,蕴含着丰富的矿产资源和生物资源,被认为是资源的宝库。20世纪90年代发现的深海基因资源,由于其特殊的地理构造和生物属性,对于研究生命起源、探究海洋生物与环境的相关性、开发新型药品具有十分重要的应用价值。随着资源的日趋紧张,海底矿产资源的开发不仅能够缓解陆地资源"捉襟见肘"的状况,更具有作为储备资源和拓展生存空间的战略价值。然而,"区域"内矿产资源的勘探和开采难免会对海洋环境产生影响,而且可能对海底生态系统产生难以预估的负面影响甚至损害。海洋环境的保护需要国际社会的共同努力,对深海采矿活动的规制尤其如此。因此,不同利益方在实现资源开采和平衡环境保护义务问题上各执立场进行博弈,使国际立法进程"跌宕起伏",考验各国的智慧与实力。

被称为"海洋宪章"的《公约》为各国的海上活动构建了一套完整的法律体系,其相关附件和执行协定等涉及"区域"及其资源勘探与开采的条款成为制定深海采矿或相关规则、规章和程序(Rules, Regulations and Procedures)等制度的"法源性"条款。在确立了各国保护和保全海洋环境普遍责任的基础上,《公约》第11部分对"区域"活动中海洋环境保护的基本原则及程序要求等作出了具体规定,重点解决两方面的问题:一是构建"人类共同继承财产"原则下的商业开发模式,二是"确保切实保护海洋环境,不受

这种活动可能产生的有害影响"。1994年7月联合国大会通过的《关于执行1982年〈联合国海洋法公约〉第11部分规定的协定》(以下简称《执行协定》),完善了《公约》的海底采矿制度。在此基础上,根据《公约》授权成立的国际海底管理局(以下简称"管理局",International Seabed Authority),作为专门机构组织和管控"区域"活动的具体事务,为各项制度的实施提供机制保障。

管理局成立后组织制定了一系列规章,其中的《"区域"内多金属结核探矿和勘探规章》(2000年)《"区域"内多金属硫化物探矿和勘探规章》(2010年)和《"区域"内富钴铁锰结壳探矿和勘探规章》(2012年),作为调整勘探活动的三部规章,进一步规范了"区域"内勘探活动的申请及实施程序,完善和发展了《公约》及其《执行协定》的框架性条款,也发展了国际海底区域环境保护的法律制度。这三部勘探规章均设有"保护和保全海洋环境"的专门章节,还在探矿、请求核准合同形式的勘探工作计划的申请、勘探合同和争端解决等条款中强调对海洋环境的保护。为了协助承包者履行相关规定和程序,管理局理事会下设的法律与技术委员会(以下简称"法技委"),专门制订了《指导承包者评估"区域"内海洋矿物勘探活动可能对环境造成的影响的建议》,以指导承包者开展环境基线调查、环境影响评估、环境数据的收集和报告程序等工作。法技委对管理局工作计划的审议及核准等提供制度支撑和法律建议,其建议虽不具有约束力,但影响力不容忽视。通过对"区域"不同矿产资源不同勘探阶段分别制定具体要求和规章,管理局为参与勘探活动的不同主体设计了一套复杂的"采矿规章"(Mining Code)体系。

作为组织和管控"区域"内资源开发和各项活动的管理者,管理局需要确保海洋环境保护制度的有效实施:一方面建立各项制度以最大限度地预防环境损害事故的发生;另一方面强调事故发生后对环境损害的修复,强调各主体的应急响应计划,力争将损害或损失降至最低,并通过事后处罚和追责等手段以儆效尤。从发展态势看,随着对深海海底及其生态系统认知程度的提高,国际社会对商业采矿活动可能造成的环境影响及损害的关注度不断提升,对相关活动的规制趋于严苛。

二、国际海底区域环境保护制度发展的严苛趋势

随着海洋科技的发展和深海采矿装备的完善,"区域"矿产资源的商业

化开采似乎指日可待,制定相应的法律规则和管理流程成为管理局需要优先解决的事项和国际社会讨论的热点议题。从 2012 年开始,管理局就启动了《国际海底区域矿产资源开发规章(草案)》(以下简称《开发规章(草案)》)的制定工作,其后几经修改,最新草案于 2019 年 3 月通过法技委的讨论和理事会的审议后公布,并要求各利益攸关方提出反馈意见。该草案共 13 部分 107 条、10 个附件、4 个附录和 1 个附表,设计了一套复杂而严格的程序,凸显了国际法对"区域"采矿活动的要求及环境保护的根本目标。在战略层面,该草案以专章的形式在第 4 部分规定了保护和保全海洋环境的标准、管理系统、监测计划和评估程序等事项。在职责分工方面,该草案分别对管理局、担保国和承包者参与"区域"资源开发活动的责任和义务等提出了具体职责和目标要求。在措施保障方面,该草案采用了当前环境保护领域的先进理念和最高标准,包括采用预防性办法、适用最佳可得技术和最佳环保做法、最佳可得科学证据等。措施保障方面的环境管理和检查制度、承包者的环境绩效制度、强制执行和处罚制度、国际合作等,从不同途径强调环境和生物多样性保护目标的实现。在管理流程方面,该草案规定有意进行"区域"资源开发活动的申请者需要向管理局提交包括环境影响报告(Environmental Impact Statement)、环境管理和监测计划(Environmental Management and Monitoring Plan)、应急和应变计划(Emergency Response and Contingency Plan)、关闭计划(Closure Plan)等资料的申请书,经秘书长初步审查后的环境计划在网站公布,以备利益攸关方提出评论意见;申请者可根据相关意见对环境计划进行修改和完善,并作为开发工作计划的组成部分重新提交法技委审议,而且审议的流程和时限均有严格的规定。

从以上的要求可以知悉,环境管理标准及其实施方式和程序规定非常严苛和复杂,既包括"区域"内采矿活动的环境影响评价相关材料的要求,又涉及环境保护监管程序和流程要求,以及环境管理制度的构建环节和因素。一是上述材料的准备需要大量的科学研究和多航次的勘探与调查,对所涉矿区生态系统及环境基线的了解,需要投入大量人力、物力和财力等的前期努力。二是这些材料要求的内容复杂,满足所要求的标准具有相当高的难度。例如,采矿申请者在其采矿申请工作计划中需要提交环境影响报告(EIS)和环境管理计划,应在完成环境影响评估(EIA)的基础上制定,且需要遵循健全的工程和经济原理,并符合最佳采矿工业实践,通过有国际资质的环境咨询公司的认可等。此外,除了对深海采矿环境技术指标等具体细节和环境管理制度关键环节的要求,《开发规章(草案)》还设立了环境基金以应对潜在的环境责任规定缺失的情况以及赔偿基金等环境履约担保和法律责任。可见,为实现对深海这一全球最大的生物多样性宝库的保护,管理局认真履行了《公约》所赋予的职责,加强了监管透明度,确保有效保护海洋环境。

制定《开发规章(草案)》的重要内容及目标之一是采取有效措施实现对"区域"海洋环境的保护。如何针对不同矿物设计相关规章制度的实施条款及执行程序更具有挑战性,主要原因在于人们对不同类型矿物伴生的深海生物多样性方面科学知识的了解和认知目前严重缺乏,"对深海生态的理解水平还不足以对大规模商业采矿做出结论性风险评估"。同时,"区域"活动中环境保护与海底资源开发活动各方的利益关系紧密,尤其是与承包者。环境影响评价、环境管理标准及其具体实施,不仅影响或改变深海采矿项目的固定投资和运行成本,甚至可能决定项目是否可以开始或继续执行。因此,针对《开发规章(草案)》所设定的环境管理制度,不同学科领域、不同的国家或机构因各自的利益期待不同而持有不同的立场且分歧较大。为了避免这种局面出现,管理局采取了有针对性的措施,努力弥合立场或观点差异,降低《开发规章(草案)》可能遇阻延迟出台的情况。其中,最重要的调整是规章的主体部分侧重于规制环境管理程序性方面的内容,而环境技术指标等具体操作方面的内容则被列入规章的附件中,一方面加快对规章正文内容的讨论进度,另一方面减少分歧并方便日后对附件的修订。但是,这种处理方式使规章的附件成为具有隐蔽性但长出"牙齿"的条款,攸关担保国和承包者的切身利益,成为不同利益集团立法进程中博弈的焦点;虽然短期内《开发规章(草案)》无法弥合各方关于环境保护问题的分歧,但所拟定规则的细节趋于严苛化已毋庸置疑。从管理局近年历届会议的讨论看,高举"环境保护"大旗占领"道德制高点"的各种提案和表态及其相关讨论成为《开发规章(草案)》规则制定和程序议题辩论阶段的常态;担保国需要采取审慎的态度,确保担保责任的同时规避承担连带责任的风险;承包者除关注《开发规章(草案)》的产业政策、缴费制度、财政税费比例、利润和风险分担等问题的条款设计之外,更需要认真考量环境管理标准及其实施方式和程序规定及其可能的影响,妥善应对严苛的环境管理制度的挑战。

三、担保国对国际海底区域环境保护所承担的责任

作为管理局成员国,担保国除了以缔约国的身份直接从事"区域"资源的开发活动,还要对其管辖下的实体进行担保,以有效管控其对"区域"内资源的勘探和开发活动。部分发展中国家受自身经济实力和技术条件的限制,担心无力承担所担保的个人或实体造成环境污染损害结果的法律风险和经济赔偿,因此希望能够对《公约》中有关担保国的法律责任加以明晰。应瑙鲁等国的要求,2010 年 5 月 6 日,管理局理事会通过决议,请求国际海洋法法庭海底争端分庭就国家担保的个人和实体在"区域"内活动的责任与义务等问题发表咨询意见("第 17 号案")。海底争端分庭于 2011 年 2 月发表了咨询意见,对不同主体在"区域"内活动的海洋环境责任和生态保护义务等进行了阐释,进一步厘清了担保国环境保护的法律义务与责任及免责条件。虽然该咨询意见不具有法律拘束力,但其对《公约》相关条款和关键问题的解读为国际社会提供了重要的参考,成为最具权威性和影响力的"软法"而被国际社会广泛援引,对"区域"内勘探开发活动及国际法的发展具有深远的影响。

"第 17 号案"咨询意见将担保国的义务划分为"确保义务"和"直接义务"。前者要求担保国"确保"被担保承包者遵守合同条款和《公约》及相关文书所述义务,后者包括担保国对管理局的协助义务、对其保护海洋环境紧急命令的保证义务、适用预先防范办法和最佳环境做法的义务、提供索赔渠道的义务等;也就是说,担保国既需要带有"行为性"的"确保义务",更需要采取"一切必要和适当措施"的"尽责义务"(due diligence),尽最大努力使被担保的承包者遵约,以免除其赔偿责任。为达此目的,担保国需要制定法律和规章并采取行政措施,确保其管辖的自然人或法人等遵守环境保护义务,否则担保国需要承担对环境损害的赔偿责任。鉴于国内立法的完备成为是否承担赔偿责任的必要条件,担保国需要充分认识到深海采矿活动的远洋环境和监管困境,通过国内立法规避风险,实现其免责的目的。在对"区域"海洋环境保护制度进行转化时需要注意如下问题。

第一,遵守国内法的效力不低于国际法要求的原则。《公约》明确规定,为了防止、减少和控制由悬挂其旗帜或在其国内登记或在其权力下经营的船只、设施、结构和其他装置所进行的"区域"内活动造成对海洋环境的污

染,缔约国制定的法律和规章的效力应不低于相关国际规则、规章和程序。《咨询意见》进一步指出,在海洋环境保护方面,担保国的法律、规章和行政措施的效力不得低于管理局国际规则、规章和程序的要求。

第二,侧重程序上的衔接与协调。海洋环境的复杂性和不确定性决定了其管理需要多部门协调,"区域"活动的环境管理更需要协同与合作,担保国需要承担不同于管理局和承包者的管理责任,因此,国内法应对拟从事"区域"活动的主体明确环境管理流程和程序上的衔接与协调,使承包者知悉其保护海洋环境所需要履行的义务和执行的程序。

第三,立法应注重重要制度的构建和体现。"区域"活动中环境保护要求的实施需要具体法律制度的构建,如环境影响评估制度、环境监测制度、环境损害赔偿制度、环境应急响应制度、环境修复制度等,鼓励和促进"区域"内矿产资源开发的同时,要按照《公约》及其附件以及《执行协定》等的规定,切实保护海洋环境不受损害。

需要注意的是,管理局对担保国的国内立法极为重视,定期对担保国"区域"活动的法律、规章和行政措施进行梳理,并建立数据库供各国参考和研究。管理局特别强调,提供担保但尚未审查本国立法的缔约国要参考"第17号案"的咨询意见,尽早审查本国立法。从管理局建立的国家"区域"立法数据库看,目前很多国家已经制定或者正在制定"区域"资源勘探与开发法律,而且大多数国家明确规定了环境保护的内容。

四、我国参与国际海底区域环境保护立法的对策建议

我国是第一批申请勘探合同的先驱投资者,也是目前拥有勘探矿区数量最多、矿种最全的国家。随着装备制造水平和勘探能力的提升,拓展我国在深海新疆域的权益已成为重要的战略方向。我国应努力发挥在管理局中的作用,深度参与《开发规章(草案)》的制定进程,积极完善履约的国内法准备;同时,加强对国际环境保护立法的跟踪研究,树立我国负责任大国的形象,实现深海资源开发利用与环境保护目标的平衡。

(一)深度参与国际立法进程

保护国际海底区域的环境是维护"人类共同继承财产"原则的重要内容。作为深海实践大国,我国一直严格遵守有关"区域"海洋环境保护的国

际责任。但是,为了深度参与国际立法进程,我国需要明确提出自己的立场:一是坚持鼓励和促进"区域"矿产资源开发的导向,以实现惠益分享制度,同时兼顾《公约》及其附件与《执行协定》的相关规定,切实保护海洋环境,尽可能地减少"区域"开发活动可能产生的有害影响;二是"区域"活动的环境保护要求应当与人类认识水平相适应,不宜制定过于严苛的标准;三是应注意协调与现有国际环境保护法规的关系,如联合国主导下的"国家管辖范围外海域生物多样性养护和可持续利用协定(BBNJ)"在适用范围和保护对象方面与"区域"的环境重叠,《开发规章(草案)》规则的制定应关注BBNJ的磋商情况和相关议题的进展,对可能产生的制度关联加以协调;四是注意借鉴各国在陆地或国家管辖海域内开采矿产资源方面环境保护的既有实践和有益的管理经验。

作为担保国,我国需要注意保护承包者参与"区域"资源开发的积极性,鼓励其认真遵守和执行环境保护制度;应认识到,承包者从事"区域"内资源的勘探和开发活动,也承载着拓展战略空间与资源利益的重要使命。目前,我国同时为中国大洋矿产资源研究开发协会(简称"大洋协会")和中国五矿集团公司提供担保,二者在深海勘探、产业培育和管理及商业开发等方面各具优势,应注意反映其作为承包者的利益和不同意见,例如,中国大洋协会对《开发规章(草案)》环境管理与监测计划的提交时限提出了修改意见;五矿集团公司则注重环境保护规则与商业开发活动规定的互动与影响,应使其环境保护具体制度设计层面的合理主张得到认可。

(二)尽快完善履约的国内法规

随着矿区数目增多、勘探活动频度提高,加之即将出台的新规章及标准的"严苛"程度大幅提升,作为在"区域"内拥有三种资源、五块勘探矿区的深海实践大国,我国在"区域"环境保护规定的执行方面面临诸多挑战。我国既需要深度参与"区域"活动的立法进程,更需要尽早为"区域"资源的商业开发做好国内法准备。一方面,我国作为"区域"资源勘探开发活动的担保国,有责任采取必要和适当的措施确保被担保的承包者在"区域"活动中遵守《公约》等国际协定的具体规定和要求,切实履行环境保护方面的国际义务。另一方面,我国需要通过法律、规章和行政措施等国内法履行《公约》规定的保护"区域"海洋环境的义务,一旦我国所担保的承包者违规作业并造成海洋环境损害,完备的国内法将是判断我国是否需要承担赔偿责任的必要条件。

为了规范我国企业、公民和有关组织开展的国际海底区域活动,保护参与者的基本权益,2016年,我国制定了《中华人民共和国深海海底区域资源勘探开发法》(以下简称《深海法》),以专章的形式对环境保护问题作了原则性的规定:一是明确了我国承包者在"区域"进行勘探开发活动时保护海洋环境的义务和原则规定,确保其采取必要措施防止、减少、控制其勘探和开发活动对海洋环境造成污染和损害;二是明确了承包者确定环境基线、进行海洋环境影响评估、制定和执行环境监测方案及保护海洋生物多样性等方面的规定;三是提出了承包者采取必要措施保护和保全珍稀或脆弱的生态系统等的前瞻性规定。

《深海法》弥补了我国在相关领域的立法空白,使我国在规范"区域"资源勘探、开发活动方面有法可依,在推动我国深海法律体系建设方面发挥了积极作用。但是《深海法》的框架性较强,虽然对深海采矿活动的规制起到了提纲挈领的作用,却存在担保制度不明以及义务分配失衡等问题,难以保障我国作为担保国的"确保义务"。为此,我国应根据深海法体系设计的总体规划,及时出台与许可、担保和监管等环保相关的配套制度以完善现有法规,确保参与"区域"各项活动的法规体系完备齐全、深海资源勘探和开发实践符合规范,实现保护海洋环境的责任目标。在形式上,可先出台制定程序相对简易的规范性文件和行业标准等以解决实际需求。如在2017年颁布的《深海海底区域资源勘探开发许可办法》《深海海底区域资源勘探开发资料管理暂行办法》和《深海海底区域资源勘探开发样品管理暂行办法》的基础上,尽快制定《深海海底区域资源环境调查与评价管理办法》《深海海底区域资源勘探开发环境保护暂行办法》等。在内容上,需要注意制定的法律和规章对环境保护要求的效力应不低于《公约》《执行协定》及管理局制定的其他规则、规章和程序的要求,确保环境影响评估制度、环境监测制度、环境损害赔偿制度、环境应急响应制度、环境修复制度等内容得到落实。考虑到《开发规章(草案)》的制定仍然处于动态发展中,建议规章的具体内容方面具有一定的前瞻性,为日后法规的实施预留必要的空间。

(三)增强国际立法进程中的议题设置能力

中国作为大洋协会和五矿集团公司的担保国,在从勘探阶段转向开发阶段后,国内必将有更多私人主体通过寻求政府担保以参与"区域"活动,有关担保义务与责任的问题明显属于国家重大关切。同时,《开发规章(草案)》的制定与实施将是管理局今后工作的重要内容之一,对深海采矿活动及环境保护的规制将成为动态发展的进程,对我国产生重大而持续的影响。与此相适应,我国需要加强对深海环境保护议题的系统研究,以提高我国在国际立法进程中的议题设置能力。经过多年的积累,我国在推进国际海底区域资源调查评价工作、提升深海科技创新能力、加大深海装备研发力度、加快深海支撑平台建设等方面取得了长足进展,深海勘探装备技术已从"跟跑""并跑"到达如今的"领跑"位置。为了引领深海治理体系的变革,我国需要在前期积累的基础上对海洋环境保护的相关议题进行有效布局。第一,拓展深海活动的多元需求,不断壮大深海新兴产业,发展深海资源与空间开发利用的科学与技术储备,完善深海战略产业布局和法规制度建设。第二,全面提升对深海环境的认知水平。这方面我国已经具备了一定的实力,如利用我国自主研发的水下滑翔机等装备,在我国与国际海底管理局签订的西太平洋富钴结壳勘探合同区及邻近海山区开展生态系统和环境调查,积极推动西太海山区环境管理计划的实施等,为我国履行勘探合同义务提供了有力保障。第三,推动大型环境保护计划的实施。如充分利用"十三五"期间我国海洋领域的四个重大工程之一的"蛟龙探海"工程,推动西太平洋海山区、印度洋的 U 形区、南海的"双十字"区环境保护计划的实施,对区域环境进行持续的监测与管理,将深海资源的勘探开采与环境保护同步推进。第四,完善深海生物基因资源库,推动深海生物基因资源的研究和开发。深海的热液区域、黑暗区域及剧毒区域均发现了深海特殊生物基因,对这些生物基因的开发和利用将对人类的生产生活和健康、工业发展等方面产生较大影响。更重要的是,对深海环境议题的持续跟踪有助于以领先的科研成果支撑我国的谈判立场和规则制定实践,为我国深度参与甚至影响国际规则的制定奠定坚实的基础。

(四)提升国际规则制定的参与能力

随着《开发规章(草案)》文本磋商进程的推进,深海资源开发和规则制定成为全球海洋治理的焦点。基于对深海资源的战略需求,我国提出了资源利用与环境保护平衡、商业开发与可持续发展平衡的原则,积极参与规章的制定进程,投入了大量的资源开展前期研究。但是,我国在参与国际法规制定特别是《开发规章(草案)》制定进程中环境规则制定的能力方面仍有提升空间。我国需要认识到深海科学技术发展与法律规则互动的重要性,将我国对环境保护科学技术成果及装备环保性能的追求转化为我国的政策立场和既有实践及支撑证据。法规的制定需要实践的支撑。在国际规则制定的进程中,我国应注重科学技术与法律的互动与共进,通过环境认知和深海技术发展与完善的最新成果,实现对多元利益主体的有效管控。在《开发规章(草案)》的磋商过程中,我国应抓住机遇,利用各利益集团对一些重要议题的分歧和寻求共识的"窗口期",在适当的时机和场合,努力宣示我国的环境政策立场和主张,力争使其成为国际共识,进而为国际规则的制定贡献中国智慧。

我国应加大对"区域"环境领域科技和法律问题的系统研究和持续关注,专注于制度设计与能力建设方面的重大课题,在提升我国规则制定方面软实力的同时,提高在环境保护科学领域的硬实力,树立负责任的深海大国形象。在这方面,我国已经迈出了重要的第一步。例如,中国大洋协会2017年8月在管理局第23届会议期间首次成功举办了边会;2018年提出了在西北太平洋富钴结壳"三角区域"开展环境管理计划(REMP)制定以及在印度洋和南大西洋多金属硫化物区域开展"U型环境管理计划"制定等国际合作计划的倡议,得到了管理局的高度认可和该区域承包者的支持;2018年5月,中国大洋协会与国际海底管理局在青岛共同主办了首次"西太平洋海山区环境管理计划国际研讨会",各方对西太海山区环境管理计划的工作设想初步达成共识,并首次实现了与日本和俄罗斯科学家实质性的海上合作调查,为今后推动该区域的国际合作奠定了良好的基础。可以预见,随着我国主导的"区域"环境保护国际合作计划的逐步增多,我国引领"区域"环境规则制定的能力将得到提升,真正成长为具有国际话语权和影响力的深海大国。

五、结语

依据《公约》的规定,"区域"及其资源属于全人类所有,因此对"区域"资源开发以及深海采矿活动所带来的环境影响问题将涉及所有国家以及各种利益相关方。由于国家以及各种利益集团自身的经济条件和价值取向不同,利益各相关方对采矿活动和环境保护制度的观点和主张存在明显分歧。《公约》《执行协定》以及管理局制定的法律法规及规章已经建立了一套严密的制度体系和框架,包括海底资源的勘探开发制度、担保国的责任义务等规定和海洋环境保护制度等,为各国开展"区域"活动提供了制度保证。当前,"区域"活动正处于由勘探转入开发的过渡时期,利益各相关方为正在加速推进中《开发规章(草案)》的相关规则、原则和程序而"缠斗不休"。这其中的利益争斗及最新发展趋势表明,对国际规则、原则和制度的考量以及程序问题的博弈均以国家利益为衡量标准;在当今尚未对深海采矿活动的环境风险提出全面而充分的科学依据和合理评价的情况下,对《开发规章(草案)》中环境保护制度锱铢必较的争论本身已经超越了对环境问题的关注,成为保障国家利益的手段和推行国家政策的工具。我国作为负责任的深海大国,应以维护人类共同利益为使命,深度参与"区域"活动环境保护规则、规章和程序的制定;同时,以打造深海命运共同体为目标,在不断完善我国深海采矿环境保护法规体系的同时,加强对深海环境保护议题的跟踪研究,加强在国际立法进程中议题的设置能力和国际规则制定的深度参与能力,提升我国的话语权和影响力,在实现我国深海新疆域权益的拓展的同时,为公平、有序、合理地可持续开发和利用"区域"资源作出应有的贡献。

文章来源:原刊于《法学杂志》2020年第5期。

国际海底区域开发规章草案的发展演变与中国的因应

■ 王勇

论点撷萃

为更好地维护中国在"区域"矿产资源开发中的权利以及推动开发规章的后续制定进程,立足于三年来开发规章草案的发展演变状况以及中国既有的建议,本文认为中国应当深度参与开发规章的制定,积极贡献更多的有价值的意见和建议,大力推动并且引导开发规章的制定进程,从而逐步成为开发规章制定进程中的引领国。

此外,中国政府可以就减轻开发活动承包者的财务负担提出具体的建议。为了更好地减轻承包者的财务负担以保护其利益,可以给承包者的财务负担设置一个最高数额的限制。

总体来说,三年来开发规章草案在内容方面不断丰富,在结构方面趋向合理,在重要事项方面不断细化,这些都是值得肯定的。但是,开发规章草案也存在一些争议问题以及后续如何发展的问题,需要各国充分讨论。目前大多数国家支持继续将制定"开采法典"作为国际海底管理局的优先事项,其中国际海底管理局的意愿较强。总之,国际社会的大力支持和推动是三年来开发规章草案越来越细致、越来越完善的主要原因。因此,开发规章的后续磋商应当充分顾及国际社会整体利益和绝大多数国家特别是发展中国家的利益,继续处理好承包者、国际海底管理局和国际社会三者之间的关系,既要平衡好资源开发和海洋环保的关系,也要平衡好承包者的权利与义

作者:王勇,华东政法大学教授,中国海洋发展研究中心研究员

务关系,还要进一步优化开发规章的结构,完善其内容,从而稳步推动开发规章的制定进程。

中国是制定开发规章的积极推动者,要深度参与开发规章的制定并且逐步发挥引领国的作用。具体来说,首先,中国政府在指导思想上要将深度参与制定开发规章作为构建人类海洋命运共同体的一项重要内容;其次,中国政府要深入把握三年来开发规章草案的发展趋向,积极参与"开采法典"草案文本的讨论,进一步完善对于开发规章草案的意见和建议;再次,中国政府要积极促进广大发展中国家参与"区域"内资源开发,完善相关鼓励和促进交流的条款;最后,中国政府要提高本国的深海采矿技术,加强深海采矿的实践,完善本国的"深海海底资源勘探开发法"以及建立完善的配套法律制度。

随着陆地矿产资源的日渐枯竭,丰富的国际海底矿产资源已经成为国际社会争相追逐的"热品"。"区域"矿产资源种类多、数量大、品位富,拥有巨大的开发利用潜力,很多国家都想在这个区域尽可能地满足自己的利益需求。虽然当前国际社会已经通过《联合国海洋法公约》(以下简称《公约》)与三个"探矿与勘探规章",对于各国在"区域"的探矿和勘探活动作出了一些规定,但是随着人类需求的不断扩大以及各国即将进入国际区域矿物资源的开发阶段,当前的三个规章已经无法有效规制各国在"区域"的进一步活动了。根据 2000 年《多金属结核探矿和勘探规章》第 26 条第 1 款的规定,勘探合同的期限为 15 年,合同期满之后,要么申请延期,要么转入开发阶段。在这样的形势下,制定一个尽可能地符合绝大多数国家利益的关于"区域"开发规章的必要性就日益凸显。各国在国际海底管理局(以下简称"海管局")的主持下,已经于 2016 年制定了第一个"区域"开发规章草案,并且在 2017 年和 2018 年每年均制定一个开发规章草案。从宏观层面来看开发规章草案有如下发展趋势。首先,三年来开发规章草案的内容不断丰富。2016 年草案的正文有 59 条,另外还有 9 个附件;2017 年草案的正文有 94 条,另外还有 10 个附件和 3 个附录;2018 年草案的正文有 105 条,另外还有 10 个附件、4 个附录和 1 个环境影响报告模板。特别是 2018 年草案新增了一些具体规定。其次,三年来开发规章草案的整体结构趋向合理。例如,2016 年草案的正文有 11 个部分,2017 年草案的正文有 14 部分,2018 年草案的正文有 13 部分。通过对比发现,2017 年和 2018 年草案的结构变得更加细致。最后,三年来开发规章草案关于一些重要内容的结构安排趋于合理。但是,由于各国在制定开发规章的过程中仍然存在不少争议点,所以迄今为止开发规章仍然没有获得正式通过。本文通过比较三年来开发规章草案主要内容的发展演变状况,深入分析其发展演变的原因,并且结合中国正在参与开发规章草案的制定进程,提出中国的具体应对策略。

一、关于 2016—2018 年间开发规章草案主要内容的演变分析

(一)不断细化和强化环境保护的规定

总体来说,三年来开发规章草案关于环境规定的条款越来越多且在不断细化。

首先,在环境履约保证金的规定方面。2016 年和 2017 年草案对于环境履约保证金的态度是"可以要求缴存",到 2018 年变成了"应当缴存"。2016 年草案主要通过第 10 条第 3 款对环境履约保证金作出了简单的规定。2017 年和 2018 年草案则详细规定了环境履约保证金的用途。特别是,2018 年草案对于环境履约保证金作出了更加详细的规定。2018 年草案第 27 条第 2 款规定保证金要"反映以下方面可能的所需费用:提前关闭开发活动,终止和最终关闭开发活动,以及在关闭后监测和管理残留环境影响";第 27 条第 3 款规定了可以分期缴纳保证金;第 27 条第 4 款规定了应审查和更新环境履约保证金数额的情形;第 27 条第 5 款规定了审查和更新之后的重新计算并缴存保证金的期限;第 27 条第 8 款规定了"承包者提供环境履约保证金不会限制开发合同为其规定的责任和赔付责任"。从上述变化可以看出,海管局出于对环境履约保证金的重视而不断完善环境履约保证金的规定。

其次,在环境责任信托基金方面。2016 年和 2017 年草案对此没有专门规定,2018 年草案第 52 条和第 53 条对此作出了专门的规定。环境责任信托基金旨在填补防止、修复措施的费用;支持最佳可得技术、最佳环境做法的研究等。该基金主要来源于承包者的缴纳,具备合理性和可操作性,为环境保护作后备支撑。

再次,在环境管理和监测计划执行情况评估方面。2016 年草案对此没有规定;2017 年草案只是在附件七 G 项中简单提及;2018 年草案第 50 条则

对此作出了详细的规定,具体包括评估内容、评估频率,以及秘书长和委员会分别的权力。上述规定能够更好地促使承包者严格按照环境管理和监测计划进行开采活动,避免在开采过程中忽视计划任意破坏环境。

最后,在环境影响报告书方面。2016年草案关于环境影响报告书的规定很少,可以反映出对其重视不够。2017年草案开始对环境影响报告书应该包括的内容进行规定,并在附件五中提供了环境影响报告书的模板以供承包者参考。2018年草案在2017年草案的基础上增加了关于环境影响报告书的书写形式要求。这些既表明了海管局对于环境影响报告书的要求更加严格,也反映其不断提高对环境保护的重视程度。

(二)担保国责任制度重回模糊性

《公约》规定了"区域"内的担保国责任制度,即"区域"内活动者如果为自然人或法人的,应当获得公约缔约国的担保。2016年草案仅通过第二部分第3条对于担保国责任作出了非常简单的规定,且没有对担保责任的归责原则和责任范围作出规定,从而具有一定的模糊性。2017年草案第91条对于担保国责任作出了详细的规定,并且强调担保国以"尽职义务"为行为标准,只承担过错责任。虽然2018年草案第103条对担保国责任的规定比2017年草案简单得多,但是2018年草案的规定把担保国的责任范围扩大到海管局规则和开发合同的条款。这样一来,担保国的责任就有可能因为海管局规定以及开发合同的条款而扩大,从而不再仅仅限于"尽职义务"。通过对三年来有关担保国责任条款的比较分析可以发现,随着时间的推移,有关担保国责任的规定重新变得模糊。

(三)不断细化和强化承包者的义务

首先,在承包者对于海洋环境的义务方面。2016年草案并没有专门的部分或章节规定承包者对于海洋环境的保护义务,而是用分散的条款对此作出规定。例如,2016年草案第4条第4款b项规定承包者提交的申请书应当包含根据"环境条例"编写的环境和社会影响声明;2016年草案第14条第2款d项规定:(承包者提出续订开采合同的申请时)要附有一份适当的合格专家的报告,以核查环境管理和监测计划是否符合《环境条例》的规定,并建议根据《环境条例》修改该计划;2016年草案附件七第14节规定"承包者应避免对该地区的资源造成不必要的浪费"。2017年草案则主要通过第四部分"环境事务"的第18～24条对于承包者保护海洋环境的义务作出了比较集中的规定。2018年草案则主要通过第四部分"保护和保全海洋环境"的第46～56条对于承包者保护海洋环境作出了更加详细的规定。2018年草案的有些规定是对2017年草案的进一步细化。例如,2018年草案第48条限制采矿排放是对2017年草案第23条第6款的细化,并且增加规定了采矿排放两条例外措施,分别是海管局与此类采矿排放有关的要求、方法和技术标准;以及环境管理和监测计划。2018年草案第51条应急和应变计划是对2017年草案第23条第8款的细化。上述规定使得规章更具有合理性和可操作性。此外,2018年草案第50条第3款"承包者应根据准则并按其中规定的格式,编写并向秘书长提交执行情况评估报告",也属于新增的承包者在保护环境方面的要求。值得一提的是,2016年草案中承包者保护海洋环境的义务大多数属于一种事后的环境治理,而2017年和2018年草案中承包者保护海洋环境的义务大多数属于事前的风险防范。从事后到事前的转变,是各国对海洋环境认识更加明确以及对环保要求更高的体现。

其次,在承包者合理顾及海洋环境中的其他活动方面。2016年草案附件七第5节原则性地规定了承包者合理考虑海洋环境中的其他活动,2017年草案第26条和2018年草案第33条均规定了"每个承包者均应尽职尽责,确保不损坏合同区内的海底电缆或管线"。2018年草案第33条还特别规定了双向责任,即承包者在"区域"内的活动要合理顾及海洋环境中的其他活动,海洋环境中的其他活动也要合理顾及"区域"内的开发活动。

再次,关于承包者确保安全、劳动和卫生标准的义务。2016年草案附件七第16节对此仅作出了一些简单的规定。2017年草案与2016年草案的规定基本相似,仅有些细微的修改,即列出了已在承包者所属国内法中实施的一系列公约。2018年草案第32条则作出了非常详细的规定。特别是2018年草案第32条第5款规定:承包者应确保,其所有人员在上岗前均具备必要的经验、培训和资质,能够安全地、称职地并按照海管局规则和开发合同条款履行职责;已制定职业卫生、安全和环境意识计划,使参与开发活动的所有人员都能了解其工作可能产生的职业和环境风险以及应对此类风险的方式;以及已保存其所有人员的经验、培训和资质记录,并要求向秘书长提供这些记录。上述规定进一步强化了承包者的在劳动、安全、卫生方面的要求,更有利于提高船员的素质和环境保护意识,从而减少因船舶、船员不适格而造成的环境损害。

复次,关于承包者的缴费义务。2016 年草案通过第 5 条承包者应支付的申请费、第 21 条承包者应支付的开发合同年度管理费、第 24 条承包者应支付特许权使用费等分散地规定了承包者的缴费义务。2017 年草案则通过第七部分比较集中地规定了承包者的缴费义务,具体包括承包者应付的年固定费用、对承包者的征税税率、承包者应支付特许权使用费等。2018 年草案通过第八部分集中地规定了承包者的缴费义务,具体包括承包者的年度报告费、承包者的固定年费、承包者应缴纳的年费以外的规费包括申请核准工作计划的申请费等。

最后,在承包者的关闭计划(停止或暂停生产)与关闭后监测责任方面。2016 年草案附件七第 13 节对于承包者暂停生产只有一些简单的规定。2017 年草案第 25 条对于承包者的最终关闭计划和关闭后监测义务作出了一些比较详细的规定。2018 年草案第 58 条和第 59 条分别对承包者的关闭计划(停止和暂停生产)与关闭后监测作出了详细的规定。2017 和 2018 年草案还都在附件八中对于关闭计划作出了详细的规定。从具体内容来看,2016 年草案规定海管局理事会核准承包者暂停生产,海管局委员会只享有建议权。而 2017 年和 2018 年草案均规定了海管局委员会的核准权。2018 年草案还增加规定了关闭计划需在海管局委员会决定前 30 天分发,以及规定了停止或暂停生产后承包者的具体义务等。可见,2018 年草案关于承包者的关闭计划(停止和暂停生产)与关闭后监测责任规定非常详细。

(四)不断细化和强化检查员的权力与职责要求

首先,在检查员权力方面。2016 年草案第 54 条第 4 款规定了检查员的权力为"可检查监督承包者遵守情况所需的任何相关文件或物品、所有其他记录的数据和样品以及任何船只或设施,包括其日志、人员、装备、记录和设备"。2017 年草案第 85 条和第 86 条以及 2018 年草案第 94 条和第 96 条均大大增加了检查员的权力,包括检查监督、发出指示、质问、要求披露、要求解释、审查、检查或测试、扣押、删除、要求执行、复制材料等。此外,2016 年草案没有具体规定检查员发布指示的权力,而 2017 年草案第 87 条和 2018 年草案第 97 条均具体规定了检查员发布指示的权力。与 2017 年草案相比,

2018年草案对此问题的规定更加详细。其一,2018年草案第97条第1款(a)项规定:(检查员可以发布)要求采矿活动在规定期限内或在海管局和承包者商定时间和日期之前暂停的书面指示。其二,2018年草案第97条第1款(b)项规定:(检查员可以发布)为继续进行采矿活动设定条件的书面指示,以便在规定期限或规定时间内、或在特定情况下以规定方式开展指定的活动。其三,2018年草案第97条第1款(d)项规定:(检查员可以)要求开展具体测试或监测,并将此种测试或监测结果提交海管局。

其次,在检查员的职责要求方面。2016年草案第54条第6款简单规定如下:检查员应避免干扰承包者的安全和正常操作,并应按照本规章和海管局有关健康和安全及信息管理的政策与程序行事。2017年和2018年草案均对检查员的职责作出了详细的规定,具体包括:第一,检查员必须具备与检查员职责领域相称且与准则相符的资格和经验;第二,检查员应受严格的保密规定的约束,在所履行职责方面不得有任何利益冲突,并且应遵照海管局的检查员和检查行为守则履行其职责;第三,检查员应遵守承包者、船长或船只和设施上其他相关安全主管人员向其发出的有关海上人命安全的一切合理指示和指令,并应避免对承包者的安全正常作业以及船只和设施的安全正常运行造成不当干扰。

最后,在检查员如何产生的问题方面。2016年草案第54条对此有模糊性的规定:海管局应建立适当的机制,设立检查人员,检查"区域"内的活动,以确定《公约》第十一部分的规定、协议、规章制度和任何海管局的开采合同的条款和条件被遵守。但是,2017年和2018年草案对此均没有规定;换言之,规章草案在检查员如何产生问题上处于空白。

(五)关于环保事项审批的程序性规定仍然比较烦琐

通过比较三年来开发规章草案关于环保事项的审批程序,可以发现2017年草案的审批程序最为复杂,2018年次之,2016年相对而言最简单(表1)。但是总体来说,2018年草案关于环保事项审批的程序性规定仍然比较烦琐。

表 1 三年来开发规章草案关于环保事项审批的程序性规定比较

年份	申请人提交申请书程序	秘书长审查、通知程序	法律技术委员会审查程序	海管局理事会核准程序
2016	申请书应当包括:(1)环境影响报告;(2)环境管理和监测计划;(3)关闭计划	1.书面形式确认收到申请书,保护申请书的机密性 2.通知海管局成员 3.通知法律技术委员会成员	1.按秘书长收到的先后顺序审查申请书 2.要求获取关于工作计划任何方面的额外资料 3.确定申请人是否符合相关规定 4.考虑申请人的财务能力 5.考虑申请人的技术能力 6.确定拟议的工作计划 7.对拟议工作计划的修正 8.委员会建议核准工作计划	理事会应审议委员会关于按照《协定》附件第 3 节第 11 和 12 段核可工作计划的报告和建议
2017	在 2016 年的基础上,新增了潜在申请人提交环境范围报告和环境影响报告,并进行环境影响评估的义务	在 2016 年的基础上,新增加了:(1)秘书长在海管局网站上公布环境影响报告、环境管理和监测计划、关闭计划及其修改版。(2)在海管局网站上公布潜在申请人提交的环境范围报告	在 2016 年的基础上新增了:(1)法律技术委员会审核潜在申请者的环境范围报告;(2)法律技术委员会在秘书长完成公布审查环境计划之前不得审核工作计划;(3)法律技术委员会必须听取秘书长、海管局成员和利益攸关方的评论意见后审查环境计划;(4)法律技术委员会应当将环境计划的报告、对计划的修改公布在网上;(5)若有多份申请,委员会应根据《公约》附件三第十条的规定确定申请者是否享有优惠和优先	同 2016 年

（续表）

年份	申请人提交申请书程序	秘书长审查、通知程序	法律技术委员会审查程序	海管局理事会核准程序
2018	同 2016 年	1. 在 2016 年的基础上新增了秘书长在海管局网站上公布环境影响报告、环境管理和监测计划、关闭计划及其修改版 2. 在 2017 年的基础之上又增加了秘书长首先审查申请书的义务，查看申请书是否充分完整的义务，如若不完整则应当通知申请人	在 2016 年的基础上增加了：（1）法律技术委员会向理事会提交报告和建议的具体时间；（2）法律技术委员会在秘书长完成公布审查环境计划之前不得审核工作计划；（3）法律技术委员会必须听取秘书长、海管局成员和利益攸关方的评论意见后审查环境计划；（4）法律技术委员会应当将环境计划的报告、对计划的修改公布在网上；（5）若有多份申请，委员会应根据《公约》附件三第 10 条的规定确定申请者是否享有优惠和优先	同 2016 年

二、2016—2018 年间开发规章草案主要内容演变的原因分析

（一）加强海底环境保护的原因分析

首先，海洋环境保护不同于陆地上环境的一般保护，需要根据海洋环境的地理特点来进行更加严格的保护，因为海底开发对海洋环境的破坏很有可能是更大范围的、更加不可逆的损害，这是各国在制定开发规章之初所达成的基本共识。

其次，各国在开发规章草案制定之初对于如何保护海洋环境存在立法经验匮乏等问题，而这些问题在后续的立法过程中逐步得到解决。2016 年草案并没有专门规定环境的一个部分或章节，而只是在一些有关条款中提过与环境有关的部分。2016 年草案多次强调其本身是第一个草案，只反映

了监管规定的初稿，以后还将进行不断的完善。后来，随着各国对于深海海底环境的不断了解与立法经验的不断丰富，开发规章中环境保护规定也不断完善。

最后，海管局不断地寻求新的方式来增加环保的可靠性和资金来源，并且不断地强化环保规定。海底环境保护本身就是一项需要耗费大量人力、物力、财力的工程，很多承包者不愿意进行环保就是因为在资源开发过程中所得收益与所耗费的财力往往不成比例，海管局积极采取措施减轻承包者在环保方面的资金压力，从而提高承包者参与环保的积极性。以环境保护信托基金为例，该信托基金本质上是环境恢复保证金，目的在于通过加大海底开发活动的成本以激励承包方主动采取措施减少开发活动带来的外部不经济性。早在 2011 年，国际海洋法法庭海底争端分庭在咨询意见中认为，根据《公约》的现有规定，如果承包者履行了赔偿义务或者担保国履行了担保责任后仍然存在无法完全弥补损害后果的情况，因此建议海管局设立环境责任信托基金；此后，环境信托基金终于在 2018 年草案中得以确认。笔者认为，海管局设立环境信托基金的目的就是为了使承包者能够减少在环保方面的资金压力，从而愿意在财务负担较小的情况下更好地保护环境，使"区域"内环境保护能够有一定的效果。

（二）加强承包者责任的原因分析

首先，在承包者保护海洋环境义务方面。笔者认为随着时间推进，各方对海洋环境的认识不断提高，对于环保的要求也在不断的提高，为了能够达到更高的环保标准，便会对一些相关细节进行更加严格的规定。这样，可以促使开发商在海底开发活动过程中更加重视对环境的风险防范，从而防止对海底环境的过度破坏与污染。

其次，在承包者缴费制度方面。随着开发规章的发展与完善，有关缴费制度的规定在规章中所占的比例也大幅减少，其规定既更为简洁，也更加明确可行。笔者认为，这样的发展与变化是与各国对缴费制度逐渐达成共识密切相关。在开发规章制定之初，缴费制度成为各国最富争议的条款，如何缴、缴多少都是各国极其关注的问题，所以 2016 年草案对此问题的规定分散杂乱，缺乏系统性。为此，国际社会于 2017 年 4 月在新加坡就开发规章中的缴费机制条款进行了专门的研讨。相对于 2016 年草案，2017 年草案关于缴费制度的规定变得较为简单,而 2018 年草案关于缴费制度的规定变得更加简单而明确。2018 年草案在整体上通过 3 个部分对缴费制度进行了简单明确的规定。从原因上分析,各国在缴费制度方面达成了较大的共识,只是在税率等一些小的方面还存在争议。

最后,一些国家的建议也发挥了积极的作用。例如,中国在 2017 年评论意见中提出了承包者的双向责任,即承包者在"区域"内的活动要合理顾及海洋环境中的其他活动,海洋环境中的其他活动也要合理顾及区域内的开发活动。该意见被 2018 年草案第 33 条所采纳。

(三)关于担保国责任重回模糊性的原因分析

由于海底资源开发风险很大,特别是在海洋环境损害方面风险更大,而且自然人和法人承担责任的能力比较有限,而国家的资金和实力雄厚,因此《公约》设立了担保制度。《公约》第 139 条第 1 款、第 2 款规定了担保国责任。但如缔约国已依据《公约》第 153 条第 4 款和附件三第 4 条第 4 款采取一切必要和适当措施,以确保其根据第 153 条第 2 款(b)项担保的人切实遵守规定,则该缔约国对于因这种人没有遵守本部分规定而造成的损害,应无赔偿责任。上述规定可以理解为:承包者仅对损害承担过错责任;担保国仅在未尽"尽职"义务且这种未尽义务与承包者所致损害之间存在因果关系时,才承担责任。此外,《公约》附件三第 22 条前半部分规定,承包者对"由于其不法行为造成的损害"应承担责任;而现实表明,即便人们在进行活动前采取了足够的预防措施,仍然有可能发生重大损害。由此,缔约国主要争议点在于:担保国在公约体系内所承担的法律义务的具体标准是什么,担保国应采取何种措施履行公约义务方能免除赔偿责任,赔偿责任的标准和范围是什么。

国际海洋法法庭海底争端分庭于 2011 年关于"担保国的责任与义务"所发表的咨询意见确立的担保国责任主要包括以下两个方面:第一,确保承包者遵守"区域"内活动规则的尽责义务;第二,担保国的直接义务。可见,该咨询意见已经突破了"尽职"义务的范围,但对于担保国承担责任的标准和范围仍没有清晰的界定。2015 年,各国在牙买加首都金斯敦召开的关于审议和核准"区域"内矿产资源开采规章草案的会议上提出"必须明确担保国的作用和责任,特别是考虑到海底争端分庭在 2011 年 2 月 1 日针对'担保国的责任与义务'所发表的咨询意见"。值得注意的是,2018年草案中出现了环境基金制度,同时在环境基金来源规定的第(d)条中规定,任何根据理事会命令,基于财政委员会建议给付基金资金也包括在来源里。有学者认为,这一条应当属于万能条款,不排除向担保国募集资金的可能,担保国可能因此承担实际责任。

综上所述,海管局关于担保国责任的问题还处于一个不明确的地位,三年来担保国责任制度重回模糊性正是上述问题无法解决的结果,也许经过各国不断的磋商与探讨,在今后的草案中对此会有更加详细与明确的规定。

(四)不断细化和强化检查员权力的原因分析

首先,细化并强化检查员的权力有利于保证检查员的作用,提升检查员的地位,使其更好地更全面地起到检查监督的作用。因为检查员是遵照海管局的命令和开发规章对承包者的活动进行检查的主体,在预防环境损害和监督承包者环境义务履行状况等方面发挥重要作用。此外,对检查员的权力进行明确的界定,也有利于在实践中减少承包者与检查员或海管局的纠纷发生。

其次,检查员提出问询,要求披露,有权复制、扣留等,是检查员对承包者的海底活动进行监督的必要权力,有利于检查员职责的顺利履行。特别是2018年草案细化了检查员发布指示的内容,增加了期限的规定,使规章草案更合理和更具可操作性。

最后,由于各国尚存在很大的分歧,故规章草案在检查员如何产生问题上处于空白。

(五)关于环保事项审批的程序性规定仍显烦琐的原因分析

三年来开发规章关于环境事项审批的程序是先由简单变得复杂,再变得相对烦琐的一个过程。笔者认为,发生变化的原因在于2016年草案是关于"区域"内开发活动的第一部规章,其制定过程难免会存在较多漏洞或思考不周的地方;随着2017年草案的制定,海管局不断完善2016年草案中的不足之处,包括有关环保的审批事项和审批程序,但2017年草案有关审批程序显得过于烦琐,主要是增加了潜在申请人提交环境范围报告等的义务,以及强化了法律技术委员会审查程序;2018年草案删除了"潜在申请人"的规定,其原因在于开发活动一旦从理论转化到实际开采的阶段,必然会有大量的申请者会提出开采申请,而"潜在申请人"相比之下数量将会剧增,但实际上能成功获得审批并进行开采活动的承包者毕竟是少数,因此删除"潜在申请人"既可以简化程序,又能减轻海管局的工作量。2018 年草案在 2017 年草案的基础之上增加了秘书长首先审查申请书的义务,查看申请书是否充分完整,如若不完整则应当通知申请人。此举的目的在于通过秘书长前期的初步审查及时地让申请人修改不合格的申请书,既节约了时间,又减轻了海管局的审查义务。综上,国际社会和海管局认识到烦琐的程序不利于海底开发活动,并且在一定程度上改进了程序,但仍有继续改进的空间。

三、中国的应对策略

中国政府对于"区域"矿产资源开发的相关法律制度建设也非常重视,中国海洋局、中国大洋协会、中国外交部条法司等部门和机构也组织专门力量对中国在"区域"开发规章制定过程中应当坚持的立场和对策开展深入研究。中国政府已经多次在海管局理事会上提出了不少关于制定开发规章的意见和建议。特别是中国政府于 2017 年 12 月 20 日发表了《中华人民共和国政府关于〈"区域"内矿产资源开发规章草案〉的评论意见》(以下简称《2017 年评论意见》)、于 2018 年 9 月 28 日发表了《中华人民共和国政府关于〈"区域"内矿产资源开发规章草案〉的评论意见》(以下简称《2018 年评论意见》),对于开发规章提出了系统性的意见。可以说,中国正在积极参与开发规章具体条款的制定。为了更好地维护中国在"区域"矿产资源开发中的权利以及推动开发规章的后续制定进程,笔者立足于三年来开发规章草案的发展演变状况以及中国既有的建议,进一步地提出中国的应对策略。

(一)中国在开发规章制定过程中的角色定位

笔者认为,中国在开发规章的制定过程中应当做到深度参与并且逐步成为引领国,理由如下。首先,中国是第一批在"区域"内申请勘探合同的先驱投资者,目前中国已成为全球唯一与海管局签订富钴结壳、多金属结核和海底热液硫化物三种海底矿产资源勘探合同以及拥有四块专属勘探权和优先开采权矿区的国家。可以说,中国在"区域"有重要的战略利益。其次,随着中国国力的大幅增强,中国参与全球海洋治理的观念与目标、方式与手段、责任与权限均与之前发生了很大的变化。从 2016 年起,中国提出了做国际海洋法治的维护者,做和谐海洋秩序的构建者,做海洋可持续发展的推动者的立场。2017年10月,中国共产党的十九大报告明确提出,中国推动构建人类命运共同体。2018年1月,中国政府郑重作出承诺:中国始终把解决全球性环境问题放在首要地位,积极承担海洋环境保护责任。2019年4月23日,习近平主席在青岛集体会见应邀出席中国人民解放军海军成立70周年多国海军活动的外方代表团团长时,提出集思广益、增进共识,努力为推动构建海洋命运共同体贡献智慧。因此,中国深度参与治理国际海底区域以及积极参与制定开发规章,既是中国履行大国责任的重要体现,也是中国积极构建人类海洋命运共同体的重要内容。最后,中国长期以来积极参与开发规章的制定,为中国后续的深度参与乃至发挥引领国的作用奠定了良好的基础。综上,中国应当深度参与开发规章的制定,积极贡献更多的有价值的意见和建议,大力推动并且引导开发规章的制定进程,从而逐步成为开发规章制定进程中的引领国。

(二)中国政府应当坚持的基本主张

第一,开发规章的目的和宗旨。开发规章的目的和宗旨有两个:一是鼓励和促进"开发",二是切实保护海洋环境。正如中国政府在《2017年评论意见》中指出的,开发规章应当以鼓励和促进"区域"内矿产资源的开发为导向,同时按照《公约》及其附件以及《执行协定》的规定,切实保护海洋环境不受"区域"内开发活动可能产生的有害影响。从这个意见上说,开发规章的制定要着重处理好环境保护和资源开发、短期利益和可持续发展之间的关系。

第二,关于制定开发规章的基本原则。首先,稳步推进原则。开发规章草案的制定涉及内容很多,涉及的利益很复杂,且各国技术水平、发展阶段、各自立场等不在同一水平上,协调起来非常困难。因此,开发规章的制定应建立在充分的科学依据之上,兼顾各方利益,充分酝酿,充分讨论,循序渐进,而不应急于求成。其次,集思广益原则。开发规章的制定既要充分借鉴陆地采矿管理办法,又要广泛吸取各界专家的意见,特别是要广泛征集采矿专家的意见,并且及时将意见反馈给海管局。再次,与人类认知水平相适应原则。开发规章的内容应当与现阶段各国对于"区域"的认识水平相适应,其制定工作必须立足于人类通过既有开发活动获得的数据和材料,为了更好地审议规章草案,有必对海底矿产资源的资源属性、地质特征、地理分布、经济分析以及勘探技术等方面开展更深入的、有针对性的研究工作,以期科学、合理地解决规章草案制定过程中涉及开发活动的一些疑难问题,推进规章的制定进程。中国政府在一些场合也表达了类似的观点。例如,2016年10月31日中国出席海管局第22届会议代表团在发言中表示:"开发规章制定涉及采矿、财务、环保、法律等多个领域,是一项艰巨复杂的系统工程,其制定不能急于求成,而应充分考虑国际社会整体利益以及大多数国家特别是发展中国家的利益,循序渐进、稳步推进。"又如,中国政府在《2017年评论意见》指出,开发规章应当与现阶段人类在"区域"的活动及认识水平相适应,其制定工作应当从当前社会、经济、科技、法律等方面的实际出发,基于客观事实和科学证据,循序推进。

第三,制定开发规章应当遵守或参照的基本法律准则。正如中国政府在《2017年评论意见》中指出的,首先,开发规章应当全面、完整、准确和严格地遵守《公约》及其《执行协定》;其次,开发规章应当与既有的三个探矿和勘探规章的内容相衔接;再次,制定开发规章应当充分考虑到联合国主持下各国正在磋商的"国家管辖范围以外区域海洋生物多样性养护和可持续利用(BBNJ)法律文书"的进展情况,并且尽量与之相衔接。

(三)中国政府可以考虑加以补充的意见

第一,中国政府可以对担保国责任制度提出具体的建议方案。中国的2017年评论意见和2018年评论意见指出,开发规章的制定应当积极考虑国际海洋法法庭海底争端分庭于2011年2月1日就"区域"内活动担保国责任问题发表的咨询意见,并且积极考虑在开发规章中以适当方式对关于担保国责任的基本要素作出规定。但是,中国政府没有提出明确的担保国责任制度。笔者建议,中国政府可以提出"无过错责任"作为担保国责任制度,即只要发生损害事件且承包者无法承担赔偿责任,即由担保国来承担责任,其具体理由如下。首先,2018年草案关于担保国责任制度重回模糊性,这一重要的制度缺失将导致开发规章无法获得通过,故明确担保国责任制度意义重大。其次,由于海底资源开发风险巨大,特别是潜在的海洋环境损害责任风险,如果开发实体是自然人和法人,其责任能力较为有限,可能无法完全赔偿损失,而国家则有雄厚的资金和实力可以承担此方面的责任。再次,从既有的国际条约规定来看,"无过错责任"制度已经在一些重要领域得到适用,如1962年的《核动力船舶经营人责任公约》第3条第2款、1963年《关于核损害民事责任的维也纳公约》(经1997年议定书修正)第7条第1款(a)项、1972年《空间物体所造成损害的国际责任公约》第2条、1997年《国际乏燃料管理安全和放射性废物管理安全联合公约》第21条、1997年《核损害补充赔偿公约》第3条。最后,中国提出明确的建议方案有利于解决争议。目前国际社会对于担保国履行担保义务的标准存在争议,即何为"合理注意义务"的判断标准并无清晰的定义。中国提出"无过错责任"有利于解决争议,从而推动开发规章的制定进程。

第二,中国政府可以对如何简化开发活动的申请程序和条件提出具体的意见。中国政府在2017年评论意见中指出开发活动的申请程序和条件应当明确、简洁、清晰。2017年评论意见还以环境事项为例指出,潜在的申请者需要提交"环境范围报告"并开展环境影响评价,申请者则必须提交"环境影响报告""环境管理和监测计划"和"关闭计划"。上述报告和计划均需对外公布以征求各方意见,相关工作程序不够简洁、清晰,并且申请周期较长。笔者认为,上述报告和计划很难省略。环境影响报告包括事前环境风险评估报告、环境影响评估结果、相关区域环境管理计划的目标和措施。环境管理和监测计划是基于环境影响报告,对于拟议活动过程中的监测方案,环境管理和监测计划的总体办法、标准、协议、方法、程序和执行情况评估的说明。关闭计划包括关闭后的管理以及对残留环境影响的监测。三个报告的内容分别针对开采前、开采中和开采后的环境监测,都是"区域"环境保护所必要的文件,很难省略。因此,中国政府提出简化申请程序和条件的意见可以明确化,如哪些具体的程序和条件是可以省略的、申请周期具体多长比较合适等。

第三,中国政府可以进一步明确为承包者增加的权利内容。中国政府在2017年评论意见中指出开发规章应当实现承包者权利与义务的平衡,全面规定承包者所享有的各项权利,包括勘探合同承包者的优先开发权。2017年评论意见还建议进一步明晰开发活动承包者的权利。如前所述,三年来开发规章草案不断加重承包者的义务,特别是2018年草案第三部分虽然标题是承包者的权利义务,但绝大多数内容规定的是承包者的义务内容,而对于承包者的权利保障条款非常少。从这个意义上说,2017年评论意见的主张是合理的,但是 2017 年评论意见对于如何具体规定承包者的权利语焉不详。对此,笔者有如下看法:首先,海管局没有正当理由不得干扰承包者在合同区的开发活动。2018 年草案对于开发规章中提到的承包者开发活动不受干扰的权利,针对的义务主体仅限于在合同区内对另一资源类别开展作业的其他任何实体,而没有提到海管局是否也同样应承担此项义务。海管局同样应当承担此项义务,海管局的监测、检查活动等都应当严格按照开发规章的规定进行。在开发合同项下,承包者对指定资源享有专属勘探开发的权利,此项权利应当不被海管局或其他承包者干扰,以保证开发活动的顺利进行。其次,进一步完善联合开发的具体安排。2018 年草案第 20 条第 1 款规定:"合同可规定承包者与由企业部代表的海管局之间采用合营企业或产量分成形式或任何其他形式的联合安排,且这些联合安排在修订、暂停或终止方面享有与海管局订立的合同相同的保障。"草案虽然规定了联合开发安排模式,但草案并未明确"合营企业"与"产量分成"的具体比例与份额,以及联合开发中的争议解决问题。海管局应当对这两种制度进行进一步细化和完善。最后,对于行为、信誉良好的承包者给予一定的优惠。对于合同签订后符合一定年限或者开采活动整体结束后的承包者进行开采行为及信誉综合评估,对于行为、信誉评估的良好者给予优惠政策,包括:申请开采其他区域矿产资源给予优先考虑;承包者开发所必需的设备和材料,担保国可以给予适当减税、免税等优惠等。上述规定不仅可以促使承包者积极履行合同规定的各项义务,而且可以使行为、信誉良好的承包者优先从事其他海域区域的开发。

第四,中国政府可以对于减轻开发活动承包者的财务负担提出具体的建议。中国政府在 2017 年评论意见中指出,开发活动承包者的财务负担应当合理适度。2017 年评论意见还进一步指出,在财务方面,申请者在申请阶段就要缴纳履约保证金,承包者则要缴纳固定年费、特许权使用费、商业保险等,申请者还要缴纳行政费用等。上述缴费机制名目繁多,恐给承包者带来沉重的财务负担。但是笔者认为,上述建议可以加以补充。首先,众所周知,海底区域开发具有高投入、高风险的特征。有能力进行海底区域开发的承包者通常情况下拥有雄厚的资金实力,已经开展了相对周全的准备工作。环境履约保证金则是保障环境安全的一种专项资金,当承包者在履行环境履约保证金所涉义务后,海管局退还或释放任何环境履约保证金;而若承包者不能履行维持环境保护的义务,海管局可以没收环境履约保证金用以采取补救行动或措施。该条对于环境保护意义重大,不宜删减。其次,承包者要缴纳的固定年费、特许权使用费、商业保险等均有相应的目的,很难删减。例如,商业保险是无论国内、国际大小公司、企业在进行业务活动时尽量减少风险和降低损害而必然采取的一种自我保障措施,当意外情况发生时,商业保险可以帮助购买者减少不利情况所造成的影响。该规定是对承包者有益的。最后,关于行政费用,如申请费和其他规费,笔者认为也不可缺少的。海管局作为管理"区域"及其资源的权威组织,在审批承包者相关申请书,监督申请者的开发活动等各项活动中必然会耗费大量的人力、财力资源,海管局收取一定的费用以维持各机构正常运作,惠及海管局相关人员也在情理之中。

综上,中国政府可以就减轻开发活动承包者的财务负担提出具体的建议。笔者认为,为了更好减轻承包者的财务负担以保护其利益,政府可以给承包者的财务负担设置一个最高数额的限制。

(四)中国政府可以考虑修正的意见或主张

第一,关于三种资源的开发规章分别制定的意见可以考虑修正。中国政府在2017年评论意见中指出,由于"区域"内的多金属结核、多金属硫化物和富钴结壳三种矿产资源各具特点,其赋存环境和开采方式等存在明显差别,三种资源的勘探规章亦是分别制定的。因此,中国政府认为,针对区域内三种矿产资源分别制定开发规章。笔者建议,还是先制定一份总的开发规章,然后再总结经验,适时分开制定三份不同开发规章,其具体理由如下。首先,根据三种矿产资源分别制定开发规章,会耗时耗资巨大,又需多年才能出台正式的开发规章,效率未免太低,虽然开发规章的制定不能一蹴而就,但这并不意味着规章的制定可以一缓再缓。目前国际社会对海底区域资源尚未有真正的开发,如果再重新分开制定不可避免地会耗费相当长的时间,而且可能会招致一些国家的不满。正如中国出席海管局第22届会议代表团在发言中指出的,"开发规章制定应从国际社会和大多数国家最迫切的需要出发"。其次,虽然三种资源各有特点,但是这对于制定开发规章并无实质影响。正如中国政府在2017年评论意见和2018年评论意见中均指出的,开发规章主要规定承包者、海管局、担保国之间的权利义务关系以及平衡承包者的权利义务关系。资源特点的不同并不在实质上影响这些内容的规定,只是在操作层面会有些不同的规定。最后,先制定一份总的开发规章,然后再总结经验,适时分开制定三份不同开发规章,这种做法更加符合中国政府提出的稳步推进原则以及与人类认知水平相适应原则。因此,笔者不建议针对不同资源分别制定开发规章。事实上,中国政府的 2018 年评论意见对此的立场已经有所改进,即不再坚持必须针对三种不同矿产资源分别制定开发规章,而是强调开发规章必须顾及三种矿产资源不同的特点和差异。

第二,关于开发规章应当规定具体的和可操作的惠益分享机制的建议可以考虑修正。中国代表团于 2018 年 7 月 17 日在海管局第 24 届理事会第二期会议上就 2018 年草案结构问题阐述中方立场,强调惠益分享是人类共同继承财产原则的重要内容和体现,制定"区域"内资源开发规章,不能将惠益分享排除在外。中方认为,深海采矿的收益和分享是密不可分的,两者最好同时在一个法律文件中予以规范。上述意见在 2018 年评论意见中也得到了详细的体现。笔者认为,就目前阶段的开发规章制定而言,在开发规章中适当提及惠益分享,但具体规则留待后续完善可能更加合适,理由如下。首先,国际社会目前关于惠益分享机制的研究主要针对的是"区域"的生物遗传资源,而对于矿产资源的惠益分享机制还有待进一步研究。例如,《生物多样性公约》和《波恩准则》设计的惠益分享制度主要包括以下两个方面内容,即提供遗传资源的国家有权参与相关资源的开发和科研活动以及按照共同商定的条件进行的惠益分享。《粮食和农业植物遗传资源国际公约》也建立起一套有关粮农植物遗传信息的获取和惠益分享的多边系统。在当下BBNJ 文件的谈判过程中,国际社会关于"区域"生物遗传资源的惠益分享机制存在"公海自由原则"和"人类共同继承财产原则"两种争议,且各国对于如何解读人类共同继承财产原则也存在一定的争议。例如,有学者建议,中国政府应结合本国的实际情况,有必要对全人类共同遗产原则进行重新解读;而"区域"内矿产资源的惠益分享机制既尚未被广泛讨论,更没有形成统一的意见。换言之,对于深海采矿如何规定一个高效而公平的惠益分享机制还有待进一步研究。其次,开发规章的制定是为了确保"区域"采矿的有序进行,从而保证海洋环境免受开发活动可能造成的有害影响,实现"区域"资源的可持续发展,而惠益分享机制虽然与海底矿产开发有关联,但毕竟是不同的两个问题。正如中国代表团在海管局第 23 届会议理事会发言中指出的，开发规章在内容上应服务于现实最紧迫的需要，优先规定基本法律框架和原则，并根据实践发展演变，嗣后逐步细化和完善相关具体规则。综上，笔者建议在开发规章中适当提及惠益分享，但具体规则留待后续完善可能更加合适。

第三，关于提高开发规章环境影响评价的启动门槛的意见可以考虑修正。中国代表团在海管局第 23 届会议理事会发言中指出，关于"区域"活动的环境影响评价，除了要考虑适用于《公约》第 145 条有关"区域"环境保护的一般规定外，还应考虑《公约》第 206 条有关环境影响评价的专门规定。这是确定环境影响评价的根本依据。根据 206 条，环境影响评价的启动门槛应是"有合理依据认为"有关矿产资源开发活动"可能造成重大污染或重大和有害的变化"。而 2018 年草案只是规定申请者的申请书中应包括按照本规章附件四并以其规定格式编制的环境影响报告，而并无规定环境影响评价的门槛。因此，《公约》规定的环境影响评价的启动门槛要高于目前规章草案的规定。笔者认为，关于提高环境影响评价启动门槛的意见似有不妥。开发规章草案降低环境影响评价的启动门槛是为了让承包者申请开发时更好地了解"区域"内环境的现状，以便后续的开发活动能够合理地顾及环境保护，从而体现对于"区域"环保问题的重视。海底资源开发活动存在巨大的风险，如果造成环境损害责任重大，因此保护海洋环境是制定开发规章的主要目的之一。三年来的开发规章草案一直强调申请者在提出开发申请时就要提交环境影响报告就是这一目的体现。中国一直以来也强调开发海底与海洋环保并举。虽然《公约》是制定开发规章应当遵守的基本法律依据，但这不等于开发规章的内容必须完全与《公约》一模一样。换言之，开发规章可以采取比《公约》更严格的标准。毕竟开发规章相比较 36 年前通过的《公约》更能够适应人类对于"区域"的认知状况。

四、余论

总体来说，三年来开发规章草案在内容方面不断丰富，在结构方面趋向合理，在重要事项方面不断细化，这些都是值得肯定的，但是开发规章草案也存在一些争议问题以及后续如何发展的问题，需要各国充分讨论。目前大多数国家支持继续将制定"开采法典"作为海管局的优先事项，其中海管局的意愿较强。总之,国际社会的大力支持和推动是三年来开发规章草案越来越细致、越来越完善的主要原因。因此,开发规章的后续磋商应当充分顾及国际社会整体利益和绝大多数国家特别是发展中国家的利益,继续处理好承包者、海管局和国际社会三者之间的关系;既要平衡好资源开发和海洋环保的关系,也要平衡好承包者的权利与义务关系,还要进一步优化开发规章的结构,完善其内容,从而稳步推进开发规章的制定进程。

中国是制定开发规章的积极推动者,要深度参与开发规章的制定并且逐步发挥引领国的作用。具体来说,首先,中国政府在指导思想上要将深度参与制定开发规章作为构建人类海洋命运共同体的一项重要内容。其次,中国政府要深入把握三年来开发规章草案的发展趋向,积极参与"开采法典"草案文本的讨论,进一步完善对于开发规章草案的意见和建议。再次,中国政府要积极促进广大发展中国家参与"区域"内资源开发,完善相关鼓励和促进交流的条款。最后,中国政府要提高本国的深海采矿技术,加强深海采矿的实践,完善本国的"深海海底资源勘探开发法"以及建立完善的配套法律制度。

文章来源:原刊于《当代法学》2019 年第 4 期,系中国海洋发展研究会与中国海洋发展研究中心重大项目"海洋法框架下的海洋开发利用制度研究"(CAMAZDA201701)的阶段性研究成果。

深海问题

论美国国际海底区域政策的
演进逻辑、走向及启示

■ 张梓太,程飞鸿

论点撷萃

　　无论是在能源持续利用上,还是国家战略安全的部署上,国际海底区域都有着十分重要的意义。在这一问题上,相关国家尤其是美国的政策动向非常重要。所以,有必要分析美国的"区域"政策演变历程,预判其未来可能的走向,并以此为基础为我国未来"区域"政策的制定提供启示。

　　美国未来极有可能全面参与到国际海底区域开发制度当中,并且其关注的重点将主要围绕"人类共同继承财产"原则的具体落实和国际海底区域事务中的话语权两项议题。从对美国的国际海底区域政策演进和政策预判中可以获得如下启示。第一,坚持与落实"人类共同继承财产"原则。长期以来,我国始终主张并坚持"人类共同继承财产"原则,这一原则契合了兼顾国家利益与合作共赢的目标。当然,随着中国深海技术的不断发展,对合理勘探开发及先进技术的需求也会不断提升,这些因素都将不可避免地引发一些冲突和担忧。因此,必须结合中国当下的实际情况,消解这些矛盾,具体落实"人类共同继承财产"原则。第二,构建国际海底区域制度中的引领国地位。如何维持我国在国际海底区域中的引领国地位,与各国合作共赢,发力点可以聚焦在技术的引领,资金的引领,规则的引领三个方面。

　　国际海底区域规则的制定由勘探事务全面转向开发事务,意味着新一轮规则体系的构建。国际海底区域的开发不仅是获得国际海底区域利益的

作者:张梓太,复旦大学法学院教授
　　　程飞鸿,复旦大学法学院博士

重中之重,更关乎我国长远的国家利益。现阶段,我国既是开发阶段的规则推动者,也是深度参与者,并逐步发挥引领国的地位。但在未来,美国会全面参与到国际海底区域区域事务中,势必会打破目前局面。"区域"因其特殊的地位和主要的战略意义会成为大国交锋的主战场之一,我国必须早做筹谋,力求觅得先机。

国际海底区域是指"国家管辖范围以外的海床和洋底及其底土",《联合国海洋法公约》(以下简称《公约》)将其称为"区域"。"区域"约占全球海洋总面积的65%,地球表面积的49%,其中蕴藏着极其丰富的海底资源。据统计,仅其中蕴含的天然气水合物资源总量就约等于世界煤炭、石油和天然气总储量的两倍。无论是在能源持续利用上,还是国家战略安全的部署上,"区域"都有着十分重要的意义。在这一问题上,相关国家尤其是美国的政策动向非常重要。所以,有必要分析美国的"区域"政策演变历程,预判其未来可能的走向,并以此为基础为我国未来"区域"政策的制定提供启示。

一、美国国际海底区域政策的演进逻辑

(一)《大陆架公约》与美国的支配地位

1945年美国发布《美国关于大陆架的底土和海床的天然自然资源政策第2667号总统公告》,此报告被视为全球进入"海底圈地运动"时期的重要标志,其意义不仅在于人类可以凭借技术手段对"区域"资源进行勘探开发,还在于人类开始对当时尚属无主物的"区域"资源进行先占式占有。但是,这种先占式占有激化了相关国家在瓜分国际海底区域过程中的矛盾。于是,1958年联合国召开了第一次国际海洋法会议,会议的主要议题即是解决当时的海底界限问题。同年,《大陆架公约》发布,以"200米等深线"作为划定各方边界的依据。不过,在美国的主导和考虑到促进海底开发利用的双重影响下,《大陆架公约》又有例外规定,即拥有超过"200米等深线"海底开发技术的国家可以不受此种限制的约束。

从表面上看,《大陆架公约》确实构建了一种相较先占模式更显秩序性的开发制度,改变了以往无序的开发状态,但问题在于以当时实际的技术状况,美国作为海底开发技术最发达的国家,完全可以凭借先进的海底开发技

术绕过"200米等深线"的限制进行自由开发,甚至严重威胁一些国家的主权和领土安全。所谓"200米等深线",与其说是划定秩序的分野,毋宁说是圈住其他沿海国家的"牢笼"。进言之,《大陆架公约》不过是由美国一手主导并使其国家利益最大化的工具罢了。因此在这一阶段,虽然美国积极参与"区域"事务、努力构建新秩序,但其本质仍是扩大其国家利益,拥有"区域"内绝对话语权,独享"区域"内的各项收益。如何将美国在"区域"的收益最大化,是该阶段美国参与"区域"事务的主要议题。

(二)"人类共同继承财产"原则及《联合国海洋法公约》对美国的挑战

随着不结盟运动在20世纪60年代的兴起,发展中国家逐渐渴望在国际舞台中获得更多话语权。在1967年第22届联合国大会上,由马耳他大使帕多(Arvid Pardo)提出的"人类共同继承财产"原则(Principle of Common Heritage of Mankind)即是这一时期发展中国家对"区域"资源利益诉求的集中体现。作为对该原则的肯定,联合国以此为基础制定了《公约》,并成立了国际海底管理局(International Seabed Authority)这一专门机构。

"人类共同继承财产"原则和《公约》对美国的国内政治产生了重大影响。在原本《大陆架公约》的基础上,美国内政部和国防部的意见分歧严重:内政部主张"开发自由"和"利益至上",希望对海底资源进行无限制的开发;国防部则主张"航行自由"和"飞越自由",深感开发自由会影响美国舰队的军事部署,甚至威胁美国主权。但是,"人类共同继承财产"原则和《公约》使得原本意见分歧的内政部和国防部暂时握手言和:内政部认为"人类共同继承财产"原则突破了原有海底大陆架体系,对其"开发自由"原则形成了巨大的挑战;国防部认为国际海底管理局可能对"区域"上覆海域产生管辖效果,从而影响其舰队的"航行自由"。

与此同时,在第三次海洋法会议召开期间,美国发现此次会议的最终决议可能与其"一家独大"地支配国际海洋之愿景相去甚远。为了维护其在"区域"的利益,美国以国内立法和多国条约联合的方式对抗"区域"的相关法律制度。1980年6月,美国颁布了《深海海底固体矿产资源法》(*The Deep Seabed Hard Mineral Resource Act*),并明确指出该法旨在建立一套符合美国价值观的制度体系,一旦美国不签署《公约》,便可借该法维护"区域"利益。在里根政府拒绝签署《公约》之后,美国旋即与英、法以及联邦德国签署了《关于深海底多金属结核矿暂时安排的协定》(*Agreement Concerning Interim Arrangements Relating to Polymetallic Nodules of the Deep Seabed*)，试图构建一套以若干发达国家结盟的"区域"国际法律制度。可以说，这种《公约》之外的国际协议实质上为美国提供了一种规避国际海底区域开发制度约束的选择。

概言之，在这一阶段，由于其他国家权利意识的觉醒，以美国为主导的"区域"秩序已经被打破，美国的国家利益遭受严峻挑战。面对这样的态势，美国采取了消极对抗的策略，并以国内法和国际法相结合的方式，试图继续维持自己在"区域"事务上的主导地位。

(三)发展中国家的妥协与美国立场的转变

由于发达国家和发展中国家意识形态、政治背景、国家结构以及经济发展程度等因素的差异，两者对《公约》中的诸多条款意见不一，难成一致。这种分歧直接表现在，从《公约》出台到 1990 年 8 月底，批准《公约》的 42 个国家中仅有冰岛一国属于发达国家。问题在于，如果发达国家不加入《公约》，《公约》的普遍性原则就很难得到确认，其有效性也会大打折扣。基于此，联合国又组织各方就争议内容进行了数轮磋商，并最终于 1994 年 7 月通过了《关于执行 1982 年 12 月 10 日〈联合国海洋法公约〉第十一部分的协定》(以下简称《执行协定》)。在这一背景下产生的《执行协定》可视作发展中国家向发达国家妥协的产物，具体原因有以下四点。

第一，《执行协定》保证了发达国家的决策权。美国认为在原本《公约》的决策机制项下，发展中国家可以凭借其数量上的优势，影响决策的制定，从而有损美国的国家利益。为此，《执行协定》规定国际海底管理局的一般决策应由大会和理事会共同制定，决策应当采取协商一致的方式，而美国在理事会中有着非常重要的地位。同时，关于某些特定决议(譬如财政和预算)，要先由理事会提出建议，再由大会协商表决。在这样的制度安排下，《执行协定》在决策方式和决策机关上都做出不少的让步。

第二，《执行协定》取消了生产限额的限制。《公约》为了保护陆地资源生产国的利益，防止海上生产的同类商品冲击市场，对"区域"资源开发活动进行了限制。这一主要维护陆地资源生产国的规定，显然不符合美国作为海洋大国的利益。因此，在《执行协定》中原有的生产限额条款将不再适用。

第三,《执行协定》取消了强制性转让私有技术的义务。原本的《公约》希望"促进和鼓励向发展中国家转让这种技术和科学知识,使所有缔约国都从其中得到利益"。这一规定与发达国家保护知识产权和技术专利的诉求相悖。于是,《执行协定》规定应以市场交易或联合开办企业的形式实现技术流通。此种举措既满足了发达国家对技术保护的需要,也允许以公平对价的方式实现技术的流通。

第四,《执行协定》减少了开发国在"区域"资源勘探开发上的财政支出。美国认为,之前《公约》的海底开发条款对美国而言意味双重征税。为此,《执行协定》大幅削减了所谓"双重征税"的税额。首先,将海底勘探与开发的申请费由50万美元降至25万美元。其次,向国际海底管理局缴纳的年费也不再设定固定数目。最后,将原本需强制缴纳的对发展中国家援助的补偿基金变为非强制的经济援助基金。多种措施并举以达到降低开发成本的目的。

正是由于上述改变,《执行协定》获得了以美国为首的发达国家的认可。在1993年的第48届联合国大会上,美国投票支持通过《执行协定》,并于同年8月正式签署该协定,由此标志着美国对"区域"开发问题的态度发生了根本性转变,由消极对抗重回积极合作的局面当中。

（四）美国"区域"政策演进的总结

虽然自20世纪50年代以来,美国"区域"政策历经多次转变,但其中不变的主线是对国家利益的维护。一言以蔽之,只要符合国家利益,美国就采取积极合作的态度;反之,则以消极的态度予以对抗。有学者曾认为,美国"区域"政策的演进是受到国际公共资源分配制度演变的影响。具体来说,市场型资源分配制度较之权威型资源分配制度更受美国青睐,其原因是前者侧重效率,而后者强调公平,前者符合美国对市场自由竞争制度的偏好。但是,笔者不赞成此观点。因为,只要往深层去分析这一问题就会发现,所谓"偏好"本就是虚无缥缈的物件,市场型资源分配制度之所以可以获得美国的青睐,归根结底是因为这一资源分配制度可以在竞争中凸显美国的政治、经济和技术的三重优势,合力打造美国的"区域"主导地位,符合美国的国家利益,这才是美国作出政治选择的关键。

不仅如此,我们必须认识到"国家利益"一词的内涵并非一成不变。具体来说,在20世纪50年代,由于各国深海开发技术的不发达,此时符合美国国家利益的策略无疑是尽可能地独占"区域"资源。随着冷战的进行,以及随后苏联解体带来的"一超多强"局面,国家间综合实力的此消彼长使得各国在深海开发技术的发展上呈现出"多点开花"的局面,美国独占"区域"资源的要求逐渐变得不现实起来。实际上,从同意召开第三次联合国海洋法会议到通过《执行协定》,不仅意味着美国对"人类共同继承财产"原则的公开承认,同时也昭示美国对其拥护的市场型资源分配制度有松动之迹象。此后,美国的"区域"政策转向了如何通过具体的资源开发机制维护其在"区域"资源分配上的主导权。因此,改变以往较为过时的策略,在各方博弈中最大化美国的国家利益,并且尽可能维持以往的主导地位,成为美国在当今世界中新的利益诉求。

二、美国在国际海底区域问题上的利益论争

在美国签署《执行协定》后,不少分析人士都认为美国加入《公约》或许只是时间长短的问题,但事实截然相反。自克林顿政府以来,美国国会多次举行批约听证会却屡遭碰壁。美国国会的这一态度表明,在加入《公约》这一问题上,美国国内有着重大的利益分歧。因此,分析此间的分歧究竟为何就有了必要。当然需要明确的是,这种利益的分歧有多个维度,本文的旨趣仍围绕"区域"问题展开。

(一)"区域"利益受损论

反对美国加入《公约》的论者势力非常强大,相关论点主要集中在以下三个层面。

第一,国际海底管理局的决策机制使得通过不利于美国的决策成为可能。由于国际海底管理局大会的成员中包含不少发展中国家以及可能与美国存在利益冲突的国家,美国一旦加入《公约》势必成为少数群体。这种少数群体的地位意味着,在《公约》的决策机制下,美国非但不能阻止甚至还可能被迫通过不符合其"区域"利益的决定。虽然《执行协定》弱化了大会的作用并增强了理事会在决策机制中的地位和权利,但诸如《执行协定》第三节第11条等条款亦表明,如果理事会三分之二的成员反对某项工作计划,该工作计划同样存在付诸东流的可能。受损论者认为,美国在国际海底管理局

中少数群体的地位仍未得到实质改善,与美国利益相悖的国家还是有可能运用现有机制损害美国的"区域"利益。

第二,加入《公约》后"区域"开发需要缴纳的费用甚巨。《执行协定》虽然将原本《公约》中规定的 50 万美元"区域"勘探申请费用降低至 25 万美元,但是《公约》同样规定,"区域"勘探申请费用可能会变动。与之相佐证的是,在 2012 年 7 月,国际海底管理局根据这一规定将 25 万美元的勘探申请费调回至 50 万美元。受损论者据此认为,这种趋势表明"区域"勘探申请费在未来有着继续增长的可能。更关键的是,仅仅是进行申请而非实际开发就需要支付如此高昂的费用,这显然是不能承受的。

第三,受损论者认为,美国已经构建了较为完善的国际国内"区域"开发法律体系,无加入《公约》之必要。例如,在国内法上,美国的《深海底固体矿产资源法》对申请勘探开发的企业从申请到审批都作出了细致和严格的规定。在国际法上,《关于深海底多金属结核矿暂时安排的协定》等双边或多边条约赋予美国合理开发的互惠国地位,甚至美国与所有拥有克拉里昂—克利珀顿区(Clarion-Clipperton Zone)开采执照的国家都达成了有效的双边协议。而在具体开发层面,早在 1984 年美国已经给四个跨国公司颁发了勘探开发的许可执照,并且已经进行了较为成功的开发。受损论者由此认为,这些情况证明了美国的开发制度具有"完备"的法理基础,对比规则过分烦琐、成本昂贵并且效率低下的"区域"开发制度,美国并无加入的必要。

(二)"区域"利益增进论

增进论的拥趸从反驳致损派的论点出发,提出了三点理由。

第一,《执行协定》已经改变了国际海底管理局原有的决策机制,赋予了美国在"区域"事务上必要的发言权和影响力。《执行协定》规定国际海底管理局的一般决定应当由大会会同理事会协商一致,共同制定。如果在某一问题的协商事宜上,相关方面没有竭尽一切努力,那么理事会可以延迟决定。美国恰恰可以通过其在国际海底管理局中的常设席位形成反对意见,以阻止不利决议的通过。不仅如此,《执行协定》关于实质财政问题的决策机制更甚,其规定财政委员会应当采用协商一致的表决方式。实际情况在于,美国是财政委员会最大的捐款国。这就意味着没有美国的同意,任何实质财政决策都不可能通过。这种改变无疑契合了美国对国际海底管理局内话语权主导地位的追求。

第二,《执行协定》降低了"区域"勘探开发财政支出,且所需缴纳的费用在可承受范围之内。首先,国际海底管理局的所有机关及其附属机构的运作都必须虑及成本,甚至召开会议的次数、长短等因素概莫能外。其次,《执行协定》在缴费费率、缴费制度以及年费等内容上都作出了减免或简化的规定。最后,《执行协定》取消了原本《公约》规定的关于"区域"资源开发生产不得超过陆地同类资源开采产量 60％的限额规定,这就打开了"区域"资源开发的窗口。开发"区域"所需缴纳的费用相比"区域"资源巨大的价值是可承受的。

第三,加入《公约》可以提升美国对"区域"事务的影响,树立美国积极正面的国际形象。由于美国没有加入《公约》,当今国际社会管理海洋事务的三大国际组织——国际海洋法法庭、大陆架界限委员会以及国际海底管理局(包括大会、理事会各委员会)均不包括美国公民。虽然受损论者主张,美国完全可以游离于现有的制度体系之外,但增进论者认为这对于美国想要维护其海洋权益以及主导海洋事务的决心是相悖的。更令增进论者担忧的是,如果美国一直游离于《公约》体系之外,就等同于将"区域"各种规则的制定权和开发的优先权拱手让人;如果等到"区域"制度规则和开发格局都成型时,美国再想介入其中谋求利益就会变得非常困难。

(三)受损论和增进论的实质及其分析

通过前文对受损论和增进论诸观点的罗列,我们可以发现双方争执的焦点主要围绕美国在国际海底管理局的话语权、"区域"勘探开发费用以及美国是否有加入《公约》之必要上。笔者认为,这三点论争事由的实质仍在于美国在国际海底管理局中的话语权,而非其他。首先,"区域"勘探开发所需缴纳的一系列费用并非美国不能承受之重,这笔费用相较于其前期投入巨大的技术研发资金以及"区域"资源的巨大价值并不值得一提,以此为借口颇有欲盖弥彰之嫌。其次,受损派认为的美国已经拥有较为完善的"区域"开发法律体系,实际情况也并非如此。事实上,1982 年美、英、法、德四国构建《关于深海底多金属结核矿暂时安排的协定》体系,如今仅剩美国尚未加入《公约》,这与其当初构想的发达国家"区域"勘探开发联盟相去甚远。最后,美国之所以构建国际、国内的双重"区域"法律体系,其意图仍是主导这一体系。这也从侧面反映了受损派的真实立场。

既然美国在国际海底管理局中的话语权才是两派争执的实质,对这一问题的判断也就成为影响美国"区域"政策的重要因素。一方面,如增进派所言,《执行协定》赋予了美国在"区域"事务上充分的决定权;但另一方面,美国并没有如愿以偿地取得国际海底管理局的主导地位。在理事会实质性事项的表决中,理事会采用的是三分之二多数决和加权表决并用的方式。具体来说,理事会将其 36 个成员国分为了五类四组,即四个消费国、四个最大投资国、四个主要净出口国(至少两个发展中国家)、六个代表特别利益的发展中国家以及 18 个按地域分配的发展中国家。其中,四个消费国中必须包含"在《公约》生效之日起,以国内生产总值计最大的国家",这等于是为美国量身定做的门槛。但是,该组中还包括"东欧经济实力以国内生产总值计最大的国家",这一位置从 1996 年起就属于俄罗斯。另外两个位置,从 2005年起就是日本和中国。换言之,按照现有实质性事项的表决机制,美国要想否决理事会的某项决议,就必须获得中、日、俄三者其二的支持。考虑到日本与美国紧密的国家关系,可以说在实质问题上的表决上,最终又是中、美、俄三国的政治博弈。但平心而论,这种决策机制已经是对美国做出的最大的妥协,当今的世界要求一家独大显然不大可能。

值得追问的是,既然美国无法在国际海底管理局中获得话语主导权,是否就意味美国的"区域"利益会因此受损?笔者认为也不尽然。

第一,美国确实会因为没有话语主导权,而在"区域"勘探和开发的某些事宜中受到牵制或者作出让步,不过这是不可避免的。第二,通过对美国不利的事项并非易事。从决策机制上来说,理事会的确有可能通过对美国不利的事项。但反过来,要通过对美国不利的事项也需要在本组内没有过半数反对,即必须在中、俄同意的前提下再取得日本的同意,这基本等同于不可能。第三,如今的"区域"勘探开发法律体系中还有很多不明确和亟待完善之处,美国完全可以参与到"区域"勘探开发规则的制定过程中并施以影响,从而在即将开展的"区域"开发利用环节谋取最大化的利益。实际上,如果在"区域"的开发阶段美国仍未介入其中,届时美国的"区域"利益将会真正受到严重损害,这也是最令利益增进派担忧的事情。综合前述几点理由,可以认为加入《公约》对美国"区域"利益是利大于弊的。

三、未来美国国际海底区域政策的预判

（一）对国家利益论一些干扰要素的厘清

以国家利益为分析对象，美国加入《公约》，并在随后参与到国际海底管理局的各项事务中对其"区域"利益更为有利。但问题是，美国却并未应循此论断的预判，至今仍游离在《公约》体系之外。这是否代表着前文的结论存在偏差？笔者认为并非如此，而是有其他因素左右了美国的决定。

2012 年 5 月至 6 月，美国参议院外交关系委员会举行了四次听证，分别就"安全与战略必要性""军事""商业与工业"以及整个《公约》举行听证。美国政界三位代表，即时任国务卿希拉里（Hillary Clinton）、时任国防部长帕内塔（Leon Panetta）以及时任美国参谋长联席会议主席登普西（Martin Dempsey）都提出了同意美国加入《公约》的意见。美国军方的六位代表和美国商界的四位代表亦是如此。美国智库的四位代表，有两位选择同意，两位选择反对。虽然支持者和反对者两派力量对比悬殊（15：2），但无疑分析反对派才更能找出问题的症结之所在。来自美国智库代表的两位反对者，一位是美国前国防部部长唐纳德·拉姆斯菲尔德（Donald Rumsfeld），另一位是美国智库传统基金会的代表史蒂夫·格罗夫斯（Steven Groves）。他们的观点与受损论并无二致，但他们所代表的政治力量却不得不让人注意。拉姆斯菲尔德是一名典型的共和党新保守主义代表，他曾代表里根政府（反对加入《公约》）参与《公约》的谈判工作，而格罗夫斯所供职的传统基金会（The Heritage Foundation）则以鲜明的保守主义立场，强调商业自由、美国传统价值和强大国防力量而被世人所熟知。

因此，我们可以看到美国加入《公约》已经不是单纯的国家利益选择的问题，其间还掺杂着政党博弈、政治思想等多重因素。事实上，美国国内就有学者认为，如果当时不是里根而是卡特当选美国总统，美国早已成为《公约》的缔约国之一。各种因素相互交织，这是当下美国关于这一问题的真实写照。

但笔者认为，政党博弈也好，政治思想冲突也罢，这些无非是附着于其上的次要因素，影响美国加入《公约》的核心要素始终是国家利益。在一个短期的时间维度内，政治因素、思想因素或者领导人的个人意志对美国"区

域"政策的影响确实不容忽视,但放在一个长期的时间维度下,美国的"区域"政策必然会转向更符合其国家利益的一方。

(二)美国在"区域"开发问题上可能的关注重点

在宏观问题上,我们已经预判了美国有很大可能会重新回归到《公约》体系中,全面参与"区域"的各项事务,但在具体问题上,我们仍需回答美国在"区域"问题上可能的关注重点是什么。就当前"区域"各项事务而言,勘探阶段的制度和规则已经基本明确,而开发阶段还有很多具体细节的问题需要博弈,所以当下以及未来一段时间内,各国讨论的议题都将围绕"区域"开发阶段的诸般事宜展开。在这一问题上,笔者认为美国的关注重点主要有两个方面。

第一,"人类共同继承财产"原则的具体落实。虽然美国支持"人类共同继承财产"原则,但对这一原则在"区域"事务中的落实有不同看法。尤其是"人类共同继承财产"原则要求美国实现开发技术和开发收益的分享,这与美国的实际诉求不完全一致。美国作为世界范围内"区域"勘探开发技术最先进的国家,也是为数不多有条件可以进行"区域"开发的国家,选择开发技术和开发收益的分享对其益处甚少。"区域"开发技术是一个国家的核心机密,关乎国家安全,即便支付合理对价美国也不会全盘托出。除此之外,在开发利益分享的问题上,如何既保证开发者的利益又保证全人类的利益,是各方势力长期纷争的难点。

第二,"区域"事务中的话语权。通过前文的论述,我们已经明确"区域"事务中的话语权是美国关切的重点。直白地说,拥有话语权才可以谋求"区域"利益的最大化。但在现有表决机制无法改变的前提下,美国想要提高其在国际海底管理局中的话语权无非三种途径。其一,以技术分享、利益分享或其他方式,提升己方话语权。但需说明的是,其中的技术分享肯定不会涉及核心技术,利益分享也不会占开发收益的太多比重。美国采取此种方式的目的,是以技术支持和物质援助的方式,来换取其他国家的支持。其二,削弱其他国家在国际海底管理局中的话语权。其三,将场外因素带入国际海底管理局事务当中。例如,使用一些政治外交的手段,以期谋得相关国家的妥协或支持。

(三)美国对《"区域"内矿物资源开发规章草案》立场的预判

随着 2015 年《多金属结核探矿和勘探规章》到期,国际社会迫切需要对

"区域"开发事宜作出新的规定。在这样的形势下,制定一个尽可能地符合绝大多数国家利益的"区域"开发规章尤为必要。为此,国际海底管理局于2016年制定了《"区域"内矿物资源开发规章草案》,并在2017年和2018年接连出台两个版本。

《"区域"内矿物资源开发规章草案》的内容主要聚焦在以下几个方面。首先,环境保护领域。该草案全面细化了环境保护领域的规定,如草案第27条就对环境履约保证金作了极为细致的规定。除此之外,在环境监管执行计划和环境责任信托基金等方面亦是如此。这些条款不仅表明各国深刻意识到开发环节可能对海洋环境造成不可逆的损害,还希望能够通过制度手段维持环境保护工作的运行。其次,承包者义务。《"区域"内矿物资源开发规章草案》规定承包者义务主要包括承包者对海洋环境的保护义务,承包者确保安全、劳动和卫生标准的义务,承包者缴费的义务,承包者关闭计划(停止或暂停生产)与关闭后监测的义务等。需要指出的是,有关缴费义务的规定在草案的历次版本中由起先的混乱不堪到如今的简洁明确,说明各国在承包者义务上立场逐渐达成一致。最后,担保国责任。担保国责任原本就存在于《公约》中。《"区域"内矿物资源开发规章草案》把担保国的责任范围扩大到国际海底管理局规则和开发合同的条款,但在归责原则和责任范围上没有明确规定。造成这种现象,盖因各国对担保国在《公约》体系内所承担法律义务的具体标准,担保国应采取何种措施方能免除赔偿责任等问题争议较大。具言之,不具备开发能力的国家希望担保国能够承担较重责任,而具备开发能力的国家则持相反观点。

因此,结合《"区域"内矿物资源开发规章草案》主要内容,我们可以对美国未来参与到"区域"开发制度之后的决策做出以下预判。第一,在环境保护和承包者义务方面,美国不会介入太多。该部分内容各国基本上已经达成共识,美国国内也多是持支持立场。第二,在担保国责任上,美国会尽可能减轻担保国责任。这符合美国作为开发国的基本诉求。第三,美国在惠益分享的内容上会投入极大精力。《"区域"内矿物资源开发规章草案》并没有规定惠益分享的内容,但这部分内容却事关"人类共同继承财产"原则的具体落实。美国关注的焦点将在该草案应否加入惠益分享的内容,以及如何进行惠益分享等具体问题。

四、对我国的启示

通过前文的论述，我们可以合理预测：美国未来极有可能全面参与到"区域"开发制度当中，并且其关注的重点将主要围绕"人类共同继承财产"原则的具体落实和"区域"事务中的话语权两项议题。从对美国的"区域"政策演进和政策预判中我们可以获得如下启示。

（一）坚持与落实"人类共同继承财产"原则

虽然国家利益是"区域"政策中至关重要的一环，但如果一味以国家利益为导向而忽视了与其他国家的合作共赢，也只能将自己置于孤立境地，反而不利于国家利益的实现。因此，实现国家利益与合作共赢的双重追求，成为我国未来"区域"政策前进的关键。

长期以来，我国始终主张并坚持"人类共同继承财产"原则。这一原则契合了兼顾国家利益与合作共赢的目标。当然，随着中国深海技术的不断发展，对合理勘探开发及先进技术的需求也会不断提升，这些因素都将不可避免地引发一些冲突和担忧。因此，我们必须结合当下的实际情况，消解这些矛盾，具体落实"人类共同继承财产"原则。

1. 以制度设计打通利益分享与合理开发的隔阂

《公约》之所以要求对"区域"内活动获得的利益实现分享，是因为"区域"资源的所有权和勘探开发权相互分离，呈现出一种二元的结构关系。换言之，"区域"资源的所有权归属于全人类，投资者的勘探开发权只是从所有权中分离出授予合格主体的有限财产权。因此，出于对所有权对价的支付以及对资源消耗的补偿，"人类共同继承财产"原则要求在"区域"的勘探开发上实现利益分享。

但问题在于，利益分享的理论正当性并不能转变成承包者的履行自觉性。承包者天然地要求资本的增长，而利益分享却是典型的利他行为，那么要求承包者自觉服从并支持利益分享就成了"强人所难"，所以必须通过制度设计打通两者的隔阂，构建一种既能保证利益分享又能激励承包者合理开发的机制。

而如前文所述，《"区域"内矿物资源开发规章草案》第61条专门对承包者的激励作了规定，却并未提及惠益分享机制，其中的缘由，不得而知。但正如中方代表所言，"开发规章制定过程中，单纯地强调深海采矿收益，包括承包者缴纳权益金和年费等，而不讨论其分享问题，在逻辑上是有欠缺的，在结构上也是不完整的，不利于'人类共同继承财产'原则的落实"。不仅如此，《"区域"内矿物资源开发规章草案》在激励措施上主要依靠财政鼓励，资金的来源又将牵涉多方利益，从而为具体落实平添不少阻碍。

因此在笔者看来，收益与分享是"区域"勘探开发的一体两面，两者都应出现在《"区域"内矿物资源开发规章草案》当中，不能有所偏废。在此基础上，我们首先应当确保国际海底管理局可以通过利益共享机制获得稳定收入，这是国际海底管理局正常运作的前提。其次，以减免缴费而非财政鼓励的方式实现激励，这样牵扯的利益更少，或许更为妥当。具体而言，在前端缴费环节上，可以进一步减免申请费和年费，如申请费可以重新回到25万美元或者更低；在开发过程中的缴费环节上，可以根据"区域"开发的具体情况调整权利金的缴金比例等等。

2. 以制度手段和开放态度实现技术转让

近年来，虽然我国在深海技术上已经取得了较大进展，但是相对于传统海洋强国仍有诸多不足。尤其是随着我国"区域"获取能力与活动范围逐步提升，对深海尖端技术的需求愈发强烈，缩短与海洋强国之间的差距已迫在眉睫。因此，良性的技术转让对实现我国深海技术的发展有重要意义。

当然，技术转让并非要求有技术优势的缔约国无偿转让技术，深海技术招标投标活动须遵循诚实信用原则，确保深海技术规范转让、公平合理，在共同协商的基础之上实现技术转让的商业化。问题在于，不少尖端技术实际上都掌握在小部分发达国家的手中。以"区域"基因资源为例，欧盟、日本、挪威、瑞士和美国占据了全球有关"区域"基因资源开发专利申请的90%，而美、日、德三国更是占据其中的七成左右。这些技术的持有人不仅可能滥用知识产权的保护，且可能据守其交易之优势地位进行交易垄断、独享深海技术等行为。这就与《公约》力图构建海洋新秩序，避免海洋强国霸占海洋，实现"区域"利益惠益共享的目标截然相反。两者在"区域"内并存适用就必然会产生矛盾。因此，有必要以制度手段缓解这种矛盾局面。具体而言：

第一，提升技术转让的有效性。技术转让的有效性取决于技术转让和技术许可条件的限度，也即技术转让的底线。先进的"区域"技术通常涉及国家机密,所以明确技术转让和技术许可条件的限度,是进行长期技术转让的先决条件。为了确保此种限度尽可能的公平公正,可由国际海底管理局设立专门的工作组(包括承包者、担保国和利益第三方),对"区域"技术转让和许可的基本条件、技术转让的定价机制等内容进行商议。不仅如此,鉴于"区域"技术转让和知识产权保护主要由各国国内法调整,所以可充分利用各国知识产权法或专利法中的强制许可制度。由国际海底管理局联合世界贸易组织、世界知识产权组织等国际组织,敦促缔约国在《与贸易有关的知识产权协定》(TRIPS)框架下完善国内法中强制许可实施的规范。以技术转让和技术许可条件的限度为基础,以有差别的保护为区分,以强制许可为屏障。

第二,增强联合企业中技术转让的可操作性。按照国际海底管理局现有的制度安排,联合企业已呈替代保留区之势。因此,重新平衡联合企业中发达国家和发展中国家的利益,将对后者参与"区域"活动有着重要影响。其中的关键在于,在联合企业的制度安排中设置技术转让的义务。需注意的是,这一义务应当是可商议而非强制的,即有意与企业部设立联合企业的国家和实体可以与企业部商议达成技术转让的具体条件。相应的内容大体可分为以下几个点:一是应当确保企业部和发展中国家直接参与联合企业的运作,此为实现技术转让的前提;二是应当明确技术优势方在联合企业中应承担的技术转让的最低责任和义务,这是实现技术转让的保障;三是在联合企业的协议中,可明确以适当的方式激励技术优势方开展技术合作、技术转让和技术许可等活动。

第三,促进"区域"研究中国际合作的可行性。"授人以鱼不如授人以渔。"技术转让并非一劳永逸,最可行的方式始终是从根本上增强发展中国家的海洋科学技术能力,提升海洋技术的研发水平。这种"区域"整体研究能力的提升,需要以大规模的国际合作为根基。但通常,涉及"区域"研究的国际合作宣示意义浓厚,实际的可行性并不充足,因此有必要改变这一局面。具体来说,包括以下几方面。首先,"区域"研究中的国际合作应有更广阔的视野。虽然"区域"研究中的国际合作仍是以"区域"为核心内容,但应当从"大海洋"的概念出发,围绕海洋科学、海洋工程、海洋经济和海洋考古等内容展开。其中的原因在于"区域"的研究并非孤立,而是依托于整个大海洋学科之上。提升大海洋学科的研究能力和研究水平,是"区域"研究的基础,将对"区域"研究起到非常重要的推动作用。其次,充分发挥国际海底管理局、联合国贸易和发展委员会以及国际海事组织等的效用,由其牵头,不仅从国家层面,更要从民间层面开展多层次的国际合作。例如,在各国的民间层面展开"区域"知识的宣讲,促进大学间相关学者和学生的交流、访问。最后,在具体的"区域"国际合作事务中,可以以探矿活动为重心开展具体的合作与援助工作。探矿环节更加接近于海洋科学研究的性质,不易产生利益纠纷。以此为切入点强化"区域"研究中的国际合作,相对于技术转让等敏感内容更具可行性。

需要注意的是,一方面,凭借制度的手段确实可以有效地预防技术垄断,促进市场的公平竞争,提高技术的转让效率。另一方面,当我国实现技术升级之后,也需要同样秉持开放的态度,对其他技术相对落后的国家实现平等对价下的技术转让。这也是我国坚持贯彻"人类共同继承财产"原则的应有之义。

(二)构建"区域"制度中的引领国地位

不少学者都认为在"区域"制度中我国应当构建引领国的地位,笔者赞成这一观点。美国加入《公约》并参与到国际海底管理局的各项事务中,可以想见会对我国的引领国地位造成冲击。这是美国追求"区域"话语权的必然结果。如何维持我国在"区域"中的引领国地位,与各国合作共赢,成为重要议题。此处的发力点可以聚焦在以下三个方面。

第一,技术的引领。技术的引领是指我国在"区域"勘探开发技术上为其他相对落后的国家提供必要的便利和相应的指导。我国在实现引领国的技术引领时,应当将技术指导和人才培养放在首位,努力促进其他相对落后国家的技术能力的提升,以实现其自主研发为核心要务。我国也可以与其他技术优势国家合作,采取大学之间访学交流等灵活且相对非正式的形式提供技术的支撑。

第二,资金的引领。资金的引领是指我国为其他发展中国家进入"区域"进行勘探和开发活动提供物质上的支持。多年来,中国作为发展中国家,一直持续向国际海底管理局的自愿信托基金捐款。中国常驻国际海底管理局代表田琦大使亦表示:"今后,中方将继续向国际海底管理局有关基金或项目捐款,支持国际海底事业稳步发展。"

第三,规则的引领。规则的引领是指我国应坚持并落实"人类共同继承财产"原则,积极参与"区域"规则的制定。在美国尚未形成明确路线之前,我们需要加快对"区域"相关法律政策的研究,特别是对近年来国际海底管理局已经出台和即将出台的规章进行仔细研究;积极主动地在相关问题上发声,在追求合作共赢的同时,也要把握住国家利益的底线,为将来的海洋大国在"区域"问题上的博弈,早做筹谋。

五、结语

"区域"规则的制定由勘探事务全面转向开发事务,意味着新一轮规则体系的构建。"区域"的开发不仅是获得"区域"利益的重中之重,更关乎我国长远的国家利益。现阶段,我国既是开发阶段的规则推动者,也是深度参与者,并逐步发挥引领国的地位。但在未来,美国会全面参与到"区域"事务中,势必会打破目前局面。"区域"因其特殊的地位和主要的战略意义会成为大国交锋的主战场之一,我国必须早做筹谋力求觅得先机。

文章来源:原刊于《太平洋学报》2020 年第 11 期。

中国国际海底区域开发的现状、特征与未来战略构想

■ 杨震,刘丹

论点撷萃

人类发展进步的过程,在一定意义讲,就是从陆地向海洋、天空等空间不断拓展前进,各国加速向太空、网络、深海、极地等国际公共空间扩展利益的行动。现在,国际公共空间已经成为各国战略争夺的热点,国际海底开发因此成为世界各国竞逐的重要领域。

中国在国际海底开发领域具有独特的优势和需求,极有可能在不久的未来成为深海矿产资源的头号生产国,同时也将成为该领域的头号消费国。自从恢复联合国合法席位后,中国主要在法律、外交、科技和商业四个领域参与国际海底区域的开发活动。

国际海底制度已迎来"后勘探时代",中国的深海勘探与开发尚存在以下不足,急需完善与改进。首先,海洋科技领域的现状与中国开发国际海底区域的目标不相称。其次,相关法律体系方面依然存在不足。为克服上述困难,中国应该做好自己的国际海底区域开发战略、发展海洋科技、加强在国际海底区域开发领域国际法规则的研究与引领、加强国际海底区域开发领域的公共产品提供等方面的工作。

展望未来,中国参与和融入国际海底区域开发活动,不仅在一定程度上反映了中国海权发展的经济与科技领域的得失,更可以有力反驳"中国威胁论"等谬论,从而为中国建设海洋强国争夺必要的话语权。

作者:杨震,北京大学海洋战略研究中心特约研究员,中国海洋发展研究中心研究员
刘丹,上海交通大学凯原法学院极地与深海发展战略研究中心副研究员,中国海洋发展研究中心研究员

深海问题

中国在冷战结束后面对的是发生巨大改变的国际形势和地缘政治环境。出于对经济、安全以及政治等诸多因素的考虑,中国不可避免地采取了海权优先的地缘战略。具体来说,苏联的解体使中国上百年来来自北方的陆地安全威胁消失,中国可以腾出手来发展海权;经济对外依赖程度的上升使中国的海外利益与日俱增;台海问题、南海问题以及与日、韩的海洋争端和美国海军战略转型的推进,使中国认识到未来的安全威胁主要来自海洋方向而非陆地方向。中国充分认识到,作为资源的来源,海洋在人类文明的发展过程中起到了至关重要的作用。中共十九大因此提出海陆统筹,加快建设海洋强国的战略。中国是世界上最大的陆海复合型国家,国际海底开发在中国走向海洋的进程中占据重要地位:国际海底区域开发不仅可以使中国获得大量不可再生的矿产资源、取得明显的经济效益,还能使中国在海洋科技领域取得重大进展。因此,对中国的国际海底开发进行研究具有重要的现实意义。

一、深海区域资源开发的意义

海洋资源是独立于陆地资源的存在。就其概念而言,主要有狭义和广义两个方面。从狭义的角度来讲,海洋资源包括分布于海水资源、海底的矿产资源、在海洋中无处不在的传统海洋生物、蕴藏在海水中丰富的能量以及溶解于海水中的宝贵的化学元素。上述资源有两个共性:第一个共性就是从性质而言都是物质和能量;第二个共性就是与海水有着非常直接的关系。而广义的海洋资源的范畴更加广泛,除了上述概念外,还包括海洋纳污能力、海洋空间、海洋旅游景观、海底地热、海洋领域的风、水产资源的加工、海上交通线、港口及其附属设施。一般认为,广义的海洋资源的范围涵盖海洋空间资源、海洋能资源、海洋矿产资源、海洋石油及天然气资源、海水及化学资源、海洋生物资源等等。冷战期间有美国学者认为,只谈海洋作为食物和矿物来源的巨大潜力这一点,就使海洋活动可以比起宇宙活动更有实用价值。有鉴于此,对海洋资源进行有效开发成为当代海权的重要表现形式。

深海区域,又称"区域"(The Area)或"国际海底区域",是指"国家管辖范围以外的海床、洋底和底土",面积约占海洋总面积的65%、地球表面积的49%。区域内的"深海资源",是指"区域"内的海床及其下原来位置的一切固体、液体或气体矿物资源,其中包括多金属结核。1965年约翰·梅若

(John Mero)在《海洋矿产资源》一书根据当时科学界的认识指出,锰结核主要分布于太平洋等海域的大陆架、深海海沟和公海的海底区域。相较于其他海洋资源的开发,海底区域资源的开发具有几个特点。其一,对钻探技术要求高,投资巨大。19世纪70年代,深海采矿业兴起的商业开采计划,开始时对采矿船本身投资为1.5亿~2亿美元,后来发展到一套由矿石勘探到加工再到销售的系统,耗资增至8亿~15亿美元。其二,开发时须对海洋环境污染损害进行管控。承包者在"区域"内的活动,应防止、减少和控制对包括海岸在内的海洋环境的污染和其他损害,防止干扰海洋环境的生态平衡,还应在勘探和开发中防止对海洋环境中动植物的损害。其三,"区域"及其资源的法律地位是"人类共同继承财产"。《联合国海洋法公约》规定,"区域"内资源的一切权利属于全人类,任何国家不得对其主张或行使主权或主权权利。国际海底管理局代表的是全人类,对"区域"内资源的开采开发等活动行使管理权。

需要特别指出的是,1850年以前,国际海底区域寂寂无闻,几乎是一片毫无价值的海域。早在1873年,一艘名为"挑战者"号的远洋探险船就发现海底存在锰结核,但由于缺乏适当的技术,除了很小一片外,国际海底区域根本无从开发。所以,针对海底区域提出的权利主张,不是涉及定着类生物资源丰富的浅海海底,便是与普通的领海要求相结合。之后,有三个相互联系的因素改变了这种局面,即对大陆架上覆水域使用方式的巨大变化,运用于海底的技术的迅速发展,以及世界范围内对几乎所有生物和矿物资源的需求的增长。海底技术早已开始发展了,并且经历过很长一段主要致力于扩大对海底及其用途的认识而并没有提高其经济价值的时期。这包括为了航海和科学目的而使用测深锤和测深线进行的勘测,19世纪后期在敷设水下电缆方面的全部成就,以及20世纪初潜艇和反潜艇战方面的发展。直到19世纪末发明了栈桥钻井和挖掘采矿技术之后,海底的经济价值才开始提高。数十年来,这些技术的发展速度始终很慢,因此,海底区域的价值始终没有超出当时领海的狭隘界限。只是到了第二次世界大战以后,海底采矿的技术能力才开始迅速发展,并对领海以外的海底的价值产生了影响。突破是从1947年石油工业发明浮动钻井机开始的。从那起,近海工业得到了一日千里的发展,首先是进入像波斯湾、委内瑞拉和加利福尼亚这样一些经过选择的大陆架区域,然后,在六七十年代则进入了地球上几乎所有的大陆架区域。

在短短 30 年间,技术的飞跃发展使得近海石油工业无论从推测上还是从事实上说,几乎有可能把这个星球上的全部大陆边缘都变成无价的不动产。从这个角度来说,国际海底区域开发带有浓厚的政治属性,而各国围绕国际海底资源进行的较量与博弈使其日益成为国际问题研究中的重要研究对象。

二、深海矿产储藏与国际海底区域开发概况

如前所述,海洋拥有丰富的资源。在诸多资源中,矿产资源占有重要地位。海洋中的矿产资源,除了上文所述的石油、天然气外,还包括覆盖于海底表层的沉积物和团块,如砾石、矿砂、多金属软泥、多金属结核,埋藏于海底基岩中的石油、天然气、煤、铁等。按当前的开采价值而论,海底石油和天然气在海洋矿产占主要地位;其次就是滨海砂矿,包括砂、石等建筑用材,锡砂等;最后是深海的多金属软泥和多金属结核。中国海洋矿产资源很丰富,滨海砂矿是由河流、波浪和海流的作用,使重矿物在滨海地带沉积而形成的。中国辽东半岛、山东半岛、浙闽沿岸、南海沿岸,已发现多处钛铁矿、锆英石、独居石、磷钇矿等,许多矿址具有工业开采价值。

深海矿产资源中,多金属结核是一种含有 30 多种有用金属的矿石,其中最有加工价值的是锰、铜、镍、钴四种金属,此外还有铂、金、银、钼等共生金属,多金属结核因此是国际海底最有开发前景,并在近期可以实现商业性开发的矿产资源。此外,具有商业开发价值的还有富钴结壳和多金属硫化物。近年来,各国对深海矿藏中铂等稀有金属和稀土的开发,正引起越来越多的关注。深海海底的稀土资源,被称为"工业维生素",可用于永磁体、抛光粉、电池等多种用途。海底稀土资源量是陆地的 800 倍,据估算 1 平方千米的海底稀土是全球稀土年需求总量的 1/5。目前国际社会对海底金属矿产资源还处于在深海底面表层矿产的开发阶段,空气升举系统、水力升举系统和机械升举系统均经过海底现场试验,可以在水深 3000～5000 米的海底大量采掘多金属结核,但是开采方式比较落后,主要是挖掘海底松软岩体。要实现海底采矿的商业化和产业化,需要智能化采集设备、多相流提升设备和技术深海开采水下设备留放回收技术等系统性深海高科技的支持。此外,国际海底区域还蕴藏着大量的油气资源。就石油储备而言,大约是 1350 亿吨;而

天然气储量也较大,达到 14 亿立方米,分别是陆地可采储量的 51% 和 42%。在过去 30 年间,海洋石油资源需求量占全球石油产量的 1/4。最新研究表明,被称为"21 世纪绿色燃料"的天然气水合物(俗称"可燃冰"),在海洋中的储藏量占全球储量的 98%。国防大学前校长张仕波上将因此认为,国际海域具有丰富的海底矿产资源和深海生物资源。这些都将成为潜在的、价值巨大的战略接替资源。

进入 21 世纪,随着矿区申请以及申请从事海底资源勘探与开发的企业不断增加,深海开发活动涉及的资源种类也从多金属结核扩展到多金属硫化物和富钴铁锰结壳。整体看,有五个因素促使人类将海底资源勘探与开发提上议程:①对金属需求的增加;②金属价格的上涨;③从事开发行业的公司的高利润;④陆源镍、铜和钴硫化物存储的减少;⑤深海资源勘探与开发的科学技术的发展。目前国际社会对海底金属矿产资源开采手段较为落后,挖掘海底松软岩体为主流的开采方式严重制约了国际海底金属矿产资源向商业化、产业化方向发展。

全世界共有 181 个沿海国家和地区,目前已有 77 个国家提出 200 海里外的外大陆架主张,估计未来约有 3000 万平方千米面积的外大陆架被划归相关沿海国家,由于 200 海里外大陆架划界的长期性和复杂性,这种不确定性可能对海底区域矿区申请产生影响。联合国大会曾将国际海底区域称为"人类共同继承财产"。总之,国际海底区域作为中国未来战略发展空间和战略资源的来源显得尤为重要,是必须重点关注的区域。

由此可见,海底蕴藏着大量的矿产资源,具有很高的经济价值和战略价值。作为典型技术密集型产业的海洋矿产资源开发就涉及地质、海洋等诸多学科和工业部门。因此,国际海底区域开发对一个国家综合国力、科技水平和国家战略能力的要求较高。海洋经济产业和海洋科技实力是构成当代海权体系的基础。因此,国际海底区域开发是当代海权运用的重要组成部分。具体而言,海权就其本质来说,实际上是综合运用各种手段对海洋进行有效控制,并在此基础上进行开发和利用的一种从属于综合国力的能力。对国际海底区域进行有效开发和利用恰恰是海权经济功能和科技功能的运用,而国际海底区域开发带来的经济利益和海洋科技进步反过来又强化了海权。二者之间可谓相辅相成,形成了良性循环。中国已经提出建设海洋强国的战略目标,海权优先已经成为中国地缘政治领域认知的共识,而国际海底区域开发能力的增强无疑将从经济与科技两个方面为中国的海权建设提供助力,进而有利于建设海洋强国这个战略目标的实现。

三、中国国际海底区域开发现状及其特点

目前,中国在国际海底开发领域具有独特的优势和需求。作为世界上第一个拥有国际海底 3 种资源矿区的国家,中国的工业产值也位居世界第一,是全球头号工业大国,因此对深海矿产资源有着迫切的需求。可以想见,中国极有可能在不久的未来成为深海矿产资源的头号生产国,同时也将成为该领域的头号消费国。自从恢复联合国合法席位后,中国主要在法律、外交、科技和商业四个领域参与国际海底区域的开发活动。

首先是法律领域。在国际法领域,1982 年《联合国海洋公约》及 1994 年《执行协定》标志着国际海底区域制度的基本确立;期间,既有发展中国家和发达国家在国际海底区域制度规则制定中的博弈,又有来自不同利益集团针对深海资源勘探开发执行与实施问题的对抗。中国自恢复联合国合法席位后,全程参与了联合国第三次海洋法会议,为国际海底区域制度的建立贡献了力量。中国的参与主要体现在以下方面。

第一,对"人类共同继承财产"原则一直持支持态度。1971 年中国成为国际海底委员会成员国,恢复联合国合法席位后,1972 年 3 月 3 日,中国代表在国际海底委员会的首次发言中阐述中国原则立场时主张:各国领海和管辖范围以外的海洋及海底资源,原则上为世界各国人民所共有,其使用和开发应由各国共同商量解决,不允许超级大国操纵垄断。中国不仅支持将"人类共同继承财产"原则适用于国际海底区域,也强调"区域"应由相关的国际机构管制。这种主张不但反映了发展中国家要求重新公正分配资源的呼声,也反映了建立国际经济新秩序的诉求,同时符合"人类共同继承财产"的精神和联合国大会第 2749 号决议《原则宣言》的基本精神。

第二,为保证企业与缔约国及其企业开发活动中的技术转让和财政安排提出建议。中国代表团团长在 1978 年 4 月 17 日的发言中指出,进入开发的国家必须承担相应责任和义务,即向管理局提供资金和技术。关于技术转让,在 1978 年 4 月 21 日的发言和 1980 年 4 月 1 日的发言中,中国代表强调:转让技术是订立合同的先决条件;在技术转让协议的谈判时,技术所有者应保证转让给开发者的合同条款与转让给企业部门的相同。关于财政安

排,中国代表建议:①管理局应向国际海底区域开发的承包者收取合理的费用;②第一批矿区的资源开采国应承担担保费用,管理局不应被视为承包者并应获得免税待遇。

第三,对国际海底管理局的机构组成、职权和表决等问题提出建议。在1977年6月23日召开的第一委员会工作组会议上,中国代表对大会和理事会在国际海底管理局中的职责与分工提出自己的主张。关于理事会组成,1978年5月1日中国代表团副代表指出,中国原来主张理事会36名成员中,24名按地区分配,12名代表特别利益,经协商后两类均为18名,但按地区分配的18名不能再少。关于表决制,中国代表在1980年8月25日发言中指出,中国本来主张理事会对实质性问题由出席并参加投票的2/3多数通过。现在第9期会议对实质性问题采取分类并采用不同的表决办法,中国虽然表示不满意,但"原则上不加反对"。

对深海制度谈判的参与,不仅反映20世纪70年代至90年代中国对国际事务的立场与政策,也折射了该时期中国国内政治和社会的变迁。比如,出于对霸权主义的抵制和国际海底制度或由发达国家操纵的担忧,早期中国并不赞成为国际海底区域的开发开采活动单独建立一个国际制度,但的确也强调深海海床和底土的资源应由将来的国际制度及其机构进行管理;而当国际海底区域制度形成时,中国还是转为支持的立场。此外,对第三次海洋法会议"关于管理多金属结核开辟活动的筹备性投资"的《决议二》,中国也表示质疑,称其"过度考虑一些工业国家的要求,给予这些国家及其公司过多的特权和优先事项,我们认为欠妥"。中国当时的外交政策更多考虑的是反霸权的政治立场,中国代表在海洋法第三次会议的相关发言更多体现了当时的政治考量。

国际上关于深海矿产资源开发的专门规章尚在制定中,深海矿产资源的规模化商业开发尚待时日,而各国有关深海勘探与开发国内立法的步伐日渐加快。众多西方发达国家,甚至斐济、库克群岛等都进行了深海立法。2016年2月26日,中国通过《中华人民共和国深海海底区域资源勘探开发法》(简称《深海法》),于2016年5月1日实施。

其次是外交领域。1982年《联合国海洋法公约》第11部分的国际海底区域制度达成后,中国不仅参与了1994年《执行协定》的磋商,在1996年6月国际海底管理局投入运作后也为该机构规章制度的出台发挥了重要作用。中国参与筹委会多次会议的磋商,还是《执行协定》最终草案的6个提案国(中国、美国、斐济、印度、德国、印度尼西亚)之一。1996年中国批准《联合国海洋法公约》时,也批准了《执行协定》。此外,自1996年6月国际海底管理局投入运作以来,中国既参与该机构运作,也参与了海底资源勘探规则的制定。一是以官方派员或民间参与的形式积极投入到国际海底管理局的各项活动。国际海底管理局下设的常设机构有三个:大会、理事会和秘书处。该理事会的执行机构理事会下设法律委员会,大会下设财务委员会,中国均派员担任委员。2017年8月,上海交通大学极地与深海发展战略研究中心成为第一家被国际海底管理局接纳的观察员。二是参与国际海底管理局三个规章等国际规则的谈判与案文讨论。国际海底管理局陆续通过被称为深海采矿"采矿守则"的三个法律文件:2000年通过《"区域"内多金属结核探矿与勘探规章》,2010年通过《"区域"内多金属结核探矿与勘探规章》,2012年通过《"区域"内富钴结壳探矿和勘探规章》。中国不仅在2000年3月国际海底管理局讨论《采矿守则》草案时提出,在环保问题上应将"预防措施"措辞改为"预防性方法",还建议将"最佳可行技术"改为"开采者可利用的最佳可行技术",对谈判进程作出了贡献。中国还对国际海底管理局2015年3月向会员国发出的《开发规章框架草案》(同时发出的还有关于开发合同标准条款中财税制度的讨论文件)提出完善的意见。此外,中国正参与联合国"国家管辖外生物多样性养护和可持续利用新执行协定"(简称"BBNJ")的磋商,对国际海底事务发挥着越来越重要的作用。

再次是科技领域。这里主要是指深海资源勘探。中国从20世纪70年代末开始对海底矿产资源进行调查。1983年、1985年和1987年,向阳红16号和向阳红9号两艘科考船分别完成了对太平洋中部、北部和西北部的气象、水文、物理采样、环境、地质等多方面的综合调查。经过调查,中国划定了面积为30万平方千米的申请区块。1990年中国大洋协会成立。从1991年该协会被批准为先驱投资者,到1999年"关于中国未来深海海底活动会议"期间,中国的深海矿产资源调查进入新阶段,体现在三个方面。一是组织深海资源勘查和研究。1999年,大洋协会组织"大洋1号"等科考船开展东北太平洋的海上勘探活动并优选出有专属勘探权的7.5万平方千米的多金属结核矿区,还划拨经费对"区域"内其他资源的勘查与研究做出专项安排。二是积极发展深海开采技术。在深海勘查、运载和开采等方面,中国相关技术得到提高,技术储备得以提升。三是中国积极履行先驱投资者义务,参与国际海底管理局相关国际事务。1996 年,中国以海底投资国的身份成为国际海底管理局第一届理事会 B 组成员。1999 年 10 月举行的"关于中国未来深海海底活动会议"更前瞻性地提出 21 世纪前半期中国深海事业发展的三个发展阶段:资源勘探和矿区申请、研究和发展深海技术,以及建立一个深海工业企业。

最后是商业领域。这里主要是指申请深海矿区。从 1983 年开始,国际海洋金属联合机构、苏联、日本、法国、中国、韩国、德国共 7 个主体向国际海底管理局注册登记并成为先驱投资者、获得多金属结核矿区,与国际海底管理局签订了勘探合同。1990 年 8 月 13 日至 31 日筹委会第 8 届夏季会议上,中国代表团团长陈炳鑫致函筹委会主席,第一次明确表示中国申请登记为先驱投资者;8 月 22 日,中国常驻联合国代表李道豫大使代表中国政府向联合国副秘书长南丹提交"中华人民共和国政府要求将中国大洋矿产资源研究开发协会登记为先驱投资者的申请书"。筹备委员会于 1991 年 3 月 5 日批准中国在东北太平洋海底勘探多金属结核矿区的申请,中国得到 15 万平方千米的开辟区。1991 年筹委会夏季会议对中国作为先驱投资者的义务问题进行讨论,中国要求和印度一样享受同等的给予发展中国家的待遇,最终中国的义务问题也得到了合理解决。1997 年,国际海底管理局批准中国大洋协会在多金属结核矿区 15 年的勘探工作计划。1999 年 3 月 5 日,在完成开辟区 50% 区域的放弃义务后,中国大洋协会在上述区域最终获得 7.5 万平方千米具有专属勘探权和优先商业开采权的多金属结核矿区。中国大洋协会于 2001 年 5 月与国际海底管理局签订了《勘探合同》,中国大洋协会正式从先驱投资者成为国际海底资源勘探的承包者。从"十二五"开始,国际海底开发迅速升温。这一时期,中国向国际海底管理局申请并获批了多金属结核、多金属硫化物和富钴结壳 3 种海底矿产资源共 4 块矿区,按签约先后顺序如下:2001 年 5 月,中国大洋协会和国际海底管理局签订东北太平洋 7.5 万平方千米的多金属结核勘探合同,获得该多金属结核合同区内的专属勘探权和优先开采权;2011 年,在《"区域"内多金属硫化物探矿和勘探规章》通过后不久,中国申请位于西南印度洋 1 万平方千米的多金属硫化物勘探合同区并获批;2014 年 7 月,中国申请位于西北太平洋 0.3 万平方千米的富钴结壳勘探合同区并获批;2015 年 7 月,中国提出面积为 7.274 万平方千米的东太平洋多金属结核资源勘探矿区申请并获批。

从上述情况看,中国参与国际海底开发呈现出以下几个特征。

首先,重视手段的多样化。在中国参与国际海底开发过程中,既有科学考察等科学活动,也有建立深海开采企业等商业行为,更有参与国际海底区域的国际规则制定的多边外交行动,还有推进国家立法等法律行为。可以说,围绕国际海底开发,中国采取了科技、商业、法律以及外交等多种手段,取得了很好的效果。

其次,突出高科技的运用。有人认为,地理与政治之间的联系在这个世纪并不会变得严峻,但是那些全心追求科技进步的国家将对其他国家享有关键的优势。正如海洋科技的发展给予西欧国家在哥伦比时代的早期享有关键的战略优势,在海陆空天领域的技术进步将会给相关国家带来类似的优势。中国早在 20 世纪 70 年代就开始进行海底矿产资源的调查并最终划定 30 万平方千米的调查区块。进入 21 世纪,中国走向深海的布局已基本成型,深海科学对海底矿产资源勘探开发的支撑指导作用明显增强,体现为:第一,2012—2017 年,中国新增国际海底区域矿区 8.6 万平方千米,成为世界上海底矿种最全、矿区最多的国家;第二,自 2010 年起,中国陆续开展了国际海底区域的海底地理实体命名工作,中国大洋协会先后组织 36 个大洋航次,发现了大量尚未命名的国际海底地理实体,在 2014 年国际海底地名命名分委会(简称"SCUFN")发布的"最新海底地名辞典"的 3862 个地名,就有中国提交核准的 43 个具有"中国元素"或体现中华传统文化的地名提案;第三,自 2012 年"蛟龙号"载人潜水器完成 7000 米级的海上试验后,在深海装备和保障能力方面,中国已形成了深海装备体系,即"三龙"——"蛟龙"号载人潜水器、"海龙"号无人有缆潜水器和"潜龙一号"无人无缆潜水器,以及四大装备——中深钻、声学拖体、电视抓斗和电磁法;以及以国家深海基地管理中心为代表的大洋保障体系。

再次,注重与国际海底管理局的合作。目前中国是国际海底管理局获得资源矿区种类和数量最多的国家,这主要体现在中国是世界唯一与国际海底管理局签订海底热液硫化物、富钴结壳、多金属结核这三种海底矿产资源勘探合同的国家,也是全球唯一拥有 4 块专属勘探权和优先开采权矿区的国家。中国的合同开发区域涵盖东太平洋、西北太平洋和西南印度洋。地域广阔且开发前景光明。

最后，重视使用法律手段维护国家利益。国际海底区域开发是高风险行业。主要体现在由于距离大陆遥远，因此作业难度大；海上极端气象现象多，因此危险系数高，如果发生事故，无法对深海环境的影响进行准确的预测。上述情况带来一个较为严重的后果：如果承包者违规作业并造成损害，如果没有相应的国内立法，那么就极有可能追究担保国的赔偿责任。而中国从前的相关法律体系并不健全，《矿产资源法》《矿产资源法实施细则》等法律法规的适用范围有限，仅限于中国管辖的海域。因此，中国加强了相关领域的立法，即专门就深海资源勘探开发制定了《深海法》。该法律不仅是免除中国政府承担赔偿责任的必要法定条件，更是中国作为担保国应履行的法律义务。

四、对中国国际海底区域开发的建议

进入 21 世纪，各国新矿区申请和获得国际海底管理局核准的增速明显加快、海底勘探开发的国际竞争格局加剧。例如，2000—2010 年仅有 8 个国家申请多金属结核勘探合同矿区并被国际海底管理局核准，而 2011 年至 2016 年 4 月国际海底管理局就受理并签订了 18 个勘探合同。随着国际海底管理局第一批为期 15 年的勘探合同到期，国际海底形势已进入"后勘探时代"。不仅如此，国际海底管理局 20 多年来首次启动国际海底制度定期审查制度，标志着现有制度框架正迎来是维系、调整还是变革的动荡期，这对中国的深海勘探开发来说，既是挑战，也是机遇。

国际海底制度已迎来"后勘探时代"，中国的深海勘探与开发尚存以下不足，急需完善与改进。首先，海洋科技领域的现状与中国开发国际海底区域的目标不相称。在海洋科技领域，中国存在创新能力不足，技术基础较为薄弱，部分高科技装备的基础元器件依赖进口，今后应该加强这方面的研发与市场化工作。其次，相关法律体系方面依然存在不足。2016 年出台的《深海法》仍较为笼统，已出台的规范性文件层次较低，适用范围较窄，需要配套制度加以完善，如对深海公共平台建设出台配套、在承包者的权利义务上予以详细规定、加紧研究深海开发利益分配制度等。

为克服上述困难，中国应该做好以下几方面的工作。

首先是确定中国的国际海底区域开发战略。国际海底区域是具有战略意义的公共区域。在现阶段，就国际海底开发而言，非常有必要围绕其战略

目标、战略手段、战略指导进行深入而细致的研究并提出相应的战略构想。具体而言,研究是围绕建设海洋强国这个战略目标,如何综合使用科技、经济、法律、外交等手段在当前国际政治经济环境中提高中国国际海底区域开发能力。

其次是发展海洋科技。战后兴起的高科技领域中,有一种技术就是海洋技术,它主要涉及海洋探测技术和海洋资源开发。除了要利用卫星遥测等空间技术外,它还有独有的大量专门技术,包括海上平台、深海钻探、海洋捕捞、海水养殖、海水淡化、海水提炼、海水发电等一系列技术,已取得的成果向人类展示了诱人的前景。就国际海底区域开发而言,陆地上已经发展成熟的采矿技术实际上并不能直接用于深海海底。这是因为深海海底的巨大水压力、海水中电磁波传播的严重衰减、海洋的风浪流复杂流导致海洋矿产开发面临极端恶劣与复杂的超常极端环境,这种环境在陆地上是无法想象的。此外,深海开采的装备原理、工艺和装备因为深海矿产资源的特殊赋存状态、深海采矿的特殊环境保护要求而与陆地采矿技术及装备截然不同。因此,非常有必要研制专用的海底采矿系统与设备。一般来说,深海采矿装备分为通用技术和专用技术。通用技术包括深海通信和深海动力技术等,深海电缆、声呐以及深水电动机等已经广泛应用于深海油气工业中的技术和装备。专用技术包括深海矿产采集与输送,所用装备和技术尽管可以借鉴和移植陆地采矿及深海油气开采中的类似装备及技术,但是由于深海采矿的特殊环境和特殊要求,必须专门研发。而中国在该领域还存在不少问题:研究资源比较分散,无法形成合力;创新能力有待提高,依然处于仿制追赶状态,且创新领域的专利缺乏竞争力;载人潜水器技术处于无可争议的世界领先水平,但是在其他领域,如深海探测类设备、无人深潜器、采样设备等方面依然存在差距。建议在深海科技研发领域,不仅要加强在装备领域的研发,也要在基础理论方面加强投入,同时引入人工智能、大数据、云计算等最新科技成果发展中国的海洋科技。需要特别指出的是,现今各国在海权领域的争夺日益激烈,军事手段的使用受到越来越大的限制,而海洋高科技手段日益成为夺取海洋竞争优势的重要手段,为此西方甚至有人提出海洋科技即海权的观点。如前所述,国际海底开发是海洋高科技云集的领域,中国更应在海洋科技领域奋起直追,而国家层面的政策,如《中国制造2025》的出台为海洋科技的发展提供了良好的基础。因此,中国发展海洋高科技、成为海洋科技强国是可以实现的目标。

再次是加强在国际海底区域开发领域国际法规则的研究与引领。如前所述,中国是国际海底管理局获得资源矿区种类和数量最多的国家。这就意味着中国在国际海底开发领域拥有相当强的实力和因此带来的话语权。鉴于国际海底开发的重要性,西方发达国家和一些跨国矿产公司已加快深海高技术装备的研发,而且具备开发深海矿区的能力。由于作为早期先驱投资者的 7 个主体签订的合同较早,首批勘探合同存在到期的问题。这些主体既有可能选择签承包合同,也有可能进入商业开发阶段。如何在这种情况保持甚至扩大中国在国际海底区域开发领域的战略优势是一个非常重要的问题。国际法是决定国际资源分配的有效手段。中国今后可以在如下几方面加强研究与建设:①在管理局 2017 年《区域矿产资源开发规章(草案)》(简称"2017《开发规章》")这一近期核心议题中,应从开始阶段积极介入,发挥新规则制定的引领作用;②在国际海底定期审查机制的战略的讨论时,应考虑到目前中国两个承包者都涉及的海底电缆敷设通过各自矿区的深海海底开发和法律交叉议题;③在法律与技术委员会改革的进程中,除了建议控制委员会规模外,仍应继续建议增加环境和法律方面背景的委员;④重视管理局会议上"环保联盟"以高标准和严格的环保问题牵制海底资源开发的现象,中国研制环境友好、能用于深海资源开采设备的同时,法律上也应继续加强对环境标准的研究、相关制度和机构的建设。总之,通过中国驻管理局代表、观察员等在上述议题的积极工作,进而争取在相关国际法立法领域的话语权,使之朝着有利于中国国家利益的方向发展。在这里需要特别指出的是,法律也是海权的手段和要素之一,因此,在海权思想指导下加强对国际海底开发的法律体系研究不仅是增强国际海底开发力度的途径,更是强化海权建设的重要方式。

最后是加强国际海底区域开发领域的公共产品提供。国际海底区域开发领域也有公共产品,这一点在"国际海底公墓"问题上尤其明显。从 20 世纪 50 年代后期开始,人造卫星、载人飞船、舱外活动、星体探测、空间站、星球大战、航天飞机、反导系统等航天技术改变了人类的认知和生活。过去 40 年中,太空坠落到地球上的各类"垃圾"高达 5400 吨。大部分小型卫星会距地面高度 120～80 千米范围内燃烧销毁,并不会真的落回地球表面,诸如空间站这类大型航天器并不会被大气层完全消灭。从人类安全角度考虑希望可以人为控制其坠落区域。如果航天器某些部件或材料涉技术或商业秘密，那么从技术保密的考虑，当然希望敏感器件在坠落地面之前就烧尽。还有一部分器件在大气中燃烧污染环境的，如有些卫星使用的核燃料，那么当其重返地球时，希望能够特别保护起来，能够被搜寻到并做适当处理。简而言之就是，回到地表的太空残骸需落在无人区域，这样的区域最合适的就是浩瀚的海洋。世界上距离陆地最远的地方，即南太平洋中在澳大利亚、新西兰及南美洲之间的一片无人海域。这里没有陆地或者岩石，虚拟地在大海中标记了一个位置（南纬48°52.6′，西经123°23.6′），被称为"尼莫点"。该点距离最近的岛屿仍有2688千米，比北京到乌鲁木齐还远不少。这片面积为1500平方千米的大洋海底区域从20世纪70年代至今，收容了260多颗因失效而回归的航天器，成为航天器的"海底公墓"。如何在未来对这个国际海底公墓进行管理是一个重要的问题，这种管理无疑是国际海底开发领域的一种越来越重要的公共产品。中国既是海底资源开发大国也是航天大国，中国有责任有义务为这种公共产品的管理提供智力支撑与制度保障。

五、结论

人类发展进步的过程，在一定意义讲，就是从陆地向海洋、天空等空间不断拓展前进，各国加速向太空、网络、深海、极地等国际公共空间扩展利益和行动，国际公共空间已经成为各国战略争夺的热点。国际海底开发因此成为世界各国竞逐的重要领域。党的十九大正式提出海陆统筹，加快建设海洋强国。发展海权已经成为国家战略层面的共识。此外，一个拥有强大海权的中国也将在国际社会中发挥更加重大的正面作用。在国际海底区域开发领域，中国注重手段的多样性、突出高科技开发手段、重视国际合作并善于使用法律手段维护在国际海底开发领域的国家利益。展望未来，中国有必要制定国际海底开发战略，并加强相应的海洋高科技投入与研究，强化相应领域的立法建设。我国参与和融入国际海底区域开发活动，不仅在一定程度上反映了中国海权发展的经济与科技领域的得失，更可以有力反驳"中国威胁论"等谬论，从而为中国建设海洋强国争夺必要的话语权。

文章来源： 原刊于《东北亚论坛》2019年第3期。

国际海底区域活动与其他海洋开发利用活动的协调研究

■ 相京佐,曲亚围,裴兆斌

论点撷萃

由于陆地资源的紧缺和深海资源的丰富,世界各国不约而同地把目光转向国际海底区域。区域的重要战略地位凸显,协调区域活动与其他海洋开发利用活动成为研究焦点。

《联合国海洋法公约》《关于执行〈联合国海洋法公约〉第十一部分的协定》和国际海底管理局的相关文件已形成相对完整的制度体系,为各国开展区域活动设定了框架,内容涵盖海底资源勘探开发、重叠申请和反垄断的界定及其管理、担保国的责任和义务以及海洋环境保护等。

区域活动坚持人类共同继承财产原则,其他海洋开发利用活动坚持公海自由原则。由于区域和公海在国家管辖范围以外的空间内存在交叉、国际社会对于区域资源的重视,以及发达国家与发展中国家关于利益分享的博弈,区域活动与其他海洋开发利用活动之间天然地存在冲突,尤其表现在同一项活动可能适用两种不同制度。

鉴于区域活动与其他海洋开发利用活动具有涉外性,协调二者冲突离不开国际合作;其中,既包括国际组织和区域组织建立沟通机制,也包括进一步建立健全国际国内法律和技术规范。总之,公海自由原则不适用于区域,坚持人类共同继承财产原则和促进国际合作是协调区域活动与其他海

作者:相京佐,大连海洋大学海洋法律与人文学院硕士

曲亚围,大连海洋大学海洋法律与人文学院副教授

裴兆斌,大连海洋大学海洋法律与人文学院院长、教授,中国海洋发展研究中心研究员

洋开发利用活动的基础和核心。

我国应抓住机遇,积极主动参与区域活动,不断完善国内法律法规,适应国际发展形势,提升国际话语权。

一、引言

由于陆地资源的紧缺和深海资源的丰富,世界各国不约而同地把目光转向国际海底区域(以下简称"区域")。《联合国海洋法公约》(以下简称《公约》)《关于执行〈联合国海洋法公约〉第十一部分的协定》(以下简称《执行协定》)和国际海底管理局(以下简称"管理局")的相关文件已形成相对完整的制度体系,为各国开展区域活动设定了框架,内容涵盖海底资源勘探开发、重叠申请和反垄断的界定及其管理、担保国的责任和义务以及海洋环境保护等。与此同时,区域活动与其他海洋开发利用活动的协调也逐渐成为各国关注的焦点。当前我国应抓住机遇,积极主动参与区域活动,不断完善国内法律法规,适应国际发展形势,提升国际话语权。

二、区域活动和其他海洋开发利用活动

(一)区域活动

区域是《公约》设立的法律概念,即国家管辖范围以外的海床和洋底及其底土。区域在传统国际法中被称为"深海底",具有极其重要的战略资源地位。区域活动是区域内包括海洋科学研究和资源勘探开发在内的一切活动。

区域活动的原则是人类共同继承财产原则,《公约》中有关区域的规定体现该原则中不得单独占有、共同利益和共同管理等要素。人类共同继承财产原则和管理局代表全人类行使权利是整个区域制度的基础。

人类共同继承财产原则的最初提出基于两个方面:①海底环境只为和平目的和海洋科学研究而使用;②国家不能对此主张主权。周忠海认为人类共同继承财产原则有三大特征,即共同共有、共同管理和共同分享。根据区域及其资源的法律地位和区域制度的演进历史,人类共同继承财产原则随着时代的发展而具有具体和不断丰富的内涵。从属性上看,人类共同继

承财产原则体现的主体、客体和所有权的性质都具有特殊性。从特征上看，人类共同继承财产原则具有共同共有、共同管理、共同参与和共同获益等主要特征，这些特征相互联系和相互作用，其中共同共有是基础、共同管理是措施、共同参与是手段、共同获益是目的。从内容上看，人类共同继承财产原则主要包括不得据为己有原则、遵守宪章规则原则、共同使用发展原则、和平使用保留原则和国际机构管制原则等。

(二)其他海洋开发利用活动

其他海洋开发利用活动包括航行、捕捞、铺设海底电缆和管道、海洋科学研究以及海洋环境保护等，其依据是传统国际法中公认的基本原则之一——公海自由原则。

公海是指各国的内水、领海、群岛水域以及专属经济区以外的不受任何国家主权管辖和支配的海洋部分。由于公海的横向空间范围与区域几乎一致，二者的主要区别在于纵向空间范围，公海的其他海洋开发利用活动将不可避免和不同程度地影响区域活动。因此，协调区域活动与其他海洋开发利用活动的关系、建立相应的利益分配和争端处理机制，以及化解区域活动与其他海洋开发利用活动之间的矛盾，是促进区域活动发展的首要和关键问题。

(三)海洋科学研究

广义的海洋科学研究指能够增进人类对于海洋环境了解的研究和相应的实验，涉及范围很广，包括海洋领域的地质、水文、潮流、气象、生物和物理等。区域的海洋科学研究则主要指针对区域矿产资源和生物资源的研究活动。

1. 区域的海洋科学研究

1873 年英国"挑战者"号在太平洋海底发现大量多金属结核，使区域矿产资源第一次被世界所知。1977 年美国"阿尔文"号深潜器在水深 2500 米的海底热液喷口处，发现以管状蠕虫和贻贝类等为主体的生物群落，开启人类认识区域生物资源的新篇章。受制于技术和设备因素，针对区域的全面和系统的海洋科学研究直到 20 世纪中期才真正出现。区域的海洋科学研究历史较为短暂，但由于区域具有独特的地理位置和自然资源，随着技术和设备的发展以及认识的深入，区域的海洋科学研究的深度和广度日益提升，对区域环境和资源的影响也越来越大。

《公约》允许和鼓励区域的海洋科学研究,并明确其目的和成果分享,但缺少对其法律后果的规定。

2. 公海的海洋科学研究

根据《公约》规定,在满足《公约》要求的情况下,所有国家和国际组织都有权利开展海洋科学研究。同时,《公约》还对海洋科学研究的原则、国际合作、开展和促进措施、设施和设备、责任以及争端解决等事项进行规定,但由于缺少具体规则的支撑,这些一般性的规定在实践中很难实施。

公海的海洋科学研究既应考虑其他国家行使公海自由的权利,还应考虑区域制度中的相关权利。由于公海的海洋科学研究对于技术和设备的要求较高,世界上具备相应技术和设备条件的国家很少,可参照国际法适用于公海的船旗国管辖制度进行规制,从而有效避免不恰当的海洋科学研究带来的损害后果。然而,出于国家利益的考虑,目前还没有国家通过国内立法对本国船只在公海的海洋科学研究进行规制。

3. 二者比较

区域和公海的海洋科学研究都以和平为目的,且都须通过国际合作得以实现和促进。与区域的海洋科学研究相比,公海的海洋科学研究涉及临海国的权利和义务。而与公海的海洋科学研究相比,区域的海洋科学研究更强调为全人类利益而进行的目的,管理局可以合同主体的身份参与、促进和鼓励区域的海洋科学研究,同时更加鼓励不同国家的参与,从而实现发展中国家和技术较不发达国家的共同发展与共享成果。

由于区域制度和公海制度的理论依据和理论基础不同,且二者存在交叉的指向范围,区域和公海的海洋科学研究之间存在利益分配与损害规制的冲突。

三、区域活动与其他海洋开发利用活动的本质冲突

作为公海制度的核心,公海自由原则受到广泛推崇,但公海自由原则的适用范围并不包括区域。人类共同继承财产原则是区域活动的基础性和指导性原则。区域制度和公海制度不同的适用原则是区域活动与其他海洋开发利用活动产生冲突的原因。

（一）国际公约和文件明确规定公海自由原则不适用于区域

1958 年《公海公约》界定公海为不包括在一国领海或内水内的全部海域，此处的公海仅指海域。受限于客观环境和技术，在《公海公约》制定时尚不具备对区域的勘探开发条件，因此《公海公约》虽承认国际法上的其他自由，但显然不包括区域活动自由。综上所述，《公海公约》中没有对区域的法律地位进行界定，即区域不适用公海自由原则。

此外，联合国大会第 2749 号决议也确认这一判断，明确指出目前的公海制度中没有实体规则可适用于国际深海底。

（二）地缘关联性是产生冲突的基础

区域和公海在地缘上具有重合性和结合性，二者在自然环境中密不可分，这种自然结合性使区域活动与其他海洋开发利用活动之间不可避免地相互影响。然而，《公约》同时建立公海制度和区域制度，直接导致完整的海洋生态系统被割裂，两种制度在适用范围上的重叠导致相应管理制度、规范原则和具体措施产生冲突。因此，公海制度必然对区域活动产生影响和限制。

（三）不同管理制度对同一项活动的管辖权矛盾

人类对海洋的开发利用活动都有可能影响深海生态环境，对区域活动的影响尤为严重。受客观经济条件和技术设备水平的限制，目前国际社会还没有对区域资源进行大规模的开发利用，但为抢占重要资源及其战略地位，各国对区域的勘探开发活动从未停止。

区域矿产资源的开采、收集和运输将破坏海底的沉积层和扰乱海底的表层沉积物，造成水质浑浊；多金属硫化物的开采将严重干扰海底生物的生存环境；废水和废物可能对整个海域造成影响。此时，如区域制度与公海制度出现重叠，那么对于同一项活动造成的危害，将有两种管理制度予以规制，无法规避管辖权的矛盾，还会影响区域活动与其他海洋开发利用活动的正常开展。

四、区域活动与其他海洋开发利用活动的协调统一

《公约》规定公海自由应顾及区域制度。因此，在实现公海自由权利的同时顾及区域活动，是协调区域活动与其他海洋开发利用活动的核心。

（一）坚持原则，发挥管理局职能，促进国际合作

区域活动与其他海洋开发利用活动的活动范围决定其离不开国际合作。国际合作的方式多种多样，既包括设立对话交流机制，也包括充分发挥国际组织和管理局的职能。具体而言包括以下 3 个方面。

1. 坚持人类共同继承财产原则

人类共同继承财产原则在协调区域活动与其他海洋开发利用活动之间的冲突，表现为平等对待各国以及各国共同参与和共同获益。这就要求所有国家坚持以人类和平和共享为目的，鼓励和促进发展中国家参与区域活动，并适当顾及相应方的特殊利益和需求。同时，对于区域活动的成果和收益，应由全人类和所有国家共享，并优先考虑相应方的利益需求。只有坚持人类共同继承财产原则这一基本原则不动摇，才能实现共同分享、共同获益和共同发展。

2. 发挥管理局职能

《公约》赋予管理局代表全人类对区域内资源行使一切权利的职能，管理局职能的有效行使是区域活动有序开展的重要保障。一方面，由于全人类共同对区域行使权利在实际操作上不具有可行性，为对区域进行管理和行使权利，发达国家和发展中国家经过博弈建立平行开发制度，从区域活动所获得的利益由管理局按照"公平分享"的标准分配给各国；另一方面，区域内的资源通常是多金属结核资源，其不可再生性决定须建立国际机构以平衡区域活动获得的利益。因此，管理局需要且应当为实现人类共同财产而服务，即管理局应按照《公约》的规定采取有效措施，促进和保障区域活动的开展。

3. 促进国际合作

区域面积广阔、资源丰富，在《公约》建立开采制度前，各国对海底资源的勘探开发活动"各自为阵"，相互缺乏信息沟通，很容易导致各国主张的矿区产生重叠。而在《公约》生效后，管理局通过《"区域"内多金属结核探矿和勘探规章》（以下简称《多金属结核规章》）和《"区域"内多金属硫化物探矿和勘探规章》（以下简称《多金属硫化物规章》）等文件加以明确，缔约国在海底矿产资源勘探阶段就要向管理局告知勘探位置的坐标，在一定程度上加强了信息交流。但由于存在探矿权自由，任何缔约国都可对同一区域进行勘

探,权益重叠的情形仍无法避免。此外,区域活动还可能与海底电缆铺设等活动以及航行和捕捞等公海自由活动产生冲突,这些冲突均须通过加强国际互动、交流和合作来协调。

区域活动投资大、周期长和对技术要求高,发达国家大多采用合作方式,即通过组建跨国财团,实现风险共担。此外,区域活动所需技术和设备往往由少数国家掌握,根据人类共同继承财产原则,共同共有和共同分享要求进一步促进先进技术的交流和合作,这也是区域活动良性发展的必然选择。

（二）完善国内法律

区域活动的有效开展离不开国际合作,而健全的国内法律是区域活动健康有序发展的基础。随着国际格局出现新变化,各国逐渐重视对区域的勘探开发。随着综合实力的增强和海洋强国战略的提出,我国也成为深海资源活动国之一。从多金属结核和硫化物合同的签署,到富钴铁锰结壳矿区申请的通过,再到《中华人民共和国深海海底区域资源勘探开发法》的制定和实施,我国深海资源勘探开发进入新阶段。随着全面依法治国进程的不断推进以及党和国家机构改革的不断深入,我国深海资源勘探开发的监督检查工作亟须进一步通过立法加以规范。

1. 坚持人类共同继承财产原则

《公约》虽然没有对人类共同继承财产原则进行明确界定,但结合《公约》的其他规定,可从不得据为己有、国际管理和共同使用等方面理解人类共同继承财产原则的内涵。我国的国内立法同样需要遵循人类共同继承财产原则,在《公约》的框架下积极参与区域活动,坚决维护合法权益,充分发挥大国担当,加快建设海洋强国。

2. 坚持区域活动开发与保护并重原则

海洋是地球上面积最大的生态系统,具有强大的自然修复能力,然而超过海洋修复能力的破坏活动将导致严重的后果。保护海洋环境、坚持开发与保护并重以及实现科学开发和有序活动,是《公约》和《执行协定》对缔约国的要求。我国的国内立法应坚持开发与保护并重原则,在区域活动中防止海洋环境污染、保护深海生物资源以及科学合理开采。

3. 坚持共同开发和反对垄断原则

制定区域制度的目的是为了全人类利益而对全人类的共同财产加以管

理和利用。《公约》和管理局《多金属结核规章》都对防止垄断进行了规定。区域活动在国际社会和平发展中举足轻重,国内立法应以实现全人类共同利益的目的和要求为基础,坚决反对对区域活动的控制和垄断,坚持和平发展和共同开发。

(三)健全国际新秩序和新规范

1. 建立新的执行协定

区域制度为区域活动搭建框架和基础,规定勘探开发、环境保护和科学研究等一系列缔约国享有的权利以及应当履行的普遍义务和合作义务。区域勘探开发活动的不断深入对区域和公海资源的威胁越来越大,这就要求沿海国、内陆国、相关利益国和国际组织等各方主体予以高度重视,并在国际组织和区域组织会议上对利益攸关事项进行磋商,通过建立执行协定等方式积极解决。新的执行协定应在遵守《公约》的前提下兼具前瞻性、可操作性和全面性。

2. 订立补充协议和区域性协议

由于立法具有局限性,《公约》对某些问题的规定可能不够细致或过于限制,导致在实际中无法适用。因此,各主体应积极交流和磋商,通过订立补充协议和区域性协议,以弥补《公约》的不足。自《公约》生效以来,国际社会相继订立《执行协定》《多金属结核规章》和《多金属硫化物规章》等特别补充协议,这些补充协议有利于更好地指导区域活动的开展。

3. 制定行业行为守则

由于各主体参与区域活动的核心在于成果共享,且难以就区域活动的利益分配机制达成一致,具有强制力的法律规则很难在短时间内达成。此外,人类还没有充分认识区域活动的法律后果,而认识的有限性将制约法律规则制定的水平和能力。因此,目前尚不具备制定具体法律规则的条件,但可优先考虑制定灵活度较高的行业行为守则,对区域活动加以规制。行业行为守则可规制造成法律危害后果的区域活动或其他暂时无法以强制性规则加以规制的活动,可有选择地从多方主体共同关心的问题出发,暂时搁置争议较大的成果分享问题,从而使缔约国更易接受并达成一致。

4. 加强国际执法合作

无论是公海还是区域,均需多方共同努力,从而更有效地保护海洋环境、维护全人类共同利益和促进开发利用。因此，应结合实际，建立多方参与和合作的执法机制，帮助相关利益方尤其是发展中国家和内陆国家等对区域活动进行监督和管理。管理局和国际组织应在区域活动中积极互动，及时就管辖权发生冲突和规制标准不同的部分进行交流和协商，监督可能造成严重危害后果的活动，并对已造成严重危害后果的活动开展国际社会多方合作执法，为区域活动的开展保驾护航。

五、结语

区域活动坚持人类共同继承财产原则，其他海洋开发利用活动坚持公海自由原则。由于区域和公海在国家管辖范围以外的空间内存在交叉、国际社会对于区域资源的重视以及发达国家与发展中国家关于利益分享的博弈，区域活动与其他海洋开发利用活动之间天然地存在冲突，尤其表现在同一项活动可能适用两种不同制度。

随着陆地资源的紧缺，各国逐渐把目光投向公海和深海，区域的重要战略地位凸显，协调区域活动与其他海洋开发利用活动成为研究焦点。鉴于区域活动与其他海洋开发利用活动具有涉外性，协调二者冲突离不开国际合作；其中，既包括国际组织和区域组织建立沟通机制，也包括进一步建立健全国际国内法律和技术规范。总之，公海自由原则不适用于区域，坚持人类共同继承财产原则和促进国际合作是协调区域活动与其他海洋开发利用活动的基础和核心。

文章来源： 原刊于《海洋开发与管理》2020 年第 2 期。

极地问题

国家安全视角下南极法律规制的发展与应对

■ 吴慧,张欣波

论点撷萃

　　自《南极条约》诞生以来,南极法律规制始终处于不断地发展和完善中。这主要缘于相关国际法部门的演化以及南极活动类型的扩展,特别是1982年《联合国海洋法公约》的通过、南极旅游和航空活动的增多,以及南极被确立为"仅用于和平与科学的自然保护区"等。这些新的历史特点推动出现一些新的趋势,并冲击或塑造着南极法律规制的发展。

　　中国作为正在积极推进南极事业的大国,南极法律规制的前沿问题对其在南极的国家安全利益具有直接和长远的影响,尤其是涉及进出南极的自由和对南极的开发利用等;当然,对国际社会在南极的共同利益也有影响。

　　中国在南极的国家安全利益主要涉及进出自由与安全、科学研究、开发利用和环境保护等方面。维护中国在南极国家安全利益,就是要确保这些利益的安全以及保有持续维护这些利益安全的能力。在过去60年的发展中,南极法律规制的内容不断扩展,其调整的活动囊括了在南极的一切政府和非政府活动,并确立了和平利用、非军事化、搁置和冻结主权要求、养护海洋生物资源和全面保护环境等原则和制度。为了维护中国在南极的利益和国际社会的共同利益,推进中国南极事业新的历史发展,中国应及早出台南极立法、择机发布南极政策白皮书和积极行使在南极的国际法权利,并统筹规划国内南极旅游业的发展与管理问题,以及关于南极环境损害责任制度的具体对策。

作者:吴慧,国际关系学院副院长、教授
　　　张欣波,中国现代国际关系研究院海洋安全研究所助理研究员

1980 年,中国科学家首次登陆南极洲,开启了中国探索南极的历史进程。1983 年,中国正式加入《南极条约》,建立了中国与南极法律规制之间的互动。伴随着中国南极事业的开展,中国国际关系和国际法学界对南极战略、政治和法律问题进行了持续的研究。然而,两大学科在南极研究中的分野比较明显,各自的研究视角相对孤立。在中国科学家登陆南极洲 40 周年、中国加入《南极条约》行将 40 周年以及中国南极事业迈向新的历史阶段之际,中国需要在总体国家安全观的指导下,联结南极研究中的国际关系视角和国际法视角,系统分析国家安全与南极法律规制的关系,以统筹把握和推进南极事业。本文秉持这样的目的,首先,阐述国家安全、南极法律规制的内涵与外延、两者之间的关系以及中国在南极的国家安全利益;继而,梳理和分析南极法律规制的主要内容、前沿问题以及这些问题对中国南极利益的影响;最后,针对这些影响提出若干政策建议。

一、国家安全与南极法律规制

从总体国家安全观的视角讨论南极法律规制的发展与应对,首先要明确国家安全与南极法律规制之间的关系,特别是在中国既有的政策和法律框架内寻找二者之间的连接点,这是准确界定中国在南极的国家安全利益并提出对策的基本前提。

(一)国家安全的内涵与外延

一般而言,"安全"一词与"危险"相对;"国家安全"则意味着一个国家没有面临威胁,没有遭遇危险。20 世纪以来,"国家安全"一词越来越被广泛地使用。其最初主要涉及传统安全,即军事安全;而后纳入了非传统安全,包括经济安全、资源安全和反恐等内容。与之相对应,随着中国国家利益的拓展,中国国家安全的内容也在不断扩展。2014 年 4 月 15 日,习近平总书记在中央国家安全委员会第一次会议上指出"当前我国国家安全内涵和外延比历史上任何时候都要丰富,时空领域比历史上任何时候都要宽广",并在这次会议上首次提出了总体国家安全观。2015 年 7 月 1 日,第十二届全国人大常委会通过新的《中华人民共和国国家安全法》,其中对国家安全的内涵作出了明确的界定。该法第 2 条规定:"国家安全是指国家政权、主权、统一和领土完整、人民福祉、经济社会可持续发展和国家其他重大利益相对处于没有危险和不受内外威胁的状态,以及保障持续安全状态的能力。"同时,该法还界定了中国国家安全的外延,包括政治安全、人民安全、国土安全、军事安全、经济安全、金融安全、资源能源安全、粮食安全、文化安全、科技安全、网络信息安全、社会安全、生态安全、新型领域安全以及海外利益安全等。

(二)南极法律规制的内涵与外延

南极一般指代南极洲或南极圈(南纬 66 度 34 分)以南的地区。这一地区虽然存在着领土主权要求,但这些要求并没有获得普遍承认。1959 年,为了缓和在南极问题上的争议和建立各国在南极活动的秩序,参与国际地球物理年南极科考活动(1957 年 7 月至 1958 年 12 月)的 12 个国家于 1959 年 12 月 1 日签署了《南极条约》。此后,有关国家又陆续通过了《南极海豹保护公约》(1972 年)《南极海洋生物资源养护公约》(1980 年)和《南极条约环境保护议定书》(1991 年)等,从而确立了一系列的南极法律规制。从适用的空间范围看,这些规则主要是调整在南纬 60 度以南地区开展的活动。但是,针对南极海洋生物资源养护,其规范的空间范围则扩展至南极辐合带以南的区域。从内涵上看,南极法律规制是指调整国际法主体在南极的活动、调整国际法主体之间由此而产生的各种关系的有法律约束力的原则、规则和制度的总称。值得注意的是,有些规则还对个人在南极的活动作出了具体的规定。例如,南极条约协商会议通过的具有法律约束力的南极特别保护区管理计划,对个人进出这些区域的方式、可从事的活动和禁止从事的活动等方面作出明确的规定。从外延上看,南极法律规制所涉及的活动类型一直在扩大。其从 1959 年《南极条约》涵盖的主权要求、科学研究、军事活动和核活动等,逐渐扩展到《南极海洋生物资源养护公约》涵盖的南大洋渔业活动,并最终在《南极条约环境保护议定书》中囊括了在南极开展的一切政府和非政府活动。

(三)国家安全与南极法律规制的关系

如前所述,《中华人民共和国国家安全法》界定了中国国家安全的外延,其中包括"新型领域安全"。该法第 32 条规定:"国家坚持和平探索和利用外层空间、国际海底区域和极地,增强安全进出、科学考察、开发利用的能力,加强国际合作,维护我国在外层空间、国际海底区域和极地的活动、资产和其他利益的安全。"这一条款的制定是基于"我国目前在这些领域也有着现实和潜在的重大国家利益,也面临着安全威胁和挑战。"由此可见,包括南极利益在内的极地利益属于中国国家安全内涵中的"国家其他重大利益",维护中国在南极的活动、资产和其他利益的安全属于维护中国国家安全的重要任务之一。同时,中国在南极的政府活动和非政府活动都必须遵循一系列的南极法律规制。两者之间相互影响和作用,共同塑造了当前中国在南极的国家安全利益。结合两者来看,这些利益主要涵盖进出自由与安全、科学考察、开发利用和环境保护等四个方面。

在进出自由与安全方面,自 20 世纪 80 年代初以来,中国之所以能够在南极开展科学研究和其他和平活动,根本前提在于南极的自由与开放,或者说南极的"非领土化"。南极法律规制虽然没能使南极达致"非领土化"的法律状态,但有效地搁置和冻结了领土主权要求,确立了各国和平利用南极的自由,并使南极维持了半个多世纪的和平稳定。作为一个没有领土诉求的后来者以及考虑到全人类的利益,中国理应维护和推动南极的这种自由与开放。

在科学考察方面,中国在南极的科考利益是由南极本身的独特环境和中国自身的科学研究活动所共同塑造的。南极处于地球最南端,平均海拔 2100~2400 米,冰的总量占世界总冰量的 90%,具有独特的冰盖、冰架、冰川、冰帽和冰芯等高价值研究对象。南极陆地动植物、蕴藏的矿产资源、陨石以及海洋生物等也是极地科学的重要研究领域。目前,中国已经实施了 36 次南极科考,考察区域从位于西南极洲的南设得兰群岛(South Shetland Islands)扩展到了东南极洲沿海和内陆冰穹 A 区域,并进而转向罗斯海(Ross Sea)地区,学科范围涵盖了地球物理学、地质学、空间科学、大气科学、海洋学、生物学、测绘学和冰川学等。这对于促进中国基础科学和应用技术的发展具有重要意义。

在开发利用方面,中国对南极的开发利用主要体现在海洋生物资源开发和旅游产业发展上。近年来,中国在南极的磷虾捕捞业快速发展。根据南极海洋生物资源养护委员会(CCAMLR)《2018 年磷虾渔业报告》,2008—2018 年,共有 8 个养护委员会成员在南极捕捞磷虾,挪威、韩国和中国分居捕捞量前三位,其中挪威捕捞量占总捕捞量的 59%、韩国占 17%、中国占 12%。另外,根据国际南极旅游业者协会(IAATO)统计,2016—2017 年南极旅游季,中国籍游客数量首次超过澳大利亚,跃居世界第二位,占总人数的 12％。此后至今,中国籍游客人数一直居第二位,仅次于美国。2018 年 11 月,中国"携程网"发布《2018—2019 中国人南极旅游报告》,预测 2018—2019 年旅游季中国赴南极旅游人数有望突破 1 万人次。这表明中国针对南极的经济性开发在快速增长。

在环境保护方面,南极生态环境及其变化对全球气候变化与人类生存具有重大意义,特别是近年来南极冰架加速崩塌所引起的海平面上升及次生灾害等,其中罗斯海和威德尔海(Weddell Sea)海冰情况对中国的夏季天气具有明显的影响。因而,跟踪研究南极环境变化及其影响,有助于中国应对气候变化和参与有关的国际进程。

二、南极法律规制的前沿问题与影响

在明确了中国在南极的利益属于"国家重大利益"、维护南极利益安全是维护国家安全的重要任务之一以及中国在南极的利益内涵之后,我们不仅要讨论如何在法律规制方面维护和拓展中国的这些利益,还应该全面地审视南极法律规制的主要内容、发展趋势及其对中国南极利益的具体影响。

（一）南极法律规制的主要内容

南极法律规制主要由《联合国宪章》、一般部门法的基础性条约和《南极条约》体系等三大部分构成,其中《南极条约》体系在南极法律规制中居于主导地位。南极条约体系是指"南极条约、根据南极条约实施的措施和与条约相关的单独有效的国际文书和根据此类文书实施的措施。"它主要包括上文提及的《南极条约》《南极海豹保护公约》《南极海洋生物资源养护公约》《南极条约环境保护议定书》以及南极条约协商会议和南极海洋生物资源养护委员会通过的具有法律约束力的各类措施。此外,南极条约协商会议和南极海洋生物资源养护委员会还通过了诸多决议,这些决议虽然不具有法律约束力,但往往在其所涉及的领域中发挥着"软法"的作用,并蕴含着正在形成的新的法律规制。综合来看,南极法律规制主要包含以下内容。

1. 和平利用与非军事化

南极法律规制首先要解决的问题是有关国家对南极不同扇区主权的争夺以及为此而出现的局部性军事冲突。因而,南极法律规制确立了对南极只能进行和平利用以及非军事化的基本原则。在和平利用方面,《南极条约》序言指出："承认南极洲永远继续专用于和平目的和不成为国际纠纷的场所或对象，是符合全人类的利益的。"《南极海洋生物资源养护公约》第3条规定："各缔约方，不论其是否为《南极条约》缔约国，同意不在《南极条约》地区内从事任何违背《南极条约》原则和目的的活动，并同意其相互关系受《南极条约》第一条和第五条所规定的义务的约束。"在非军事化方面，《南极条约》明确禁止在南极采取一切具有军事性质的措施，包括建立军事基地、建筑要塞、进行军事演习以及任何类型的武器试验等。但是，该条约允许为了科学研究或者任何其他和平目的，在南极使用军事人员或军事设备。此外，《南极条约》还明确禁止在南极进行任何核爆炸和处理放射性废料。

2. 搁置与冻结领土主权要求

《南极条约》签署前，共有7个国家对南极提出领土主权要求。要想确保对南极的和平利用及避免主权纷争，南极法律规制必须对此作出妥善的安排，并由此确立了搁置和冻结领土主权要求的原则。该原则体现在《南极条约》第4条之中，其从三个层面对领土主权问题作出处理：一是针对《南极条约》生效前已然存在的领土主权要求，该条款既未承认亦未否认，并允许此类要求继续存在；二是禁止在《南极条约》生效后提出新的领土要求或扩大既有的领土要求；三是针对缔约国对已经存在的领土主权要求的外交立场，该条款作出"不受影响"的处理，即不损害任何缔约国承认或不承认任何其他国家对南极领土主权的要求及其依据的立场。

3. 科学研究自由与合作

对南极进行自由考察及开展必要的科学合作是各方的最大共同利益，也是和平利用南极的主要形式。《南极条约》在序言中表示，"深信为继续和发展在南极洲进行犹如在国际地球物理年中所实行的那种在科学调查自由的基础上的合作而建立一个牢固的基础，对于科学和全人类的进步都是有利的"；第2条规定，"犹如在国际地球物理年中所实行的那种在南极洲进行科学调查的自由和为此目的而实行的合作，均应继续"。这是各国在南极开展科学研究活动和设立科考站等设施的前提。同时，在科学研究自由的基础上开展国际科学合作，是南极法律规制的另一项重要原则，包括交换科学规划情报和科学人员等。此外，自1961年起，南极条约协商会议通过了诸多建议或决议，细化了科研人员交换、科学数据交换以及与有关的国际组织合作等方面的事项。

4. 海洋生物资源养护

20 世纪 70 年代,人们开始关注南大洋渔业活动,并提议加强对此类活动的管制。1980 年和 1989 年,有关国家共同制定了《南极海洋生物资源养护公约》和《南极海洋生物资源养护公约检查制度》。此后,根据该公约设立的南极海洋生物资源养护委员会通过了一系列养护措施,共同形成了对南极海洋生物资源活动的规制。其主要有三种管理方式:一是南极海洋生物资源养护委员会制定了诸多渔业规则,涉及合规性、数据报告、渔具、渔季和特定鱼类的保护等;二是建立了检查制度,根据该项制度,南极海洋生物资源养护委员会的每个成员都可指派满足特定条件的本国国民出任检查员并开展渔业检查活动;三是设立专门的海洋保护区,2009 年和 2016 年,养护委员会分别设立了南奥克尼群岛海洋保护区和罗斯海地区海洋保护区。2011年,南极海洋生物资源养护委员会通过了《建立南极海洋生物资源养护委员会海洋保护区的一般框架》,为建立南极海洋保护区制定了普遍性规范。但是,需要特别指出的是,依据《南极海洋生物资源养护公约》第 2 条的规定,"养护"一词包括合理利用。此外,1946 年《国际捕鲸公约》和 1972 年《南极海豹保护公约》分别对这两类海洋生物资源的利用与保护作出了规制,尤其是建立了许可制度。

5. 海事安全

南极海事安全关乎所有国家的切实利益,其规制的建立经历了南极条约协商会议与国际海事组织的共同努力。自 20 世纪 70 年代起,南极条约协商会议就开始关注航行安全和海洋污染问题,后来国际海事组织主导了这一进程。2004 年,国际海事组织通过《国际船舶压载水和沉积物控制和管理公约》。2006 年,南极条约协商会议据此以决议方式通过了《南极条约地区压载水交换实用指南》,为南极地区提供了专门的压载水管理办法。2014年,国际海事组织通过《极地水域船舶作业国际规则》,标志着南极海事规则取得了重要进展。这些海事规则与南极条约体系关于防止海洋污染的规则共同构成了南极海事安全的规制,包括南极作业船舶的资质、性能标准、人员要求以及防止船源污染等。

6. 生态环境保护

20 世纪 70—80 年代,国际社会经历了对南极资源开发与管理的关注,特别是 1988 年通过了《南极矿产资源活动管理公约》;但也正是这项公约的通过以及人们对环境风险的高度担忧,使得该公约在尚未生效时就遭到了激烈反对,并最终被1991年的《南极条约环境保护议定书》所取代。该议定书及其五个附件的通过,标志着南极法律规制的发展重点从规范开发利用转向了全面环境保护。2005年,南极条约协商会议又通过了该议定书附件六《环境紧急情况引起的责任》,从而形成了一整套全面、专门保护南极环境的制度。"环境原则"成为南极法律规制最为重要的原则之一,并据此构建了环境影响评价、动植物保护、废弃物处置与管理、预防海洋污染、特别区域保护与管理以及环境损害责任等具体制度。其中,附件六《环境紧急情况引起的责任》确立了南极环境损害责任制度,包括预防措施、责任的产生、责任的限度以及责任的执行等。但由于南极自然环境复杂恶劣、环境损害责任难以评估以及缺乏相应保险保障等,美国、日本、韩国、印度、法国、阿根廷和智利等《南极条约》协商国还没有批准附件六,因而该附件尚未生效。

(二)南极法律规制的前沿问题

自《南极条约》诞生以来,南极法律规制始终处于不断地发展和完善中。这主要缘于相关国际法部门的演化以及南极活动类型的扩展,特别是1982年《联合国海洋法公约》的通过、南极旅游和航空活动的增多以及南极被确立为"仅用于和平与科学的自然保护区"等。这些新的历史特点推动出现一些新的趋势,并冲击或塑造着南极法律规制的发展。

1. 南极主权要求国仍然强化权利主张

尽管《南极条约》搁置和冻结了领土主权要求,但随着国际海洋法的发展,尤其是《联合国海洋法公约》的通过,南极主权要求国不断扩大其海洋权利要求。在专属经济区方面,一些南极主权要求国提出专属经济区主张。1978年,法国通过第78～144号法令建立"法属阿黛利地"专属经济区。1986年,智利通过修正《民法典》主张南极专属经济区。1994年,澳大利亚通过修正《1973年海洋与水下土地法》在"所有领土"建立专属经济区,包括其主张的南极扇区。阿根廷也主张"阿根廷南极属地"专属经济区。英国则在2015年公布的《英属南极领地海洋界限图》中注明,其保留建立专属经济区的权利。在大陆架方面,一些南极主权要求国向联合国大陆架界限委员会提交了200海里外大陆架划界案。其中,2004年澳大利亚划界案和2009年挪威、阿根廷划界案都主张基于各自南极领土要求的大陆架。2009年,智利提交涉及南极大陆架的初步资料。尽管《南极条约》允许南极领土要求国保留既有的主权要求,但这些主权要求并不满足其取得领土主权的各项条件,更重要的是其并没有获得国际社会的普遍承认。这些国家据此提出的海洋权利要求对南极法律规制的宗旨构成了进一步的冲击。

2. 南极旅游和非政府活动规制备受关注

南极条约协商会议早在20世纪60年代中期就注意到了南极旅游活动,并陆续通过一些有关南极旅游管理的具有法律约束力的措施。从20世纪90年代中期开始,南极条约协商会议改为主要通过决议的方式规范南极旅游和非政府活动,其规范的内容也日益细化,如从一般指导原则到船载旅游等。2004年和2009年,南极条约协商会议又先后通过两份规范南极旅游活动的措施,但尚未生效。截至2019年,规范南极旅游和非政府活动的文件主要是个别具有法律约束力的措施和一些没有法律约束力的决议,包括《组织和开展南极旅游和非政府活动人员指导方针》(1994年)《南极旅游的一般原则》(2009年)《南极访问者一般指导方针》(2011年)和《关于南极条约地区旅游和其他非政府活动应急计划、保险和其他事项的指导方针》(2017年)等。近年来,南极旅游业方兴未艾,到访游客数量不断攀升,但南极旅游和非政府活动规制却明显滞后。2019年7月8日,第42届南极条约协商会议通过《纪念〈南极条约〉60周年布拉格宣言》。该宣言第6条强调了"南极条约体系所具有的应对当前和未来挑战的进化能力和适应能力";第14条重申了各方"有意向积极寻求解决方式,来应对目前和未来的旅游和非政府活动产生的影响和挑战"。这再次表明南极旅游和非政府活动是南极条约体系的薄弱环节,也是南极法律规制未来发展的重要领域。

3. 南极航空活动规则酝酿新的突破

自1961年第一届会议举办以来,南极条约协商会议就注意到南极航空活动问题。在20世纪60年代,南极条约协商会议的关注重点是与航空活动有关的信息交换,并通过了《关于飞机跑道设施的信息交换》(1964年)等文件。进入20世纪70年代,随着各国对南极的科学兴趣日益增加以及难以通过陆地或船舶进入南极的特定区域,南极条约协商会议开始推动建立合作性的航空运输系统,但此后由于空难事件的发生导致这一进程被搁置。南极条约协商会议在20世纪90年代几乎没有再专门讨论航空问题,直至21世纪初期。2004—2012年,南极条约协商会议先后通过《鸟类聚集地附近航空器指导方针》《改进海上、航空和陆基搜救的协调》等决议,表明其开始从环境保护和搜救角度再次关注航空问题。近年来,由于南极航空设施和活动明显增多,尤其是无人机的使用,南极条约协商会议重启讨论航空安全和建立合作航空运输系统的问题,并通过了《合作航空运输系统》(2015年)和《在南极洲运行遥控驾驶航空器系统的环境指导方针》(2018年)等决议。特别值得注意的是,《在南极洲运行遥控驾驶航空器系统的环境指导方针》是南极法律规制首次对无人机的专门规制,具有重要的时代意义。

4. 扩展南极特别区域规则的压力在增大

在南极条约协商会议通过的具有法律约束力的措施中,数量最多的就是设立各个南极特别保护区、特别管理区与历史遗址和纪念物,以及通过或修订南极特别保护区和特别管理区的管理计划。自2010年起,南极条约协商会议没有再批准设立新的南极特别保护区和特别管理区,其工作重点转向集中审查和修订既有的管理计划。但是,2015年5月,南极和南大洋联盟向南极条约协商会议提交了题为"扩展南极保护区域制度"的"信息文件",认为现有的南极特别保护区未能充分履行《南极条约环境保护议定书》的条款,建议南极条约协商会议增加南极特别保护区的数量,扩大规模尤其是使南极特别保护区覆盖所有已知的南极保护生物地理区域的代表性区域。2019年5月,南极和南大洋联盟再次提交题为"系统性扩展南极保护区网络"的"信息文件",认为"目前没有任何法律、科学或实际理由来推迟扩大南极洲的保护区网络",建议南极条约协商国制定时间表,以扩展南极保护区制度并提高所有南极保护生物地理区域的保护水平。与此同时,依据《南极条约环境保护议定书》成立的环境保护委员会也在不间断地讨论这一议题。2019年6月,环境保护委员会与南极研究科学委员会在布拉格举行关于进一步发展南极保护区制度的联合研讨会,审查了当前南极保护区制度的状态,梳理了在系统性地理框架内指定南极特别保护区的信息和资源,明确了为进一步发展南极保护区制度可以采取的行动。此外,南极海洋生物资源养护委员会和一些国家仍在推动建立更多的海洋保护区,以最终实现其建立南极海洋保护区网络的目标。在《纪念〈南极条约〉60周年布拉格宣言》中,各方承诺"加大力度保存和保护南极陆地和海洋环境",也预示着有关国家将继续推动设立更多的特别保护区域,从而使南极法律规制更加趋向环境保护。

5. 南极环境损害责任制度面临重构

《南极条约环境保护议定书》第 16 条规定:"根据本议定书全面保护南极环境及依附于它的和与其相关的生态系统的目标,各缔约国承诺制定关于在南极条约地区进行的并为本议定书所涉及的活动造成损害的责任的详细规则与程序。此类规则与程序应包括在根据第九条第二款将要通过的一项或多项附件之中。"2005 年,第 28 届南极条约协商会议除了通过《南极条约环境保护议定书》附件六《环境紧急情况引起的责任》外,还决定自此每年评估附件六生效的进展情况以及为鼓励缔约国及时批准附件六可以采取的适当必要行动,并根据评估情况在五年内确立重新启动责任附件谈判的时间框架。2010 年,为了留出更多时间供南极条约协商国考虑批准附件六,第 33届南极条约协商会议决定将确立重新启动责任附件谈判的时间框架的期限延长至附件六通过后的十年内(即 2015 年之前)。但到 2015 年,附件六生效的条件仍然没有得到满足。因此,第 38 届南极条约协商会议决定最晚在2020 年确立重新启动责任附件谈判的时间框架。截至 2019 年,在 29 个协商国中,只有 16 个国家批准附件六。鉴于目前仍有近一半的协商国没有批准附件六,确立重新启动责任附件谈判时间的期限将至,《纪念〈南极条约〉60 周年布拉格宣言》再次提及附件六生效问题。可以预见,已经批准附件六的南极条约协商国将加大力度推动附件六的生效进程,2020 年"南极条约协商会议"将重点讨论责任附件问题,甚至不排除决定重新启动关于南极环境损害责任制度的谈判。

(三)南极法律规制发展对中国国家安全的影响

作为正在积极推进南极事业的大国,南极法律规制的前沿问题对中国在南极的国家安全利益和国际社会在南极的共同利益都具有直接和长远的影响,尤其是涉及进出南极的自由和对南极的开发利用等。具体而言,这些影响主要包括以下方面。

1. 南极出现的"领土化"倾向不利于中国自由进出与和平利用南极

南极领土要求国不断强化领土主权和海洋权利要求,将冲击南极法律规制对主权问题所作的微妙安排,不利于南极的自由、开放、和平与稳定。而且,这种势头在近些年明显有所增强,尤其是在战略层面。英国先后发布《英属南极领地战略:2011—2013》《英属南极领地战略:2014—2019》《英属南极领地战略：2019—2029》文件。在《英属南极领地战略：2019—2029》中，英国仍然强调该战略的核心是"确保英属南极领地的安全与善治"，包括"保护英国在南极洲的主权利益"。澳大利亚于 2016 年发布《澳大利亚南极战略及 20 年行动计划》，将"维护对澳大利亚南极领地的主权，包括对邻近海域的主权权利"作为其国家利益之一。新西兰于同年发布《新西兰南极局愿景声明：2016—2020》，亦重申其对"罗斯属地"拥有主权。挪威于 2015 年将其在南极的主权要求向南扩展至南极点，直接违反了《南极条约》禁止扩大既有主权要求的规定。此外，智利将于 2020 上半年提交大陆架划界案，并且很可能涉及南极。中国和世界上绝大多数国家开展南极活动的根本前提在于可以自由进出与和平利用南极，而南极出现的任何"领土化"倾向都与之相悖。

2. 中国南极旅游业的发展与管理问题更为迫切

南极旅游和非政府活动涉及对南极的和平利用、各国在南极的管辖权以及南极环境保护等多方面法律规制问题。然而，中国在这一领域却显得有些尴尬：一方面，中国籍游客数量已经居世界第二位，且从长期来看还会增长；另一方面，国际南极旅游业者协会是主导南极旅游业的国际性行业协会，它于 1998 年起开始向南极条约协商会议提交关于南极旅游的"信息文件"，并自行制定了一些行业规则，这对南极旅游活动规则的制定和发展具有直接影响，其中一些规则很可能被南极条约协商会议吸纳和转化为国际法规则，而中国开展南极旅游业务的公司在国际南极旅游业者协会中并没有决策权。同时，随着南极旅游和非政府活动规制的发展，中国在南极旅游业管理上将面临以下现实问题。第一，尽管中国南极旅游业经营者只是通过其他国家的管理程序开展"代理服务"，但中国对到访南极的中国籍游客具有属人管辖权；一旦出现意外情况，中国有权利也有责任介入，因而在现实中可能出现被动介入的情况。第二，国内南极旅游业已成为"新兴产业"和经济增长点。如何有效规范和管理国内旅游业者的"代理服务"，以及理顺国内南极旅游管理制度和培育基于国内程序的南极旅游产业，将是中国需要积极规划的问题。第三，环境原则是所有国家南极活动都应遵循的基本原则，也是南极法律规制的重中之重。各国在该问题上的立场并不一致，有的侧重旅游开发，有的侧重环境保护，如何平衡中国南极旅游业发展与南极旅游国际规制的发展，如何平衡不同国家之间的分歧，也是中国需要考虑的问题。

3. 中国增强航空能力受到航空规则发展的影响

南极航空活动问题曾是 20 世纪 80 年代的热点议题之一,但此后南极条约协商会议对该议题的关注明显减弱。而今,随着南极航空活动的快速发展,尤其是无人机活动的增多,使得以往较少被人关注的南极航空活动问题再度凸显,这使得完善对南极航空活动的规制显得越来越迫切。一些南极事务大国积极推动南极航空网络建设,也将激化各方对于此种规制的讨论和竞争。例如,《关于俄罗斯联邦至 2020 年期间在南极开展活动的战略和长期前景》(2010 年)提出要在南极进步站建立交通运营中心,发展新的内陆航线,为新型飞机升级南极科考站的冰雪跑道,试验和使用装备滑雪和车轮装置的飞机。《澳大利亚南极战略及 20 年行动计划》(2016 年)提出,要在五年内就提供常年性南极航空基础设施作出投资决定,升级塔斯马尼亚州首府霍巴特机场,并将其打造为东南极洲航空网络枢纽。目前,中国也在致力于增强在南极的航空能力。2015 年,中国首架固定翼飞机"雪鹰 601"正式投入南极考察运行。2017 年,中国在冰穹 A 完成首个南极冰盖机场选址和勘察工作,并决定在即将开建的第五个南极科考站(位于罗斯海地区)中建设固定翼飞机作业保障设施。可以预见,中国将在南极越来越多地使用固定翼飞机开展作业,这期间基础设施的建设、航线的开辟以及航空活动的区域等将与南极航空活动规则的发展产生双向影响。

4. 中国合理利用南极的权利或进一步受限

在南极法律地位复杂难定的背景下,美国和南极领土要求国积极推动设立各类特别保护区域,并作为管理方变相"圈地"。目前,南极已设立 72 个南极特别保护区、6 个南极特别管理区、87 处历史遗址和纪念物以及 2 个海洋保护区。其中,美国与南极领土要求国共提议设立 63 个南极特别保护区,占总数的 87.5%;美国单独或联合提议设立 5 个南极特别保护区,占总数约 83%。由于每个南极特别保护区、特别管理区和海洋保护区都有自己的、具有法律约束力的管理计划,这些管理计划在保护环境的同时也限制了其他国家在南极的活动自由。鉴于仍有力量在推动扩大保护范围和水平,并且中国在南极的科考范围将进一步扩大,南极特别区域规制的扩展可能限制中国在南极的行动自由和合理利用的权利。在这种情况下,如何平衡合理利用与环境保护之间的关系,是需要长远谋划的课题。

5. 中国在南极环境损害责任制度上面临抉择

南极环境损害责任制度将迎来一个新的讨论节点,中国在该议题上将面临以下问题。第一,2020 年决定重新启动责任附件谈判时间的期限将至,已经批准环保议定书附件六的国家很可能推动生效进程,中国将在批准附件六的问题上面临一定的压力。第二,如果《南极条约环境保护议定书》附件六在 2020 年没有获得生效所需的批准数量,南极条约协商会议很可能决定一个时间框架,重新启动关于南极环境损害责任制度的谈判。届时,中国将面临是否支持确立时间框架、对未来责任制度的期望及谈判方案等一系列现实问题。第三,中国正积极推进南极立法,并拟于本届人大常委会任期内提请审议。面对上述不确定性,中国南极立法是否要纳入南极环境损害责任制度、如何纳入、如何影响未来的国际法规则谈判,以及如何与未来的国际法规则衔接,都是需要认真考虑和慎重处理的问题。

此外,尽管《南极条约环境保护议定书》禁止从事科学研究以外的任何矿产资源活动,但这种禁止是暂时的。按照该议定书第 25 条的规定,任何一个《南极条约》协商国都可在议定书生效起满 50 年(即 2048 年)后,以书面方式要求举行一次会议,以审查议定书的实施情况,包括提出任何的修改或修正。所以,中国如何开展与科学研究有关的矿产资源活动,如何设想未来的南极矿产资源活动管理制度,也关涉中国和整个国际社会在南极的长远利益。

三、维护中国在南极国家安全利益的对策

中国在南极的国家安全利益主要涉及进出自由与安全、科学研究、开发利用和环境保护等方面。维护中国在南极国家安全利益,就是要确保这些利益的安全以及保有持续维护这些利益安全的能力。鉴于南极法律规制与中国国家安全的重要关系以及南极法律规制发展对中国和国际社会的影响,中国可从以下方面着手维护自己和国际社会的共同利益。

（一）及早出台南极法律和政策白皮书

制定南极法律和南极政策文件是管理本国南极活动、指导南极事务合作和维护南极权益的基本途径,也是南极条约体系的内在要求。包括美国、俄罗斯、英国和澳大利亚等在内的南极事务大国都非常注重用这两种方式来维护本国的南极权益。例如,美国有《南极保护法》(1990 年)《南极科学、

旅游与保护法》(1996年);俄罗斯有《至2020年及长期视角下俄罗斯南极活动发展战略》(2010年)及《俄罗斯公民和法人南极活动管理法》(2012年)。而中国目前只有若干管理本国南极活动的部门规章(其中多数是用来规范南极科考活动的)和一份带有白皮书性质的《中国的南极事业》报告。鉴于南极事务管理分散在不同的部门、上述部门规章调整范围有限且法律位阶较低,国际社会对中国南极活动关注度日益升高,中国应当积极推进南极立法,并适时发布南极政策白皮书。

在南极立法中,中国应从战略高度确立和体现中国南极政策的基本目标和主要原则,特别是需要在立法目的中强调维护"全人类的利益",以弱化任何对南极的领土主权要求和据此提出的海洋权利要求。这完全符合南极法律规制的精神和国际社会的共同利益,有助于在南极践行"人类命运共同体"理念。比如,《南极条约》提出:"承认南极洲永远继续专用于和平目的和不成为国际纠纷的场所或对象,是符合全人类的利益的。"《南极条约环境保护议定书》认为:"深信制订一个保护南极环境及依附于它的和与其相关的生态系统的综合制度是符合全人类利益的。"《南极海洋生物资源养护公约》称:"相信确保南极大陆周围水域仅用于和平目的,避免使其成为国际纷争的场所和目标,符合全人类的利益。"在南极政策文件方面,中国可借鉴《中国的北极政策》白皮书经验,在中国通过南极立法后或者在2023年中国加入《南极条约》40周年时发布正式的南极政策白皮书,对外阐明政策目标、基本原则、重点领域和实现路径,特别是表明中国认可、支持和维护现行的南极条约体系,维护南极的和平稳定。同时,鉴于《南极条约》不影响任何国家对任何南极主权要求的承认或不承认的立场,美国、俄罗斯、日本、荷兰、德国和印度已就澳大利亚等国的南极大陆架划界案向联合国提出外交照会,明确不承认任何国家对南极的领土主权要求,中国也可考虑在白皮书中表明这一立场。

(二)积极行使在南极享有的国际法权利

南极法律规制赋予各国在南极诸多的国际法权利,包括科学研究自由、可为科学研究和其他和平目的的使用军事人员或装备、自由视察以及协商会议的提案权和决策权等。行使这些权利可以合法、有效地增进一国在南极的利益,因而被南极事务大国所珍视。以1983年中国加入《南极条约》以来的视察数量与世界其他国家数量比较为例：美国开展视察 10 次，英国 7 次，澳大利亚 8 次，阿根廷 4 次，俄罗斯 3 次，德国 3 次，中国 2 次。而且，美国南极政策的内容之一就是"为了促进南极大陆的和平与安全，确定《南极条约》缔约方是否履行其在《南极条约》《南极条约环境保护议定书》和相关规定下的义务，根据《南极条约》第 7 条和《南极条约环境保护议定书》第 14 条赋予的视察权，美国定期对外国科考站、设备和船只进行视察。美国的视察计划有助于强调南极洲对所有国家都是开放的"。以美国为代表的一些国家还在南极条约协商会议中积极提交各类文件，以影响对有关事项的讨论和规则的制定，并一直使用军用飞机从事往返南极的运输和补给任务。相比而言，中国对这些权利的行使有限，这在一定程度上制约了中国对南极事务的参与度和影响力。未来，中国应通过积极行使这些权利来维护自身在南极的利益和国际社会的共同利益：首先，中国应将南极科考、南极政治和法律研究的成果及时转化为可支撑实务工作的资料，以此增强中国在南极条约协商会议和南极海洋生物资源养护委员会中提出会议倡议和文件的能力，并更加灵活地行使审议权和决策权。其次，在"监督"与"执法"方面，中国应积极行使《南极条约》赋予的视察权和《南极海洋生物资源养护公约检查制度》赋予的检查权，保障中国在南极的行动自由和维护南极利益。最后，在行使提案权、视察权和检查权时，中国可加强与有关国家的协调与合作，凝聚共识，增加联合行动的数量。

（三）研究和健全南极旅游业管理制度

民事存在往往可以成为一个国家维护本国利益的坚实基础。中国南极事业在由国家主导的同时，不应将本国公民、法人等主体组织的非政府活动视为"干扰性因素"，特别是南极旅游业。鉴于南极旅游业的产业前景、带动作用以及中国籍游客的增长趋势，中国应确立支持南极旅游产业健康稳步发展的思路，将其作为增强中国在南极的实际存在、扩大对南极事务影响力以及满足人民需求和促进国民经济转型发展的重要途径。同时，中国应当明确南极旅游业行政主管部门，研拟南极旅游业综合管理机制，并在充分调研南极旅游业发展态势、中国公民和法人参与情况以及既有国际法规则和行业规则及其发展趋势的基础上，研拟本国南极旅游产业发展规划。此外，中国还应立足国内南极旅游业发展需求和规划，积极引导和塑造有利于自身的南极旅游和非政府活动国际法规则。

（四）全面评估南极环境损害责任制度

南极环境损害责任制度对一国南极活动的影响深远，这也是《南极条约环境保护议定书》附件六《环境紧急情况引起的责任》一直没有获得批准的重要原因。鉴于附件六前途的不确定性、未来重新谈判的可能性以及中国南极立法的需要，中国应组织各方面力量，集中研究和科学评估附件六的生效前景、符合中国利益的南极环境损害责任制度，及时谋划和确定 2020 年南极条约协商会议或之后讨论重新谈判责任制度时间表的对策，以及中国南极立法如何处理南极环境损害责任等。期间，中国可提早谋划与有关国家沟通南极环境损害责任制度的未来发展，共同探讨符合国际社会共同利益并易为各方接受的方案。

四、结论

无论从中央政策还是从国家法律来看，中国在南极的利益已然是重大国家利益，南极利益安全也是中国国家安全的重要组成部分，特别是进出南极的自由与安全、开展南极科学考察、开发利用南极以及保护南极生态环境等。由于南极治理主要依赖法律规制以及南极条约体系在法律规制中居于主导性地位，中国在南极的所有活动都必须在这一规制框架内开展。在过去 60 年的发展中，南极法律规制的内容不断扩展，其调整的活动囊括了在南极的一切政府活动和非政府活动，并确立了和平利用、非军事化、搁置和冻结主权要求、养护海洋生物资源和全面保护环境等原则和制度。随着南极活动类型和国际海洋法的不断丰富，南极法律规制也呈现出新的发展趋势，并主要体现在对权利要求的强化，航空、旅游、特别区域和环境损害责任等方面。这些趋势对中国和国际社会进出南极、利用南极和保护南极构成了直接或长期的影响。为了维护中国在南极的利益和国际社会的共同利益，推进中国南极事业新的历史发展，中国应及早出台南极法律、择机发布南极政策白皮书和积极行使在南极的国际法权利，并统筹规划国内南极旅游业的发展与管理问题以及关于南极环境损害责任制度的具体对策。

文章来源：原刊于《国际安全研究》2020 年第 3 期。

韩国"新北方政策"与中国"冰上丝绸之路"倡议合作方案对比

■ 郭培清，宋晗

论点撷萃

　　韩国的"新北方政策"与中国的"冰上丝绸之路"倡议都是北向发展战略，有着北极开发的共同诉求，二者以航道建设为重点，将通过航道建设促进欧亚经济的整合和共同繁荣。"冰上丝绸之路"起自中国北方近海，穿越对马海峡、日本海、津轻海峡，过白令海峡连接北方航道，再经巴伦支海到达欧洲。整个"冰上丝绸之路"连接环日本海经济圈、俄罗斯和欧洲经济圈。中、韩两国作为环日本海的北极航道沿线国家，北极航道的投入使用对两国而言都具有重要意义，"新北方政策"与"冰上丝绸之路"倡议具有较大合作发展潜力。

　　"新北方政策"与"冰上丝绸之路"倡议具备合作基础，二者在我国东北地区实现了战略会接，在北极开发上具有广阔合作机遇，同时两政策合作也面临信任不足、东亚地缘政治挑战、同质化竞争、俄罗斯政策取向不明等问题。"新北方政策"与"冰上丝绸之路"的合作对接不会自动实现，需要两国拿出智慧和勇气来。

　　北极变化是搅动世界政治经济发展的新变量，东北亚区域也深受影响。韩国的"新北方政策"将北极纳入东北亚区域经济整合，以航道为中心制定了积极的北极参与规划，并提出纵向连接东北亚与北极的新思路。中国的"冰上丝绸之路"倡议，承袭"一带一路"建设理念，以北极东北航道为载体，

作者：郭培清，中国海洋大学国际事务与公共管理学院教授，中国海洋发展研究中心研究员
　　　宋晗，中国海洋大学法学院博士

希冀构建开放包容的蓝色经济通道。"新北方政策"与"冰上丝绸之路"倡议在实现东北亚与北极的共同发展上形成合力,两政策的合作可将韩国的工业技术、朝鲜丰富优质的人力资源、中国东北三省的重工业、俄罗斯远东地区广袤的土地和能源结合在一起,通过建设畅通的北极航道和从亚欧大陆纵向连接北极的经济通道,形成繁荣的东北亚—北极经济带。因此,有必要抓住全球前所未有之大变局之机遇,以"北极"带动"东北亚经济共同体"试水。北极与东北亚正日益紧密地联系在一起,对两者进行结合研究,我国才能更好地对"冰上丝绸之路"建设谋势布局。

中、韩两国都是积极参与北极事务的亚洲国家。2017 年韩国文在寅政府提出"新北方政策",其中涉及北极开发规划。在北极开发利用上,中国也提出了"冰上丝绸之路"倡议。同为重要的北极利益攸关方,"新北方政策"与"冰上丝绸之路"倡议是否存在合作基础?"新北方政策"与"冰上丝绸之路"倡议的竞合关系如何?"新北方政策"与"冰上丝绸之路"倡议可以怎样合作?对这些问题,本文拟初做探讨。

一、韩国"新北方政策"与中国"冰上丝绸之路"倡议的合作基础

2017 年 9 月,韩国总统文在寅在俄罗斯符拉迪沃斯托克召开的"第三届东方经济论坛"上发表主旨演讲,向与会嘉宾介绍韩国的"新北方政策"。"新北方政策"是韩国新时期的战略构想,其政策目标是发展韩国与北方国家关系,营造改善半岛关系的良好氛围,最终在促进东亚区域经济共同发展的过程中实现自身的发展;其中,"北极开发"也被包含在内,成为"新北方政策"的重要内容之一。2017 年 6 月 20 日,中国国家发展和改革委员会与国家海洋局联合发布《"一带一路"建设海上合作设想》,指出中国将"积极推动共建经北冰洋连接欧洲的蓝色经济通道",正式确立了"冰上丝绸之路"倡议的官方地位,将"北极"纳入"一带一路"倡议。韩国"新北方政策"与中国"冰上丝绸之路"倡议具有共通之处,构成二者合作的基础。

(一)政策定位:二者都包含重要的"北向"发展战略

"新北方政策"在文在寅政府中的政策定位,可追溯到 2017 年 6 月出台的《百大国政课题——文在寅政府的五年计划》。该计划是文在寅政府的施

政哲学和纲领。"百大国政课题"制定了韩国国家政策愿景的五项目标,这五项目标是"一个人民的政府;一个追求共同繁荣的经济;一个对每个人负责的国家;促进各地区均衡发展;建设和平繁荣的朝鲜半岛";其中,在"建设和平繁荣的朝鲜半岛"目标下,文在寅政府提出"韩半岛新经济地图"构想和"东北亚责任共同体"战略,而"新北方政策"是"东北亚责任共同体"战略下的外交项目,其主要内容是促进韩国与其北部国家如俄罗斯、中国、蒙古以及中亚国家关系的发展。

"韩半岛新经济地图"是韩国的半岛经济发展规划,是"新北方政策"的内在驱动力。"韩半岛新经济地图"的主要目标是重启和促进朝韩之间经济合作,建设韩朝间统一市场,并把其与包括中国、俄罗斯在内的北方经济联系起来。"韩半岛新经济地图"规划了三条经济带:一是环西海(即黄海,韩国称西海)圈经济纽带:从木浦—首尔—仁川—开城—平壤—新义州,连接到中国环渤海经济圈,其主要功能表现在产业与物流方面;二是环东海(即日本海,韩国称东海)圈经济纽带:从釜山—江陵—元山—罗先,连接到俄罗斯远东地区与中国长吉图开发开放先导区,其主要功能表现在能源与资源方面;三是沿朝韩边界的非军事区(DMZ)一线的半岛中央经济带,本地区的主要功能表现在环境、旅游、生态。在"韩半岛新经济地图"中,中国、俄罗斯是韩国最重要的经济合作对象。在环西海圈经济带上,中、韩两国正积极对接。2018年,《辽宁"一带一路"综合试验区建设总体方案》已提出建立以丹东为门户,连接朝鲜半岛腹地,直达南部港口的丹东—平壤—首尔—釜山铁路、公路及信息互联互通网络。

"新北方政策"是文在寅政府服务于"韩半岛新经济地图"向北发展的外交战略,是对韩国历届政府"北方政策"的继承,受到韩国政府的高度重视,由总统直属的"北方经济合作委员会"主导实施。为推动"新北方政策"落实,韩国制定了"九桥战略"(表1)。

表 1　九桥战略

天然气	通过从俄罗斯进口天然气实现能源进口渠道的多样化,建设连接韩、朝、俄的能源管道
铁路	积极调动西伯利亚大铁路(TSR)输送功能,节约物流费用,将西伯利亚大铁路与朝鲜半岛南北铁路(TKR)连接起来

港口	对扎鲁比诺港等远东地区的港口开展现代化及建筑工程
电力	利用新再生能源,构建东北亚超级电网(Super Grid),即构建韩、中、蒙、日、俄间共享电力的广域电力网络
北极航线	开辟北极航道为新物流渠道,挖掘北极航道商业潜力、引领北冰洋市场
造船	建造前往极地的液化天然气破冰运输船及建立造船厂
农业	在种子开发、栽培技术研究等方面,扩大韩俄间农业合作
水产	构建滨海边疆区水产品综合园区,扩大渔业捕捞配额,以确保水产资源
工业园区	通过韩朝俄之间的合作,形成滨海边疆区工业园区

注:根据韩国北方经济合作委员会官网信息整理。

通过"九桥战略"的实施,韩国希望深化与朝鲜、中国、俄罗斯、蒙古、中亚等国家在表1所示的九大领域的合作,促进半岛经济联通并"向北"扩展韩国经济的影响力。

与"新北方政策"一致,"冰上丝绸之路"倡议也是中国的重要"北向"发展战略。"冰上丝绸之路"倡议的现实依据是北极航道在气候变暖背景下的商业可行性。北极航道包括穿过加拿大北极群岛的西北航道和穿过欧亚大陆北冰洋近海的东北航道;其中,东北航道的经济价值最为显著,其使用将大大缩短从亚洲到欧洲的航运时间。2017年中国政府发布《"一带一路"建设海上合作设想》,指出中国将"积极推动共建经北冰洋连接欧洲的蓝色经济通道"。该文件表明"冰上丝绸之路"以"东北航道"为载体,是"一带一路"三大海上通道中的"北向"通道,与穿越亚欧大陆腹地的"丝绸之路经济带"和环绕亚欧大陆南部海洋地带的"21世纪海上丝绸之路"并驾齐驱。

"新北方政策"与"冰上丝绸之路"都"北向"发展,双方可实现互补与合力。服务于"韩半岛新经济地图","新北方政策"的目标是促进韩国经济北出朝鲜半岛与北部国家的连通,包括陆路联通和经北极航道的海路联通。作为"一带一路"的一部分,"冰上丝绸之路"以北极东北航道为依托,以与沿线国家的政策沟通、设施联通、贸易畅通、资金融通和民心相通为目标。"新北方政策"与"冰上丝绸之路"倡议在推动欧亚大陆北部经济融合发展方面客观上存在战略重合。

（二）政策内容：二者都有"北极开发"的共同诉求

作为高度依赖对外贸易和海外资源的国家，北极对韩国也有重要的政治、经济意义。北极航道的投入使用将大大缩短韩国与其重要的贸易伙伴欧洲之间的距离，带来韩国部分沿海城市成为未来北极新航道转运枢纽的机遇，北极航道所需的破冰船也将振兴韩国造船业进而带动韩国经济增长。北极资源能源的开发可以使韩国资源能源进口渠道多元化，增强韩国经济安全，因而韩国非常重视北极地区的发展，并积极参与其中。2013年成为北极理事会观察员国后，朴槿惠政府接连出台《北极综合政策推进计划（The Korean Arctic Master Plan）》《北极政策行动计划（Arctic Policy Action Plan）》指导国内的北极参与活动。在《北极政策行动计划》中，韩国认为参与俄罗斯远东港口开发对推动北极航道商业化发展也十分重要。文在寅政府同样将"北极"纳入"新北方政策"。"新北方政策"中涉及在北极地区的发展部署有四点：积极开辟北极航道，挖掘其商业潜力；建造破冰液化天然气运输船及建立造船厂；参与俄罗斯远东港口建设；通过从俄罗斯进口天然气实现能源进口渠道的多样化。

中国也是北极开发的积极参与者。中国愿依托北极航道的开发利用，与各方共建"冰上丝绸之路"。中韩两国在"冰上丝绸之路"倡议与"新北方政策"下进行了参与北极开发的诸多实践。中韩两国都积极推动北极航道的商业化。韩国希望参与俄罗斯北方航道的商业开发，包括沿线港口建设、船运企业合作、航运政策交流等。2017年11月，韩国在"第一届韩俄北极磋商会议"上与俄方讨论了在北方航道上的合作，包括减少收取港口设施使用费用、刺激贸易量、现代化港口建设和联合使用第二艘破冰船等具体举措。同月，俄罗斯与韩国商讨了共建从彼得罗巴甫洛夫斯克到摩尔曼斯克的集装箱航线。北极航道的愈发重要使韩国逐渐关注提高自身维护北极航道安全的能力。2019年1月韩国总统文在寅在韩国某海军士官学校发表演讲，称"我们国家的新时代海军要能够走向前人未曾涉足的海域，开辟北极航路"。据《简氏防务》报道，韩国在海军报告《海军愿景2045》中把北极新贸易航线纳入"韩国海军路线图"，称韩国海军将增加在鄂霍次克海、白令海、近东西伯利亚和半岛沿岸海域的行动能力，以保护北极航道上的商业航行。中国也以俄罗斯为重要合作伙伴深度参与北极航道开发。2019年4月，俄罗斯外交部北极国际合作问题特命全权大使科尔丘诺夫表示,俄罗斯将中国视为共同开发北方航道的重要伙伴。2019年6月7日,中远海运集团、丝路基金与俄罗斯诺瓦泰克、现代商船签署《关于北极海运有限责任公司的协议》,四方将为北极航道全球物流安排提供联合开发和融资服务,组织欧亚之间通过北极航道的运输,中国成为俄罗斯北极航道开发的重要参与方。

依托航道的商业化开发,韩国在北极破冰船市场大放异彩。大宇造船厂已经为亚马尔项目建设了15艘破冰LNG运输船。在港口建设上,韩国努力打造本国港口为未来北极航线上的转运枢纽,并参与朝鲜和俄罗斯远东的有关港口建设。韩国海洋水产部、计划财政部等部门正斥资促进釜山市"极地城市"建设,计划修建港口和海洋研究船舶专用码头,把釜山市打造成未来北极航道的重要节点城市。"新北方政策"的主要内容也包括对北极航线上港口的现代化工程及建设,如俄罗斯远东地区港口扎鲁比诺港。中国企业也积极参与了北极航道沿线基础设施建设,如萨贝塔港、阿尔汉格尔斯克港、北极铁路等建设项目。航道的开发也带动了沿线区域的能源产业。中国从融资、建设、销售全价值链深度参与了俄罗斯最大北极能源开发项目——亚马尔项目。继亚马尔项目后,中国将继续参与俄罗斯北极LNG-2项目的开发。在能源开发上稍显落后的韩国也表示了推进与俄罗斯在北极LNG-2项目开发及加注领域合作的愿望。

"新北方政策"与"冰上丝绸之路"倡议体现了中韩两国参与"北极开发"的共同诉求。北极航道的投入使用大大缩短了欧亚间的运输距离,也带来了破冰船建造、沿线基础设施建设、能源开发等诸多经济机遇。中、韩两国都十分重视北极航道商业化及其带来的其他经济机遇。作为北极航道的重要使用方,两国受益于北极地区的发展,且双方在北极开发中各有禀赋。

(三)政策前景:二者均可助益东北亚经济的共同发展

韩国的"新北方政策"源自"北方政策",发展与东亚国家间关系是"北方政策"的长期目标。卢泰愚政府在20世纪80年代首提"北方政策",其目标是发展韩国与其北部国家,主要是中国、俄罗斯、蒙古等的关系,营造改善半岛关系的良好氛围,促进半岛和解。卢武铉政府时期,韩国开始将"北方政策"的视野拓展至欧亚地区。这一时期,韩国通过与俄罗斯的六次首脑会谈加强了两国关系,并首次实现与哈萨克斯坦、乌兹别克斯坦的总统互访。

2008年李明博政府时期,韩国提出"新亚洲构想",成为韩国欧亚战略的开端。2013年朴槿惠上台后提出"欧亚倡议",倡导"整体的大陆、创造的大陆、和平的大陆"的"欧亚经济一体化"发展设想,并首次将北极囊括进该设想中。从韩国历届政府"北方政策"的发展来看,韩国把"半岛关系"问题纳入整个欧亚区域中对待,其中尤以东北亚为重点,希望通过参与和推动东北亚经济一体化促进"半岛关系"的改善。文在寅政府的"新北方政策"是"东北亚责任共同体"构想的一部分,其涵盖中国、俄罗斯、朝鲜、蒙古并把"北极"包含其内,展现出促进东北亚区域经济共同发展的前景。

"冰上丝绸之路"倡议以北极东北航道为载体,意在打造"经北冰洋连接欧洲的蓝色经济通道"。长期以来,亚洲与欧洲之间的贸易往来都南向运输,通过经马六甲海峡和苏伊士运河的传统航线完成,因而经济流在南部汇聚并驱动东南亚国家之间的合作。"冰上丝绸之路"的使用也将带来同样的效应。"冰上丝绸之路"从中国北方港口出发,穿越日本海,经白令海峡连接俄罗斯北方航道到达欧洲。俄罗斯总统普京2018年连任后就将北方航道开发作为国家的头等大事,提出在2024年使北方航道货运量达到8000万吨的目标。预计未来十年,白令海峡及其附近海域的航行季节可能比现在长2.5个月,北极航道上通行船只数量预计将比当前水平增长近50%。随着越来越多的船只使用北极航道,经济流会逐渐向北方汇聚,环日本海区域在全球物流运输格局中的地位将更加突出,并促进东北亚国家间的区域经济合作。中、日、韩三国正推动创建东北亚无缝物流体系,北极航道的开通将促进这一进程。俄罗斯总统普京提议与中国研究建设贯通北方航道与中国"海上丝绸之路"的"南—北"交通运输走廊的可能性。北部经济的发展和"冰上丝绸之路"纵向连接通道建设无疑也将助力东北亚经济一体化。中、日、韩三国在对抗新冠肺炎疫情过程中培植的互信有望为东北亚经济一体化创造良好氛围。

二、韩国"新北方政策"与中国"冰上丝绸之路"倡议的竞合关系

"新北方政策"与"冰上丝绸之路"倡议都是北向发展战略,有着北极开发的共同诉求,二者以航道建设为重点,将通过航道建设促进欧亚经济的整合和共同繁荣。"冰上丝绸之路"起自中国北方近海,穿越对马海峡、日本海、津轻海峡,过白令海峡连接北方航道,再经巴伦支海到达欧洲。整个"冰

上丝绸之路"连接环日本海经济圈、俄罗斯和欧洲经济圈。中韩两国作为环日本海的北极航道沿线国家,北极航道的投入使用对两国而言都具有重要意义,"新北方政策"与"冰上丝绸之路"倡议具有较大合作发展潜力。

（一）"新北方政策"与"冰上丝绸之路"倡议的合作机遇

1. 在我国东北地区进行战略衔接

"新北方政策"是韩国重要的"北向"发展战略,我国东北地区是其北向延伸至中国的关键点。"韩半岛新经济地图"的环西海圈经济纽带和环东海圈经济纽带都"北向"延伸至中国,环西海圈经济纽带与中国辽宁省连接,环东海圈经济纽带与中国吉林省连接。"新北方政策"服务于韩国发展与北部国家关系,再加上韩国意欲在俄罗斯远东和中亚地区的经济投资,"新北方政策"将打造一个贯通朝鲜半岛进而连接远东并延伸至北极的东亚经济共同体,将朝鲜半岛与北极航道南北联通。韩国北方经济合作委员会主席宋永吉在接受媒体采访时表示"文在寅总统的施政哲学是把俄罗斯、蒙古、中亚国家和中国进行经济上的连接,通过经济合作拓展韩国市场,缓和半岛紧张关系"。韩国在"新北方政策"下要实现半岛经济连通并连接到欧亚大陆的目标,势必经过我国东北地区。

我国东北地区在"冰上丝绸之路"倡议中也具有区位优势。"冰上丝绸之路"从中国北方港口出发,穿越白令海峡,沿俄罗斯北方航道直到欧洲。我国东北地区地理上临近"冰上丝绸之路",可借"冰上丝绸之路"出海并成为我国连接"冰上丝绸之路"的关键区域。东北地区在"冰上丝绸之路"中的区位优势已成为我国学者们的共识。如王志民、陈远航认为"冰上丝绸之路"建设与振兴东北老工业基地和俄远东开发可实现有效整合,促进东北地区发展。于砚认为"冰上丝绸之路"为吉林省扩大开放、经济腾飞带来了新机遇。张颖、王裕选认为"冰上丝绸之路"背景下,大连港有潜力成为东北亚航运中心。"冰上丝绸之路"将影响我国贸易体系和产业布局,重塑我国经济地理,为东北地区经济转型升级带来契机。

因此,东北地区是"新北方政策"与"冰上丝绸之路"倡议的合作关键区。事实上,我国东北地区也十分需要"新北方政策"与"冰上丝绸之路"倡议带来的发展机遇。近年来,我国东北地区一直面临较大的经济发展困境,主要表现在传统产业比例过高,经济发展动力不足导致高技术人才流失,高技术人才流失阻碍东北地区传统产业向高附加值、高技术和创新产业的转型,继而使东北地区经济发展动力减退而陷入恶性循环。虽然从2003年起国家就提出了"东北振兴战略",但制约东北振兴发展的深层次结构性矛盾仍未根本消除,东北地区依然面临经济结构转型的难题。而"新北方政策"与"冰上丝绸之路"倡议在东北地区的战略对接将给该地区经济发展、产业升级带来重要契机。

2. 在北极开发上可进行广泛合作

"新北方政策"与"冰上丝绸之路"倡议都表达了中、韩两国参与"北极开发"的共同诉求。韩国在"新北方政策"及其落实措施"九桥战略"中涉及北极发展的主要领域是北极航道、天然气、造船三方面。中国以航道建设为重点,参与了北极地区的科学研究、基础设施建设、资源能源开发等活动。中、韩两国在北极的诸多经济领域具有一致目标,可实现优势互补。

在北极航道开发上,中、韩两国都希望"推动北极航道商业化使用"。两国都以俄罗斯为北极航道开发的重点合作对象,中国具有资金优势,韩国具有破冰船建造优势,中、韩两国合力可加快推进北极航道商业化。此外,韩国在"新北方政策"中意图贯通朝鲜半岛并与北极航道相连,而朝鲜半岛交通物流设施的改善将有助于我国临近朝鲜半岛的东北地区与北极航道的连接。在北极能源上,中、韩两国都对能源有着相当大的需求,都是北极能源的销售市场,北极天然气能源的开发可大大缓解中韩两国的"气荒"困境。中、韩两国在北极能源投融资领域的合作,双方能源开发使用技术的交流,可促进两国在北极能源项目中的共赢。在其他经济领域,北极开发也为中、韩两国未来经济发展带来机遇。通过参与北极基础设施建设,中国许多工业产品进入北极市场,韩国也正积极参与其中。中、韩两国对北极开发的"共同诉求",使双方在北极具有广阔合作空间。

(二)"冰上丝绸之路"倡议与"新北方政策"间竞争风险

"冰上丝绸之路"倡议与"新北方政策"具有重要合作机遇,但也不应忽视二者合作过程中的竞争风险。

1. 合作双方的信任问题

"新北方政策"与"冰上丝绸之路"倡议合作的主体是中国和韩国,两国间合作意愿是双方开启合作的关键。韩国在"新北方政策"中表达了同中国等北方国家合作的意愿,"冰上丝绸之路"倡议则继承了"人类命运共同体"的"开放包容、共建共享"的理念,故中、韩两国有推动两政策合作的客观意识。但韩国面对与中国的合作显然还存在信任不足的问题。韩国一方面希望通过与中国的经济合作获得丰厚利益,另一方面又担心中国在经济上控制韩国。此外,"新北方政策"作为小国撬动大国的战略,韩国必然以自己关注的重点为中心,在各个方面与大国进行对接,因而其在与大国合作过程中可能产生"搭便车"行为。如何增强两国互信,合理分配两国的风险与获益,是两政策能否达成实质性和深度合作的关键。

2. 东北亚地缘政治的挑战

"新北方政策"与"冰上丝绸之路"倡议主要涉及东北亚国家。比东北亚范围更广泛的东亚地缘舞台的特点是,大国关系处于亚稳定状态。亚稳定是一种外部僵硬而仅有相对较小的灵活性的状态。这种状态像铁而不像钢,易于受到不和谐力量的冲击而造成破坏性连锁反应的损害。不稳定的东北亚地缘政治形势会对"新北方政策"与"冰上丝绸之路"倡议的合作对接造成影响。

第一,"新北方政策"与"冰上丝绸之路"倡议的合作对接可能受到美国的干扰。布热津斯基曾指出,美国最理想的结果是把中国转变为一个实现民主化和自由市场的国家,如果不能实现这个目标,就要接受中国是一个地区大国,那么美国应当同意中国有多大的势力范围,这个势力范围就是朝鲜半岛。美国的目标是限制中国的影响力在朝鲜半岛以内,防止中国力量向海洋扩展。因而,美国把韩国视为在东北亚的地缘政治支轴,在韩国保持强有力的军事存在和政治影响力,把韩国作为维护其亚太利益的桥头堡。当前,美国已明确定义中国为战略竞争对手,提出"印太战略"对冲"一带一路"倡议。在中美博弈日益深化的阶段,具有推动东北亚经济共同发展前景的"冰上丝绸之路"与"新北方政策"的合作难免直面美国的挑战。第二,日本的态度也影响"新北方政策"与"冰上丝绸之路"倡议的合作对接结果。不论是"新北方政策"还是"冰上丝绸之路"倡议,"商业化利用北极航道"都是其重要内容。日本海是中、韩两国进出北极航道的门户,中、韩两国进出北极航道不可避免要经过日本宗谷海峡或津轻海峡。日本一直因历史问题与东北亚国家摩擦不断,采取对美国的"追随外交",认为中国商船和科考船舶穿越日本海会对日本的安全构成威胁,日本因素将成为中、韩两国未来使用北极航道的潜在不稳定因素。所以,"新北方政策"同"冰上丝绸之路"的对接同东北亚一体化紧密关联,互为表里。

3. 面对北极国家的同质化竞争

"新北方政策"与"冰上丝绸之路"倡议的共同合作对象是北极国家。由于中、韩两国北极利益的相似性,参与北极经济领域的类同,两国在对北极国家的合作过程中不免在某些领域形成同质化竞争。两国都希望打造本国港口为"冰上丝绸之路"在东北亚的航运枢纽(韩国政府倾力于釜山港),均十分重视在北极与俄罗斯的能源合作。例如,在前文所述北极 LNG-2 项目中,中、韩两国都意图参与北极 LNG-2 项目的股份竞争。中、韩两国参与北极项目的同质化竞争,会使双方相对于北极国家均处于不利地位,进而导致双方面对北极国家的共同收益降低;而中、韩两国如果采取合作策略,则会改善中韩相对于北极国家的地位,增加两国的共同收益;如果互相之间开展恶性竞争,那就没有赢家。因而,"新北方政策"与"冰上丝绸之路"的合作需要解决中、韩两国同质化竞争的风险,促进双方发挥各自经济所长,处理好双方绝对收益与相对收益的平衡。

4. 俄罗斯的选择

中、韩两国都把同俄罗斯的双边合作置于优先地位,俄罗斯同时也积极与中、韩两国开展合作,这客观上为俄罗斯对中韩两国分而治之提供了机会,因为合作的主动权更多地掌握在占据资源优势和航道优势的俄罗斯一边。从中、韩两国看,如果两国在此问题上不能保持冷静,堕入恶性竞争的怪圈,就会导致出现两败俱伤的局面。从俄罗斯角度看,如果俄罗斯试图通过分化中、韩两国以从中渔利,或可在短期内获得收益,但更可能给自身带来损失,迟滞北极开发,因为无论是国内市场的体量方面还是资本雄厚程度,韩国给俄罗斯带来的收益都逊于中国。因此,如果俄罗斯采取理性和务实的态度,发挥在北极合作方面的积极作用,遵循互利共赢的道路,而不是怂恿和坐视中、韩两国恶斗,则俄罗斯将注定成为最大收益方。近年来,俄罗斯学术界一直高度关注中、日、韩三国北极合作的协调机制。这一机制分为两个层次:三国学术界每年举办的三国北极论坛和由三国外交部门轮流举办的中、日、韩北极事务高级别对话。笔者通过与俄罗斯学者的交流,发现俄罗斯学者十分希望参与中、日、韩三国学术层面的对话,俄罗斯的这一意向无疑有利于打造多赢合作的局面。

三、"新北方政策"与"冰上丝绸之路"倡议合作方案

通过对"新北方政策"与"冰上丝绸之路"倡议的上述分析,可见"新北方政策"与"冰上丝绸之路"倡议具备合作基础,二者在我国东北地区实现了战略会接,在北极开发上具有广阔合作机遇,同时两政策合作也面临信任不足、东亚地缘政治挑战、同质化竞争、俄罗斯政策取向不明等问题。"新北方政策"与"冰上丝绸之路"的合作对接不会自动实现,需要两国拿出智慧和勇气来。

（一）加强我国东北三省—朝鲜—韩国—俄罗斯的通道建设合作

"新北方政策"与"冰上丝绸之路"倡议是中、韩两国的"北向"发展战略,"向北"发展方向的一致使二者在我国东北地区实现了战略会接,东北地区成为"新北方政策"与"冰上丝绸之路"合作的关键区。通道建设是带动区域经济发展的利器。通过地方政府推动的通道建设合作,可带动韩、朝、中、俄四国的政府间对话,促进"新北方政策"与"冰上丝绸之路"未来合作机制的搭建,为未来两政策的制度化合作奠定基础。

当前东北通道建设具有良好政策环境。2016年《中共中央 国务院关于振兴东北地区等老工业基地的若干意见》表示,鼓励东北地区主动融入、积极参与"一带一路"倡议,推动东北地区进行经济结构调整,不断提升东北地区基础设施建设。"冰上丝绸之路"倡议提出后,东北地区可发挥近"冰上丝绸之路"的区位优势,通过"借港出海"和"陆路运输"连接"冰上丝绸之路",实现东北亚经济共同发展的愿景。"新北方政策"与俄罗斯"欧亚经济联盟"也纳入了欧亚国家间设施联通有关内容,文在寅政府提出建立"东北亚铁路共同体"的畅想,东北地区与韩国、朝鲜、俄罗斯间的通道建设正逢良好国际政策环境。

在对接合作"新北方政策"契机下,东北地区可以实现以下目标。

（1）破解图们江出海难题,打通东北地区出海通道。图们江是流经中、朝、俄的国际河流,发源于长白山系北麓,流向东北至中国图们市折向东南,可直达日本海进而连接北极航道。历史上图们江曾是中国内河,近代由于中国国力羸弱、忽视海疆导致中国图们江出海权的丧失。自20世纪90年代以来,中国为恢复图们江出海权益做了诸多努力。在"新北方政策"推进韩

国—朝鲜—俄罗斯远东合作的氛围下,东北地区可加强与朝鲜—韩国—俄罗斯远东的合作,解决图们江出海难题,把图们江打造成为东北地区连接"冰上丝绸之路"的入海通道。

(2)参与俄罗斯远东港口建设以"借港出海",并研究通过陆路和内河纵向连接"冰上丝绸之路"的方案。"新北方政策"提出韩国将参与扎鲁比诺港等远东地区的港口现代化及建筑工程。俄罗斯远东地区港口建设可以填补我国东北三省无入海口的经济短板,缩短东北地区货物出海距离,增强东北地区商品贸易流通。此外,"新北方政策"的实施意在推动欧亚连通,韩国学者正探索使用内河航运纵向连接"冰上丝绸之路"的方案,如研究"勒拿河"作为这一通道的可能性。勒拿河是俄罗斯西伯利亚流向北冰洋的一条大河,连接北方航道支点港口——季克西港,流域面积广阔,通航条件良好。通过陆路交通加内河航运纵向连接"冰上丝绸之路",可以减少船只穿越白令海峡的海运风险,缩短航运距离,我国东北地区正是这一纵向通道的必经之地。已有学者对经东北地区的陆河联运通道的水文地理条件进行了研究,提出联通东北—西伯利亚—北极航道的方案,我国未来应加紧对该方案的评估和建设。

(二)构建"东北亚北极合作开发组织"

"新北方政策"与"冰上丝绸之路"的合作面临复杂竞合关系,为了避免两政策合作的风险挑战,双方有必要加强就北极事务合作的制度化。

目前中韩两国关于北极事务的沟通主要在中、日、韩北极事务高级别对话框架下进行,通过这一对话机制中、韩两国同日本一起加强了在北极事务上的协商。然而,"新北方政策"与"冰上丝绸之路"的合作不仅包括北极地区的合作,也包括在东北亚区域的合作,其目标是联通东北亚经济到北极东北航道并延伸至欧洲。要实现这一目标,只发挥沟通功能的中、日、韩北极事务高级别对话是远远不够的,应以"新北方政策"与"冰上丝绸之路"下的中、韩北极合作为契机,将俄罗斯纳入其中,逐渐吸引日本参与,深化原有的中、日、韩北极对话机制,向制度化的"东北亚北极合作开发组织"转化。(图1)

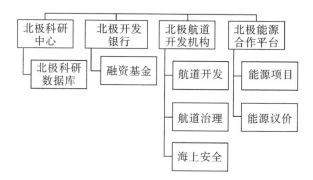

图1 东北亚北极合作开发组织

经济学中的"囚徒困境"已然证明,在无政府的世界中都追求自身利益最大化的国家很难建立起互信,而具有约束力的协议和制度,是克服囚徒困境的一个重要方法。通过建立"东北亚北极合作开发组织",可以增强东北亚国家间互信,协调各国北极合作过程中的同质化竞争,提高北极开发效率,减缓地缘政治变化对北极合作的冲击,凝聚东北亚国家在北极开发上的力量。成立的"东北亚北极合作开发组织"可下设北极科研中心,增强各方在北极科研上的数据共享和信息交流,提高北极科研效率;成立北极开发银行,促进各方在北极项目中的融资合作,为北极开发提供更稳固的资金支持;设置北极航道开发机构,加强各国在航道开发、航道治理、海上安全上的合作,包括在北极航道冰情、港口建设、纵向通道建设、破冰船技术、搜救和船员培训等方面的交流合作,形成推动北极航道商业化的合力;建设北极能源合作平台,加强各国在能源项目和能源议价上的协调。

(三)以北极合作试水"东北亚经济共同体"

通过北极合作可带动东北亚经济的一体化发展。基于地理上的临近性及经济发展阶段和资源禀赋条件的差异性,东北亚区域内国家在资源、劳动力、资本、技术等生产要素领域的潜在互补性很强,区域市场的规模及发展潜力巨大。进入 21 世纪,伴随着区域经济一体化的发展趋势,逐渐出现了"东北亚经济共同体"的设想,即建立一个"东北亚地区各国在经济上互相合作、互相融合、实现经济一体化的制度化组织"。然而,由于区域国家间历史性问题和域外大国的影响,东北亚经济一体化屡遭挫折,因此一个合适的外部机遇对催化东北亚区域经济合作具有重要意义。通过"新北方政策"与

"冰上丝绸之路"的合作,带动东北亚国家共同致力于发展北极这块亟待开发而又不涉及各国核心关切的区域,可创造增进东北亚五国互信,促进东北亚经济更紧密融合的契机,为试水学者们多年梦想和探讨的"东北亚经济共同体"做准备。目前韩国文在寅政府正大力推动"新北方政策"实施,我国有必要抓住这一机遇,尽快推动两政策合作的落实。

四、结语

北极变化是搅动世界政治经济发展的新变量,东北亚区域也深受影响。韩国的"新北方政策"将北极纳入东北亚区域经济整合,以航道为中心制定了积极的北极参与规划,并提出纵向连接东北亚与北极的新思路。中国的"冰上丝绸之路"倡议,承袭"一带一路"建设理念,以北极东北航道为载体,希冀构建开放包容的蓝色经济通道。"新北方政策"与"冰上丝绸之路"倡议在实现东北亚与北极的共同发展上形成合力,两政策的合作可将韩国的工业技术、朝鲜丰富优质的人力资源、中国东北三省的重工业、俄罗斯远东地区广袤的土地和能源结合在一起,通过建设畅通的北极航道和从亚欧大陆纵向连接北极的经济通道,形成繁荣的东北亚—北极经济带,因此有必要抓住全球前所未有之大变局之机遇,以"北极"带动"东北亚经济共同体"试水。将北极与东北亚正日益紧密地联系在一起并对两者进行结合研究,我国才能更好地对"冰上丝绸之路"建设谋势布局。

文章来源:原刊于《中国海洋大学学报(社会科学版)》2020 年第 6 期。

海洋生态安全视域下
北极海洋空间规划研究

■ 杨振姣

论点撷萃

　　海洋空间规划是一种重要的海洋综合管理手段,有效开发利用海洋空间资源需要合理的海洋空间规划体系来进行规范。随着全球变暖趋势的不断加剧,北极海洋生态破坏已经成为一个亟待解决的全球治理问题,北极海洋治理需要借助海洋空间规划的手段。

　　北极海洋生态安全可以界定为北极海域生态系统处于一种平衡、稳定、健康的状态。海洋空间规划是实现海洋综合管理的重要工具,海洋生态安全是海洋综合管理的一项重要目标,维护北极海洋生态安全必须借助海洋空间规划的手段。当前,各国无序开发北极海洋资源,严重威胁北极海洋生态安全。实施海洋空间规划,有利于改善开发利用北极海洋资源的技术条件和规范各国用海行为,从而更好地维护北极海洋生态安全。海洋空间规划是一项新兴的海洋综合管理技术,新技术在全球范围内的运用和推广需要有良好的国际政治形势;技术的发展是一个由不成熟到成熟的过程,在这个过程中需要有相关的评价指标。北极海洋生态安全能够缓和各国在北极的矛盾,为北极海洋空间规划的实施提供稳定的国际政治形势;同时,海洋生态安全是海洋空间规划实施效果的重要评价指标。

　　气候变暖为各国开发利用北极资源带来机遇,然而,无序的资源开发利用活动对北极海洋生态安全造成严重影响。以海洋生态安全为基础,在北冰洋海域实施海洋空间规划能够合理规范各国的海洋资源开发利用活动,

作者:杨振姣,中国海洋大学国际事务与公共管理学院教授,中国海洋发展研究中心研究员

极地问题

实现北极资源的可持续发展。当前,北极海洋空间规划仍处于起步阶段,规划的制定和实施都还不成熟,且在北极进行海洋空间规划面临着多重困境。完善北极海洋空间规划应先解决海域划界问题,明确相关海域的海洋空间规划主体;借鉴海洋发达国家的海洋空间规划经验,开展国际合作,为北极海洋空间规划提供技术、资金和国际环境的支持,以维护北极海洋生态安全为基础,合理编制和有效实施海洋空间规划,为北极善治、全球海洋治理提供重要依据和支持。

北极地区是指北极圈以北的区域,包括北极圈以北的边缘陆地、北冰洋海域及其中的岛礁。近年来,气候变暖使北极的战略地位和资源价值不断凸显。北极战略地位明显:冷战时期,北极特殊的气候条件和地理位置为美、苏两国进行激烈的军事、政治博弈提供了场所;冷战结束后,各国意识到北极重要的战略地位和丰富的资源储备,俄罗斯、加拿大、美国、丹麦、挪威等国家更是把北极看作关系国家安危的重要战略领地,纷纷围绕北极主权归属问题展开了更为激烈的"北极争夺战"。北极资源价值凸显:北极地区存储着大量的煤、石油、天然气等能源资源,开发利用北极能源资源能够有效缓解世界能源危机;北极地区矿产资源种类多、数量大,蕴藏着丰富的铁、铜、金、银、金刚石等资源,是世界级的大型铁矿基地,此外还储有铀和钍等战略性矿产资源。北极地区渔业资源丰富,是重要的海产品供给地;冰川融化使北极航道实现季节性通航,缓解了传统航道的拥挤,且缩短了航程降低了航运成本;北极具有丰富的生物资源、旅游资源,为人类科研进步和世界经济发展提供基础。然而,北极生态具有脆弱性特征。一方面,在北极苔原生态系统中,生产者主要是地衣,其他生物大都直接或间接地依靠地衣来维持生活,营养结构简单,动植物种类稀少且单一种群量大,食物链容易断裂。例如,北极旅鼠繁殖能力强悍,每隔三四年数量就会爆发到顶峰,数量巨大的旅鼠在短期内便会把能吃的食物全部吃光。这会导致食物链断裂,驯鹿、北极狐、北极狼、北极熊等物种面临生存危机。另一方面,北极生态受气候和环境变化影响大:气候变暖使北极冰盖大面积融化,对北极海洋生态安全造成极大威胁。北极丰富的资源与脆弱的生态系统之间的矛盾要求必须运用合理的方式和技术手段来开发北极,在保障北极生态安全的基础上合理开发利用北极资源,因此亟须把海洋空间规划手段运用到北极治理中。

一、海洋空间规划的内涵及特征

海洋空间规划是一种重要的海洋综合管理手段,有效开发利用海洋空间资源需要以合理的海洋空间规划体系来进行规范。随着全球变暖趋势的不断加剧,北极海洋生态破坏已经成为一个亟待解决的全球治理问题,北极海洋治理需要借助海洋空间规划的手段。然而,北极海洋空间规划还处于探索和发展时期,研究北极海洋空间规划应先了解海洋空间规划的内涵及特征,以便把海洋空间规划的技术和方法运用到北极海洋治理中。对于海洋空间规划的概念,在国际上威廉(Williams R. H.)1996年指出,海洋空间规划是将城镇和土地空间规划的思想借用到海洋管理中,以生态系统保护为基础,构建涵盖社会各主体的多层次规划管理措施,从而实现生态、社会和经济等方面的目标,实现人口、资源、发展和环境的整合。欧洲经济共同体委员会(CEC)在2007年指出,海洋空间规划是恢复海洋环境质量,实现海洋和沿海地区可持续发展的一个基本工具。国内学者王金岩2011年指出,海洋空间规划是以动态演化着的海洋空间为基础,以探讨海域的特征和规律为依托,协调人与海洋空间之间的关系,对海洋空间的演化提出各种层次的策略,并付诸实施和进行管理的过程性活动。总的来说,海洋空间规划的内涵具有以下基本特点:第一,海洋空间规划的提出是在人类加大对海洋资源的开发与掠夺、用海矛盾不断加剧的背景下提出的,如何解决用海矛盾、实现海洋资源可持续利用是海洋空间规划要解决的关键问题。第二,海洋空间规划是空间规划技术在海洋领域的具体运用,海洋空间规划的编制、实施、管理、监督等都需要专门的技术条件作为支撑。第三,海洋空间规划实质是一项海洋管理政策,政策的制定与实施需要政府相关部门的协调运作,共同促进该项政策发挥应有的作用。第四,海洋空间规划要达成生态、经济和社会目标,不仅要兼顾人类社会经济发展要求,更要维护海洋生态安全,实现人与自然的和谐。基于此,文章把海洋空间规划定义为:利用空间规划的技术和手段,合理开发利用海洋资源,解决各项用海矛盾,从而实现海洋的生态、经济和社会目标的一种海洋综合管理活动。

二、北极海洋生态安全与空间规划的关系及影响

安全是国际社会的永恒主题。生态安全作为非传统安全的一部分与人

类的生活息息相关,是人类生存与发展的最基本安全需求,从 20 世纪后半叶开始受到各国的普遍重视。生态安全是指维护生物与人的生存和发展处于不受威胁的状态,包括结构安全和功能安全,指自然生态环境能满足人类和群落的持续生存与发展需求而不损害自然生态环境的潜力的状态。海洋生态安全作为一种自然属性的非传统安全,指与人类生存、生活和生产活动相关的海洋生态处于良好的状态或不遭受不可恢复的破坏。海洋生态安全具有战略性、全球性、复杂性以及滞后性等特点。基于此,本文把北极海洋生态安全界定为北极海域生态系统处于一种平衡、稳定、健康的状态。

(一)海洋空间规划是实现北极海洋生态安全的手段

海洋空间规划是实现海洋综合管理的重要工具,海洋生态安全是海洋综合管理的一项重要目标,维护北极海洋生态安全必须借助海洋空间规划的手段。首先,维护北极海洋生态安全需要借助海洋空间规划的技术手段来对北极海域现状进行系统调查与评估,包括调查与评估海域大小、海域边界划定、海域主权归属、海域资源状况、海域海底地形、海域生态环境、相关区域社会经济等状况。对海域现状进行系统辨识和评估是海洋空间规划的重要前期工作,海洋空间规划通过边界划定、空间分析等技术能够全面有效地掌握海域的基本情况,为维护北极海洋生态安全提供依据。其次,维护北极海洋生态安全需要借助空间规划的法律手段来保证治理措施的实施。海洋空间规划不仅是一种工具,更是一种治理规范,海域的管理需要依据规划来进行。海洋空间规划通常由海洋管理部门制定,随后以法律规范、行为指南的形式发布,规范各个行为主体的用海活动;同时,海洋空间规划所具有的以海洋生态系统保护为基础的特性促使各行为主体自觉依法保护生态环境,使维护北极海洋生态安全成为一项必须遵守的原则。最后,海洋空间规划本身就是一种维护海洋生态安全的用海方式,通过把海洋按照地理位置、社会经济、自然资源、生态环境等状况分为不同的用海区域,根据海域特定的条件和功能进行针对性的用海活动,从而实现环境保护与海洋资源的最优配置目标。

(二)海洋生态安全是北极海洋空间规划的目标

气候变暖使北极的战略地位和资源价值凸显,许多国家为了实现自身利益,积极进入北极并寻找机会参与北极资源开发利用活动。北极地区范围界定并不明确,通常认为北极地区是指北极圈以北的区域,包括北冰洋以及欧洲、亚洲、北美洲部分陆地和一些岛屿,以冰雪覆盖的北冰洋为主。北极海洋空间规划的范围是北冰洋海域及其中的岛屿,可以简单地划分为确定主权归属的海域、争议海域和国际公海区域。在确定主权归属的海域,主权国家为了更好地利用海域,都已制订了相关的海洋空间规划方案或者相关的海洋管理措施,海洋生态安全有所保障。但是,在争议海域和国际公海区域,海洋生态安全受到严重威胁。在争议海域,争议国各自实施不同的规划措施或者管理方式,使得海域存在双重规划与管理;同时,各争议国为了更多的获取海域的资源往往会大幅度地开发利用,忽视生态环境保护。在国际公海区域,每个国家都有权利开发和利用资源。北极海域蕴藏着丰富的油气、矿产、渔业等资源,每个国家都想从北极地区获取利益,纷纷涌入北极,特别是进入国际公海区域进行科研考察、地质勘探、资源开发利用等活动。然而,由于国际公海区域具有公共性,在开发利用北极海洋资源的时候就产生了严重的"搭便车"现象。当前,各国无序开发北极海洋资源,严重威胁北极海洋生态安全。实施海洋空间规划,有利于改善开发利用北极海洋资源的技术条件和规范各国用海行为,从而更好地维护北极海洋生态安全。

(三)海洋生态安全对北极海洋空间规划的影响

海洋空间规划是一项新兴的海洋综合管理技术,新技术在全球范围内的运用和推广需要有良好的国际政治形势;技术的发展是一个由不成熟到成熟的过程,在这个过程中需要有相关的评价指标。北极海洋生态安全能够缓和各国在北极的矛盾,为北极海洋空间规划的实施提供稳定的国际政治形势;同时,海洋生态安全是海洋空间规划实施效果的重要评价指标。

1. 北极海洋生态安全为实施海洋空间规划提供稳定的国际政治形势

北极海洋空间规划的实施需要稳定的国际政治形势。海洋生态安全是提供稳定良好国际政治形势的基础。气候变化为北极资源开发带来契机,同时北极"全球公域"的特性使各国都有机会参与北极事务,特别是环北极国家和近北极国家。这导致相关国家在北极资源开发利用过程中矛盾重重,其中矛盾最为复杂的是美国、俄罗斯、加拿大等环北极国家,这些矛盾严重危及国际政治形势。北极海域具有自然气候环境恶劣和边界划定不明确的特征,这就要求在实施北极海洋空间规划过程中需要进行国际合作,包括加强各国间的政治互信、进行技术交流等。北极海洋生态安全能够减少国家间的矛盾与冲突,促进各国在北极资源开发利用、经济贸易、科研勘探等方面的合作,形成良好的国际关系,为实施海洋空间规划提供稳定的国际政治形势。

2. 北极海洋生态安全是评估海洋空间规划实施效果的重要指标

海洋空间规划是一个长期性、系统性的过程。首先,在进行规划之前需要进行充分的前期调查与资料、数据收集工作,全面了解规划海域的自然生态环境、社会经济状况等内容。其次,在前期调查与准备的基础上,进行海洋空间规划的编制工作,在这个过程中需要确定规划编制的主体、原则、具体方法、技术体系等,统筹海陆,规划用海,对人类活动进行相应的限制,促进生态环境保护,实现海洋的可持续发展。随后,在规划海域实施海洋空间规划,这需要政府与用海者的协调合作,政府各相关部门以规划文件为依据,推进海洋空间规划的实施,而用海者应该积极配合、依法用海,促进海洋空间规划的实施。最后,在海洋空间规划实施之后,相关部门应该定期跟进规划实施情况、评估实施效果,增强海洋空间规划的动态适应性,不断完善海洋空间规划。海洋生态安全应作为海洋空间规划实施的一项重要评估指标,以防规划过度注重海洋资源开发与经济发展而忽视生态环境保护,这样才能发挥海洋空间规划的生态系统保护功能。

三、北极海洋空间规划现状

根据海洋空间规划的定义,可以把北极海洋空间规划的概念界定为利用空间分析技术和规划手段,辅之以相应的政策、法律规范,对北极海域进行的,以实现北极海域生态、经济、社会目标的一种海洋综合管理活动。北极海洋空间规划包括北极相关国家在各自的北极海域实施的各项海洋综合管理计划、规划等,也包括国际组织实施的各项海域保护计划行动。

挪威、丹麦、冰岛、俄罗斯、美国和加拿大在北极地区都拥有领海或专属经济区海域,这些环北极国家都在各自管辖的北极海域内实施管理,已有多个国家开启了北极海洋空间规划进程。挪威早在 2002 年就开始了北极海洋空间规划的制定进程,并于 2006 年发布了巴伦支海—罗弗敦群岛海域综合管理计划,是最早在北极地区建立海洋空间规划的国家。2009 年挪威议会通过挪威海综合管理计划,实现了海洋空间规划在挪威北极管辖海域的全覆盖。加拿大波弗特海洋规划办公室于2009年发布波弗特海海洋综合管理计划,计划通过海洋空间规划来管理波弗特海。丹麦和冰岛分别通过立法和制定国家战略来为海洋空间规划提供框架和背景。俄罗斯在北极地区的海洋空间规划也进入规划制定的阶段。美国虽计划在阿拉斯加北极管理区域内的专属经济区海域实施海洋空间规划,但其规划进程尚未开始。基于此,本部分主要说明挪威和加拿大在北极的海洋空间规划。

(一)挪威的北极海洋空间规划

挪威是世界上重要的石油生产国,其油气资源主要储存在北海、挪威海和巴伦支海海域内,大量的油气开采、加工、运输活动严重破坏了海洋生态环境。挪威借助海洋空间规划手段,通过更新数据资料、完善规划技术等方式,不断缓解海洋生态安全危机。挪威的海洋空间规划主要是围绕巴伦支海、罗弗敦群岛海域、挪威海制定的各项海洋综合管理计划,具有代表性的是《巴伦支海和罗弗敦群岛海域海洋环境综合管理计划》和《挪威海综合管理计划》。

1. 巴伦支海和罗弗敦群岛海域海洋环境综合管理计划

2002年,挪威启动了其在巴伦支海—罗弗敦群岛海域这一较为完整的生态区域内海洋环境综合管理计划的制订工作,并于2006年经挪威议会批准发布了第一份海洋空间规划白皮书——《巴伦支海和罗弗敦群岛海域海洋环境综合管理计划》。这是挪威政府制定的首个海域管理计划。该白皮书指出,巴伦支海—罗弗敦群岛海域综合管理计划的范围覆盖了面积超过1400000平方千米的领海基线1海里外的挪威领海和专属经济区海域,其中包括斯瓦尔巴德群岛周围的渔业保护区。在该计划中,一些特定区域内的人类活动受到了严格管理,如对海域内的航道进行重新规划,在敏感区域内限制拖网捕捞,以及在部分海域内限制石油开发活动。根据基于生态系统的管理的国际准则,该计划为管理区域内的主要人类活动(油气工业、渔业和航运)制定了总体框架,以确保巴伦支海—罗弗敦群岛海域海洋生态系统的健康和可持续生产。该计划主要的海洋环境保护措施包括:①分区管理,各海域内所有活动都要以保护海洋生态环境为前提;②保护主要生态脆弱区免受石油污染;③及时治理长期受污染的海域;④加强渔业管理;⑤系统监测海洋环境,确保海洋环境的健康发展;⑥加强海域调查和科学研究,为规划的知识和数据基础提供保障。

该综合管理计划实施以后,挪威对其进行了定期跟进和更新活动,并在原有数据、资料的基础上不断扩充,于 2011 年由政府发布了计划的更新版本——《巴伦支海—罗弗敦群岛地区海洋环境综合管理计划的首次更新》。挪威通过实施海鸟监测计划获取了巴伦支海—罗弗敦群岛海域的海鸟分布数据,从而在更新版本中重点补充了海域内海鸟数据,对保护海域生物多样性维持生物生产具有重要意义。海水营养物质丰富、具有较高浮游植物含量的区域可以作为鱼类产卵场或鸟类栖息地。更新版本还补充了重要的底栖生物群落数据,将一些海床上分布有珊瑚礁群落和海绵群落的海域归类为重要的生态脆弱区,以对这些稀有的生物群落和其构成的重要生物栖息地提供必要的保护。随着挪威在其北极海域内海洋产业的发展,更新版的管理计划不再仅仅关注渔业、航运和油气开发三个传统的海洋行业,而是对新兴产业给予更多的重视:海洋旅游业、海洋生物勘探、近海可再生能源开发利用。这些新兴产业的发展能为挪威带来巨大的价值,但前提是海域生态环境得到有效保护。为了保护和可持续利用海洋生态系统,更新版本的海洋环境综合管理计划提出了进一步的管理措施:①通过立法手段限制拖网捕捞,以保护海底珊瑚和海绵生物群落;②进一步加强对重要海鸟种群的监测,持续更新数据;③对油气活动进行环境影响评价,并更新原有的油气管理框架。

2014 年,挪威对巴伦支海—罗弗敦群岛海域海洋环境综合管理计划进行了第二次更新,并于 2015 年发布了新的海洋空间规划白皮书。与第一次更新相比,第二次更新范围更为有限,挪威政府将关注重点放到了巴伦支海—罗弗敦群岛海域的北部。随着气候不断变暖,这一区域海冰不断融化,航运、渔业和油气开发等活动得以进入这一区域,这对挪威的海洋管理部门提出了新的要求。

2. 挪威海综合管理计划

挪威政府制定了《挪威海综合管理计划》,并于 2009 年由挪威议会批准施行。规划范围包括了斯匹次卑尔根群岛西侧的部分北极海域,旨在保护该海域生态环境,促进挪威社会经济发展。挪威海海域内人类活动繁多,海域用途丰富,不同的人类活动存在相互竞争与利益冲突,如海洋渔业与油气开采业之间存在竞争与冲突、新兴海洋产业与传统海洋产业之间也存在竞争与冲突。鉴于此，挪威政府以利益冲突最小化的方式来规划和开展挪威海的商业活动，合理协调海域内的各项活动，减少海域用途冲突。该计划为海域内的石油和天然气工业、渔业、海上交通运输业和自然环境保护制定了具体的管理行动和各类空间管理措施。同时，挪威海综合管理计划划定了11个主要的生态脆弱区，并通过保护珊瑚礁和其他海洋生境、建立海洋保护区、建立石油活动框架来实现海域的空间管理。2017年4月5日，挪威发布挪威海综合管理计划的更新版本，重点关注了海域内的海洋垃圾和微塑料的分布、影响和信息需求，提出了新的海域管理措施。

（二）加拿大北极海洋空间规划

加拿大三面环海，海岸线绵长，管辖海域广阔，海洋资源丰富。在独特的地理位置和海洋资源优势下，加拿大较早进行了海洋管理实践，积累了丰富的海洋空间规划经验。1997年，《加拿大海洋法》生效，为之后的各项海洋管理活动提供法律依据；2002年，加拿大渔业和海洋部颁布了《加拿大海洋战略》，明确了加拿大海洋综合管理的政策导向；2005年《加拿大海洋行动计划》出台，通过海洋事务管理相关部门之间的协调与合作，开展海洋综合管理；2008年，在各项法规、政策的指导下，加拿大发布了《东斯科舍大陆架战略规划》，这是加拿大第一份海洋综合管理规划。

波弗特海是位于加拿大北部的边缘海，属于北冰洋，是典型的北极海洋。2008年，加拿大发布了波弗特海的"生态系统概况和评估报告（EOAR）"，报告确定了海域内32个生态保护区。2009年，《波弗特海海洋综合管理规划》发布，对波弗特海的海洋资源使用与管理提出了具体要求，要求各相关部门和机构在认真履行各自职责的基础上相互合作、共同承担实现波弗特海可持续开发利用的责任。其规划程序分为三步：第一步是界定和评估规划区域，第二步是引导管理者和利益相关者参与规划，第三步是制定综合管理规划。规划考虑到海洋油气资源对国家发展的重要性，决定采用综合管理方法来评估石油和天然气工业对区域环境、社会、文化和经济的影响，为合理开发海洋油气资源、实现海域可持续发展奠定基础。此外，海洋野生动物可以满足北极原住民的生活需求，规划确保波弗特海能够继续提供健康的鱼类、哺乳动物等，以供当前和未来的居民利用。通过实施海域综合管理，加拿大希望维持波弗特海海洋生态系统健康、解决各项用海冲突、限制人类环境污染活动以及实现海洋的最大化、多样化的可持续利用。

（三）北极国际海洋空间规划

1. 北极保护区战略和行动计划

1994年,北极理事会的北极动植物保护工作组(Conservation of Arctic Flora and Fauna,CAFF)发布北极圈保护区网络(Circumpolar Protected Areas Network,CPAN)战略和行动计划,对北极地区现存的和推荐设立的保护区进行了分类整理。CPAN战略和行动计划的目标是通过实施各项举措,在北极整体保护战略的背景下,建立一个管理良好的保护区网络,以永久维持北极地区的生物多样性,由此产生的保护区网络旨在尽可能充分地代表各类北极生态系统,为保护所有北极物种种群作出贡献。

2. 北极保护区指标报告

2017年,北极理事会的北极动植物保护工作组(CAFF)和北极海洋环境保护工作组(PAME)制定了《北极保护区指标报告(2017)》,分析了北极保护区的现状和趋势。报告对CAFF研究范围内陆地保护区、海洋保护区、生物多样性地点等受保护区域的现状和趋势进行了详细描述。北极地区陆地保护区的覆盖率于2005年前就达到了"生物多样性公约"提出的10%的"爱知目标",而海洋保护区的覆盖率在2016年也仅为4.7%,离10%的"爱知目标"尚存在较大差距。

3. 北极海洋战略计划

北极地区海冰正在发生季节性的大范围消退,国际科学界已进行了北冰洋中部的多次试航。同时,海冰消退对区域生态系统和未来的渔业也产生了影响。2004年,由北极海洋环境保护工作组(PAME)编制的《北极海洋战略计划》(*The Arctic Marine Strategic Plan*,AMSP)被正式批准。该计划提出四个战略目标:①减少和防止北极海洋环境中的污染;②保护北极海洋生物多样性和生态系统功能;③促进所有北极居民的健康和社区繁荣;④推动北极海洋资源的可持续利用。2015年4月,该计划的更新版本《2015—2025年北极海洋战略计划》在PAME部长级会议上被批准,阐述了北极理事会如何增加对人类活动、气候变化和海洋酸化影响的认识。更新版本计划的目标包括:①提升对北极海洋环境的了解,继续监测和评估目前和未来北极海洋生态系统所受的影响;②养护和保护生态系统功能和海洋生物多样性,增强其抵御能力和提供的生态系统服务;③考虑累积环境影响,促进安全和可持续地利用海洋环境;④增进包括北极土著人在内的北极居民的经济、社会和文化福祉,增强他们应对北极海洋环境变化的能力。

四、北极海洋空间规划的困境

海洋空间规划是海洋综合管理的一项重要工具,在北极实施海洋空间规划是维护北极海洋生态安全的必要手段。当前,北极海洋空间规划还处于起步阶段,相关国家认识到在北极海域实施空间规划的重要性,但制定和实施北极海洋空间规划面临诸多困境。

(一)当前北极海洋空间规划不成熟

目前,虽然有多个国家已开启在北极的海洋空间规划实践,但在规划进程、规划范围、规划动机和规划执行力方面均呈现不同的特点,总的来说,当前北极海洋空间规划还处于起步阶段,规划还不成熟。

1. 规划进程缓慢

虽然,有多个国家决定在北极海域将海洋空间规划付诸实践,但实际完成规划的只有挪威一国,其余多处在规划准备或分析阶段。挪威在其巴伦支海—罗弗敦地区和挪威海的北极海域建立了海洋空间规划,根据海洋环境、海洋开发利用方式的变化和数据库的更新,挪威对规划进行定期更新,体现了海洋空间规划动态的、持续性的管理过程。加拿大目前在波弗特海大海洋管理区建立起高层次计划,处于海洋空间规划的分析阶段,还未形成成熟的海洋空间规划体系。此外,处于规划分析阶段的还有俄罗斯和冰岛,俄罗斯计划在北极地区制定海洋空间规划,冰岛已制定冰岛国家规划战略(2015—2026),为海洋空间规划提供了基础。丹麦议会已通过《海洋空间规划法》,为北极海域海洋空间规划制定了框架,海洋空间规划进入准备阶段。美国计划在阿拉斯加—北极管理区域内专属经济区海域建立海洋空间规划,但规划尚未开始。总体来说,北极海洋空间规划仍处于起步阶段,规划进程缓慢。

2. 规划范围不全面

从规划区域来看,各国大多以其北极地区的专属经济区海域作为规划区域,并且在基于生态系统的同时考虑行政边界来进行规划范围的界定。例如,挪威巴伦支海—罗弗敦地区的海洋空间规划,将作为鱼类产卵的罗弗敦群岛和鱼类栖息地巴伦支海作为一个整体进行考虑,规划范围的东边界为挪威和俄罗斯的专属经济区界限。在规划范围上,挪威、加拿大在北极的海洋空间规划覆盖面积较大,规划范围都在 100 万平方千米以上。但是,在国家管辖范围外海域,包括北冰洋中部的公海区域,尚无海洋空间规划研究,北极海洋空间规划范围不全面。

3. 规划动机复杂

在规划的出发点上,各国不尽相同。加拿大波弗特海沿岸经济条件较为落后,海洋开发利用活动较少,当地社区有发展海洋经济的强烈意愿,因而其规划旨在评估石油和天然气工业对区域的影响,以促进海域的可持续利用。挪威北极海域海洋环境质量良好,2006 年以前的开发利用活动主要为渔业、航运和油气开发,因而其规划主要关注来自海上石油污染的威胁,并将减少各行业冲突、促进各海洋产业协调发展作为主要原则。2006 年后,气候变化、海洋酸化的影响加剧,挪威在海洋空间规划的更新中主要以新的环境影响为出发点,同时考虑旅游业、海洋可再生能源开发、海洋生物勘探等新兴产业。当前,各国在进行北极海洋空间规划时,都以维护本国利益为出发点,多以开发北极海洋的资源为动机,而出于维护北极海洋生态安全目的空间规划较少。

4. 规划执行力不强

在规划执行力方面,挪威的两项北极海洋空间规划均具有监管、执行的权力,对海域内的人类活动实行严格管理;加拿大和冰岛的北极海洋空间规划由于仍处在分析阶段,只是为政府和相关机构提供咨询和参考。虽然,以北极理事会为代表的北极地区合作组织已经进行了北极海洋保护区建设、北极海洋生物多样性保护、北极航道开发与管理等多方面的基础性研究,积累了大量的生物、环境和人类活动数据,确立了北极海域重要的保护目标和创造价值的经济活动,为北极海洋空间规划的建立奠定了科学基础,但却没有实质性的空间规划行动。在北极地区,目前尚无国家和国际机构将北极海域作为一个整体考虑来开展实质性的北极国际海洋空间规划的研究工作。

（二）北冰洋海域划界争端频繁，海洋空间规划主体不明确

由于特殊的地理位置、气候条件和军事政治背景，北极地区存在着复杂的海域划界争端。到目前为止，北冰洋海区已完成大部分海洋划界，但整体而言还有相当一部分未完成的海洋划界，涉及200海里外大陆架外部界限的确定问题，各国的海洋划界形势更加复杂。

1. 200海里以内海域划界争端

随着全球气候不断变暖，北极资源的可开发利用程度不断提高，各国的海域划界争端越来越复杂和激烈；其中，200海里以内专属经济区的划界争端主要涉及俄罗斯、美国和加拿大。俄罗斯（原沙皇俄国）与美国于1867年签订《阿拉斯加割让协定》，自此，阿拉斯加归属美国，然而当时并未在白令海和楚科奇海之间规定明确界限，导致美国和俄罗斯在该海域长期存在争端。美国与加拿大在波弗特海也存在争端，两国关于海域分界线的走向一直没有达成一致意见，争端背后是两国都想获取更多的资源利益。

2. 200海里以外大陆架划界争端

200海里以外大陆架划界争端涉及的国家更多，争端更为复杂和激烈。随着资源勘探技术的不断提高，北冰洋被勘测出具有丰富的油气资源储备，这使北冰洋沿岸国家纷纷争夺外大陆架主权权利，以更好地获取北冰洋所蕴藏的资源。2007年，俄罗斯微型潜艇在北冰洋水深4261米处插上国旗，意图证明北极附近富含石油的大陆架是俄领土的自然延伸。俄罗斯"插旗事件"激起了各国的危机感，美国、加拿大、挪威、丹麦纷纷采取行动保护各自的北极权益。丹麦以北极点所在的海底是格陵兰岛（丹麦）的自然延伸为由，宣称北极是丹麦的。历史上加拿大曾申请北极主权，协定若未来100年内没有国家提出北极主权申请，则北极属于加拿大。俄罗斯和丹麦对于北极主权的申请威胁到加拿大的利益。美国和挪威也纷纷进行军事活动、以勘探活动参与北极争夺。由于争议各方的利益诉求、技术水平、社会经济状况不同，在进行海洋空间规划时也会有很大差异。不同的国家在同一片海域实施不同的海洋空间规划，导致规划重叠，难以实现有效的海洋管理。不同的主体同时对争端海域进行资源开发利用，造成过度开发，严重影响海域生态安全，加重了海洋空间规划的难度。

（三）北极气候环境恶劣，海洋空间规划面临技术难题

1. 北极自然环境恶劣

北极位于地球最北端，因常年光照不足，气候极其寒冷，北冰洋大部分为冰雪所覆盖，生态系统极为脆弱，在北极地区开展人类活动需要先进的技术和仪器设备作为支撑。近年来，全球气候变暖，北冰洋冰雪有所消融，人类进入北极并开发北极丰富资源的机会增加。然而，当前的气候变暖程度还不足以改变北极"寒极"的性质，北冰洋依然常年被冰雪覆盖，在北冰洋开展包括海洋空间规划在内的人类活动难度很大。同时，由于人类在北极的活动多为资源开发活动，会对原本就比较脆弱的生态环境造成难以恢复的危害：①北冰洋海域渔业资源丰富，北冰洋沿岸国家对北极渔业资源的大肆开采不利于渔业资源的循环再生；②北冰洋海域蕴藏着丰富的油气资源，各国在北极海域进行的海上油气钻探活动，对海洋生态环境造成严重危害；③北冰洋海冰融化，北极航道实现季节性通航，不断增多的船只通过北极航道不可避免地会发生船舶漏油、排放有毒有害气体以及抛弃船上生活垃圾等，严重威胁北极海水质量以及空气质量，从而危害北冰洋海域生物的存活，严重破坏北冰洋生态系统。恶劣的气候环境和敏感脆弱的生态系统是在北极实施海洋空间规划的巨大挑战。

2. 海洋空间规划技术欠缺

海洋空间规划是由陆域空间规划发展而来的，然而由于海洋的特殊性，陆域空间规划的技术手段并不完全适用于海洋空间规划，加之人类对海洋的认识还比较有限，相较于陆域空间规划，海洋空间规划的技术本身就不成熟。制定和实施海洋空间规划需要更为先进的空间规划手段，这也是在北极进行海洋空间规划所面临的技术难题。此外，由于北极特殊的战略地位，各国在争夺北极资源的过程中相对比较保守，为了防止本国先进的技术为他国所利用而损害本国在北极的利益，各国较少进行技术交流与合作，这不利于整体北极海洋治理技术的提高，北极海洋空间规划的技术水平也受到限制。

五、海洋生态安全视角下完善北极海洋空间规划的建议

气候变暖为各国开发利用北极资源带来机遇，然而，无序的资源开发利用活动对北极海洋生态安全造成严重影响。以海洋生态安全为基础，在北

冰洋海域实施海洋空间规划,能够合理规范各国的海洋资源开发利用活动,实现北极资源的可持续发展。当前,北极海洋空间规划仍处于起步阶段,规划的制定和实施都还不成熟,且在北极进行海洋空间规划面临着多重困境,应该不断完善北极海洋空间规划,实现北极海洋生态安全和资源的可持续开发利用。

(一)加快构建北极海域争端解决机制,明确海域的空间规划主体

1. 200 海里以内海域争端解决机制的构建

200 海里以内的海域争端多存在于两个相邻的国家之间,如美国和俄罗斯关于白令海—楚科奇海的划界争端、美国和加拿大关于波弗特海的划界争端。解决两国之间的争端有三种方式。①双方通过和平谈判,缔结共同遵守的双边协议。和平谈判是解决国际争端的最常用方式,争端双方可在国际法规则原则的指导下进行妥协与博弈,从而实现争端的和平解决。美国、加拿大、俄罗斯都是北极大国,都希望在北极地区获取最大利益,但是如果博弈双方都不做出相应的让步,最终的结果将成为零和博弈,不利于北极资源的可持续开发利用,甚至危害北极海洋生态安全;只有双方都做出相应的妥协,达成共同遵守的协议,才能实现双赢局面。②搁置争议,共同开发。争议双方长期对抗不利于海域的开发与治理,双方可搁置争议进行交流合作。双方可进行技术交流与合作,提高开发利用海域资源的整体水平;同时可共同保护海域的生态环境,维护海洋生态安全,促进海域资源的可持续利用。③建立第三方争端解决机制。北极海域争端的解决可以借助一些常设的国际机构,主要有国际海洋法法庭、国际常设仲裁法院。各争端当事国向这些国际机构提出北极海域的主权权利申请需要提供充足证据,当前北极各国都在积极进行科研勘探,以期提供足够的证据。

2. 200 海里外大陆架的争端解决机制

北冰洋 200 海里外大陆架的争夺极其激烈和复杂,美国、俄罗斯、加拿大、丹麦、挪威和冰岛都是争端国。多国争端的解决,一方面需要进行多边谈判,共同就海域划界方式达成一致意见并共同遵守。另一方面,借助第三方机构来解决争端。联合国大陆架界限委员会是根据《联合国海洋法公约》设立的机构,其职能包括:①审议沿海国提出的关于扩展到 200 海里以外的大陆架外部界限的资料和其他材料,并按照《联合国海洋法公约》第 76 条和

1980 年 8 月 29 日联合国第三次海洋法会议通过的谅解声明提出建议;②在编制这些资料期间,应有关沿海国的请求,提供科学和技术咨询意见。

(二)以海洋生态安全为基础,加快北极海洋空间规划进程

1. 增加和提高北极海洋空间规划的数量和质量

当前,环北极国家中,只有挪威和加拿大制定和发布了具体的海洋空间规划。挪威于 2006 年首次发布《巴伦支海和罗弗敦群岛海域海洋环境综合管理计划》,并于 2009 年进行修订和发布了《挪威海综合管理计划》。加拿大在 2009 年发布《波弗特海海洋综合管理规划》。除此之外,北极地区并没有其他实质性的海洋空间规划文本存在。还未制定和发布海洋空间规划的国家应加快北极海洋空间规划进程,依据本国海域特征,以海洋生态安全为基础,尽快制定和发布自己的海洋空间规划,增加海洋空间规划的数量,并在随后的执行过程中不断更新和完善现有海洋空间规划,增强北极海洋空间规划的可行性,保障北极海洋空间规划的质量,从而进一步推进北极海洋空间规划进程。

2. 提高北极海洋空间规划执行力度

北极海洋空间规划在制定和发布之后,需要得到实施才能实现规范人类用海活动、维护北极海洋生态安全、维持北极资源的可持续开发利用的目的。提高北极海洋空间规划执行力。①需要进行海洋空间规划立法,以法律手段强制实施。各国应该完善本国法律体系,制定相关的海洋空间规划法律法规,保证海洋空间规划的有效实施。②在各国行政体系中增加海洋空间规划执行机构,专门负责在本国海域内推进实施海洋空间规划,并对实施结果进行检测管理,为北极海洋空间规划的修订和完善提供数据和资料。③发挥公众监督的作用,监督北极海洋空间规划的实施情况;既要监督海洋空间规划是否持续推进,又要监督海洋空间规划是否符合生态安全的要求。实施海洋空间规划,最后受影响的是公众,通过公众监督可以加大北极海洋生态安全的执行力度,同时督促国家在资源开发利用的同时保护北极海洋生态安全。

3. 在北极公海区域制定和实施海洋空间规划

北冰洋公海区域也在北极海洋空间规划的范围之内,在公海区域进行海洋空间规划能够保证北极海洋空间规划的全面性,加快北极海洋空间规

划进程不能忽略对北冰洋公海区域的规划。由于北冰洋公海区域性质特殊,在该公海区域进行海洋空间规划不仅受恶劣的自然气候条件影响,而且受复杂的国际社会环境所限制。因此,在进行海洋空间规划时,各国应开展多边会议进行协商,并派出相应的海洋空间规划人员组成专门的海洋空间规划机构,由专门的海洋空间规划机构来完成公海区域的海洋空间规划制定与执行工作。

(三)借鉴国际海洋空间规划经验

海洋空间规划从兴起到现在已经经历了较长时间的发展,以英国、德国、澳大利亚等为代表的海洋发达国家已经形成了较为成熟的海洋空间规划理论和实践。北极海洋空间规划处于起步阶段,规划的编制和实施都还不完善,应借鉴国际海洋空间规划经验,结合北极海域的实际情况,完善北极海洋空间规划。英国是典型的世界海洋强国,一直比较重视海洋综合开发、利用和规划工作。2009 年英国颁布了《英国海洋法》,该法由 11 个部分组成,其中第三部分为海洋规划,提出了战略性海洋规划体系。该体系的第一阶段工作是编制海洋政策,确立海洋综合管理方法,确定海洋保护与利用的短期与长期目标;第二阶段是制订一系列海洋规划与计划,以帮助各涉海领域落实海洋政策。北极海洋空间规划可以借鉴英国的战略性海洋空间规划体系。澳大利亚通过综合协调用海来保持优质的海洋环境,这为以保护海洋生态安全为基础的北极海洋空间规划提供了指导。《澳大利亚海洋政策》就澳大利亚广大海域制定了基于生态系统的综合管理框架,为规划和管理海洋开发提供了战略依据。为了更好地开发利用海洋资源,澳大利亚出台了海洋科技计划、海洋生物区规划等。德国的空间规划一直处于世界领先地位,随着空间规划的不断成熟,德国把规划范围由陆地延伸到海洋。1997 年德国实施的《瓦登海海洋空间规划》(领海部分)将海洋空间划分为农业、工业、航运、渔业以及观光和游憩等活动区域,以保护海洋生态环境。2004 年,德国《联邦空间秩序规划法》将海洋空间规划扩大到专属经济区。北极海洋空间规划应统筹海陆,实现系统全面的海洋科技规划管理。

(四)加强北极海洋空间规划的国际合作

1. 政治协调

北极海洋资源丰富,所有国家在北极所开展的活动都有一个共同的目的，就是获取北极蕴藏的丰富资源。然而，长期无序、无节制的开发导致北极资源枯竭、北极生态环境破坏，最终产生的不利影响将会是全球性的。维护北极海洋生态安全，实现北极资源的可持续开发利用是各国和整个国际社会的共同利益。在维护北极海洋生态安全上，环北极国家应该摒弃争议，加强互信，携手合作在北极海域实施海洋空间规划，通过规划用海的方式规范各国的用海活动，实现北极资源的可持续开发利用。在北极利益问题上，各国处于一个命运共同体，应该通过双边会议或者多边会议，进行政治协商，达成一致的利益观，与其他国家建立海洋空间规划合作伙伴关系，促进北极海洋空间规划的合理制定与有效实施。

2. 经济互补

对海域的自然条件状况进行调查是海洋空间规划的前提，北极自然气候环境恶劣，在北极海域实施海洋空间规划需要巨大的资金支持。单一国家在北极进行海洋空间规划面临着巨大的财政压力，因此各国应该进行经济领域的合作，从而为北极海洋空间规划提供资金。为了维护北极海洋生态安全进行经济合作，需要坚持平等互利的原则，打造经济合作平台，共同致力于全球经济发展。在北极地区的经济合作可以从资源贸易、极地旅游、航道运输等方面进行。在资源贸易方面，北极自然资源丰富，以俄罗斯为代表的北极沿岸国家拥有丰富的油气资源，通过出口到中国等油气资源消费大国，可带动北极沿岸国家的经济发展，为实施海洋空间规划储备资金。在极地旅游方面，随着南北极的可进入性增强，极地旅游成为一种新兴行业，可带动极地地区的经济发展。北极航道的季节性通航为国际贸易提供便利。相比于传统航道运输，北极航道可以节约成本，提高安全性，促进沿岸国家经济发展。

3. 技术合作

编制海洋空间规划需要大量采集海域的水文特征、资源状况、海底地形地貌等信息，这些数据的采集需要较高的技术要求。在采集数据过程中，传统的野外人工测绘难以完成任务。随着技术的发展，航空遥感成为数据采集的重要方式，但航空遥感受飞机飞行高度、续航能力、姿态控制的影响较大，难以进行全天候遥感测绘作业以及实施大范围的动态监测。相比于传统野外人工测绘和航空遥感，卫星遥感影像因其视点更高、视域更广、数据采集快、可进行重复、连续观察的特点，更适合用于海洋空间规划中的数据采集。北极海洋空间规划需要利用海洋卫星进行数据收集,各国应该加强技术合作与交流,完善北极海洋卫星立体观测体系,创新各类海洋卫星遥感数据融合技术,针对特定海域获取的各类海洋卫星遥感数据,反演该区域海洋物理特征,进行数据融合,实现对海洋物理特征的近实时监视监测。数据收集之后应该用空间分析的方式对资料进行分析,从而为制定发展战略、政策规划提供依据。各国应该以维护北极海洋生态安全,促进北极资源可持续开发为基础,进行海洋空间规划技术交流,提高北极海洋空间规划整体科技水平。

六、结论

北极海域具有重要的战略地位和资源价值,当前各国在开发北极过程中存在无序、无节制的现象,严重危害北极海洋生态安全,不利于北极的可持续发展。海洋空间规划作为一种海洋综合管理工具,在维护北极海洋生态安全、合理开发北极资源中具有重要作用。当前,北极海洋空间规划处于起步阶段,以挪威、加拿大为代表的环北极国家正在陆续编制和实施北极海洋空间规划。但当前北极海洋空间规划还不成熟、海域划界不明确、气候环境恶劣、技术水平欠缺,完善北极海洋空间规划应先解决海域划界问题,明确相关海域的海洋空间规划主体;借鉴海洋发达国家的海洋空间规划经验,开展国际合作,为北极海洋空间规划提供技术、资金和国际环境的支持,以维护北极海洋生态安全为基础,合理编制和有效实施海洋空间规划,为北极善治、全球海洋治理提供重要依据和支持。

文章来源:原刊于《太平洋学报》2020 年第 1 期。

基于"通权论"的北极地缘政治发展趋势研究

■ 李振福,崔林嵩

 论点撷萃

北极国家和北极利益攸关方在北极区域的政治影响力,不仅取决于其海权或者陆权的获取,还包括多种因素的共同作用。在当前国际经济全球化和区域一体化的时代背景下,各国在北极地区开展的合作越来越多。传统地缘政治理论更适合从全球和特定区域的地缘环境角度认识权力布局、国家安全和国际对抗等现实问题,不能很好地适用于当前全球化、合作化的时代背景。本文提出地缘政治研究中的一种新的理论——"通权论",承接"海权论""陆权论"等传统地缘政治理论,以适应当今政治经济全球化的主流趋势,为国家战略实施提供支持,帮助构建和平稳定的区域关系和国际关系,实现各国的共同发展、共同繁荣。"通权论"的实质是通过国家之间尽可能多的合作交流实现政治经济的繁荣,以和平合作、平等互惠、包容共进的方式管理和利用国家之间的地缘关系,以促进国家之间的平等和平与共同繁荣。

气候变暖带来了机会,也提出了挑战。北极区域温度的升高意味着北极航道开通的可能,但也会给北极乃至全球带来生态灾难。所以,北极成为世界地缘政治的重要区域,各国在北极战略方面展开博弈,在这里能够敏锐地感知来自世界的地缘政治演化热度以及集中于生态和权益等方面相互矛

作者: 李振福,大连海事大学专业学位教育学院院长,大连海事大学航运经济与管理学院教授,大连海事大学极地海事研究中心主任

崔林嵩,大连海事大学交通运输工程学院硕士

盾的地缘政治拉锯的强度。从现阶段北极地缘政治的特点不难看出,各国在北极地区的科技、生态、交通、政治、经济和资源等方面都有交集,并且国家之间关系复杂,需要寻求一种合作、通达的方法解决现有问题。因此,利用"通权论"研究北极地缘政治的发展是一种比较恰当的路径和方式。

当前,中国应把握北极地缘政治发展趋势,应用"通权论"推广互联、互通、和平等互惠理念,努力推动北极命运共同体和大北极建设,积极为北极治理提供公共产品,讲好中国故事,以和平友好的态度参与北极事务,为北极区域的可持续发展贡献力量。

一、引言

北极地区具有十分重要的军事战略地位。"冷战"时期,由于地理位置的优越,北极成为美、苏两大军事集团对抗的前沿地带,环北冰洋区域密布着攻击性武器和预警系统,北极地区被高度军事化;同时,北极地区也成为地缘政治敏感区域,使得北极地区的合作举步维艰。苏联领导人戈尔巴乔夫执政后,美苏关系转暖。1987年10月,在苏联北方军事重镇摩尔曼斯克,戈尔巴乔夫发表了标志着北极政治及"冷战"状态转折的讲话,呼吁在各方面开展国际合作,将北极变为和平之极。1988年3月,来自8个在北极圈内有领土和领海的国家代表一致倡导建立一个非政府的国际北极科学委员会。这8个国家是加拿大、丹麦、芬兰、冰岛、挪威、瑞典、美国和苏联。此后,各类有关北极的国际组织不断出现和壮大,各国在北极区域的对抗逐渐趋于稳定合作。

气候变暖对全球产生重要影响,在北极区域的体现更为明显,刺激了北极区域资源的开发利用和航道的商业运营,北极航道的开通已经成为大势所趋。全球变暖不仅造成北冰洋海冰的加速融化,还使北极区域又一次成为地缘政治的热点地区。北极国家和北极利益攸关方围绕海洋主权、边界区域、航道控制、资源开发和北极领土等地缘政治问题展开竞争与合作。北极不再是被人忽略的不毛之地,而成为世界各国地缘政治博弈的重点区域,是全球重要的战略聚集区。

地缘政治是一种以地理因素作为国家政治行为决定性因素的理论,它根据国家的各种地理要素和国际政治格局的地理形式分析和预测国际形势及国家行为,是各国制定国防和外交政策的一项重要依据。地缘政治理论从诞生之时就承担着为国家设计战略的使命,先后出现了"海权论""陆权论"和"空权论"等,同时,随着科学技术的进步,"制天权"和"制信息权"也相继被提出,大大丰富了地缘政治理论。北极国家和北极利益攸关方在北极区域的政治影响力不仅取决于其海权或者陆权的获取,还包括多种因素的共同作用。在当前国际经济全球化和区域一体化的时代背景下,各国在北极地区开展的合作越来越多。传统地缘政治理论更适合从全球和特定区域的地缘环境角度认识权力布局、国家安全和国际对抗等现实问题,不能很好地适用于当前全球化、合作化的时代背景,因此有必要顺应世界的发展潮流,从新的地缘政治角度分析北极国家和北极利益攸关方之间的问题,探讨冲突根源,提供分析世界秩序的新思路。

鉴于此,本文提出"通权论"的理念,将"通"的思想与地缘政治理论相结合,利用此理论研究北极地缘政治及其发展趋势。本文将在分析当前地缘政治局限性的基础上论述"通权论"的理论内涵,并运用"通权论"思考北极区域地缘政治面临的问题和未来发展趋势,进而提出中国的应对措施。

二、"通权论"理论概述

本文提出地缘政治研究中的一种新的理论——"通权论",它承接"海权论""陆权论"等传统地缘政治理论,以适应当今政治经济全球化的主流趋势,为国家战略实施提供支持,帮助构建和平稳定的区域关系和国际关系,实现各国的共同发展、共同繁荣。

(一)传统地缘政治理论概述及其缺陷

地缘政治的思想最早源于中国的《管子》。春秋战国时期,齐国宰相管仲就提出了"地者政之本也"这一与地缘政治相关的想法。近现代以来,地缘政治理论被不断发展和完善。传统的地缘政治一般被认为是一种"关于国际政治权利与地理关系的认知,其观点根据地理环境的改变而改变",或者是"一种从地理中心论的观点对国际局势背景进行的研究及整体认识"。基于这些固有的判定,传统地缘政治研究者主要强调对地理环境、自然资源和领土资源的考察,从而考虑国家在国际政治中的影响,因此形成了相对稳定的理论传统:一是"国家有机体论",二是"地缘二元论"。"国家有机体论"

认为国家与生物有机体相类似,国家实力不断增强,带来力量的膨胀,当其力量的辐射范围超出现有领土,就会向外扩张。国家的扩张需要疆域的扩张。这种观点的代表是德国地缘政治学家豪斯霍弗,他根据"陆权论"提出所谓的"生存空间论",这一理论成为"纳粹地缘政治学"扩张理论的基础。而"地缘二元论"是指地球表面由陆地和海洋构成,国家之间利益的争夺和制约围绕着海权和陆权的竞争。代表理论为美国著名学者马汉提出的"海权论"、斯皮克曼提出的"边缘地带理论"和意大利学者杜黑的"空权论"等。这些经典理论为传统地缘政治学的逐步发展奠定了基础。

传统地缘政治理论具有鲜明的特点,同时这些特点也是它的缺陷。其一,扩张性。随着国家实力的增强,其对地缘政治的控制也不断加强,从而向外扩张。"海权论"是向海洋的扩张,"陆权论"是向欧亚大陆的扩张。其二,对抗性。在扩张的过程中,国家之间必然存在政治战略的对抗和博弈。其三,霸权性。海权和陆权的扩张都是为了建立全球性霸权,通过扩张与控制达到绝对优势。由此可见,传统地缘政治理论关注的核心是空间和权力的扩张。

除此之外,传统地缘政治理论还存在着现实困境和理论困境。现实困境是指传统地缘政治理论与当代现实的时代性有裂痕,不能很好解决当下问题。理论困境是指传统地缘政治学过于强调空间资源等物质性因素。地缘政治的提出具有特定的历史背景,与当时国家之间的关系相适应,同时还与当时的科学技术相适应。全球化带来了国家间的深入合作,国家间的相互依赖性不断增强,国际政治、经济、文化等成为相互联通的整体。因为无法包含新要素且不能跟随科技发展的传统地缘政治学,对于不断发展变化的世界地缘政治形势很难具备较强的解释力,所以,需要一种新的地缘政治理论视角,使之与当前的国际社会背景相适应并融入对地缘政治产生影响的新要素,以此解释现在与未来的世界地缘政治发展问题。

(二)"通权论"的引入

2017 年 10 月 18 日,习近平总书记在十九大报告中提出,坚持和平发展道路,推动构建人类命运共同体。人类命运共同体这一全球价值观旨在追求利益时兼顾他国合理关切,在谋求本国发展中促进各国共同发展、互联互通,共同面对挑战。人类命运共同体所体现的是一种"通"的思想、一种互惠互利、平等合作的理念、一种符合当前世界发展的价值观。

将"通"作为新地缘政治理论核心的原因主要有以下几点。首先，"通"是一切交流交往活动的前提，是一种与外界合作包容的状态，是降低壁垒的体现。在中国的历史长河中，只有与外界相"通"，朝代才能繁荣强盛，古代"丝绸之路"、唐朝的盛世、郑和下西洋都印证了"通"发展了当时的政治和经济。但是闭关锁国之后，"通"的程度降到历史最低水平，后果就是被西方帝国主义的炮火轰开清朝的大门，带给中华民族一段屈辱的历史。其次，"通"既涵盖了传统地缘政治理论，同时也超出这些理论范畴。传统地缘政治是以一国为主体，国家通过对抗和扩张加强对地理空间和资源的控制，进而获得利益，这种战略本质上也是一种"通"，但这种"通"仅仅希望通过强权形成单极霸主地位，在不平等合作中实现本国的绝对领导地位，驱使其他国家为本国服务，保证本国在信息、资源、空间等方面的通达，使本国达到最大程度的"通"。但是，这种状态无法长久维持。世界是多极发展的，全球化是发展大趋势，合作包容才是硬道理，因此，"通"作为新地缘政治理论的核心是十分必要的。此外，"通"可以体现在多个维度和多个角度，可以包括多种因素。全球化对社会的各个领域造成全方位冲击并推动了全球"去领土化"的趋势。"去领土化"不是没有领土，国家对于领土权力的概念仍然根深蒂固，"去领土化"将带来更大的文化认同，国家之间的交流合作会越来越频繁，"通"的方面越来越多。"通"的理念可以包括自然范畴中的海洋、陆地、天空等多个维度的联通，也可以包含政治、经济、文化之间的互联互通。

（三）"通权论"的实质与特性

"通权论"的实质是通过国家之间尽可能多的合作交流实现政治经济的繁荣，以和平合作、平等互惠、包容共进的方式管理和利用好国家之间的地缘关系，以促进国家之间的平等和平与共同繁荣。"通权论"谋求国家间形成互联互通、平等合作、共同发展的网状开放体系，包括政治、经济和文化等多个领域的交流，而非无休止的对抗。"通权论"超越了传统地缘政治理论对权力本身的过度追求，摒弃了海陆对抗及国家中心主义，以人类命运共同体思想为基础，以世界各国共同利益需求为出发点，以各国互联互通为要素，推动实现国家间、地区间在地缘政治、地缘经济、地缘文化等领域的合作和相互理解，是一种探索顺应世界发展大趋势，共建发展路径、共荣发展前景、共享发展成果的新地缘政治理论。国家之间的地缘政治不是简单的零和博弈。"通权论"通过实现国家间的通达,既可以保障本国的发展空间,也可满足合作国家的发展需求。将"通权论"作为各国共同的地缘价值观,将有利于避免国家间因战略对抗造成的损失,还有利于发挥部分地带的桥梁作用,促进合作。"通权论"的特性主要体现在以下几个方面。

第一,"通权论"具有全球性,是适用于全球而非单一国家的理论。

传统地缘政治理论是从国家利益和权力的争夺角度出发,是一种扩张和对抗的理论,目的是获得战略要地,最大限度地控制战略要地,使国家赢得战略优势成为地缘政治竞争中的主导者。传统地缘政治一直被看作国家权力扩张和国防安全服务的理论,全球化和人类命运共同体的发展打破了国家垄断地缘政治的格局,国家主权管辖的地缘空间的网络化开始逾越领土的边界,国家间的合作交流逐步消解了现代民族和国家造成的国内外领域的严格界限。

相比传统的地缘政治理论,"通权论"表现为一种新的全球意识,它关注的不仅仅是国家的地缘政治安全和战略空间问题,而且还有全球政治、经济和文化的空间合作联通问题。"通权论"是全球性的,注重从全球秩序关照区域地缘政治的变动,从克服各种全球性问题的角度考察国际地缘政治问题。

第二,"通权论"具有合作性,是合作理论而非冲突理论。

传统地缘政治理论以地理差异和政治差异作为主要研究对象,一国为了追求本国利益和政治权力最大化而不考虑其他国家以及本国未来的得失,对地缘政治持一种片面的思维方式,使得地缘政治理论成为一种冲突升级的理论;国家之间地缘方面的合作也仅限于短暂的利益交换,不能长久保持下去,还有可能成为下次冲突的导火索。"通权论"打破了传统地缘政治的坚硬壁垒,使其成为政治权力在多维空间的合作,在合作中遵循平等互利的原则,使各个国家在合作的过程中都能有最大化收益。"通权论"顺应全球化趋势,强调国家即便占据战略要地也不应将自身与世界分开;如果与其他国家和地区隔绝,其战略要地也就失去了战略优势。

第三,"通权论"具有多维性,是多维地缘政治理论而非一维地缘政治理论。

传统地缘政治理论是一维的,强调将注意力集中在军事意义上,关注战略要地和地缘关系的零和博弈。无论是海权时代还是陆权时代,地缘政治学的落脚点都是具有重要政治和战略意义的地理空间,获得地理空间的最可靠途径就是进行军事扩张,这种理念均出于一维的地缘政治逻辑。"世界是由正在扩张和收缩的空间集团和领土单位组成"的基本假设已经过时。在相互依存的国际关系中,世界已经形成一个地缘政治相互交融、相互沟通的文明体系。"通权论"是一种多维的地缘政治理论,国家间地缘政治的"通"涵盖了经济、资源、技术、文化等多个维度的交流。尤其是现代化发展成为国家最大的政治,"通权论"为经济和文化的发展提供了更加广阔的地缘空间。"通权论"的兴起将会呈现不同维度的交织。

（四）"通权论"中"通"的影响因素

国家在追求利益的过程中注重的是相对利益而不是绝对利益,国家之间的"通"可以带来共同利益,但是在对所获利益的比较中,会因为担心其他国家的相对利益大于本国进而导致利益受损的威胁出现。这种想法会导致"通"的困境。

在政治层面,国家的性质、发展程度不同,国民的价值观念、思想形态不同,一些固有理念还是会影响"通"的程度。例如,中国在西方眼中始终属于"共产主义阵营",与西方所谓的民主制度格格不入。为确保国家之间能够实现"通",更好更快地向前发展,国家之间应互相信任、顾全大局、注重长远利益,弘扬和平理念,为国家关系健康发展奠定基础。

在经济层面,虽然国家之间的"通"会带来多种优势,带来潜力巨大的市场和快速发展的经济,奠定国家之间的合作基础,但是相互之间的竞争也不可避免并成为"通"的潜在阻碍因素。例如,资源禀赋相似、劳动成本相近、对外贸易中的优势也相对集中的两国就会产生竞争和贸易摩擦;另外,在利益诉求方面也会出现背道而驰的局面,如能源出口国希望从能源价格上涨中获利,而进口国则希望能源价格下跌。

目前,国家之间的"通"还存在发展困境,但在全球化背景下国家之间的合作日益紧密,国与国的"通"是大势所趋,这就需要各国在未来的合作中以共同的长远利益为重,加强合作稳定性,求同存异,互相信任,放眼于未来,这样才能保证共同利益的实现。

三、北极地缘政治发展现状

参与北极地缘政治的国家正在以北极地区为中心向周围拓展。与南极大陆不同,北极地区的陆地和岛屿及其近岸海域分别属于加拿大、俄罗斯、美国、挪威、丹麦、冰岛、芬兰和瑞典8个环北极国家,共有30个行政区,行政区面积约为1650万平方千米。北极的战略价值和资源价值越来越大,各国围绕北极及北极航道的地缘政治利益的争夺就越来越厉害。俄罗斯、美国、加拿大、挪威和丹麦已经大幅度提高北极及北极航道在其国家战略中的地位,强化了其在国家总体战略目标中的强度和等级。近年,俄罗斯逐渐加强在北极的军事存在,其他国家也不甘落后。加拿大以国内立法的形式强化了对北极海域和水道的控制;美国则加快了对阿拉斯加北部大陆架的勘测频率,并加紧油气输送管道的规划和建设等。

北极事务受到世界各国的关注,北半球国家的关联度也在不断加强,积极参与北极事务的国家包括北冰洋沿岸各国、环北极国家以及其他相关国家,如英国、荷兰、德国等欧洲国家和中国、韩国、印度等亚洲国家。总体来看,北极地缘政治的现状呈现以下特点。

（一）各国加大对北极方面的投入,争取最大权益

北极在资源、政治和军事战略等方面的地位越来越重要,各国都希望在北极竞争中实现自身利益的最大化。为了实现这一目的,各国在科研、军事、国际规则等方面加大投入,力争拿出支撑自身利益最大化的证据,谋求国际认同,在地缘竞争中获得优势。

一些重要的科研成果对国家权益诉求起到支持作用,如加拿大、美国、俄罗斯、挪威和丹麦等环北极五国对北极海域提出主权要求,更多的国家对北冰洋外大陆架提出主权主张。2008年12月底,俄罗斯联邦总统南北极国际合作事务特使奇林加罗夫宣布,俄将在北极地区增设科考站,加强科考活动。2009年1月,加拿大政府宣布将提供专门资金用于维护和更新北极研究设施。各国在北极区域的科研固然是为了本国利益,但还具有为人类共同利益服务的客观效应。在军事战略方面,美国、俄罗斯、加拿大、挪威和丹麦5个北极国家都加强其在北极军事领域的活动。美国保持在北极原有的军事优势,并加大了对北极区域的巡逻力度,加强了北冰洋的水下军事力量,强化与丹麦、加拿大等盟友的关系,共同防范俄罗斯。加拿大也十分重视在北极区域的军事力量部署。2007年,时任加拿大总理哈珀提出投资建造适用于北极西北航道的新巡逻舰,以扩充海军力量。2009年8月,加拿大

在位于北极圈的努纳武特地区举行军事演习,表明捍卫北极地区的能力与决心。俄罗斯也于2009年3月在国家安全会议上公布了北极战略规划,在北极部署了独立部队集群,建立对北极的有效监控,以维护其在该地区的利益。2009年7月,丹麦决定加强在格陵兰岛的军事力量,组建一支部队应对北极地区新挑战。北极区域的地缘问题主要来自主权权益存在交叉的地区,国家之间为实现利益最大化相互竞争,对领土、海域及航线等资源的划分各执一词。因此,相关国家提出法律、规则等主张要求,谋求他国认同。在领土争端方面,加拿大和苏联曾提出"扇形原则",即"位于两条国界线之间直至北极点的一切土地当属于邻接这些土地的国家",而美国、挪威等其他北极国家通过各种方式明确表示反对。在海域划界方面,北极地区存在很多划界争端,俄罗斯、冰岛、丹麦和挪威关于大陆架外部局限存在分歧,挪威坚持中心线原则,俄罗斯坚持区域线原则。在大陆架和专属经济区争端方面,挪威政府发布了《专属经济区法》,规定挪威享有北极相关区域关于保护海洋环境、科学研究、铺设海底电缆、建设人工岛屿和设施等具体管辖权等。

(二)北极区域地缘政治关系中竞争与合作并存,并且合作趋势明显

北极区域的地缘政治存在两面性,各国在竞争的同时也存在着合作关系。前述有关在科研、军事、政治方面的竞争足以说明各国在北极问题上竞争的广泛性和尖锐性,但在竞争的同时,各个方面的合作也越来越紧密。

北极开发过程中存在的主要矛盾不但包括北极国家之间的矛盾,也包括北极国家与非北极国家之间的矛盾。在对资源和北极航道的争夺中,相关国家不遗余力地投入力量,为此形成了既有竞争而在具有相同利益诉求时又存在合作的局面。国家间的关系十分复杂,在某一领域两国是竞争关系,在另一领域或许就是合作伙伴。例如,在北极航道相关问题上,俄罗斯和加拿大有着共同利益,均反对美国北极"航行自由"方面的诉求;而在北极安全方面,加拿大又与美国结成盟友关系,拦截俄罗斯在北极的巡航。这些复杂的关系迫使北极国家谨慎行事,否则会产生危害自身、有利于对手的消极结果。鉴于此,开展更多合作是最佳的选择。因此,北极国家间合作趋势加强,北极海域划定取得了一定的进展:俄罗斯与挪威结束了长达40年的谈判,签署了巴伦支海划界协议;加拿大与丹麦部分解决了两国关于北极的海

洋划分问题,两国于 2018 年成立工作组,为双方解决北极边界问题寻求方案。除了双边合作外,围绕北极的多边合作也在有条不紊地进行:2008 年 5 月,丹麦、俄罗斯、加拿大、美国和挪威五国在格陵兰岛商议解决北极领土归属争端。北极国家与非北极国家之间,在涉及北极地区的主权和政治问题时,北极国家保持封闭态度,对非北极国家高度排斥。例如,美国等西方国家对中国参与北极事务产生强烈的抵触情绪,通过舆论等手段宣扬"中国威胁论",不愿看到非北极国家参与北极治理。而在环保和科研等领域,北极国家的态度就缓和很多,越来越多的北极国家承认非北极国家为利益攸关方并与之合作,不断拓展合作的广度和深度,从封闭性和排他性逐渐向开放性和合作性转变。

(三)北极地缘政治呈现"准全球化"状态

北极地缘政治以空间为依托,在北极航道开通的背景下,影响范围逐步扩大。北极航道的开通使北半球核心区域的贸易运输距离大幅度缩短,其影响范围越来越大。同时,越来越多的国家也注意到北极的战略意义,开始从各个方面争取北极权益,主动参与北极事务,北极地缘政治关系的范围呈现明显的"准全球化"特点。目前,美国、俄罗斯和部分欧洲国家是参与北极事务的核心国家;东亚国家受北极环境变化的影响,也开始参与北极事务,包括中国、韩国和日本等;此外,其他国家也逐渐参与到北极事务中,包括印度和澳大利亚等。

"冷战"后,国家和各类国际组织都是北极地区积极的建设者和开发者。北极理事会、北极科学委员会等国际组织十分活跃,是北极地缘政治建构的骨干力量。欧盟也积极参与北极事务,为此而制定政策、争取利益。参与北极地缘政治的行为体的数量和类型迅速增加,其分布范围已不再局限于北极地区,而向全球扩散,北极事务逐渐全球化。

气候变暖带来了机会,也提出了挑战。北极区域温度的升高意味着北极航道开通的可能,但也会给北极乃至全球带来生态灾难。所以,北极成为世界地缘政治的重要区域,各国在北极战略方面展开博弈,在这里能够敏锐地感知来自世界的地缘政治演化热度以及集中于生态和权益等方面相互矛盾的地缘政治拉锯的强度。从现阶段北极地缘政治的特点不难看出,各国在北极地区的科技、生态、交通、政治、经济和资源等方面都有交集,并且国家之间关系复杂,需要寻求一种合作、通达的方法解决现有问题。因此,利用"通权论"研究北极地缘政治的发展是一种比较恰当的路径和方式。

四、"通权论"视角下北极地缘政治发展趋势

"冷战"结束后,社会不断发展进步,全球化趋势不断加强,国际社会的普遍合作也相应加强。气候变暖使北极的开发利用成为可能;然而,北极的自然环境极其脆弱和敏感,北极地区环境的改变将对北半球乃至全球产生影响。北极区域关系到世界各国的共同利益,在"冷战"后国际合作不断加强的大趋势下,北极事务的国际合作也显著加强,北极理事会的成立就是一个重要体现。自北极理事会成立以来,其在环境保护、可持续发展等合作中发挥了重要作用。

北极地缘政治格局随着北极地区国际合作的加强而发生变化,共同利益使北极地区各国之间的关系呈现网络化特征,国家之间既有竞争又有合作,北极地缘政治发展的整体性比以往更明显。作为一个整体,北极区域地缘政治正向"通"的趋势迈进,基于"通权论",可以分析得出以下发展趋势。

(一)北极命运共同体的形成

北极是地球大气的主要冷源,对全球气候调节、大气对流和大洋环流控制等有重要作用。然而,21世纪以来全球气候变暖,北极也受到极大影响。作为全球气候的重要调节器,北极冰雪融化不仅导致北极自然环境的剧烈变化,而且可能引发气候变暖加速、海平面上升、极端天气现象增多、生物多样性受损等全球性问题。这些问题是全人类都要面对的,从人类发展角度来说,保护北极环境关乎人类的共同命运。人类只有一个地球,只有一个北极,保护北极环境是北极地缘政治的重要诉求之一。同时,北极的资源也逐渐受到世界的重视。北极的资源主要包括能源资源和交通资源。能源是国家工业发展的基础,但在当今时代,能源不断减少,已经严重危及经济的发展和人类的生活。全球变暖使北极气候环境发生变化,同时也使北极资源的开发和利用成为可能。中东和北非是世界石油资源的主要产区,然而这些地区由于文化、历史等问题也成为世界的主要动荡区域,这些地区的动荡局势使能源输出面临着极大的风险。为了使世界经济保持稳定发展状态,开发新的能源供给区域、拓宽石油等能源的来源是十分必要的,资源丰富的

北极为国际社会提供了一个新的满足能源需求的选择。从有利于人类经济稳定的角度来看,北极环境及其拥有的能源资源具有人类命运共同体特征。

人类命运共同体是习近平总书记提出的一种价值观,旨在追求本国利益时兼顾他国的合理关切和诉求,在谋求本国发展中促进各国共同发展,是一种应对人类共同挑战的全球价值观和共生观。"通权论"强调的是一种互利共生、合作共赢的地缘政治理念,与人类命运共同体的内涵相辅相成,对北极地区的保护具有指导价值。北极国家对非北极国家在环境方面的合作采取开放态度,北极环境保护仅靠北极区域内国家无法有效解决,需要各利益攸关方共同参与完成。例如,由于海洋的连通以及船舶技术的现代化,北冰洋的渔业治理需要各个国家的通力合作才能实现。在此背景下,中、美、俄、加等国在上海召开了"北极中心海域渔业问题圆桌会议"。"通权论"将北极国家与非北极国家紧密联系在一起,多方合作,凝聚共识,实现共同繁荣。因此,各利益攸关方聚集在北极周围,保护北极环境与资源,合理开发利用北极,将逐渐形成北极命运共同体。

(二)国家间合作壁垒将降低

在不同的领域里,国家间存在着复杂的关系,不能很好地处理这些关系就可能产生消极效应。传统地缘政治中倡导的竞争博弈会加剧这种消极效应,开展合作、互利共赢才是最佳选择。在领土争端这类敏感问题上,北极国家也在尝试谈判,共同合作解决。在面对非北极国家时,虽然北极国家拒绝"全球北极"的概念,但北极地缘政治版图扩大、国家之间互联互通共同合作是不能否定的事实。非北极国家通过构建北极命运共同体积极参与北极的环境治理,破除"中国威胁论""环境破坏者"等言论的曲解,与北极国家建立多方面紧密合作。2015 年 8 月,俄罗斯外交部部长拉夫罗夫在全俄青年教育论坛上表示:"中国是俄罗斯在北极地区最重要的合作伙伴。中国拥有相应的资源、科学和技术潜力,双方在北极事务上的合作不应当只局限于北极理事会的框架内。"2015 年 12 月,中、俄两国总理第二十次定期会晤公报明确提出"加强北方海航道的开发利用合作,开展北极航运研究",标志着双方正式把北极合作纳入全面战略协作伙伴关系中。

气候变暖使北极航道通航成为可能,北极航道开通后会极大缩短亚、欧、美三大洲之间的航线距离,具有重大商业价值。北极航道的投入使用产生了新的交通路线,促进了贸易投资的便利,缩短了航行时间,降低了贸易成本,从航线方面实现联通,再到国家之间的贸易沟通,同时也推进着北极地缘政治的全球化进程。北极国家与非北极国家在"通权论"的指导下共享航线设施与资源,摒弃对抗,联系会更紧密,合作形式也会更多,国家之间在政治、经济、文化等方面会产生更多的交流合作,开放层面会更广泛。

(四)实现大北极网络发展

大北极国家是指在空间、资源、人文、经济、政治等诸多方面与北极关系密切的北半球国家。大北极国家构成的外围界限以北直至北极点的区域称为大北极。大北极国家网络是由大北极国家组成、受北极航道开通预期影响、在北极资源和权益吸引下自组织形成的相互影响和相互作用的非正式关系集合体。大北极国家的产生有利于全面掌握北极航道全线开通对世界格局的影响,有利于系统解决北极及其相关问题和整合北极资源,有利于开展北极及其相关问题的国际合作和政策磋商。

全球气候变暖引起北极冰层融化,不只影响北极八国的生态环境和气候,也会对其他国家产生严重影响,排斥非北极国家参与北极地缘政治的行为会引起其他国家的不满,加剧北极地缘政治安全的不确定性。以北极命运共同体为契机,北极国家与非北极国家在各个方面开展合作,建立和谐的互联互通关系,国家间在空间、资源、人文等领域相互影响。北极是全人类的北极,北极航道也是属于全人类的国际航线,任何国家的船只都拥有北极航道的无害通过权。大北极是全球范围的,大北极国家间在空间、资源、人文、经济等多维度进行沟通交流,是国际相互合作,而不是对北极国家主权的颠覆。北极地缘政治发展趋势中大北极的形成是"通权论"全球性、多维性和合作性的生动体现。

五、北极地缘政治发展的中国应对

随着气候变化和全球化发展,北极越来越受到关注。北极的重要战略地位和丰富的自然资源使其迅速融入全球化进程。北极的开发利用将对全球化产生重要影响,而北极的环境保护也不仅是北极地区国家面临的问题。在这种背景下,非北极国家参与北极事务成为北极地缘政治发展的新态势,其对北极地缘政治发展的影响力也将逐渐提升。但北极国家仍然排斥非北极国家参与北极事务。对于中国而言,国力的强盛和各个领域的蓬勃发展引起北极国家对中国参与北极事务的猜忌和不安。当前,中国应把握北极地缘政治发展趋势,以和平友好的态度参与北极事务,为北极区域的可持续发展贡献力量。

（一）应用"通权论"推广互联互通和平等互惠理念

"海权论""陆权论""边缘地带论"等西方传统地缘政治理论与当时的时代背景相适应,使用相关理论时,不能简单照搬,应该结合当今的时代背景。传统地缘政治理论脱离了当前全球化的背景,不能直接移植到今天的国家政策中。在对北极的开发利用方面,北极国家对中国的误解和限制,其背后都有传统地缘政治思想作祟。对中国来说,要应用"通权论"理念,实现互联互通,同其他国家实现平等合作、共同富裕。目前,北极国家担心的问题在于中国获得参与北极事务的权利之后会做什么。由于他们信奉的地缘政治理论没有"共赢""无私"等概念,因此,必然会对中国的参与产生担忧与关切,从而影响其对中国的政策和态度。中国未来仍然需要有足够的耐心,积极与其他国家开展交流,推动文化沟通和民心相通。在积极推动互联互通的同时,中国做到远交近和、平等互惠,必须自强不息,与其他国家持续保持合作。尽管未来还会遇到困难和艰险,但可以确信,只要有关国家共同努力,北极就一定会实现和平发展、合作共赢。

（二）努力推动北极命运共同体和大北极建设

北极是唯一的,同时也是世界的。北极在环境和资源方面都具有命运共同体的特质。中国应该在北极治理中充分发挥自身作用。2018 年 1 月 26 日,中国发布《中国的北极政策》白皮书,受到世界其他国家的关注和认可。但是相对而言,中国与北极相距较远,在地域上存在劣势。因此,中国要参与北极及北极航道的开发和建设,与其他国家实现在北极地区的共同发展,首先应该寻求参与北极事务的合理依据,使中国的相关活动得到北极国家的认同。北极的能源和资源关乎人类的共同利益和可持续发展,需要世界各国共同保护,需要利益攸关方参与其中。北极气候的变化事关人类的生存,需要北极国家和非北极国家通力协作。中国作为最大的发展中国家和北极利益攸关方,参与北极事务合理合法。积极推动北极命运共同体和大北极建设是一条重要的途径,两者的建设不仅能够优化北极治理,而且能够让其他国家更容易接受中国参与北极事务,为中国参与北极治理提供合理依据;让北极命运共同体和大北极理念在北极落地生根,让其他国家接受并促使其成为处理北极事务的重要依据,进而促进北极利益攸关方形成科研共同体、资源共同体、安全共同体等。

(三)积极为北极治理提供公共产品,讲好中国故事

中国在推动构建北极命运共同体和大北极建设过程中,应积极为北极治理提供公共产品,为北极的开发贡献力量,破解其他国家对中国参与北极事务的误解。在积极为北极开发献计献策的过程中,中国可以选择"通权论"作为突破点。"通权论"是一种地缘政治理论,同时也是国家间合作的一种制度。目前,北极地区的制度供给存在不足,这种不足体现在区域性和软法性两个方面,与北极治理和世界发展趋势存在相互制约的状况。区域性主要表现为强调北极区域内部的身份认同,对非北极国家有排斥性,形成内部协商共存的互动格局。软法性主要体现为现有对北极的治理集中在环境保护方面且约束力不强,不能起到很好的强制性作用。只注重北极国家发展、对非北极国家排斥的机制已经不能很好地解决北极问题。北极国家与非北极国家互联互通、互相合作有助于完善治理机制,实现治理目标。中国应担负起大国责任,积极促进北极治理制度的完善,推动"通权论"的发展,最终使国际社会对中国北极政策的认识从利益导向转变为贡献导向,为中国参与北极治理消除误解。

文章来源:原刊于《欧亚经济》2020 年第 3 期。

南极海洋保护区事务的发展及挑战

■ 付玉

论点撷萃

　　南极海洋保护区事务虽取得重要阶段性进展,但在法律制度、政治支持、科学基础和管理监测等方面仍存分歧和矛盾,是南极海洋保护区事务进一步发展所面临的主要挑战。南极海洋生物资源养护委员会和各成员方应重视海洋保护区制度建设中存在的法律、科学和管理问题,积极回应和解决政治关切,促进南极海洋保护区建设向着公正、透明、科学、务实的方向发展,以利于南极海洋生物和生态的长期有效养护。

　　南极海洋保护区对于研究和应对全球气候变化的影响、养护南极海洋生物多样性和生态环境具有重要意义,但如果南极海洋生物资源养护委员会在各成员方未就相关科学、法律和政治等问题形成共识的情况下,快速推进建立超大面积、超长时限、严格管控的海洋保护区,势必引发疑虑和关切。为促进南极海洋保护区进程的顺利发展、保障海洋保护区的养护绩效,南极海洋生物资源养护委员会各成员方应加强在科学、法律和政治等领域的对话和交流,构建更加坚实的法律和科学基础,提升各项程序透明度。

　　中国是加强南极海洋治理和养护南极生态环境的重要力量。中国不是南极领土主权主张国,具有相对超脱的政治地位,且高度重视南极作为战略新疆域在海洋命运共同体中的作用,应在南极应对全球气候变化、养护南极海洋生物多样性和保护生态环境中发挥应有的作用、作出应有的贡献。

作者: 付玉,自然资源部海洋发展战略研究所副研究员

一、前言

南极海洋保护区事务是南极海洋治理的重点议题。自 2004 年以来,南极海洋保护区事务在南极海洋生物资源养护委员会(以下简称"委员会")体系下快速发展,成为公海保护区发展最快、最受瞩目的区域,拥有世界上第一个完全位于国家管辖范围以外的南奥克尼群岛南大陆架海洋保护区和面积最大的罗斯海保护区。根据"委员会"有关规划和发展态势,未来 10 年间海洋保护区网络将遍布南极海域。

中国是南极活动大国,是南极条约体系"和平、科学、保护"核心价值的积极拥护者。中国于 2006 年批准《南极海洋生物资源养护公约》(以下简称"CAMLR 公约"),次年成为"委员会"成员国。在中国作为正式成员国参加"委员会"会议时,在"委员会"机制内建设南极海洋保护区已基本形成定论。中国在科研、外交和法律等方面开展了大量基础性工作,逐渐扭转了在南极海洋保护区事务中的被动地位,成为南极海洋保护区进程的积极参与者,将为夯实该进程的法律依据、科学基础和管理监测等作出更多贡献。

《南极条约》(签署时间 1961 年 6 月 23 日)暂时冻结了各国对南极大陆的主权要求,南极大陆周围的海域一般被当作公海看待,在该海域建立的海洋保护区被视为公海保护区。本文仅讨论"委员会"在其管辖的南大洋海域范围内设立的公海保护区,不涉及英国、南非和法国在其所属亚南极岛屿周围建立的、位于"委员会"管辖范围内的海洋保护区。就定义而言,"委员会"认为海洋保护区是全部或一部分自然资源能够得到保护的海域,为实现特定养护措施、生态环境保护、生态系统监测或者渔业管理等方面的目标,在该海域内的某些活动受到限制或者被完全禁止。

二、南极海洋保护区的设立进程

"委员会"于 2004 年要求其科学委员会将海洋保护区作为优先工作,开始推动在南极海域建立海洋保护区,至今已设立两个海洋保护区,占全世界公海保护区数量的一半,另有 3 个海洋保护区提案正在开展磋商讨论。根据"委员会"于 2011 年 10 月通过的南极海洋保护区规划,将逐渐在整个南极海域建成海洋保护区网络。

（一）已建南极海洋保护区

南极海洋保护区事务在"CAMLR 公约"框架下开展，由根据该公约成立的"委员会"负责开展相关工作。该委员会目前有 26 个成员方，包括美国、澳大利亚、新西兰、俄罗斯、法国、日本和中国等南极活动大国以及欧盟。根据养护海洋生物资源的职责和目标，"委员会"已在南大洋海域建立了南奥克尼群岛南大陆架海洋保护区和罗斯海保护区。

1. 南奥克尼群岛南大陆架海洋保护区

2009 年 11 月，"委员会"第 28 届大会决定设立南奥克尼群岛海洋保护区，制定了专门的养护措施（CM91-03）。该保护区位于南极半岛东部的凹形区域，面积约为 9.4×10^4 平方千米。设立该保护区的目标是限制区域内过度的捕鱼活动，保护信天翁、海燕、企鹅和南极海狗等海洋生物。

南奥克尼群岛南大陆架海洋保护区的养护措施包括以下几项。①禁止一切捕鱼活动。为监测或其他目的开展的科研活动，需取得"委员会"同意，并遵守保护区内的养护措施。②禁止一切渔业船只（包括渔船、渔船补给船、渔业加工船、渔业运输船等）在该区进行任何形式的倾废排污，禁止渔船转运。③为监测保护区内的交通情况，鼓励船只在途经该区前将其船旗国、船只大小、国际海事组织（IMO）编号、途经路线等信息通知"委员会"秘书处。南奥克尼群岛南大陆架海洋保护区在设立和运行 10 年后仍存在一些问题，最大的问题在于严重缺乏科学监测数据，无法评估保护绩效。

2. 罗斯海保护区

罗斯海保护区设立由美国和新西兰于 2011 年各自单独提出，于 2012 年合并为一个联合提案。提案提出后，"委员会"成员方围绕罗斯海保护区的面积、科学性、必要性和保护期限等要素进行了激烈博弈。牵头推动设立该保护区的西方国家综合利用政治、外交、科学和舆论等多种方式，于 2016 年促成"委员会"通过了该提案。罗斯海保护区正式设立后在管理方面进展缓慢，至今未通过科研与监测计划。

（1）罗斯海保护区的区域。

罗斯海是南太平洋深入南极洲的大海湾，位于罗斯陆缘冰之北。罗斯海保护区保护面积为 1.55×10^6 平方千米，是目前世界最大的公海保护区，其中 1.12×10^6 平方千米得到充分保护。罗斯海保护区的有效时间为 35

年,持续到2052年。该保护区分为3个区域:①不允许商业捕鱼的普遍保护区(约占保护区的72%);②磷虾研究区(约占保护区的21%),允许磷虾的监管捕捞;③特别研究区(约占保护区的7%),允许有限的捕鱼活动。罗斯海保护区的区域设置体现出相关国家间的政治妥协,如特别研究区原为新西兰的重要犬牙鱼渔场,为适当顾及新西兰的渔业利益而允许一定量的捕鱼活动;而且,生产力最高的犬牙鱼渔场,如艾斯林滩,被排除在保护区之外。

(2)罗斯海保护区的主要保护对象和目标。

罗斯海保护区的主要保护对象为罗斯海独特的生态系统,重点保护物种为犬牙鱼和磷虾。设立保护区的主要目标为:①保护罗斯海地区的生物结构和生态功能,通过保护栖息地,对当地的哺乳动物、鸟类、鱼类和无脊椎动物进行必要的保护;②提供濒危鱼类种群的研究资料,更好地研究气候变化对鱼类生态效应的影响,提供更好的研究南极海洋生物系统的机会;③对南极犬牙鱼的栖息地提供特殊保护;④保护磷虾。

(3)罗斯海保护区的运作和保护手段。

罗斯海保护区的保护手段主要有:①分区管理,将罗斯海保护区分为3个区域,实行不同的管理措施;②采取禁渔和限制捕捞的措施;③对渔船进行管理,要求进出罗斯海保护区的渔船报告,并限制渔船在保护区内转运。罗斯海保护区规定了较为详细的报告义务,成员方每五年应向"委员会"秘书处提交一份与海洋保护区科研与监测计划有关活动的报告,由科学委员会负责审查。罗斯海保护区管理措施还包括鼓励"委员会"成员方就该保护区的所有活动和执行情况采取相应的监察和监督措施。

(4)罗斯海保护区的管理机制。

罗斯海保护区在决策机制上主要依赖于"委员会"、科学委员会、秘书处及成员方的协作,其中"委员会"具有建立罗斯保护区的决策权,同时也有权制定发布相关的管理措施。科学委员会的职能主要是审议保护区提案的科学基础并向"委员会"提供建议,审查和评估相关研究计划和活动;秘书处负责行政事宜;成员方有向"委员会"报告其在海洋保护区进行活动的义务。

(二)南极海洋保护区事务发展态势

2011年10月,"委员会"第十三届科学委员会会议通过了一项南极海洋保护区区域规划,这是南极海洋保护区设立的规划依据和蓝图。该规划将全部南极海域划分为 9 个区域。从规划及目前发展态势看，未来所有南极海域各分区都将设立南极海洋保护区。

"委员会"在推动南极海洋保护区建设方面，突破了"CAMLR 公约"所规定的目标与职能，越来越多地向生物多样性和生态系统养护的环境保护组织接近，从而改变其渔业管理组织的性质。"CAMLR 公约"第二条明确了公约的目的是养护南极海洋生物资源；第九条是对第二条的具体实施，规定"委员会"在养护和管理南极海洋生物资源方面的权能。从第二条和第九条的规定可见，"CAMLR 公约"本质上仍是传统的以生物资源利用为中心的条约，体现了国际海洋法关于平衡公海生物资源养护与可持续利用的精神，只是在原则上更加强调生态系统与预防性。但在海洋保护区实践中，南极海洋保护区的目标和养护措施均已扩大到对生态系统和生物多样性的养护。主要提案国在 2014 年"委员会"会议上发表声明，一致认为为养护渔业资源而采取的区域管理措施不是"委员会"设想的保护区，保护区应该能够实现海洋生物多样性养护的目的。

(三)正在讨论的海洋保护区提案

除以上 2 个已设立的海洋保护区之外，目前有 3 个保护区提案正在"委员会"开展磋商讨论。这 3 个提案分别是法国和澳大利亚于 2012 年提交的东南极海洋保护区提案(2018 年提案方变为澳大利亚和欧盟)、欧盟于 2015 年提交的威德尔海保护区提案，以及阿根廷和智利于 2018 年提交的南极半岛海洋保护区提案。

1. 东南极海洋保护区提案

东南极海洋保护区提案是由法国和澳大利亚在 2011 年第 30 届"委员会"会议上提出的，在其后历届会议上经过了多次讨论和修改。该提案所涉及的南极东南部海域具有丰富的生物和矿物资源。据初步勘察，东南极海域蕴藏大量油气资源和多金属结核，该海域的海湾存在着大量冰架，蕴含丰富淡水资源。在生物资源方面，东南极海域物种丰富，栖息着大量海豹和海鸟。经过多次修改后，提案的规划范围和管理制度均发生了变化。在 2015 年第 34 届"委员会"会议上，提案国将之前规划的 7 个海洋保护区区块减至 3 个，但表示并不放弃其他 4 个区块。在 2019 年第 38 届"委员会"会议上，由于成员方在科学数据、保护边界和目标等方面仍存在分歧，该提案未获得通过,需要继续修改讨论。

2. 威德尔海保护区提案

威德尔海保护区提案由欧盟及其成员国于2016年提出。根据该提案,威德尔海保护区将由两块不相连的海域构成,第一块海域大致在南极半岛东北海岸向东部延伸,呈现"凹"字状;第二块海域大致沿南极大陆向北延伸,包括部分冰架和岛屿。

威德尔海保护区的主要目的为保护生物多样性和栖息地,建立科学参考区域,以监测气候变化、捕捞和其他人类活动的影响,特别是研究海洋生态系统以及具有代表性的、罕见的、独特的生物多样性和栖息地,增强其适应能力和适应气候变化影响的能力等。为实现上述保护目标,威德尔海保护区提案提出3种保护区类型:普遍保护区(GPZ)、特别保护区(SPZ)和渔业研究区(FRZ)。普遍保护区面积最大,特别保护区分布于普遍保护区内,而渔业研究区则分布于南极大陆沿海。提案特别指出,威德尔海保护区的具体面积和设立期限须"委员会"会议讨论后决定。威德尔海保护区提案覆盖面积巨大且包括了人类在南极区域活动最多的南极半岛海域周围,其对南极活动的潜在影响值得密切关注。

3. 南极半岛海洋保护区提案

在2018年的"委员会"会议上,阿根廷和智利提出了在规划区域1建立南极半岛海洋保护区(D1MPA)的提案。该提案区域位于南极大陆西北部的南极半岛附近。该提案的保护目标包括有代表性栖息地、生态系统过程、物种生命周期重要区域,以及稀有的、脆弱的生态系统等。

三、南极海洋保护区事务面临的挑战

整体来看,南极海洋保护区事务虽取得重要阶段性进展,但在法律制度、政治支持、科学基础和管理监测等方面仍存分歧和矛盾,是南极海洋保护区事务进一步发展所面临的主要挑战。"委员会"和各成员方应重视海洋保护区制度建设中存在的法律、科学和管理问题,积极回应和解决政治关切,促进南极海洋保护区建设向着公正、透明、科学、务实的方向发展,以利于南极海洋生物和生态的长期有效养护。

(一)法律制度不清晰

目前规范公海保护区建设和管理等问题的统一法律框架尚未形成,与

公海保护区议题相关的国际条约及规范性文件数量较多，但普遍缺乏针对性和适用性。区域性条约是目前公海保护区设立和管理的最主要、最直接的法律依据。

1980年"CAMLR公约"和根据该公约设立的"委员会"制定的有关措施规定是设立南极海洋保护区的直接法律依据。"CAMLR公约"第九条是"委员会"划定保护区和采取相应生物资源管理措施的依据。该条规定，"委员会"有权根据养护需求，以现有的最佳科学论证为依据，制定、通过和修订养护措施。2011年，"委员会"制定通过了《关于建立CCAMLR海洋保护区的总体框架》（以下简称《总体框架》），是"委员会"对"CAMLR公约"第九条有关划区保护规定的补充和完善。

《总体框架》简要阐述了在"CAMLR公约"区域内建立海洋保护区的法律渊源、制度背景和科学理论依据，制定了建立海洋保护区的目标、要件、程序、适用对象和审查评估制度等形式要件。因制定时间仓促和经验不足等原因，《总体框架》仍然存在缺陷。在通过《总体框架》时，"委员会"成员方对海洋保护区的定位、目标、科学依据仍然存在分歧；对构成海洋保护区的关键组成部分尚未进行深入讨论和探索，如本底数据、管理计划、科研和监测计划等；建立海洋保护区的科学方法、科学指标和标准体系、数据收集分析和处理制度缺失；在海洋保护区的概念、合理利用的概念和范围、保护区具体目标与"CAMLR公约"第二条的关系等重大实体问题方面，缺乏合理界定和总体设计。这些是导致各成员方在海洋保护区问题上产生分歧的主要原因。

(二)政治争论不休

南极海洋保护区事务在发展过程中，对于海洋保护区与南极主权主张之间的联系引发政治争论和疑虑。俄罗斯于2014年向"委员会"提交一份工作文件，质疑南极陆地领土主张国利用海洋保护区在其主张区域建立地缘政治控制。澳大利亚、法国和新西兰等领土主张国对此予以否认。但不可否认的一个事实是，南极海洋保护区提案国的南极陆地领土主张扇面所对应海域与提案所涉海域高度重合。新西兰、澳大利亚、智利和阿根廷所提海洋保护区提案所涉海域全部位于各自南极陆地领土主张所对应海域。欧盟所提出的威德尔海保护区提案与挪威的南极陆地领土主张所对应海域有重叠，挪威对此提案提出异议。《南极条约》虽暂时冻结了南极大陆领土主张，但并未否定这些主张,主张国也没有放弃其主张。在 7 个南极大陆主权主张国中,澳大利亚是距离南极最近的国家之一,也是提出领土要求面积最大的国家。2004 年,澳大利亚在向联合国外大陆架界限委员会提交的 200 海里外大陆架申请中,就包括了澳大利亚"南极领土"的外大陆架。在此种敏感情况下,南极海洋保护区与领土主张和地缘控制之间的关系成为政治猜忌和争论的重要原因。

(三)科学数据不足

科学数据是南极条约体系养护和管理南极资源的基础,也是构建海洋保护区的基础和依据。1980 年"CAMLR 公约"进一步强调科学的重要性,用风险预防方法和生态系统方法管理南极海洋生物资源捕捞活动。《总体框架》规定南极海洋保护区应建立在最佳科学证据基础上,要求"委员会"充分考虑科学委员会意见。

在南极海洋保护区事务中,对"最佳科学证据"的解读与适用,海洋保护区的科学依据是否足够支撑其建立、养护和管理等,是"委员会"海洋保护区磋商中一个贯彻始终的议题。2011 年,美国和新西兰分别向科学委员会提交了关于在罗斯海区域建立海洋保护区的提案,澳大利亚和法国向科学委员会联合提交了关于在东南极区域建立代表性海洋保护区体系的提案。科学委员会围绕罗斯海和东南极两个海洋保护区提案的科学依据展开讨论时,各成员方之间(包括提案国之间)在建立海洋保护区的科学依据和政策目标方面产生了严重分歧。2019 年 10 月,在"委员会"第 38 届会议上,此时罗斯海保护区已正式设立两年但未就该保护区的科研和监测计划达成一致。中国针对罗斯海保护区科研和监测计划提交了一份工作文件,强调该计划对于收集整理分析保护区数据,促进保护区的管理和评估具有重要意义。建议在制订科研和监测计划时,重视本底数据,并把养护目标和一般性规定转化成具体的、可衡量的、可实施的管理目标。由于对东南极海洋保护区提案的科学数据仍存异议,这些异议主要包括本底数据充足性、保护目标和参数等,所以东南极海洋保护区提案未获得通过,需要在将来"委员会"大会上继续讨论。

(四)有效管理缺位

由于南极海域面积辽阔、气候恶劣、人类活动相对较少、"委员会"不具备监测执法力量等原因,海洋保护区无法实现有效管理和监测。其突出表现在南奥克尼群岛南大陆架海洋保护区在设立和运行 10 年后仍存在一些问题,包括保护区的报告制度未得到很好落实,海洋保护区的养护措施单一(主要是禁渔),成效有待观察,保护区内的执法权有限等。在制度实施方面,"CAMLR 公约"规定了观察员和检查员有权进行检查,但是检查后即使发现相关船舶从事违法活动,观察员和检查员只能通报船旗国处理,不能直接采取执法措施,使执法成效大打折扣。

(五)养护与合理利用之争

在南极海洋保护区设立过程中,养护与合理利用的关系涉及海洋保护区的目标和理念,是争论焦点之一。"CAMLR 公约"第二条明确其目的是"养护南极海洋生物资源","养护"一词包括合理利用。"委员会"制定的《总体框架》(2011 年)亦明确南极海洋保护区"应充分考虑 CAMLR 公约第二条关于养护包括合理利用的规定"。中国和俄罗斯重视养护与合理利用海洋生物资源的平衡,认为海洋保护区提案对渔业活动的限制措施应具有充分证据。新西兰作为罗斯海保护区的提案国则认为,罗斯海提案已经对边界进行了调整,最大限度地减少了对渔业的影响,而且提案中的特别研究区就是为了兼顾合理利用。新西兰强调"CAMLR 公约"第二条规定的养护包括合理利用,而不是说"养护就是合理利用"。对于此争论,正如中国学者唐建业所分析指出的,"CAMLR 公约"第二条的目的是为了在养护与利用之间实现一种平衡,在南极海洋保护区建设中不应排斥对南极生物资源的可持续利用。

四、对中国提升南极海洋保护区事务参与程度的建议

南极海洋保护区对于研究和应对全球气候变化的影响、养护南极海洋生物多样性和生态环境具有重要意义。但如果"委员会"在各成员方未就相关科学、法律和政治等问题形成共识的情况下,快速推进建立超大面积、超长时限、严格管控的海洋保护区,势必引发疑虑和关切。这些疑虑包括:在《南极条约》暂时冻结南极主权主张的背景下,西方发达国家投入大量政治、外交资源推动设立南极海洋保护区,是否在以海洋保护区为抓手强化南极海洋治理主导权,争夺南极事务管理权,对南极海域实行"软控制"? 是否会

通过设立海洋保护区,加强对相关海域的管控、提高他国参与门槛、限制他国南极活动? 是否通过南极海洋保护区的外溢作用,影响国际法律规制的构建? 联合国正在开展国家管辖外海域生物多样性(BBNJ)国际协定谈判,包括公海保护区在内的划区管理工具是该协定的一项重要内容。为促进南极海洋保护区进程的顺利发展、保障海洋保护区的养护绩效,"委员会"各成员方应加强科学、法律和政治等多个领域的对话和交流,构建更加坚实的法律和科学基础,提升各项程序透明度。

中国是加强南极海洋治理和养护南极生态环境的重要力量。中国不是南极领土主权主张国,具有相对超脱的政治地位,且高度重视南极作为战略新疆域在海洋命运共同体中的作用,应在南极应对全球气候变化、养护南极海洋生物多样性和保护生态环境中发挥应有的作用、作出应有的贡献。自2014年以来,中国在南极海洋保护区事务上的立场发生转变,从"应对"转向"积极参与"。

(一)深度参与南极海洋保护区事务

南极治理事关人类共同福祉,是国际治理的战略新疆域,受到中国的高度重视。习近平总书记指出,中方愿同国际社会一道,更好认识南极、保护南极、利用南极。2019年4月,习近平总书记提出了"海洋命运共同体"重要理念,指出中国高度重视海洋生态文明建设,保护海洋生物多样性。南极是构建海洋命运共同体的重要内容。世界海洋在生态方面存在密切关联性,人类社会需携手共筑海洋生态安全。海洋命运共同体是海洋生态文明的世界版,呼吁世界携手共建海洋生态文明,在各国管辖海域内加强生态环境治理,在极地、深海、大洋等管辖外海域积极参与全球海洋治理,加强国际合作。

中国深度参与南极海洋保护区事务是此理念的重要体现,也是中国提升南极海洋治理话语权和制度性权利的重要领域。中国是南极海洋生物资源养护委员会的成员,依据"CAMLR公约"参与南极海洋保护区事务是中国的权利和义务。南极海洋保护区在迅速发展的势头下仍存在很多问题和面临很多挑战,包括政治上进一步增信释疑、加强科学研究基础、加强保护区制度建设、已建海洋保护区的科学监测与绩效评估、新建保护区的设立标准、保护面积与期限、保护措施的适宜性等,这些都需要"委员会"所有成员方共同应对。中国深度参与南极海洋保护区事务既有现实需求,又是建设海洋命运共同体理念的应有之义。

(二)尽快完善国内南极活动法规体系

中国是南极条约协商国,是《南极海洋生物养护公约》缔约国,在南极事务中发挥重要作用。随着中国南极事务的不断深入发展,中国有责任将南极条约体系的原则要求转化为国内法,明晰部门的职责,规范相关主体的活动,提升南极活动能力,以推动中国南极事务进一步发展。为此,2019年3月,第十三届全国人民代表大会常务委员会将"南极活动与环境保护法"列入立法规划,使我国在完善国内南极活动法规体系方面向前迈出了重要一步。为更加有效地参与南极海洋保护区事务,为中国开展南极海洋保护区事务提供必要的法律制度保障,南极立法应包含南极保护区相关内容,体现中国对南极海洋保护区的立场、原则和中国企业及个人遵守南极海洋保护区有关管理规定内容。一方面应加强与南极海洋保护区等公海保护区制度的国内法衔接,另一方面应加强我国对南极条约体系法规的履约遵约。

(三)大力加强南极海洋生态环境科学研究

科学依据是公海保护区建设的必备条件。公海保护区从设计规划到运行管理、监测评估全过程需要大量准确的信息数据作为决策依据。在长城站、中山站、昆仑站和泰山站之后,中国第五个南极科学考察站已选址南极洲罗斯海。中国应继续加强对南极海洋生态环境的科学研究,准确掌握罗斯海和更广泛南极海域的生态环境状况和重要生物种群数量,精确把握南极海洋保护区未来发展走向,为中国争取更多话语权奠定科学研究基础,也为提升南极海洋保护区养护绩效提供公共产品和服务。

文章来源:原刊于《中国工程科学》2019年第6期。

欧盟法院南极海洋保护区案评析

——南极海洋保护区的属性之争

■ 杨雷，唐建业

论点撷萃

2018 年 11 月 20 日，欧盟法院就欧盟委员会诉欧盟理事会关于南极海洋保护区的两个案件，在合并审理及听取总顾问（Advocate General）的意见后，作出了最终判决。尽管该案表面上是欧盟机构及其成员国之间关于权能划分的争端，但法院对南极海洋保护区政策属性的判定及其对南极条约体系相关法律制度的解读，将通过欧盟及其成员国的集体外交行动，对南极条约体系以及包括 BBNJ 协定谈判在内的全球海洋治理产生深远影响。

南极海洋环境保护是由全球性条约和南极条约体系共同规制的。在南极条约体系下，南极海洋保护区是 CCAMLR 为实现南极海洋生物资源养护的一种工具，应属于渔业或者生物资源养护政策范畴，而不属于环境政策范畴。法院关于南极海洋保护区案的判决，片面或狭义解释了"海洋生物资源"，混淆了 ATCM 在保护南极环境方面和 CCAMLR 在养护南极生物资源方面的职责，以及二者对不同人类活动管理的分工。法院关于南极海洋保护区属于环境政策范畴的结论，不仅从国际法角度看法律逻辑值得商榷，而且与欧盟当时有效的法律和政策文件以及其在东北大西洋的实践不一致。

在全球可持续发展的背景下，加强海洋生态环境保护、养护和可持续利用海洋生物资源以及保护生物多样性已成为全球共识，国际社会需要进一步在具体法律框架下明确这些概念之间的区别和联系，以及不同管理机制

作者：杨雷，武汉大学国际法研究所博士
唐建业，上海海洋大学教授

的特点和分工差异。目前,海洋保护区因其面积直观且易测算等,被有组织地推崇为海洋治理的首要选择,存在脱离人类活动和具体现实需要、缺乏必要的量化分析和评估机制、片面追求保护区设立及其面积等趋向。现有相关区域组织的条约及实践清晰地显示,尽管养护海洋生物资源、保护海洋环境已经成为很多国际组织的共同管理目标,但是海洋保护区的政策属性、功能设计仍取决于保护区管理机构的法定职责及其所管理的人类活动。

鉴于欧盟及其成员国在南极条约体系以及全球海洋治理中的影响力,考虑到欧盟已有的政策主张与实践,可以预料,法院对该案的判决可能会产生一定的地区影响和全球影响,而南极条约体系及 BBNJ 协定谈判将是这种影响最直接体现的领域。

公海保护区是当前全球海洋治理的焦点议题之一,也是国家管辖范围以外区域海洋生物多样性(Biological Diversity of Areas beyond National Jurisdiction,BBNJ)养护和可持续利用协定(以下称"BBNJ 协定")谈判的关键内容,而南极海洋保护区则是全球公海保护区实践的先行者。2018 年 11月 20 日,欧盟法院(以下称"法院")就欧盟委员会(以下称"委员会")诉欧盟理事会(以下称"理事会")关于南极海洋保护区的两个案件(以下称"南极海洋保护区案"),在合并审理及听取总顾问(Advocate General)的意见后,作出了最终判决。尽管该案表面上是欧盟机构及其成员国之间关于权能划分的争端,但法院对南极海洋保护区政策属性的判定及其对南极条约体系相关法律制度的解读,将通过欧盟及其成员国的集体外交行动,对南极条约体系以及包括 BBNJ 协定谈判在内的全球海洋治理产生深远影响。为此,本文尝试从南极条约体系与国际海洋法的角度,对南极海洋保护区案进行评析,并结合海洋保护区相关国际实践,探讨和预测该案判决可能的影响。

一、案件背景及进程

(一)案件背景

2011 年,第 30 届"南极海洋生物资源养护委员会"(Commission for the Conservation of Antarctic Marine Living Resources,CCAMLR)会议通过了澳大利亚提交的《关于建立 CCAMLR 海洋保护区一般性框架》(以下称《一

般性框架》），即养护措施 CM91-04，激发了一些国家建立南极海洋保护区的积极性，也引发了捕鱼国关于海洋保护区可能影响合理利用南极海洋生物资源的担忧。

作为 CCAMLR 成员，欧盟支持《一般性框架》，并积极推动了随后南极海洋保护区的建设进程。2012 年，欧盟向第 31 届 CCAMLR 会议提交了"关于在南极冰架崩塌或退缩所暴露海域设立保护区"的提案，与澳大利亚共同提交了"关于建立东南极保护区体系"的提案；德国作为欧盟成员国牵头开展威德尔海海洋保护区的规划和准备工作等。随着 2009 年 12 月 1 日《里斯本条约》的生效和 2013 年欧盟《共同渔业政策》的出台，2014 年 6 月，理事会更新并通过了《关于欧盟在 CCAMLR 所采取的立场的决定》（以下称《多年度立场（2014—2019）》），其中包括 8 项原则和 6 个方针；同时规定每年的具体政策立场须由委员会经简易程序报理事会批准。《多年度立场（2014—2019）》根据 2013 年《共同渔业政策》等，明确将 CCAMLR 定位为负责养护和管理南极海洋生物资源的区域渔业管理组织，并把海洋保护区列为将渔业活动对海洋生物多样性和海洋生态系统的不利影响降到最低的管理措施。

（二）案件进程

1. C-626/15 号案件

2015 年 8 月 31 日，委员会根据《多年度立场（2014—2019）》确定的简易程序，以非正式文件的形式，向理事会渔业工作组（Council Working Party on Fisheries）提交了一份非正式文件，即《关于在威德尔海建立海洋保护区未来提案的设想》（以下称《设想文件》）；委员会认为《设想文件》属于"共同渔业政策"范畴，建议仅以"欧盟"名义提交给 CCAMLR。2015 年 9 月 3 日，理事会渔业工作组经审议批准了《设想文件》的内容，但认为该文件属于环境政策范畴，而非共同渔业政策范畴，因此应以"欧盟及其成员国"名义提交。鉴于此分歧，双方同意将该文件提交给欧盟成员国常驻代表委员会。2015 年 9 月 11 日，欧盟成员国常驻代表委员会主席宣布批准该文件的内容，但决定该文件应以"欧盟及其成员国"名义提交。

2015 年 11 月 23 日，委员会在欧盟法院提起诉讼，要求撤销欧盟成员国常驻代表委员会关于以"欧盟及其成员国"名义提交《设想文件》的决定。

2016 年 4—5 月间,德国、西班牙、荷兰、法国、芬兰、希腊、葡萄牙、瑞典和英国 9 个国家(以下称"9 个欧盟成员国")参与此案,支持理事会。

2. 第 C-659/16 号案件

2016 年 8 月 30 日,委员会再次按照简易程序,向理事会渔业工作组提交了关于其 2016 年参加 CCAMLR 政策立场的非正式文件,并于 9 月 6 日补充提交了 3 个具体关于设立或支持设立南极海洋保护区的建议草案,涉及威德尔海海洋保护区、罗斯海海洋保护区、东南极海洋保护区以及在冰架崩塌海域设立特别科学研究区等。为在 CCAMLR 规定的截止日期前提交文件,委员会在将上述涉及海洋保护区的文件提交给理事会渔业工作组的同时,也以"欧盟"名义提交给了 CCAMLR 秘书处。

2016 年 9 月 15 日和 22 日,理事会渔业工作组审议后坚持认为,上述关于海洋保护区的文件属于环境政策范畴,并得出两点结论:第一,这些文件应以"欧盟及其成员国"名义提交给 CCAMLR;第二,这些文件不适用《多年度立场(2014—2019)》规定的简易程序,应先交由欧盟成员国常驻代表委员会处理,再交理事会决定。2016 年 10 月 10 日,理事会第 3487 次会议决定,关于海洋保护区的文件以"欧盟及其成员国"名义提交,作为欧盟参加第 35 届 CCAMLR 会议的立场。2016 年 12 月 20 日,委员会在欧盟法院提起诉讼,要求撤销理事会作出的以"欧盟及其成员国"名义向第 35 届 CCAMLR 提交相关文件的决定。

2017 年 2 月 10 日,法院院长决定,停止关于第 C-626/15 号案件的审理,直至第 C-659/16 号案件书面审理程序结束;将两个案件合并审理,包括口头辩论程序和最终判决。2017 年 4 月 25 日,法院院长同意上述 9 个欧盟成员国和卢森堡参与本案,支持理事会。2018 年 3 月 13 日,法院就两个案件举行了联合听证;委员会、理事会及有关成员国参加了联合听证。2018 年 5 月 31 日,总顾问提交了关于两个案件的法律意见。2018 年 11 月 20 日,法院(大法庭)作出正式判决。

二、案件核心争议点:南极海洋保护区的政策属性

(一)争端双方诉讼请求与案件争议点

在两个案件中,委员会向法院提出了两类诉讼请求:①撤销理事会于

2015 年和 2016 年作出的关于以"欧盟及其成员国"名义向 CCAMLR 提交文件的决定;②命令理事会支付费用。其诉讼请求的法律依据是:①理事会的两个决定违反了《欧盟运行条约》第 3 条第 1 款 d 项下欧盟享有的在《共同渔业政策》框架下养护海洋生物资源的专属权能,这是最主要的法律依据;②上述理事会的决定违反了《欧盟运行条约》第 3 条第 2 款下欧盟享有的订立相关国际协定的专属权能。理事会及支持它的欧盟成员国认为,法院应以委员会的请求不成立为由驳回其诉讼请求,责成委员会支付费用。

从表面上看,南极海洋保护区案是关于欧盟对外关系以及欧盟及其成员国之间权能归属的争议,即欧盟应单独以"欧盟"名义还是以"欧盟及其成员国"名义,向 CCAMLR 提交关于海洋保护区类文件。如果以"欧盟"名义,则意味着欧盟对此类事项享有专属权能,适用《欧盟运行条约》第 3 条第 1 款;如果以"欧盟及其成员国"的名义,则意味着欧盟及其成员国对此类事项共享权能,适用《欧盟运行条约》第 4 条第 2 款。

而实质上,案件争议点在于建立南极海洋保护区的 CCAMLR 养护措施的法律性质及其适用范围。总顾问在法律意见中指出,在理论上,南极海洋保护区政策属性的界定可能涉及《欧盟运行条约》第三部分的环境政策(第 191、192 条)与科研政策(第 179~190 条)以及农业与渔业政策(第 38~44 条)。总顾问认为,科学研究政策在南极海洋保护区养护措施中处于从属地位,在南极海洋保护区中开展的科学研究本身不是目的,而是服务于养护南极海洋生物资源的终极目的,2015 年和 2016 年理事会决定向 CCAMLR 提交的海洋保护区相关文件中所包含的科学研究的内容仅是从属性质,不适用《欧盟运行条约》关于科研政策的条款。因此,争议核心点在于,建立南极海洋保护区养护措施是属于渔业政策范畴还是属于环境政策的范畴。本文仅分析此核心争议点。

(二)总顾问的意见

总顾问认为,尽管历史上共同渔业政策是制定海洋生物资源养护措施的法律依据,但它不应是唯一的依据。从《欧盟运行条约》第 3 条第 1 款 d 项的措辞看,欧盟至少区分了两种类型的海洋生物资源权能:一是依据共同渔业政策;另一是依据欧盟其他政策。为确定法律依据,不仅需要考察欧盟关于南极海洋保护区决定的目的和内容(aim and content),还应考虑此决定的背景(context)。

　　总顾问提出,根据欧盟法律框架,南极海洋保护区既涉及共同渔业政策下的海洋生物资源养护,也涉及环境和科研政策的领域。一方面,海洋保护区是为了养护与研究南极海洋生物资源,这是环境政策和科研政策的目的;另一方面,它在一定程度上允许合理利用海洋生物资源,即可持续捕捞,这是共同渔业政策的目的。鉴于案件涉及两个以上可能的法律依据,总顾问采取了重心分析法(a center of gravity approach),分析其中最主要的目的或成分,以确定其主要法律依据。

　　如前所述,案件的核心问题是南极海洋保护区的共同渔业政策与环境政策之争。根据法院判例,一个行为不能因为考虑了环境保护要求而当然地被认为属于环境政策领域,而应顾及《欧盟运行条约》第11条关于所有政策领域都应整合或融入环境保护的要求,特别是那些和可持续发展相关的领域。根据法院关于区分共同商业政策和环境政策的判例,总顾问提出了本案区分共同渔业政策和环境政策的标准。一个行为如要被认定为真正的渔业政策措施,必须满足两个条件:一是该行为明确和渔业活动相关,其目的必须是促进或管制渔业活动;二是该行为必须对渔业活动产生直接的和立即的效果(direct and immediate effects)。相应地,一个行为如要被认定为环境政策措施,它必须以环境保护为其核心目的或成分。

　　在确定标准后,总顾问分别从目的、内容和背景三方面对2015年和2016年欧盟关于南极海洋保护区的决定进行重心分析。就目的而言,总顾问认为,所有这些海洋保护区的目的是为了养护、研究和保护南极生态系统、生物多样性,减缓气候变化对南极的影响;拟保护物种不限于商业捕捞的海洋生物资源,还包括鸟类(如企鹅)和海洋哺乳动物(如海豹和鲸鱼)。就内容而言,尽管这些海洋保护区特别地关注渔船活动,但保护区要么禁止渔船活动,要么仅在特别严格的条件下才允许渔船在非常有限的范围内活动。更重要的是,保护区不仅限制渔业活动,还管制污染倾倒与排放,促进对海洋生态系统的研究。因此,海洋保护区不是真正的(genuine)渔业政策措施。就背景而言,南极海洋保护区不全属于渔业政策范畴,而是包含了一般环境保护的考量。例如,根据《南极海洋生物资源养护公约》第5条第2款和《南极条约》第9条第1款f项,该公约的缔约国,特别是CCAMLR成员,有义务保护南极环境免受人类各种干扰的影响。总顾问进而认为,因为影响南极环境的活动不限于渔业,也包括钻探或未来的风力发电等活动。综合目的、内容和背景三方面考虑,南极海洋保护区本质上属于环境政策范畴,而不属于共同渔业政策范畴。

(三)法院的判决

法院首先解读和确定《欧盟运行条约》第 3 条第 1 款 d 项关于养护海洋生物资源的权能范围,然后分析南极海洋保护区的背景、目的及内容,以决定其是否属于第 3 条第 1 款 d 项规定的权能。对于第 3 条第 1 款 d 项的解读,法院认为根据措辞的"通常意义"(the ordinary meaning),只有那些根据共同渔业政策而采取,且无法与共同渔业政策分割的养护海洋生物资源措施才属于此项专属权能;而根据《欧盟运行条约》第 4 条第 2 款 d 项,欧盟及其成员国在渔业方面存在共享权能。实质上,法院支持了总顾问提出的关于两种类型的海洋生物资源养护权能的划分,以及关于共同渔业政策和共同环境政策之间划分的标准。此外,法院还援引 1970 年《共同渔业政策》,认为欧盟关于养护海洋生物资源的专属权能仅限于"养护渔业资源"(conservation of fishery resources)。

在此基础上,法院分析南极海洋保护区是否属于《欧盟运行条约》第 3 条第 1 款 d 项规定的权能。与总顾问一样,法院从背景、内容和目的等三个方面进行分析。在背景方面,法院认为尽管《南极海洋生物资源养护公约》第 9 条赋予了 CCAMLR 养护商业捕捞的南极海洋生物资源的责任,但是其他条款拓展了该公约的适用范围,如第 1 条不限于渔业相关的生物资源(fishery-related resources),而是扩大到所有构成南极海洋生态系统的生物有机体(living organisms),包括海鸟;第 5 条第 2 款要求《南极海洋生物资源养护公约》的缔约国同意遵守《南极条约》协商国通过的关于保护南极环境的措施,这更是超越了渔业管理的范畴。最后,法院认为 CCAMLR 养护措施 CM91-04 的目的也不是管制渔业活动或养护渔业资源,而是维持海洋生物多样性、生态系统结构与功能,适应气候变化等。因此,法院判定 CCAMLR 的职责不仅是采取一些属于环境保护的措施,真正实现环境保护才是这些措施的主要目的和组成部分。

在内容方面,法院同意总顾问的意见,认为 2015 年和 2016 年理事会决定向 CCAMLR 提交的关于海洋保护区的文件,其主要内容是限制或禁止捕捞活动;仅允许极有限的捕捞机会,更证明这些海洋保护区是基于环境保护的考量。欧盟提交的海洋保护区文件中所包含的禁止污染物的倾倒和排放、科学研究等内容,也验证了南极海洋保护区不是关注渔船活动本身。因此法院认为,尽管这些内容部分地规制了渔船活动,但环境保护构成了其内容的主要组成部分。

在目的方面,法院认为欧盟提交的海洋保护区文件的目的是关于养护、研究和保护南极生态系统、生物多样性和生境,以及应对气候变化的不利影响。这些海洋保护区所保护的物种对象,不限于商业捕捞的鱼类种群,还包括其他海洋生物资源,如海鸟与海洋哺乳动物等。因此,这些海洋保护区文件旨在实现如前所述《欧盟运行条约》第 191 条第 1 款规定的欧盟环境政策目的。

基于上述分析与推理,法院最终判定:渔业仅是 2015 年和 2016 年理事会决定向 CCAMLR 提交的关于海洋保护区文件的附带目的(incidental purpose),实现环境保护是主要目的和主要组成部分。尽管 2013 年《共同渔业政策》规定了生态系统方法,要求减轻捕捞活动对海洋生态系统的影响,但相对于上述关于海洋保护区文件的目的,其目的是非常有限的,因此生态系统方法不能用以证明这些南极海洋保护区可纳入渔业政策范围。

三、对案件核心争议点的法律分析

总顾问和法院对南极海洋保护区的政策属性问题都采取了分步走的方法,即先解释"海洋生物资源",再确定南极海洋保护区的政策属性。在对案件核心争议点进行法律分析之前,应明确法院判决所指的"南极海洋保护区"概念及其所处的国际法律框架,这样才能准确理解南极海洋保护区应有的属性和要素,并对判决内容和影响作出正确评析。

(一)关于"海洋生物资源"的解释

在解释"海洋生物资源"时,总顾问确立的关于区分共同渔业政策和环境政策的标准显然对法院产生了影响。法院采取的"只有那些根据共同渔业政策而采取,且无法与共同渔业政策分割的养护海洋生物资源措施才属于此项专属权能"标准,应该是参考了总顾问提出的两个条件。但是,法院进一步援引 1970 年《共同渔业政策》,将《欧盟运行条约》第 3 条第 1 款 d 项所指的"海洋生物资源"狭义地解释为"海洋渔业资源"。法院的这种狭义解释值得商榷。

第一,《欧盟运行条约》中涉及共同渔业政策规定的解释,援引欧盟共同渔业政策没有问题,但是为解释2009年12月1日生效的《欧盟运行条约》的某个条款而援引已经失效的1970年《共同渔业政策》则难以理解。根据《欧盟运行条约》修订的2013年欧盟《共同渔业政策》第48条明确废止了原2002年《共同渔业政策》。因此法院在解释《欧盟运行条约》第3条第1款d项时,应当援引2013年《共同渔业政策》而非早已失效的1970年《共同渔业政策》。如前所述,2013年《共同渔业政策》适用范围不限于"海洋渔业资源",可采取的措施也包括了建立保护区,以养护水生生物资源和海洋生态系统。因此,如果法院援引2013年《共同渔业政策》来解释《欧盟运行条约》第3条第1款d项的"海洋生物资源",则可能得出不同的结论。

第二,根据《维也纳条约法公约》第31条第3款,在解释条约时应考虑嗣后实践。国际法院在1949年曾经指出:"作为一个实体的国际组织,其权利与义务依赖于其宪法性文件中所述的宗旨、明文或隐含规定的职责以及实践中发展起来的职责。"2014年国际海洋法法庭在解释《联合国海洋法公约》第62条第4款,以确定专属经济区给渔船加油行为和捕鱼活动之间的关联时,大量援引了2000年以后通过的多边国际协定中关于"捕鱼活动"和"捕鱼相关活动"的定义以及相关国家嗣后实践。因此,法院在解释《欧盟运行条约》第3条第1款d项所指的"海洋生物资源"时,应考虑欧盟据此而参加的区域渔业管理组织或国际协定关于"海洋生物资源"的定义以及相关管理职责。截至2020年2月,欧盟以其享有的关于生物资源养护的专属权能参加的区域渔业条约及其区域渔业管理组织有12个。例如,2017年修订的《关于西北大西洋渔业合作公约》定义了"渔业资源"(fishery resources)、"生物资源"(living resources)和"海洋生物多样性"(marine biological diversity)等术语,同时规定本公约的目的为"长期养护和可持续利用鱼类资源"和"保护渔业资源所处的海洋生态系统"。

第三,从《南极海洋生物资源养护公约》对"海洋生物资源"的定义和实践看,该公约第1条将南极海洋生物资源定义为"南极辐合带以南水域的鱼类、软体动物、甲壳动物和包括鸟类在内的所有其他生物种类"。CCAMLR是世界上第一个以生态系统定义其管辖范围的区域组织,最早开创性地引入生态系统方法养护南极海洋生物资源。CCAMLR 的生态系统方法强调，捕捞活动不应对与捕捞目标物种相关的物种造成不可逆的不利影响。例如，在直接管理磷虾捕捞过程中，CCAMLR 还监测磷虾捕捞对磷虾捕食者（如鲸鱼、海豹、企鹅等）的影响。通过生态系统方法，CCAMLR 控制磷虾等捕捞活动，以维护整个南极生态系统的"健康"。

第四，1984 年 12 月 7 日欧盟签署《联合国海洋法公约》时声明，欧盟拥有对"海洋渔业资源"（sea fishing resources）的养护与管理事项专属权能。1996 年 6 月 27 日欧盟在签署《联合国鱼类种群协定》时，对欧盟及其成员国之间的权能分配作了详细声明。欧盟指出，欧盟对海洋生物资源养护与管理事项享有专属权能，具体表现为对内制定规则然后由成员国执行，对外和第三方或有管辖权的组织开展合作，这种专属权能适用于欧盟成员国的渔业管辖海域和公海。基于此专属权能，欧盟享有国际法下船旗国对悬挂欧盟成员国旗帜船舶的管制权，但欧盟成员国负责对船长及其他职务船员依《联合国海洋法公约》第 94 条及其国内法进行行政、技术和社会方面的管理。关于共享权能，欧盟声明指出它包括下列与渔业相关的事项：发展中国家的特殊需求、科学研究、港口国措施以及那些针对区域渔业管理组织非成员国或《联合国鱼类种群协定》的非缔约国的措施等。

综合欧盟的两个声明、新旧欧盟渔业共同政策以及欧盟参加的区域渔业条约等，至少可以得出以下四点结论。第一，"海洋生物资源"和"海洋渔业资源"是两个不同的概念。渔业资源，是针对开发利用而言的，侧重于可商业利用的生物物种，即有鳍鱼类、软体动物和甲壳类；生物资源，是针对养护而言的，侧重于整个海洋生态系统的结构和功能，包括可商业利用的生物物种和其他生物物种。第二，20 世纪 90 年代以后，特别是欧盟 2013 年《共同渔业政策》后，应以一种发展的理念去解释欧盟关于"海洋生物资源养护"的专属权能，即从"海洋渔业资源"到"海洋生物资源"，以体现 20 世纪 90 年代以后国际社会对渔业活动及其对海洋环境影响的认知、《联合国鱼类种群协定》第 5 条规定的一般原则以及 2013 年《共同渔业政策》。第三，欧盟关于"海洋生物资源养护"的专属权能不是无限的，应仅表现在规则层次，即对内制定统一规则和对外签订合作协定；具体落实过程中，仍需要欧盟及其成员国相互协调，即权能共享，如科学研究、港口国措施、船舶及其职务船员的管理等。第四，法院审理该案时应充分考虑《南极海洋生物资源养护公约》对

"海洋生物资源"的定义以及 CCAMLR 的实践。法院援引 1970 年《共同渔业政策》的定义,既不符合欧盟自身实践,不切合南极海洋保护区的语境,也忽视了 CCAMLR 对推动全球海洋生物资源养护发展的贡献。

(二)南极海洋保护区的政策属性

如前所述,总顾问和法院认定南极海洋保护区属于环境政策范畴,是基于三个理由:第一,《南极海洋生物资源养护公约》序言第 1 段承认了保护环境的重要性;第二,根据《南极海洋生物资源养护公约》第 5 条第 2 款和《南极条约》第 9 条第 1 款 f 项,《南极海洋生物资源养护公约》缔约国有义务保护南极环境;第三,南极海洋保护区限制甚至禁止渔业活动,其目的不是养护南极海洋生物资源,而是保护南极海洋生物多样性。所以,南极海洋保护区是《南极海洋生物资源养护公约》缔约国履行南极环境保护义务的一种措施。这种解释,脱离了南极条约体系发展历史及嗣后实践,混淆了《南极条约》《南极海洋生物资源养护公约》两个不同国际条约以及 ATCM 与CCAMLR 两种不同机制,忽视了南极条约体系以人类活动为管理对象并根据人类活动类型分配环境保护责任的基本逻辑。为准确认定南极海洋保护区的政策属性,本文先分析 ATCM 和 CCAMLR 的环境保护责任,然后从南极条约体系的角度讨论它们之间的联系与区别,最后具体剖析总顾问和法院判决存在的问题。

1. ATCM 框架下的环境保护与保护区

资源(包括生物资源)开发利用首先涉及资源归属问题,进而触及南极领土主权问题,《南极条约》谈判期间,各方刻意回避了这个资源问题;此外,环境保护问题在 20 世纪 50 年代也尚未引起国际社会的高度关注。因此,《南极条约》第 9 条第 1 款 f 项的初衷不是保护环境或生物,而是防止开发可能带来经济上的不利影响。结合《南极条约》第 6 条,《南极条约》第 9 条第 1款 f 项规定的"南极洲的生物资源"(living resources in Antarctica)应是指那些位于南纬 60 度以南陆地、冰架和沿海的生物资源,不包括公海生物资源。1964 年《南极动植物养护议定措施》是 ATCM 根据《南极条约》第 9 条第 1款 f 项通过的措施,它仅适用于本地哺乳动物、鸟类和植物,不包括鲸类,不适用于公海的哺乳动物和鱼类等生物资源。1972 年《南极海豹养护公约》第一次突破《南极条约》第 6 条的限制,以独立条约的形式养护南极公海海洋生物资源。

1991 年《环保议定书》吸纳整合了包括《南极动植物养护议定措施》在内的相关措施,为南极环境保护制定了一个全面的制度。为实现南极环境保护的目的,《环保议定书》采取了两种方法:一是全面禁止了除科学研究外的任何与矿产资源相关的活动;二是针对《南极条约》第 7 条第 5 款下的所有活动制定了详细的管理规则。这些管理规则不适用于《南极海洋生物资源养护公约》管制的捕捞及有关管理活动。

《环保议定书》第 2 条将南极洲(Antarctica)指定为"自然保护区",仅用于和平与科学的目的。根据《南极条约》第 7 条第 5 款在南极开展的所有活动,包括科学考察、旅游等,都应遵守《环保议定书》第 3 条规定的环境原则,保护南极环境及其生态系统以及南极内在价值等,减少这些活动对南极环境造成的不利或重大不良影响,或有害改变,或重大危险等。《环保议定书》附件 5"区域保护"部分规定,可通过设立南极特别保护区来保护以下南极环境目的,包括典型地貌、生态系统和海洋生态系统,生物重要栖息地,科学研究兴趣区,突出的地质、地形学等方面的特征,突出的美学和荒野价值,历史遗迹等。当然,南极特别保护区可以包括海洋区域。

综上所述,ATCM 下的环境保护,只针对《南极条约》第 7 条第 5 款规定的人类活动,包括科学考察、旅游及一切其他政府性与非政府性的活动,但不包括《南极海洋生物资源养护公约》下的人类活动。其环境保护的目标,是广泛意义上的南极环境及其生态系统以及南极内在价值。为保护特定的南极环境价值,可根据《环保议定书》附件 5 设立南极特别保护区,包含陆地与海洋,但海洋部分要经过 CCAMLR 事先批准。

2. CCAMLR 框架下的环境保护与海洋保护区

1980 年《南极海洋生物资源养护公约》是在南极有鳍鱼类资源被过度开发、南极磷虾资源将被大量利用,以及联合国粮农组织介入等历史背景下快速出台和生效的,突破了《南极条约》的适用范围,管辖海域范围拓展至南极幅合带,最北界限达南纬 45 度,与《南极条约》第 6 条规定的公海捕鱼自由和生物资源养护相契合。

《南极海洋生物资源养护公约》的目的是养护南极海洋生物资源,其中"养护"一词包含合理利用。对于海洋生物资源,该公约将其定义为包括鱼类、鸟类等在内的所有生物种类。结合《南极海洋生物资源养护公约》第 2 条第 3 款和第 6 条的规定,这种定义体现了该公约在养护原则方面的重要创新,即生态系统方法。值得注意的是,尽管南极海洋生物资源的定义理论上包括鸟类、海豹、鲸鱼等,但是这不意味着该公约可以管制直接利用这些物种的所有人类活动;相反,海豹和鲸类仍由《国际捕鲸管制公约》和《南极海豹养护公约》规制,鸟类可以由《养护南极信天翁和巨海燕协定》规制。

《南极海洋生物资源养护公约》第 2 条第 3 款规定,其管理的人类活动是"捕捞及其相关活动"。考虑到南极磷虾是海豹、鲸类、鸟类等生物的食物以及捕捞活动可能兼捕这些生物,因此 CCAMLR 需要规制捕捞及其相关活动,以避免对海豹、鲸类、鸟类等生物的影响。在海洋环境保护方面,由于渔船可能在生产过程排放污染物或将外来物种引入南极,特别是国际海事组织于 1990 年将南纬 60 度以南海域指定为《防止船舶污染国际公约》附件 1 和附件 5 下的"特别区",实施更严格的排放规定,CCAMLR 需要对这些环境污染问题进行管理。根据《南极海洋生物资源养护公约》第 9 条,CCAMLR 分别通过了关于环境污染问题、兼捕问题、脆弱海洋生态系统保护等一系列的养护措施,如 CM26-01、CM25-02 与 25-03、CM22-06、22-07 与 22-09 等。

2011 年 CCAMLR 通过了《一般性框架》,即养护措施 CM91-04,为南极海洋保护区的建立提供了一个养护措施层次的基础。根据养护措施 CM91-04 正文第 2 段,南极海洋保护区旨在实现 6 类目标,包括保护代表性的海洋生态系统、保护重要的生态系统进程、建立科学研究参照区、保护易受人类活动影响的区域、保护重要生态系统功能区、保护对适用气候变化影响的重要区域等。《一般性框架》是 CCAMLR 根据《南极海洋生物资源养护公约》第 9 条通过的众多养护措施之一,旨在落实"养护南极海洋生物资源"的目标和原则,所以南极海洋保护区的 6 类目标不是独立存在的。即使根据《南极海洋生物资源养护公约》第 2 条第 3 款 c 项,南极海洋保护区的建立包含了"防止在近二三十年内南极海洋生态系统发生不可逆转的变化或减少这种变化的风险"的考量,其最终目的也是通过对"捕捞及其相关活动"的合理管理,实现"可持续养护南极海洋生物资源"。

综上所述,CCAMLR 负有一定环境保护的职责,但是这些环境保护职责仅针对"捕捞及其相关活动"所产生的环境问题,包括污染、兼捕哺乳生物与鸟类、海洋生态系统养护等。而南极海洋保护区是 CCAMLR 采取的众多养护措施之一,旨在养护南极海洋生态系统的结构与功能,防止"捕捞及其相关活动"对海洋生态系统造成不可逆转的变化,实现南极海洋生物资源的可持续养护与合理利用。

3. ATCM 和 CCAMLR 在环境保护与保护区方面的联系与区别

《南极条约》及其《环保议定书》和《南极海洋生物资源养护公约》框架下的(养护)措施、决议、决定等共同构成了南极条约规则体系,ATCM 与 CCAMLR 以及其他机构则构成南极条约机制体系,分别管理不同类型的人类活动。

考虑到南极环境和生态系统的整体性,ATCM 和 CCAMLR 既有联系也有区别。《南极海洋生物资源养护公约》序言第 6 段和第 5 条第 1 款先承认了 ATCM 在保护南极环境方面负主要责任,包括《南极条约》第 9 条第 1 款 f 项;序言第 7 段和第 5 条第 2 款则详细列出了 ATCM 通过的措施,如根据《南极条约》第 9 条第 1 款 f 项通过的《南极动植物养护议定措施》以及其他可能通过的措施。承认 ATCM 在环境保护方面负主要责任,一方面强调了《南极条约》和《南极海洋生物资源养护公约》的联系,即构成南极条约体系;另一方面也突出了《南极条约》第 9 条第 1 款 f 项及依此项通过的《南极动植物养护议定措施》和《南极海洋生物资源养护公约》的差异性。

正是这种差异性以及 CCAMLR 的独立性,决定了 ATCM 通过的环境保护措施不能直接适用于 CCAMLR。《南极海洋生物资源养护公约》第 5 条第 2 款规定,CCAMLR 成员开展"捕捞及有关活动"时应"适当"(as and when appropriate)遵守 ATCM 有关环境保护措施。事实上,CCAMLR 根据其管理活动的特点,制定一些养护措施,适当地转化了包括《环保议定书》在内的 ATCM 环境保护规定,如养护措施 CM26-01(捕捞过程中的一般性环境保护)、CM25-02(减少公约区域内延绳钓捕捞或延绳钓捕捞研究中海鸟的偶然捕捞死亡率)和 25-03(减少公约区域内拖网中海鸟和海洋哺乳动物的偶然捕捞死亡率)等。但是,CCAMLR 并非必须转化所有 ATCM 环境保护规定;相反,《环保议定书》第 4 条第 2 款明确规定不损害各国依《南极海洋生物资源养护公约》所享有的权利与义务,环境影响评价制度不适用于捕捞及其相关活动。

在保护区方面,尽管《环保议定书》附件 5 规定,ATCM 可设立南极特别保护区和南极特别管理区,包括海洋区域,但是 2005 年 ATCM 第 9 号决定要求,凡是管理计划可能影响捕捞海洋生物资源或未来阻止或限制CCAMLR相关活动的,应事先征得CCAMLR的同意。也就是说,ATCM下的保护区不能影响或损害CCAMLR下的"捕捞及其相关活动"。CCAMLR养护措施CM91-02(保护南极特别管理和保护区域的价值)附件A也仅列出了那些经CCAMLR同意的包含海域的10个南极特别保护区和3个南极特别管理区。一个值得注意的反例是第173号南极特别保护区。尽管它的海域面积占总保护区面积的98%,但美国认为该保护区的管理计划中不涉及捕捞活动,南极海洋生物资源养护科学委员会接受了美国的解释,所以第173号南极特别保护区没有列在养护措施CM91-02附件A中。

另一方面,鉴于CCAMLR仅负责"捕捞及其相关活动"产生的海洋环境问题,那些与此无关的南极环境保护则不属于CCAMLR管辖范围,不能由CCAMLR根据《一般性框架》设立海洋保护区。例如,2012年乌克兰根据其2005—2011年的科学调查提出在其沃纳德斯基(Akademik Vernadsky)科考站附近海域建立海洋保护区,以保护其底栖生物多样性、促进科学研究。南极海洋生物资源养护科学委员会认可乌克兰所提议海域的科学研究价值,认为值得保护,但是CCAMLR质疑了乌克兰以科研价值为由而建立海洋保护区的动机,认为应在ATCM框架下建立南极特别保护区或南极特别管理区而不是CCAMLR海洋保护区。

从上述分析可以看出,ATCM和CCAMLR在南极环境保护与保护区方面存在清晰的职责划分。ATCM根据《南极条约》及其《环保议定书》制定环境保护措施,CCAMLR结合渔业管理的需要,视情况将ATCM的环境保护措施(或相关部分)转化为其自身的养护措施,并"适当"遵守,但不是完全遵守,更不是直接适用。ATCM设立的保护区,不应影响CCAMLR下的捕捞及其活动;如果有影响的,应事先征求CCAMLR的明示同意,再由CCAMLR制定养护措施进行转化,适用于渔船。CCAMLR的海洋保护区是以养护南极海洋生物资源为目的,不能用以实现ATCM的环境保护目的。

4.总顾问和法院判决关于南极条约体系解释的错误

总顾问尽管承认《南极海洋生物资源养护公约》主要是规制捕捞活动,以实现南极海洋生物资源的合理利用,但是将《南极条约》第9条第1款f项和《南极海洋生物资源养护公约》第5条第2款连起来解释,认为CCAMLR有义务保护南极环境免受人类活动干扰,包括捕捞活动之外的其他人类活动和可能的钻探采矿活动。法院的判决采纳了总顾问关于《南极海洋生物资源养护公约》第5条第2款的解释，同时进一步认为《一般性框架》规定的南极海洋保护区关注的是海洋生物多样性、生态系统功能与结构、适用气候变化等，超出了渔业范畴。为此，法院参考了威德尔海海洋保护区提案和CCAMLR罗斯海海洋保护区，认为CCAMLR的海洋保护区除管理渔业活动外，还保护海鸟和海洋哺乳动物；南极海洋保护区中渔业内容仅是小部分，更多的内容是保护环境。因此，总顾问和法院错误地解释了《南极条约》第9条第1款f项，法院还错误地解释了南极海洋保护区的目的。

在《南极条约》第9条第1款f项和《南极海洋生物资源养护公约》第5条第2款关系方面，总顾问和法院的解释有两个方面的错误：一是错误地认为《南极条约》第9条第1款f项是《南极海洋生物资源养护公约》的依据，且《南极条约》与《南极海洋生物资源养护公约》之间存在层级关系；二是错误地认为所有ATCM通过的环境保护措施，都应适用于CCAMLR管理的"捕捞及其相关活动"。

首先，如前所述，《南极条约》第9条第1款f项是ATCM制定《南极动植物养护议定措施》的法律依据，但不是《南极海洋生物资源养护公约》的法律依据。《南极条约》第9条第1款f项所指的"南极洲生物资源"是指南纬60度以南陆地、冰架和沿海的生物资源，不包括公海；《南极海洋生物资源养护公约》所指的"南极海洋生物资源"是指公海生物资源，旨在解决《南极条约》第6条所指公海捕鱼自由问题，其地理范围超过南纬60度至南极幅合度，而且海豹、鲸鱼和海鸟由其他条约规制。《南极海洋生物资源养护公约》序言和第5条特别将《南极条约》第9条第1款f项作为南极条约协商国环境保护义务之一和《南极动植物养护议定措施》列出来，更明确了它们和《南极海洋生物资源养护公约》之间的区别。因此，尽管《南极条约》与《南极海洋生物资源养护公约》共同构成南极条约规则体系，但是它们相互独立，不存在层级关系。

其次，ATCM通过的环境保护措施并不当然适用于CCAMLR管理的"捕捞及其相关活动"。这里有两个反例：一是《环保议定书》最后文件明确规定，《环保议定书》第8条规定的环境影响评价不适用于根据《南极海洋生物资源养护公约》而在南极条约范围内开展的任何活动；二是南极特别保护区和南极特别管理区必须经CCAMLR转化后方可适用于渔船，那些没有经过 CCAMLR 同意的南极特别保护区和南极特别管理区不会得到渔船的遵守。在 2012 年的南极环境保护委员会会议上,南极与南大洋联盟提请大会注意有磷虾渔船进入第 1 号南极特别管理区开展捕捞的问题,要求立即修订第 1 号南极特别管理区的管理计划,并制定临时禁渔措施。后经 CCAMLR 同意,第 1 号南极特别管理区禁止捕捞活动,且由 CCAMLR 将第 1 号南极特别管理区列入了其养护措施 CM91-02 附件中。养护措施 CM91-02 第 1 段明确规定,仅要求渔船遵守列入其附件中的那些经 CCAMLR 同意的 10 个南极特别保护区和 3 个南极特别管理区;也就是说,对于那些没有经 CCAMLR 同意的南极特别保护区或南极特别管理区,如第 173 号南极特别保护区,理论上渔船不必知晓和遵守。

最后,在关于南极海洋保护区的目的的解释方面,法院错误地将南极海洋保护区的目的和《南极海洋生物资源养护公约》的目的分割开(如果不是对立起来的话)。《一般性框架》序言第 2 段明确提出,其目的是为实施《南极海洋生物资源养护公约》第 9 条第 2 款 f 项与 g 项;也就是说,南极海洋保护区是 CCAMLR 为履行其职责和实现养护南极海洋生物资源的目的而采取的一种工具,而且是众多工具中的一种。根据《维也纳条约法公约》第 31 条第 1 款,《一般性框架》关于南极海洋保护区目的的解释和落实,应考虑《一般性框架》序言第 2 段,《南极海洋生物资源养护公约》第 9 条第 1 款、第 9 条第 2 款 f 项与 g 项。另一方面,虽然南极海洋保护区有很多目标涉及海洋生态系统,但根据《南极海洋生物资源养护公约》第 2 条第 3 款 c 项的规定,消除或降低海洋生态系统的风险也是为了实现南极海洋生物资源的可持续养护与合理利用。健康的海洋生态系统是生物资源养护和可持续利用的前提条件,而法院忽视了海洋生态系统和海洋生物资源可持续养护之间的内在逻辑关系,犯了一个目前海洋治理中常见的错误,混淆了管理海洋生态系统和应用生态系统方法管理特定人类活动这两个不同的概念。联合国大会一再强调:"海洋管理的生态系统方法应以管理人类活动为重点,目的是维护并在必要情况下恢复生态系统的健康,以维持环境商品和环境服务,提供粮食保障等社会和经济惠益等。"在《南极海洋生物资源养护公约》框架下,保护海洋生态系统不应是唯一和最终的目的。

综上,南极海洋环境保护是由全球性条约(如《防止船舶污染国际公约》《联合国气候变化框架公约》及其《巴黎协定》等)和南极条约体系共同规制。

在南极条约体系下,尽管《南极条约》和《南极海洋生物资源养护公约》存在一定联系,但是它们相互独立,分别规制不同的人类活动,在各自职责范围内负有环境保护义务。南极海洋保护区是 CCAMLR 为落实养护与合理利用南极海洋生物资源的目的和原则而采取的一种养护措施,它仅能管制(不论是禁止或者是限制)"捕捞及其相关活动",不能适用于《南极条约》框架下的开展一般性海洋科学研究的船舶,更不能用以实现《环保议定书》的目的。尽管《一般性框架》规定南极海洋保护区的目标多为海洋生物多样性和生态系统养护,但是这些目标应服务于《南极海洋生物资源养护公约》的目的和原则。因此,在南极条约体系下,南极海洋保护区是 CCAMLR 为实现南极海洋生物资源养护的一种工具,应属于渔业或者生物资源养护政策范畴,而不属于环境政策范畴。

四、案件判决可能产生的地区影响与全球影响

欧盟法院南极海洋保护区案表面上看是关于《欧盟运行条约》相关条款的解释问题,涉及的是一体化组织内部权能归属的争端,法院对本案的判决似乎仅是解决这种内部权能归属争端。但是,理事会的决策过程及其最终决定,总顾问和法院关于《南极海洋生物资源养护公约》相关条款的解释及对南极海洋保护区政策属性的认定,以及所有参与案件的欧盟成员国对理事会决定和法院判决的支持,基本反映出当时欧盟 28 个成员国(包括英国)在南极海洋保护区的目的和属性方面达成了新的共识。这种新的共识实际上已经脱离了以共同渔业政策和《多年度立场(2014—2019)》为代表的欧盟现行内部法律和政策,也和欧盟在东北大西洋渔业委员会、东北大西洋海洋环境保护委员会下的实践相悖,同时也超出了《南极海洋生物资源养护公约》的框架和职责范围,将南极条约体系不同机制混为一谈。

2019 年 3 月 8 日,委员会在《多年度立场(2014—2019)》尚未到期的情况下,向理事会提出关于制定 2019—2023 年多年度立场和撤销《多年度立场(2014—2019)》的提案。2019 年 5 月 14 日,理事会通过了关于《多年度立场(2019—2023)》的决定。《多年度立场(2019—2023)》要求与 2016 年 11 月 10 日欧盟外交与安全政策代表和委员会联合发布的《国际海洋治理:我们海洋未来的议程》以及 2017 年 3 月 14 日理事会相关结论一致,积极支持在南极建立海洋保护区网络,和成员国共同提交南极海洋保护区提案。对比《多

年度立场（2014—2019）》、总顾问意见、法院判决和《多年度立场（2019—2023）》可以看出，法院的判决在很大程度上受欧盟内部政策和情势影响，未来将直接影响欧盟及其成员国参与南极和全球海洋事务的政策立场，并对南极条约体系和全球海洋治理规则塑造产生深远影响。当然，这种影响程度亦取决于其他国家对判决所涉问题的反应。一方面，欧盟及其成员国和那些与欧盟持有类似观点的国家，可能会在南极地区或全球层面沿着判决指出的路径，推动国际规则的演变；另一方面，持有不同观点的其他国家，可能就此判决提出异议或反对。这两种立场在南极地区或全球层面的博弈，将最终决定南极地区或全球海洋治理的发展趋势。

在 CCAMLR 层面，如果未来威德尔海海洋保护区按现有提案的内容获得 CCAMLR 的通过，则可能进一步增强法院判决在南极条约体系中的影响。如前所述，2014—2016 年间德国向南极海洋生物资源养护科学委员会提交的科学背景文件第 1 部分"背景及国际协定"，明确援引国际环境文件以及《南极条约》及其《环保议定书》作为其提案的政策法律依据。德国在南极海洋生物资源养护科学委员会表示，关于保护目标和相应保护程度的问题是 CCAMLR 需要讨论的问题，但是德国却没有将包含该部分政策和法律内容的文件提交 CCAMLR 讨论。因此，南极海洋生物资源养护科学委员会近3 年来主要对上述科学背景文件的科学部分进行讨论，而未能审议第 1 部分"背景及国际协定"及相关政策和法律内容；同样，因为提案国没有将科学背景文件提交给 CCAMLR 审议，CCAMLR 也没有机会对此问题进行讨论。随着法院判决的出台，如果 CCAMLR 成员在审议相关议题时认可了关于建立威德尔海海洋保护区的政策法律依据，以及威德尔海海洋保护区的环境政策属性，则可能进一步促进 CCAMLR 从南极资源管理组织向环境保护组织转变，加强环保主义在南极海洋保护区建设中的影响力。那样的话，CCAMLR 将可能重演国际捕鲸委员会全面禁止利用的结局。

在南极条约体系层面，对该案判决可能影响的评估，既需要考察欧盟及其成员国或持类似观点国家在 CCAMLR 和 ATCM 中的影响力，还需要考察案件所涉及的提案一旦在 CCAMLR 通过可能产生的示范效应。截至2020 年 2 月，CCAMLR 共有 26 个成员，其中 9 个是欧盟及其成员国和英国；ATCM 共有 29 个协商国，其中 11 个是欧盟成员国和英国。欧盟及其成员国对南极条约体系规则塑造，在政治、法律和科学等多个层面都具有很大优势。判决作出后,欧盟及其成员国将以此为契机在南极条约体系内推行海洋保护区在性质上属于环境政策范畴的观点,促进 CCAMLR 向南极环境保护组织转变,导致 ATCM 和 CCAMLR 之间职能的进一步交叠,如 2018年比利时、法国、德国等 7 个国家向南极环境保护委员会提交的关于协调南极条约体系下海洋保护倡议的文件就是如此。

在全球海洋治理层面,2016 年欧盟《国际海洋治理:我们海洋未来的议程》明确提出,全球海洋保护区建设进程远落后于 2020 年达到 10% 的目标,为此,欧盟将在全球范围内促进海洋保护区的建设及其效用;如果海洋保护区能达到 30%,则将在 2015～2050 年间产生 9200 亿美元的收益。事实上,在 2006 年 BBNJ 特设工作组第 1 次会议上,欧盟就建议未来的新协定应规定,除其他外,建立海洋保护区、保护公海生物多样性、禁止破坏性渔业活动等。在 2011 年 BBNJ 特设工作组第 4 次会议也就是海洋保护区被纳入"一揽子方案"的关键会议上,欧盟呼吁履行 2002 年《世界可持续发展峰会实施计划》设定的目标,弥补 2008 年《生物多样性公约》第 9 次缔约方会议通过的"具有生态和生物重要性的海洋区域"与已有海洋保护区之间的差距,呼吁将海洋保护区纳入"一揽子方案"等,推进全球范围内设立海洋保护区的进程。欧盟此意见得到了国际自然保护联盟、绿色和平等环境保护非政府组织的支持。对于 BBNJ 协定和现有国际协定或机制,如《联合国鱼类种群协定》与区域渔业管理组织的关系,尽管联合国大会决议明确指出,未来 BBNJ协定"不损害"(not undermine)现有协定或机制,但是各方关于"不损害"的解释存在明显分歧。在海洋保护区方面,欧盟认为,更严格的保护措施不是对现有协定的"损害";同样地,欧盟此观点得到了公海联盟等非政府组织的支持。

综上,法院判决不仅可能促进 CCAMLR 从南极资源管理组织向环境保护组织转化,导致 CCAMLR 与 ATCM 的职能趋同,还会间接影响未来BBNJ 协定和现有条约相互关系的处理,削弱现有海洋国际治理机制的职责。

五、结语

法院关于南极海洋保护区案的判决,片面或狭义解释了"海洋生物资源",混淆了 ATCM 在保护南极环境方面和 CCAMLR 在养护南极生物资源方面的职责,以及二者对不同人类活动管理的分工。法院关于南极海洋保护区属于环境政策范畴的结论,不仅从国际法角度看法律逻辑值得商榷,而且与欧盟当时有效的法律和政策文件以及其在东北大西洋的实践不一致。

在全球可持续发展的背景下,加强海洋生态环境保护、养护和可持续利用海洋生物资源和生物多样性已成为全球共识,国际社会需要进一步在具体法律框架下明确这些概念的区别和联系,以及不同管理机制的特点和分工差异。目前,海洋保护区因其面积直观且易测算等,被有组织地推崇为海洋治理的首要选择,存在脱离人类活动和具体现实需要、缺乏必要的量化分析和评估机制、片面追求保护区设立及其面积等趋向。现有相关区域组织的条约及实践清晰地显示,尽管养护海洋生物资源、保护海洋环境已经成为很多国际组织的共同管理目标,但是海洋保护区的政策属性、功能设计仍取决于保护区管理机构的法定职责及其所管理的人类活动。

海洋保护区作为一种管理工具,没有好坏之分,但其运用和实施的方式、范围和程度可能重塑海洋保护与利用的根本规则,对不同国家产生不同的成本与收益分摊效果。从历史发展的角度看,南极海洋保护区的建设,不仅是影响海洋渔业本身的经济问题,也必然涉及新海洋规则的形成和战略利益的重新分配。

鉴于欧盟及其成员国在南极条约体系以及全球海洋治理中的影响力,考虑到欧盟已有的政策主张与实践,可以预料,法院对该案的判决可能会产生一定的地区影响和全球影响,而南极条约体系及 BBNJ 协定谈判将是这种影响最直接体现的领域。

文章来源:原刊于《武大国际法评论》2020 年第 5 期。

BBNJ

实现 BBNJ 划区管理工具制度中的海洋生态连通性

——以"适当顾及"沿海国权益为路径

■ 刘惠荣，马玉婷

论点撷萃

　　BBNJ 协议的保护范围是国家管辖范围外海域。由于海洋生态连通性的存在，国家管辖范围内外制度之间的关系成为当前 BBNJ 协议在划区管理工具制度中讨论的关键问题。以何种制度平衡沿海国权益和其他国家权益，这对 BBNJ 划区管理工具制度实现海洋生态连通性至关重要。在不赋予沿海国高于其他国家权益的同时又能兼顾沿海国权益，以实现海洋生态的连通性，"适当顾及"沿海国权益为实现这一目标提供了一种路径。"适当顾及"原则并不是 BBNJ 协议磋商中的首创，作为 BBNJ 上位母法的《联合国海洋法公约》已确立这一原则，该原则已经为各国提供了一种平衡海洋利益的思路。

　　在 BBNJ 语境下，"适当顾及"的含义应当包括以下几点：第一，在 ABNJ 中指定划区管理工具等措施如果对国家管辖范围之内的区域有所影响，就须通知和咨询沿海国以征得沿海国的意见和同意。第二，沿海国拥有利用各种现有机制提出措施的权利。第三，应当允许沿海国对 ABNJ 的划区管理工具措施提出合理的担忧。以上关于"适当顾及"的三条内涵都没有赋予沿海国关于国家管辖范围内的任何特殊权利，它们均体现了对沿海国现有

作者：刘惠荣，中国海洋大学法学院教授，博士生导师，中国海洋大学海洋发展研究院高级研究员，中
　　　国海洋发展研究中心海洋权益研究室副主任
　　　马玉婷，中国海洋大学法学院硕士

权利的尊重,这与《联合国海洋法公约》的规定具有相同的精神。为了实现生态连通性,BBNJ 协议采取"适当顾及"沿海国权益的做法可以有效平衡沿海国家和其他国家的权益。

虽然在 BBNJ 划区管理工具制度中始终考虑到海洋的生态连通性并平衡其与沿海国家的利益具有一定的困难,但是 BBNJ 协议依旧要为之不断尝试并努力。通过适当顾及沿海国权益,并辅助生态系统方法、准确的科学信息以及国际合作的办法解决邻近问题,有助于 BBNJ 协议实现保护国家管辖范围之外海洋生物多样性的总目标。

2017 年 12 月 14 日,联合国在第 72/249 号决议下决定召开一次政府间会议,这次会议的主要议题就是审议 2015 年 6 月 19 日第 69/292 号决议关于拟定一项《联合国海洋法公约》(以下简称《海洋法公约》)之下的具有法律约束力的国际文书。该文书旨在保护国家管辖范围之外的海洋生物多样性。针对这个目标,BBNJ 谈判主要处理一揽子事项中确定的专题,其中包括海洋保护区在内的划区管理工具问题。直至 2019 年 9 月,大会根据在第二届会议期间进行的讨论和提出的建议形成了一份草案,其中就包括海洋保护区在内的划区管理工具拟制了八条条文,涉及在国家管辖范围之外建立划区管理工具的目标、标准、提案、决策、执行、监测和国际合作等法律问题。针对当前草案提出的备选文案较为丰富,各国在很多问题上存有争议,其中沿海国在 BBNJ 划区管理工具制度中的权益是一个值得讨论的问题。该问题来源于沿海国专属经济区与公海之间所产生的毗邻关系以及由该毗邻关系所引发的海洋生态连通性,讨论沿海国在 BBNJ 协议中应当享有的权益及所承担的义务,以及以何种方式实现该项权益的方法。这个问题在BBNJ 划区管理工具的磋商中又具体表现为:在建立国家管辖范围以外区域的划区管理工具时,是否有必要征得毗邻沿海国同意? 为解决文书规定的措施和沿海国所规定的措施之间的兼容性问题而纳入的条款是否应当包含如信息共享等的规定? 如何在文书中体现尊重沿海国及其国家管辖范围内区域(包括对 200 海里以内和以外的大陆架和专属经济区)的权利?

可以认为,BBNJ 所讨论的是国家管辖范围外海域的划区管理工具与沿海国权益的关联性问题,即如何分配"国家管辖范围外海域"(以下简称ABNJ)的划区管理工具与沿海国之间的利益,这需要从科学上寻找根据、从制度上设计公平合理的分配机制。本文试图沿着剖析海洋生态连通性的科学根据和《海洋法公约》对生态连通性的制度设计回应的线索,探究基于海洋生态连通性,在 ABNJ 海域建立划区管理工具制度时应当如何公平合理地关照沿海国的利益。

一、BBNJ 划区管理工具制度中的海洋生态连通性

众所周知,海洋并不是一个静止的生态系统,而是一个相互连接、循环往复的生态运动网络。生态连通性是一种复杂的自然现象,它将海洋生态系统的各个部分联系在一起。《海洋法公约》在序言部分提到海洋是一个整体,这是《海洋法公约》对全球海洋法律秩序提出的总基调和认识论。它认为海洋中没有任何一个部分出现的问题可以单独对待,而要联系海洋的各个部分将其视为一个整体加以解决。海洋的整体性导致海洋是一个动态的环境,海水中的营养、能量、物种等在海洋的水平和垂直方向上运动。从微生物到大型海洋哺乳动物都在 ABNJ 海域和沿海海域之间迁移。人类对海洋环境的威胁如海洋污染、海洋垃圾等也得以传播。这些现象都是海洋生态连通性的表现,它超越了我们为海洋设定的法律界限。因此,要确保 ABNJ 中海洋生物多样性的保护和可持续利用,就必须考虑到海洋的生态连通性。

以下这一部分将首先论证 BBNJ 划区管理工具制度中的海洋生态连通性在科学上的存在,包括引起它的科学原因以及它所导致的生态学意义,并且在此基础上,将其纯粹的生态学意义再放入国际政治背景下进一步分析。

(一)引起海洋生态连通性的原因

根据当前的科学研究成果,引起海洋生态连通性的原因主要有两种:洋流运动和物种迁徙,它们分别使得海洋生态连通性表现出主动的形式和被动的形式。

1. 洋流运动引起海洋生态连通性的主动形式

洋流可以被认为是海水运动的高速公路,它是连接两个遥远海域的关键媒介。在最新的研究中,科学家利用拉格朗日粒子跟踪法观察到沿海水域与 ABNJ 水域之间的连通性。洋流运动可以促成主动模式的海洋生态连通性,其运动的方向将海域分为上游和下游。上游的连通性取决于到达位

置的水源地,下游水域的来源则依靠上游水域的流动,上下游之间形成洋流运动的闭环。洋流发生的位置将涉及海洋生态连通性的边界和范围,并且影响到不同位置海域之间的连通。另外,强度不同的洋流运动会形成强弱不同的海洋生态连通性,继而影响海水流动所运输的养料和生物幼虫等的密度。但是,洋流运动也不是一成不变的,它会受到季节、气候等的影响,在此基础上,又会改变以往的海洋生态连通性形式。

从生物多样性的角度来说,洋流运动主导海洋生态连通性的方式主要是以扩散海洋生物的幼虫而实现的。海洋生物的幼虫多以浮游生物的形式存在,它们被洋流重新散布在不同范围及不同深度的海域之中。成年海洋生物种群多以"自由"来去的幼虫连接,幼体分散程度较为丰富的海域可能会为鱼类的物种丰富度和种群的生存持久性带来极大的收益,洋流路径的变化可以通过物种的重新分布强烈影响海洋生态系统。

2. 海洋物种迁徙引起海洋生态连通性的被动形式

海洋物种从繁殖地到觅食地的定期移动是海洋物种迁徙的主要形式,它导致海域之间形成被动模式的连通。物种迁徙会影响海域中种群的分布和物种持久性,继而影响到海洋生态系统的稳定。海洋中的高级生物即所谓的捕食狩猎者大多数都是迁徙性物种,如果它们的生存遭受威胁,那么被它们所捕食的物种将会大肆繁殖,这将威胁到其他更多物种,所以迁徙性物种对维护海洋整体的物种多样性和生态稳定性具有巨大的意义。许多物种的迁徙跨越了国家管辖内的海域和 ABNJ 水域,并且它们中的大多数物种将在 ABNJ 水域度过生命的大部分时间。远洋鱼类是其中的代表,如金枪鱼,全球的金枪鱼资源主要分布在印度洋北部,并横跨太平洋的中低纬度地区,它们的迁徙在 ABNJ 海域和邻近的专属经济区之间建立了高度的连通性。除了这些分布广泛且高度迁徙的远洋鱼类种群之外,其他具有重要保护意义的物种也穿越了 ABNJ 和许多国家管辖范围内的海域,包括鲨鱼、棱皮海龟、海狮、海豹、信天翁和蓝鲸等。这些物种的身影都曾出现在沿海水域和 ABNJ 水域中,甚至比已知的海域范围更广,而这将会引起更大范围的海洋生态连通。

(二)海洋生态连通性的双向生态学意义

由于海洋的生态连通是一个循环过程,所以它带来 ABNJ 海域和沿海海域的双向连通。这导致在实践中,一方面要维护 ABNJ 海洋环境和海洋生物多样性,另一方面沿海地区对海洋生物资源的开发及其他经济活动仍然立于不败之地,它们二者相互影响,引起海洋生态连通性的双向生态学意义。

1. 沿海国管辖海域内活动及污染对 ABNJ 生物多样性的影响

ABNJ 生物多样性受到冲击的原因之一是沿海国在国家管辖海域之内所进行的捕捞活动。超过 13 亿人居住在与热带海洋接壤的沿海社区中,其中大多数为发展中国家。这些海洋包括各种各样的生态系统,受到拥有不同传统文化的社会所带来的各种各样的人类影响。沿海国家为了满足自身粮食需求和经济发展,在近岸海域开展不同程度的捕捞活动,其中的大部分构成过度捕捞。这导致 ABNJ 海域中的很多物种均无法得到上游补给,或者说,很多物种在还未到达 ABNJ 水域的时候就已经被捕捞殆尽,这将严重破坏 ABNJ 海域的生物多样性。其次,陆地污染和航行污染也因为海洋生态连通性的原因,影响到 ABNJ 海域的生态环境。典型的陆地污染包括海洋垃圾和海洋塑料等。有研究估计,河流中的氮和磷最终可以到达远洋,每年有将近 1270 万吨的塑料从陆地进入海洋。塑料碎片随洋流运动到 ABNJ 中,集中成为在海洋中回旋的"垃圾斑块"。航行运输中泄露的油污等化学污染物也会随洋流集中在 ABNJ 中,这些污染对 ABNJ 中的生物具有很强的杀伤力。

2. ABNJ 及其划区管理工具对沿海国家的影响

海洋作为一个整体,ABNJ 海域通过海洋生态的连通性直接对沿海海域产生诸多积极的修复作用,如调节沿海海域的气候和空气;同时 ABNJ 的碳富集活动通过减少气候变暖和海平面上升而间接影响了沿海地区。ABNJ 海域还可以在一定范围内对沿海废物及垃圾进行自身处理和进化。除此之外,公海为沿海生物提供了栖息地,并且有效地对它们的生命周期进行维护。公海作为海洋中的大型基因库,也为人类提供了很多有关海洋物种遗传的有效信息及资源。

在 ABNJ 中建立划区管理工具会对沿海国家产生另外的一些严重影响。长期以来,海洋对沿海国家具有非常重要的意义。在渔业及粮食安全方面,沿海国家依赖于海洋资源来获取食物。在全球的某些地区,海洋社区获取海洋渔业资源的方式依旧停留在传统且小规模的做法上。有资料显示:"金枪鱼是许多沿海国家的重要资源,它既是具有营养的重要食物来源,又是沿海社区居民的重要经济收入。在这种情况下,金枪鱼捕捞是一种提供食物和维持生计的手段。"所以,在ABNJ中建立划区管理工具保护某些海洋物种会在一定程度上冲击这些沿海居民的生计。在经济贸易领域,沿海国通过海洋获取的不仅仅是渔业资源,还有很多其他海洋商品,这些商品作为销售和贸易的来源构成沿海国不可或缺的产业。近年来,第三产业蓬勃发展,海洋资源也逐渐被人们所重视起来。沿海社区开始大力发展海上旅游业,开发出如观看海鸟、观看海龟筑巢、在陆地和近海观看鲸鱼等旅游项目。许多发展中国家也已经将休闲渔业视为一项正在发展的产业,期待它伴随当地旅游业的发展并促进国家经济的增长。放眼望去,这些旅游项目方兴未艾,正处于一个起步发展阶段。但是,ABNJ的划区管理工具为保护海洋迁徙物种,不得不对沿海旅游产业进行限制。总体而言,发展中国家沿海地区,尤其是最不发达国家的数百万人严重依赖海洋和沿海资源谋生。这些资源为他们提供了基本的食物和可观的收入。因此,ABNJ划区管理工具一定会在某种程度上影响到沿海社区群体及国家的福祉。

3. 政治因素背景下的生态学意义再讨论

通过上文的讨论,我们可以发现海洋的生态连通是一个双向的连通,这会给ABNJ海域和近岸海域都带来影响。在这样的情形下,似乎就会出现一个矛盾的问题,那就是为保护ABNJ海域的生物多样性建立划区管理工具的同时,可能会限制沿海地区尤其是发展中国家的粮食安全和经济利益。实际上,如果把我们所面临的问题作出这样简单的归纳是不准确的,因为在这个矛盾中还隐藏着更为复杂的政治因素。

具体而言,这里的政治因素包括:各国利益的侧重点不同、各国履行义务的能力不同以及各国的政治意愿不同等。这些因素均不是一朝一夕形成的,它们在很长的一段时间内相互作用,并逐渐形成很难改变的地缘政治鸿沟,这让海洋生态连通性的症结呈现更为错综复杂的局面。首先,沿海国的经济发展程度各不相同,这会导致各国的发展侧重点也不相同。发达国家以及较为先进的发展中国家已经将足迹迈向深远海,而经济发展落后的其他国家可能还停留在对沿海资源的初步开发阶段。每个国家对海洋资源的依赖程度甚至不同海域海洋资源的依赖程度均不能画上等号。其次,各国对履行保护海洋资源义务的能力是不同的,不是每个国家都有能力去履行保护海洋环境和资源的义务,更不是每个国家都有实力去建设并管理 ABNJ 划区管理工具。保护海洋环境和生物资源为各利益集团之间的国际合作提出了新的要求,但是这些要求也同样不是所有国家都可以满足的。这些因素会导致各国在保护 ABNJ 环境和开发利用沿海资源之间形成不同的政治意愿倾向。

但无论如何,我们必须意识到海洋生态连通性是一个客观存在的科学现象,在当前 BBNJ 划区管理工具制度中应当考虑到海洋生态连通性所带来的双向生态学意义,并提出可以被实践的规则。

二、实现 BBNJ 划区管理工具制度中海洋生态连通性的争议问题

BBNJ 协议的保护范围是国家管辖范围外海域。由于海洋生态连通性的存在,国家管辖范围内外制度之间的关系成为当前 BBNJ 协议在划区管理工具制度中讨论的关键问题。这个关键问题又延伸出一些具体的争议焦点,如沿海国在 ABNJ 邻近区域建立划区管理工具时应当扮演什么样的角色? 是不是应该使沿海国制定的规则与 BBNJ 规则保持兼容性? 在 BBNJ 协议的制定过程中,大会已经注意到生态连通性问题。早在第二届 BBNJ 会议上,会议主席对大会的帮助文件中已经对毗邻问题有所提及,但是由于它缺乏明确的定义,因此遭到许多代表团的批评。第三届 BBNJ 会议形成了一份草案,在划区管理工具制度的国际合作与协调条款中包括了一些如何为邻近沿海国的利益提供保障的规定。这些规定得到了一系列沿海国家的广泛支持,但未得到普遍认可。有些国家提出了异议,他们认为沿海国不应当拥有超越其他国家的权利,使得它们在 ABNJ 拥有优先地位,这不利于世界各国现有海洋权利的平衡。根据以往的国际实践,BBNJ 会议经过考量认为在 UNCLOS 等国际公约中并没有沿海国权益高于其他国家的规定,各国在 ABNJ 应当拥有同等的权利,毗邻沿海国较其他的缔约国并不享有特殊的权利。那么,如何在维护各国权利平衡的前提下同时实现国家管辖范围内外区域的生态连通性,这是 BBNJ 协议又面临的一个新问题。

从以上的争议焦点分析可以发现,以何种制度平衡沿海国权益和其他国家权益,这对 BBNJ 划区管理工具制度实现海洋生态连通性至关重要。在不赋予沿海国高于其他国家权益的同时,又能兼顾沿海国权益以实现海洋生态的连通性,"适当顾及"沿海国权益为实现这一目标提供了一种路径。

"适当顾及"原则并不是 BBNJ 协议磋商中的首创,作为 BBNJ 上位母法的《海洋法公约》已确立这一原则,该原则已经为各国提供了一种平衡海洋利益的思路,如在专属经济区平衡沿海国与其他国家的利益。

三、以"适当顾及"沿海国权益为路径解决争议问题

(一)"适当顾及"的来源及法理依据

1.《海洋法公约》中的"适当顾及"

在《海洋法公约》中,"适当顾及"原则出现了近 20 次。这些规定散见于领海、用于国际航行的海峡、专属经济区、大陆架、公海、国际海底区域等章节。除此之外,在一些程序性的事项如附件 2 有关大陆架界限委员会地区代表的选举问题上也有同样规定。所以"适当顾及"并不是单纯限制和调整公海自由的一项规定,它属于《海洋法公约》在整个规则体系中承认的一项原则。

"适当顾及"原则的含义要从两个方面来谈,即为"适当"和"顾及"。两者之间的逻辑关系应为"适当"建立在"顾及"的基础上,可以理解为先存在"顾及",在"顾及"的基础上"适当顾及",或者说判断"顾及"的标准在于其是否满足适当性。首先,"顾及"就是指一国在行使海洋权利时要注意到别的国家的权益。当不同国家在行使海洋自由权利的时候可能出现紧张和冲突的局面,此时国家之间要相互照顾彼此权益,协调各方主张,形成和谐有序的海洋秩序。在此基础上,"适当顾及"就是指"顾及"他国权益,并没有厚此薄彼的意思。从本质上讲,这样的"顾及"带有一种平衡的意味。对于一个国家而言,要做到"适当顾及"他国权益,首先是要意识到他国权益,然后将他国权益与本国权益进行分析与利益平衡,以达到适当性的标准。对于国际社会而言,"适当顾及"原则可以约束每个国家的行为,让各国向着国际社会共同利益最大化的方向努力。

2. BBNJ 草案中所表现的"适当顾及"

BBNJ 协议作为《海洋法公约》一项重要的执行协定,它拥有与《海洋法公约》一脉相承的法理。在 BBNJ 第四次筹备委员会会议上,中国代表团在美国的支持下,指出在 ABNJ 中发生的活动应当适当顾及沿海国权利。欧盟及其成员国也赞同适当顾及沿海国权利以实现沿海国在 BBNJ 划区管理

工具制度中的作用。虽然在 BBNJ 协议草案中没有出现对"适当顾及"的明确规定,但是从 BBNJ 的文本出发展开分析,依旧可以发现"适当顾及"原则的蛛丝马迹。BBNJ 最新草案在划区管理工具制度中的第 15 条第 5 款规定:"按照本部分采取的措施不应损害沿海国采取措施的效力。"这一条可以理解为其他国家根据 BBNJ 协议采取的措施应当适当顾及沿海国的权益,但是这条规定也引起了有关沿海国权益的争论。由此可见,"适当顾及"原则为解决在 ABNJ 开展活动的沿海国和其他国家之间的关系问题提供了总体基准。从这个意义上讲,BBNJ 协议所表现的"适当顾及"与《海洋法公约》中的"适当顾及"存在适用上的双向性。

(二)在 BBNJ 中增设"适当顾及"沿海国权益的规则含义

在 BBNJ 语境下,"适当顾及"的含义应当包括以下几点。

第一,在 ABNJ 中指定划区管理工具等措施如果对国家管辖范围之内的区域有所影响,就须通知和咨询沿海国以征得沿海国的意见和同意。这一条也适用于沿海国扩展大陆架的情形,沿海国对该国扩展大陆架上的自然资源拥有主权。如果在这部分区域的划区管理工具对沿海国利益有所影响,那么至少应当通知沿海国使其知悉。为了维护生态连通性,沿海国知悉的同时可以结合本国情形提出应对措施。

第二,沿海国拥有利用现有机制提出措施的权利。在涉及生态连通性的生物多样性问题上,沿海国可以就保护国家管辖范围之内的生物多样性提出相应的 ABNJ 划区管理工具措施。其他国家应当尊重沿海国在维护海洋生态连通性上的现有权利。

第三,应当允许沿海国对 ABNJ 的划区管理工具措施提出合理的担忧。从程序的角度看,沿海国对 ABNJ 的活动并不具有否决权,但是它可以提出合理关切。BBNJ 协议可以考虑设立一个明确的程序赋予沿海国通过合理程序表达自己对 ABNJ 划区管理工具意见的权利。

实际上,以上关于"适当顾及"的三条内涵都没有赋予沿海国关于国家管辖范围内的任何特殊权利,它们均体现了对沿海国现有权利的尊重,这与《海洋法公约》的规定具有相同的精神。为了实现生态连通性,BBNJ 协议采取"适当顾及"沿海国权益的做法可以有效平衡沿海国家和其他国家的权益。

四、使用"适当顾及"路径实现海洋生态连通性的遗留问题

上文讨论了"适当顾及"的法理依据以及"适当顾及"沿海国权益在BBNJ划区管理工具制度中的具体内涵,但是要将"适当顾及"沿海国权益的方法具体引入BBNJ的规则体系中还是一个棘手的问题。解决这个问题,更多的考量在于从程序的角度去实现所谓的"适当顾及"。总结前三次BBNJ会议的谈判,可以发现《BBNJ划区管理工具制度》一章对于决策权的安排存在争议,与会者普遍支持并明确建议了BBNJ缔约方会议的可能决策功能。各国都建议缔约方会议采取广泛的透明性原则进行决策,同时缔约方会议应及时发布决定,并需要明确通知邻近沿海国家。

此外,讨论的分歧更在于在无法达成共识的情况下,是否应该仅通过共识做出决策,还是应考虑采用退回投票机制,采取少数服从多数的方式进行决策。很显然,如果采取一票否决制的共识机制,这将赋予沿海国过大的权利,也将违反"适当顾及"原则中的适当性。更为妥善的决策程序应当采取以少数服从多数的退回投票机制,以满足"适当顾及"沿海国权益的要求。但是,BBNJ协议将做出何种选择,还有待进一步的讨论。同时,是否应当在"BBNJ划区管理工具制度"这一章中增设"适当顾及"沿海国权益的特别程序以及以何种方式增设的问题,也有待BBNJ最后一次会议的讨论。这也将是"适当顾及"沿海国权益以实现BBNJ划区管理工具制度有待研究的遗留问题。

五、为"适当顾及"沿海国权益所提出的一些其他建议

(一)将坚持生态系统方法列为一项原则

《生物多样性公约》(*Convention on Biological Diversity*,以下简称CBD)最早定义了生态系统方法,它认为所谓的"生态系统"就是指植物、动物和微生物群落及其作为功能单位与非生物环境相互作用的动态复合体。生态系统方法是一种综合了生物资源、水和土地并且可以促进持续利用的综合管理战略。它尤其关注生物体和非生物环境的相互作用,包括社会、文化、经济以及其他的因素对生态资源和自然环境的塑造。在CBD之后,很多国际组织和条约都对生态系统方法的内涵做了进一步的发展和延伸,这其

中包含联合国粮农组织针对渔业保护提出的渔业生态系统方法。生态系统方法从最初的含义逐步凝结,到今天它强调应当注重系统化和有级别的生态管理,而不能单独地关注某一个区域或者某一个种群,应当整合生态系统之间的内部联系,认识到多物种之间的依存关系,并在具有生态意义的边界内应用综合方法,力求平衡各种社会目标。

在 BBNJ 的谈判进程中,一直存在着的一个争议焦点就是生态系统方法的地位。这里有两种观点可供选择。一种观点是将生态系统方法就看作一种方法,作为一种方法就可以选择适用,也可以选择不适用;另一种观点是将生态系统方法看作一项原则的内容,如果将坚持生态系统方法看作一项原则,那么所有的划区管理工具的问题都应当参考这个尺度做出决策。在这两种观点的博弈之下,BBNJ 在最新的草案文本中也试图作出回应。在包括海洋保护区在内的划区管理工具的划设标准和监测评论上,BBNJ 协议坚定地采用了生态系统方法的立场;在英文文字描述上虽然没有使用"原则"的字样,但是将其看作"原则"的立场是值得坚持的。

(二)注重科学信息的收集和使用

在 BBNJ 最新出台的草案文本中强调了最佳可用科学信息的重要性。这一条背后所传达出的一个重要导向就是国际社会开始注重科学信息对生态保护的指导价值和意义。在以气候变化、环境保护和生物多样性保护为主题的国际条约的谈判和制定过程中,政治的因素有时大于科学的因素,很多国际规则的拍板取决于国家实力的强大与否,有时欠缺客观世界的科学标准。这样就导致很多规则不仅无法起到预期的保护效果,反而带来消极影响。拥有这样的前车之鉴,BBNJ 在谈判中应当纠正这样的做法,尤其是在《划区管理工具制度》这一章内容中,更应当注重科学信息的收集和使用。

通过上文的论证,其实我们已经可以发现,生态连通性问题从根本上是一个确定边界的问题,而这个边界问题的产生是由于生物体和非生物环境的动态变化引起的。在这里,生物体的动态变化大多数情况下是指高度洄游类鱼种和迁徙性物种等穿越国家管辖范围边界进行周期性运动。由于这样的运动导致了人为划定的管辖边界在保护物种多样性的过程中无法涵盖这些物种的整个生命周期,从而无法达到保护的目的。所以要达到保护的目的,就要确定这些物种具体包括了哪些、它们占保护总物种的比例是多少、每个物种分别在边界内和边界外度过了多长的时间、在这些物种的运动周期中它们是在什么时候出现在边界之内又是在什么时候出现在边界之外的等问题。只有精确掌握了这些问题的答案,我们才能制定出科学有效的保护措施。

在很大程度上,以往实现海洋生态连通性的阻碍并不是人们无法意识到这一问题,而是我们没有掌握足够的科学信息和证据去具体认识到海洋生态连通性的意义,并采取保护措施。比如,缺乏有关深海幼虫行为特征的数据,严重阻碍了人们对深海生态系统连通性的建模。这限制了我们发展有效的深海管理和建设海洋保护区网络的能力。BBNJ 协议应当意识到这个问题,秉持科学至上的态度,在划区管理工具的规则制定中坚持科学信息的收集和使用,完成对海洋生态连通性的保护。

(三)积极拓展更加有效的国际合作

国际合作是实现生态连通性的一种重要手段。由于生态连通性本来就涉及整体与部分的关系,要想达到全局性的物种多样性保护,就必须要求部分之间的联结和整合。当前开展国际合作的主要模式包括国家与国家之间、国家与国际组织之间和国际组织与国际组织之间。国家由于管辖范围的有限性和政治利益的复杂性,再加之关注点更多地倾向于本国资源的攫取和开发,导致很多沿海国家之间无法建立坚实和长久的合作关系。在这样的背景下,区域渔业组织就扮演了比较重要的角色,起到了合作的推手作用。以下试举一例说明。

西部和中部太平洋渔业委员会(Western & Central Pacific Fisheries Commission,WCPFC)是为了执行《保护和管理西太平洋和中太平洋高度洄游鱼类种群公约》(以下简称《WCPFC 公约》)而设立的一个区域渔业组织。该组织的目的就是为了保护和管理整个太平洋西部和中部地区的金枪鱼和其他高度洄游鱼类种群。为了更好地达成这个目标,WCPFC 积极开展了一系列与其他区域渔业组织的合作。因为保护区域和保护物种的重叠,WCPFC 与美洲热带金枪鱼委员会(Inter-American Tropical Tuna Commission,IATTC)的合作尤为重要。这两个区域渔业组织共同负责为太平洋中的大眼金枪鱼和长鳍金枪鱼制定捕捞配额和保护计划,这类的合作举措推动了更大范围的金枪鱼保护,带动了太平洋沿岸以及太平洋岛屿国家对金枪鱼物种的整体性保护。除此之外,《WCPFC 公约》倡导与其他相关的国际政府组织达成有关咨询、合作和相互联系的协定,特别是一些有助于达成《WCPFC 公约》保护目的的相关组织,如 CCAMLR、IATTC 等。虽然WCPFC 与 CCAMLR 在保护区域和物种上有一些差异,但是由于物种和生态系统的连通性,WCPFC 做出这样的安排显然是为了促进区域合作,实现对权限内物种最大限度的保护。

国际合作是一种趋势和潮流,很多国际问题的解决都离不开合作。但是如何更好地、更有效地利用国际合作这一手段,就值得更多的思考。在BBNJ 领域,各国应当把更多的目光集中在区域渔业组织之间的合作,在传统的国际合作模式中探寻更加成熟有力的合作新模式。

六、结语

BBNJ 协议的谈判是当前国际海洋法领域最引人注目的事件之一,它的出台将填补全球性国家管辖范围之外生物多样性保护规范的空白,给予国际社会在这些问题上统一的保护规则。从这个意义上来讲,BBNJ 协议的谈判应当给予各缔约国公平的话语权,尽量平衡世界各国的权益。由于大洋洋流的季节性变迁和某些海洋物种的迁徙性运动等因素,在包括海洋保护区在内的划区管理工具议题中,BBNJ 协议应当意识到海洋生态系统的连通性,不能将国家管辖范围之外的海域与国家管辖范围之内的海域完全割裂开来。虽然在 BBNJ 划区管理工具制度中始终考虑到海洋的生态连通性并平衡其与沿海国家的利益具有一定的困难,但是 BBNJ 协议依旧要为之不断尝试并努力。通过适当顾及沿海国权益并辅助生态系统方法、准确的科学信息以及国际合作的办法解决邻近问题,有助于 BBNJ 协议实现保护国家管辖范围之外海洋生物多样性的总目标。

文章来源:原刊于《中国海洋大学学报(社会科学版)》2021 年第 1 期。

BBNJ 国际协定下的
争端解决机制问题探析

■ 施余兵

论点撷萃

经过国际社会多年的讨论和立法努力,关于在《联合国海洋法公约》下缔结一份有法律拘束力的 BBNJ 国际协定的立法进程已经进入关键阶段。目前,各国一致同意在 BBNJ 国际协定内规定一个关于争端解决的部分,难点在于如何设计具体的争端解决程序和条款。到目前为止,已有至少六类关于争端解决的提案在筹委会和政府间谈判阶段得到广泛讨论。BBNJ 国际协定下的争端解决机制或程序应该至少遵循四项标准,具体包括遵循国际法上的国家同意原则,确保解决争端的"成本效益性""不损害"现有的文书、框架和机构,以及保持相关国家之间利益的平衡。

初步的评析表明,现有提案中有关"规定技术性争端"和"规定临时措施"的争端解决机制基本符合研提的主要标准,有利于实现 BBNJ 国际协定的条约目标。关于"规定预防争端机制"的提案不具备可行性。其他三类提案均可能面临一些法律障碍或挑战而有待进一步完善。总的来说,通过对"《联合国海洋法公约》框架下与国家管辖范围以外区域海洋生物多样性的养护和可持续利用有关的协定案文草案"(简称"零案文草案")第 55 条进行完善,一方面增加涉及"技术性争端"和"临时措施"的条款,另一方面通过限定《联合国海洋法公约》第十五部分第二节"导致有拘束力裁判的强制程序"的适用来更好地体现国家同意原则,将是完善的方向。近年来,《联合国海洋法公约》争端解决机制的不足在实践中得到了越来越多的体现,如何在

作者:施余兵,厦门大学南海研究院副院长、教授

BBNJ 国际协定中修正这些不足,将是 BBNJ 政府间谈判应该努力的方向之一。

到目前为止,一些国家尚未就 BBNJ 国际协定中的争端解决程序发表本国的立场,还有一些机制尚未得到任何讨论,未来各国要就 BBNJ 国际协定下的争端解决程序达成共识仍然面临很大的挑战。

一、问题的提出

国家管辖范围以外区域海洋生物多样性(以下简称 BBNJ)的养护和可持续利用问题的国际立法,已经成为国际海洋法领域最重要的立法进程之一,并且引起了国际社会的广泛关注。2003 年,联合国海洋和海洋法问题不限成员名额非正式协商进程在其工作报告中强调了通过有效执行现有制度或构建新制度等方式来保护国家管辖范围以外区域脆弱的海洋生态系统的紧迫性。2004 年,联合国大会通过第 59/24 号决议,成立了"研究关于国家管辖范围以外区域海洋生物多样性养护和可持续利用问题的不限成员名额特设工作组"(以下简称特设工作组)。经过 11 年的研究和商讨,特设工作组建议国际社会通过在《联合国海洋法公约》(以下简称《公约》)框架下缔结一份 BBNJ 国际多边协定的方式来解决这一问题,并且提出了该国际协定应该处理海洋遗传资源及其惠益分享问题、包括海洋保护区在内的划区管理工具、环境影响评估、能力建设和技术转让等四大议题的"一揽子协议"。2015 年,联合国大会根据特设工作组达成的共识和提出的建议,通过第 69/292 号决议,致力于达成一份"《联合国海洋法公约》框架下关于国家管辖范围以外区域海洋生物多样性养护和可持续利用的实施协定"(以下简称 BBNJ 国际协定),并决定成立一个筹备委员会(PrepCom),供各方就 BBNJ 国际协定的草案要素开展商讨并向联大提出实质性建议。筹备委员会自 2016 年至 2017 年一共召开了四届会议,并于 2017 年 7 月提交了报告(以下称筹委会报告)。该报告建议联大审议其 A 节和 B 节中所载要点的建议,并根据《公约》的规定拟定具有法律拘束力的 BBNJ 国际协定案文;此外,与特设工作组的工作相比,该报告首次增加了跨领域议题(cross cutting issues),包括机构安排、信息交换机制、财政资源和财务事项、遵约、争端解决、职责和责任、审查和最后条款等。2017 年 12 月,联大通过第 72/249 号决议,决定自 2018

年至 2020 年上半年召开四次政府间会议(IGCs),各方就筹委会报告中建议的要素进行谈判,并在《公约》框架下拟定一份 BBNJ 国际协定的案文。目前,联合国已经召开了三次政府间谈判会议。本文仅就第四次政府间会议召开之前的谈判进展进行评析。

与各国针对 BBNJ 国际协定中的四大议题进行了漫长而充分的讨论相比,争端解决议题作为跨领域事项仅仅在筹委会阶段才开始吸引了各国的关注。关于此议题的讨论主要聚焦于两大问题,即:在未来的 BBNJ 国际协定中是否需要有争端解决的条款? 如果需要的话,BBNJ 国际协定需要何种争端解决程序? 本文将围绕这两大问题做一初步探讨。

本文首先讨论在 BBNJ 国际协定中规定争端解决机制条款的必要性,并总结和归纳自筹委会阶段以来各方所提交的有关争端解决程序和机制的主要提案。随后,本文提出可以用于判定 BBNJ 国际协定争端解决机制优劣的四大标准,并基于这些标准对现有的争端解决机制的主要提案进行了评析。

二、BBNJ 国际协定中规定争端解决机制条款的必要性

2017 年 7 月发布的筹委会报告在包含各方主要共识事项的 A 节和包含各方主要分歧事项的 B 节中均提及了争端解决机制议题。这表明争端解决议题在筹委会阶段是较为复杂、各方争议较大的问题。然而,这一议题并未出现在 2018 年 6 月发布的用于政府间谈判第一次会议(IGC-1)的"主席对讨论的协助"(President's Aid to Discussions)文件中,以及在 2018 年 12 月发布的用于政府间谈判第二次会议(IGC-2)的"主席协助谈判"(President's Aid to Negotiations)文件中。当然,这种安排并不意味着争端解决事项不重要。事实上,部分代表团在政府间谈判第二次会议期间曾经就该议题表达立场。例如,美国代表团认为在当时讨论争端解决机制的时机尚不成熟,只有在实体问题得到充分讨论并大致确定后才能讨论争端解决的条款文本。

2019 年 5 月,联合国大会发布了由 BBNJ 政府间谈判大会主席瑞娜·李(Rena Li)大使起草的"《联合国海洋法公约》框架下与国家管辖范围以外区域海洋生物多样性的养护和可持续利用有关的协定案文草案"(Zero Draft,以下简称"零案文草案")。该案文草案第九部分"争端的解决"包括第 54 条"以和平方式解决争端的义务"和第 55 条"解决争端的程序"这两条。第九部分的标题以及第 55 条被用方括号涵盖,表明在 BBNJ 政府间谈判第

三次会议之前,多数代表团对于在未来的 BBNJ 国际协定中是否需要"争端的解决"这个部分以及是否需要"解决争端的程序"这一条款尚无共识。2019 年 12 月,为了配合 BBNJ 政府间谈判第四次大会,瑞娜·李大使又发布了"修订的 BBNJ 国际协定案文草案"(Revised Zero Draft,以下称"案文草案二稿")。在这一稿中,涵盖第九部分的标题和第 55 条的方括号被删除。然而,这并不意味着各方代表团对此已经取得共识,因为各方尚没有就此进行谈判。此外,在 BBNJ 政府间谈判第三次会议中很多代表团提出的建议并没有被纳入"案文草案二稿",这将使得该草案中现有的第九部分"争端的解决"被各方完全接受的难度进一步增加。

一般认为,争端是指"一方提出或主张的具体的事实、法律或政策遭到另一方的拒绝、反诉或否认"。由于各国在对条约条款进行解释或适用时难免产生差异,国家之间的国际争端也时常产生。尽管在国际法上解决争端并不是一项义务,但实践中这些争端一般是在国家同意的基础上通过正式法律程序予以解决。从这个视角看,国际法规则的效能主要取决于一个有效的国际争端解决机制。比较典型的条约争端解决安排包括 1982 年《公约》第十五部分以及 1995 年《1982 年 12 月 10 日〈联合国海洋法公约〉有关养护和管理跨界鱼类种群和高度洄游鱼类种群的规定执行协定》(以下简称《鱼类种群协定》)第八部分。1992 年《联合国气候变化框架公约》第 14 条以及 2015 年《巴黎气候变化协定》第 24 条也有类似的争端解决安排。从条约实践看,无论是框架公约的议定书或补充协定还是条约的执行协定,在这些议定书、补充协定和执行协定中一般都会有争端解决安排部分或者至少存在着一项关联条款将其争端解决安排"比照适用"框架公约或条约的相关规定。因此,笔者认为在作为《公约》第三次执行协定的 BBNJ 国际协定中有必要规定争端解决机制条款,因为这种安排有利于确保缔约方履行条约,是 BBNJ 国际协定发挥作用不可缺少的一部分。

三、BBNJ 谈判中各方对争端解决机制的主要提案

如上文所述,"零案文草案"和"案文草案二稿"中第九部分"争端的解决"包括第 54 条"以和平方式解决争端的义务"和第 55 条"解决争端的程序"这两条。其中,"零案文草案"第 54 条规定:"各国有义务通过谈判、调查、调解、和解、仲裁、司法解决、诉诸区域机构或安排或自行选择的其他和平方法

来解决争端。"该条与 1995 年《鱼类种群协定》第 27 条的规定完全一样,也与 1945 年《联合国宪章》第 33 条第 1 款的规定一致。相应地,第 54 条在 BBNJ 政府间谈判第三次会议中得到了多数代表团的广泛支持。个别《公约》的非缔约国,如土耳其,在该次会议上提议将第 54 条调整为"各国应该通过《联合国宪章》第 33 条第 1 款中所规定的和平解决争端的方式来解决他们之间的争端"。该提案与"零案文草案"第 54 条基本一致。相比较而言,"案文草案二稿"第 54 条则将"零案文草案"第 54 条中的"各国"更改为"各缔约国",其他表述不变。根据条约法理论,一个条约不应该给该条约的任何非缔约方施加义务。然而,"零案文草案"第 54 条中所规定的义务已经被包括《联合国宪章》、1982 年《和平解决国际争端的马尼拉宣言》在内的许多条约和法律文件所纳入,且存在广泛的国家实践,一般被认定为一项习惯国际法规则。因此,"案文草案二稿"第 54 条对"零案文草案"第 54 条的微调并无实质区别,可以预期在 BBNJ 政府间谈判第四次会议上对该条的讨论不会成为争论的焦点。

相比第 54 条,"零案文草案"第 55 条在 BBNJ 政府间谈判第三次会议期间得到了较为充分的讨论,各国对此分歧较大,这也是本文拟重点讨论的议题。

除了 BBNJ 政府间谈判第三次会议对上述条款有较为充分的讨论之外,筹备委员会在其四次会议期间针对争端解决机制问题也有过讨论。表 1 对这些讨论中涉及的争端解决程序的主要提案进行了梳理。总的来说,在筹备委员会阶段和到目前为止的政府间谈判阶段,各方至少讨论了六种争端解决的程序或机制,包括"零案文草案"第 55 条中的程序、通过加强国际海洋法法庭(以下简称 ITLOS)的作用对第 55 条进行修订、自愿适用第 55 条、规定技术性争端、规定预防争端机制、规定临时措施条款等。"案文草案二稿"对"零案文草案"第 55 条没有进行修订。

表 1 在 BBNJ 筹备委员会和政府间谈判期间讨论过的关于争端解决程序的主要提案（截至 2020 年 2 月）

提案		提议方/支持方	主要内容	讨论/谈判阶段
"零案文草案"第 55 条		欧盟、新西兰、澳大利亚、冰岛、瑞士、摩洛哥、加勒比共同体、南非、斐济、公海联盟	将 1982 年《公约》第十五部分和 1995 年《鱼类种群协定》第八部分的争端解决程序比照适用于 BBNJ 国际协定；该方案的支持者们也欢迎基于现有实践进行的程序创新	PrepCom 1；PrepCom 3；PrepCom 4；IGC-2；IGC-3
通过加强 ITLOS 的作用而对第 55 条进行修订	方案 1：将 ITLOS 作为默认机制/平台	非洲集团、斯里兰卡、尼日利亚、南非、太平洋小岛屿发展中国家	将《公约》第 287 条下在各方没有明确选择争端解决方式时的仲裁解决方式修订为 ITLOS 解决方式。部分国家（如尼日利亚、斯里兰卡）认为仲裁对于发展中国家来说经济成本过高	IGC-2；IGC-3
	方案 2：建立一个 ITLOS 的特别分庭	加勒比共同体、太平洋小岛屿发展中国家、公海联盟	在 ITLOS 下设一下特别法庭，专门解决与 BBNJ 国际协定的解释或适用有关的争端	PrepCom 2；PrepCom 3；PrepCom 4；IGC-2,IGC-3
	方案 3：利用 ITLOS 海底争端分庭	不详	扩展 ITLOS 海底争端分庭的权限，使之涵盖与 BBNJ 国际协定的解释有关的争端	PrepCom 1
	方案 4：授予 ITLOS 全庭咨询管辖权	加勒比共同体、太平洋小岛屿发展中国家、公海联盟、南非、新西兰、牙买加	授权 ITLOS 在由 BBNJ 国际协定的缔约国大会、非政府组织或其他实体提起申请时，有就特定事项提供咨询意见的权限	PrepCom 1；PrepCom 2；PrepCom 3；PrepCom 4；IGC-2；IGC-3

（续表）

提案		提议方/支持方	主要内容	讨论/谈判阶段
通过加强 ITLOS 的作用对第 55 条进行修订	方案 5：以 ITLOS 为样本设立一个新的机构或者扩展 ITLOS 的权限	密克罗尼西亚	《公约》第 287 条项下 ITLOS 并没有充分发挥作用，其权限有待扩展	PrepCom 4
自愿适用第 55 条		土耳其、中国、哥伦比亚、萨尔瓦多	"零案文草案"第 55 条应该被删除或者由各缔约国或非缔约国在自愿的基础上选择适用	IGC-3
规定技术性争端		拉丁美洲志同道合国家、公海联盟、世界自然保护联盟（IUCN）	参照《鱼类种群协定》第 29 条，设立特别法庭或者特设议专家组来处理涉及技术性事项的争端；强调共识的重要性	PrepCom 1；PrepCom 3；IGC-2；IGC-3
规定预防争端机制		太平洋小岛屿发展中国家、公海联盟	参照《鱼类种群协定》第 28 条来预防争端的产生；预防争端的决定可以通过特别委员会或者选定的专家作出	PrepCom 3；PrepCom 4
规定临时措施		加勒比共同体	参照《鱼类种群协定》第 31 条规定此类临时措施	IGC-2

表格来源：作者自制

四、判定 BBNJ 国际协定下争端解决机制方案优劣的主要标准

关于争端解决机制的国际法研究很多。然而,目前却鲜见有关 BBNJ 国际协定下争端解决机制的国内外研究,特别是有关判定争端解决机制优劣标准的研究。总体上,学术界对于在某一具体情境下的争端解决机制是否合适或成功评价不一,世界各国由于考量的因素不同对于争端解决机制也有着不同的偏好。尽管如此,各国对于判定某一争端解决机制或程序是否妥当还是存在一些共识的。笔者认为,BBNJ 国际协定下的争端解决机制或程序至少应该遵循以下四项标准。

(一)标准一:遵循国际法上的国家同意原则

国家同意原则是国际法上的一项基本原则。1969 年《维也纳条约法公约》第 34 条规定:"条约非经第三国同意,不为该国创设义务或权利。"相应地,条约非经第三国同意,也不得侵犯该国的权利。因此,任何国际司法或仲裁机构针对国家间争端行使管辖权必须以争端当事国的事先同意为基础,即"国家同意原则"。第三次联合国海洋法会议历时九年,各国代表经过艰苦的谈判才基于国家同意这一原则达成包括《公约》第十五部分争端解决机制在内的"一揽子协议"。BBNJ 国际协定拟作为《公约》框架下的第三次执行协定,政府间谈判自 2018 年以来一直强调各国一致同意,国家同意原则也理应贯彻到该协定争端解决机制或程序的设计之中。

与国家同意原则相关的一个问题是,是否一国同意加入未来的 BBNJ 国际协定,即意味着这一原则在该协定中得到了完全的贯彻?换言之,在 BBNJ 国际协定内如果涉及强制争端解决机制,在涉及这一机制的适用时是否还需要缔约国的"二次同意"?笔者认为,这一问题的答案取决于该协定争端解决条款的规定。以《公约》第十五部分为例,第 280 条和 281 条规定争端当事国可自行选择争端解决方式,体现了国家同意原则,然而,由于条款规定的模糊性以及仲裁庭执意扩大自身管辖权的倾向,由菲律宾提起的"南海仲裁案"的所谓裁决,实际上损害了国际司法或仲裁必须遵循的国家同意原则。在实践中,国际司法或仲裁机构经常通过所谓的文义解释、体系解释、演化解释达到超越缔约国原初同意的目的。要避免这一现象在未来的 BBNJ 国际协定中再次发生,就有必要在协定的争端解决条款中更详细、清

晰地体现国家同意原则。换言之,BBNJ 国际协定中有必要明确规定缔约国的"二次同意"才能适用强制争端解决机制。规定的方式可以采取类似《公约》第 280 条和 281 条的条款,但必须对这些条款中涉及的"协议"是否需要具备法律拘束力,以及是否需要明示等做明确界定;亦可对《公约》第十五部分第二节"导致有拘束力裁判的强制程序"设置需缔约国同意适用的前提条件,即需要缔约国的"二次同意"。

(二)标准二:确保解决争端的"成本效益性"

"成本效益性"(cost-effectiveness)是经常被各国、国际组织或其他实体用来对开展某项活动相关的成本与效能之间的关系进行评估的一项标准或工具。这一标准包括成本和效益或效果两个要素,强调的是在实现效益或者实现某项政策目标时尽量使成本最小化,也通常被称为"成本效益"原则。例如,在 2010 年第 60 届海洋环境保护委员会会议上,国际海事组织为了解决国际海运业温室气体减排问题,就评估基于市场的措施实施的可行性和影响问题提出了包括成本效益性在内的九项标准。就争端解决而言,也存在类似的条约实践。1994 年通过的《联合国大会决议第 48/263 号关于执行1982 年 12 月 10 日〈联合国海洋法公约〉第十一部分的协定》(以下称《1994年执行协定》)附件二第一节第 2 条规定:"为尽量减少各缔约国的费用,根据《公约》和本协定所设立的所有机关和附属机构都应具有成本效益。"由于该条中的所有机关也包括各类争端解决机构,可以推理出确保解决争端的"成本效益性"是《公约》及其《1994 年执行协定》下争端解决应遵循的原则之一。

成本效益性也应该成为评价 BBNJ 国际协定下争端解决机制的一项标准。首先,BBNJ 国际协定被认为是《公约》的第三个执行协定,且根据联大第 72/249 号决议必须完全符合《公约》的规定,因此该协定项下的争端解决机制理应遵循在《公约》及其《1994 年执行协定》下争端解决已遵循的成本效益原则。其次,成本作为成本效益性的要素之一是各国在应对国家间争端解决时经常会考虑的一个重要因素。从广义上讲,成本包括经济成本、政治成本、社会成本等多种类型,本文主要讨论的是经济成本。一般来说,各国都重视争端解决的成本问题。有学者甚至认为,由于双边谈判被认为是成本最低、最灵活的一种争端解决机制,穷国比富国更倾向于通过双边谈判解决国家间争端。这一观点在实践上也存在反例,如南海周边小国并不都愿意通过双边谈判解决南海争端；但也正因为这种考量，菲律宾于 2013 年单方面提起针对中国的《公约》附件七仲裁，结果不但耗资巨大且并没有达到解决争端的目的。在 2019 年 8 月召开的 BBNJ 政府间谈判第三次会议上，斯里兰卡和尼日利亚提议将《公约》第 287 条下在各方没有明确选择争端解决方式时默认的仲裁解决修订为 ITLOS 解决方式，理由就是仲裁成本较高，对于发展中国家来说会是一项沉重的负担。最后，BBNJ 国际协定下争端解决机制的主要目标是解决与该协定的解释或适用有关的争端。正如斯科特教授所指出的，"评估一项制度效果的最基本的标准就是看其是否实现了其制度设定的目标"，依次类推，评估 BBNJ 国际协定下争端解决机制的一项重要标准应该是该争端解决机制或程序的有效性或效益性。

这一标准在实施中的难点在于如何界定成本与效益之间的关系。由于在实践中，一项有效的争端解决机制可能并不是成本最低的，反之亦然，因此就有必要在有效性和成本之间取得一个适当的平衡点。

（三）标准三："不损害"现有的文书、框架和机构

"不损害现有文书、框架和机构"这一标准或要求主要来自在 BBNJ 国际立法进程中的两份联大决议。由于该要求得到了各国的一致赞成，也通常被称为"不损害"（not undermine）原则。第 69/292 号决议由联大于 2015 年 6 月 19 日通过。该决议第 3 段指出，"确认上文第 1 段所述进程不应损害现有有关法律文书和框架以及相关的全球、区域和部门机构"。2017 年 12 月 24 日通过的联大第 72/249 号决议则进一步规定："6. 重申会议的工作和成果应完全符合《联合国海洋法公约》的规定；7. 认识到这一进程及其结果不应损害现有有关法律文书和框架以及相关的全球、区域和部门机构。"

与第 69/292 号决议中的措辞相比，第 72/249 号决议中"不损害"原则的内涵至少从两个方面得到了增强。一方面，"不损害"的主体不仅包括 BBNJ 国际协定的国际立法"进程"，还包括"该进程的结果"，即最终案文。另一方面，首次明确了在"不损害"原则指导下的 BBNJ 国际协定的谈判和最终案文应该完全符合《公约》的规定。由于联大决议代表了国际社会就此问题达成的共识，从上述两份联大决议中提炼的"不损害"原则理应成为判定 BBNJ 国际协定下争端解决机制的标准之一。

"不损害"一词具有高度模糊性，参加 BBNJ 谈判的各国代表团（如新加

坡、日本等)以及学术界对"不损害"原则的内涵也存在不同的解读,因此,如何厘清"不损害"原则在 BBNJ 国际协定情境下的内涵既重要又具挑战性。韦伯斯特词典对"损害(undermine)"一词的解释是"潜在地、秘密地破坏或削弱,不同程度地削弱或破坏";柯林斯词典将之定义为"通常通过渐进的程序或重复的努力来使某件事物比之前更弱或更不可靠"。由于"不损害"一词本身具有多重含义,就有必要根据 1969 年《维也纳条约法公约》第 31 条规定的"条约应依其用语按其上下文并参照条约之目的及宗旨所具有之通常意义,善意解释之"。

事实上,上述两份联大决议提供了有关"不损害"一词用法的两种情形,即不损害现有有关法律文书和框架,以及不损害相关的全球、区域和部门机构。就第一种情形而言,该词的用法可以参照 1995 年《鱼类种群协定》中"损害"(undermine)一词的用法。在《鱼类种群协定》中,"损害"一词一共被提及八次,后面跟着的宾语分别是"措施""鱼类种群""对该协定的有效执行"三种情形。在这几种情形下,"不损害"可以被整体解读为"不削弱或降低其有效性或目标"。相应地,如果将《鱼类种群协定》中该词的用法比照适用至上述联大决议中"不损害"的第一种情形,该词可以被解读为"不削弱或降低现有有关法律文书和框架的有效性或目标"。就第二种情形中的"不损害"而言,根据现有的研究并结合中国的国家利益,笔者将之解读为"尊重相关的全球、区域和部门机构的权限或职能(mandates or competences)并对之查漏补缺,且不得创设新的与现有机构相重叠的权限或职能"。一方面,这种解读符合 BBNJ 国际立法的目的,即通过在《公约》的框架内立法的方式解决现有法律和机构无法涵盖的 BBNJ 的养护和可持续发展问题。另一方面,这种解读也具备未来实施的可行性。现有的国际行业性组织(如国际海事组织、联合国粮农组织、国际海底管理局等)和区域性组织(如保护东北大西洋海洋环境公约相关机构、南大洋公海保护区网络相关机构等),以及海洋利用大国(如中国、美国、日本、韩国等)都强调"不损害"原则在 BBNJ 国际协定谈判和缔结过程中的重要性。目前,"不损害"原则亦在"零案文草案"和"案文草案二稿"第 4 条以及其他相关条款中得到了体现。

在国际司法仲裁中,"不损害"原则还体现为争端解决条款应该避免争端当事国通过挑选依据不同条约设立的争端解决机构(forum shopping)来避免对己方不利的裁决,从而损害现有的争端解决机构或法律框架的情形。

在 MOX 工厂案(ITLOS 第 10 号案,爱尔兰诉英国)中,由于根据不同的条约多个争端解决机构对该案可能享有管辖权,从而引发较大争议。就 BBNJ 国际协定下的争端解决机制而言,要避免"损害"现有机构或法律框架的可能性,就必须对相关事项进行明确和规定。例如,一项争端既可能被界定为是"与 BBNJ 国际协定的解释或适用有关的争端",也可能被认定为是"与《公约》或《鱼类种群协定》的解释或适用有关的争端"时,应该如何界定? 一项争端在 BBNJ 国际协定下的争端解决机制下已经审理完毕后,该案当事国是否可以继续向其他争端解决机制,如《公约》或《鱼类种群协定》下的争端解决机制提起诉讼或仲裁? BBNJ 国际协定下设立的处理争端的机构在与现有的争端解决机构发生管辖权竞合时,应该如何处理? 考虑到目前国际司法和仲裁机构存在扩大管辖权的趋势,对上述事项予以明确规定有利于遵循"不损害"原则。

(四)标准四:保持相关国家之间利益的平衡

条约的有效性包括法律有效性(legal effectiveness)和政治有效性(political effectiveness)。《公约》的法律有效性在于其建立了一个宪章性框架,而其政治有效性在于其缔结了一种能够确保和平海洋关系的国际秩序。各国对《公约》批准和实施是实现这种有效性的关键,而确保各国之间利益的平衡是推动各国批准和实施《公约》的关键。传统上,世界各国可以分为发达国家和发展中国家,而《公约》被认为是这两大阵营之间达成的一份世界性的协议。《公约》的成功缔结和各国的广泛加入表明了保持各国之间利益平衡的重要性。

就目前已经召开的三次 BBNJ 政府间谈判会议而言,代表不同区域或国家利益的国家集团纷纷出现。例如,77 国集团和中国、非洲集团、太平洋小岛屿发展中国家集团、加勒比共同体、核心拉丁美洲国家集团、欠发达国家、内陆发展中国家、欧盟等。与第三次联合国海洋法会议相比,BBNJ 政府间谈判中发展中国家集团的分化和区域组合更加多元化。即使是 77 国集团,中国的国家利益与该集团的发展中国家利益也不尽相同。可见,能否很好地协调相关国家之间利益的平衡将直接关系到 BBNJ 国际协定能否成功缔结,以及该协定下的争端解决机制是否有效。从这个角度看,保持相关国家之间利益的微妙平衡也应该成为评估 BBNJ 国际协定下争端解决机制的一项重要标准。

五、对 BBNJ 争端解决机制现有提案的评析

从表1可见,目前主要存在六种与 BBNJ 国际协定下争端解决有关的提案。本部分将主要依据第四部分提出的四大标准对这六种提案进行简要的评析。

(一)"'零案文草案'第55条"的提案评析

该提案支持"零案文草案"第55条的表述,即将1982年《公约》第十五部分和1995年《鱼类种群协定》第八部分的争端解决程序比照适用于 BBNJ 国际协定。同时,该方案的支持者们也欢迎基于现有实践进行的程序创新;换言之,该提案的支持国可能也会同时支持其他争端解决机制或程序。

就第一项标准而言,在未经非缔约国或任何第三国同意的情况下,BBNJ 国际协定第55条通常并不会适用于这些国家。所以,如前文所述,该提案在这一标准上的关键是如何确保国家同意原则在条款的解释或适用上得到客观和一致的体现,这就对未来相关条款的具体措辞提出了要求。就"零案文草案"第55条的表述而言,启动强制争端解决机制的前置条款还有待通过规定前文所述的缔约国"二次同意"等方式予以明晰和完善。只有这样,才有可能缩小目前国际司法或仲裁机构扩大管辖权的空间,真正体现国家同意原则。现有的研究表明,《公约》的强制争端解决程序也是美国一直没有加入《公约》的重要原因之一。

就第二项标准而言,在目前阶段还很难对该提案的有效性作出全面准确的判定。这是因为争端解决机制都是与协定中的实体规定紧密相关的,而各国对目前案文草案中有关海洋遗传资源、划区管理工具、环境影响评估等条款尚未达成共识。然而,该提案基本套用了1995年《鱼类种群协定》第30条的规定,并不适合于 BBNJ 国际协定的特殊情况,将使其有效性存在一定的不确定性。这是因为《鱼类种群协定》仅仅解决跨界洄游鱼类问题、仅适用于渔业和区域性渔业管理组织;而 BBNJ 国际协定涉及海洋遗传资源、划区管理工具、环境影响评估等多个具有不同性质的问题,并非仅仅是生物资源问题,且涉及国际海事组织、联合国粮农组织、国际海底管理局、区域渔业组织等国际性、区域性和行业性组织。该提案将这些具有不同性质的问

题通过同一种争端解决机制予以解决,无视 BBNJ 国际协定与 1995 年《鱼类种群协定》在性质、适用范围和机构设置等方面均存在的巨大差异,将不利于前者争端的解决。

就第三项标准而言,该提案的规定尚不全面,尚存在一项争端可能同时既属于"与 BBNJ 国际协定的解释或适用有关的争端"也属于"与《公约》或《鱼类种群协定》的解释或适用有关的争端"的情形,从而可能会"损害"现有机构的职权或现有法律框架的有效性,因此可能会违反上述第三项标准。

截至 2019 年 7 月 31 日,共有 168 个国家或实体批准或加入了 1982 年《公约》,90 个国家或实体批准或加入了 1995 年《鱼类种群协定》。《公约》和《鱼类种群协定》中争端解决条款的成功缔结以及各国的广泛加入可以被认为是各国的利益在此达到了某种平衡。然而,如前所述,由于 BBNJ 国际协定与《公约》和《鱼类种群协定》存在较大的差别,且目前不少国家已提出需要对"零案文草案"第 55 条进行修改,该提案能否有效地平衡各方利益尚不得知,是否满足第四项标准也还有待后续各方的谈判与妥协。

(二)"通过加强 ITLOS 的作用对第 55 条进行修订"的提案评析

在筹委会和政府间谈判阶段,有相当数量的国家主张在对《公约》第十五部分或《鱼类种群协定》第八部分的争端解决机制进行修订的基础上,将之"比照适用"于 BBNJ 国际协定。这些修订主要通过加强 ITLOS 的作用来体现,具体的提案类型包括将《公约》第 287 条下在各方没有明确选择争端解决方式时默认的争端解决机制或平台由仲裁更改为 ITLOS(方案 1)、建立一个 ITLOS 的特别分庭(方案 2)、利用 ITLOS 海底争端分庭(方案 3)、授予 ITLOS 全庭咨询管辖权(方案 4)、以 ITLOS 为样本设立一个新的机构或者扩展 ITLOS 的权限(方案 5)。与上文讨论的第 55 条相比,该提案主要解决的实质上是如何对《公约》第 287 条进行修订与完善的问题。

方案 1:将默认争端解决机制由仲裁改为 ITLOS

这一选项在谈判中受到了包括非洲集团、太平洋小岛屿发展中国家在内的不少发展中国家的支持,其核心考量在于与昂贵的仲裁相比,ITLOS 是较为经济的选项,不会给发展中国家带来沉重的经济负担。然而,这一理由片面强调了成本,却忽视了第二项标准的另一个要素,即效益性。而 ITLOS 作为争端解决机构在满足发展中国家对其成本的考量的同时,是否同时具备一定的效益性呢？这一问题或许可以从两个视角来考察。首先，到目前为止，ITLOS 审理的案件是否有效地解决了当事方之间的争端？自 1996 年 ITLOS 成立到 2020 年 5 月，ITLOS 一共受理了 29 件案件，涉及 2 个咨询管辖的案件，以及与临时措施和迅速释放、海洋划界和生物资源保护等相关的案件。其中，在北极曙光号案(第 22 号案)和扣押乌克兰军舰号案(第 26 号案)中，俄罗斯均选择不参与诉讼，且不愿意执行判决。而其他涉及迅速释放和临时措施的程序性案件，虽然大部分争端当事国愿意执行 ITLOS 的裁决，然而，在具体案件的执行方面也遭遇了重重困难。其次，将 ITLOS 作为默认机制的选项能否得到多数国家的政治支持？在 BBNJ 国际协定的谈判中，目前具体支持这一选项的国家主要是部分发展中国家，但我们或许可以从《公约》的实践窥见一斑。事实上，《公约》第 287 条已经赋予了各国通过书面声明的方式选择将 ITLOS 作为默认机制的权利，然而，在 168 个缔约方中仅有 37 个国家进行了此项选择，这或许可以反映出这一机制对缔约国的吸引力尚有待提升。可见，该方案是否满足第二项标准还是有待商榷的。考虑到这一选项可能难以得到足够的政治支持，这一选项也难以满足前文所述第四项标准。

那么，该选项是否会违反"不损害"原则呢？根据前文的论述可知，"不损害"原则要求 BBNJ 国际协定下的争端解决机制必须完全符合《公约》的规定，且不得削弱或降低《公约》的有效性或目标。而在该选项的情境下，如果某项争端同时属于《公约》和 BBNJ 国际协定的解释或适用有关的争端，且争端的当事方并没有针对《公约》第 287 条做出选择程序的声明，那么就会出现按照《公约》默示争端解决机制是仲裁，而根据 BBNJ 国际协定默示争端解决机制是 ITLOS 的局面。如果不对这种情形进行特别规定的话，该选项将损害现有机制的有效性，从而违反了第三项标准。

方案 2：建立一个 ITLOS 的特别分庭

该选项是在《公约》附件六第 15 条已经规定了的一项争端解决机制，并且已有一些实践。到目前为止，ITLOS 已经建立的特别分庭包括渔业争端分庭、海洋环境争端分庭、海洋划界争端分庭以及一般程序分庭等。除了 ITLOS 信托基金可能会为参与该分庭的发展中当事国提供在律师费和该国代表团参加庭审所需的差旅和住宿费外，这些分庭的设立总体上受到了各国的欢迎。可以说，这一选项基本符合上述第二项和第三项标准。然而，由于该选项是《公约》业已建立的机制,似乎已涵盖在"零案文草案"第55条内,且目前支持该选项的国家尚未将该机制上升至默认机制的高度,因此各国在未来的谈判中是否会进一步探讨该选项,还有待观望。

方案3:利用ITLOS海底争端分庭

该选项是在《公约》附件六第14条已经规定了的一项争端解决机制。2011年2月,ITLOS海底争端分庭应国际海底管理局理事会的请求,就担保国义务等事项提交了其咨询意见。该案是ITLOS海底争端分庭审理的第一个案件,其提交的咨询意见澄清了一些模糊和具有争议的法律问题,得到了国际社会的较高评价,具有较高的权威性。然而,该选项也面临一些问题。首先,ITLOS海底争端分庭是《公约》建立的一项旨在审理各类有关"区域"内活动的争端,而BBNJ国际协定的适用范围包括公海和"区域"内的各类活动,这些已经超出了ITLOS海底争端分庭的职权范围,而要扩大该分庭的职权范围涉及与《公约》下的ITLOS海底争端分庭的协调问题。尽管该选项会扩大而不是损害ITLOS海底争端分庭的职权,但同时也将涉及在"区域"内适用的"人类共同继承财产原则"与在公海内适用的"公海自由原则"之争,以及该选项是否能确保解决争端的"成本效益性"。因此,除了在筹委会阶段有国家提起该选项外,在政府间谈判阶段再没有国家提出该选项。可见,该选项难以满足上述第二项和第四项原则。

方案4:授予ITLOS全庭咨询管辖权

该选项授权ITLOS在由适格的机构提出请求时,得就特定事项提交咨询意见。至于哪些机构有提出请求的权限,相关国家有不同的意见。例如,在政府间谈判第三次会议上,太平洋小岛屿发展中国家、南非等建议由缔约国会议提起咨询意见的请求,而世界自然保护联盟和公海联盟则认为应该将可以提起咨询意见请求的主体扩大至缔约国会议、非政府组织和其他实体。

这里涉及两个问题。第一个问题是该选项可能因为与《公约》相关内容相冲突,而违反了第三项标准中的"不损害"原则。这是因为无论《公约》还是《国际海洋法法庭规约》,均没有明确授予ITLOS全庭咨询管辖权。2013年3月,西非"分区域渔业委员会"依据2012年《关于决定分区域渔业委员会成员国管辖范围内海洋资源的获取和利用的先决条件公约》(以下简称《海洋资源公约》)第33条,请求ITLOS全庭就相关问题发表咨询意见。由于

ITLOS 全庭咨询管辖权并没有得到《公约》的授权,包括中国、美国、英国、法国、澳大利亚等在内的 10 个国家提交了关于 ITLOS 不具有全庭咨询管辖权的书面意见。尽管如此,ITLOS 仍然基于《国际海洋法法庭规约》第 21 条,对《海洋资源公约》授予 ITLOS 全庭咨询管辖权予以确认,认定其对该案享有咨询管辖权。正如中国政府在该案中提交的书面声明中所述,ITLOS 全庭咨询管辖权可以通过对《公约》进行修订的方式获得。倘若如此,该选项就会违反"不损害"原则,而不具备可行性。

第二个问题是哪些机构是提起咨询意见请求的适格主体。理论上,如果 ITLOS 不具备全庭咨询管辖权,就不涉及提起咨询意见请求的适格主体问题。但也存在一种可能性,即如果 BBNJ 政府间谈判第四次会议无法达成协议,而由联合国大会通过决议的方式授权新一轮的政府间谈判。如果新的联大决议取消了"不损害"原则,不再要求 BBNJ 国际协定完全符合《公约》的规定,则该选项将可能创设新的规则。从保持各国之间利益的均衡角度考虑,缔约国会议将会是比较合适的提起咨询意见请求的主体,而不应包括非政府组织或其他实体。当然,从目前谈判的局势看,这种可能性较小。

方案 5:建立一个以 ITLOS 为样本的新机构或扩展 ITLOS 权限

该选项由密克罗尼西亚在第四次筹委会中首先提出,意在加强《公约》第十五部分中 ITLOS 的地位和提升其在解决国家间争端中的效果。就建立一个以 ITLOS 为样本的新机构而言,显然这将极大地增加 BBNJ 国际协定在解决争端方面的成本,从成本效益的角度讲该选项要逊色于《公约》第十五部分中对 ITLOS 的规定。可见,这一方案并不符合上述第二项标准。就扩展 ITLOS 权限而言,该方案在提出时并没有指出具体增加哪些权限,因此,尚难以判断该方案是否符合上述标准。不过,自 2018 年政府间谈判开始以来,该选项没有再被提起,本文亦不对之作更多分析。

(三)"自愿适用第 55 条"的提案评析

该提案认为应该使用谈判和协商等非对抗性的争端解决机制来解决与 BBNJ 国际协定的解释或适用有关的争端。根据该提案,缔约国"可以"同意《公约》第十五部分就解决争端订立的各项规定比照适用于 BBNJ 国际协定缔约国之间有关本协定的解释或适用的一切争端,不论他们是否也是《公约》的缔约方。这一提案所采取的争端解决的路径也被其他条约所采用。

例如,2009 年《关于预防、制止和消除非法、不报告、不管制捕鱼的港口国措施协定》第 22 条规定,缔约国通过协商解决与该协定的解释或适用有关的争端,如不能在合理期限内解决,则只有在所有争端当事国均同意的情况下,方可将该争端提交包括国际法院、ITLOS 或仲裁在内的第三方争端解决机制。

尽管该提案在政府间谈判中尚没有取得多数国家的支持,但是该提案亦具备坚实的理据,即《公约》第十五部分的争端解决机制存在缺陷,有待在 BBNJ 国际协定中予以矫正。研究表明,支持自愿适用《公约》第十五部分争端解决机制主要因为相关国家至少存在三个方面的顾虑,包括导致有拘束力裁判的强制程序、不适用"先例原则"(即后案不必遵循前案所作判决)以及解决争端的成本等。如前文所述,《公约》中体现出国家同意原则的条款由于规定较为模糊,在国际司法或仲裁实践中并没有得到一致的解释或适用,这在一定程度上使得不少国家对《公约》第十五部分第二节"导致有拘束力裁判的强制程序"望而却步。这些对同一《公约》条款前后不一致的解释或适用或许可以用"国际法庭程序不适用先例原则"来解释,然而,国家为了解决此类顾虑亦可通过不加入包含该争端解决机制的条约或者不参与争端解决程序、不接受裁决的方式保护本国利益,而该提案正体现了此类考量。此外,国家实践表明,双边谈判是解决国家间争端"最经济和最灵活"的一种有效方法。可见,该提案基本符合上述第一项和第二项标准。

当然,该提案的效益性在 BBNJ 国际协定中并非绝对的,实际上该提案的实施可能会面临一些风险。例如,如果某争端既可以被视为与 BBNJ 国际协定的解释或适用有关的争端,也可以被视为与《公约》或《鱼类种群协定》的解释或适用有关的争端,那么某些争端当事国可能会直接将该争端提交《公约》或《鱼类种群协定》下的争端解决机制,从而产生新的问题;而对于某些仅属于与 BBNJ 国际协定的解释或适用有关,而与《公约》或《鱼类种群协定》的解释或适用无关的争端,某些国际司法或仲裁机构可能也会裁定其自身享有管辖权。这些问题如能通过更详细的规定予以解决,将会提高该提案的成本效益性。

目前,有国外学者主张该提案违反了"不损害"原则,理由是该提案实际上削弱了《公约》第十五部分第二节"导致有拘束力裁判的强制程序"的有效性;而实际上,该提案恰恰是符合该原则的。首先,与《公约》第十五部分或

《鱼类种群协定》第八部分相比,该提案并没有删除其中任何争端解决机制,而只是允许缔约国来决定他们是否选择"零案文草案"中第 55 条或 54 条的程序,因此,该提案并不会必然削弱或减少《公约》或《鱼类种群协定》及其争端解决程序的有效性或目标。其次,该提案解决的是与 BBNJ 国际协定的解释或适用有关的争端,其涉及海洋遗传资源、划区管理工具、环境影响评估以及能力建设和海洋技术的转让等多项议题,而这些议题在本质上是与《公约》和《鱼类种群协定》所解决的争端不一样的。鉴于此,该提案并不会损害《公约》和《鱼类种群协定》下争端解决机制的有效性。

至于第四项标准,在目前阶段,由于很多国家尚未就 BBNJ 国际协定下的争端解决机制充分表达各自的立场,各方针对各提案的博弈尚未真正开展,还很难评估该提案能否保持相关国家之间利益的平衡。这也是该提案在未来的谈判中面临的一大挑战。

(四)"规定技术性争端"的提案评析

该提案的内容与《鱼类种群协定》第 29 条"技术性争端"内容完全一致,其目的是通过由有关各国成立的《鱼类种群协定》的特设专家小组来迅速解决涉及技术性事项的争端。这种争端解决方式的最大特点在于其解决结果不具备法律拘束力,这对部分国家有着一定的吸引力。

首先,该提案满足上述第二项标准。在筹委会和政府间谈判期间,许多国家代表团建议 BBNJ 国际协定下的争端解决机制应该建立在《鱼类种群协定》第八部分的基础之上,包括该部分涉及技术性争端的条款。事实上,在实践中法官或仲裁员在不聘任专家证人的情况下,很难裁定涉及技术性事项的争端。然而,由法庭或仲裁庭聘任称职的专家成本高且耗费时间,对当事国,特别是发展中当事国来说是一项沉重的负担。而由特设专家组在与有关国家磋商后直接解决这类争端则更具备"成本效益性"。就 BBNJ 国际协定而言,无论是海洋遗传资源的获取与利用、环境影响评估的开展,还是公海保护区的划定,都具备高度的技术性,必须由专业人士参与争端的解决。就这一点而言,BBNJ 国际协定与《鱼类种群协定》非常类似。此外,即便《鱼类种群协定》的特设专家小组无法解决此类技术性争端,最终争端当事国一致同意再次将该争端提交第三方争端解决机制,特设专家小组已出具的科学证据仍可以作为第三方争端解决机制裁判案件阶段的证据使用,仍能发挥其重要作用。《鱼类种群协定》的特设专家小组与第三方争端解决机制的关系可以"比照适用"孟加拉湾海洋划界争端案（ITLOS 第 16 号案，孟加拉国与缅甸合意诉讼）中法庭对大陆架界限委员会与 ITLOS 关系的界定。在该案中，法庭认为《公约》第 76 条同时包含了法律和科学要素，大陆架界限委员会主要解决涉及该条的科学和技术问题，而 ITLOS 则主要对该条进行解释和适用，包括处理无争议的科学问题或就科学问题寻求专家意见，因此这两者的职能不会发生冲突。

其次，该提案也满足上述第三项标准。这是因为"技术性争端"条款由《鱼类种群协定》予以规定，但并未被《公约》提及，因此该提案并不会损害《公约》或《鱼类种群协定》的有效性或效能。至于该提案是否符合上述第四项标准，这还取决于未来专家的聘任是否能够体现一定比例的专家来自发展中国家，以及专家国籍的地理分布是否合理。

（五）"规定预防争端机制"的提案评析

该提案意在建立一个类似《鱼类种群协定》第 28 条的预防争端机制。在上述提及的四项标准中，第二项标准与该提案最为相关。笔者认为，该提案并不符合确保解决争端的"成本效益性"的要求。《鱼类种群协定》第 28 条规定："各国应合作预防争端。为此目的，各国应在分区域和区域渔业管理组织和安排内议定迅速而有效的作出决定程序，并应视需要加强现有的作出决定的程序。"不难看出，该条款试图通过加强国家间合作，特别是通过加强分区域和区域渔业管理组织内的决策程序来预防争端。然而，要将之适用于 BBNJ 国际协定可能面临至少两个问题。一是类似的条款已经在"零案文草案"和"案文草案二稿"中予以了规定，没有必要在争端解决部分再次规定。例如，第 53 条"履行[和遵约]"，第 6 条"国际合作"，以及第 15 条"国际合作与协调"均涉及相关内容。二是《鱼类种群协定》第 28 条的规定是针对分区域和区域渔业管理组织的，要将之适用于 BBNJ 国际协定，就必须有与 BBNJ 相关或由 BBNJ 国际协定设立的区域性组织，而不能仍然针对分区域和区域渔业管理组织；否则，将有可能削弱现有的分区域和区域渔业管理组织的职权，从而违反上述第三项标准中的"不损害"原则。

（六）"规定临时措施"的提案评析

该提案意在规定与《公约》第 290 条和《鱼类种群协定》第 31 条相类似的

临时措施。在上述讨论的四项标准中,第二、三和四项标准与该提案具有一定的相关性。

首先,BBNJ 国际协定的目标是养护和可持续利用国家管辖范围以外区域的海洋生物多样性,这也应该是该提案下规定临时措施的主要目标。有学者认为,BBNJ 国际协定下没有必要规定临时措施,因为这可以"比照适用"《公约》或《鱼类种群协定》下的相关规定。然而,《公约》第 290 条下规定临时措施是为了"保全争端各方的各自权利或防止对海洋环境的严重损害",而《鱼类种群协定》第 31 条下规定临时措施是为了"保全争端各方的各自权利或防止有关种群受到损害"。显然,无论是《公约》还是《鱼类种群协定》下规定的临时措施均难以涵盖"养护和可持续利用国家管辖范围以外区域海洋生物多样性",BBNJ 国际协定下临时措施保护的不仅是争端各方的各自权利,还可能涉及国际公域的保护,且海洋环境与鱼类种群也难以涵盖生物多样性的范畴。因此,该提案将有利于使用较低的成本来有效地养护和可持续利用国家管辖范围以外区域的海洋生物多样性,符合成本效益性的原则。

其次,该提案是否符合第三项标准取决于该提案条款与《公约》第 290 条和《鱼类种群协定》第 31 条之间的关系。为了不损害《公约》和《鱼类种群协定》的相关规定,就有必要规定一条厘清这些条款之间关系的表述。例如,可以规定"在不妨害《公约》第 290 条以及《鱼类种群协定》第 31 条的情况下,受理根据本部分提出争端的争端解决机构可规定其根据情况认为适当的临时措施",从而可以避免条约之间的冲突。

第三,在 BBNJ 国际协定下规定临时措施既可以保全争端当事方的各自权利,也可以防止对国家管辖范围以外区域海洋生物多样性造成损失。正如特拉维斯法官在南方金枪鱼案中发表的个别意见中所述,在预先防范原则与临时措施程序之间存在一种内在的联系。因此,该提案如被采纳,将有利于兼顾保护国际公域的利益与保护在国家管辖范围以外区域从事活动的国家之间的利益。从这个角度看,该提案可以很好地保持相关国家之间利益的平衡。

六、结语

经过国际社会多年的讨论和立法努力,关于在《公约》下缔结一份有法律拘束力的 BBNJ 国际协定的立法进程已经进入关键阶段。目前,各国一致同意在 BBNJ 国际协定内有必要规定一个关于争端解决的部分,难点在于如何设计具体的争端解决程序和条款。到目前为止,已有至少六类关于争端解决的提案在筹委会和政府间谈判阶段得到广泛讨论。本文提出了四项标准用于对这些提案进行评析,具体包括遵循国际法上的国家同意原则,确保解决争端的"成本效益性""不损害"现有的文书、框架和机构,以及保持相关国家之间利益的平衡。

初步的评析表明,现有提案中有关"规定技术性争端"和"规定临时措施"的争端解决机制基本符合研提的主要标准,有利于实现 BBNJ 国际协定的条约目标。关于"规定预防争端机制"的提案不具备可行性。其他三类提案均可能面临一些法律障碍或挑战而有待进一步完善。总的来说,通过对"零案文草案"第 55 条进行完善,一方面增加涉及"技术性争端"和"临时措施"的条款,另一方面通过限定《公约》第十五部分第二节"导致有拘束力裁判的强制程序"的适用来更好地体现国家同意原则,将是完善的方向。近年来,《公约》争端解决机制的不足在实践中得到了越来越多的体现,如何在BBNJ 国际协定中修正这些不足,将是 BBNJ 政府间谈判应该努力的方向之一。

到目前为止,一些国家尚未就 BBNJ 国际协定中的争端解决程序发表本国的立场,还有一些机制,如《公约》附件八特别仲裁等,尚未得到任何讨论。此外,2019 年 12 月发布的"案文草案二稿"并没有纳入各国在政府间谈判第三次会议中提出的任何有关争端解决程序的提案。未来,各国要就 BBNJ 国际协定下的争端解决程序达成共识仍然面临很大的挑战。

文章来源:原刊于《太平洋学报》2020 年第 6 期,系中国海洋发展研究会与中国海洋发展研究中心重点项目"公海保护区与全球海洋空间规划制度研究"(CAMAZD201904)的阶段性研究成果。

BBNJ 国际立法的困境与中国定位

■ 何志鹏，王艺曌

论点撷萃

BBNJ 国际立法工作可以弥补现有国际海洋法体系中关于国家管辖范围外海域生物多样性养护和可持续利用问题的制度空白。从既有的国际立法实践来看，一项新规范的构建与完善，需要经过谈判各方不断的探讨与协商，通过不断的实践认识和理论反思，才能在国际社会上形成良好的、客观可行的国际法律制度。BBNJ 国际协定谈判作为《联合国海洋法公约》生效以来最重要的国际海洋法律谈判，其所产生的新规则，应能有效地引导并约束国际行为体的行为，因此需要各国妥善权衡与制定。

一方面，应充分协调新规则对现有国际海洋法原则的挑战，使其与《联合国海洋法公约》的有关规则相契合；另一方面，也要注意到发达国家与发展中国家在海洋技术与实践能力方面存在的差异，立足于国际社会与全人类整体的发展需求，均衡各方的利益与关切。

中国作为正在崛起中的海洋大国，BBNJ 国际立法工作无疑是中国以新兴大国的身份参与国际法律规则构建的一次机遇。法律规则的制定是为了指引和规范实践中的行为。在 BBNJ 国际立法谈判进程中，中国应进行深入的分析与思考，综合权衡中国海洋领域的技术现状与发展速度，多方考虑中国现阶段的海洋需求与长久的海洋战略利益，从而明确自己的态度。中国要充分考虑国家短期需求与长远利益的平衡，协调国家利益与国际社会总体利益之发展，为 BBNJ 国际立法贡献对国际社会具有实践意义的中国智慧。

作者：何志鹏，吉林大学法学院院长、教授，吉林大学理论法学研究中心研究员
王艺曌，吉林大学法学院博士

为保护公海生态系统的平衡与稳定,避免"公地悲剧"发生,联合国大会在 2015 年 6 月 19 日通过了 69/292 号决议,拟在《联合国海洋法公约》(UNCLOS,以下简称《海洋法公约》)项下,针对国家管辖范围外海域的生物多样性(简称 BBNJ)养护和可持续利用,制定一份具有法律约束力的国际文件。BBNJ 协定预委会的立法工作正如火如荼地进行着,且已于 2017 年 7 月 20 日向联大提交了最终建议性的《海洋生物多样性养护和可持续利用的具有法律约束力的国际文书建议草案》(以下简称《BBNJ 建议草案》)。但就各方在预备会议上的分歧,以及《BBNJ 建议草案》中多个核心问题未能达成一致结果来看,未来 BBNJ 国际立法谈判工作仍将面临诸多挑战。

分析 BBNJ 国际立法困境之成因,特别是明晰中国在此次海洋规则制度构建中的机遇与挑战,不仅对中国未来海洋战略发展有重要意义,而且对提升中国在海洋治理领域中的话语权同样具有深远影响。因此,本文将从 BBNJ 国际立法所面临的挑战入手,剖析导致其立法进程困境的理论原因;以此为基础,进一步探讨 BBNJ 国际立法将给中国带来怎样的机遇和挑战,从而就中国在 BBNJ 国际立法过程中应持有何种立场与定位提出一点建议。

一、BBNJ 国际立法面临的挑战

BBNJ 国际立法在谈判进程中,将会遭遇诸多困境与挑战。一方面,现行国际海洋法体系中的某些原则与规定,将会制约 BBNJ 协定中有关法律规则之形成;另一方面,BBNJ 新制度的构建,也将在一定程度上对现有国际制度提出新的发展要求。此外,BBNJ 新规则将会限制国家在公海区域的权利自由,造成海洋科技强国在公海区域的利益获得下降,进而导致一些发达国家对 BBNJ 国际立法工作的响应不够积极。

(一)现行海洋法原则制约 BBNJ 新规则体系之形成

BBNJ 国际立法如何与现有海洋法律制度相协调,是 BBNJ 谈判进程中所要面临的首要问题。尽管联大第 69/292 号决议肯定了 BBNJ 养护和可持续利用问题的重要性,也表明了公海全球治理的趋势,但预委会向联大提交的《BBNJ 建议草案》的 B 节依然指出:谈判各方就"人类共同财产和公海自由方面""海洋遗传资源包括利益分享问题""环境影响评价""能力建设和海洋技术转让方面""财政机制"和"争端解决"等问题,仍然存在主要矛盾。这些矛盾的根源,既来自对现有海洋法原则的冲击,也来自与现行海洋治理制度的分歧。

BBNJ 国际立法在弥补海洋"公地悲剧"的同时,也对公海自由原则造成冲击。公海自由原则是国际法中的一项基本原则,这一原则被格劳秀斯在其著作《海洋自由论》中被论证以来,数百年间已经在国际社会中成为一种根深蒂固的理念。然而,BBNJ 国际立法将会对这项已经形成普遍共识的海洋法观念构成挑战,进而可能导致法律制定的协商过程格外漫长。例如,《海洋法公约》中规定了人类在公海区域享有捕鱼自由。根据既有的国际习惯,国家在公海捕获海洋生物资源遵循的是"谁捕获谁拥有"的原则,实际上就是把国家管辖范围外海域的生物看成是无主物,采用的是"先到先得原则";但 BBNJ 法律体系一旦建立,为实现对海洋生物资源养护与可持续利用之目的,公海区域的捕鱼自由必然会受到严格限制。这种限制在某种意义上就是将公海的物权属性,由原来的无主物重新界定为人类的共有物,这无疑是对现有国际海洋法体系自由原则的一种挑战。

此外,环境影响评价作为保护海洋环境的一项重要措施,在国家管辖范围外海域仍是一个有待研究的新问题。针对这项工作应由各主权国家开展还是应由全球化的中立机构进行,谈判各方目前还没有达成共识。从现有的国家管辖范围外海域环境测评的实践来看,其启动的决定权、执行权和拟议活动,大多数情况下都是由主权国家所掌控的。但不可否认的是,有些国家为了自身利益而违反国际法规定,导致国家间的信任度降低,反而像国际海底管理局这样机构健全、运行稳定的国际组织,对海洋生物资源的利用和管理以及海洋环境保护等方面都作出了许多贡献,在国际社会中拥有更好的守法形象。因此,在 BBNJ 执行议定的过程中,许多发展中国家就提议由国际海底管理局主导开展海洋环境测评的工作,欧盟和澳、新等国也主张 BBNJ 应建立全球化的环境测评标准,由独立的科学机构开展。但美国对此表示反对,在 BBNJ 谈判中明确强调了国家在启动和开展环境测评以及相关决策方面的主导地位。这种在全球化与主权化治理模式上的分歧,将会造成 BBNJ 国际立法进程的停滞。

(二)现有国际秩序阻碍 BBNJ 规则制度之构建

国际法在为国际行为体的行为提供方向性指引的同时,又被国际行为体的行为模式所影响。近代国际法从其诞生之日起便伴有大国政治的烙印,而大国政治在国际法中的长期存在,是至今仍未能摆脱的客观现实。在这样一个无政府状态的国际社会中,BBNJ 国际立法工作也依然会受到国际秩序中的政治化影响。届时如何规制 BBNJ 国际立法不被大国权力所左右,将是其所面临的重要挑战。

国际秩序中大国影响所引发的问题之一是相关规则因无法达成共识而表述不明。海洋不仅是沿海国的安全屏障与经济支柱,而且其海底蕴藏着巨大的能源与生物遗传资源,对各国都有巨大的价值,是各国利益争夺的重点领域。纵观《海洋法公约》自谈判到最终形成的过程不难发现,在国际海洋法体系的建立过程中,各方立场原则的分歧所映射出的是其背后政治利益的冲突,而利益在短期内无法调和与平衡往往会造成法律规则中的制度留白或有意的模糊性规定。例如,《海洋法公约》中的"航行自由"原则,实质上就是公约制定过程中,为平衡海洋强国与中小沿海国分别提出的航行自由和扩大国家管辖权的冲突主张,最终对航行自由的法律边界进行了模糊化处理。

国际秩序中大国影响所引发的另一个问题,则表现为国际法体系的分散性。大国为了自身利益,可能会退出全球性质的条约而选择构建区域性或双边的法律规范,从而造成国际法"充满了具有不同程度的法律一体化的普遍性的、区域性的,或者甚至是双边性的体系、小体系和小小体系",而这些功能性制度和规范之间并没有形成一种结构上的有机联系,它们彼此相互冲突。而国际法的分散性,将进一步导致其在治理国际事务中的适用困境,可能会产生国家必须遵守两种相互排斥的义务的情形,从而引发国家责任与国际争端,给国际社会之稳定带来不利影响。国际社会是一个高度分权的平行社会,没有统一的立法体制,各个国家在法律制定、解释和适用的过程中,会基于本国在不同领域或同一领域不同时期的利益需求,在有解释空间的问题上最大限度地朝着满足自身利益需求的方向解读,甚至不惜造成不同法律文件间的冲突或相关法律文件间的不连贯。国际秩序的这种政治化、分散性的特征,决定了在 BBNJ 国际立法进程中,如果忽视大国的话语和态度,可能会导致法律文本根本无法形成并生效。

二、BBNJ 国际立法困境的理论解读

关于 BBNJ 国际立法困境的成因,有学者指出是有关事务主体缺失责任感造成的本体构成困境;也有学者认为是对公海自由原则的理解分歧,导致缔约方谈判进程之迟缓。但在 BBNJ 谈判过程中,造成国家原则性意见与治理观念分歧的原因,除了国家在主观能动性与认知程度上存在差异外,更为重要的原因是隐藏于这些现象背后的价值认同分歧以及国际关系理论对其的影响。

(一)国家间正义观与全球正义观的治理分歧

在 BBNJ 国际立法谈判中,关于 BBNJ 的养护和可持续利用等相关事务的工作,是采用主权化的治理模式还是全球化的治理模式,实际上是国家间正义观与全球性正义观之间的纷争。换言之,是应该形成以国家间正义为价值依托的 BBNJ 法律理论体系,还是应该建立以全球正义为道德基础的 BBNJ 法律理论体系,理论体系的价值基础不同,必然导致其所指引形成的法律规则与治理制度不同。

国家间正义是以国家作为正义的承受对象,强调维护国家的权利;而全球正义则是以人类整体作为正义的承受对象,强调人类整体的利益追求。国家间正义主张自己具有平等和独立的主权道义权利,各国政府基于此种权利参与国际事务的治理与国际秩序的构建。而全球正义则认为,所有的个人(包括国家)都属于世界社会的一部分,其利益应该服从于世界社会的整体利益。在当今国际法中,从由联合国及其他政府间国际组织机构来维持国际和平这一最低限度秩序的举措可知,国际法中的许多规则制度都倾向于支持国家间正义。在这种正义观的指引下,国家可以为自己追求利己的法律准则找到一个好的道义借口。例如,一国如果向另一国采取了国际法上所禁止的武力行为,其可能就会主张自己的行为是为了维护本国安全利益的预防性自卫,符合自卫权的道德基础。

全球正义观虽然理论上可以制约国家为了自身权利而对他国国民或人类整体权利造成损害的行为,但在主权原则仍是国际法中最为基石性的原则国家仍是国际法最主要的主体这一事实不会改变的情况下,想要忽视国家的作用而直接构建符合人类整体利益诉求的法律制度,未免有些过于理

想化。例如,谁能代表人类整体参与法律规则的制定? 如果国家权利不再具有正当性,谁又能推动人人平等的国际社会之实现,又应由谁通过何种方式来保障人类的整体安全? 由此可见,只追求国家间正义指引下的国家主导的 BBNJ 治理模式,或者只采纳全球正义观引导下的全球化治理模式,皆非明智之选;而应该选择国家与国际社会中立机构相结合的,多层级、多样式的治理模式。只有这样,才能弥补两种正义理论指引下的治理模式的不足。

(二)权力政治理念导致海洋利益共同实现之艰难

权力政治是现实主义学派的一个重要理论观点。爱德华·卡尔认为,权力和政治是不可分割的,政治行为必须建立在权力和道德的某种协调之上。经过汉斯·摩根索的发展,权力政治概念长期在国际关系的实践中占据着举足轻重的地位。在摩根索看来,国际关系中的一切问题都可归结为权力问题,而国家利益是由权力所界定的。权力并不等同于武力,而是权力比重较大者对较小者的一种控制心理。因此,经济、领土、军事、文化、法律及其他形式的控制,都是权力政治呈现的方式。

权力政治理论的一个弊端在于其所谓的"囚徒困境",即在互相猜忌与遏制中寻求本国利益的最大化而非共同利益的最大化。权力政治理论认为,追求均势是防止国家非理性行为和维持世界和平的有力保障,其核心是阻止任何一个国家占据比自己更为优势的地位。受此观念影响,权力大国就不得不一直处于这样的一种状态中,即为防止他国实力崛起对自己造成威慑,就需要不断增强自己在国际社会中的权力地位。而具体实现方法就包括通过左右国际规则的设置,使自己可以在这套规则体系中获得利益的最大化,从而不断凝聚自身实力,以备必要时有能力给威胁自身地位的国家以致命打击。因此,持有零和博弈思维的国家,就会在 BBNJ 国际立法谈判中,为实现本国利益的最大化,选择有利于日后本国在公海领域获取更多权力的规则体系。如果不改变这种由权力政治观所引发的零和博弈的思维模式,就很难在缔约各方间形成共同的利益观,也就无法设计出能真正惠及全人类的 BBNJ 法律制度。

(三)全人类共同利益是突破 BBNJ 立法困境之关键

全人类共同利益思想,萌芽于古希腊斯多葛学派提出的世界公民概念。该派主张,建立所有人类都在理性指导下和谐共处的世界国家,人类社会不应当因为正义体系的不同而建立不同的城邦国家。全人类共同利益正式成为国际法原则是在1958年的第一次联合国海洋法会议上,由当时的泰国代表所提出。随后马耳他驻联合国大使阿维德·帕尔多解释该原则包含四个方面:国家不得将国际海底区域据为己有,应遵循联合国的原则和目的开发国际海底区域资源,为全人类的利益使用,用于和平目的。联大在1970年通过的《关于国际海底区域的原则宣言》中采纳了帕尔多的观点,该原则正式被纳入海洋法领域。

首先,在BBNJ国际立法中强调全人类共同利益的核心地位,有利于缓解权力政治引发的国家间利益冲突,促进各国在BBNJ治理上的合作与依赖。亚历山大·温特指出,在具有相当高的集体认同的国家组成的国际体系里,国家很少会为了感到安全而依赖相互平衡的军事力量。国家间共同观念的差异,决定了彼此关系的状态是霍布斯式的、洛克式的还是康德式的。各国在BBNJ治理上,如果有了要谋求"全人类共同利益"这一共同目标,那么就可以基于各方达成的这一意愿共识,改变原有的利益争端或先占先得的观念,形成互信与合作,将自身利益融入全人类共同利益之中。如此一来,BBNJ国际协定谈判各方,不仅会考虑本国的利益,还会兼顾他国的利益;不仅会关注本代人的利益,还会基于代际正义考虑后代人在海洋领域的平等权,进而有利于BBNJ规则制定在遵循可持续发展的同时,淡化彼此间的正义分歧。

其次,BBNJ国际立法坚持全人类共同利益原则,还有助于国家将本国的生存、发展与获利置于国际社会整体的框架下考虑,从而跳出现代的民族国家思维模式。全人类共同利益的思想,有助于形成世界整体的共同命运概念与集体认同感,人们会以整个世界作为思考单位去思考问题、构建法律制度,也就更容易采取集体行动而不会将资源浪费在成员内部间的制衡与消耗上。当世界各国都能真正地认识到,如果不进一步规范国家在公海领域的活动,将会给海洋生物资源与环境造成巨大破坏,从而给自己带来生存威胁,各国就有机会相信合作并形成集体身份。有了共同命运这一客观条件,再加之集体身份这一主观要素,各国在BBNJ国际立法谈判中,就不会只着眼于规则制度的设定是否有利于本国利益,也不会只追求一元的正义存在,而是更可能会在综合权衡本国利益与国际社会整体利益的基础上,思考人类整体利益与正义多元之共存,进而追求能实现相互利益最大化的法律制度。

三、BBNJ 国际立法的中国定位与建议

中国曾经在构建国际海洋法制度中的参与度不足、话语权不够,导致中国在南海断续线内海域的历史性权利主张得不到《海洋法公约》的明确认可。BBNJ 国际立法工作给中国提供了一个可以充分参与海洋治理与观点表达的机会,这对中国是一次重要的机遇。然而,中国作为刚刚发展起来的海洋新兴国家,BBNJ 规则对国家海洋活动的限制,将可能会限制中国海洋技术与研发的进一步提升。因此,中国应在充分权衡 BBNJ 国际立法给自己带来的利弊基础上,提出既有利于实现全人类共同利益又能满足中国发展需求的可行性方案。

(一)清晰定位 BBNJ 国际立法对中国的机遇和挑战

中国未来的根本安全和利益发展,都离不开对海洋战略利益的谋划与拓展。通过观察国际海洋实践可知,一国对海洋事务的参与程度,往往与它的综合国力相关,并影响其所追求的国际目标之实现。中国若想成为海洋强国维护本国公海领域之权益,就有必要积极参与 BBNJ 国际立法的谈判工作,推进国际海洋法体系的完善与良好发展。探析中国参与 BBNJ 规则制定的利与弊,对中国接下来在 BBNJ 国际立法谈判进程中的立场与态度具有重要意义。

一方面,BBNJ 法律框架的建成,为中国引领新的国际海洋法律制度、增加中国在国际海洋法体系中的话语权提供了机会和可能。针对 BBNJ 养护和可持续利用问题的立法,实质就是由公海自由到公海治理的转变,是各国拓宽自身公海海域管辖权的一次活动。通过拓展国家管辖范围以外的海域,从而缓解一国内部资源和发展空间的巨大压力,对一国海洋的可持续发展具有重大的战略意义。从促进公海资源的养护和可持续利用、有针对性地对公海生物多样性提供实际有效的保护措施来看,BBNJ 的立法活动具备显著的意义和积极的作用。此外,BBNJ 相关制度的制定过程,实际上也是对海洋遗传资源及惠益进行分配的过程,中国合时宜地推进 BBNJ 法律制度的设立,参与构建国际海洋法律新秩序,有助于捍卫自身的海洋权益。

另一方面,中国的深海科研能力与公海活动实践都落后于发达国家,这不仅会使中国在 BBNJ 国际谈判进程中处于被动地位,而且 BBNJ 法律制度

建成,还会一定程度阻碍中国在海洋领域的技术进步。中国在深海生物资源研究上,无论是资金技术还是科研队伍,都与许多发达国家存在着差距;对海洋生物种类和资源环境的了解度与认知度,也都远不及发达国家。BBNJ 国际立法谈判中,需要大量的有关海洋生态资源的数据作为支撑,而中国在公海海域的有关科学研究不仅起步时间晚,而且研究的数量、范围也较小。此外,中国的海洋工程和海洋科技刚刚脱离探索阶段,正迎来快速发展的"黄金时代",无论是海洋生物医药的研发工作,还是海洋石油与天然气的开发利用,都已取得丰硕成果。在这种情况下,BBNJ 法律框架一旦建成,则意味着今后中国在公海海域的资源开采、科学研究等活动都将受到严格限制,进而导致中国在分享海洋资源、扩展利益空间等方面所享有的战略利益都无法同发达国家相媲美,不利于中国长期的海洋战略发展目标。

(二)平衡中国的短期需求与长远发展

保护海洋生物多样性和可持续利用是维持海洋生态健康的重要环节,对保护全球生态环境和维护人类的进步发展具有积极意义。中国在 BBNJ 国际谈判中,应在可持续发展原则的基础上,综合权衡中国现阶段的发展需求与今后长久的海洋权益维护,结合自身海洋科研能力的现状与未来深海领域的进一步开发与利用,全面斟酌与谨慎决策,确保 BBNJ 国际谈判设立的新规范,既能维护中国现阶段的海洋权益,又能满足中国未来之长远发展。

中国应在综合考虑自身现阶段发展需求与未来长远利益的基础上,谨慎地表达自身立场与态度。目前发达国家已经在深海领域进行了一系列的研发与数据采集活动,开始进入开发与商用阶段。如果不采取法律手段对其进行规制,那么发达国家将会独占深海水域的生物资源,甚至还可能会引发海洋生态环境的进一步恶化。通过法律制度限制发达国家对国家管辖外海域生物和资源的过度研发与利用,以使科技水平相对落后的发展中国家在未来也能平等地享有和利用这些生物资源。从这一角度而言,中国应尽快促成 BBNJ 国际协定规则的建成。但不可忽视的是,中国的海洋科研能力和海底资源勘探技术都处于上升期,过度限制在公海领域的海洋科研活动,势必会阻碍自身在海洋领域的发展与实践,进而造成中国与发达国家海洋科研能力的距离始终存在。如此一来,即使 BBNJ 新规则在立法技术上平衡了发达国家与发展中国家的利益,但就实践而言,由于技术和经济上的差距,发展中国家在海洋生物遗传资源惠宜分享、环境影响评价等方面,也很难真正实现与发达国家的平等。因而,中国在 BBNJ 国际协议谈判进程中,有必要全面考量现阶段利益需求与未来长远战略之发展。

(三)协调国家利益与国际社会总体利益

BBNJ 养护和可持续利用的问题,需要全人类共同应对与解决,当然由此产生的利益也应该惠及整个国际社会。但是,海洋资源与环境的养护和可持续利用要依靠技术和资金来实现。在整个国际社会中,各国的科技和经济水平存在差异,导致各国在 BBNJ 养护和可持续利用方面的能力不尽相同,只有让在海洋领域技术能力较先进的国家成为相关事项的先驱者,才能缩短人类对海洋资源认知的时间,从而实现国际社会的整体利益发展。

虽然国家利益与国际社会总体利益长期而言方向一致,但短期内的利益方而相互间可能存在着冲突,并且实践中各国在国家管辖范围外海域的利益实现程度也不尽相同。那些海洋科研技术能力领先、资金条件富裕的发达国家,已对公海领域的生态环境和生物资源形成一定程度的认知,其在资源开发与利用上也具有一定的优势,即使 BBNJ 法律规则建成,对这些国家的影响也较弱;相反,对于那些科研能力不足、尚未开展公海和海底区域相关研究的发展中国家,新规则限制其在公海活动自由所带来的负面影响较为明显。中国在 BBNJ 国际协定谈判过程中,一方面要对自身现阶段的海洋科研能力有个准确定位,清晰地判断自己与发达国家在有关区域所获取海洋利益的差距;另一方面要以发展的眼光对中国未来的海洋科研能力进行估计,多角度地确定中国在 BBNJ 法律规则制定问题上的战略利益较许多其他发展中国家的优势,以此为基础正确把握 BBNJ 国际立法活动的谈判方向,协调国家利益与国际社会总体利益的平衡,以国家的发展带动国际社会海洋领域的整体发展。

四、结论

国际海洋法应随着人类社会的发展,不断予以完善。BBNJ 国际立法工作可以弥补现有国际海洋法体系中,关于国家管辖范围外海域生物多样性养护和可持续利用问题的制度空白。从既有的国际立法实践来看,一项新规范的构建与完善,需要经过谈判各方不断的探讨与协商,通过不断的实践认识和理论反思,才能在国际社会上形成良好的、客观可行的国际法律制度。BBNJ 国际协定谈判作为《海洋法公约》生效以来最重要的国际海洋法律谈判,其所产生的新规则应能有效地引导并约束国际行为体的行为,因此需要各国妥善权衡与制定。

一方面,应充分协调新规则对现有国际海洋法原则的挑战,使其与《海洋法公约》的有关规则相契合;另一方面,要注意到发达国家与发展中国家在海洋技术与实践能力方面存在的差异,立足于国际社会与全人类整体的发展需求,均衡各方的利益与关切。中国作为正在崛起中的海洋大国,BBNJ 国际立法工作无疑是中国以新兴大国的身份参与国际法律规则构建的一次机遇。法律规则的制定是为了指引和规范实践中的行为。在 BBNJ 国际立法谈判进程中,中国应进行深入的分析与思考,综合权衡中国海洋领域的技术现状与发展速度,多方考虑中国现阶段的海洋需求与长久的海洋战略利益,从而明确自己的态度。中国要充分考虑国家短期需求与长远利益的平衡,协调国家利益与国际社会总体利益之发展,为 BBNJ 国际立法贡献对国际社会具有实践意义的中国智慧。

文章来源:原刊于《哈尔滨工业大学学报(社会科学版)》2021 年第 1 期。

演化解释与《联合国海洋法公约》的发展

——结合联合国 BBNJ 谈判议题的考察

■ 秦天宝,虞楚箫

论点撷萃

虽然国际司法机构在许多案件中使用了演化解释,但学界对这种解释的内涵、法理基础及使用要件目前还存在不同的观点。笔者认为,国际法院确立的由术语的"一般性"和条约的"无限期"两个要素构成的一般规则是存在瑕疵的,在判断是否可以运用演化解释时,还需要考虑到有关的条约准备资料。

结合这些要件,本文提出对《联合国海洋法公约》中的部分条款的解释是可以或有必要运用演化解释的,其中一个例证就是海洋科学研究这一术语的内涵。通过演化解释,《联合国海洋法公约》及其与海洋科学研究有关的条款都得到了发展。具体而言,如果对海洋科学研究的内涵不能进行演化解释,《联合国海洋法公约》中的相关条款就不能适用于 BBNJ 谈判的语境,为国家管辖范围外海洋遗传资源获取与惠益分享的制度安排提供法律选择。通过对《联合国海洋法公约》中条款的一次次演化解释,该公约能不断获得"新生",适应新的情形。

同样地,演化解释也可能被运用到未来对 BBNJ 文书部分条款的解释上。各国可以结合自身实际,在事实判断的基础上,确定未来在某些议题上是否存在立场转变的可能性,并通过选择谈判方式,选择新文书序言中关于

作者:秦天宝,武汉大学环境法研究所教授,中国海洋发展研究中心研究员

虞楚箫,武汉大学环境法研究所特聘副研究员

目的及宗旨的表述,以及使用目的性模糊术语等策略服务于可能出现的立场转变。

一、问题的提出:两个着眼点

学界关于条约演化解释(evolutionary interpretation 或 evolutive interpretation)的争论一直存在。争论的焦点主要在于这种解释的法理基础是什么,什么情形下可以或应当进行演化解释,它与《维也纳条约法公约》第31 条、第 32 条关于条约解释的国际法规则之间的关系等。在国际司法实践上,演化解释曾被国际法院、WTO 上诉机构等广泛采用。早期,演化解释多出现于对国际人权、国际贸易和环境保护等领域条约的解释;近期,其在国际海洋法上,特别是对解释《联合国海洋法公约》(以下简称《海洋法公约》)相关条款的作用,引起越来越多国外学者的关注,国内学界有关这一问题的研究则相对欠缺。

在国际海洋法领域,为制定《〈联合国海洋法公约〉关于国家管辖范围外区域海洋生物多样性养护和可持续利用的国际法律约束力文书》(以下简称"BBNJ 新文书")的政府间谈判进程是当前的热点议题。目前,BBNJ 谈判已经进入以文本为基础的谈判环节。2019 年 11 月,在第三次 BBNJ 政府间大会中各国达成的共识和所识别出的争议问题的基础上,BBNJ 政府间大会主席编写了一份 BBNJ 新文书草案的修订版,其中囊括了很多有关 BBNJ 事项具体条款的表述的选择。虽然现在谈判已经进入所谓的尾声,但各国在一些重要问题上尚未达成合意。在此种背景下,一些欧洲国家提出了在新文书中有目的性地使用模糊术语(ambiguous terms),包容各国在这些问题上的不同意见。国内有学者将这种策略称为"建设性模糊"。这种策略的使用在一定程度上可以加快新文书的生成,因为许多争议问题通过模糊术语都掩盖过去了。但是,从未来对这些条款的解释方面来讲,模糊术语的加入可能为未来对 BBNJ 新文书中某些条款的解释带来争议。

在此种背景下,本文结合 BBNJ 谈判议题,围绕两方面的问题展开讨论。首先,考察演化解释在解释《海洋法公约》时可能发挥的作用,并分析其对BBNJ 谈判中仍具争议的国家管辖范围外海洋遗传资源获取与惠益分享问题的解决带来的启示和建议。其次,结合演化解释的使用要件,分析 BBNJ

谈判过程中有哪些因素在日后可能对 BBNJ 新文书中相关条款的解释产生影响。在具体的讨论过程中,本文会强调这些因素与未来运用演化解释的关系。

二、演化解释的内涵、法理基础及使用要件

(一)对演化解释内涵的界定

关于演化解释的内涵,学界尚未达成共识。有学者认为,演化解释可以等同于当代意义解释,它是指"按照条约用语经过发展演变后的新含义,也就是条约解释或适用时的含义进行解释"。与之相对的是,当时意义解释具体是指"条约用语必须根据该条约原来缔结时所具有的含义进行解释"。还有学者则指出,演化解释只是当代意义解释的一种,它是指基于缔约者在缔约时的意图(original intention),对相关条约术语按照条约解释或适用时的新含义进行解释;在此种情形下,对该条约术语进行当代意义解释是为了体现缔约者在缔约时想要赋予该条约术语一种随着时间不断变化含义的意图。另一种当代意义解释是基于缔约国的嗣后实践,对条约用语按照不同于条约缔结时的含义进行解释。这种当代意义解释被称为"嗣后行为解释"。它遵循的是缔约国的嗣后意图(subsequent intention),而这种嗣后意图是通过缔约国的嗣后实践或嗣后协议得以体现的。

上述两种当代意义解释方法在法理基础和使用要件上存在很大的差别。在某些情形下,这两种解释方法还会带来解释结果上的差异。因此,笔者认为有必要对这两种解释方法进行区分。在本文的语境下,演化解释仅包括依照缔约国的原始意图,按照条约解释和适用时的含义解释条约用语。

(二)演化解释的法理基础

谈到演化解释的法理基础,关键是要厘清它与《维也纳条约法公约》中关于条约解释国际法规则之间的关系。学界对这两者的关系存在一定的争议。笔者认为,其中最有说服力的观点是由 Helmersen 提出的。该学者指出,在理解演化解释与《维也纳条约法公约》第 31 条和第 32 条之间的关系时,需要区分条约解释的要素(factors)、方法(method)和结果(result)三个概念。其中,条约解释的要素指的是《维也纳条约法公约》第 31 条和第 32 条中列明的"通常含义""上下文""目的及宗旨""补充资料"等,解释方法则是

指将上述所有（或部分）要素结合在一起，对条约进行解释的路径（approach）。而本文中的演化解释其实是运用条约解释方法对某些条约或约文进行解释而产生的后果。

《维也纳条约法公约》虽然规定了条约解释的要素和方法，但由于其用语的模糊性，依照这些要素和方法进行的条约解释可能带来不同的解释结果。具体而言，《维也纳条约法公约》第31条第1款规定条约解释应依其用语的"通常意义"进行解释。然而，从语言学的角度来讲，几乎所有实词的含义都会随着时间的变化而变化。那么，在解释时到底是根据条约缔结时的"通常意义"进行解释，还是按照条约解释和适用时的"通常意义"进行解释？《维也纳条约法公约》在这一点上给予了解释者足够的选择空间。同样，第31条第3款(c)项关于"适用于当事国间关系之任何有关国际法规则"的表述，也没有明确是指条约缔约时就已经存在的国际法规则，抑或也包括缔约之后新增的国际法规则。

国际法委员会指出，无论在何种情况下，有关条约解释的国际法规则的相关性都是建立在缔约国的意图之上。在一些情况下，缔约者会意图赋予一些条约用语一种随着时间的变化而变化的含义。一些学者将这种意图称为"时间意志"或"时间意义上的意图"（temporal sense-intention）。这种选择背后更多体现的是缔约者想要确保国际条约灵活性的意图。通过演化解释，条约部分约文的适用范围会不断发生变化，以应对国际法与社会、科技等的发展。可以说，依照这种意图，按条约解释或适用时的"通常意义"和"有关国际法规则"进行的解释就可以被称作演化解释。换句话说，演化解释与《维也纳条约法公约》中有关条约解释的国际法规则两者并不冲突；相反，《维也纳条约法公约》为演化解释提供了法律基础。

（三）判断是否可以使用演化解释时需要考虑的因素

对于演化解释的使用要件，国际法院在"爱琴海大陆架案"判决中确立了由条约术语的"一般性"和条约的"无限期"性构成的使用演化解释的一般规则。判决指出，之所以要对1928年《和平解决国际争端总议定书》第17条中的"领土地位"一词作演化解释，是基于"领土地位"这一术语的"一般性"和条约的"无限期"的特性。

1. 条约术语的"一般性"

一般规则的第一个要素是条约术语的"一般性"。事实上，关于什么是一般性术语(generic term)，学界并没有达成一致意见。国际司法机构在作出某些条约术语具有"一般性"的结论时，并没有充分阐释一般性术语的内涵。经常被学界引用的关于该概念的定义是由 Higgins 法官在 1999 年卡西基里和色杜杜岛案中提出的。按照该定义，一般性术语是指"一个众所周知的法律术语，当事方预期其内容将随着时间而发生变化"。这个定义包含了两层意思：一是该法律术语的内容会随着时间而发生变化(事实判断)；二是当事方预期这个术语的内容会发生变化(对立法者意图的判断)。但在笔者看来，既然判断术语是否具有"一般性"的目的是判断在解释该术语时可否进行演化解释，以体现立法者的意图，那么在具体的要素中再去探究术语内容的变化是否符合立法者的预期就显得有些多余了。

笔者认为，判断条约术语的一般性实际上是一个语言学上的问题，或者具体而言是演化语言学的问题，其目的是判断一个条约术语的内容会不会随着时间而发生变化。从语言学方面来讲，如果一个词的含义与社会、科技、经济等具有内在变化性的因素紧密相关，那么它的含义就很有可能随着时间而发生变化。这一观点在联合国国际法委员会 2006 年关于《国际法不成体系问题：国际法多样化和扩展引起的困难》的报告中得到了确认。该报告使用了一个类似于一般性术语的概念"开放或演化概念"(open or evolving concepts)。在具体的列举说明中，报告明确指出，"暗示了后续技术、经济或法律发展的术语"属于"开放或演化概念"，缔约方的义务会随时间而变化。

2. 条约的"无限期"

国际法院确立的一般规则中的第二个要素是条约的"无限期"。一般而言，为了确保条约的"无限期"，条约中的条款需要不断适应社会的发展。考虑到社会生活的发展变化以及国际条约抽象性的特点，在条约缔结之后经常会发生缔约者未能预见的各种事态。在此种情况下，为了确保条约的"无限期"，对条约的部分条款就需要进行演化解释。

一些学者提出条约的目的与宗旨也是在判断是否应使用演化解释的关键要素。事实上，条约的目的及宗旨是体现该条约是否具有"无限期"的重要指标。这一点被国际法院在 2009 年关于"航行权案"的判决中予以确定。

在另一种意义上,判断公约是否"无限期"在很大程度上是一种裁判者的主观判断,而条约的目的及宗旨为这种主观判断划出了一定的界限。

3. 条约的准备资料

上述提到国际法院确立的由两要素构成的判断是否使用演化解释的一般规则受到了许多国内外学者的批评和质疑,主要的质疑点在于通过这两个要素,解释者并没有探究缔约者的意图而只是关注条约本身这一客观要素。可以看出,这还是回到了主观说和客观说这种传统的法学争论上。主观说和客观说争论的焦点在于条约解释到底是要遵循立法者在立法时的意图,还是遵循独立于立法者而存在于法律内部的合理含义。无论是主观说还是客观说都有其合理性。然而,在国际法的语境下,过于强调客观说而忽略了缔约者的意图是有违国家同意的原则的。不同于国内法的是,国际法特别是国际条约的制定是以国家同意为原则。这些条约在根本上体现的是不同国家的国家意志,如果脱离缔约者意图进行条约解释,可能会违背其背后的国家意志。因此,笔者认为,在国际司法机构确立的一般规则的基础上,在判断是否进行演化解释时,还应当加入对能体现缔约者在缔约时意图的要素的考量。

其中一个重要的因素就是条约的准备资料,亦即起草条约时的谈判记录、条约的历次草案等背景文件和讨论条约的会议记录等。如上所述,对某个条约术语进行演化解释应当是建立在缔约国的意图之上的。因此,虽然条约的谈判记录在《维也纳条约法公约》中仅被作为条约解释的一种补充手段,其在判断是否应进行演化解释时的分量则相对较重。但是,对于多边条约而言,考虑到条约准备资料的复杂性和不完整性等问题,在判断是否应进行演化解释时,并不要求找到缔约国明确同意赋予某个条约术语随着时间而不断变化的含义的"直接证据",只要从准备资料的"蛛丝马迹"中可以推断缔约者有这种意图,并且没有证据证明缔约者拒绝赋予该术语一种演化的含义时,在结合上述国际司法机构提出的由两要素构成的一般规则的基础上,就可以对该条约术语进行演化解释。

综上,笔者认为在判断是否使用演化解释的问题上,需要考虑三个要素,而这些要素又能分为两大部分:第一部分是关于条约整体的,需要考察它是否"无限期",在考察的过程中需要分析条约的目的与宗旨;第二部分是关于条约中具体的需要被解释的条款或术语的,一是考察这个术语是否具有"一般性"特征,二是考察相关的条约准备资料以判断立法者是否意图赋予这个术语随着时间而不断变化的含义。

三、演化解释是否可用于解释《海洋法公约》相关条款及其对BBNJ谈判议题的启示

结合上述提到的三个要素,接下来本文将判断演化解释在解释《海洋法公约》及其条款时可能发挥的作用。在判断能否对《海洋法公约》进行演化解释时,首先需要看它是否符合上述提到的第一部分关于条约整体的要件,即《海洋法公约》是否无限期,在考察的过程中需要考量该公约的目的与宗旨。

(一)演化解释与《海洋法公约》

许多学者指出,《海洋法公约》全面规范了海洋法律关系,对海洋法进行了前所未有的大规模编纂,建立了多元结构的新海洋制度,因此被誉为"海洋宪章"。《海洋法公约》是否无限期的问题与其"海洋宪章"的属性紧密相关。一般而言,对于这种宪章性法律文件如《联合国宪章》,其解释过程中都要考虑条约缔结之后出现的新发展,以适应不同的新情况。在这层意义上,许多学者将《海洋法公约》称为"活文书"(living instrument),意指它能随着时间的变化而不断生长。

关于《海洋法公约》的目的和宗旨,在公约的序言中就明确了《海洋法公约》的制定体现了缔约各国通过该公约"为海洋建立一种法律秩序""解决与海洋法有关的一切问题"的愿望。《海洋法公约》诞生于 20 世纪 80 年代,距离现在已经近 40 年。它虽然内容丰富、涵盖面广,但其不能穷尽所有海洋法问题,特别是近 40 年来出现的新问题。为了实现解决与海洋法有关的一切问题的愿望,对条约的解释必须纳入新发展的考量。

《海洋法公约》的属性及其目的、宗旨赋予了解释者很大程度上的灵活性。但是,为了确保《海洋法公约》构建的海洋法律秩序的稳定性,并非对所有的条款都可以进行演化解释。比如,对《海洋法公约》中确立领海、专属经济区宽度等的条款,进行演化解释将会导致整个海洋法律秩序的紊乱。对哪些条款能进行演化解释需要进行个案分析;在分析的过程中,需要结合上述提到的关于术语的"一般性"和相关条约准备资料进行判断。

(二)对《海洋法公约》的演化解释与联合国 BBNJ 谈判议题的关系

如同本文开篇所提及的,本文另一个重要的着眼点在于联合国 BBNJ 谈

判议题。因此,笔者将探讨通过演化解释 1982 年的"旧公约"(《海洋法公约》)中的某些具体条款是否能对"新问题"(联合国 BBNJ 谈判中的争议问题)的解决提供法律基础或选择。之所以需要探讨《海洋法公约》条款对 BBNJ 谈判议题的影响,是因为联合国有关这次 BBNJ 谈判政府间会议的决议中已经明确说明,谈判的成果必须与《海洋法公约》中的相关条款保持一致。

BBNJ 谈判涵盖"海洋遗传资源""划区管理工具""环境影响评价""能力建设和海洋技术转让"等多方面的问题。考虑到篇幅的限制,本文将主要讨论关于国家管辖范围外海洋遗传资源获取与惠益分享的制度构建问题。目前各国对该问题的争议仍然非常明显,特别是要不要对获取行为进行管制;如果要管制,该如何管制以及是否要对利用这些资源产生的惠益设立惠益分享的义务;如果需要,是设立货币性惠益分享义务还是非货币性惠益分享义务等。为了解决各国不同立场的冲突,一些国家和地区提出以《海洋法公约》中与海洋科学研究有关的条款为基础进行下一步谈判的建议。在此种背景下,进一步分析《海洋法公约》中海洋科学研究的相关条款是否可适用于海洋遗传资源获取行为,以及如果可以适用的话会产生什么结果。

(三)演化解释与《海洋法公约》中的"海洋科学研究"术语

为了回答上述问题,首先需要探讨的是《海洋法公约》中有关海洋科学研究条款在海洋遗传资源原生境获取(in situ access)活动上的可适用性问题。《海洋法公约》虽然没有给出海洋科学研究的定义,但通过对该公约相关条款的解释得出的结论是海洋科学研究是可以服务于商业目的的,但前提是商业利用不能是唯一的目的。海洋科学研究这一术语的通常含义和《海洋法公约》的上下文表明,在《海洋法公约》语境下的海洋科学研究还必须服务于"增进关于海洋环境的科学知识"的目的。由于海洋遗传资源的原生境获取活动一般是既服务于科学目的又服务于商业目的的,所以该活动可能被大致纳入海洋科学研究的范畴。

然而,在考量该活动到底能否被纳入海洋科学研究的范畴时,还需要回答对海洋科学研究这一术语的内涵能否进行演化解释的问题。这是因为对国家管辖范围外海洋遗传资源的获取与利用在《海洋法公约》谈判时是不在缔约者的预期内的活动。如果对海洋科学研究的内涵不能进行演化解释,其含义自谈判到现在处于一成不变的状态,那么海洋遗传资源的获取这种新活动就不能被纳入海洋科学研究的范畴。

笔者认为,对《海洋法公约》中海洋科学研究的含义是可以进行演化解释的。首先,海洋科学研究属于"一般性"术语。海洋科学研究的开展离不开科学技术的运用,其目的也是为了通过增进科学知识、解决社会问题。根据上文关于"一般性"术语的认定标准,可以推定海洋科学研究这一术语具有一般性的特征。

其次,《海洋法公约》的谈判资料表明,在该公约谈判时各国无法达成有关海洋科学研究含义的共识,最终妥协的结果是删掉《海洋法公约》草案中关于海洋科学研究定义的条款,并在《海洋法公约》中加入第 251 条,将关于定义的问题交由国家在该公约缔结之后,通过制定一般准则和方针的方式解决。

基于上述两点,可以推断《海洋法公约》缔约者意图赋予海洋科学研究这一术语一种随着时间而不断变化的含义。因此在本文的语境下,关于海洋遗传资源获取的活动可以纳入海洋科学研究的范畴。《海洋法公约》中有关海洋科学研究的条款因此也能适用于这种活动。

(四)对国家管辖范围外海洋遗传资源获取与惠益分享的启示

首先,根据《海洋法公约》中海洋科学研究的相关条款,在国家管辖范围外海域,也就是公海和海底区域,各国有权自由开展海洋科学研究活动。因此,在 BBNJ 新文书中,对国家管辖范围外海洋遗传资源的原生境获取(in situ access)活动不应当设立事先知情同意(prior informed consent)义务或通知(notification)义务。但是,根据《海洋法公约》第 240 条和第 244 条有关海洋科学研究的一般条款,开展上述活动,相关国家需要履行环境保护义务以及情报、知识的公布和传播的义务等。

其次,《海洋法公约》第 244 条关于情报和知识的公布和传播义务为在 BBNJ 新文书中设立有关活动的非货币惠益分享义务提供了法律基础。因为一般而言,知识的传播也算是非货币分享的一种重要形式。《海洋法公约》中关于海洋科学研究的条款没有为缔约国创设任何货币惠益分享的义务,因此各国对国家管辖范围外海洋遗传资源的利用也不负有货币惠益分享义务。

BBNJ

四、BBNJ 谈判与对新文书(演化)解释的研判

演化解释作为条约解释的一种,它不仅可能在《海洋法公约》的解释中产生作用,在将来还可能被应用于对 BBNJ 新文书(相关条款)的解释上。此次联合国 BBNJ 谈判是《海洋法公约》生效以来最重要的关于国际海洋法律制度的谈判。一些学者已经论述过深度参与国际造法进程对维护国家权益的重要性。在此种背景下,在谈判尚处于进行时的状态,对谈判中某些因素的出现(与否)及其对未来新文书中相关条款的解释带来的影响进行研究显得尤为重要。本文将结合上述提及的使用演化解释的要件,具体分析 BBNJ 谈判过程中有哪些因素在日后可能对 BBNJ 新文书中相关条款的解释产生影响。

(一)正式谈判与非正式谈判的运用

目前,BBNJ 谈判中很多关键议题都是通过非正式会议进行的。这种谈判方式的优点在于它可以为一些争议问题的解决提供更为轻松的沟通氛围。然而,它与正式谈判的主要区别在于正式谈判一般是有谈判记录的,而这些谈判记录在日后会成为判定是否要对新文书中某些条款进行演化解释的要件之一。因此,各国可能结合自己国内的实际,选择在某些具体的问题上参与正式谈判留有记录,或是选择不在正式谈判中表明立场,为日后对该条款的灵活化解释和适用提供便利。

(二)BBNJ 新文书中目的及宗旨的表述

条约的目的及宗旨是与条约的属性息息相关的。如果一些国家希望新文书在整体上具有"无限期"的特性,并主张在未来对其进行演化解释,它们可能会主张在新文书的序言中加入类似于"解决一切有关国家管辖范围外区域海洋生物多样性养护与可持续发展的法律问题的愿望"的表述。

(三)BBNJ 新文书中目的性模糊术语的使用

如同本文开篇所提及的,欧洲一些国家提出了在 BBNJ 谈判中应用"建设性模糊"而在 BBNJ 新文书中使用目的性模糊术语的谈判策略。模糊术语的含义具有多样性,能包容国家关于同一事物的不同立场。因此,这种策略的使用在一定程度上可以加快新文书的生成,因为许多争议问题通过模糊术语都掩盖过去了。但是,从未来对这些条款的解释角度来看,模糊术语的

加入为演化解释提供了可能。这是因为这里所说的模糊术语跟上文所提到的"一般性"术语差不多是同一个概念。

具体而言,如果 BBNJ 新文书中包含下列术语,由于这些术语的属性,其解释就会有很大的空间:relevant(相关);sufficient(足以);the necessity(必要性);take into account all possible considerations(考虑所有可能的因素);interests(利益);the main stakeholders(主要利益相关者)等。如果一些国家想要限制未来使用演化解释的可能,那么就要尽量避免在新文书中加入这些模糊的术语。

五、结语

综上所述,虽然国际司法机构在许多案件中使用了演化解释,但学界对这种解释的内涵、法理基础及使用要件目前还存在不同的观点。笔者认为,国际法院确立的由术语的"一般性"和条约的"无限期"两个要素构成的一般规则是存在瑕疵的,在判断是否可以运用演化解释时,还需要考虑到有关的条约准备资料。

结合这些要件,本文提出对《海洋法公约》中的部分条款的解释是可以或有必要运用演化解释的。其中一个例证就是海洋科学研究这一术语的内涵。通过演化解释,《海洋法公约》及其与海洋科学研究有关的条款都得到了发展。具体而言,如果对海洋科学研究的内涵不能进行演化解释,《海洋法公约》中的相关条款就不能适用于 BBNJ 谈判的语境,为国家管辖范围外海洋遗传资源获取与惠益分享的制度安排提供法律选择。通过对《海洋法公约》中条款的一次次演化解释,该公约能不断获得"新生",适应新的情形。

同样地,演化解释也可能被运用到未来对 BBNJ 文书部分条款的解释上。各国可以结合自身实际,在事实判断的基础上确定未来在某些议题上是否存在立场转变的可能性,并通过选择谈判方式,选择新文书序言中关于目的及宗旨的表述,以及使用目的性模糊术语等策略服务于可能出现的立场转变。

文章来源:原刊于《北京理工大学学报(社会科学版)》2021 年第 3 期。

全球海洋治理与 BBNJ 协定：
现实困境、法理建构与中国路径

■ 江河，胡梦达

论点撷萃

BBNJ 问题不再只是单个国家面临的治理难题，其发展关系到人类的共同利益和整体生存。在全球治理的背景下，全球海洋治理将成为各国应对 BBNJ 问题的共同选择，而 BBNJ 协定的讨论与磋商正是国际社会参与海洋治理的共同实践。

在世界多元文化的背景下，参与全球海洋治理的主体具有广泛性和多元化，多元的海洋治理主体和民族文化导致了 BBNJ 协定在目的、价值、原则以及具体规范上的体系冲突。因此，主体性的缺失及其所造成的价值冲突构成了 BBNJ 协定谈判所面临的现实困境。

在全球海洋治理的背景下，治理主体的多样化提高了国际社会参与度，但关联要素的复杂化也增加了各种主体就不同规范及其效力等级达成必要共识的难度。以《联合国海洋法公约》为基础的国际海洋法对 BBNJ 协定的谈判具有一定的指导意义，但是其公海自由原则以及人类共同财产原则在谈判中面临新的挑战。对这些原则的不同理解，构成了目前 BBNJ 协定谈判过程中的原则性冲突，并影响了协定的缔结和遵守。

BBNJ 是国家生态治理体系建设的延伸，也是全球海洋治理体系构建的重要内容，其不仅关系到单个国家生态环境的质量，更涉及人类整体的生存环境。作为《联合国海洋法公约》缔约国和负责任的海洋大国，参与 BBNJ 制

作者：江河，中南财经政法大学法学院教授
　　　胡梦达，中南财经政法大学法学院博士

度的构建是中国积极响应全球海洋治理的体现。自改革开放以来,中国积极参与海洋环境治理,并坚持推动构建"人类命运共同体"。人类命运共同体理念建立国际新秩序之主张和可持续发展原则,为 BBNJ 制度的构建奠定了价值基础。在此价值观念所培育的民主土壤中,国际软法得以产生并为 BBNJ 的中国叙事提供了低成本、高效率的实施路径。在运行论层面,复合型海洋法治人才的培养是提高 BBNJ 制度的规则创设能力的关键。通过此类人才的跨学科研究和国际组织的任职,中国才能增强全球海洋治理领域的议题设置能力、国际机制的利用能力以及国际法的话语权,从而参与和领导 BBNJ 制度的构建。

中国所倡导的人类命运共同体理念,不仅在微观的规则制定活动中为其价值冲突提供解决进路,而且在宏观层面为全球海洋治理贡献了中国方案,对于提升中国的国际地位以及有效应对人类整体的生存和发展问题都具有重要意义。

一、引言

随着全球化的进一步加深,各种全球性问题日益凸显,当单个国家无法有效应对这些问题时,全球治理就成了国际社会的必然选择。在海洋的开发和利用中,海洋分布的广泛性、连续性及其流动性导致任何海洋问题都具有跨国性,而公海和国际海底区域法律地位的特殊属性使得海洋的保护和利用超越了传统国家利益的范畴。因此,全球海洋治理成为各国应对全球性海洋问题的基本手段。在生产力不断提高的背景下,人类对海洋的开发和利用日益频繁,对人类与大自然的和谐共存提出了挑战。同时,陆地资源的枯竭使得各国将海洋资源的争夺作为主要的外交战略,而蓝色圈地运动和海洋资源的过度开发造成了海洋生态不稳定和海洋生物多样性减损的全球风险。尽管主权国家可以通过国内立法对领海和专属经济区内的海洋生物多样性进行有限的养护,但在国界之外,并不存在统一和完善的国家管辖范围以外区域海洋生物多样性(Biological Diversity of Areas beyond International Jurisdiction,以下简称 BBNJ)养护和可持续利用的法律体系。由此,BBNJ 问题不再只是单个国家面临的治理难题,其发展关系到人类的共同利益和整体生存。在全球治理的背景下,全球海洋治理将成为各国应对BBNJ问题的共同选择,而BBNJ协定的讨论与磋商正是国际社会参与海洋治理的共同实践。

二、全球海洋治理和BBNJ协定缔结的现实困境

在全球化背景下,国家间的相互依赖在各个领域内逐步加强,国际法赖以生存的社会基础发生了变化,主权国家的行为越来越难以无视国际法的规制,国际法甚至开始成为国家内部事务管理的法律依据。如同全球治理,国际法在海洋治理的法治维度中发挥着重要的规制作用。沿着国际法的双重法理逻辑,国际政治的社会实践在一定程度上为国际法的发展奠定了社会基础。全球化的负外部性导致西方国家掀起逆全球化的浪潮,为了保全自身利益,这些国家纷纷逃避对国际责任的承担,而这将导致对BBNJ问题的国际法规制失去民主基础和政治动力,进而从国际政治的角度削弱BBNJ协定谈判的社会基础。在自然法的法理层面,国内法所凝集的法律文化及其价值观念将通过国家主体在国际关系的实践中得以表达。在世界多元文化的背景下,参与全球海洋治理的主体具有广泛性和多元化,多元的海洋治理主体和民族文化,导致了BBNJ协定在目的、价值、原则以及具体规范上的体系冲突。因此,主体性的缺失及其所造成的价值冲突构成了BBNJ协定谈判所面临的现实困境。

(一)全球海洋治理与BBNJ协定

作为"全球治理"概念的起点,1990年国际发展委员会主席勃兰特首次提出了全球治理理论,随后国际发展委员会在其研究报告《天涯成比邻》中阐述了全球治理的基本概念。在全球风险社会的背景下,全球治理逐渐为学界和外交界知悉,但理论上却缺乏统一且权威的概念界定。整体而言,学者们对全球治理的理解存在着一定的交集,基于这些共同点,全球治理可以被界定为在缺乏主导性政治权威却又相互依赖的全球化背景下,为了应对全球性问题和追求人类共同利益,包括非国家行为体在内的国际行为主体,通过各种强制性的正式管理或规制以及非正式的社会化倡议、公共程序或机制,来避免全球风险和追求可预见的、安全的社会秩序的行为。

近年来,联合国先后提出海洋治理与海洋可持续发展等理念,欧盟和中国也对全球海洋治理进行了积极回应,全球海洋治理得到国际社会的广泛

响应。作为连续的整体,海洋任何局部的变化都将产生连锁反应,并最终反馈到整体的生态平衡中。例如,沿海国近岸的海洋污染往往会随洋流向其他海域扩散,远洋捕鱼国对于某些巡游鱼类的过度捕捞会导致巡游地生态平衡的破坏等。海洋问题的治理具有天然的全球性。在全球海洋治理的理论出现前,已经存在不同层次的海洋治理实践。有学者认为,格劳秀斯的《海洋自由论》是人类最早有意识地对海洋进行利用和管理的理论基础。在此逻辑下,人类对于海洋的管理行为以及基于治理理论的治理行为,共同构成了原始的海洋治理。但是,这种对于海洋治理的理解缺乏全球化的语境,政府在治理行为中始终扮演着主导者的角色,且不同的国家间缺乏合作与全球化和全球治理的开放性等特征相违背,最终使海洋治理理论日趋封闭和固化。尽管原始的全球海洋治理具有一定的实践基础,但并不能作为全球海洋治理的理论来源。全球海洋治理应理解为全球治理在海洋领域的体现,即治理主体多元、治理手段多样、治理对象广泛的海洋问题的解决模式。

在全球海洋治理中,海洋生物多样性是事关整个海洋生态安全的重要议题。作为地球资源的宝藏,海洋是地球生物多样性最丰富的地区,它不仅是人类生物资源的重要储备,也是地球生态平衡中至关重要的一环。一旦海洋生物多样性遭到破坏,直接的后果是可利用生物资源的锐减,但间接后果,即海洋生态紊乱后海洋保护海岸、分解废弃物、调节气候、提供新鲜空气等功能的衰减甚至丧失,将导致人类面临共同生存危机。在全球化背景下,人类主体意识的增强促使国际社会团结起来共同应对全球性问题。基于各国对海洋生物多样性的关注,2015 年第 69 届联合国大会在《联合国海洋法公约》(以下简称《公约》)的框架下启动了 BBNJ 协定的谈判进程,迈出了全球海洋治理在 BBNJ 领域的重要一步。作为具有法律效力的国际条约,生效后的 BBNJ 协定和《公约》及其两个执行协定,将为全球海洋治理提供更为全面而有效的国际法规制。然而,目前 BBNJ 协定的谈判并不顺利,逆全球化下部分国家国际责任感的缺失以及全球治理的主体多元化所引发的价值冲突,共同构成了 BBNJ 协定最终缔结所面临的现实困境。

(二)BBNJ 制度的主体论和 BBNJ 协定的谈判困境

作为国际法基本范畴中的先导性范畴,国际法的主体论是研究国际法律人格及其主体性的基本范畴,而 BBNJ 制度的主体论是研究有关 BBNJ 规制活动行为体及其相互关系的理论研究范畴。尽管国际社会在联合国的主导下已经开展了BBNJ协定的谈判工作,但近两年的BBNJ协定谈判预备委员会的报告和政府间大会的谈判成果显示,出于各自的立场,在短期内,内陆发展中国家、岛屿发展中国家以及发达国家难以就BBNJ协定的具体内容达成共识。尽管现代海洋法领域内的立法技术与客观的科技水平已达到较高水平、相关法律规则已经具备创设和实施的技术基础,但逆全球化下民族主义的复兴和国际合作精神的缺乏,削弱了BBNJ协定缔结的社会基础,由多元文化引发的价值冲突也阻碍了谈判的顺利进行。这些因素的共同作用,导致了BBNJ协定缔结进程的迟滞以及谈判中法律价值和基本原则的抽象化。

1. 逆全球化下部分国家国际责任感的缺失。

目前学界并未就"逆全球化"的概念界定达成一致。全球化本质上是经济全球化。根据这一逻辑,逆全球化被部分学者理解为经济全球化历史演进中的一个插曲,其内核是不同程度和不同形式的市场再分割。在国际政治的视域下,又有观点将逆全球化阐述为发达国家对全球化收益评估的结果。此外,也有学者认为逆全球化是源自"现代化输家"对全球化的不满。尽管"现代化输家"理论显得有些偏激,但是它从社会学角度揭示了逆全球化产生的原因,并在民粹主义的兴起中得以证实。质言之,逆全球化的表现可以被归纳为对国际关系采取不同程度上的漠视和摒弃。国家主义的强化使这些国家缺乏国际合作精神。在不能继续从全球化中获利的情况下,部分国家为保全自身的利益不愿承担国际义务,最大限度地切断与国际社会的联系。尽管有损其国际形象,但因无法攫取更多的短期利益,它们仍然选择拒绝善意履行其国际义务。英国"脱欧"和美国退出系列条约的行为,在向各国警示:全球化将在某种程度上向自然状态回归。当全球性问题来临时,各国的国际责任感和合作精神将荡然无存。在此趋势下,国际法的实效将不断降低,国际条约的谈判与缔结也会失去其政治动力和社会基础。

可逆性只是全球化的应有属性,全球化仍是历史发展的客观趋势。就条约退出法律机制而言,由于条约法并没有禁止条约的退出,一些国际条约本身也设置了较为完善的退出机制,国家的"退约"行为可能具有一定的合法性。然而,部分发达国家滥用其退出权利,恶意解释其国际义务,并拒绝承担相应国际责任,是对国际法的基本价值的违背。这既不符合全球化的历史潮流,也无益于现实问题的解决。"退群""退约"更多地体现了这些国家狭隘的国家利益导向和淡薄的国际责任意识。当逃避国际责任、片面地追求短期利益成为国际关系中的主流时,国际合作便失去社会土壤,而少数国家在全球性问题解决上的努力只会是杯水车薪。长远地看,这种"自保"行为不仅有损其国际形象,而且终将损害人类的共同利益,甚至威胁到人类的共同生存。相对于政治、经济、卫生等问题而言,生态利益在国家利益谱系中的优先性有限;同时,BBNJ 制度的效力空间又在国家管辖区域以外,这更淡化了部分国家对该议题的热情。尽管在国际社会的共同推动下,BBNJ协定的外交谈判得以启动,但国际社会中责任感的缺失,不仅消解了国际政治合作的社会基础,使得 BBNJ 协定的谈判因缺乏政治动力而面临流产的风险,同时也影响了其他全球海洋治理问题的有效解决。

2. 文化差异下法律规范的价值冲突。

海洋是人类的共同财富。根据《公约》,主权国家可以对其领海和专属经济区内的海洋生物资源进行自主养护和开发,但在公海中没有任何一个国家可以享有关于海洋生物资源的专属权。基于不同的地理位置,不同国家形成了与海洋有关或无关的生产、生活方式,这些生产、生活方式又进一步演变为海洋文化和非海洋文化。文化本身是一种客观存在的社会现象,而这种现象是人类生产、生活的自然映射。海洋文化对人们的影响贯穿着人类文明的萌芽与发展,黑格尔在《历史哲学》中就表达了海洋对其思想的熏陶,体现出了海洋文化对人类思维方式的影响。进一步而言,高度依赖海洋的生产和生活习俗共同构成了海洋文化的社会基础,并通过海洋文化再次渗透到人们的思想和行为方式之中,而这种文化的核心便是"以海为生"。

同时,基于环境、科技水平乃至经济发展模式的差异,各国形成不同的海洋生产方式、习惯。在不同的海洋文化下,各国对 BBNJ 问题持不同立场,一方支持保护的生物资源有可能是另一方赖以生存的经济来源。以鲸鱼为例,格陵兰岛、阿拉斯加等地的土著人世代以捕鲸为生,由此出现了挪威、加拿大等传统捕鲸国。与这些传统捕鲸国不同,作为世界上最大的捕鲸国,日本并不以鲸鱼作为主要的食物来源,也未将其用于科研用途,但出于其独有的海洋文化,日本政府及其国民都赞同和支持捕鲸行为。在世界范围内,作为小众文化,捕鲸传统与生物多样性保护的主流价值观相违背。1986 年国际捕鲸委员会便通过《全球禁止捕鲸公约》,旨在全面禁止商业捕鲸。同时,

B
B
N
J

《公约》也将包括 12 种鲸类在内的海洋哺乳动物列为高度洄游动物予以保护,《生物多样性公约》也明确规定了各缔约国应避免或尽量避免对生物多样性的不利影响,包括日本在内,加拿大、埃及、菲律宾、塞舌尔、希腊也退出了国际捕鲸委员会。这意味着捕鲸文化虽然小众,但并非孤例,海洋文化内部也呈现较为明显的异化现象。

在 BBNJ 问题上,非海洋文化和海洋文化以及海洋文化之间的立场存在较大差异。这种差异性将削弱 BBNJ 制度背后的法律价值和法律原则在国际社会中的普遍接受性,进而使得规则的制定和遵守面临困难。相对于非海洋文化,海洋文化更倾向在保护生物多样性的前提下尽可能多地实现海洋所蕴含的经济效益;而非海洋文化,出于缺乏高度依赖海洋资源的传统,往往在海洋生物资源的保护上支持更为严格的标准。在海洋文化之间,由于不同的生物资源存在着此消彼长的联系,细化的捕捞传统使得海洋国家难以就不同的海洋资源达成一致的意见。以国际法的基本范畴为视角,BBNJ 事务主体的价值取向将反映在 BBNJ 协定的构建之中。沿着自然国际法的法理逻辑,多元文化下法律文化的多样性,将使 BBNJ 协定的谈判缺乏一致的判断和协调标准,最终将阻碍统一的 BBNJ 法律制度的形成;即使最后各国以模糊态度在关键规则上达成外交妥协,也无益于 BBNJ 协定的有效实施。

三、BBNJ 制度的关联论和本体论分析:共识与冲突

在国际法关联论的视域下,特定的要素将对国际法本体的发展产生主导性作用;反之,国际法本体对其社会中的关联要素也存在一定的规制作用,并反作用于本体的发展。在全球化时代,这些要素将通过政治、经济、文化等社会基础得以放大。而在全球海洋治理的背景下,治理主体的多样化提高了国际社会参与度,但关联要素的复杂化也增加了各种主体就不同规范及其效力等级达成必要共识的难度。以《公约》为基础的国际海洋法对BBNJ 协定的谈判具有一定的指导意义,但是其公海自由原则以及人类共同财产原则在谈判中面临新的挑战。对这些原则的不同理解,构成了目前BBNJ 协定谈判过程中的原则性冲突,并影响了协定的缔结和遵守。

(一)关联论与法律共识

BBNJ 制度的关联论是指对 BBNJ 制度的外部重要因素进行研究的基

本范畴。国际法的碎片化赋予了潜在的 BBNJ 规范体系较强的开放性,因此,BBNJ 法律制度的关联论研究显得尤为重要。实际上,在 BBNJ 协定的谈判中,关于某些具体法律问题的矛盾,一方面体现于缔约方的主体性和价值追求,如国际政治经济关系、世界多元文化下的多元价值等;另一方面则体现于海洋生态的现实状况、海洋保护的技术条件等客观因素,这些矛盾都在一定程度上反映了关联要素的关联性。尽管 BBNJ 协定的关联因素纷繁复杂,但关联论旨在认识与 BBNJ 协定发展最密切相关的因素。主体的价值追求和规范建构应以客观存在为基础。在 BBNJ 规则的制定中,海洋生物多样性养护和可持续利用本身的基本特征成为最重要的关联因素。在此基础上,结合自身对生物多样性的需求,各国可以就 BBNJ 协定形成了各自的立场。在联合国所主导的 BBNJ 协定谈判中,国际社会已就 BBNJ 协定的内容达成了四个议题框架下的初步共识。

第一个议题是海洋遗传基因资源。其是 BBNJ 的重要议题。然而,海洋遗传基因资源的勘探和保护需要较高的科技水平和大量的资金支持,各国无法为其承担完全相等的责任与义务,出于权利与义务的对等性,实力较强的发达国家在享有更多权利的同时应承担更多义务。在此前提下,如何建立一套公平且切实可行的海洋遗传基因资源的分享机制,成为发展中国家关注的焦点。就以《公约》为基础的海洋法律体系而言,有关人类共同财产继承原则各国存在着不同的解读,这便导致国际社会在海洋遗传基因资源分享上出现分歧。

第二个议题是海洋保护区。在国际层面,主权国家往往通过设立海洋保护区来促进海洋生态的健康和海洋资源的可持续利用。在对海洋保护日益关注的当下,国际社会不乏设立公海保护区的呼吁,但由于缺乏统一而权威的组织机构来创设和执行公海保护区制度,同时其保护义务又与习惯法中的公海自由原则相冲突,目前国际社会中并不存在权威的概念和可参考的保护模式。以此为背景,在 BBNJ 协定中设立海洋保护区以及相应的管理机制成为国际社会的共识,它将为 BBNJ 提供环境保护层面的法律依据。

第三个议题是环境影响评估。环境影响评估也是国家管辖范围以外区域环境保护的重要手段之一。不同于海洋保护区制度的规范真空,《公约》为海洋环境影响评估创设了明确的行为规范。现有的硬法设置不仅为 BBNJ 中的环境影响评估在规则创设上提供了参考示范作用,也为其提供了坚实的主体基础,使得这一议题成为目前国际社会上认同度最高的全球海洋治理安排之一。

第四个议题是海洋能力建设和技术转让。由于海洋能力的差异,不同国家对生物多样性养护和可持续利用的实际效果不同。发展中国家一致认为,发达国家支持其海洋能力建设和并向其转让技术是 BBNJ 协定标准得以有效实施的前提。在《公约》的"区域"制度中,曾经规定国际海底区域内自由开发者应向管理局企业部和发展中国家转让技术,但这一规定遭到发达国家的反对,此后《公约》关于第十一部分的执行协定便取消了资源开发者的技术转让义务。BBNJ 协定对生物多样性的养护大多是公益性的,只有利用才涉及经济利益。因此,针对发展中国家的现实诉求和生物多样性养护和可持续利用的需要,如何平衡地构建海洋能力建设与技术转让制度是未来 BBNJ 协定的重要议题。

(二)BBNJ 制度的本体论与海洋法

作为国际法的本体论的研究对象,国际法的规范体系依据国际关系行为体的主体性和基本价值来设定或发展。BBNJ 制度本体论的研究对象则是相关国际行为体创设的 BBNJ 规范体系,主要是《公约》和 BBNJ 协定等条约规则、国际习惯以及相关法律原则共同组成的法律体系。《公约》是规范海洋开发和利用的"海洋宪章",它所确立的多项原则和具体规则通过条约或习惯法的形式被国际社会广为接受。这便为讨论 BBNJ 问题提供了制度前提和法理基础。领海与专属经济区以外的公海与大陆架外、公海水体之下的海床和洋底及其底土共同构成了国家管辖范围以外的水域。就海洋资源的属性而言,海洋资源可分为海底矿产资源和海洋生物资源。《公约》第137 条规定,由大陆架外、公海水体之下的海床和洋底及其底土构成的"区域"之所有矿产资源是人类共同的继承财产,其一切权利属于全人类。以国际法基本范畴的互动为逻辑,海洋法主体对海洋资源开发利用的新需求最终会反映到本体的构建之中。科技水平的发展让人类开发和利用海底成为可能,因此"区域"制度得以出现,在海洋矿产资源已得到国际法有效规制的情况下,海洋生物资源法律制度成为海洋法本体发展的重要内容。

在全球层面,《公约》以及它的两个执行协定为海洋渔业资源的公平和有效利用提供法律依据。在区域层面,许多国际组织,如东北、西北、东南大西洋渔业组织以及地中海渔业总委员会等,也在不同程度上对此进行了法律规制。但就全球海洋治理而言,现有海洋法体系对生物资源利用和养护的规制仍存在一定局限性。BBNJ 中的生物资源包含了所有的海洋鱼类种群,现有的《公约》以及各种国际渔业协定对生物资源的保护,则局限于特定的鱼类种群,并没有为国家管辖范围以外区域其他海洋生物多样性养护和可持续利用活动创设相关规则。而《生物多样性公约》与《公约》的条款虽有一定互补性,但两者在遗传基因资源的商业用途上缺乏规制功能。换言之,由于《公约》有关生物多样性的规定具有抽象性并呈现出碎片化的趋势,《生物多样性公约》的保护对象也具有宽泛性且其主旨偏向公益性,两者在BBNJ 领域无法形成明确的行为规则。此外,缺乏专业的管理机制和成熟的商业模式,也限制了它们在 BBNJ 议题上的规制作用。尽管它们在保护生物多样性上发挥了重要作用,但随着人类改造海洋、利用海洋、破坏海洋能力的不断增长。如今 BBNJ 问题的规制已成为未来海洋法发展的新方向,处于谈判过程的 BBNJ 协定将成为海洋法本体新的组成部分。在全球海洋治理的背景下,海洋事务的参与主体逐渐由国家向非国家机构延伸,无论是在全球层面还是区域层面,涉及 BBNJ 问题的国际行为体的种类和数目急剧增加,涉及 BBNJ 的国际非政府组织更是数不胜数。尽管参与主体的多元化使规则创设更为艰难,但海洋法的发展必将经历现有 BBNJ 协定谈判过程中价值观念和法律规则的冲突。而厘清海洋法本体的规则真空,在人类命运共同体理念的指导下协调各种参与主体的价值观念,构成了 BBNJ 协定缔结、海洋法发展以及全球海洋治理的现实路径。

(三)BBNJ 对传统海洋法规则的挑战

经过漫长发展的公海自由原则,与现代提出的人类共同继承财产原则,均已成为开发和利用海洋的有效规范。然而,对两大原则具体内涵的诠释还存在着不同的主张。不同主体出于各自立场对这两大原则的不同解读,导致 BBNJ 协定的谈判与缔结面临来自传统海洋法规则的挑战。

1. 公海自由原则的相对性

海洋自由原则最初出现于古罗马时期,根据万民法,所有人都拥有对海洋的使用权,并禁止私人占有和分割海洋。主权国家对沿岸海域主张所有权的现象出现在中世纪的欧洲,尤其是在大航海时代,西班牙和葡萄牙瓜分并宣布控制了世界的海洋。然而,在荷兰和西班牙的一场诉讼中,荷兰国际法学家格劳秀斯提出了对后世影响深远的"海洋自由论",他认为"海洋是取之不尽,用之不竭的,是不可占领的;应向所有国家和所有国家的人民开放,供他们自由使用"。在很长一段时间内,国际社会对海洋的认识建立在国家主权的延伸——领海和可供所有人自由利用不属于任何人的公海两个部分上。

在 1958 年第一次联合国海洋法大会中,《公海公约》《领海及毗连区公约》《公海渔业和生物资源养护公约》以及《大陆架公约》打破了公海绝对自由的传统观念,其后《公约》进一步明确和加强了对公海开发和利用的规制。由此,公海自由原则完成了由绝对自由到相对自由的演进,现今的公海自由原则实际上具有相对性。对于海洋的划分,《公约》确立了专属经济区、大陆架以及国际海底区域等法律制度,详化了各种海域开发和利用的规则;同时,其第 87 条赋予所有国家在公海所享有的六项自由。相应地,《公约》第 87 条还强调了"适当顾及"义务和其他条款的限制,使得这六项自由具有一定的相对性。就 BBNJ 规制的目的而言,欲对海洋生物多样性进行养护和可持续利用,必将限制各国对海洋的利用并增加利用成本,这与《公约》第 87 条的公海自由存在一定冲突。鉴于《公约》在海洋法领域中的权威地位,崇尚公海自由的国家,以及不希望被限制捕捞的渔业国,都认为 BBNJ 协定中权利义务的设定不应对《公约》第 87 条的公海自由造成减损。然而,自第一次联合国海洋法会议以来,公海自由的绝对性已被打破,公海自由本身就是相对的,任何对公海的使用必然有其限度。不仅如此,公海自由原则的发展历史揭示了这种限制将随着社会的发展而更加广泛和普遍。在全球海洋治理的背景下,BBNJ 问题的产生对公海自由原则的实践提出了新的发展要求,但对现有制度的变革将触动部分国家的利益。对于国际社会来说,统一价值观理念的缺乏将使有效方案的达成经历漫长而艰难的妥协过程。

2.《公约》中人类共同继承财产的代际公平

在《公约》设立的"区域"制度中,人类共同继承财产原则已经发展为一项重要的法律原则,它赋予了"区域"及其资源以人类共同继承财产的法律地位。在此制度下,人类共同继承财产被理解为不得私自占有、人类共同管理、利益分享、代际公平以及用于和平目的。其中,代际公平是可持续发展原则的体现,是当代人类共同肩负着为未来人类保全公共区域的体现,也是

BBNJ 议题的主要立场之一。代际公平虽然旨在确保当代人类不会因为短视过度开发地球资源,进而断送未来人类的生存和发展,但本质上它却是一种缺乏国际法律约束力的道德或软法。尤其是在逆全球化浪潮涌动的当下,代际公平缺乏贯彻和落实的社会基础。因此,代际公平亟须制度层面的支持,这意味着规则创设者不仅应具有前瞻意识,也应具备一定的国际责任感。部分发达国家,特别是海洋大国,过于狭隘地追求其短期国家利益,将使代际公平的责任分担面临严重的挑战。

利益分享也是人类共同遗产原则的一个重要维度,它可以理解为代际公平在当代层面的一种体现,即当代人类间的公平。具体而言,利益分享也是发达国家与发展中国家立场的主要分歧之一。发展中国家寻求财政分享和寻求技术的支持,而发达国家却实施技术封锁,在财政分享上也并不慷慨。事实上,在 BBNJ 第三次谈判预备会议中,发展中国家们坚持海洋遗传资源也应适用"人类共同继承财产"原则,并要求分享财产和技术上的相关利益;但大部分发达国家并未对此作出回应,日本、俄罗斯等国甚至明确拒绝了货币化的利益分享。客观上,技术转让和财政分享在一定程度上削弱了科技研发的动力,也违背了市场经济的基本原理,增加了发达国家在BBNJ 问题上的国际义务。但长远来看,这类措施可以减缓发达国家对生物多样性的过度商业利用,在赋予发展中国家对生物多样性的养护的能力的同时培养其责任感。由此,代际公平不仅在共时的维度得以实现,其在历时维度上也获得了良好的制度基础,人类的生存威胁将得到长久、有效的缓解。值得注意的是,共时的代际公平和利益分享需要彼此兼顾。若完全以利益分享原则代替人类共同继承遗产原则,过度的开发将会威胁可持续发展,损害历时的代际公平;而过于强调利益分享也会加重部分海洋大国的国际义务,打击其承担国际义务的积极性,最终影响 BBNJ 协定的实效。

人类共同继承财产原则和公海自由的相对性具有一定的关联性。作为向公众开放且无法被私占的自然资源,公海面临着"公地悲剧"的风险。对公海自由相对性的解读实际上也是对人类共有资源无限制开发的理性反思,人类共同继承遗产原则是其法律实践。而发达国家和发展中国家的立场冲突往往体现于利益分配和责任承担的不平衡之上,这使得 BBNJ 协定的谈判难以达成共识。

四、BBNJ 制度构建的中国路径

BBNJ 是国家生态治理体系建设的延伸,也是全球海洋治理体系构建的重要内容,其不仅关系到单个国家生态环境的质量,更涉及人类整体的生存环境。作为《公约》缔约国和负责任的海洋大国,参与 BBNJ 制度的构建是中国积极响应全球海洋治理的体现。自改革开放以来,中国积极参与海洋环境治理,并坚持推动构建"人类命运共同体"。人类命运共同体理念建立国际新秩序之主张和可持续发展原则,为 BBNJ 制度的构建奠定了价值基础。在此价值观念所培育的民主土壤中,国际软法得以产生,并为 BBNJ 的中国叙事提供了低成本、高效率的实施路径。在运行论层面,复合型海洋法治人才的培养是提高 BBNJ 制度的规则创设能力的关键。通过此类人才的跨学科研究和国际组织的任职,中国才能增强全球海洋治理领域的议题设置能力、国际机制的利用能力以及国际法的话语权,从而参与和领导 BBNJ 制度的构建。

(一)以人类命运共同体理念为价值导向

作为人类命运共同体理念诞生的社会背景,经济全球化促进了世界和平与发展,但其负外部性也导致社会发展不均、环境恶化和恐怖主义等诸多全球性问题的产生和蔓延。当人类作为整体面临共同的生存和发展问题时,超越民族与国界的人类主体性便开始显现。正是基于此社会基础,全球海洋治理下的 BBNJ 议题才得以获得国际社会的共同关注,而中国倡导的人类命运共同体理念是对人类主体性的回应,它弘扬坚守全人类命运休戚与共的立场,从而为 BBNJ 制度的构建提供了主体性和价值观念。

当不同主体在客观上具备共同利益和面对共同威胁时,其在主观上往往会形成共同的价值观,而基于价值的同质性,安全共同体才得以形成。作为现代国际法的基石,《联合国宪章》点明了国际和平与安全为其首要价值。"二战"留下的惨痛教训与核武器的威慑,使得国家间不愿、也不敢轻易大规模使用武力,传统的武力使用不再是国际社会主要的安全威胁。经济全球化带来的治理危机、生态恶化、恐怖主义等非传统安全威胁日趋严重,它们开始威胁到人类共同的生存,成为国际安全的主要威胁。国际社会安全观的变革客观上要求公正合理的国际新秩序的建立。作为非传统威胁的重要组成部分,海洋生态的破坏威胁到人类共同的生存安全,全球海洋治理中有关 BBNJ 的规则成为亟须构建的国际新秩序之一。人类命运共同体理念,不仅以人类主体性为视角提出共同、综合、合作、可持续的新安全观,同时呼吁国际社会"合作应对气候变化,保护好人类赖以生存的地球家园",推动了国际社会正视海洋生态问题为人类带来的生存危机,并共同参与到 BBNJ 秩序的建设中来。为此,习近平主席提出"和平、发展、公平、正义、民主、自由,是全人类的共同价值",而这也正是人类命运共同体得以构建的价值基础。以人类命运共同体理念为价值导向,全球海洋治理将沿着共建绿色世界、坚持可持续发展的宏观价值路径发展,而 BBNJ 制度的建构所面临的现实困境也将从价值维度得以缓解或解决。

在全球海洋问题备受关注的背景下,海洋命运共同体是人类命运共同体的重要组成部分,它是中国有关全球海洋治理的理性思考和外交对策。海洋治理与陆上治理不同,作为联结陆地的纽带,海洋客体更能体现人类命运的整体性。同时,作为无法被私占的共有物,海洋更需要国际社会的养护。就全球海洋治理客体的重要性和特殊性而言,海洋命运共同体理念在人类命运共同体共同发展、崇尚自然、文化包容的价值观上进一步倡导国际社会携手应对各类海上威胁和挑战、合理维护海洋和平安宁。在 BBNJ 制度构建面临的种种法律困境中,海洋命运共同体乃至人类命运共同体理念的文化包容观、新的安全观以及可持续发展观,将沿着国际法主体论的框架有效地增强国际合作精神和国际责任感,协调世界多元文化之间的价值差异,进而平衡发展中国家和发达国家有关 BBNJ 的法律诉求,以此推动 BBNJ 协定的谈判和生效。

(二)以国际软法为参与路径

自麦奈尔提出"软法"概念以来,虽然学界就何为"软法"并未达成共识,但从大多数学者的描述中看,"软法"可以被归纳为从形式上无法律约束力但因"造法"行为的自发性而具有一定实际约束力的行为规范。当软法的范畴延伸到国际法领域时,便产生了"国际软法"的概念。在全球治理背景下,治理主体的多样性、治理客体的广泛性以及国际软法所具有的灵活性和自发性,使得国际软法成为全球治理的有效路径之一。相较于国际硬法,国际软法更多地出现在低政治领域且"造法"主体还包括非政府行为体,这使得其在创设程序上所受到的限制更少,具有较强的灵活性。国际社会的各行为体所具有的理性,使它们在面对共同事务时自发地联合起来寻求合作,这种自发性使得国际软法一旦形成,在运行时就会因其具有的内在理性在一定程度上得到自觉遵守,进而达到预期的规制效果。

作为官方的政府间法律文件,联合国主持下的 BBNJ 协定在法律性质上属于国际硬法的范畴,具有强制的法律约束力。它在构建过程中不仅难以达成共识,在程序上也较为烦琐,消耗的时间和经济成本较高。作为硬法,BBNJ 协定还具有一定的滞后性,生物多样性问题往往时效性较强。海洋生物多样性面临的威胁并不会因为 BBNJ 协定的协商而减缓,甚至在对某一问题的讨论尚未达成一致时已形成更为严重的新问题,如先前的目标种群已经灭绝并出现了新的濒临灭绝的种群。因此,BBNJ 问题需要及时并且灵活的规制机制,即使国际软法的法律约束力有限,但它至少可以随着海洋生物多样性的变化而及时提供规则支持,也可供 BBNJ 协定等国际硬法借鉴。

软法在国际法领域中的实践主要集中在经济和环境等低政治领域,具有代表性的软法有《电子商务示范法》《斯德哥尔摩宣言》《里约宣言》《约翰内斯堡宣言》等,其中后三者均以环境保护为主题,它们的形成及其实效性证明了国际软法在环境保护中的现实作用。尽管全球海洋治理是一个复杂的系统工程,将其简单地认定为环境治理或其他治理显然不妥,但不可否认的是它仍属于低政治领域。而基于和平崛起之客观优势和承担大国责任之主观意愿,中国在功能性领域中可以以较强的科技水平和经济实力发挥主导作用,进而增强 BBNJ 协定谈判的话语权和引领 BBNJ 法律制度的建构。基于人类的共同利益,BBNJ 协定的缔结在中国的参与和引领下将获得更为广泛的民主基础和政治动力。而以国际软法为具体的参与路径,不仅使中国可以快速、便捷地参与到 BBNJ 制度的构建之中,也将有效降低其他主体的参与成本,这有利于提高国际社会解决 BBNJ 问题的积极性,进而使BBNJ 协定的外交谈判取得实质性进展。

(三)以培养复合型海洋法治人才为具体举措

就 BBNJ 协定的缔结而言,尽管人类命运共同体理念在宏观层面奠定了价值观念,国际软法在中观层面提供了参与路径,但在全球海洋治理战略实施的层面上,中国缺乏大量优秀的复合型海洋法治人才来参与 BBNJ 协定的缔结、实施及其争端解决活动。复合型海洋法治人才的基本要求体现为追求法治价值并具备系统的跨学科知识体系。首先，作为全球海洋治理的两个维度，国际政治和国际法治在解决全球海洋问题时都发挥着重要作用。但随着全球化的深入发展，国际关系日益民主化，国际法治成为国际社会追求的共同目标。因此，复合型海洋法治人才，应是实现国际法价值追求的法治人才，其不仅需要遵循程序正义维护国际形式法治的运行，更要在实践中理性地融入国内法语境下自然法所追求的实质正义。其次，全球海洋治理涉及法学、地质学、生物学等多个学科。单就 BBNJ 问题而言，其涉及的海洋生物物种多不胜数，海域面积更是难以计量，这给海洋治理法律人才的知识构成及其专业能力带来了严峻的挑战。海洋专业人才的知识体系局限于海洋地理、海洋生物等方面，掣肘于法律知识的缺乏，其对国际法规则的创设和运行缺乏基本了解，无法统筹兼顾地参与到全球海洋治理的立法与司法活动中。而传统的法治人才即便深谙法律规则的制定，但由于缺乏海洋相关的专业知识，无法对治理客体进行清晰、全面的认识，出现常识性的错误的风险将大大增加。这将导致一些对实际情况缺乏考虑的规则的产生，极大地影响了相关规则的实效。当前，全球海洋治理理论尚未成熟，各国还处于摸索阶段，BBNJ 协定缓慢的谈判进展也在一定程度上说明了规则设置在技术层面的难度。复合型海洋法治人才不仅肩负着推动国际法治理念的外交实践，也是各国抢占全球海洋治理理论高地和参与并领导 BBNJ 制度构建的先锋。

在全球海洋治理的 BBNJ 问题中，复合型海洋法治人才的培养应是中国应对 BBNJ 协定缔结困境的具体举措。在法治层面，人类命运共同体理念提出了"和平、发展、公平、正义、民主、自由"的价值观，它是中国参与国际法实践和推动国际法治的新理性。复合型海洋法治人才在参与 BBNJ 协定谈判时，人类命运共同体的价值观使其成为正义的传播者和践行者，并在国际实践中削弱霸权政治和规范大国政治，以促进国际法治的最终实现。在知识构成方面，地质学和生物学等知识是复合型海洋法治人才知识体系的基石，而国际法的基本范畴有助于将海洋知识有效地利用到 BBNJ 的规则构建之中。除了涉海专业的复合型要求以外，全球海洋治理法律人才的培养也要面向全球化，注重其涉外能力，特别是外语谈判能力和争端解决能力。为此，相关院校应拓宽海洋科学与国际法学交流的渠道，以资源共享和成果互通提高协同创新能力,同时,应与外交和司法实务部门进行合作,提高复合型海洋法治人才的外交能力和法律技能。

中国应以 BBNJ 制度的创设为契机,在参与全球海洋治理的同时,将复合型海洋法治人才培养上升到以服务全球治理为最终目标的宏观层面。就全球治理参与能力而言,中国周边海域中海洋争端的持久化一定程度上反映了中国国际话语权、国际造法能力以及国际争端解决能力有待加强。通过培养和锻炼一批优秀的国际公务员、国际法官和知名的国际律师,使其广泛参与全球治理的外交实践;鼓励和派遣更多青年人才到国际组织实习、挂职或任职,可以增强中国在全球海洋治理实践中的外交软实力。复合型海洋法治人才的培养,不仅是负责任大国积极承担国际责任的体现,也是提升中国国际软实力的建设性举措,就国际社会而言,更是在 BBNJ 问题乃至全球海洋治理上的重大贡献。

五、结语

在全球海洋治理的国际实践中,国际社会对 BBNJ 问题的关注日益增加,联合国推动的 BBNJ 协定谈判为国际海洋环境保护法律制度的发展提供了历史契机。与签署《公约》的第三次联合国海洋法会议类似,BBNJ 协定的外交谈判充满了摩擦与妥协。为了避免重蹈《公约》模糊性和抽象化的覆辙,BBNJ 规则的制定应突破特定标准的狭隘视角,沿着国际法主体论的路径,通过人类共同体理念所反映的人类共同利益、新秩序观、可持续发展观协调不同国家的立场差异,重构 BBNJ 制度乃至全球海洋治理的法理基础。中国正走近世界舞台的中心,参与 BBNJ 规则的制定是其参与全球海洋治理乃至全球治理的具体表现。中国所倡导的人类命运共同体理念,不仅在微观的规则制定活动中为其价值冲突提供解决进路,而且在宏观层面为全球海洋治理贡献了中国方案,对于提升中国的国际地位以及有效应对人类整体的生存和发展问题都具有重要意义。

文章来源:原刊于《中国地质大学学报(社会科学版)》2020 年第 3 期。

BBNJ 国际协定供资机制研究

■ 张丽娜,江婷烨

论点撷萃

BBNJ 国际协定已经经历了三次的政府间谈判,与会各方在 BBNJ 国际协定四大议题上都存在较为严重的分歧,难以达成一致,谈判将是一项复杂而艰巨的多边利益博弈。

BBNJ 供资机制的主要争点在于:是否将供资作为文书的一部分进行讨论及用语,支持本协定的资金是否需要可持续和可预测,本协定下的资金来源性质,是否需要设立特别基金及其来源,新供资机制的建立。除了以上五个争点外,BBNJ 协定案文草案在第七部分仍存在一些争议。

BBNJ 协定谈判有三个主要阵营,欧盟是"环保派"代表,积极推动 BBNJ 协定进程,希望能够掌握全球海洋治理权。以 77 国集团为代表的发展中国家重点关注国家管辖外区域遗传资源的利用和惠益分享问题,坚持人类共同遗产观点。而以美、俄为代表的海洋强国则坚持"公海自由原则",不愿意对国际海洋秩序进行重大的调整。由于三方阵营持有不同的立场和态度,势必对 BBNJ 协定下的供资机制产生重大影响,需要不断地进行更加细致的谈判,维护好不同阵营利益的相对平衡。因此对于发展中国家而言,仍需要以更大的耐心面对接下来的多轮谈判。

中国作为快速发展的海洋大国,谈判制定《联合国海洋法公约》框架下的国际协定,对我国来说既是挑战也是机遇。我国作为发展中国家中的大国,要积极参与谈判进程,为发展中国家争取尽可能多的利益,发挥我国的

作者:张丽娜,海南大学法学院教授,中国海洋发展研究中心研究员

　　　　江婷烨,海南大学法学院硕士

引领作用,维护广大发展中国家的利益。尤其是在资金安排方面,以中国为代表的发展中国家要坚定立场,为了国家能力建设与履约水平,不可向发达国家作过多的妥协,要求发达国家承担 BBNJ 协定下的强制性资金义务,要求 BBNJ 协定对小岛屿国家与最不发达国家给予额外的照顾和考虑,通过保证多种渠道的资金来源以实现对发展中国家的资金支持。

    国家管辖外区域(ABNJ)几乎覆盖了一半的地球表面,在生物多样性方面极具重要性。在过去,由于 ABNJ 较为偏远,人类对其缺乏认知,对于 ABNJ 内的资源等开发和利用都很有限。但随着科学和技术的提高以及人类对于资源的需要和渴求,越来越多的国家和机构开始对 ABNJ 产生浓厚的兴趣,加大了对 ABNJ 的研究和勘探力度。国际社会也渐渐意识到 ABNJ 生态系统面临着日益严重的威胁,十多年来一直在非正式地讨论保护和可持续利用国家管辖外区域生物多样性的各种办法。联合国在 2006 年至 2015 年召开了九次特设工作组会议,在会议上各国就海洋遗传资源(MGRs)等问题上存在重大分歧。以中国在内的 77 国集团为代表的发展中国家认为 MGRs 属于人类共同遗产(CHM)的一部分,主张建立一个惠益分享机制,而其他国家如美国、俄罗斯和日本则认为 MGRs 属于公海自由原则下的内容,这些资源的获益采用“先到先得”的处理方式,它们并无义务对获益进行分享。除此之外,还有包括欧盟、澳大利亚和新西兰在内的许多国家采取了中间立场,承认了利益共享的必要性,但没有承认 MGRs 为 CHM。目前,该分歧依然较为严重。随后在 2016 年至 2017 年又召开了四次筹备委员会会议,在 2017 年 12 月 24 日第四次筹备委员会结束之后,联合国大会决定召开政府间会议,拟订一项关于保护和可持续利用国家管辖外区域生物多样性(BBNJ)的具有法律约束力的国际文书。该文书被视为《联合国海洋法公约》的第三个执行协定,将处理与 BBNJ 有关的一系列问题。根据这一决定,开启了一系列的政府间谈判,谈判涉及划区管理工具制度、海洋遗传资源及惠益分享制度、环境影响评估制度和能力建设与技术转让制度共四大议题。

    然而,无论谈判是以何种方式进行,对于资金的安排在国际文书中都是不可缺少的一部分,尤其是在能力建设与技术转让领域,若缺乏充足的资金提供支持,有关能力建设的项目无法顺利进行,将严重影响发展中国家的能力建设,进而影响到国际条约的有效履行。不少国际文件都提到了资金安排在国际文件履行中的重要性。如在《联合国气候变化框架公约》第 4 条承诺中指出,发展中国家缔约方能在多大程度上有效履行其在本公约下的承诺,将取决于发达国家缔约方对其在本公约下所承担的有关资金和技术转让的承诺的有效履行。与《联合国气候变化框架公约》相一致,《生物多样性公约》第二十条"资金"中也提到,发展中国家缔约国有效地履行其根据公约作出的承诺的程度,将取决于发达国家缔约国有效地履行其根据公约就财政资源和技术转让作出的承诺。《21 世纪议程》序言部分也提到,要实现 21世纪议程的发展和环境目标,就要对发展中国家提供大量新的和额外的财政资源,以支付这些国家为处理全球环境问题和加速可持续发展而采取行动所引起的增额成本。发展中国家的能力建设,尤其是最不发达国家和小岛屿国家,需要大量充足、可预测与可持续的资金支持。

在对 BBNJ 供资机制的研究中,国内学者研究成果较少,仍主要集中于BBNJ 划区管理工具制度、海洋遗传资源及惠益分享制度、环境影响评估制度范围内,对于 BBNJ 能力建设与技术转让的专门研究较少,而资金问题又主要集中于后一领域进行讨论,国内学者在 BBNJ 供资机制的研究仍留有较多的空白。国外学者有一定数量的研究成果,对 BBNJ 供资机制的资金运作实体选择、潜在的资金来源、主要的资金类型等都作了一定的分析和总结,但仍需要随着谈判的进行有进一步的发展。

一、BBNJ 供资机制的主要争点及分析

资金安排是很多国际条约都无法回避的内容,很多时候也是国际条约谈判无法顺利进行的重要原因之一。如在气候变化领域,发达国家更关注环境问题,发展中国家更关心发展问题。在资金安排上,发达国家不愿意承担公约所要求的强制性基金和为发展中国家提供更多的资金需求,要求发展中国家中的大国也能够承担一部分的资金投入;而发展中国家则强烈要求发达国家按照公约的规定加大资金的投入,以支持发展中国家进行能力建设与技术转让。由于发达国家和发展中国家在资金安排上的分歧过于严重,国际条约对于资金部分的安排往往是在时间的推移下不断地完善和发展的。BBNJ 国际协定下的资金安排也是如此。

在 BBNJ 国际协定谈判中,谈判各方对于资金的安排也有不同的意见。

在第一次政府间会议谈判中,与会者基本上一致认为需要提供能力建设资金,并为此建立筹资机制。同时,与会者还强调需要充足、可持续和可预测的供资,但对于供资的来源有较大分歧。此外,与会者同意利用现有的供资机制如全球环境基金,但对于是否需要建立新的供资机制上意见难以统一。最后,就能力建设和海洋技术转让方面供资在具有法律约束力的新文书中是否应被列为一项义务,以及供资应为强制性还是自愿性问题,与会者也提出了若干不同的观点。

在第二次政府会议谈判中,虽然与会者已就文书中纳入关于供资的若干规定以及对供资来源采取灵活办法一定程度上达成共识,但对于供资的来源为强制性还是自愿性的问题依然争议较大,有的意见表示既支持自愿供资也支持强制供资,有的意见表示仅支持自愿供资。对于是否需要建立新的供资机制,与会方仍未达成一致意见;如果需要,那么是通过本文书建立供资机制,还是留给决策机构处理,还存在分歧,都需要在接下来的谈判中进一步审议和考虑。在根据《联合国海洋法公约》的规定就国家管辖范围以外区域海洋生物多样性的养护和可持续利用问题拟订的协定案文草案中,对于第七部分财政资源的争议点仍然较大,体现在案文草案中该部分的第1款、第5款和第7款。如何就能力建设与技术转让这一问题提供更充足的、可预测的、可持续的资金,是与会方需要不断讨论和谈判的问题。

(一)争点一:是否将供资作为文书的一部分进行讨论及用语

BBNJ资金机制的第一个争点在于是否要将供资作为文书的一部分进行讨论和该部分具体的用语选择;也就是说,在国际文书中是否要将第七部分供资作为单独部分在文书中体现,若在文书中体现,那么是采用"财务资源"还是"财务机制"作为该部分的标题?

第七部分是对BBNJ国际协定下的资金问题作出的有关安排,对其作为一个单独部分进行讨论,且在协定中列出,是十分必要的。如果不直接在国际协定中作出相关资金安排,容易弱化资金在BBNJ能力建设与技术转让等方面的重要性,减弱发达国家的出资意愿。若删去资金安排的部分,将不利于发展中国家在后续谈判中对国家利益的维护,缺少发达国家对能力建设资金的支持,也不利于发展中国家对国际协定的履行。另外,就其他国际条约而言,绝大部分的条约都将资金部分作为单独的部分进行讨论,并在条约条文中得到体现。BBNJ 国际协定作为未来能够对国际海洋局面产生影响的重要协定,应与多数国际条约在体制上保持一致,以便各国的接纳和适用。

而对于第七部分的用语,财务资源是指资金的来源渠道,财务机制是指有关的资金运作实体,协议草案中的第 52 条供资既提到了资金的来源(第 2款)又提到了供资机制(第 6 款),因此本部分名称无论是财务资源还是财务机制都有失偏颇。尽管在《蒙特利尔议定书》中存在命名为财务机制,但在内容中又规定资金来源的情况。由于该议定书距今时间过长,存在制定技术不足等情况,并不建议借鉴。在名称的选择上可以采用《联合国防治荒漠化公约》的条文安排,将财务资源与财务机制分开命名,或者参考《粮农组织植物遗传资源国际条约》直接以资金命名。

(二)争点二:支持本协定的资金是否需要可持续和可预测

BBNJ 协定案文草案第 52 条第 1 款提到,支持执行本协定,特别是本协定规定的能力建设和海洋技术转让的资金,应充足、便利、透明、可持续和可预测。而与会方对该资金是否具有可持续和可预测的要求仍存在争议,认为只需要满足充足、便利、透明三个要求即可。

大多数国际条约当中都规定了资金的提供应当具有可预测性和可持续性。如在《联合国气候变化框架公约》中提到了发达国家承诺的履行应考虑到资金流量应充足和可以预测的必要性,在《生物多样性公约》中提到了发达国家履行承诺时应考虑到资金提供必须充分、可预测和及时,在《联合国防治荒漠化公约》中提到了发达国家缔约方承诺促进筹集充分、及时和可预测的资金资源。BBNJ 国际协定有必要与多数国际公约在资金的用语上保持一致。

可持续和可预测的资金有助于 BBNJ 能力建设与技术转让项目开展的一致性和连续性。如果项目需要的资金并非是可持续和可预测的,容易产生资金断流而导致项目无法进行的情况,由此可能对发展中国家产生更多的问题,不利于发展中国家的能力建设。若资金的来源无法做到可持续,只满足充足、透明、可预测的条件也是能够被接受的。资金的来源存在风险性取决于资金提供者的具体情况,可持续性的要求或许对某些资金提供者而言过高,难以达到要求。

(三)争点三:本协定下的资金来源性质

BBNJ 协定案文草案第 52 条第 1 款提到了本协定的资金性质,与会方对资金安排的争议主要集中在资金的性质方面,草案中对资金的来源选择分为自愿性资金、强制性资金与自愿性资金相结合两类。在全球化发展要求全球治理和全球合作的环境下,发展中国家认为发达国家有义务为 BBNJ 协定下的能力建设与技术转让提供强制性的资金。这不仅仅是为了发展中国家本身的利益考虑,也是为了 BBNJ 协定能够顺利地被遵守和履行。而发达国家只愿意提供自愿性的资金,以捐赠的形式作出,而不愿意承担强制性义务。

结合多个国际条约对资金性质的规定,国际条约和文件下的基金一般分为两类。第一类源自强制性分摊或指标分摊的基金,都由特定的机构负责实施,包括《粮食和农业植物遗传资源国际条约》框架下设定的全球作物多样性信托基金、《湿地公约》框架下设立的小额捐赠基金、《气候变化框架公约》框架下设立的四基金等。第二类是自愿捐赠的基金,包括《巴塞尔公约》框架下设立的技术合作信托基金和在《湿地公约》框架下设立的湿地未来基金、瑞士非洲赠款基金等。同时,在多个国际条约中存在既有强制性资金来源,又有自愿性资金捐赠的情况。BBNJ 国际协定中的资金安排采用强制性资金与自愿性资金相结合的模式并非国际首创。

许多条约的履行都取决于资金的支持。如果资金仅仅是来源于自愿性的捐赠等,那么对于发展中国家能力建设的需要而言是远远不够的。由于发达国家与发展中国家存在着天然的分歧,在多数情况下,发达国家本来就不愿意在发展中国家之上投入过多的资金;若不以一定的强制性要求,发展中国家想要从发达国家中得到资金的支持有较大的难度。另外,根据已有的条约规定和发达国家的履行经验来看,即使在条约中已经明确规定了发达国家缔约方有提供资金的强制义务,但对于资金的获得仍然不够理想。许多发达国家找各种各样的借口来逃避对强制性资金义务的履行,导致对发展中国家能力建设资金的缺口依然较大。因此,直接在协定中规定强制性资金来源是十分重要的。

(四)争点四:是否需要设立特别基金及其来源

BBNJ 协定案文草案第 52 条第 5 款提到了特别基金的设立,对于特别基金是作为一种选择,还是作为一种义务设立以及其来源是强制性还是自愿性问题,在谈判中存在较大争议。另外,该款存在两个备选案文,备选案文1对特别基金的来源和用途作了具体安排,备选案文2只提到缔约国应合作建立适当的供资机制。对于备选案文1中特别基金的用途各方达成了一致意见,但对于特别基金的来源存在较大的分歧。在特别基金的强制来源上有:第一,缔约国的缴款以及为利用海洋遗传资源而支付的特许权使用费和分阶段支付的款项;第二,作为获取和利用海洋遗传资源的条件而支付的款项,在环境影响评估的核准过程中支付的保险费,此外还包括费用回收、各种收费和罚款以及其他强制性付款途径。对于以上两种来源存在较大争议。就此点而言,由于其涉及另外三个议题谈判的内容,仍需要更多的考虑。

结合其他国际条约和文件的实践,全球范围内的特别基金主要有气候变化特别基金、最不发达国家基金、适应基金、促进透明度能力建设基金、《名古屋议定书》执行基金、土地退化中立基金、信托基金、世界遗产基金、惠益分享基金、小额补助金、援助基金等。不同的基金类型对应不同的基金使用渠道,用以支持不同发展中国家的能力建设项目中的有关活动。特别基金在政治、经济、文化、气候变化、海洋发展和生物多样性等方面发挥着重要作用。作为条约下设立的特别基金,能够较好地对资金实体进行补充,为能力建设提供更多新的额外的资金来源,以支持发展中国家对条约的履行。

发达国家在资金问题上始终都采取回避态度,对于需要其进行出资以支持发展中国家的项目几乎都是持反对意见的。而发展中国家由于自身多方面能力建设的需要急需大量的资金援助,特别基金的设立有助于为发展中国家在 BBNJ 协定下的相关活动提供额外的资金支持,受到了发展中国家的广泛关注。

(五)争点五:新供资机制的建立

BBNJ 协定案文草案第52条第5款的备选案文2中提到,缔约国应合作建立适当的供资机制,以协助发展中缔约国实现本协定规定的能力建设和海洋技术转让的目标。与备选案文1相比,备选案文2只提到了缔约国应当合作建立适当的供资机制,而对该供资机制如何运作并未作任何明确的规定。该款争议点在于是否需要建立新的供资机制,还是利用已有的供资机制提供资金支持。

在气候变化领域和生物多样性领域已有全球环境基金作为资金实体运

行,一部分与会方认为可以利用现有的机构如全球环境金作为BBNJ下的资金实体处理与资金相关的事项;而另一部分与会方认为应当为BBNJ国际协定建立一个全新的资金实体。这种全新的资金实体为BBNJ协定量身定做,能够更好地符合BBNJ协定下的要求。

在《联合国气候变化框架公约》《生物多样性公约》等多个公约下都设有资金实体,用以管理与资金相关的活动。BBNJ协定作为一项涉及海洋及海底、生物、遗传资源、环境评价等跨领域的国际协定,仅仅借助其他国际条约已有的资金实体是远远不够的。

除了以上五个争点外,BBNJ协定案文草案在第七部分仍存在一些争议,如是否需要在特别基金的来源上引入私营实体(第5款备选案文1),在第6款供资机制的设立目的中尤其提到了发展中缔约国、最不发达国家、内陆发展中国家、地理不利国家、小岛屿发展中国家的情况下是否需要在第7款依然要重复说明对特殊缔约国的考虑等。

二、其他国际条约中的供资机制及借鉴

目前BBNJ供资机制仍存在较大争议,而BBNJ能力建设与技术转让能否成功的关键点就在于是否有充足的、可预测的、可持续的资金提供支持。虽然BBNJ议题仍在谈判进程中对于最终的资金机制的走向还不够明朗,但通过国际社会已有的供资机制运作的实践和较为成熟的供资来源,能够对BBNJ国际协定下的供资机制提供帮助和借鉴。

(一)现有国际条约及文件中的供资机制实践

对供资机制进行规定的国际文书较多,主要表现在《国际热带木材协定》第21条巴厘伙伴关系基金、《联合国气候变化框架公约》(UNFCCC)第11条资金机制、《京都议定书》第12条、《马拉喀什协定》能力建设附件中的发展中国家能力建设框架第21条、《哥本哈根协议》第10条、《坎昆协定》第102条、《巴黎协定》第13条、《生物多样性公约》(CBD)第21条、《名古屋议定书》第25条、《蒙特利尔议定书》第10条、《联合国防治荒漠化公约》第21条、《联合国教科文组织关于保护世界文化和自然遗产的公约》第15条、《粮农组织植物遗传资源国际条约》第13条、《1982年12月10日〈联合国海洋法公约〉有关养护和管理跨界鱼类种群和高度洄游鱼类种群的规定的执行

协定》第 24 条、《关于执行 1982 年 12 月 10 日〈联合国海洋法公约〉第十一部分的协定》第 7 节等国际文书中。

1.《联合国气候变化框架公约》——全球环境基金、绿色气候基金

在《联合国气候变化框架公约》及其基础上通过的一系列国际文书最终确立了在气候变化领域以全球环境基金和绿色气候基金为资金实体，由气候变化特别基金、最不发达国家基金、适应基金等作为特别基金进行补充的供资机制。全球环境基金成立于 1991 年 10 月，最初是世界银行的一项支持全球环境保护和促进环境可持续发展的 10 亿美元试点项目，执行机构为联合国开发计划署、联合国环境规划署和世界银行；随后在 1994 年进行了重组，成为独立的常设机构。全球环境基金在提高能源和资源的有效利用、减少环境污染方面有卓越的贡献。在 2010 年坎昆举行的 UNFCCC 第 16 次缔约方大会上，发达国家就正式承诺到 2020 年每年筹集 1000 亿美元作为国际气候融资。这些资金将用于发展中国家的减缓和适应项目。但就目前情况来看，发达国家曾多次拖延气候变化谈判，并且轻视国际环境责任的履行，要发达国家承担国际气候环境保护的责任较为困难，发展中国家对 1000 亿美元的国际气候融资不宜太过乐观。

全球环境基金虽然在减缓气候变化影响、环境保护和支持发展中国家能力建设方面有突出的表现，但也存在着一些实体上的缺陷。首先是在基金的运行机制上，全球环境基金表决的理事会是由发达国家主导的，发展中国家寻求全球环境基金的援助难以得到发达国家的认可和支持。其次是在全球环境基金对申请项目进行审批的过程中存在操作程序过于复杂和透明度不够等问题。最后是在全球环境基金具体的运作过程中，由于其还是《联合国生物多样性公约》《关于持久性有机污染物的斯德哥尔摩公约》《联合国防治荒漠化公约》和《关于汞的水俣公约》四项公约的资金运作实体，全球环境基金的运作压力过大，容易造成基金安排不平衡和基金使用效率过低的结果。

绿色气候基金的提议最早出现于 2009 年哥本哈根气候大会上，并在 2010 年的坎昆大会上最终确定，气候公约终于拥有了属于自己的、相对独立的资金机制。绿色气候基金的启动，为气候变化领域的资金筹集提供了新的方式，在一定程度上减缓了全球环境基金的运行压力，能够助力发达国家实现自己的出资承诺。目前绿色气候基金是世界上最大的气候基金，有 106

个国家承诺提供46亿美元的资金。同时,它也被认为是最具雄心的全球能力建设基金,承诺提供1亿美元用于加强国家和地方政府在规划、获取和管理气候资金方面的能力。绿色气候基金建立了多种机制,如采用更直接的标准和简化较小提案的审批程序,以改善国家和地方机构获得适应和缓解资金的渠道。虽然《坎昆协议》确定了绿色气候基金的建立,但是对于基金的资金来源并未作出详细的规定。如何避免气候基金之间的重叠,如何激励更多的国家参与基金下的各项安排,如何将不同的资金在基金中进行公平和最大效益的分配,是绿色气候基金需要面临的问题。

除了全球环境基金和绿色气候基金两大资金实体外,在气候变化领域还有其他资金作为来源,如适应气候变化启动基金、粮食和农业植物遗传国际条约的惠益分享基金、气候投资基金、凉爽地球伙伴关系基金、国际气候行动计划、国际发展协会等。这些特别基金作为两大资金实体外的补充基金,能够在一定程度上缓解发展中国家面临的气候变化所带来的不利影响,但由于气候变化领域目前的资金缺口依然过大,还需要更多的资金注入。

2.《生物多样性公约》——全球环境基金

在生物多样性领域仍然是由全球环境基金作为供资机制对资金进行管理。全球环境基金在生物多样性保护领域重点资助了3300个保护权建设项目,制订了覆盖3.5亿公顷陆地和海洋景观的生物多样性保护计划,为发展中国家生物多样性的保护和可持续发展提供了支持。但全球环境基金项目对发展中国家的捐赠是附条件的,如果国家申请基金项目的援助,需要以9∶1比例进行资金的配套,受援助国如何筹资也成了一个大问题。

除了全球环境基金作为公约的资金实体外,还在《名古屋协定书》的基础上成立了一项《名古屋议定书》执行基金(NPIF),其目标在于向已经签署、准备签署和准备批准《名古屋议定书》的国家提供支持,以加速《名古屋议定书》的批准和实施。该信托基金为制定和实施涉及特别是私人部门的遗传资源获取和惠益分享(ABS)协议提供支持。《名古屋议定书》执行基金中对遗传资源获取和惠益分享的经验可供 BBNJ 国际文书借鉴。

3.《蒙特利尔议定书》——蒙特利尔多边基金

在《蒙特利尔议定书》之前,环境领域并未有自己专门的资金运作实体,《蒙特利尔议定书》建立了专门援助发展中国家的多边基金和运作实体——执行《蒙特利尔议定书》多边基金,世界银行作为《蒙特利尔议定书》多边基金的四个实施机构之一,在《蒙特利尔议定书》中扮演了关键角色。《蒙特利尔议定书》也在多边基金的支持下成为国际环境条约实施中最为成功的典范,自建立以来为发展中国家在技术转让和促进多边义务的遵守上提供了巨大的支持。学者何艳梅指出,蒙特利尔多边基金能够获得成功的原因在于它作为专门资金运作机构的独立性和多边基金资金来源的强制性。但有学者提出了相反意见,认为蒙特利尔多边基金并非是一个完全独立的资金运作实体,由于世界银行是蒙特利尔多边基金日常业务的管理者和执行者,两者之间在职能上容易产生重叠和冲突。

此外,还有多个国际文书都有具体的资金安排,如《国际热带木材协定》设立了巴厘伙伴关系基金、《粮农组织植物遗传资源国际条约》设立了惠益分享基金、《联合国防治荒漠化公约》设立了全球机制、《联合国教科文组织关于保护世界文化和自然遗产的公约》设立了世界遗产基金、《湿地公约》设立了小额补助基金和长尾湿地基金等,都是针对不同条约内容下的专门资金安排。

由上述内容可知,有多个国际条约由同一个资金实体运作,如全球环境基金同时是《联合国气候变化框架公约》《生物多样性公约》《关于持久性有机污染物的斯德哥尔摩公约》《联合国防治荒漠化公约》和《关于汞的水俣公约》五大公约的临时基金机构;也有国际条约并无资金实体,而是依据条约成立了特别基金,如根据《粮农组织植物遗传资源国际条约》下设惠益分享基金。而有的国际条约既有资金机制的专门运作实体,又设立了特别基金,如《联合国气候变化框架公约》《生物多样性公约》《联合国防治荒漠化公约》等。可见一项国际公约对于资金机制的规定是较为灵活的,对于是否设立资金实体、特别基金等相关资金安排,要根据公约的目标、性质等内容来加以确定,BBNJ 下的资金安排应当在参考借鉴其他公约的基础上成立一套具有专门性的、有助于发展中国家履行 BBNJ 国际文书的供资机制。

(二)BBNJ 供资机制资金来源参考

以资金的来源作为划分依据,BBNJ 供资机制可以分为三种主要的资金来源途径。第一种是公共资金,包括来自多边或双边条约的资金,主要用于支持改善海洋的管理和治理能力等相关活动。第二种是慈善捐款,包括基金会等,这些基金会通常在支持与海洋研究相关的专门研究上有较长的历史。第三种是较为创新的资金来源，对于 ABNJ 的治理和实践而言也是一种新的资金机制。创新融资能够以可扩展和有效的方式引入私人资金，特别是通过全球金融市场解决紧迫的全球问题。

在公共资金领域可供选择的资金来源有来自多边组织和基金会的资金，如全球环境基金、联合国开发规划署、世界银行集团和相关的区域发展银行。除此之外，还有许多联合国和政府间的机构将支持能力发展的资金作为其核心资金的一部分。这些组织包括联合国环境规划署（UNEP）、联合国粮食及农业组织（FAO）、教科文组织政府间海洋学委员会（IOC）和国际自然保护联盟（IUCN）等，尽管其本身并不是供资机构，但在这些组织的安排下能够筹集基金以支持发展中国家的能力建设。除了来自多边组织和基金的资金外，公共资金领域还有来自政府的开发援助（ODA）。

在慈善捐赠领域可供选择的资金来源有日本财团基金、笹川和平基金会、皮尤慈善信托基金、洛克菲勒基金会和其他一些能够为海洋管理活动提供资金的基金。发展中国家的国家环境和渔业基金会也资助了与 ABNJ 有关的工作，如为专属经济区和 ABNJ 中的渔民 IUU 捕鱼提供法律指导，提高渔民法律意识。

在创新融资领域，资金的来源主要为私人的投资与公私合营。BBNJ 能力建设与技术转让的资金来源可由其他三个议题提供。例如，在划区管理工具制度中的海洋保护区，对海洋保护区的参观者可收取一定的参观费用，用于海洋保护的发展和有关的能力建设；在环境影响评价制度中也会产生相关的费用，如以美国和法国为代表的发达国家利用环境税收入建立环保基金。此种费用可用于提高国家执行环境影响评价制度的能力和支持与 ABNJ 管理相关的优先项目，在国家向 BBNJ 筹备委员会提交的报告中也建议了这种筹资方式；另外，在海洋遗传资源及惠益分享制度中也会产生资金。对于非货币惠益的分享能够更加及时高效，可用来提高发展中国家参与海洋遗传资源商业化和有关科学研究的能力，而对于货币惠益的分享虽然需要时间，但其可以作为未来的能力建设与技术转让的资金来源。此种类型的基金来源也在国家向 BBNJ 筹备委员会提交的报告中所建议。除了以上几种创新融资类的资金来源外，还可通过债务交换或与债务交换相关联的其他债务融资，发行支持可持续蓝色经济发展的蓝色债券，收取生态系统服务费，从致力于海洋基础设施建设、数据收集的公私合营部门所产生的基金,专门基金如水基金和 ABNJ 进入碳市场后所产生的资金等方式获得资金来源。

三、对 BBNJ 供资机制的建议

通过对 BBNJ 供资机制存在的主要争点分析和其他国际条约中的供资机制的借鉴,BBNJ 供资机制应当建立新的资金运作实体,并设立 BBNJ 国际文书下的能力建设与技术转让特别基金为发展中国家的能力建设与技术转让提供支持;此外,还可以设立专门的海洋银行(Ocean Bank)以支持海洋的可持续利用和发展。同时,BBNJ 国际文书的实现还离不开国际上已有资金援助项目的支持。

(一)建立 BBNJ 专门的供资机制

BBNJ 协定案文草案对是否需要建立新的供资机制有较多的争议。BBNJ 供资机制既可以选择利用现有的资金实体如全球环境基金进行管理,也可以选择通过设立新的供资机制以解决 BBNJ 供资问题。但在第三部分现有国际条约及文件中的供资机制实践中也已经谈到,全球环境基金已经是五大公约的资金实体,本身运行已经压力过大且该资金实体本身也存在缺陷,在资金的分配上也不够公平,目前资金来源缺口较大,其在气候变化领域取得的贡献并未让发展中国家满意,难以得到发展中国家的一致认可。若 BBNJ 国际协定坚持要采用全球环境基金作为资金实体,容易阻碍发展中国家参与协定的热情和信心,不利于吸引更多的发展中国家加入,影响协定的后续发展。因此,BBNJ 国际协定应当建立新的供资机制,专门的资金实体能够为 BBNJ 协定下尤其是能力建设与技术转让活动提供专项的具有针对性的支持,同时新供资机制的建立也有利于鼓励更多的发展中国家参与到协定中来。对于新的资金实体的一系列安排还需要在接下来的谈判中推进。

(二)成立 BBNJ 能力建设与技术转让特别基金

《21 世纪议程》中提到,能力建设意味着发展一个国家在人员、科学、技术、组织、机构和资源方面的能力。一般而言,技术转让往往作为能力建设项目下的一个分类别进行讨论。对于广大发展中国家而言,加强能力建设与技术转让有着重要的意义。首先,加强能力建设能够提高发展中国家对国际条约的履行程度,这一点在《联合国气候变化框架公约》中也有明确的

规定。其次,加强能力建设,能够提高发展中国家在国际中的谈判地位,增强谈判话语权。最后,加强能力建设,也有助于发展中国家在条约的制定和履行过程把握发展机会,维护国家权益。通过加强能力建设与技术转让,能够支撑 BBNJ 协定下另外三个议题的实现和发展。因此,BBNJ 能力建设与技术转让下的资金安排显得尤为重要。在其他国际条约中也提到了有关能力建设与技术转让的特别基金,如《巴黎协定》设立了促进透明度的能力建设特别基金,《控制危险废物越境转移及其处置巴塞尔公约》设立了协助发展中国家和其他需要技术援助的国家执行《巴塞尔公约》的技术合作信托基金等。BBNJ 供资机制可考虑成立 BBNJ 能力建设与技术转让特别基金,用以支持发展中国家在保护和利用海洋生物多样性方面的能力建设及优先项目的安排。

(三)设立海洋银行支持与海洋发展相关的活动

泰国在 2007 年的时候设立了树木银行基金会(The Tree Bank Foundation),该基金会旨在促进可持续的农业技术,解决小农脆弱性和森林退化等问题。"树木银行"的基本理念是,泰国农民有权在自己的土地上种植、照料、定价、砍伐和出售树木,并使这些树木因其产生的经济回报和生态服务而被视为有价值的资产。虽然树木银行基金目前只在泰国国内运行,但其可以给国际社会在建立专门银行方面提供经验借鉴。在海洋领域,也可以设立海洋银行,用以支持海洋的可持续性利用和发展。这样一个银行可以在国家管辖范围内和外为若干与海洋有关的承诺提供资金,包括《联合国可持续发展目标》中所提到的保护和可持续利用海洋和海洋资源以促进可持续发展,从而在海洋管理方面建立政策的一致性。一个专门的海洋金融机构可以提供贷款担保、股票和债务工具,以及安排交易和与新投资者合作等内容。通过设立海洋银行支持与海洋发展相关的活动,使资金的分配和流动更加具有针对性,提高资金在海洋领域的利用效率。

此外,还有许多方面需要注意,如上文提到的争点三本协定下的资金来源性质,对于 BBNJ 供资机制的资金来源性质应是强制性资金与自愿性基金相结合。而对于第 5 款下特别基金来源中涉及海洋遗传资源的惠益分享的第 1 项和第 2 项的资金来源,由于该议题尚在讨论之中,不应在现阶段做强制性要求。此外,BBNJ 供资机制要利用好已有的不同类型基金在海洋可持续利用上的安排。资金的来源应当具有多样性,加强资金在全球层面、国家层面和地方层面的合作和流动。不论选择何种财政机制,重要的是获得资金的程序不应过于禁止,所涉官僚机构应保持在最低限度,特别是对小岛屿发展中国家和最不发达国家而言,应该有更大的灵活性和更适合特殊缔约国情况的程序。

四、结语

BBNJ 国际协定已经经历了三次的政府间谈判,与会各方在 BBNJ 国际协定四大议题上都存在较为严重的分歧,难以达成一致,谈判将是一项复杂而艰巨的多边利益博弈。BBNJ 协定谈判有三个主要阵营,欧盟是"环保派"代表,积极推动 BBNJ 协定进程,希望能够掌握全球海洋治理权;以 77 国集团为代表的发展中国家重点关注国家管辖外区域遗传资源的利用和惠益分享问题,坚持人类共同遗产观点;而以美、俄为代表的海洋强国则坚持"公海自由原则",不愿意对国际海洋秩序进行重大的调整。由于三方阵营持有不同的立场和态度,势必对 BBNJ 协定下的供资机制产生重大影响,需要不断地进行更加细致的谈判,维护好不同阵营利益的相对平衡。因此,对于发展中国家而言,仍需要以更大的耐心面对接下来的多轮谈判。

中国作为快速发展的海洋大国,谈判制定《联合国海洋法公约》框架下的国际协定,对我国来说既是挑战也是机遇。我国作为发展中国家中的大国,要积极参与谈判进程,为发展中国家争取尽可能多的利益,发挥我国的引领作用,维护广大发展中国家的利益。尤其是在资金安排方面,以中国为代表的发展中国家要坚定立场,为了国家能力建设与履约水平,不可向发达国家作过多的妥协,要求发达国家承担 BBNJ 协定下的强制性资金义务,要求 BBNJ 协定对小岛屿国家与最不发达国家给予额外的照顾和考虑,通过保证多种渠道的资金来源以实现对发展中国家的资金支持。

文章来源:原刊于《中国海洋大学学报(社会科学版)》2020 年第 4 期。

韬海
论丛

基于海洋保护区的北极地区
BBNJ 治理机制探析

■ 袁雪，廖宇程

论点撷萃

北极是 BBNJ 协议规制的重要区域之一，而其复杂的地缘政治和独特的地理环境因素都为北极 BBNJ 治理的相关谈判增加了难度。BBNJ 谈判在国际海洋法变革和国际海洋法秩序重构过程中具有里程碑意义，其谈判结果将深刻影响北极地区的未来发展。海洋保护区是实现北极 BBNJ 养护的重要综合性工具，能够在北极公海以及国际海底区域发挥作用。

由于北极 ABNJ 属于全球公域，而且区域性治理存在约束对象有限、与其他机构协调不足等诸多弊病，未来应当基于全球模式对海洋保护区的制度进行构建。在全球模式下，北极 ABNJ 海洋保护区既需要遵循设置年限、平衡环境保护与发展的关系等共性措施，同时还需要融入软法因素，为外大陆架上覆水域公海保护区设计特别的制度安排。面对北极环境的剧变，北极理事会等部门也采取了针对北极 ABNJ 的治理措施。因此，协调全球性与区域性、行业性机构是必要的，以实现全球范围与区域范围的国际合作、协调治理的目标。

中国作为"近北极国家"和"北极利益攸关方"，应秉持"构建海洋命运共同体"的理念，在 BBNJ 全球谈判中强化话语权引领，在北极理事会等部门中发挥海洋治理的积极作用；同时，还应当加强与其他国家在海洋生物多样性

作者：袁雪，哈尔滨工程大学人文社会科学学院副教授
　　　廖宇程，哈尔滨工程大学人文社会科学学院硕士

保护领域的科学合作,强化科学研究和获取科学信息的能力,进而维护自身的海洋权益。

为制定《〈联合国海洋法公约〉关于国家管辖范围外区域海洋生物多样性养护和可持续利用的国际法律约束力文书》(*The International Legally Binding Instrument under the UN Convention on the Law of the Sea on the Conservation and Sustainable Use of Marine Biodiversity of Areas Beyond National Jurisdiction*,以下简称 BBNJ 协议)的政府间谈判进程是当前海洋法关注的热点。由于气候变化等因素,北极逐渐成为国际治理的重点区域。探讨如何实现北极国家管辖范围外区域海洋生物多样性(Biodiversity of Area Beyond National Jurisdiction,BBNJ)的养护与可持续利用是全球与北极治理不可忽视的话题。本文基于北极这一特定区域的视角,结合海洋保护区这一具体治理路径,探讨在当下 BBNJ 协议谈判背景下如何通过海洋保护区的构建来实现对北极 BBNJ 的治理,从而促进北极 BBNJ 的养护与可持续利用。

一、问题的提出

(一)北极国家管辖范围外区域(以下简称 ABNJ)的地理概况及划界困境

北极通常指北极圈(约北纬 66 度 34 分)以北的陆海兼备区域,其中北冰洋海域面积超过 1200 万平方千米。依据《联合国海洋法公约》(*United Nations Convention on the Law of the Sea*,UNCLOS)的规定,公海和国际海底区域属于 ABNJ。北冰洋公海范围界定相对清晰,约有 280 万平方千米,但是国际海底区域的界限划定却不清晰。由 BBNJ 协议规制的国际海底区域与属于一国管辖范围内区域的外大陆架之间呈现此消彼长的关系,可以说,国际海底区域定界问题的实质就是争议激烈的北极地区 200 海里外大陆架划界问题。

北极海域的面积虽然有限,但水深不足 200 米的浅海宽广的大陆架约有440 万平方千米,占据北冰洋总面积的 1/3。依据现有公开数据,除了加拿大海盆和北冰洋中脊两个区域以外,北冰洋的绝大部分都有可能成为有关国家的外大陆架。依据 UNCLOS 第 76 条第 8 款的规定,大陆架界限委员会

(Commission on the Limits of the Continental Shelf，CLCS)负责外大陆架申请的审议工作,沿海国在 CLCS 的建议基础上划定的大陆架界限方有确定性与拘束力。

当前,北极国家在外大陆架的主张上存在诸多争议和重叠,而俄罗斯等国在划界证据搜集方面也准备充足。种种迹象表明,近期划界审议工作极有可能加速进行,但目前北极科考还难以满足划界对科学数据的需求,频繁的政治博弈也可能延缓北极外大陆架划界的进展。BBNJ 协议的政府间谈判预计将于 2020 年完成,而北极 ABNJ 的定界还无法实质性解决。因此,实现北极 BBNJ 治理需要认真考虑北极划界困境。

（二）环境变化及人类活动对北极 BBNJ 的影响

北极 BBNJ 治理,必须认识到北极生态系统本身的复杂性以及突破人为边界考量北极各个海域物种间的关联性,即综合认识国家管辖范围外海域的北极生物多样性。北极生物多样性具有独特性与脆弱性,包括诸多适应黑暗、寒冷和安静水域的物种,成千上万的微生物群落和原生生物以及濒临灭绝的哺乳动物。此外,北极 ABNJ 还存在许多新型物种。目前并不隶属于任何国家大陆架内的加科尔(Gakkel)山脊也可能存在着未明的喜热生物,是众多北极生物的生态家园。

但是,北极生物目前面临着海水变暖、海冰融化、生物向极地区域富集、外来生物入侵、生物食物链结构畸变、人类工业与商业活动影响等多重威胁。单纯强调抑制人类对北极的开发既不现实也无济于事,面对快速、剧烈变化的地球和北极而言,需要新的、适应性的治理机制。挑战与机遇相伴而生,初步开采资源的现状、基本保持原始状态的生态系统意味着国际社会对北极地区新兴资源和物种进行预防性管理正当其时。通过制定新的区域条约,国际社会可以从初期就有机会采取有效的保护措施。因此,当前国际社会与北极治理主体应当在环境进一步恶化之前采取措施,实现对北极 BBNJ 的有效治理。

（三）北极 BBNJ 治理的学界观点

围绕如何实现北极 BBNJ 的治理,国内外学者进行了诸多前沿性的研究,具体涉及以下方面。第一,关于北极治理模式的选择方面。张胜军教授强调需要调和传统的国家中心主义和新兴的多主体共治理念。Oran R.

Young 教授指出,北极理事会无法独自承担北极治理的重任,尤其是在涉及北极国家管辖范围外区域相关安排时,北极理事会恐怕难以服众。第二,关于 BBNJ 海洋保护区的研究方面。何志鹏教授建议中国应当在支持海洋保护区设立的同时,对其保持审慎态度,保守地构建、优化 ABNJ 的治理。王勇教授认为,未来 BBNJ 海洋保护区应当适用全球模式进行治理。第三,关于北极 BBNJ 治理的研究方面。白佳玉教授系统梳理了既有北极海域公海保护区的实践,并为我国参与公海保护区治理提出了诸多良策。Vito De Lucia 认为,BBNJ 协议漫长的谈判不利于北极治理,而针对北极公海保护区制定专门区域性的协定更有利于发挥实效。Kamrul Hossain 则提出南极公海保护区的实践以及《南极条约》体系能为北极公海治理提供经验。

由于 BBNJ 协议正式进入政府间谈判环节的时间不长,结合北极区域展开研究的学术成果较少且多集中在海洋保护区领域。关于 BBNJ 海洋保护区的研究目前主要立足于全球层面,只对具体的制度构建展开论述,从具体的区域层面分析海洋保护区的成果较少。因此,本文将从海洋保护区的视角研究当前 BBNJ 谈判背景下如何实现对北极 BBNJ 的治理。

二、海洋保护区视角下北极海域的治理实践

海洋保护区是当前保护海洋生物多样性的重要方法,能够有效实现物种数量的增幅。划区管理工具(包括海洋保护区)也在 BBNJ 谈判中获得各国的肯定。国际自然保护联盟将"海洋保护区"界定为通过法律或其他有效手段对明确界定的地理空间的认可,为专有目的所进行管理的区域,以实现对自然及其所拥有的生态系统服务和文化价值的长期保护。联合国粮农组织也有相近的概念界定。此外,根据管理内容不同,可以将特别敏感海域(Particularly Sensitive Sea Areas, PSSAs)等归入单部门划区管理工具,将海洋保护区和海洋空间规划归入跨部门划区管理工具。

(一)北极既有划区管理工具的实践探索

国际社会已通过多种方式尝试在北极采用划区管理工具。《生物多样性公约》就规定了生态和生物重要区域(Ecologically or Biologically Significant Marine Areas, EBSAs)概念。但是,EBSAs 更多涉及科学和技术层面工作,不涉及法律和管理问题,在实际保护行动方面力度不足。国际海事组织

(International Maritime Organization, IMO)为了防止船舶航行中的污染排放设立 PSSAs 制度,并明确具体的管理措施。

北极理事会致力于建立北极海洋保护区网络以增进对北极生物多样性的保护。2015 年,北极海洋环境保护工作组(Protection of the Arctic Marine Environment, PAME)提议设立"泛北极海洋保护区网络",覆盖北冰洋沿岸国专属经济区和北极公海,还明确建议缔约国政府将 IMO 设立的 PSSAs 作为北冰洋公海保护区组成部分,推动 PSSAs 与海洋保护区的互补,这有望成为北极理事会与特定行业机构的合作范例。北极动植物保护工作组(Conservation of Arctic Flora and Fauna, CAFF)有关保护北极植物群和动物群的行动为确定北极生态和生物重要区域提供了科学和技术支持,由其维护而形成的生态和生物重要区域网络最终可能成为在北极设立海洋保护区的基础。

北极目前由北极理事会及其工作组领导,坚持以国家为主导的方法建立海洋保护区,但尚未在北极 ABNJ 建立海洋保护区的法律框架。PAME 泛北极海洋保护区网络只是强调应将公海纳入网络之中,也并未重点研究北冰洋公海保护区的建设问题。CAFF 进行的相关数据收集工作也仅为建设海洋保护区做了前期准备。虽然北极理事会的许多附属机构正在全面推进包括北极生物多样性、栖息地和生态系统健康现状和趋势在内的生态基础数据分析等前期基础工作,但仍需进一步完善北极公海保护区等监管工具的具体制度以实现对北极 BBNJ 的养护。

(二)北极 ABNJ 海洋保护区发展趋势

当前,全球公海保护区的数量持续增长,但增速比较缓慢。北极公海是全球公海的一部分,从公海保护区的发展态势中可以推测出北极公海保护区的可能发展趋势。在 BBNJ 谈判的过程中,公海保护区制度已经形成从选划到管理较为完善的框架体系,一旦 BBNJ 协议生效,公海保护区的数量短期内可能大量增加。这也意味着北极 ABNJ 海洋保护区制度有望在 BBNJ 协议最终文本生效后得到推进。北极 ABNJ 海洋保护区包括北极公海保护区以及北极国际海底区域的海洋保护区。一般情况下,两者是上覆水域与下层底土形成的垂直对应关系,原则上制度设计方面不存在分而治之的情形;但 BBNJ 协议需要考虑北极特殊的地理环境,即设计外大陆架之上的公海保护区的特殊制度。

在 BBNJ 协议谈判过程中,提出了海洋保护区的三种设立模式,即全球模式、区域模式和混合模式。77 国集团以及欧盟主张全球模式;美国和俄罗斯采取消极态度延缓谈判,主张继续推行区域模式;日本、澳大利亚等国则主张混合模式。三者的根本区别在于决策权的分配上。全球模式主张BBNJ 协议建立全球机构,进行统一的管理与决策;而区域模式则强调海洋保护区的决策权属于区域主体,不支持全球层面的监管;混合模式也主张强化区域的作用,但其接受由全球层面提供的指导和监督。混合模式实际上是全球模式或区域模式的改进和完善,因而争议主要在于应采用全球模式还是区域模式。由此,当前需要进一步探究何种模式下的海洋保护区制度更有利于北极 BBNJ 的养护,即需要进一步明确在推进北极 ABNJ 海洋保护区的进程中各方扮演的角色以及承担的责任。

三、区域治理机制难以承担北极 BBNJ 治理的重任

(一)北极 ABNJ 属于全球公域

设定北极 ABNJ 海洋保护区的前提是该海洋保护区的地理位置位于北冰洋中部的公海海域或者北极地区的国际海底区域。首先,毫无疑问,公海属于全人类共同管理的公地。其次,尽管当前北极国家存在外大陆架划界争议,但是依据 UNCLOS 第 76 条,外大陆架的划定应当交由 CLCS 审议,沿海国在 CLCS 建议基础上划定的大陆架界限方有确定性与拘束力。在CLCS 做出最终建议之前,北极国家对其自行主张的外大陆架并不享有管辖权;即便审议通过后,200 海里外大陆架与 200 海里内大陆架的制度规定也存在本质区别,沿海国享有优先权而非独占权,无法完全排除他国而独占相关区域。北极 ABNJ 的治理属于全球性问题,应当由国际社会对其进行共同管理,由全球模式下建立的获得大多数国家认同的代表机构实现对北极ABNJ 的治理。

(二)区域治理作用对象有限

由于北冰洋不存在区域海洋管理组织,若采用区域治理模式,北极理事会作为北极地区最主要的政府间论坛可能将发挥主要作用。但是,北极理事会的作用是有限的。首先,北极国家不断强化自身在北极的权利主张,尝

试削弱北极理事会的积极作用。在尝试解决北冰洋中部海域潜在的捕捞问题上,北冰洋沿岸五国就曾选择绕过北极理事会进行商议。其次,在北极理事会内部,北极八国占据核心地位,极力将北极理事会塑造成北极国家垄断的封闭性论坛,这也就意味着未来制定有关北极 ABNJ 区域性安排的参与者有限。北极国家在北极理事会的强势边缘化了非北极国家对北极事务的参与,如果一国不是某协议的缔约方,则该协议也不会对其具有约束力,非成员国也没有强制履行义务,这是采用区域性安排规制北极 ABNJ 的潜在缺陷。因此,依靠北极理事会等区域性组织,无法有效规制全球诸多非北极国家对北极 BBNJ 的影响。相比之下,全球模式下所有缔约国都必须遵守协议关于海洋保护区设定的义务,能间接地为北极 BBNJ 提供普遍性的保护;此外,这种安排也有望通过国际海洋法法庭加以保障。

（三）区域模式无力实现"一揽子"治理

首先,区域模式无力协调跨部门的"一揽子"治理。当前涉及北极 ABNJ 治理的区域性以及行业性机构众多,包括航运业、油气开发、渔业、海底采矿等多个既有行业。在涉及生物勘探、海洋科学研究等新兴领域方面,仍旧存在监管空白。当人类活动的频率小且彼此间互动性低时,碎片化的治理并不会构成严重的障碍。但是,当人类在北极的活动更加频繁与广泛时,相较于全球模式,区域性安排的弊端则将逐渐凸显。区域模式下跨部门的合作内容无法达到基于共同目标和原则进行全球性同步运作,信息交换等简单的跨部门合作不易实现,合作主体参与度低等均反映出区域模式下构建跨部门合作机制的无力感。

其次,区域模式无力实现跨区域的"一揽子"治理。影响北极 BBNJ 治理的因素并不仅仅来源于北极 ABNJ,也绝不仅限于北极区域本身。以碳对北极的影响为例,亚洲国家的碳排放占北极排放的 43%。此外,《远距离跨界空气污染公约》同样旨在制止非北极国家排放温室气体以及包括黑碳在内的污染物对北极的影响,在航运和油气开采过程中产生的污染同样很容易跨越边界。而区域模式强调排除全球层面的统一监管,各个区域无法就相关问题达成统一的行动标准。反观全球模式,在全球层面形成自上而下的管理体系,区域间以及区域内的不同行业性机构在设立与运行划区管理工具的过程中能够且必须展开广泛的合作,而这种合作也将成为实现北极

BBNJ 养护的关键。

四、基于全球谈判推进北极 BBNJ 治理的路径分析

经过分析可知,区域性治理无疑难以承担北极 BBNJ 养护与可持续利用的重任,而全球模式应当扮演更为重要的角色。那么,在全球性框架下,BBNJ 协议又将如何针对北极区域作出相应的安排以构建适应北极特殊环境下的相关制度? 就目前的四次筹备委员会以及三次政府间谈判的内容来看,北极尚未成为讨论的重要主题。但是,部分会外活动专门讨论了 BBNJ 协定对北极治理的潜在影响,认为北极议题不应成为 BBNJ 谈判忽视的内容。

（一）全球 ABNJ 海洋保护区的"共性"安排

尽管正式会议未针对北极进行专门化的讨论,但是未来全球 ABNJ 海洋保护区等相关规定同样能够为北极 BBNJ 的治理提供制度贡献。当前围绕划区管理工具（包括海洋保护区）的谈判已经进入实质阶段,各方对于通过海洋保护区实现 BBNJ 的养护与可持续利用,海洋保护区的制度应满足生态系统方法、预警原则、最佳科学技术的要求,海洋保护区的决策过程应当透明化等方面均达成共识;只是针对海洋保护区如何设立以及实际运作,包括提案主体、识别选划标准、监测评估审查主体、决策程序等问题还存在较大分歧。欧盟、太平洋小岛国等主张快速推进全球性、永久性的保护区并以严格的措施进行规范;美国等海洋利用大国坚持采用宽松的制度,强调海洋保护区不宜影响公海商业捕捞、船舶航行以及矿产资源勘探开发。尽管上述分歧的焦点着眼于全球 ABNJ 海洋保护区制度,但是其中有诸多分歧最终的结果将会深刻影响北极 ABNJ 海洋保护区制度,因此有必要进一步结合北极 ABNJ 海洋保护区的特点探究如何设置全球 ABNJ 海洋保护区的"共性"安排。

1. 海洋保护区设立采取宽松或者严格标准问题

海洋保护区标准涉及识别、选划、管理等一系列标准设置问题。欧盟等国家主张采取严格措施快速推进海洋保护区建设。由于自身掌握较高的环境技术标准,故试图通过提高全球 ABNJ 技术标准,设置参与海洋活动的绿色壁垒,从而巩固自身海洋治理的主导地位。理论上,推进环境保护本身无

可厚非,更为严格的环保压力也有利于倒逼各国提升自己的科学技术水平,促进全球 BBNJ 的养护与可持续利用,但是环保本身并非目的,其最终目的是为了实现发展。从 1972 年斯德哥尔摩"人类环境大会"到 1992 年里约"环境与发展大会"的主题转变,也体现出国际环境法理念的进步。因此,未来全球 ABNJ 海洋保护区的制度建构需要平衡保护与发展之间的关系,而非一味主张过于严格化的措施。

北极 ABNJ 海洋保护区建设应当考虑全球可持续发展问题。未来北极航道的开通将缩短亚洲到欧洲的航行距离,减少航运时间和海运排放、燃油损耗,间接实现对全球整体的环境保护。以中国为例,北极航道开通后,相较于经过马六甲海峡以及苏伊士运河的航道,从中国大连港到荷兰鹿特丹港将节约 3000 海里,航程缩短 30%,这就意味着污染的大幅度减少。未来北极 ABNJ 海洋保护区的建设,应当综合全球生态系统考量如何平衡生态环境与人类利用北极实现发展的关系,进而设置合理的海洋保护区的相关标准。

2. 海洋保护区的时限问题

建设永久性海洋保护区的做法也是不可取的。面对海洋,人类更多时候处于科学未知的状态。基于预警原则,有必要对在科学有限状态下极有可能受威胁的生态进行保护。但是,随着技术的进步,人类将逐步更清楚地分析和认识相关区域的生物多样性是否已达到必须保护、应当匹配何种标准的保护措施的问题。永久性海洋保护区间接地既禁止了后代人满足自身权利的需求,也同样违背了可持续发展原则。

设置一定年限的 ABNJ 海洋保护区制度是更为可取的选择。在类似措施方面,《防止中北冰洋不管制公海渔业协定》已给出先例。此类设置年限的举措强调先科研、后开发,开启了北极公海治理的新型模式,值得全球 ABNJ 海洋保护区制度学习。此外,北极 ABNJ 海洋保护区设置年限的考虑应当与其外大陆架划界争议有关。如前所述,随着俄罗斯等国积极搜寻大陆架划界的相关证据,未来 CLCS 对于北极地区的大陆架划界审议工作有可能加速;但囿于科学技术限制以及地缘政治博弈,近期厘清北极各国外大陆架的界限也非易事。因此,设定北极 ABNJ 海洋保护区需要考虑争议中的地理划界,而设置一定期限的海洋保护区制度能够在一定程度上应对划界不清的现状。全球其他区域也存在国际海底区域和外大陆架划界存在冲突的问题,所以无论是北极 ABNJ 海洋保护区的设立,或者全球 ABNJ 海洋保护区的设立,都不宜是永久性的存在。

（二）北极 ABNJ 海洋保护区的"个性"规定

在海洋法领域,为特殊的生态环境制定特殊规则具有必然性。北极 ABNJ 海洋保护区的建设在遵循全球共同规则的前提下,还需要思考北极的特殊问题,即能否以及如何在 BBNJ 谈判中为北极 ABNJ 海洋保护区制定"个性"规定。

1. 为北极制定特殊规则的合理性

尽管法律尽可能将大部分社会现实纳入一般规则和抽象规则,但特定情况下设定特殊规则的情况仍不可避免。在现有国际法中为北极设立特殊规则已有先例,因此 BBNJ 协定中可能仍需要为北极环境制定某种特殊规则。

由于一般国际规则和标准不足以保护这些特别脆弱地区的海洋环境和生物多样性,现有国际法中早就设计了一些旨在保护特殊生态条件的特殊规则。UNCLOS 的第十二部分专门用于保护海洋环境,明确了除所有一般规则外,必要时某些特殊或例外情况应成为特殊法律待遇或规则的基础。其中,第 194(5)条为目前稀有和脆弱生态系统的特殊待遇奠定了基础。IMO 制定的《极地水域船舶作业国际规则》(以下简称《极地规则》)同样包含了关于极地环境保护的强制性和建议性条款,强调特殊环境下规则特殊化的必要性。因此,目前 BBNJ 谈判以及相关主体或机制的具体规定,都有理由将设计保护北极 BBNJ 的特殊规则这一思路纳入考量范围。

2. 软法治理下北极 ABNJ 海洋保护区的建设

北极 ABNJ 海洋保护区建设之所以需要特殊考量,是因为其面临大面积外大陆架划界结果未定所产生的保护区边界不明问题。俄罗斯等国家强调沿海国对海洋保护区的决策权,主张将外大陆架连同上覆公海水体一并排除于海洋保护区的规制范围外,这无疑侵占了属于全人类共治公海的范围。而若严格采用人为分治,既可能对沿海国外大陆架权利产生损害,也无法有效发挥海洋保护区对于海洋生物多样性的养护与可持续利用的功能。因此,为了保障沿海国经过水体后进入海底开发资源的权利以及防范其大陆架开发给水体造成严重环境污染的情形,北极 ABNJ 海洋保护区需要各国进行妥协以达成共识。在利益重叠与分歧交织的谈判背景下,采用绝对

B
B
N
J

的硬法不利于实现共识,通过软法规制可以更有效地借助 ABNJ 海洋保护区实现对北极 BBNJ 的保护。

在国际环境法领域,软法一直扮演着重要角色。长期以来,北极治理也更为集中地体现为软法性治理。北极理事会向来强调软法在北极治理中的重要地位。软法虽然在严格意义上不具备法律约束力,但却能产生一定的法律效果。尽管 BBNJ 谈判的产物是一份具有法律约束力的协定,但是并不意味着海洋保护区制度必须采取刚性治理模式。BBNJ 协议势必会融入软法因素,BBNJ 治理的柔化是大势所趋。

在北极 ABNJ 海洋保护区设立中融入软法因素,可以针对不同的海洋活动采取不同约束力的禁止性措施或建议性规定,也能处理好北极 ABNJ 海洋保护区与既有职能部门所设立的划区管理工具之间的关系,防止北极 ABNJ 海洋保护区成为取代既有工具的强硬制度。更重要的是,软法因素能够有效平衡各方利益,保障外大陆架上公海保护区的设立与有效运行,通过宣言、指南、建议等软法措施,督促沿海国自觉履行海洋保护区义务,保障合理妥协下 BBNJ 协议的顺利通过。但是,北极 ABNJ 海洋保护区的软法治理也并非长久之计,软法也存在碎片化、遵从性弱等局限性。因此,需要在海洋遗传资源惠益分享、能力建设与技术转让的制度安排中设计相应的配套激励措施。在未来海洋遗传资源及其惠益分享制度运行过程中,北极 ABNJ 范围内的珍贵海洋遗传资源将被安置在统一的资源公共池中。遵循海洋保护区关于海底采矿活动等规定,可以设计为各国获得遗传资源样本等非货币惠益的前提;同时,还可以考虑为沿海国设置能力建设以及技术转让主题事项下的优惠。最终,随着海洋保护区制度发挥实效以及外大陆架划界逐步厘清,在确保软法因素已获得各国认同的情况下,逐步将软法硬化,进一步推进北极 BBNJ 的养护与可持续利用相关制度的发展。

(三)BBNJ 协议与北极区域性、部门性治理间的合作协调

联合国第 69/292 号决议要求 BBNJ 谈判不得破坏现有的相关法律文书和框架以及相关的区域和部门机构;反映在北极 ABNJ 海洋保护区的建设中,就是需要全球机构与北极理事会、IMO 等部门分工配合,实现资源互补,减少重复性的工作。北极 ABNJ 治理正通过多个部门协议和机构进行,完善全球模式下跨机构和跨部门的协调与合作是北极 ABNJ 成功养护和可持

续利用生物多样性的关键。

在全球模式下，设立划区管理工具的提案应由缔约国提出，并向未来可能设立的缔约方大会提交。BBNJ 缔约方大会可以作为履行决策以及监管职责的机构。为了确保决策的透明度，相关议案应当由海洋保护区所涉及的国家、国际组织、非国家实体等参与，保证各方的磋商与协调；同时，有必要设置科学技术委员会对划区管理工具的科学性、合理性进行评估，委员会可以作为全球模式下实现 BBNJ 缔约方大会与既有的区域性、行业性机构间科学技术合作的协调机构。对于北极 ABNJ 海洋保护区的具体运作，可以设置专业的北极 ABNJ 科学委员会作为与北极区域性、行业性组织的协调机构。委员会应以协调区域机构和部门机构为宗旨，不得与现有机制相抵触，尊重北极理事会等现有机构，保证与其他框架和机构的一致性、互补性和协同性。

北极理事会及其工作组在北极海洋保护区的建设方面付出诸多努力，掌握北极地区的重要和关键知识，足以成为讨论北极 BBNJ 治理的最恰当和最有效的起点。通过北极理事会工作组推进海洋治理已有先例。例如，关于重油治理，PAME 于 2009 年已开始使用重油的风险评估工作。2017 年 9 月，PAME 对北极重油的使用和运载进行实质性讨论，并将若干重油相关项目的工作信息通报给 IMO，将决策与监督执行权过渡给 IMO，最终由 IMO进行行业立法。此种北极理事会工作组提供支撑信息的模式值得在北极 ABNJ 海洋保护区的建设中加以推广。PAME 在北极专属经济区内建立泛北极海洋保护区网络，为将保护网扩展到北极公海提供合理的基础。而北极 ABNJ 科学委员会可以与北极理事会一同整合北极理事会 CAFF 等工作组，相关工作组通过信息数据的收集与提供，为开展包括建设北极 ABNJ 海洋保护区等重要任务提供监测、评估的信息支撑。

五、北极 BBNJ 治理的中国参与

2019 年，习近平主席明确提出要"构建海洋命运共同体"，将"构建人类命运共同体"的理念延展至海洋领域。当前 BBNJ 正面临多种压力，国际海洋规则正处于制定以及发展的重要时期。在 BBNJ 的全球谈判中，中国应当以"海洋命运共同体"理念为指导，积极贡献全球海洋治理的中国智慧，与各国共同推进国际海洋法治建设。

（一）为 BBNJ 谈判积极贡献中国智慧

当前全球 BBNJ 谈判进程势必引起北极 BBNJ 治理的巨大变革，深刻影响着各国在北极海域的蓝色利益。作为负责任大国，中国应当在国际规则制定过程中掌握并引领话语权，积极提出适于我国海洋战略发展及全球海洋治理的中国对策。北极 BBNJ 治理无疑属于全球共治领域，任何区域性组织或者北极国家"门罗主义"的主张都违背 UNCLOS 的规定。同时，目前全球 ABNJ 治理蕴藏着诸多不确定性，不同利益集团分歧显著，但是为实现 BBNJ 的养护与可持续利用，亟待各国达成共识。永久性和过于严格的 ABNJ 海洋保护区无疑不利于共识的推进，也不利于北极未来的可持续发展。针对北极 ABNJ 特殊复杂的地理环境以及博弈重重的政治环境，软法等个性化规定应当在谈判中纳入考量。

当前 BBNJ 政府间谈判会议已经召开三次，前两次未取得实质性进展，第三次会议基于案文的讨论且采用平行会议的模式，整体谈判向前得以推进。但是，围绕 ABNJ 海洋保护区的谈判分歧依然显著，仅存的一次政府间谈判也难以保障相应制度的顺产。在政府间正式会议中，中国应当与 77 国集团在根本利益方面保持一致，形成稳固的谈判利益联盟。当前"一揽子"事项呈现失衡局面，围绕海洋遗传资源主题讨论仍然处于适用"人类共同继承财产"还是遵循"公海自由"的原则性争辩环节，而划区管理工具等主题事项已经深入实质性讨论层面。因此，中国应当积极利用主席团身份，防范部分国家及会议协调人员刻意引导会议谈判走向，确保四大主题事项间的平衡。在政府间正式会议之外，中国应当积极筹备与其他国家开展双边会议或者多边会议，凝聚各方共识，巩固谈判集团间的凝聚力，保障各方立场的一致性。同时，可以通过国家间学术会议等民间方式，借助更为互动式的辩论，在争辩中促进共识的达成。中国在参与北极 ABNJ 海洋保护区的过程中，应保持审慎态度，积极提出符合中国利益和全球利益的对策，质疑不合理的海洋保护区提案；通过对南极罗斯海保护区提案中禁止在相关区域从事捕捞的反对，反映我国主动行使公海使用监督权，避免公海沿岸国对他国公海自由不合理、不合法的干预，积极维护国家的合法权益。中国只有积极参与和引导 BBNJ 国际文书的制定，才能防止部分国家构筑绿色壁垒，保障广大发展中国家的海洋权益。

（二）强化在区域性、行业性组织中的话语权

BBNJ 协议谈判始终强调需要与区域性、行业性组织相协调。北极 ABNJ 海洋保护区的推进也无法脱离北极理事会等部门的努力。中国于 2013 年成为北极理事会观察员国，虽然观察员国不享有决策权，但观察员身份允许非北极国家通过参与工作组、进行资金援助、项目提案、口头或书面陈词等间接发挥影响力。虽然观察员国的身份无法充分展现话语权，但至少有机会了解北极理事会绝大多数的工作，并能够参与其附属机构开展的项目和活动。同时，推进北极 ABNJ 海洋保护区，工作组在未来的信息支撑方面有望发挥重要作用，因此中国还应当增加北极理事会工作组人员比重，关注北极理事会动态，研判北极生物保护趋势。总之，中国不仅需要在全球层面积极参与 BBNJ 相关谈判，在相关区域性以及部门性组织内也有必要发挥影响组织内部讨论和决策过程的作用。

（三）增强极地科学研究领域的能力建设

对于中国等非北极国家而言，当前北极科学考察面临较为不利的局面。以《加强北极国际科学合作协定》为例，其不仅增强了北极国家内部的科技合作与信息垄断程度，还进一步抬升了非北极国家获取北极科学信息的门槛。为了预防未来北极 ABNJ 海洋保护区建设中北极国家的门罗主义，保障在北极的利益，中国应当深化对北极的了解，抓住 BBNJ 谈判机遇，提前做好应对举措。

为避免 ABNJ 海洋保护区成为纸面上的保护区，在完成海洋保护区的识别、选划之后，需要辅之以有效的监测措施；基于科学的信息数据支持，能够对保护区的变化采取更准确的应对措施。中国应把握机会，借助北极 ABNJ 海洋保护区的相关科学监测工作，进一步深入推进北极科学考察；应当强化对北极生物多样性的科学研究，进一步提高自身科技水平，如深入研究极地生物多样性保护，提高海洋资源勘探能力、采样能力，增加对破冰船和勘探、采样等设备的投入与研发，为积极参与北极 ABNJ 海洋保护区建设奠定科技基础。

此外，中国还应当积极与北极国家进行深入合作，实现信息互通共享。当前北极外大陆架划界需要准确的信息支撑，这促进了各国对北极科学考察的关注与投入。而中国在水下声呐、探测等领域掌握世界先进技术，可以

与北极国家合作考察北极 ABNJ 海域,从而获得有关的精准数据,通过参与北极科学研究,丰富北极知识储备。只有充分了解、掌握北极生物多样性保护的科学信息,中国才能更深入地参与未来北极 BBNJ 治理。

六、结语

北极是 BBNJ 协议规制的重要区域之一,而其复杂的地缘政治和独特的地理环境因素都为北极 BBNJ 治理的相关谈判增加了难度。BBNJ 谈判在国际海洋法变革和国际海洋法秩序重构过程中具有里程碑意义,其谈判结果将深刻影响北极地区的未来发展。海洋保护区是实现北极 BBNJ 养护的重要综合性工具,能够在北极公海以及国际海底区域发挥作用。由于北极 ABNJ 属于全球公域,而且区域性治理存在约束对象有限、与其他机构协调不足等诸多弊病,未来应当基于全球模式对海洋保护区的制度进行构建。在全球模式下,北极 ABNJ 海洋保护区既需要遵循设置年限、平衡环境保护与发展的关系等共性措施,同时还需要融入软法因素,为外大陆架上覆水域公海保护区设计特别的制度安排。面对北极环境的剧变,北极理事会等部门也采取了针对北极 ABNJ 的治理措施。因此,协调全球性与区域性、行业性机构是必要的,以实现全球范围与区域范围的国际合作、协调治理的目标。中国作为"近北极国家"和"北极利益攸关方",应秉持"构建海洋命运共同体"的理念,在 BBNJ 全球谈判中强化话语权引领,在北极理事会等部门中发挥海洋治理的积极作用;同时,还应当加强与其他国家在海洋生物多样性保护领域的科学合作,强化科学研究和获取科学信息的能力,进而维护自身的海洋权益。

文章来源:原刊于《学习与探索》2020 年第 2 期。